조선후기
성호학파星湖學派의 자연학自然學

조선후기 과학사상사 연구III

조선후기 성호학파星湖學派의 자연학自然學

구만옥

혜안

책머리에

성호(星湖) 이익(李瀷, 1681~1763)과 성호학파(星湖學派)의 학문과 사상은 조선후기 사상사 분야에서 매력적인 탐구 주제이다. 그것은 필자가 전공하는 과학사상사 분야의 경우에도 마찬가지이다. 널리 알려진 바와 같이 이익의 대표적 저술 가운데 하나인 『성호사설(星湖僿說)』에는 그의 자연학적 사유를 보여주는 수많은 논설이 포함되어 있고, 그의 문집인 『성호전집(星湖全集)』에도 자연학 관련 주제를 다룬 흥미로운 글이 풍부하게 수록되어 있으며, 그가 제자들과 주고받은 여러 서간문에서도 자연학에 관한 다양한 담론을 쉽게 찾아볼 수 있다. 뿐만 아니라 사서삼경(四書三經)에 대한 주석서의 일종이라 할 수 있는 '질서(疾書)'의 여기저기에도 자연학 관련 논의가 등장한다. 요컨대 이익의 일련의 저술은 조선후기 자연학 연구와 관련한 자료의 보고라 할 수 있다. 따라서 이익의 자연학적 사유체계를 구조화하기 위해서는 그의 저술 전반에 대한 종합적 검토가 필요하다.

성호학파의 자연학으로 논의를 확장하면 풀어야 할 숙제가 만만치 않다. 윤동규(尹東奎, 1695~1773), 신후담(愼後聃, 1702~1762), 이병휴(李秉休, 1710~1776), 안정복(安鼎福, 1712~1791)으로 대표되는 직제자(直弟子)뿐만 아니라 성호학파의 계보에 속하는 다양한 인물들의 자연학 관련 담론을 수집·종합·분석하는 작업이 필요하기 때문이다. 한동안 이에 대한 연구가 활성화되지 않았던 데는 자료적 한계라는 문제가 있었다. 이익과 안정복을 제외한 나머지 학자들의 경우 저술이 문집의 형태로 간행되지 못하고 필사본의 형태로 전해지고 있던 형편이라 자료에 대한 접근이 쉽지 않았던 것이다.

여주이씨(驪州李氏) 가문의 관련 저술이 『근기실학연원제현집(近畿實學淵源諸賢集)』으로 출간된 것이 2002년, 윤동규와 신후담의 저술이 영인본의 형태로 공간된 것은 2006년이었다. 그 사이에 충분한 연구가 이루어졌을 만한데 실제로는 그렇지 못했다. 그 원인으로는 전근대 과학사상사 내지 과학기술사 분야의 연구 인력이 부족하다는 사실을 거론할 수 있다. 이와 함께 아직까지 이 자료들에 대한 데이터베이스화 작업이 진행되지 않은 상태라서 한국고전번역원에서 제공하는 『한국문집총간(韓國文集叢刊)』처럼 일반 연구자들이 인터넷을 통해 접근하기 쉽지 않다는 문제도 있다.

'조선후기 성호학파의 자연학'이라는 연구는 이와 같은 상황을 염두에 두고 시작한 것이었다. 이 연구는 한국연구재단의 「2018년도 인문사회분야 학술지원사업」의 일환인 '저술출판지원사업'의 지원을 받아 수행되었다. 3년 동안의 연구 기간(2018.3~2021.4)을 거쳤고, 이후 2년의 수정·보완 작업을 거쳐 그 결과물을 책으로 출간하게 된 것이다. 이 연구의 기획 단계에서 우선적 과제로 삼았던 것은 성호학파의 자연학 관련 자료를 집성(集成)하는 일이었다. 성호학파의 과학적 사유체계를 전체적으로 살펴보기 위해서는 이익의 저술에 대한 탐구만으로는 부족하고, 그의 자제(子弟)와 제자들이 남긴 자료에 대한 종합적 검토가 필요하기 때문에 성호학파의 범주를 설정하고, 소속 학자들의 문집을 비롯한 다양한 자료를 수집하는 한편, 그 가운데 포함된 자연학 관련 논의를 추출함으로써 앞으로의 연구를 위한 토대를 마련하는 것이 좋겠다는 생각에서였다.

이와 같은 목적을 갖고 출발한 연구였지만 그에 걸맞은 성과를 거두었다고 말하기는 어렵다. 아쉬운 점을 몇 가지 들어 보면 다음과 같다. 먼저 이 연구에서는 성호학파의 구성원들과 그들의 자연학적 논의를 균형 있게 다루지 못했다. 주로 이익과 그 직제자들의 논의를 중심으로 내용이 구성되었고, 그 후학들의 논의까지 폭넓게 수렴하지 못했기 때문이다. 자연학의 세부 주제 역시 편중되었다는 비판을 면하기 어려울 것이다. 천문역산학(天文曆算學), 산학(算學), 지리학(地理學), 조석설(潮汐說), 수리론(水利論) 등에 대해서는 대략적인 얼개를 그려보았으나 의학(醫學)을 비롯한 여타 부분에 대해서는 미처 손을 대지 못했다.

자연학 분야에서 성호학파의 학문적 성과가 지니고 있는 특징과 역사적 의미를 드러내기 위해서는 다른 '학파'의 그것과 무엇이 같고 다른지를 설명해야 한다. 특히 서인(西人)-노론(老論)-호론(湖論) 계열이나 영남남인(嶺南南人) 계열처럼 주자학적 자연학을 고수하고자 했던 다수의 학자들과 다른 지향을 보였던 일군의 학자들에 주목할 필요가 있다. 예컨대 정제두(鄭齊斗)의 학맥을 계승한 소론계 양명학파(陽明學派), 서명응(徐命膺)-서호수(徐浩修)-서유본(徐有本)·서유구(徐有榘)로 이어지는 달성서씨가(達城徐氏家), 홍대용(洪大容)과 박지원(朴趾源)을 필두로 하는 노론-낙론계(洛論系)-'북학파(北學派)'의 자연학 등이 비교 대상이 될 수 있을 것이다. 이들의 자연학적 성과와 성호학파의 그것을 비교·검토하여 각각의 동이점(同異點)을 밝히는 작업이 이루어져야 한다. 그러나 이 연구에서는 그와 같은 작업을 온전히 수행하지 못했고, 이들 사이의 공통점을 대략 추출하는 선에서 작업을 마무리하였다.

필자가 성호학파의 자연학에 관심을 갖게 된 것은 1990년대 후반이었다. 1996년 박사과정에 진학한 이후에 조선 학자들의 '우주론'을 연구 주제로 잡았고, 이후 우주론의 각론을 구성하는 세부 주제에 대한 탐색을 시작하였다. 그 과정에서 지구설(地球說), 천체운행론(天體運行論), 조석설(潮汐說) 등에 대한 조선후기 학자들의 담론을 정리하게 되었고, 당연히 그와 관련한 풍부한 논의를 담고 있는 이익의 『성호사설』과 『성호전집』에 주목하게 되었다. 박사학위 취득 이후에도 일월식론(日月蝕論), 선기옥형(璿璣玉衡), 기삼백(朞三百) 등의 주제로 논문을 작성하면서 이익을 비롯한 성호학파 학자들의 관련 자료와 조우하게 되었다. 이 책을 구성하는 데 바탕이 된 필자의 기존 연구 성과는 책 말미의 〈참고문헌〉에 수록되어 있다. 그 목록을 보면 알 수 있듯이 필자는 지난 20여 년 동안 이익과 성호학파 학자들의 글을 띄엄띄엄 읽어 왔는데, 최종 원고의 작성 과정에서 지난 연구를 검토해 보니 오해한 부분, 오독한 사료들이 적잖게 눈에 띄었다. 당대의 학술계를 대표했던 위대한 학자들의 학문적 역량을 따라가기에 턱없이 부족한 필자의 공부를 반성하며 '망양지탄(望洋之歎)'에 빠질 수밖에 없었다.

일찍이 공도자(公都子)가 맹자(孟子)에게 물었다. 똑같은 사람인데 누구는 대인(大人)이 되고, 누구는 소인(小人)이 되는 이유가 무엇이냐고. 맹자가 대답했다. 대체(大體)를 따르면 대인이 되고 소체(小體)를 따르면 소인이 된다고. 공도자가 다시 물었다. 똑같은 사람인데 누구는 대체를 따르고 누구는 소체를 따르는 이유가 무엇이냐고. 이에 대한 맹자의 대답이 뼈를 찌른다. 귀와 눈은 사고 작용이 없기 때문에 물(物)에 가려지는데, '물'과 '물'이 사귀면 거기에 끌려다니게 될 뿐이고, 마음[心]은 사고 작용이 있기 때문에 생각하면 얻고 생각하지 않으면 얻지 못한다고. 어떻게 하면 하늘이 나에게 부여한 마음이라는 대체를 수립하여 이목(耳目)과 같은 소체에 휘둘리지 않을 수 있을까? 어떻게 하면 소인이 대인의 사고 작용에 가닿을 수 있을까?

이 책은 필자의 '조선후기 과학사상사 연구' 시리즈의 세 번째 책이다. 2019년에 두 번째 책인 『조선후기 의상개수론과 의상 정책』을 내면서 그 머리말에 향후의 출판 계획을 적었다. 그에 따르면 이 책을 출간하기 전에 『천문역산학의 주요 쟁점』과 『조석설의 추이와 동해무조석론』이 먼저 간행되었어야 했다. 그렇게 하지 못한 원인 가운데 하나는 '코로나바이러스감염증-19'의 세계적 확산이라는 미증유의 사태였다. 변화된 환경에 맞게 교육과 연구, 일상생활을 진행해야 하는 상황이었는데 한동안 시행착오를 거듭하면서 많은 일들이 계획대로 되지 않았다.

그 혼란의 와중에 스승님과 아버지께서 세상을 떠나셨다. 김용섭(金容燮) 선생님은 2020년 10월에, 아버지는 2022년 4월에 별세하셨다. 선생님은 1931년생, 아버지는 1933년생이셨으니, 일제강점기에 태어나 청소년기에 해방과 분단, 한국전쟁이라는 한국현대사의 주요 사건을 겪고, 이후의 격동기를 온몸으로 헤쳐 나갔던 '해방세대'의 일원이었다. 지금 그 세대가 저물어 가고 있다. 돌이켜 보니 2015년 이후 선생님의 부름에 제때제때 응하지 못했고, 2018년 이후 요양 시설에서 투병 생활을 하셨던 아버지의 임종을 끝내 지키지 못했다. 불민한 제자와 불초자식으로서 회한이 크다. 한없는 감사와 존경의 마음을 담아 스승님과 아버지의 영전에 이 책을 바친다.

올해는 필자가 경희대학교 사학과에서 재직한 지 20년째가 되는 해이다. 그 사이에 여러 학생들이 대학원에 진학해서 필자의 지도로 석·박사 학위과정을 이수했다. 그들 가운데 다수는 현재 학계와 거리를 두고 생업에 종사하고 있다. 어려운 현실 속에서 자신들의 앞가림을 잘하고 있으니 대견하고 감사해야 할 일이지만 필자의 처지에서 보면 약간의 아쉬움이 없지 않다. 그것은 아마도 능력 있는 젊은이들을 학문의 길로 인도하지 못한 자신의 무능함에 대한 후회일 것이다. 그나마 위안이 되는 것은 경석현 박사와 편소리 박사생이 학계에 몸담고 있다는 사실이다. 2004년과 2005년에 처음으로 만나 인연을 맺은 것이 엊그제 같은데 시간은 빠르게 흘러갔고, 그 사이에 우리가 함께 겪은 일도 켜켜이 쌓여 있다. 여러모로 부족한 책이지만 출간의 기쁨을 두 사람과 나누고 싶다. 예전에도 그랬지만 학자로서의 길을 걷는다는 것은 여전히 쉽지 않은 선택이다. 두 사람 모두 자신의 위치에서 제 역할을 다하는 겸손한 연구자가 되기를 소망한다.

어려운 출판 여건 속에서도 언제나 책의 간행을 흔쾌히 맡아주시는 도서출판 혜안의 오일주 사장님, 어지러운 원고의 편집과 교정 작업을 담당하느라 애쓰신 김태규, 김현숙 선생님께 감사의 말씀을 올린다.

2023년 6월 21일

구 만 옥

목 차

표·그림 목차

제1장 서론

이익(李瀷, 1681~1763)을 중심으로 한 이른바 '성호학파(星湖學派)'의 학통은 기존의 실학 연구를 통해 유형원(柳馨遠, 1622~1673) → 이익 → 정약용(丁若鏞, 1762~1836)을 중심으로 정리된 바 있다. '근기남인(近畿南人)'의 실학은 유형원에 의해 하나의 학문으로서 확립되었고, 이익의 단계에 이르러 학파로서의 존재가 구체화되었으며, 정약용에 의해서 집대성되었다고 보았다.

'근기남인'의 학문·사상적 계보에 대해서 연구자들은 비교적 이른 시기부터 관심을 기울여 왔다. 그것은 남인(南人) 실학(實學)의 계보를 탐색하는 작업의 일환이었다. 일찍이 홍이섭(洪以燮, 1914~1974)은 이익을 중심으로 한 남인 실학의 학통을 정리했는데, 그에 따르면 이익의 현실 인식과 역사 인식에 영향을 끼친 국내 학자는 신무(愼懋, 1629~1703?)와 유형원이었다. 아울러 홍이섭은 남인 실학의 사상 조류를 '외주내왕(外朱內王)'으로 보는 관점에서 당시 고염무(顧炎武, 1613~1682)나 황종희(黃宗羲, 1610~1695)와 같은 청조(淸朝) 학자들의 사상이 외부적으로 영향을 주었다고 파악했으며, 그것은 이익을 계승한 정약용의 경우도 마찬가지라고 하였다.[1] 요컨대 홍이섭은 신무·유형원 → 이익 →

정약용으로 이어지는 남인 실학의 계보를 시론적으로 정리했던 것이다.

이후의 연구를 통해 '성호학파'의 학문적 계보는 '퇴계학파(退溪學派)'라는 커다란 범주 속에서 재정리되었고, 그 결과 이황(李滉, 1501~1570) → 정구(鄭逑, 1543~1620) → 허목(許穆, 1595~1682) → 이익으로 이어지는 '근기학파(近畿學派)'는 유성룡(柳成龍, 1542~1607)·김성일(金誠一, 1538~1593) 계열의 '영남학파(嶺南學派)'와 더불어 퇴계학파의 한 분파로서 주목되기에 이르렀다. 동시에 이익 이후의 성호학파 역시 사상적 분화에 따라 안정복(安鼎福, 1712~1791) → 황덕길(黃德吉, 1750~1827) → 허전(許傳, 1797~1886)으로 이어지는 '성호우파(星湖右派)'와 권철신(權哲身, 1736~1801) → 정약전(丁若銓, 1758~1816)·정약용으로 이어지는 '성호좌파(星湖左派)'로 분류하기도 하였다.[2] 한편 조선후기 정치사의 관점에서 남인의 분열과 '근기남인' 학통의 성립 과정을 추적한 연구에서는 숙종 초년 허목이 남인의 영수로서 '기호남인(畿湖南人)'의 학문적 구심점으로 그 지위를 확고히 함에 따라 이황 → 정구 계열의 적전(嫡傳)으로 공인되었고, 이후 영조 대에 들어 청남계(淸南系)의 문외파(門外派)가 남인의 주도권을 쥐게 되면서 이황 → 정구 → 허목의 학통이 '기호남인' 사이에서 확고한 것으로 자리를 잡게 되었으며, 정조 대의 채제공(蔡濟恭, 1720~1799)에 의해 이익이 이 학통에 연결됨으로써 기호남인 학통이 정립된 것으로 파악하였다.[3]

채제공은 이익의 「묘갈명(墓碣銘)」에서 다음과 같이 이익을 이황 →

---

1) 洪以燮, 「實學에 있어 南人學派의 思想的 系譜」, 『人文科學』 10, 延世大學校 文科大學, 1963(『洪以燮全集』 2(實學), 延世大學校 出版部, 1994, 407~422쪽에 재수록).

2) 李佑成, 「韓國儒學史上 退溪學派之形成及其展開」, 『退溪學報』 26, 退溪學研究院, 1980(「韓國 儒學史上 退溪學派의 形成과 그 展開」, 『韓國의 歷史像』, 創作과 批評社, 1982, 87~95쪽에 재수록).

3) 유봉학, 「18세기 南人 분열과 畿湖南人 學統의 성립－≪桐巢謾錄≫을 중심으로－」, 『한신대학 논문집』 1, 한신대학교, 1983(『조선후기 학계와 지식인』, 신구문화사, 1998, 15~42쪽에 재수록).

정구 → 허목으로 이어지는 근기남인의 학문적 계보를 전승한 인물로 계통화하였다.

> 다만 오도(吾道)에 통서(統緖)가 있음을 생각해 보니 퇴계는 우리나라의 부자(夫子)이다. 그 도를 한강(寒岡)에게 전했고, 한강은 그 도를 미수(眉叟)에게 전했으며, 선생[李瀷]은 미수를 사숙(私淑)한 사람이니 미수를 배워 퇴계의 통서에 접하였다. 후대의 학자들은 사문(斯文)이 적통(嫡統 : 正統)으로서 서로 계승한 것[嫡嫡相承]에 속일 수 없는 것이 있음을 안 연후에야 취향(趣向)에 미혹되지 않을 수 있을 것이다[지향점을 잃고 헤매지 않을 것이다].[4)]

이후 이황 → 정구 → 허목 → 이익으로 이어지는 근기남인계 성호학파의 학문적 계보는 학계에서 대체로 공인된 것으로 볼 수 있다.[5)] 그러나 이러한 계통의 설정이 이익을 중심으로 한 성호학파의 학문적 연원을 충분히 해명한 것이라고 볼 수는 없다. 앞선 연구에서 이미 지적한 바와 같이 이익의 학문에 영향을 끼친 인물로는 허목 이외에도 유형원 등이 있었고, 그 시야를 조금 더 확장해 보면 17세기 '북인계(北人系) 남인(南人)' 학자들의 학문적 영향을 충분히 고려할 수 있기 때문이다.[6)]

---

4) 『樊巖集』 卷51, 「星湖李先生墓碣銘」, 6ㄴ(236책, 444쪽－影印標點 『韓國文集叢刊』, 民族文化推進會의 책 번호와 페이지 번호. 이하의 文集도 같음). "但念吾道自有統緖, 退溪我東夫子也. 以其道而傳之寒岡, 寒岡以其道而傳之眉叟, 先生私淑於眉叟者, 學眉叟而以接夫退溪之緖. 後之學者知斯文之嫡嫡相承有不誣者, 然後庶可以不迷趣向."

5) '星湖學派'의 학문적 계보에 대한 연구사적 검토로는 강세구, 『성호학통 연구』, 혜안, 1999, 18~33쪽 참조.

6) 北人系 南人學者의 형성 과정과 그 학문적 특징에 대해서는 鄭豪薰, 『朝鮮後期政治思想 硏究－17세기 北人系 南人을 중심으로－』, 혜안, 2004를 참조. 李瀷은 초기 北人系 南人의 대표적 학자 가운데 한 사람인 李睟光(1563~1628)의 가문과 혼인 관계를 맺기도 하였다. 이수광 본인은 당색을 드러내지 않았지만 그의

이른바 '성호좌파' 계열로 분류되는 인물들 가운데는 이익의 학문적 계보를 윤휴(尹鑴, 1617~1680)에 연결하는 이도 있었고,[7] 실제로 이익의 아버지 이하진(李夏鎭, 1628~1682)은 윤휴의 경서 해석에 대해 적극적 지지를 보이기도 하였다.[8] 요컨대 이익은 학문적으로 이황의 계승을 표방하는 한편 앞 세대의 대표적 '북인계 남인' 학자라고 할 수 있는 허목·윤휴·유형원의 영향을 고루 받고 있었으며, 동시에 정시한(丁時翰, 1625~1707)·이만부(李萬敷, 1664~1732) 등 당시 영남 계열의 학문적 성과도 수용하여 자기 나름의 학문 체계를 구축했던 것이다.[9] 그것은 이전 시기 남인학자들의 성과와 문제점을 비판적으로 계승·발전시키는 작업의 일환이기도 하였다.

이익의 학문은 그가 소속된 여주이씨(驪州李氏) 가문의 가학(家學)으로

가문은 그 아들 때부터 南人으로 自定하게 되었다. 특히 이수광의 둘째 아들인 李敏求(1589~1670)는 尹鑴에게 학문을 전했고, 윤휴는 이수광의 맏아들인 李聖求(1584~1644)의 자식들[李同揆]과 밀접한 정치적 동맹 관계를 유지함으로써 이후 이수광의 자손들은 당쟁의 전면에 등장하게 되었다. 이수광의 7대 후손인 李克誠은 이익의 사위가 되었고, 이극성의 양자인 李潤夏는 천주교신앙운동을 일으킨 인물로 알려져 있다(柳洪烈, 「李睟光의 生涯와 그 後孫들의 天主教 信奉」, 『歷史教育』 13, 歷史教育硏究會, 1970 참조). 이렇게 볼 때 이수광의 가계는 이수광 사후 남인으로서의 길을 걸었으며, 그 가운데는 천주교를 적극적으로 수용하고 신앙하는 인물까지 나타나게 되었다는 사실을 확인할 수 있다.

7) 『與猶堂全書』 第1集, 第15卷, 「鹿菴權哲身墓誌銘－附見閑話條」, 35ㄴ(281책, 335쪽). "公少時慕夏軒嘗曰, 退溪之後, 夏軒之學, 有本有末, 夏軒之後, 星翁之學, 繼往開來."

8) 尹鑴와 李瀷의 학문적 연관성에 대해서는 원재린, 「星湖 李瀷의 人間觀과 政治改革論－朝鮮後期 荀子學說 受容의 一端－」, 『學林』 18, 1997, 58~67쪽 참조.

9) 이익은 丁時翰에게서 직접 배울 기회는 없었으나 李萬敷와는 접촉이 있었다. 이만부는 이익의 仲兄·三兄인 李潛·李溆 등과 친분이 있었다. 이만부와 이익의 교류를 확인할 수 있는 자료로는 『息山集』 卷8, 「與李子新」, 1ㄱ~2ㄱ(178책, 194쪽) ; 『息山集』 卷8, 「答李子新」, 2ㄱ~6ㄴ(178책, 194~196쪽) ; 『息山集』 卷12, 「鶴城問答」, 11ㄴ~15ㄱ(178책, 275~277쪽) ; 『息山集』 續集, 卷1, 「與李子新」, 39ㄱ~40ㄱ(179책, 121쪽) ; 『息山集』 續集, 卷1, 「答李子新」, 40ㄱ~42ㄱ(179책, 121~122쪽) ; 『息山集』 續集, 卷1, 「答李子新」, 42ㄱ~47ㄱ(179, 122~124쪽) ; 『星湖全集』 卷9, 「答息山李先生甲辰」, 5ㄴ~9ㄱ(198책, 199~201쪽) ; 『星湖全集』 卷9, 「上息山」, 9ㄱ~12ㄴ(198책, 201~202쪽) 등을 참조.

전승되었을 뿐만 아니라 다양한 학자들에게 학통(學統)으로 계승되었으며, 그의 학문적 영향은 당색(黨色)과 학파의 범위를 넘어서기도 했다. 그것을 확인할 수 있는 하나의 사례가 노론(老論) 계열에 속하는 황윤석(黃胤錫, 1729~1791)의 기록이다. 황윤석은 성호학파의 학자들 못지않게 천문역산학을 비롯한 자연지식의 탐구에 몰두했던 인물이다. 그는 영조 46년(1770) 4월에 산학(算學) 분야에 조예가 깊은 이현직(李顯直, 1735~1773)과 대화를 나눈 일이 있다. 이 자리의 주요 주제는 서양 산학이었는데, 이현직의 발언 가운데는 이익의 『성호사설(星湖僿說)』에 대한 짧은 논평이 들어 있다. 그는 『성호사설』이 실로 볼만한 대문자(大文字)인데 그것이 남인의 가문에서 나온 것이 애석하다고 하였다.[10] 이는 18세기 후반 조선 사회에서 『성호사설』의 영향력이 어떠했는가를 단적으로 보여주는 사례라 할 수 있다.

같은 해 7월에 황윤석은 사헌부(司憲府) 감찰(監察) 유익성(柳翼星)을 만나서 이런저런 이야기를 들었는데 그 가운데 성호학파의 인물들에 대한 내용이 있었다. 안정복이 박학하고 저서가 있어 당대 남인 가운데 유명한 사람이라는 것, 이익의 종손인 이철환(李嚞煥, 1722~1779)이 다식(多識)으로 유명하다는 것, 이익의 저서 『성호사설』 20여 권이 세상에 성행하고 있다는 것, 이익의 문인 윤동규(尹東奎, 1695~1773) 또한 다식하다는 등의 이야기였다.[11] 황윤석은 정조 10년(1786)에 홍대용(洪大容, 1731~1783)의 서제(庶弟)인 홍대정(洪大定)이 소유하고 있던 『성호사설』

10) 『頤齋亂藁』 卷14, 庚寅(1770) 4월 2일(三, 126쪽-탈초본 『頤齋亂藁』 一~九, 韓國精神文化硏究院, 1994~2003의 책 번호와 페이지 번호. 이하 같음). "又言近世李瀷所著星湖僿說, 實是大文字可觀, 惜其出於南人家中耳."

11) 『頤齋亂藁』 卷15, 庚寅(1770) 7월 6일(三, 321쪽). "逢金監察聲九相話, 因逢監察柳翼星, 聞柳氏隨錄, 自嶺營刊畢, 方伯李瀰序之, 印送二件于本孫柳檖家. 又聞廣州前監察安鼎福, 故廣原君涀之奉祀孫, 博學著書, 當今南人中有名者. 又有李吉[嚞]煥, 故監役瀷從孫, 多識有名, 而瀷所著星湖僿說二十餘卷, 今盛行于世. 其門人尹東敎[奎], 亦多識, 今年七十, 居龍山江上云."

20책을 빌려서 중요한 부분을 뽑아 자신의 일기에 기록하기도 했다. 그것은 안정복이 분류한 『성호사설』, 즉 『성호사설유선(星湖僿說類選)』이었던 것으로 보인다.[12)]

황윤석의 사례에서 확인할 수 있듯이 성호학파의 학문적 성과는 18세기 이후 조선 학계에서 일정한 영향력을 행사하고 있었다. 남인 계열 내부에서뿐만 아니라 당색을 달리하는 학자들도 그들의 연구 성과에 주목했던 것이다. 따라서 자연지식에 대한 이들의 논의 내용과 그것이 지니고 있는 의미를 분석하는 것은 성호학파의 학문 체계를 이해하기 위해서만이 아니라, 조선후기 학계의 동향을 조망하기 위한 작업의 일환이 될 것이다.

성호학파의 범주에 대해서는 연구자들 사이에서 약간의 이견이 있지만 대체로 다음과 같이 정리할 수 있을 듯하다.

〈표 1-1〉 성호학파의 학통

星湖 李瀷 ─┬─	(尹東奎)·安鼎福 —	黃德壹·黃德吉 —	許 傳 ……	우파(攻西派)
└─	李秉休 —	權哲身·李基讓 —	丁若鏞 ……	좌파(信西派)

이익의 직제자(直弟子)로 거론되는 대표적 인물은 윤동규, 신후담(愼後聃, 1702~1761), 이병휴(李秉休, 1710~1776), 안정복 등이다. 일찍이 황덕길은 자신의 스승인 안정복의 행장을 지으면서 다음과 같이 이익 문하의 학자들을 평가한 바 있다.

당시에 문학(文學)을 하는 선비들이 모두 이(李) 선생의 문하에 모여

12) 『頤齋亂藁』 卷39, 丙午(1786) 7월 18일(七, 386쪽) "初昏, 洪大有, 改名大定, 納名來見, 卽故人洪德保庶弟也. 多識可語, 自言, 家間書冊, 盡歸京中嫡姪, 而只餘星湖翁僿說二十卷." ; 『頤齋亂藁』 卷39, 丙午(1786) 7월 19일(七, 386쪽). "借洪大定僿說二十冊以來, 卽李監役瀷所錄, 而其門人安鼎福所分類也, 略爲節錄如左."

> 있었는데, 독실(篤實)하기로는 소남(邵南) 윤공(尹公 : 윤동규)과 같은 사람이 있었고, 정상(精詳)하기로는 정산(貞山) 이공(李公 : 이병휴)과 같은 사람이 있었다.[13]

황덕길은 '독실(篤實)'과 '정상(精詳)'이라는 특징을 근거로 윤동규와 이병휴의 학문적 경향을 대비했던 것이다. 안정복 역시 윤동규와 이병휴를 다음과 같이 비교한 바 있다.

> 아, 선생의 도(道)는 공[윤동규]이 그 종지(宗旨)를 얻었고, 가학(家學)의 연원은 경협(景協 : 이병휴의 字)에 이르러 성하였다.[14]

성호학파의 분기를 세 갈래로 나누어 보는 견해도 있다. 그에 따르면 친서파로 분류되는 권철신 계열, 중도 우파의 성향을 보이는 이병휴 계열, 그리고 후에 『성호문집』을 간행하면서 적통으로 인정되는 안정복 계열이 그것이다.[15] 그런데 이와 같은 분류에서는 그 경계선이 모호하다. 서학에 대한 태도를 기준으로 진보, 중도, 보수로 분류한 것으로 보이는데, 이병휴의 서학관에 대한 분석이 빠져 있고, 이병휴 계열에 속하는 인물이 누구인지도 명확하지 않기 때문이다. 권철신 계열의 인물들이 서학을 적극적으로 수용하였고 그 일부에서는 천주교를 신앙하기도 했으며, 안정복 계열의 인물들이 척사론의 입장에서 서학을 배척했다는 사실은 인정할 수 있다. 그렇다면 이병휴 계열의 태도는

---

13) 『順菴集』 行狀, 「順菴先生行狀」, 4ㄴ~5ㄱ(230책, 399~400쪽). "當時文學之士, 咸萃李先生門下, 篤實如邵南尹公, 精詳如貞山李公." ; 『下廬集』 卷16, 「順菴安先生行狀」, 4ㄴ~5ㄱ(260책, 519~520쪽).

14) 『順菴集』 卷20, 「祭邵南尹丈東奎文癸巳」, 12ㄱ(230책, 207쪽). "嗚呼, 先生之道, 公得其宗, 而家學淵源, 至景協而盛矣."

15) 김선희, 『서학, 조선 유학이 만난 낯선 거울』, 모시는사람들, 2018, 142쪽.

어떠한 것이었을까?

기존의 논의를 염두에 둘 때 성호학파의 분기를 논하기 위해서는 명확한 기준의 제시가 필요할 것 같다. 18세기 조선 학계·사상계의 동향을 고려해 볼 때 주자학의 절대화와 상대화, 서학의 가치에 대한 긍정과 부정, 서학 수용에 대한 찬성과 반대 등이 주요한 논점으로 대두하였기 때문에 학파의 분기를 논할 때도 이러한 요소들을 그 기준으로 삼을 수 있을 것이다. 성호학파의 분기 역시 이와 같은 기준에 의거해서 판단할 수 있지 않을까 한다.

한편 이익의 가계에 속하는 인물 가운데 자연학(自然學)과 관련해서 주목되는 인물을 정리하면 다음의 〈표 1-2〉와 같다.

〈표 1-2〉 여주이씨(驪州李氏) 세계표(世系表) : 일부 축약

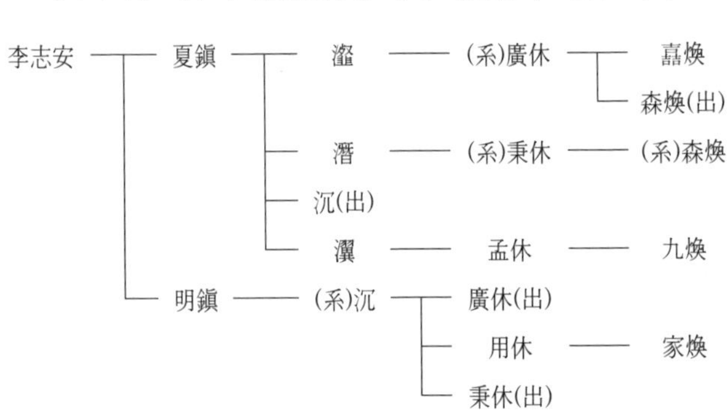

위의 〈표〉에서 볼 수 있듯이 이용휴(李用休, 1708~1782), 이병휴, 이철환, 이삼환(李森煥, 1729~1813), 이가환(李家煥, 1742~1801) 등이 자연학과 관련해서 주목되는 여주이씨 가문의 인물들이다. 아울러 위의 〈표〉에는 나타나 있지 않지만 이지정(李志定, 1588~1650)의 후손으로 이진휴(李震休, 1657~1710)의 아들인 이중환(李重煥, 1690~1752)도 자연학 분야에서 눈여겨볼 필요가 있다.

지금까지 조선후기 성호학파의 학문과 사상에 대해서는 다양한 각도에서 깊이 있는 연구가 진행되어 왔다. 유형원 → 이익 → 정약용으로 이어지는 조선후기 실학의 발전을 염두에 두고 이익의 학문과 사상에 대한 연구가 일찍부터 이루어졌고, 그 연장선에서 성호학파의 범주에 속하는 여러 학자들의 다양한 학문적 성과에 대한 연구가 진행되었다. 아울러 성호학파가 이익 사후에 이른바 '좌파(=信西派)'와 '우파(=攻西派)'로 분화했다는 점에서 그 맥락을 이해하고자 하는 연구도 진척되어, 18세기 이후 20세기 초에 이르는 기간의 성호학파의 학문적 계보와 학적 계승 관계에 대한 연구 성과가 축적되었다.

2015년에는 『성호학보』에서 "성호학의 연구 성과와 방향"이라는 주제로 성호학파의 정치사상, 경제사상, 역사인식과 역사학, 경제사상, 경학 연구, 한문학 연구의 성과와 향후 과제를 정리한 바 있다.[16] 이는 조선후기 학술사에서 성호학파가 차지하고 있는 학문적 위상을 보여주는 것이고, 그동안 성호학파의 학문과 사상에 대한 연구가 광범하게 이루어졌다는 방증이기도 하다. 그럼에도 불구하고 경학(經學), 사학(史學), 문학(文學), 경세학(經世學) 등의 분야와 비교해 볼 때 성호학파의 자연학에 대한 연구는 상대적으로 소략한 편이다. 따라서 성호학파의 학문 체계를 종합적으로 이해하기 위해서는 자연학에 대한 연구가 중요한 과제라고 할 수 있다.

이익의 과학사상에 대해서는 일찍이 시론적 검토가 시도된 이후 꾸준히 연구 성과가 축적되어 왔다. 그 과정에서 이익의 과학사상에 영향을 끼친 서학서(西學書)의 종류와 내용, 그에 따른 자연 인식의 변화, 그리고

16) 정호훈, 「성호학파의 정치사상 연구 성과와 전망–18세기 성호 이익의 후학에 대한 연구를 중심으로–」; 박인호, 「성호학파의 역사인식과 역사학–연구 성과와 방향–」; 유현재, 「성호학파의 경제사상 연구의 회고와 전망」; 전재동, 「성호학파 경학 연구의 성과와 향후 과제」; 박용만, 「성호학파 한문학의 연구 성과와 향후 과제」, 『성호학보』 16·17, 성호학회, 2015.

자연 인식과 사유체계의 상호관련성에 대한 검토가 이루어졌다. 최근에는 기존의 실학 연구에 대한 비판적 반성의 흐름 속에서 이익의 자연관을 당대의 문맥에서 이해하려는 새로운 시도들도 출현하였다.[17] 그동안의 연구를 일별해 보면 이익의 자연관이나 과학사상에 대한 역사적 평가에서 긍정과 부정이 교차하고 있음을 알 수 있다. 긍정적 입장에 서는 연구에서는 이익의 과학사상이 지니는 선진성·근대성·과학성을 강조하는 반면, 부정적 입장에 서는 연구에서는 이익의 과학사상이 지니는 중세적 한계성—주자학적 자연관과의 유사성—에 초점을 맞추고 있다.

사실 이익의 과학사상에 내포되어 있는 중세적 한계성은 일찍부터 연구자들이 지적한 바였다. 초창기 연구에서 이익의 과학사상이 지니고 있는 한계를 지적한 이는 이용범(李龍範, 1921~1989)이었다. 그는 과학과 관련한 이익의 학설에서 사상적 혼동을 쉽게 찾아볼 수 있다고 하면서 이러한 현상이 나타나게 된 원인을 다음과 같이 추론하였다.

---

17) 洪以燮, 『朝鮮科學史』, 正音社, 1946 ; 李龍範, 「法住寺所藏의 新法天文圖說에 對하여—在淸天主敎神父를 通한 西洋天文學의 朝鮮傳來와 그 影響—」, 『歷史學報』 32, 歷史學會, 1966 ; 李龍範, 「李瀷의 地動論과 그 論據—附 : 洪大容의 宇宙觀—」, 『震檀學報』 34, 震檀學會, 1972 ; 李元淳, 「星湖 李瀷의 西學世界」, 『敎會史硏究』 1, 한국교회사연구소, 1977 ; 朴星來, 「韓國近世의 西歐科學 受容」, 『東方學志』 20, 延世大學校 國學硏究院, 1978 ; 박성래, 「星湖僿說 속의 서양과학」, 『震檀學報』 59, 震檀學會, 1985 ; 李龍範, 「李朝實學派의 西洋科學受容과 그 限界—金錫文과 李瀷의 경우—」, 『東方學志』 58, 延世大學校 國學硏究院, 1988 ; 金弘炅, 「星湖 李瀷의 科學精神—神秘主義思想 批判을 중심으로—」, 『大東文化硏究』 28, 成均館大學校 大東文化硏究院, 1993 ; 김홍경, 「이익의 자연 인식」, 『실학의 철학』, 예문서원, 1996 ; 金容傑, 1999, 「星湖의 自然 認識과 理氣論 體系 變化」, 『韓國實學硏究』 創刊號, 솔, 1999 ; 具萬玉, 「星湖 李瀷의 科學思想—과학적 자연인식—」, 『民族과 文化』 9, 漢陽大學校 民族學硏究所, 2000 ; 林宗台, 「17·18세기 서양 과학의 유입과 분야설의 변화—『星湖僿說』 「分野」의 사상사적 위치를 중심으로—」, 『韓國思想史學』 21, 韓國思想史學會, 2003 ; 이광호, 「성호 이익의 서학 수용의 경학적 기초」, 『韓國實學硏究』 7, 韓國實學學會, 2004 ; 구만옥, 「朝鮮後期 '近畿南人系 星湖學派'의 水利論」, 『星湖學報』 1, 星湖學會, 2005 ; 박권수, 「術數와 災異에 대한 李瀷의 견해」, 『星湖學報』 3, 星湖學會, 2006 ; 김영식, 「미신과 술수에 대한 정약용의 태도」, 『茶山學』 10, 다산학술문화재단, 2007.

> 그러나 필자는 이익의 학설에서 흔히 찾아볼 수 있는 이와 같은 사상적 혼동을 그의 무정견(無定見)의 소치로만 돌리고 싶지 않다. 즉, 계몽기(啓蒙期)의 사상가들이 거의 한번은 범하였던 혼동을 우리가 낳은 최대의 석학도 숙명적으로 겪어야 하였을 뿐이었다. 만약 그의 사상적 혼란에 대하여 다소라도 선의로 해석할 아량을 가지고 다시 한번 『성호사설(星湖僿說)』을 들추어 보면 거기에는 한민족적(漢民族的)인 교양에서 성장하였으나 새로이 그의 앞을 가로막게 된 서구문화의 찬란함에 초조하고 그 초조감을 극복하여 다시 이 양자를 몸소 조화하여 보려는 한 선각자가 조선왕조가 지닌 과학수준의 낙후성을 극복하지 못한 채 부지불식간에 범한 학설상의 모순을 드러내고 있는 것을 느끼게 된다.[18]

이용범이 지적한 사상적 혼동이란 한편으로는 서학(西學)을 적극적으로 수용하면서 다른 한편으로는 여전히 전통적 학문에 기초해서 자연현상을 해석하고 있는 이익의 '이중적' 태도를 가리키는 것이었다. 연구자들에게는 이러한 모습이 '실학자'로서의 이익과 전통적 유교 지식인인 이익 사이의 괴리로 비쳤던 것이다.

이원순(李元淳, 1926~2018) 역시 이익의 천문역산학에 대한 견해를 다루면서 "서구 과학의 우수성을 인정하면서도 한편 전통적 유가정신의 집착을 청산치 못하고 있는 그의 사상적 한계성"[19]을 지적하였다. 이처럼 초창기의 연구자들이 이익의 과학사상에서 나타나는 중세적 한계성을 지적하기는 했지만 그들의 강조점은 거기에 있지 않았다. 이원순이 이익의 우주관을 평가하면서 그것이 "한계성을 지닌 것이기는 하였으나,

18) 李龍範, 위의 논문, 1966, 104~105쪽 ; 李龍範, 『韓國科學思想史硏究』, 東國大學校出版部, 1993, 221~222쪽.

19) 李元淳, 앞의 논문, 1977 ; 李元淳, 『朝鮮西學史硏究』, 一志社, 1986, 137쪽.

동양적인 재래의 관념적·형이상학적 우주론에서 실증적·자연과학적인 우주체계로의 우주 인식을 다각적으로 추구하는 실학(實學)의 일면을 볼 수 있다"[20]고 하였던 것처럼 초창기 연구자들의 강조점은 후자에 있었다.

그런데 이익의 과학사상에 대한 최근의 연구는 이익을 전통적 자연관 내지 성리학적 자연관에 충실했던 학자로 평가하고자 한다는 점에서 기존의 연구 경향과는 상반된 모습을 보여준다. 그에 따르면 이익은 전통적 자연관을 부정·극복하려고 한 것이 아니며, 그의 서학 수용 역시 전통적 자연관을 재정립하기 위한 시도였다고 간주한다. 요컨대 이익은 "전통적 자연관, 보다 구체적으로 말하자면 성리학적 자연관으로부터 벗어나지 못한, 오히려 그것을 충실히 계승한 학자"[21]였다는 것이다.

이것은 기본적으로 이익과 성호학파의 과학사상을 평가하는 역사적 관점의 차이에서 비롯된 문제이다. 따라서 이 문제를 해결하기 위해서는 이익과 성호학파의 자연인식을 조선후기 사상사의 맥락 속에서 정당하게 평가하는 작업이 필요하다. 다시 말해 이익과 성호학파의 과학사상이 사상사적으로 어떤 위치를 차지하는가 하는 점이 밝혀져야 한다는 것이다. 이익과 성호학파의 자연 인식은 중세적 자연관=주자학적 자연관과 질적인 차별성을 보이고 있는가? 질적인 차별성이 있다면 그 구체적 내용은 무엇이며, 그것을 가능케 했던 요인은 무엇인가? 나아가 이익의 과학사상은 그의 전체적 사유체계와 어떤 관련을 맺고 있는가 하는 문제들이 해명되어야 할 것이다.

이 책에서는 이상과 같은 문제의식을 염두에 두고, 조선후기 성호학파의 자연학을 체계적·종합적으로 구성하는 것을 그 일차적 목표로 삼는다. 성호학파는 조선후기의 대표적 학파 가운데 하나일 뿐만 아니라

20) 李元淳, 위의 논문, 1977 ; 李元淳, 위의 책, 1986, 135쪽.
21) 박권수, 앞의 논문, 2006, 130쪽.

자연학의 측면에서 가장 풍부한 논의를 생산한 집단이다. 이익은 실로 조선후기 과학적 사유의 근원이라 할 수 있다. 그는 전통사회에서 '과학'이라고 명명할 수 있는 거의 대부분의 주제에 대해 자신의 생각을 피력했다. 가학을 통해 그의 학문을 계승한 여주이씨 가문의 자제들, 그리고 성호학파의 일원으로서 그의 훈도를 받은 문도(門徒)를 비롯한 많은 이들이 이익의 사유로부터 지적 자극을 받아 사고의 너비와 깊이를 더해 갔다. 조선후기 과학(사상)사는 성호학파로 인해 한층 풍요롭게 되었다고 해도 결코 과언이 아니다. 따라서 조선후기 성호학파의 자연학에 대한 연구는 조선후기 사상사, 서학사, 과학사를 이해하는 관건이라 할 수 있다.

이와 같은 작업을 효율적으로 추진하기 위해 성호학파의 자연학 관련 자료를 집성(集成)하여 그 구체적 내용을 형상화하는 것을 우선적 과제로 삼을 것이다. 『성호사설』은 이익의 과학적 사유를 보여주는 여러 단편적 사례들로 채워져 있다. 그러나 이것이 전부는 아니다. 그의 문집에는 훨씬 더 정교하고 치밀한 과학적 논의도 수록되어 있다. 과학적 주제를 다룬 논설뿐만 아니라 그가 제자들과 주고받은 편지에서도 과학적 사유의 편린을 쉽게 찾을 수 있다. 따라서 성호학파의 과학적 사유체계를 전체적으로 살펴보기 위해서는 이익의 저술에 대한 탐구만으로는 부족하고, 그의 자제와 제자들이 남긴 자료에 대한 종합적 검토가 필요하다. 이를 위해 성호학파의 범주를 설정하고, 소속 학자들의 문집을 비롯한 다양한 자료를 수집하는 한편, 그 가운데 포함된 자연학 관련 논의를 추출함으로써 앞으로의 연구를 위한 토대를 마련하고자 한다.

이 책의 본문은 모두 여덟 개의 장으로 구성되어 있다. 제2장에서는 성호학파의 자연학에 대한 본격적 탐구에 앞서 성호학파의 구성원들이 자연학을 탐구하게 된 사상적·학문적 배경에 대해 살펴보고자 한다. 널리 알려진 바와 같이 자연학은 유학자들의 학습 과정에서 필수적 학문 분야는 아니었다. 경학(經學), 사학(史學), 예학(禮學), 문학(文學) 등 다른 학문 분야와 비교할 때 자연학은 결코 중요한 위치를 차지하지 못했고 잡학(雜學)이나 여기(餘技)로 치부되기도 했다. 이와 같은 학문 풍토에서 자연학을 전문적으로 연구하는 행위는 어떤 의미를 지니는 것일까? 그것은 개인의 학문적 취향이나 기호로만 취급할 수 없는 문제이다. 성호학파 자연학의 사상적·학문적 기초를 검토하는 것은 성호학파의 구성원들이 자신들이 탐구 대상으로 삼고 있는 자연학의 학문적 위상과 가치를 어떻게 설정하고 있는가를 해명하기 위한 선결 과제라 할 수 있다.

제3장에서는 성호학파의 서학(西學) 인식과 수용의 논리에 대해 살펴보고자 한다. 조선후기 자연학의 전개 과정에서 핵심적 요소 가운데 하나는 '서학'이었다. 성호학파의 학자들 역시 서학의 적극적 수용을 통해 새로운 과학 담론의 지적 자양분을 마련하였다. 따라서 성호학파의 자연학을 이해하기 위해서는 조선후기 서학서의 수용과 유통 과정을 염두에 두고, 그들이 접한 다양한 서학서의 내용을 파악할 필요가 있다. 왜냐하면 그들은 서학서에 담긴 자연학 관련 내용을 무비판적으로 수용한 것이 아니라 일정한 변용(變容)의 과정을 거쳐 흡수했기 때문이다. 아울러 그들이 제시한 서학 수용의 논리를 정밀하게 분석함으로써 서학의 학문적 효용성에 대한 성호학파 학자들의 생각을 가늠해 볼 필요가 있다.

제4장과 제5장에서는 다양한 자연지식에 관한 성호학파 내부의 담론을 구체적 사례를 통해 분석하고자 한다. 제4장에서는 전통적 천문역법을 이해하기 위한 선결 과제라 할 수 있는 '기삼백(朞三百)'과 '치윤법(置閏法)'에 대한 담론을 이익과 이병휴의 논의를 통해 살펴볼 것이다. 두 사람은 1736년 무렵부터 1741년 사이에 세 차례에 걸쳐 질문과 답변을 주고받으며 '칠윤지설(七閏之說)'에 대한 토의를 이어갔다. 비록 양자

간의 논의는 명쾌하게 마무리되지는 않았으나 그 내용은 일반 유자들의 통상적 논의 수준을 뛰어넘는 것이었고, 그 논의 방식 또한 '치의(致疑)'와 '자득(自得)'을 중시하는 성호학파의 학문관의 실제적 사례로서 손색이 없었다.

제5장에서는 이익의 고제(高弟)라 할 수 있는 윤동규와 안정복이 1756년부터 1759년 사이에 주고받은 편지를 주요 자료로 삼아 성호학파 내부의 자연지식에 대한 담론을 검토하고자 한다. 두 사람의 논의는 세차설(歲差說), 서양의 천문역산학, 일전표(日躔表), 조석설(潮汐說) 등의 자연지식과 천주교의 교리에 이르기까지 폭넓은 주제에 걸쳐 이루어졌고, 그 과정에서 당시 전래된 서학서(西學書)의 내용이 중요하게 다루어졌다. 따라서 양자의 논의를 통해 1750년대 후반에 새로운 자연지식에 관한 성호학파 내부의 담론이 어떠한 방식으로 전개되었는지, 논의의 수준은 어느 정도였는지 가늠해 볼 수 있을 것이다.

성호학파의 학자들은 전통 학문의 토대 위에서 서학을 수용하여 새로운 자연학 관련 지식을 습득하였고, 이를 바탕으로 기존의 학설에 대한 회의와 비판을 전개하였다. 그들이 구축한 성호학파 자연학의 전모는 아직까지 충분히 해명되지 않은 과제이다. 제6장과 제7장에서는 천문역산학과 지리학을 비롯한 자연학 분야에서 그들이 전개했던 다양한 논의를 주제별로 정리할 것이다. 제6장에서 주로 '하늘'과 관련한 학설 가운데 서학 수용 이후 우주론과 천문역산학의 차원에서 신법(新法)과 구법(舊法)의 대립을 초래했던 문제들, 예컨대 중천설(重天說)과 세차설(歲差說), 일월식론(日月蝕論) 등을 분석하고, 서양식 천문도인 「방성도(方星圖)」를 활용하여 전통적 '수간미곤(首艮尾坤)'론을 독창적으로 변주(變奏)한 이익의 논의를 꼼꼼히 따져보고자 한다.

제7장에서는 '땅과 물'에 관한 성호학파의 학설을 분석할 것이다. 성호학파의 구성원 가운데는 지도(地圖)와 지지(地志)를 포함한 '지리'

분야에 관심을 기울였던 인물이 있었다. 이익을 비롯하여 정항령(鄭恒齡), 안정복, 이가환, 정약용 등이 대표적이다. 이들은 역사학과 지리학의 상호 연관성을 염두에 두고 '지리'를 탐구하였는데, 그 학문적 목표가 무엇이었는지 간략히 살펴보고, '지리' 분야와 관련해서 이들이 활발한 논의를 전개했던 몇 가지 주제들, 예컨대 지구설(地球說)과 봉침설(縫針說), 조석설(潮汐說)과 동해무조석론(東海無潮汐論), 수리론(水利論) 등을 검토하고자 한다.

제8장에서는 위에서 다룬 성호학파의 서학 인식과 자연학 관련 학설의 내용을 종합해서 성호학파 자연학의 특징을 추출할 것이다. 먼저 성호학파의 구성원들이 자신들이 탐구 대상으로 삼고 있는 자연학의 학문적 위상과 가치를 어떻게 설정하고 있었는지를 자연학에 대한 인식의 전환이라는 관점에서 살펴보고, 그 연장선에서 물리(物理)에 대한 관심과 성호학파의 '박학(博學)'이 어떤 연관성을 지니고 있는지를 밝히고자 한다. 자연학의 탐구 과정에서 중요한 요소 가운데 하나가 새로운 방법론의 창출이다. 조선후기에 서학을 적극적으로 수용했던 사람들과 마찬가지로 성호학파의 학자들도 자연학의 탐구 방법으로 '수학(數學)과 실측(實測)'을 강조했다는 사실에 주목할 필요가 있다.

이른바 '성호좌파(星湖左派)'에 속하는 학자들은 '신유사옥(辛酉邪獄)'(1801년)을 통해 정치적으로 심대한 타격을 입고 정계에서 제거되었다. 이로 인해 '치의'와 '자득'으로 대표되는 성호학파의 학문 경향도 혹독한 비판에 직면하게 되었다. 이와 같은 상황 속에서 성호학파의 학맥은 안정복–황덕길–허전으로 이어지는 계보를 통해 계승되었으며 일련의 보수화 과정을 거쳤다. 자연학의 측면에서 보자면 성호학파의 자연학은 이전의 참신성을 잃고 선배들의 담론을 답습하면서 창조적 활력을 보여주지 못했던 것이다. 그것은 일종의 굴절(屈折) 내지 변주의 과정이었다. 제9장에서는 19세기 이후 성호학파 자연학의 계승과 굴절 과정을 다루고자 한다.

이상과 같은 논의들이 조선후기 과학(사상)사의 폭과 깊이를 더하는 작업에 일조할 수 있기를 기대한다. 성호학파의 자연학은 중세적 자연학, 이른바 '주자학적 자연학'과 질적인 차별성을 지니고 있는가? 질적인 차별성이 있다면 그 구체적 내용은 무엇이며, 그것을 가능케 한 요인은 무엇이었는가? 나아가 성호학파의 자연학은 그들의 전체적 사유체계와 어떤 관련을 맺고 있는가? 이상의 질문은 성호학파의 사유체계 내에서 자연학 담론이 차지하는 위치가 무엇인지 파악하기 위한 것이며, 나아가 성호학파의 자연학의 역사적 의미와 학문적 위상을 가늠하기 위한 것이다.

제2장 성호학파 자연학의 사상적·학문적 기초

1. 도리(道理)와 물리(物理)의 분리

조선왕조의 국정교학(國定教學)인 주자학의 자연인식은 '유기체적(有機體的) 자연관'으로 특징지을 수 있다. 그것은 자연을 유기적 생명체로 간주하는 한편, 인간과 사회와 자연을 통일적 구조 속에서 파악하고자 하는 논리 체계였다. 주자학의 자연학 체계는 두 개의 축으로 구성되어 있었으니 하나는 장재(張載, 1020~1077)의 기일원론(氣一元論)이고, 다른 하나는 정이(程頤, 1033~1107)의 이본체론(理本體論)이었다. 자연학의 체계 내에서만 본다면 자연현상에 대한 설명은 기일원론적 해석으로 충분히 감당할 수 있는 문제였다. 현상세계의 사물을 설명할 때 이(理)는 필수불가결한 개념은 아니었던 것이다. 자연학의 영역에서는 기(氣)라는 개념만으로도 사물의 생성과 진화를 비롯한 일련의 현상을 설명할 수 있었다. 그럼에도 불구하고 이라는 개념이 필요했던 것은 자연학의 측면 때문이 아니라 주자학적 사유체계의 내적 요구 때문이었다.[1)]

---

1) 야마다 케이지(김석근 옮김), 『朱子의 自然學』, 통나무, 1991, 終章('자연학에서 인간학으로') 참조. "사실 자연학의 영역에서는 때때로 인식론의 입장에서 이라

자연학이 그 자체로서 독립적 지위를 갖지 않고 인간학 내지 도덕학의 철학적 기초가 되어야 한다고 할 때, 자연학의 모든 개념은 도덕학의 여러 개념과 유기적 관련성을 가질 필요가 있었다. 그래야만 자연 질서와 인간 질서의 유기적 통합이 논리적으로 가능하기 때문이다. 주자학의 집대성자인 주희(朱熹, 1130~1200)는 인간학의 측면에서 인간의 도덕적 당위성[性善]을 전제로 하였다. 인간의 도덕적 행위의 철학적 근거가 바로 형이상학적인 이(理=天理)였다. 동시에 이 이는 모든 인간과 사물에 두루 구비되어 있다고 간주하였다. 요컨대 이는 모든 존재의 근거임과 동시에 자연과 인간이 지향해야 할 본연의 상태였다. 한편 이(理)는 모든 존재의 근거라는 의미에서 총체적 원리로서 '이일(理一)'이면서 동시에 구체적 만물 속에 내재하는 개별적 원리로서 '만수(萬殊)'였다. 이것이 바로 '이일분수론(理一分殊論)'이었다. 주자학은 이 '이일분수론'에 의거해서 자연과 인간·사회를 일관하는 통일적 질서를 구축하였다. 그리고 그 안에서 구체적 인간과 사물은 이 같은 통일적 질서의 원리, 즉 천리(天理)에 합당한 행동을 수행해야만 했다.

주자학의 이에는 '존재의 이'와 '당위의 이'라는 양면이 있었다. 존재의 이란 자연세계의 생생지리(生生之理)이고, 당위의 이란 인간세계의 도덕적 원리였다. 그것이 이른바 '소이연지고(所以然之故)'와 '소당연지칙(所當然之則)'이었다.[2] 그런데 주희는 당위의 이에 근거하여 자연의 존재까지도 파악하고자 했다. '소이연지고'가 '소당연지칙'의 근원이 되는 까닭이었다.[3] 요컨대 주희에게 이는 소이연(所以然)과 소당연(所當然)의 양면

는 말이 사용되긴 하지만 이론구성에 있어서 이의 개념은 본질적인 것이 아니라 그것없이도 이론전체를 기술할 수 있는 것이다."(349쪽) ; "바로 이 점은 존재론 그 자체의 요청인 기와는 달리 이(理)는 다른 어떤 요청에 근거하여 바깥으로부터 존재론속으로 도입된 개념이라는 것을 강하게 시사해준다."(350쪽)

2) 『大學或問』 11ㄱ(8쪽 – 영인본 『四書或問』, 保景文化社, 1986의 페이지 번호. 이하 같음). "至於天下之物, 則必各有所以然之故與所當然之則, 所謂理也."

을 겸유(兼有)한 것이며, 소이연은 존재의 이로서 천리였고, 소당연은 당위(當爲)의 이로서 인도(人道)였다. 이처럼 주희의 이는 천도와 인도를 일관(一貫)하는 것이었다.[4]

자연학의 측면에서 이는 사물의 법칙, 또는 질서의 원리라는 의미만을 갖는다. 그러나 자연학과 인간학이 유기적 체계로 연결될 때 자연학의 이는 도덕학의 윤리적 이(理=三綱五倫)의 개념과 관련을 맺게 되고, 자연학의 이와 도덕학의 이는 동일한 것으로 간주된다. 요컨대 주자학의 이는 물리(物理)임과 동시에 도리(道理)이고 자연(自然)임과 동시에 당연(當然)이었다. 물리와 자연법칙은 도리와 도덕규범에 완전히 포섭되었다.[5] 주자학의 특징은 바로 이와 같은 윤리성에 있으며, 주자학적 합리주의는 자연을 도덕에, 나가서는 역사마저 도덕에 종속시키는 명분론(名分論)을 만들어 내기에 이르렀다. 바로 여기에 주자학의 중세적·계급적 성격이 있는 것이다. 이것은 주자학적 사유체계가 자연과 인간을 통일적 관점에서, 유기체적으로 파악하려고 하였기 때문에 나타난 결과였다. 따라서 주희가 아무리 자연을 기(氣)의 이론에 의해 구성했다고 할지라도 그 배후에 도덕적 성격을 갖는 이(理)의 법칙성을 전제하고 있다고 할 때, 그의 자연학은 일정한 한계를 가질 수밖에 없었다. 주희의 자연학이 중세적 틀을 벗어나 근대적 학문으로 이행하기 위해서는 인간(학)과 자연(학)의 분리라는 질적 변화 과정을 거쳐야만 했던 것이다.

이러한 주자학적 자연관 아래에서 자연 인식의 방법으로서 제시된

---

3) 『朱子語類』 卷17, 大學4或問上, 經一章, 沈僩錄, 383쪽(點校本 『朱子語類』, 北京 : 中華書局, 1994의 페이지 번호. 이하 같음). "郭兄問, 莫不有以知夫所以然之故, 與其所當然之則. 曰, 所以然之故, 卽是更上面一層."

4) 裵宗鎬, 『韓國儒學史』, 延世大學校 出版部, 1974, 27~29쪽.

5) 야마다 케이지(김석근 옮김), 앞의 책, 1991, 343~387쪽 ; 張東宇, 「朱子學的 패러다임의 반성과 해체 과정으로서의 實學-自然學과 人間學의 分離를 中心으로-」, 『泰東古典研究』 12, 1995, 146~152쪽 참조.

'격물치지론(格物致知論)' 역시 과학적 인식론과는 일정한 거리가 있었다. 왜냐하면 격물치지를 통해 파악하고자 한 것이 자연세계의 원리·법칙이라기보다는 인간사회의 도덕·윤리·수양의 원칙이었기 때문이다.[6] 다만 유기체적 자연관의 성격상 격물치지론에는 자연학적 인식론으로서의 성격이 포함되어 있었다. 그것이 진정한 의미에서 과학적 인식론으로 발전하기 위해서는 앞서 이야기한 바와 같이 인간학·도덕학으로부터 자연학의 분립(分立), 도리로부터 물리의 자립이 선행되어야 했다.

따라서 이러한 주자학적 자연학으로부터 벗어나 근대적 자연 인식으로 전진하기 위해서는 주자학적 자연학의 유기체적 구조를 깨뜨리는 것이 하나의 방법이 될 수 있다. 그것은 천(天)으로 표상되는 자연과 인간 사이에 맺어진 선험적 관계를 분쇄하는 것이었다. 그것이 바로 주자학적 '천인합일(天人合一)'에 대한 극복으로서의 '천인분이(天人分二)'라 할 수 있다. 도리와 물리의 분리는 당연히 '삼강오륜(三綱五倫)'으로 규정된 이의 내용에 변화를 초래하게 될 것이며, 나아가 이를 파악하기 위한 방법론으로서의 격물치지론에도 일정한 영향을 미치게 되어 주자학적 자연학의 전면적 동요·해체로 이어질 수 있었다.

이익(李瀷)은 바로 이와 같은 방법으로 주자학적 자연학의 틀을 분해하고 새로운 자연 인식의 틀을 확보하고자 했다. 그것은 크게 세 가지 측면에서 이야기할 수 있다. 첫째는 주자학적 이기론 체계의 변화이다. 그것은 유기체적 자연관의 철학적 근간이 되는 '이일분수론'의 해체를 의미하는 것이었다. 이익은 경험 세계의 근거로서 본체 세계를 설정하지 않았다. 그는 '통체태극(統體太極)'과 '만수태극(萬殊太極)'을 통일적으로 파악하는 대신 범위를 기준으로 구별하였다.[7] 즉 '통체태극'이 관계하는

6) 『大學或問』 28ㄱ(16쪽). "然而格物, 亦非一端, 如或讀書講明道義, 或論古今人物而別其是非, 或應接事物而處其當否, 皆窮理也." ; 陳來, 『朱熹哲學硏究』, 北京 : 中國社會科學出版社, 1987, 218~228쪽 참조.

세계와 '만수태극'이 관계하는 세계가 각각의 독자적 경계를 가지고 존재한다는 것이었다. 요컨대 세계 안에 존재하는 모든 사물은 각각 하나의 경계를 갖고 있으며, 모든 존재는 독자적 근거를 갖고 개별성·개체성을 유지하고 있다고 보았다. 여기에서 주목되는 것은 하나의 사물에 일관되게 적용되는 이가 다른 사물에는 관통되지 않는다는 점이다.[8] 이것은 이일(理一)의 부정이라고 할 수 있다.

둘째는 이의 내용을 변화시킨 것이었다. 이익은 이의 형이상학적이고 도덕적 의미를 탈색하고 근대적 의미의 이법·원칙으로서의 이를 강조하였다. 그것은 '이일'의 부정으로부터 예견되는 결과였다. 주자학적 자연관에서 '이일'의 강조는 자연과 인간·사회를 하나의 이법으로 총괄하려는 목적을 지니고 있었다. 이제 그 연결고리를 끊어버림으로써 이의 성격 역시 도덕적 차원에서 벗어날 수 있게 되었다. 이익은 기(氣)와 분리되어 존재하는 이를 인정하지 않았다. 그것은 경험세계와 분리된 본체의 세계를 염두에 두지 않았다는 것이며, 이렇게 될 경우 이는 각각의 사물에 일 대 일로 작용하는 개별 조리(條理=分殊理)로서의 성격을 띠게 된다.[9]

셋째는 격물치지론의 변화이다. 그것은 이기론(理氣論) 체계의 변화에 수반되는 것이었다. 이일의 통일성을 부정하고 개별 사물의 고유한 이치만을 인정하는 이익에게 격물이란 당연히 각각의 사물이 지니고 있는 개별적 이치를 분별하는 것이었을 뿐이다. 그가 '격(格)'자의 '각(各)'

---

7) 『星湖僿說』 卷3, 天地門, 物各太極, 12ㄴ(Ⅰ, 77쪽-『국역 성호사설』, 민족문화추진회, 1977의 책 번호와 原文 페이지 번호. 이하 같음). "然統體太極, 非分爲萬殊, 萬殊太極, 非合爲統體, 於理爲差……."

8) 金容傑, 『星湖 李瀷의 哲學思想硏究』, 成均館大學校 大東文化硏究院, 1989, 39~45쪽 참조.

9) 『星湖全書』 第7冊, 四七新編, 四端有不中節第三, 6쪽(영인본 『星湖全書』, 驪江出版社, 1984의 페이지 번호. 이하 같음). "氣有淸濁偏全之殊, 故理之顯不顯不同."

의 의미에 착안하여 개별 사물의 이치를 강조한 것은 바로 그러한 이유에서였다.[10] 격물의 의미를 이렇게 본다면 격물의 범위는 이 세상에 존재하는 사물의 다양성만큼 풍부해지게 된다. 따라서 사물의 이치를 탐구하기 위해서는 풍부한 공부가 필요하였다. 『성호사설』에서 드러나는 박학적(博學的) 학풍은 바로 이러한 이치 탐구의 결과물이었다고 판단된다. 그가 일찍이 궁리(窮理) 공부를 통한 '대심(大心)'을 강조했던 이유도 바로 이것이었다.[11]

이렇게 얻어진 자연인식은 기존의 자연인식과는 분명하게 차별성을 보일 수밖에 없었다. 기존의 자연 탐구가 유기체적 자연관의 틀 속에서 천인합일의 관점에 연계되어 수행된 측면이 강했다면, 이제 이익은 그런 부담과 질곡으로부터 해방되어 자유롭게 자연세계의 문제를 논할 수 있게 되었다.[12] '천인분이'의 관점에 입각하여 전개되는 이익의 자연 탐구는 철저한 궁리 공부였다. 그것은 개개의 이치를 탐구하는 작업이었고, 때문에 '박학(博學)'이 될 수밖에 없었다. 『성호사설』의 전편에 흐르는 다양한 문제에 대한 관심과 실증적 연구는 바로 개개 사물의 각각의 이치(=分殊理)를 탐구해 가는 박학의 산물이었다. 자연학의 측면에서만 이야기한다면 그것은 전통적 자연학의 토대 위에서 새롭게 도입된 서양 과학의 지식을 수용하는 한편, 양자를 비교·대조하여 그 동이점을 분별하고, 실증적 차원에서 개별 사물의 이치를 고구(考究)하는 것이었다.

이일분수(理一分殊)의 부정은 결국 도리와 물리의 분리, 천인(天人)의

---

10) 『星湖僿說』 卷22, 經史門, 格致誠正, 17ㄴ(Ⅷ, 84쪽). "格從各, 各有辨別之義."; 『星湖僿說類選』 卷7上, 經史篇 3, 經書門 3, 格致誠正(下, 109쪽－영인본(朝鮮古書刊行會本) 『星湖僿說類選』, 明文堂, 1982의 輯 번호와 페이지 번호. 이하 같음).

11) 『星湖僿說』 卷10, 人事門, 心大心小, 7ㄱ(Ⅳ, 42쪽). "然則學者須大其心, 心大則萬物皆通, 必有窮理功夫, 心纔會大……."

12) 물론 여기서 자유롭다는 것은 당시의 자연과학의 수준과 그에 대한 이익 개인의 인식에 규정되는 것이기는 하다. 그럼에도 불구하고 이것이 의미를 가질 수 있는 것은 건전한 비판정신의 확립이라는 점에서 커다란 역할을 하였기 때문이다.

분리를 의미했다. 천인의 분리는 기존의 천인합일과 천인감응론(天人感應論), 그리고 그에 입각한 재이설(災異說)의 재편으로 이어졌다. 그것은 한편으로는 천(天)에 대한 새로운 탐구를, 다른 한편으로는 인(人)에 대한 새로운 규정을 뜻한다. 이익은 자연천(自然天)과 도덕천(道德天)을 분리하였고, 그 연장선에서 인간의 능동적 역할을 강조했다. 이익은 자연적 하늘을 '천(天)'으로, 그 하늘의 운행 원리를 상제(上帝)라고 표현하였다. 이때의 상제는 인격적 상제와는 다른 개념이었다. 하늘이란 지각의 심장이 있는 것이 아니며, 다만 만물에 따라 응하여 생성하기를 좋아하는 이치가 있을 뿐이었다. 결국 하늘의 이치란 생성하는 것이며, 그 이치에 따라 재성보상(財成輔相)하는 것은 바로 사람의 역할이었다.[13] 이것은 천에 대한 인간의 상대적 자립성을 강조한 것으로 볼 수 있다. 천이란 인간에게 명령을 내리거나 인간의 운명을 주재하는 존재가 결코 아니었다. 그것은 다만 생생(生生)의 이치를 가진 자연적인 것에 지나지 않았다. 따라서 인간의 운명은 인간 자신의 노력 여하에 달린 것이었다. 이익은 이것을 '조명(造命)'이라고 표현하였다.[14]

이와 같은 이익의 사유를 계승하여 도리와 물리의 상호관계를 다시 설정한 대표적 인물이 정약용(丁若鏞)이다. 그는 자신의 학문적 포부를 다음과 같이 밝힌 바 있다.

> 나는 나이 스무 살 때 우주 사이의 일을 모두 취해 일제히 처리하고 일제히 정돈하고 싶었는데, 서른 살 마흔 살이 되어서도 그러한 뜻이 쇠약해지지 않았다. 풍상(風霜)을 겪은 이래로 백성과 나라에 관계되는 일인 전제(田制)·관제(官制)·군제(軍制)·재부(財賦)와 같은 일에 대해서는 드디어 돌이켜 생각할 수 있었고[省念], 경전(經傳)의 전주(箋注)를

13) 『星湖僿說』 卷27, 經史門, 神理在上, 56ㄱ~ㄴ(Ⅹ, 116쪽).
14) 『星湖僿說』 卷3, 天地門, 造命, 36ㄴ(Ⅰ, 89쪽). "造命者, 時勢所値, 人力參焉."

내는 사이에 오히려 혼잡한 것을 파헤쳐 올바른 이론으로 돌이키고자 하는 바람이 있었다.[15]

정약용의 학문적 중심은 철두철미 유학이었다. 그가 자식들에게 공부 방법을 말하면서 경학(經學) → 사학(史學) → 실학(實學=實用之學)의 순차를 제시했던 것은 이와 같은 그의 기본 자세를 잘 보여준다.[16] "효제(孝悌)에 근본을 두고 경사(經史)·예악(禮樂)·병농(兵農)·의약(醫藥)의 이치를 관통하게 한다"[17]는 그의 교육 방침은 이러한 기본자세에서 도출되었다. 효제(孝弟)를 근본으로 삼고 예악(禮樂)으로 수식하며 정형(政刑)으로 보완하고 병농(兵農)으로 우익을 삼는다는 것이 정약용의 학문 종지였다.[18] 따라서 그의 저술 활동 역시 이와 같은 기본 관점 아래에서 행해졌다.

정약용이 가장 심혈을 기울인 분야는 널리 알려진 바와 같이 경학(經學)이었다. 그 다음으로는 일반 인민들에게 혜택을 줄 수 있는 '경세택민지학(經世澤民之學)'에 주목하였고, 외적을 방어할 수 있는 '관방기용지제(關防器用之制)'에 대해서도 소홀히 하지 않았다.[19] 『주역사전(周易四箋)』을 비롯한 일련의 경학 관련 저술이 첫 번째에 해당하며, 『경세유표(經世

15) 『與猶堂全書』 第1集 第18卷, 詩文集, 家誡, 「贐學游家誡」, 13ㄴ(281책, 391쪽). "余年二十時, 欲盡取宇宙間事, 一齊打發, 一齊整頓, 至三十四十, 此意不衰. 風霜以來, 凡繫民國之事, 若田制·官制·軍制·財賦之等, 遂得省念, 唯經傳箋注之間, 猶有撥難返正之願."

16) 『與猶堂全書』 第1集 第21卷, 詩文集, 「寄二兒壬戌十二月廿二日康津謫中」, 4ㄴ(281책, 450쪽). "必先以經學立著基址, 然後涉獵前史, 知其得失理亂之源, 又須留心實用之學, 樂觀古人經濟文字, 此心常存澤萬民育萬物底意思, 然後方做得讀書君子."

17) 『與猶堂全書』 第1集 第21卷, 詩文集, 「寄兩兒」, 12ㄴ(281책, 454쪽). "……皆使之本之孝弟, 而又能貫穿經史禮樂兵農醫藥之理……."

18) 『與猶堂全書』 第1集 第21卷, 詩文集, 「答二兒以下康津謫中書」, 2ㄴ(281책, 449쪽). "學問宗旨, 本之以孝弟, 文之以禮樂, 輔之以政刑, 翼之以兵農."

19) 『與猶堂全書』 第1集 第18卷, 詩文集, 「示二子家誡」, 6ㄴ(281책, 387쪽). "大較著書之法, 經籍爲宗, 其次經世澤民之學, 若關防器用之制, 有可以禦外侮者, 亦不可少也."

遺表)』와 『목민심서(牧民心書)』로 대변되는 경세학(經世學) 관련 저술이 두 번째에 포함될 것이고, 국방과 과학기술에 관련되는 일련의 저술은 세 번째에 속하는 것이었다. 그것은 다시 효제(孝弟)·예악(禮樂), 감형(鑑衡)·재부(財賦)·군려(軍旅)·형옥(刑獄), 농포(農圃)·의약(醫藥)·역상(曆象)·산수(算數)·공작(工作)의 기술 등으로 구분되기도 한다.[20] 이렇게 본다면 과학기술에 대한 정약용의 관심은 실용적 차원의 것이었다고 할 수 있다. 그는 학문에서 실용(實用)과 실리(實理)를 중시하였다.[21] 그가 아들에게 경학 공부를 강조하면서도 『고려사(高麗史)』, 『반계수록(磻溪隨錄)』, 『서애집(西厓集)』, 『징비록(懲毖錄)』, 『성호사설(星湖僿說)』, 『문헌통고(文獻通考)』 등의 책을 읽고 그 요점을 초록하는 일을 그만두지 말라고 당부했던 것도 이러한 이유에서였다.[22]

그렇다면 이와 같은 정약용의 학문적 관심은 정통 주자학의 그것과 비교해 볼 때 어떤 차이점을 갖는 것일까? 아마도 그것은 이기론(理氣論)과 격물치지론(格物致知論)을 중심으로 이야기될 수 있을 터인데, 여기에서는 양자 사이의 '물리(物理)' 개념의 차이를 중심으로 이 문제에 접근하고자 한다. 일찍이 정이(程頤)는 "격물(格物)〈의 物(물)〉은 외물(外物)인가, 아니면 성분중(性分中)의 물(物)인가?"라는 질문에 대해 "(어느 쪽이든) 구애받을 필요가 없다. 대개 눈앞에 있는 것은 물(物)이 아닌 것이 없다. 물(物) 하나하나마다 모두 이(理)가 있으니, 불이 뜨겁고 물이 차가운 까닭으로부터 군신부자(君臣父子)의 관계에 이르기까지 모든

20) 『與猶堂全書』 第1集 第20卷, 詩文集, 「上仲氏」, 20ㄱ(281책, 437쪽). "大抵此道, 本之以孝弟, 文之以禮樂, 兼之以鑑衡財賦軍旅刑獄, 緯之以農圃醫藥曆象算數工作之技, 庶乎其全德. 凡著書每考之此目, 有外於是者, 便不要著耳."

21) 『與猶堂全書』 第1集 第21卷, 詩文集, 「寄二兒」, 5ㄱ(281책, 451쪽). "紀年兒覽, 吾亦始以爲佳書, 今乃仔細看, 所見不如所聞也. 大抵本意在於示該洽爭多聞, 不于實用實理上, 立得一副當繩尺, 故其所著之煩而寡要, 約而多蔓如是也."

22) 『與猶堂全書』 第1集 第21卷, 詩文集, 「寄淵兒戊辰冬」, 5ㄱ(281책, 451쪽). "以其餘力, 觀高麗史·磻溪隨錄·西厓集·懲毖錄·星湖僿說·文獻通考等書, 鈔其要用, 不可已也."

것이 이(理)이다"라고 하였고,[23] 주희(朱熹)는 『대학장구(大學章句)』에서 격물의 의미를 "사물의 이치를 궁구하여 그 지극한 곳에 이르지 않음이 없고자 하는 것[窮至事物之理, 欲其極處無不到也]"이라고 해석하면서 "물(物)은 사(事)와 같다"[24]고 주석을 붙였다. 이처럼 주자학에서 이(理)는 물리(物理)와 도리(道理)를 관통하고 있었고, 따라서 격물의 대상 역시 양자를 포괄하는 것이었다.[25] 대체로 주자학자들은 물(物)이라는 용어를 사(事)의 의미까지 포괄하여 사용했던 것으로 보인다. 따라서 그들의 논의 속에 등장하는 물리는 한편으로 자연물의 속성, 각종 기술의 원리, 나아가 자연계의 운행 원리라는 의미를 지니기도 하지만 대부분의 경우 사리와 같은 뜻으로 사용되었다. 요컨대 그들이 격물을 통해 달성하고자 하는 이치는 엄밀한 의미의 '물리'(사물의 이치, 만물의 이치)라기보다는 '사리'(사실의 이치, 일의 도리, 일의 이치)에 가까웠던 것이다.

이에 비해 정약용이 사용하는 물리의 개념은 대체로 자연물의 속성, 기술의 원리, 자연 법칙 등을 뜻하는 것이었다. 그가 "수화조습(水火燥濕)은 물리의 같은 바이기 때문에 이치를 논하는 자들은 수화조습은 모든 나라에서 두루 합치하지 않음이 없다고 말한다"[26]라고 했을 때의 물리는 수(水)·화(火)·조(燥)·습(濕)으로 대변되는 자연법칙이었다. 또 "상고의 시대에 개물성무(開物成務)와 제기이용(制器利用)은 모름지기 물리에 밝

23) 『河南程氏遺書』 卷19, 伊川先生語 5, 楊遵道錄, 247쪽(重校本 『二程集』, 台北 : 漢京文化事業有限公司, 1983의 페이지 번호. 이하 같음). "問, 格物是外物, 是性分中物. 曰, 不拘. 凡眼前無非是物, 物物皆有理. 如火之所以熱, 水之所以寒, 至於君臣父子閒皆是理."

24) 『大學章句』, 經1章, "致知在格物"의 註. "格至也, 物猶事也, 窮至事物之理, 欲其極處無不到也."

25) 이상의 논의는 溝口雄三·丸山松幸·池田知久, 『中國思想文化事典』, 東京 : 東京大學出版會, 2001, 57~58쪽 참조.

26) 『與猶堂全書』 第1集 第11卷, 詩文集, 論, 「甲乙論一」, 29ㄱ(281책, 246쪽). "水火燥濕, 物理之所同, 故論理者言水火燥濕, 則周流萬國, 無不合也."

고 수리(數理)에 통해서 사물의 곡직(曲直)·방면(方面)·형세(形勢)를 소상히 살펴 그것에 적합하게 이용했으며[審曲面勢], 백공(百工)을 불러 이 직책을 맡게 했다"[27]고 했을 때의 물리는 공장(工匠)들의 업무와 관계되는 자연물의 이치였다.

금강산(金剛山)을 대상으로 물리를 말한 것이나,[28] 지리학을 '격물리(格物理)'의 대상으로 삼았던 것도[29] 동일한 맥락에서 이해할 수 있다. "원천(原泉)이 구덩이에 가득 찬 다음에 전진하여 사해(四海)에 이른다"[30]라는 맹자의 발언에 대해서 이것이 맹자가 물리에 통철(通徹)했음을 보여주는 말이라고 했던 것 역시 자연물의 원리로서의 물리를 말한 것이다.[31]

정약용은 계신공구(戒愼恐懼)의 공부방법으로 궁격(窮格)과 체험(體驗)을 말했는데, 그 내용은 "물리를 살펴 그 근본을 탐구하고, 도문학(道問學)으로 그 근원을 소급하여 곧바로 그 밑바닥까지 궁구하는데 여력을 남기지 않는" 것이었다.[32] 이때 격물의 대상은 그야말로 천지만물이었

27) 『與猶堂全書』第2集 第23卷, 經集6, 尙書古訓 卷2, 堯典, 22ㄱ(283책, 58쪽). "鏞案上古之世, 開物成務, 制器利用, 須明於物理, 通於數理, 審曲面勢, 以詔百工者, 可居此職."

28) 『與猶堂全書』第1集 第13卷, 詩文集, 序, 「送沈奎魯校理李重蓮翰林游金剛山序」, 14ㄱ(281책, 280쪽). "山惡乎磅礴, 將以障風氣蓄水泉, 生金銀銅鐵美材寶石, 以利用厚生也. 及其至也, 有如金剛者起, 物理之不可詰如是也."

29) 『與猶堂全書』第1集 第8卷, 詩文集, 對策, 「地理策」, 2ㄱ(281책, 160쪽). "古人之於地理之學, 其致力如此矣. 長國家而格物理者, 可不紹述之爲務乎."

30) 『孟子』, 離婁 下, 18章. "孟子曰, 原泉混混, 不舍晝夜, 盈科而後進, 放乎四海."

31) 『與猶堂全書』第2集 第5卷, 經集 3, 孟子要義, 離婁 第4, 仲尼亟稱於水曰水哉水哉章, 58ㄴ(282책, 125쪽). "盈科而後進, 是孟子通徹物理語. 水之自源至海, 本非通道出路, 而然水注山谷, 旣盈其科, 則水從地勢卑處決出去, 又遇山谷亦然, 以成水路耳."

32) 『與猶堂全書』第1集 第8卷, 詩文集, 對策, 「中庸策」, 31ㄱ(281책, 175쪽). "雖然戒懼之心, 亦未必懸空注白, 聽命而發. 必也先之以窮格, 次之以體驗, 覽物理而究其本, 道問學而溯其原, 直窮到底, 無遺餘力, 則淑慝之分, 皦列心目, 祥殃之招, 瞭如指掌, 莫之惴而戒愼, 莫之聾而恐懼, 自底乎天理流行之域, 豈不誠休哉."

다. "물리를 탐구할 때 일월성신(日月星辰)의 운행과 천지수화(天地水火)의 변화, 멀리 만리(萬里)의 바깥과 멀리 천고(千古)의 위에 이 마음을 보내 그로 하여금 궁지(窮至)하게 한다"33)라고 하였듯이 물리 탐구의 대상은 시간적으로 공간적으로 무한하게 확대될 수 있었다. 정약용이 『경세유표』에서 주시(州試) 합격자를 대상으로 한 시험에서 제2장(第二場)의 과목으로 '물리론(物理論)'을 제시했던 것도 이러한 차원에서 이해할 수 있다. 그는 천문(天文)·역법(曆法)·농식(農殖)·기용(器用)으로서 '이치를 밝히는 학문'이면 모두 논할 수 있다고 하였다.34)

그런데 이와 같은 정약용의 논의에서 주목되는 것은 천하의 물리를 모두 알아내기 어려우며, 이는 요순(堯舜)과 같은 성인(聖人)이라도 능히 감당할 수 없는 일이라고 보았다는 점이다. 천하의 사물은 무한히 많기 때문에 수술(數術)에 정밀한 사람[巧歷]도 그 숫자를 모두 헤아릴 수는 없으며, 박식한 사람도 능히 그 이치에 통달할 수는 없다는 것이다.35)

이러한 생각의 배후에는 인간사회의 원리와 자연계의 법칙을 구분해서 파악하는 관점이 깔려 있다. 정약용은 『중용(中庸)』 비은장(費隱章)의 "그 지극함에 이르러서는 비록 성인이라도 또한 알지 못하는 바가 있으며, …… 비록 성인이라도 또한 능하지 못한 바가 있다"36)는 구절에

33) 『與猶堂全書』 第2集 第2卷, 經集, 心經密驗, 心性總義, 37ㄴ(282책, 44쪽). "案心之爲物, 活動神妙, 窮推物理, 卽日月星辰之運, 天地水火之變, 遠而萬里之外, 邃而千古之上, 可以放遣此心, 任其窮至."

34) 『與猶堂全書』 第5集 第15卷, 政法集 1, 經世遺表 卷15, 春官修制, 選科擧之規 2, 17ㄱ(285책, 289쪽). "第二場 …… 物理論一篇(天文·曆法·農殖·器用, 凡明理之學, 皆可論). …… 物理論, 多不過三百字."

35) 『與猶堂全書』 第2集 第1卷, 經集, 大學公議 2, 20ㄱ~ㄴ(282책, 12쪽). "答曰, 天下之物, 浩穰汗滿, 巧歷不能窮其數, 博物不能通其理, 雖以堯舜之聖, 予之以彭籛[=彭祖]之壽, 必不能悉知其故. 欲待此物之格, 此知之至而后, 始乃誠意, 始乃修身, 則亦以晩矣."

36) 『中庸』, 12章. "夫婦之愚, 可以與之焉, 及其至也, 雖聖人亦有所不知焉. 夫婦之不肖, 可以能行焉, 及其至也, 雖聖人亦有所所不能焉. 天地之大也, 人猶有所憾, 故君子語大, 天下莫能哉焉, 語小, 天下莫能破焉."

대해 주희가 “성인도 알지 못하는 것은 공자께서 예를 묻고 관제를 물은 것과 같은 종류[孔子問禮問官之類]이고, 능하지 못한 것은 공자께서 지위를 얻지 못하고 요순이 널리 베푸는 것을 부족하게 여긴 것과 같은 종류[孔子不得位, 堯舜病博施之類]”라고 주석한 것을 못마땅하게 생각하였다.[37] 그가 보기에 인간사회의 제도와 예제, 정치운영과 관련된 일체의 내용에 대해 성인이 알지 못하거나 능하지 못하다는 것은 말이 되지 않았고, 성인이 알지 못하는 것은 일월(日月) 운행의 소이연(所以然), 성신(星辰)이 하늘 위에서 움직이는 원리, 대지가 허공에 떠 있으면서도 안정적인 이유 등과 같은 자연계의 이치와 관련된 내용이었기 때문이다.[38]

‘백공기예(百工技藝)’를 ‘후출유공(後出愈工)’이라는 관점에서 이해하고, 그 나름의 가치를 인정하는 정약용의 새로운 태도 역시 도리와 물리의 분리에 입각해서 도출된 것이었다.

> 지려(智慮)와 교사(巧思)가 있음으로써 사람들로 하여금 기예(技藝)를 습득하여 스스로 자기의 생활을 꾸려가도록 한 것이다. 그러나 지려를 짜내어 운용하는 것도 한계가 있고, 교사로써 천착(穿鑿)하는 것도 순서가 있다. 그러므로 비록 성인이라 하더라도 천만 명의 사람이 함께 의논한 것을 당해낼 수 없고, 비록 성인이라 하더라도 하루아침에 그 아름다움을 다할 수는 없는 것이다. 따라서 사람이 많이 모이면 그 기예는 더욱 정교하게 되고, 세대가 아래로 내려올수록 그 기예가 더욱 공교하게 되니[世彌降則其技藝彌工], 이는 사세가 그렇지 않을 수 없는 것이다.[39]

---

37) 『與猶堂全書』 第2集 第4卷, 經集 2, 中庸講義補 卷1, 君子之道費而隱節, 17ㄱ~ㄴ(282책, 71쪽). 이는 주희가 侯氏(侯仲良)의 말을 인용한 것이다.

38) 『與猶堂全書』 第2集 第4卷, 經集 2, 中庸講義補 卷1, 君子之道費而隱節, 17ㄴ(282책, 71쪽). “日月運行, 孰知其所以然乎. 星辰布列, 孰知其所施用乎. 大地浮於空中, 孰其所以安乎. 此聖人之所不知也.”

> 대저 효도와 우애는 천성(天性)에 근본하는 것이며, 성현의 글에 밝혀져 있으니, 진실로 이를 넓혀서 충실하게 하고 닦아서 밝힌다면 곧 예의(禮義)의 풍속을 이루게 될 것이다. 이는 진실로 밖으로부터 기대할 필요가 없는 것이요, 또한 뒤에 나온 것에 힘입을 필요도 없는 것이다. 그런데 이용후생(利用厚生)에 필요한 자료와 백공기예(百工技藝)의 재능은 뒤에 나온 제도를 가서 배우지 않는다면, 그 몽매하고 고루함을 타파하고 이익과 혜택을 일으킬 수 없는 것이다. 이는 국가를 도모하는 사람으로서 마땅히 강구해야 할 일이다.[40)]

여기서 정약용은 효제·예의로 표상되는 인간학(도덕학)과 이용후생·백공기예로 대변되는 자연학(기술학)을 구분하고 있다. 그는 '이용후생에 필요한 자료'와 '백공기예의 재능'은 '뒤에 나온 제도[後出之制]'에 힘입을 필요가 있다고 생각하였다. 이는 이익(李瀷) 단계부터 면면히 이어져 내려온 '후출유공'의 인식을 반영하는 것이었다.[41)] 이러한 정약용의 생각은 이용감(利用監)의 창설로 이어진다.

> 백공(百工)의 교묘한 기예는 모두가 수리(數理)에 근본하는 것이다. 반드시 구(句)·고(股)·현(弦)과 예각(銳角)·둔각(鈍角)의 서로 들어맞고 서로 어긋나는 근본 이치에 밝은 다음에야 이에 그 법을 깨칠 수 있다.

39) 『與猶堂全書』 第1集 第11卷, 詩文集, 論, 「技藝論一」, 10ㄴ(281책, 236쪽). "以其有智慮巧思, 使之習爲技藝以自給也, 而智慮之所推運有限, 巧思之所穿鑿有漸, 故雖聖人不能當千萬人之所共議, 雖聖人不能一朝而盡其美, 故人彌聚則其技藝彌精, 世彌降則其技藝彌工, 此勢之所不得不然者也."

40) 『與猶堂全書』 第1集 第11卷, 詩文集, 論, 「技藝論三」, 12ㄱ(281책, 237쪽). "夫孝弟根於天性, 明於聖賢之書, 苟擴而充之, 修而明之, 斯禮義成俗, 此固無待乎外, 亦無藉乎後出者. 若夫利用厚生之所須, 百工技藝之能, 不往求其後出之制, 則未有能破蒙陋而興利澤者也, 此謀國者所宜講也."

41) 具萬玉, 『朝鮮後期 科學思想史 研究 Ⅰ -朱子學的 宇宙論의 變動-』, 혜안, 2004, 372~374쪽 참조.

진실로 스승에게 배우고 익혀 오랜 세월 노력을 들이지 않으면 끝내 습득해서 취할 수 없을 것이다.[42]

이러한 발상의 배후에는 물질의 생산방식, 그와 연관해서 자연학의 독자적 가치를 인정하는 관념이 깔려 있었다. 물리(物理)와 자연학(自然學)에 대해 진전된 이해를 기초로 기술의 경험 축적을 통해 진보가 일어난다는 관념이 정립되고 있었던 것이다. 여기서 정약용은 '백공기예'가 수리에 근본하고 있다고 파악했는데, 이는 수학의 중요성에 대한 새로운 인식의 표현이라는 점에서 주목해 둘 필요가 있다.

2. 천관(天觀)의 분화와 자연천(自然天)의 탐구

이익의 자연관을 이해하기 위해서는 먼저 그가 사용하고 있는 천(天)·상제(上帝) 등의 용어를 면밀하게 분석할 필요가 있다. 종래 주자학에서는 도(道)·천(天)·제(帝)·귀신(鬼神)·신(神)·건(乾) 등의 용어가 통일적으로 사용되었다.[43] 그것은 자연과 인간·사회를 일원적으로 파악하는 유기체적 자연관에서는 당연한 일이었다. 그러나 '천인합일'의 유기체적 자연관에 변화가 발생할 경우, 천을 표현하는 여러 용어들 사이에도 차별이 생길 수 있다. 도리와 물리를 분리하여 사고하는 이익의 경우에도

---

42) 『與猶堂全書』第5集 第2卷, 政法集, 經世遺表 卷2, 冬官工曹 第6, 利用監, 28ㄴ(285책, 38쪽). "然百工之巧, 皆本之於數理, 必明於句股弦銳鈍角相入相差之本理, 然後乃可以得其法, 苟非師傅曹習, 積有歲月, 終不可襲而取之也."

43) 『周易程氏傳』卷1, 周易上經上, 乾, 695쪽(重校本『二程集』, 台北 : 漢京文化事業有限公司, 1983의 페이지 번호. 이하 같음). "夫天專言之則道也, 天且弗違是也, 分而言之, 則以形體謂之天, 以主宰謂之帝, 以功用謂之鬼神, 以妙用謂之神, 以性情謂之乾."; 『星湖僿說』卷2, 天地門, 「釋天」, 50ㄴ(Ⅰ, 55쪽).

당연히 이런 변화가 기대되는 것이다.

이익은 일단 전통적 견해에 따라 천과 상제를 구분하였다. "저 하나의 둥근 것을 천이라 하고, 주재(主宰)하는 것을 상제라고 하는데, 천이라 하고 상제라고 하는 것은 모두가 칭량하여 이름을 붙인 것이다"[44]라는 주장이 바로 그것이다. 이것은 이익이 자연적 하늘을 '천'으로, 그 하늘의 운행 원리를 '상제'로 표현하고 있었음을 뜻한다. 한편 우주론의 측면에서 천과 제(帝)는 천지의 생성과 운행을 기준으로 구분되기도 하였다. 천은 천지의 생성 과정을 의미하며, 제란 천지가 생성된 이후 '조화(造化)의 소이연(所以然)'을 의미하는 것이었다.[45] 그런데 여기서 천과 제는 각각 사물과 인격으로 비유되었다. 요컨대 천이란 자연물로서의 천지(天地)를 뜻하고, 제란 그 천지의 운행을 주재하는 인격적 존재와 같다는 말이다. 때문에 천은 배나 수레에, 제는 배를 띄우고 수레를 끄는 행위에 비유되기도 했다.[46]

이처럼 자연천과 주재천[人格天]=도덕천(道德天)을 구분하는 이익의 의도는 앞서 살펴본 도리와 물리의 분리라는 관점에서 이해될 수 있다. 주자학적 이법천관(理法天觀)에서는 자연천과 도덕천을 무매개적으로 연결시켜 이해하였고, 그것은 궁극적으로 자연천을 도덕천에 종속시키는 결과를 초래하였다. 조선 시기 지식인들의 천에 대한 대부분의 논의가 도덕천으로 귀결되었던 원인이 바로 여기에 있었다[天卽理]. 그 결과 자연천에 대한 객관적·과학적 탐구는 도덕천의 의미를 뒷받침하는 범위 내에 제한될 수밖에 없었다. 따라서 이익이 자연천과 도덕천을 분리하여

---

44) 『星湖僿說』 卷27, 經史門, 「神理在上」, 56ㄱ(Ⅹ, 116쪽). "夫一圓謂之天, 主宰謂之帝, 其曰天曰帝, 莫不稱量名之."

45) 『星湖僿說』 卷1, 天地門, 「配天配帝」, 40ㄴ~41ㄱ(Ⅰ, 22~23쪽). "上一節推本天地之始, 則其事屬天, 下一截方說造化之所以然, 則其事屬帝."

46) 『星湖僿說』 卷1, 天地門, 「配天配帝」, 41ㄱ(Ⅰ, 23쪽). "比之天如爲舟爲車, 帝如泛舟引車, 而各有主宰者在也, 天以物爲況, 故祀於郊, 帝以人爲況, 故祀於堂."

이해하고 있었다는 것은 자연천의 독자적 의미를 인정하기 시작했다는 것으로 해석할 수 있고, 그것은 새로운 물리 탐구의 길을 여는 것이었다고 평가할 수 있다. 단 이러한 이익의 시도가 종래의 도덕천의 의미를 훼손하는 것이 아니었다는 점에 유의할 필요가 있다. 이는 그가 생각하는 주재천=도덕천의 내용을 살펴봄으로써 이해할 수 있다.

이익의 주재천은 인격적 상제의 개념으로 비유되었지만 그것이 정말로 인격적 존재라는 의미는 아니었다. 하늘이란 지각(知覺)의 심장이 있는 것이 아니었기 때문이다. 하늘에는 다만 생성하기를 좋아하는 이치[好生之理]가 있을 뿐이고, 이 이치에 따라 자연스럽게 만물을 생성하는 것이었다.[47] 거기에는 '지각'이라는 인격성이 개입할 여지가 없었다. 그럼에도 불구하고 경전에서 성현들이 '천지의 마음[天地之心]'[48]을 말한 이유는 무엇인가? 이익이 보기에 그것은 다만 '이치의 자연스러운 상태[理之自然]'를 표현했을 뿐이었다.[49] 하늘의 마음이라고 하는 것은 사람의 마음과는 달라서, 착한 것을 보고 기뻐하거나 나쁜 것을 보고 화내는 것이 아니라는 지적이었다. 그것은 하늘이 인간을 인애(仁愛)한다고 말할 때도 마찬가지였다. 그때의 인(仁)이란 '생의 원리[生道]'를 말하는 것이고, 애(愛)란 그러한 인(仁)의 작용을 뜻하는 것이었다.[50]

주재천의 의미와 내용을 이상과 같이 정의하고 보면 이익이 생각하는 천인관계가 기존의 이법천관에서 말하는 그것과 차별성을 갖게 될 것이

---

47) 『星湖僿說』 卷27, 經史門, 「神理在上」, 56ㄴ(X, 116쪽). "天地化生萬物, 如人之胚胎子姓, 故營衛交運, 自然而化, 何嘗有知覺者與有力哉. 天道亦然, 天何嘗有知覺之心臟, 隨物輒應, 但有好生之理而已."

48) 『周易』 復卦, 彖辭. "復其見天地之心乎"(本義 : "積陰之下, 一陽復生, 天地生物之心, 幾於滅息, 而至此乃復可見.")

49) 『星湖僿說』 卷2, 天地門, 「天變」, 10ㄴ~11ㄱ(Ⅰ, 35~36쪽). "心者, 不過以理之自然者言, 何嘗如人心之見善而喜, 見惡而怒也耶."

50) 『星湖僿說』 卷2, 天地門, 「天變」, 11ㄱ(Ⅰ, 36쪽). "然則仁愛云者, 何謂也. 天地之大德曰生, 仁生道也, 仁之用則愛."

라고 예상할 수 있다. 이법천관의 특징은 우주의 생성과 운행의 근본 원리로 이(理)=태극(太極)이라는 개념을 설정하고, 이 이를 통해 하늘과 인간을 연결함으로써 천인합일·천인감응의 체계를 이의 원리에 입각하여 설명하는 것이었다. 이법천관에서 하늘은 인격적 존재가 아니라 자연의 필연적 이치·추세이며, 동시에 인간이 지켜야 할 원리로 파악되었다. 여기서 중요한 사실은 이때의 이가 자연법칙인 물리와 도덕원리인 도리를 관통하고 있다는 것이다. 요컨대 천으로 표상되는 자연세계의 운행법칙과 인(人)으로 대표되는 인간사회의 운영원리가 천리라고 하는 동일한 이법(理法)의 적용을 받게 되는 것이었다. 이처럼 기존의 이법천관에서는 자연천의 운행법칙 속에 인간사회의 윤리도덕적 질서가 내포되어 있다고 보았고, 인간사회의 윤리도덕적 질서에 이상이 벌어졌을 때 하늘이 이에 대한 경고의 의미로 재이(災異)를 발생시키는 것이라고 믿었던 것이다.

정약용은 도리와 물리의 분리라는 사고의 연장선에서 주재천과 자연천을 분리하였다. 일찍이 교제(郊祭)의 대상과 성격을 둘러싸고 역대 주석가들 사이에 논란이 있었다. 정현(鄭玄, 127~200)은 하늘에는 육천(六天)이 있으며 원구제(圜丘祭)와 교제(郊祭)는 각각 다른 것이라고 주장했는데, 이에 대해 왕숙(王肅, 195~256)은 『성증론(聖證論)』에서 정현을 비판하면서 천신(天神)은 유일무이한 존재이고 교제와 원구제는 동일한 것이며, 오제(五帝)란 상제(上帝)의 보좌에 지나지 않는다고 강조하였다. 이에 공영달(孔穎達, 574~648)은 『주례(周禮)』와 『효경(孝經)』 등의 경전을 원용하여 정현의 주장을 옹호했는데, 정약용은 이와 같은 공영달의 주장이 "경전의 뜻을 속여 정현을 비호하려는 것[誣經護鄭]"이라고 보아 「정씨육천지변(鄭氏六天之辨)」이라는 논설을 작성하여 그 잘못을 지적하는 한편 가규(賈逵)·마융(馬融)·왕숙(王肅) 등의 논지를 '당당정론(堂堂正論)'이라고 긍정적으로 평가하였다.[51]

이와 관련한 논의에서 정약용은 상제를 다음과 같이 정의하였다.

> 상제란 무엇인가? 그것은 하늘과 땅과 귀신과 사람의 바깥에서 하늘과 땅, 귀신과 사람, 만물과 같은 것들을 조화(造化)하고, 그들을 재제(宰制)·안양(安養)하는 존재이다.[52]

정약용은 이와 같은 상제를 천(天)과 동일시했다. 그런데 이때 정약용이 말하는 '천'은 자연물로서의 하늘[蒼蒼有形之天]을 가리키는 것이 아니었다.[53] 그것은 이른바 '영명주재지천(靈明主宰之天)'을 뜻하는 것이었다.[54] 그가 보기에 '하늘의 주재(主宰)'를 상제라고 하는데, 이를 천이라고 일컫는 것은 마치 군주[國君=王]를 국(國)이라고 부르는 것과 같았다.[55] 정약용이 정현의 주장을 '천제분이론(天帝分二論)'으로 간주하여 일관되게 비판하는 관점은 바로 이것이었다.[56]

정약용의 관점에 따른다면 상제란 사람들이 부르는 호칭인데, 유일무이한 존재로 마치 인간 세계에 오직 한 명의 임금[帝]이 있는 것과 같기 때문에 '위에 계신 임금[上帝]'이란 뜻으로 그렇게 일컫는 것이었다.[57]

---

51) 『與猶堂全書』 第2集 第36卷, 經集 8, 春秋考徵 4, 鄭氏六天之辨, 14ㄱ~17ㄱ(283책, 361~363쪽).

52) 『與猶堂全書』 第2集 第36卷, 經集 8, 春秋考徵 4, 先儒論辨之異, 24ㄱ(283책, 366쪽). "上帝者何. 是於天地神人之外, 造化天地神人萬物之類, 而宰制安養之者也."

53) 『與猶堂全書』 第2集 第36卷, 經集 8, 春秋考徵 4, 先儒論辨之異, 24ㄱ(283책, 366쪽). "謂帝爲天, 猶謂王爲國, 非以彼蒼蒼有形之天, 指之爲上帝也."

54) 『與猶堂全書』 第1集 第8卷, 詩文集, 對策, 「中庸策」, 30ㄱ(281책, 174쪽). "臣以爲高明配天之天, 是蒼蒼有形之天, 維天於穆之天, 是靈明主宰之天."

55) 『與猶堂全書』 第2集 第6卷, 經集 4, 孟子要義, 盡心 第7, 盡其心者知其性章, 38ㄴ(282책, 146쪽). "鏞案天之主宰爲上帝, 其謂之天者, 猶國君之稱國, 不敢斥言之意也."

56) 『與猶堂全書』 第2集 第36卷, 經集 8, 春秋考徵 4, 先儒論辨之異, 20ㄱ~ㄴ(283책, 364쪽). "陳氏之意, 確以天與上帝, 分而爲二, 是眩於鄭玄之邪說, 而不察古經之過也. …… 天與上帝, 何得二之. …… 天與帝同, 而强欲殊異, 豈非惑歟."

57) 『與猶堂全書』 第2集 第33卷, 經集 8, 春秋考徵 1, 吉禮, 郊5, 24ㄱ(283책, 306쪽).

이처럼 정약용에게 호천상제(昊天上帝)는 유일무이한 존재였다.[58] 그것은 영(靈)과 정(情)이 없는 유형의 천지를 주재하는 자였으며, 따라서 천지에 제사를 지낸다는 것은 바로 이 같은 상제를 섬기는 행위였다.[59]

그렇다면 정약용에게 자연천(自然天)은 어떤 것이었을까?

> 저 푸르고 푸른 유형의 하늘은 우리 사람들에게 집의 지붕이나 장막[屋宇帡幪]에 지나지 않으며, 그 품급(品級)은 토지수화(土地水火)와 더불어 같은 등급에 지나지 않으니 어찌 우리 사람들의 성(性)과 도(道)의 근본이겠는가?[60]

이른바 '창창유형지천(蒼蒼有形之天)'은 인간의 본성과는 관계가 없는 객관적 자연물에 불과했다. 그렇다면 『주례』 등의 경전에서 일월성신에 대해 제사를 지낸다고 하는 것은[61] 어떻게 이해해야 하는가? 정약용은 이것을 일월성신 자체에 대한 제사로 보지 않았다. 그것은 신령스러움을 갖추지 못한 자연물에 불과하기 때문이었다. 열성(列星)은 영각(靈覺)이 없는 사물에 지나지 않았다. 그럼에도 불구하고 일월성신에 대해 제사를 올리는 것은 천신(天神=天之明神)이 그 운동을 주관한다고 보았기 때문이

"夫上帝之名, 人所謂也, 以其惟一無二, 如下土之有一帝, 故謂之上帝."

58) 『與猶堂全書』 第2集 第33卷, 經集 8, 春秋考徵 1, 吉禮, 郊3, 14ㄱ(283책, 301쪽). "鏞案昊天上帝, 唯一無二."

59) 『與猶堂全書』 第2集 第33卷, 經集 8, 春秋考徵 1, 吉禮, 郊4, 18ㄱ(283책, 303쪽). "上蒼下黃, 有形有色, 無靈無情, 主此天地者, 上帝而已. 祭天祭地, 無往而非昭事之典."

60) 『與猶堂全書』 第2集 第6卷, 經集 4, 孟子要義, 盡心 第7, 盡其心者知其性章, 38ㄴ(282책, 146쪽). "彼蒼蒼有形之天, 在吾人不過爲屋宇帡幪, 其品級不過與土地水火, 平爲一等, 豈吾人性道之本乎."

61) 『周禮注疏』 卷18, 春官宗伯 第3, 大宗伯, 530쪽((十三經注疏 整理本 所收 『周禮注疏』, 北京 : 北京大學出版社, 2000의 페이지 번호). "以禋祀祀昊天上帝, 以實柴祀日月星辰, 以槱燎祀司中·司命·飌師·雨師."

다. 이런 관점에서 본다면 자미원(紫微垣)의 한 별을 천황대제(天皇大帝)라 여기고, 태미원(太微垣)의 다섯 별을 오방천제(五方天帝)라고 여겨 일월성신에 제사를 올리는 것은 상제를 기만하는 행위였다.[62]

정약용은 『주례』에 근거하여 제사의 대상이 되는 귀신에는 세 종류가 있다고 보았는데, 천신(天神)과 지기(地示), 인귀(人鬼)가 그것이었다. 이 가운데 천신에는 호천상제를 비롯하여 일월성신(日月星辰), 사중(司中)·사명(司命), 풍사(風師)·우사(雨師) 등이 포함되어 있었다.[63] 일월성신 이하 천신들은 형질(形質)이 없는 존재들로서 각각 담당하는 대상이 있었고, 상제의 보좌[臣佐]가 되어 사방에 밝게 늘어서 있으며 각각의 이름과 위치를 지니고 있었다.[64] 즉 상제가 군림하면[穆臨] 여러 신령들이 분주히 따르게 되는데[奔屬] 거기에는 하늘[天宇]을 맡아 운행하는 자도 있고, '지구(地毬)'를 맡아 안존(安存)케 하는 자도 있었다.[65] 천지사방(天地四方)에 예(禮)를 드리는 것은 바로 하늘과 땅을 담당하고, 국읍(國邑)과 주현(州縣)을 수호하는 천신(天神)께 예를 올리는 행위였다.[66] 요컨대 상제를 섬긴다는 것은 '유형지천(有形之天)'을 섬기는 것이 아니었

---

62) 『與猶堂全書』第2集 第36卷, 經集 8, 春秋考徵 4, 鄭氏六天之辨, 15ㄱ(283책, 362쪽). "列星爲物, 無靈無覺. 乃以紫微一星, 尊之爲天皇大帝, 以太微五星, 命之曰五方天帝, 橫說豎說, 以誣上尊, 罪至於此, 何以赦之. 周禮日月星辰, 宗伯祭之者, 爲天之明神, 司其轉動也, 豈謂彼有靈哉."

63) 『與猶堂全書』第2集 第4卷, 經集 2, 中庸講義補 卷1, 鬼神之爲德節, 20ㄱ(282책, 72쪽). "今按周禮大宗伯, 所祭鬼神, 厥有三品, 一曰天神, 二曰地示, 三曰人鬼. 天神者, 昊天上帝, 日月星辰, 司中司命, 風師雨師是也."

64) 『與猶堂全書』第2集 第4卷, 經集 2, 中庸講義補 卷1, 鬼神之爲德節, 20ㄴ(282책, 72쪽). "天以天神, 各司水火金木土穀山川林澤 …… 天神者, 本無形質, 爲上帝之臣佐(見禮注), 昭布森列, 有號有位."

65) 『與猶堂全書』第2集 第36卷, 經集 8, 春秋考徵 4, 先儒論辨之異, 23ㄴ(283책, 366쪽). "上帝穆臨, 羣神奔屬, 有司天宇而斡運者矣, 有司地毬而安存者矣."

66) 『與猶堂全書』第2集 第36卷, 經集 8, 春秋考徵 4, 先儒論辨之異, 24ㄱ(283책, 366쪽). "至若禮天地四方者, 是於上帝之外, 致禮乎天神者. 天神有司天者, 有司地者, 護持國邑, 護持州縣者."

고,『주례』에서 말하는 제사의 대상으로서의 일월성신 등은 모두 '무형지신(無形之神)'이었다. 따라서 일월성신에 제사를 지낸다고 할 때 그 대상은 그것을 맡아서 운행하게 하는 '명신(明神)'이지 유형의 해와 달과 별이 아니었다.[67]

이와 같은 정약용의 관점에서 보면 일월성신을 비롯한 천체의 운동을 관찰하고 역법을 수립하는 일은 아무런 의미가 없는 것이었을까? 그렇다면 요(堯)임금이 희화(羲和)에게 명하여 호천(昊天)을 공경히 따라 일월성신을 역상(曆象)하여 삼가 인시(人時)를 주었다는「요전(堯典)」의 내용은 어떻게 이해할 수 있는 것일까? 정약용은 여기서 호천을 상제의 올바른 호칭으로 보았다. 천지만물은 상제의 소유가 아닌 것이 없는데, 일월성신의 운행과 '분지계폐(分至啓閉)'로 표상되는 사계절의 변화는 하늘이 하시는 일 가운데서도 매우 오묘한 것[天縡之玄妙者]이었다. 그러므로 요임금이 희화에게 명해 상제를 공경히 따라서 그 직책을 공손히 닦도록 하였다는 것이다.[68]

이상과 같은 정약용의 논의에서 주목되는 사실은 먼저 그가 인간의 도덕성과 관련된 주재천(=인격천)과 자연천을 구분하고 있었으며, 양자 사이의 직접적 관련성을 부인하였다는 점이다. 다음으로 자연천의 내용은 유일무이한 호천상제의 주관하에 이루어지는 오묘한 현상들로 탐구

---

67) 『與猶堂全書』第2集, 第22卷, 經集6, 尙書古訓 卷1, 堯典, 31ㄱ(283책, 44쪽). "古昔祭祀之義, 雖不可詳, 要之神道無形, 昭事上帝, 旣非有形之天, 則大宗伯所祭日月星辰司中司命風師雨師, 皆是無形之神, 受帝命而典司者(日月星辰之祭, 亦祭所司之明神, 非祭有形之三光)." ;『與猶堂全書』第2集, 第23卷, 經集6, 尙書古訓 卷2, 堯典, 23ㄱ(283책, 59쪽). "案周禮大宗伯, 其天神之禮, 曰昊天上帝, 曰日月星辰(明神之司其轉運者是祭之)……." ;『與猶堂全書』第2集 第33卷, 經集 8, 春秋考徵 1, 吉禮, 郊3, 13ㄴ(283책, 301쪽). "周禮祭日月星辰, 祭山林川澤, 皆所以祭明神之司是物者, 非以彼有形之物, 指之爲神也."

68) 『與猶堂全書』第2集, 第22卷, 經集6, 尙書古訓 卷1, 堯典, 7ㄱ(283책, 32쪽). "昊天乃上帝之正號也. 天地萬物, 孰非帝有, 而日月星辰之運, 分至啓閉之度, 尤是天縡之玄妙者, 故命此羲和之官曰, 敬順上帝, 恭修厥職也."

의 가치를 지닌다고 보았다는 사실이다. 그런데 이때의 자연 탐구는 인간의 도덕성이나 사회적 윤리성과는 무관한 차원에서 논의될 수 있는 것이었다. 자연천은 결코 신앙이나 존경의 대상이 아니었고 객관적 탐구의 대상이었기 때문이다. 기존 연구에서 정약용은 인격신적 주재자로서의 천의 존재를 인정함으로써 천을 도덕적 실천의 담보자로 분립시키는 한편 과학이 나갈 문을 열었다고 평가했던 것은[69] 바로 이와 같은 사실을 지적한 것이다.

3. 치의(致疑)와 자득(自得)의 학문관

일찍이 이익은 그가 살고 있었던 조선후기 사회의 현실을 '성인(聖人)의 도(道)가 끊어진 세상'으로 파악하였다. 그 이유는 당시의 진신(搢紳)·학사(學士)들이 입으로는 공맹(孔孟)을 담론하지만 실제로는 존경하여 우러러 받드는 뜻이 조금도 없고, 벼슬아치들[冠紳]의 기거(起居)는 명예와 벼슬을 추구하는 것이 아님이 없기 때문이었다. 이익은 이와 같은 행위를 일삼는 당시의 양반사대부들을 '양묵(楊墨)의 죄인'이라고 혹평했다.[70] 이단보다도 못하다는 뜻이었다. 그는 "지금의 유사(儒士)들은 성현(聖賢)의 일에서 그 이해가 자신의 몸에 닥치면[剝膚利害] 아마도 그것을 부수어 없애 버리기를 토개(土芥 : 흙과 풀)와 같이 할 것이다"[71]

---

69) 林熒澤, 「丁若鏞의 經學과 崔漢綺의 氣學－동서의 학적 만남의 두 길－」, 『大東文化研究』 45, 成均館大學校 大東文化研究院, 2004.

70) 『星湖僿說』 卷16, 人事門, 「楊墨僧徒」, 6ㄱ~ㄴ(Ⅵ, 39쪽). "今世聖人之道, 雖謂之已絶可也. 搢紳學士游談孔孟, 而其實斷無一毫尊奉之意, 冠紳起居, 莫非利名利爵也. 楊墨異說, 今無存者, 耳聆目視, 滔滔是楊墨之罪人也."

71) 『星湖僿說』 卷16, 人事門, 「楊墨僧徒」, 6ㄴ(Ⅵ, 39쪽). "今之儒士, 其於聖賢, 苟有剝膚利害, 恐其毁滅如土芥耳."

라고 극론하기도 했다.

당시의 세태에 대한 이익의 비판적 인식은 후학들도 공유하고 있는 바였다. 이병휴는 일찍이 당대 학술의 폐단을 두 가지로 정리한 바 있다. 첫 번째 폐단은 "도학(道學)의 이름에 가탁하여 사사로운 이욕(利慾)을 이루고자 하며, 시비(是非)를 뒤섞어 어지럽히고 거리낌 없이 함부로 말하는 폐단"이었다. 이병휴는 옛 성인의 학문은 천리(天理)를 밝히고 인욕(人慾)을 막는 데 지나지 않았다고 단언한다. 하물며 양묵이나 노불(老佛)과 같은 이단의 부류조차 이욕을 추구하지 않았다고 하면서 첫 번째 폐단을 일삼는 무리들은 '이단의 죄인'이며, 그 폐해는 이루 다 말할 수 없다고 하였다.[72)]

두 번째 폐단은 주자학 일변도의 학문·사상 풍토였다. "문의(文義 : 문장의 뜻)와 사증(事證 : 물적인 증거)을 막론하고 만약 일언반구라도 주자(朱子)의 집전(集傳)이나 장구(章句)에 대해 의문을 제기하면, 주자를 등졌다고 배척하고 현인을 모욕했다는 규율로 옭아매는" 폐단이 바로 그것이었다. 이로 인해 당시 조선 사회에서는 주자의 문자에 대해 치의(致疑)·치변(致辨)을 함으로써 세망(世網)을 범하는 행위를 크게 우려하는 풍조가 만연했다고 한다.[73)]

이병휴는 이상과 같은 조선 학계의 풍토에 염증을 느끼고 있었다. 그는 학문을 닦는 방법은 옳은 것은 옳다고 하고, 그른 것은 그르다고 하며, 의심스러운 것은 의심스럽다고 해서, 충분히 명백하게 한 다음에

---

72) 『貞山雜著』 10冊, 「論學術之弊」(四, 144~145쪽). "古者聖人之學, 不過明天理而防人慾 …… 所謂異端如楊墨老佛之類, 雖異於聖人之學, 亦學仁義而差耳, 何嘗主利欲耶. 今之學者則不然, 假道學之名而濟其利慾之私, 貿亂是非, 放言不諱, 可謂異端之罪人, 而其害有不可勝言, 此今學術之弊一也."

73) 『貞山雜著』 10冊, 「論學術之弊」(四, 147~148쪽). "今人之尊朱子則不然. 不論文義與事證, 苟有一字半辭, 致疑於集傳章句之間, 則斥之以背朱, 繩之以侮賢之律. 以此之故, 父兄師友之敎, 皆以爲朱子文字, 不當致疑, 亦不須致辨, 以犯世網 …… 此又學術之弊二也."

라야 진보할 수 있다고 여겼다.[74] 이와 같은 태도를 견지하는 이병휴에게 "안으로 자기의 명확한 견해가 있더라도 밖으로는 공손한 말에 가탁해야 한다"라는 방식은 받아들일 수 없었다. 그는 고인의 학문에는 이러한 규모[規模]가 없다고 확신했다.[75]

이병휴는 "의리(義理)란 천하의 공물(公物)"이라고 단호히 말했다. 따라서 그것은 피차의 경계를 둘 수 있는 것이 아니고[나와 너의 경계가 없어야 하고], 나를 높이고 다른 사람을 낮추어서도 안 되는 것이었다. 비록 성현의 책에 나오는 것일지라도 이치에 어긋나는 것이라면 반드시 믿을 필요가 없고, 누추한 마을에 사는 비속한 사람에게서 나온 것일지라도 그 말이 진실로 합당하다면 버려서는 안 되는 것이었다. 이병휴는 구차하게 남의 것을 그대로 따르는 것은 모두 '자득(自得)한 말'이 아니라고 하였다.[76]

이와 같은 관점에서 이병휴는 기존의 경전 주석에 이론(異論)을 제기하였다. 주희의 주석도 예외가 아니었다. 이병휴는 경문(經文)의 뜻을 파악하기 위해서는 전문(傳文)만한 것이 없다고 여겼다. 경문은 간오(簡奧 : 간단하고 예스러우며 심오함)해서 전문이 아니면 그 뜻을 발휘할 수 없기 때문이다. 요컨대 '전문'이란 곧 '경문의 주각(註脚)'이었다. 그렇다면 주희의 『대학장구(大學章句)』는 어떨까? 이병휴는 그것을 '전문의 주각'으로 간주했다. 따라서 전문의 뜻을 알기 위해서는 『대학장구』만한

---

74) 『貞山雜著』 5冊, 「又答尹丈書」(三, 391쪽). "竊謂講學之道, 是則曰是, 非則曰非, 疑則曰疑, 十分明白, 然後庶有進步處."

75) 『貞山雜著』 5冊, 「又答尹丈書」(三, 392쪽). "若謂內有定見, 而外託遜辭, 則古人學問, 無此規模."

76) 『貞山雜著』 1冊, 「與韓汝寬書」(三, 154쪽). "夫義理, 天下之公物, 不當此疆而彼域, 自高而人卑也. 雖見于聖人賢人之書, 苟咈於理, 不敢必信, 或出於委巷之鄙人, 而其言苟當, 則不可棄也. 其或苟然依樣者, 皆非自得之言也." 여기에서 '此疆而彼域'과 유사한 말로는 '此疆爾界'를 생각해 볼 수 있다[『詩經』, 周頌, 淸廟之什, 「思文」. "思文后稷, 克配彼天. 立我烝民, 莫匪爾極. 貽我來牟, 帝命率育. 無此疆爾界, 陳常于時夏."].

것이 없으니, 전문을 해석할 때는 『대학장구』의 뜻에 근거하였다. 그럼에도 불구하고 간혹 자신의 견해와 맞지 않는 것이 있으면 비록 『대학장구』라 할지라도 구차하게 그 뜻에 영합하려고 하지 않았다고 한다. 이병휴는 이것이 '사사무은(事師無隱)'의 의리를 따른 것이지 일부러 이론(異論)을 만들어 예전의 현인을 능가하려는 것이 아니라고 강조했다.[77] 『예기(禮記)』의 「단궁(檀弓)」에는 "사사무범무은(事師無犯無隱)"이라는 구절이 있다.[78] "스승을 섬길 때에는 범안(犯顔)하면서까지 지극히 간하는[極諫] 일도 없고, 스승의 허물과 실수를 숨기는 일도 없어야 한다"는 뜻이다. 이익을 비롯한 성호학파의 학자들은 이 대목에 주목하여 '사사무은(事師無隱)'의 논리를 강조했던 것이다.

'사사무은'의 대척점에 있는 논리가 "감히 스스로를 믿지 않고 그 스승을 믿는다[不敢自信而信其師]"는 것이었다. 이는 본래 "감히 자기〈의 소견〉을 믿지 않고 스승을 믿는다[惟其不敢信己而信其師]"는 정이(程頤, 1033~1107)의 말이었는데,[79] 주희(朱熹, 1130~1200)가 이를 변주하였고[80] 그를 학문적 종사(宗師)로 받드는 이황(李滉, 1501~1570)이 이 가르

---

77) 『貞山雜著』 1冊, 「大學補義序」(三, 96쪽). "然解經未嘗不據乎傳文者, 嘗思之, 識經之義者, 宜莫如傳文, 而經文簡奧, 非傳無以發故也. 至於傳文, 便是經之註脚, 而章句又爲傳之註脚, 則識傳之義者, 亦莫如章句, 故解傳悉本於章句之意, 而其或間有不合於愚見者, 雖章句, 亦不敢苟同, 竊附於事師無隱之義, 非故爲異論求多於前賢也."

78) 『禮記集說大全』 卷3, 檀弓上 第3, 3ㄱ(69쪽－영인본 『禮記』, 保景文化社, 1995(5版)의 페이지 번호). "事師無犯無隱, 左右就養無方, 服勤至死, 心喪三年."

79) 『河南程氏文集』 卷第9, 伊川先生文 5, 書啓, 「答門人書」, 617쪽(重校本 『二程集』, 台北 : 漢京文化事業有限公司, 1983의 페이지 번호). "孔孟之門, 豈皆賢哲. 固多衆人. 以衆人觀聖賢, 弗識者多矣. 惟其不敢信己而信其師, 是故求而後得. 今諸君於頤言, 纔不合則置不復思, 所以終異也. 不可便放下, 更且思之, 致知之方也."; 『近思錄』 卷3, 凡七十八條(致知), 1ㄴ~2ㄱ(144~145쪽－영인본 『近思錄』, 保景文化社, 1995의 페이지 번호).

80) 『晦庵先生朱文公文集』 卷第43, 「答陳明仲」, 1943쪽(校點本 『朱子全書』, 上海古籍出版社·安徽教育出版社, 2002 所收 『晦庵先生朱文公文集』의 페이지 번호. 이하 같음). "但能如程子所謂不敢自信而信其師, 如此著力, 兩三年間, 亦當自見得矣."; 『晦庵先生朱文公文集』 卷第49, 「答滕德粹」, 2273쪽. "今未能然, 且當謹守聖賢訓戒, 以爲

침을 되풀이하여 강조함으로써[81] 후학들에게 훈계로 삼도록 하였다. 이후 이 논리는 조선의 주자학자들 사이에서 널리 통용되었던 것으로 보인다. 송시열(宋時烈, 1607~1689)이 윤휴(尹鑴, 1617~1680)의 이기설(理氣說)을 변론하면서 그의 학문적 태도를 비판할 때 이를 거론했다는 사실은 상징적이다.[82] '사사무은'의 의리에 따라 기존의 경전 주석에 이견을 제기하는 이병휴와 같은 학문 자세는 당시의 학문 풍토에서 용납되기 쉽지 않았던 것이다.

이와 같은 이병휴의 태도는 같은 시기 영남남인(嶺南南人)의 대표적 인물이었던 이상정(李象靖, 1711~1781)의 그것과 비교해 보면 그 차이를 쉽게 확인할 수 있다. 이상정은 영조 18년(1742)에 권만(權萬, 1688~1749)에게 보낸 편지에서 다음과 같이 말했다.

> 대저 경서(經書)가 본원(本原)이고 주서(朱書)가 말류라는 것은 집사(執事)께서 말씀하셨을 뿐만 아니라 저도 또한 감히 그렇게 말하지만 다만 말하는 까닭이 다를 뿐입니다. 경서는 진실로 도(道)를 싣는 도구이고 주자의 뜻은 도를 밝히는 데에 있으니, 어찌 경서를 도외시하고 별도로 문호(門戶)를 세워서 옛사람보다 낫기를 구하겠습니까.[83]

根脚, 如程子所謂不敢自信而信其師者, 始有寄足之地. 不然則飄搖沒溺, 終不能有以自立矣."

81) 『退溪集』 卷16, 「答奇明彦論四端七情第一書」, 12ㄱ(29책, 409쪽). "古人不云乎, 不敢自信而信其師. 朱子, 吾所師也, 亦天下古今之所宗師也." ; 『退溪集』 卷16, 「答奇明彦論四端七情第二書(改本)」, 24ㄱ(29책, 415쪽) ; 『退溪集』 卷35, 「答李宏仲」, (30책, 303쪽). "朱子又答滕德粹書曰 …… 今未能然, 且當謹守聖賢訓戒, 以爲根脚, 如程子所謂不敢自信而信其師者, 始有寄足之地. 不然則飄搖沒溺, 終不能有以自立矣."

82) 『宋子大全』 附錄, 卷2, 年譜, 10ㄴ~11ㄱ(115책, 207~208쪽). "崇禎十五年壬午(先生三十六歲). 辨尹鑴理氣說. …… 先生大加驚愕, 責之以爲程子不云乎, 不敢信己而信其師, 後生末學, 但當虛心遜志, 以求通夫先正之說, 何敢自主己見, 遽生慢侮之心乎."

83) 『大山集』 卷6, 「答權江左壬戌」, 27ㄱ~ㄴ(226책, 138쪽). "夫經書爲本原, 朱書爲末波, 非獨執事言之, 象靖亦敢言之, 但所以爲言則異耳. 經書固載道之具, 而朱子之意, 在於明道, 則豈外經書而別立門, 以求多於古人哉."

이는 경전을 공부할 때 주서(朱書)를 먼저 읽는 것에 부정적이었던[84] 권만의 입장에 대한 이상정의 반론이었다. 그는 주서가 주자가 일생 동안 부지런히 애써서 저술한 것으로, 의리가 순실(純實)하여 신기하거나 특이한 볼거리가 없고, 문사(文詞)도 평이하여 고상하거나 예스럽고 간명한 맛이 적지만, 지극히 순실한 곳에 저절로 활법(活法)이 있고, 지극히 평이한 가운데 저절로 묘리(妙理)가 있다고 높이 평가했던 것이다.[85]

주희의 주석을 대하는 이병휴의 생각은 스승 이익의 관점을 그대로 계승한 것이었다. 이익은 『맹자질서(孟子疾書)』의 서문에서 당시의 학계 풍토를 비판했다. 요지는 후세의 사람들이 주자를 존숭하며 주자의 집주(集註)에 대해 시비하지 않는다는 것이었다. 이익 역시 현인(賢人)에 미치지 못하는 선비들은 "스스로 자신하지 말고 믿을 만한 것을 믿는다"는 태도를 지녀야 한다고 보았다. 이는 정이와 주희의 가르침을 거론한 것이었다. 이익은 이와 같은 태도를 '학자의 정법(正法)'이라고 인정하였다. 그러나 독실하게 믿었음에도 불구하고 풀리지 않는 의문이 있다면 강습할 때 드러내거나 개인적인 필차(筆箚)에 기록해 두었다가 깨달음을 얻기를 추구해야 한다고 주장했다. 이익이 판단하기에 이는 부득이한 일이었다. 그런데 당시의 풍조는 이러한 회의적 태도를 윗사람을 비방한다는 명목으로 단속하고 있었다. 이익은 잘못을 바로잡는 것은 진실로

---

84) 『江左集』 卷5, 「與李景文」, 35ㄴ~36ㄱ(209책, 158쪽). "萬向日之云, 非謂朱書不可讀, 謂不可先讀. 何者, 經書爲本爲源, 朱書爲末爲後. 有志學問之士, 先取三經四書, 爛熳熟讀, 其有疑晦, 勿全靠注解, 以己意反復窮究, 費吾心思然後, 方始有進. 如此則學問免騰口之患, 文章亦簡潔可觀, 而近來承學之士, 先從朱書下手, 故學問無心得之工, 而文詞亦失之太蔓." ; 『大山集』 卷6, 「答權江左壬戌」, 29ㄱ(226책, 140쪽). "近來承學之士, 誠有繳繞文義, 徒徇口耳之失者. 然此自是不善承學者之罪, 干朱先生何事, 而執事乃欲歸咎於先讀朱書, 則是朱子一生辛勤著書, 適足爲誑愚衆生之歸."

85) 『大山集』 卷6, 「答權江左壬戌」, 29ㄴ(226책, 140쪽). "蓋朱書, 義理純實, 無新奇詭特之觀, 文詞平易, 少高古簡徑之趣, 然至純實處, 自有活法, 極平易中, 自有妙理, 惟用力多而造道深, 方始見其愈多而愈不厭."

뜻이 있는 것이지만, 어찌 공자의 문하(門下)에서 가혹한 법령과 각박한 형벌을 쓸 수 있느냐고 개탄했다.[86] 이에 그는 다음과 같이 주장하였다.

> 지금의 학자는 유가(儒家)의 신불해(申不害)와 상앙(商鞅)이다. 이에 맹목적으로 따르기만 하는 풍조가 만연하고 살펴서 궁구하는 습성은 사라져서 점차로 학문이 없는 지경에 이르게 되었으니, 지금 학자들의 잘못이다. 전(傳)에 이르기를 "스승을 섬김에 숨김이 없어야 한다(事師無隱)"고 하였는데, 대개 의심을 품는 것을 금하지 않은 것이다. 아래에 처하여 〈공부에〉 진전이 있기를 바라면서 스스로 의심이 확 풀렸다고 말하는 자는 어리석지 않으면 아첨하는 것이니, 나는 실로 이를 부끄러워한다.[87]

따라서 일찍이 주자가 의문을 품었던 문제에 대해 이익은 자신의 견해를 적극 개진하였다. 의심을 품는 것은 언로를 열어 놓은 것이고, 자신의 학설이 들어맞지 않더라도 그것은 자신에게 죄가 있는 것이지 주자의 집주를 손상하는 것이 아니라고 여겼기 때문이다.[88]

이익은 이(理)는 한 사람이 독점할 수 있는 바가 아니라고 하였다.[89] 그렇다면 예로부터 성인(聖人)은 통하지 않는 것이 없고, 배우지 않아도

---

86) 『星湖全集』 卷49, 「孟子疾書序」, 4ㄴ~5ㄱ(199책, 398쪽). "士者困在下列, 故於集註無事乎黑白, 玆所謂不自信而信可信. 此雖學者之正法, 其或篤信之餘, 疑有未釋, 露於講貫之際, 藏於筆箚之私, 求有以至於發蒙, 斯亦不得已也. 人輒繩之以訕上, 繩之固若有意, 峻法刻刑, 奚爲於孔子之門."

87) 『星湖全集』 卷49, 「孟子疾書序」, 5ㄱ(199책, 398쪽). "余故曰, 今之學者, 儒家之申商也. 於是唯諾之風長, 考究之習熄, 駸駸然底于無學, 則今之學者之過也. 傳曰, 事師無隱, 蓋不禁其有疑難也. 處下欲進而便自謂渙然者, 非愚則諛, 余實恥之."

88) 『星湖全集』 卷49, 「孟子疾書序」, 5ㄱ(199책, 398쪽). "以如畫井建正之類, 妄爲一說, 以補餘意, 皆朱子所嘗置疑也. 置疑所以開言路, 言之不中, 罪在言者, 於集註又何損."

89) 『星湖全集』 卷49, 「李先生禮說類編序」, 1ㄱ(199책, 396쪽). "理非一人之所獨."

안다고 한 것은 어째서일까? 이익은 공자와 같은 성인이 아는 것은 이(理)로써 유추할 수 있는 것에 제한되며, 명물도수(名物度數)와 같은 것은 예지(睿知)가 미칠 수 있는 바가 아니라고 보았다.[90] 이와 같은 이익의 사고방식에는 의리란 천하의 공물(公物)이라는 생각이 저변에 깔려 있었다. 그것은 고금(古今)의 구분도 없고, 피차(彼此)의 구분도 없으며 사람의 고하(高下)에 따라서 일체를 배척해서도 안 되는 것이었다.[91] 이익이 『이선생예설유편(李先生禮說類編)』을 지을 때 각 조목의 아래에 여러 가지 설(說)을 붙인 이유가 여기에 있었다. 그것이 이황의 생각과 다르다 하더라도 모두 수록하였다. 그는 이와 같은 작업이 "선생의 포용하는 도량을 본받은 것이고, 스승을 섬김에 숨김이 없어야 한다는 의리를 따른 것"이라고 주장하였다.[92]

이병휴는 그의 만년인 영조 50년(1774)에 지은 「자서(自序)」에서 자신의 학문적 연원을 설명하면서 당시의 학계 지형을 크게 세 가지 문파로 분류하였다. 하나는 영남(嶺南)에서 이황의 학문을 계승하는 것이고, 다른 하나는 영북(嶺北)에서 천여 리 떨어진 곳에서 이익이 이황의 학문을 계승하고 있는 것이었다. 이병휴는 나머지 한 종류의 문파를 언급하면서 그들의 학문적 태도를 다음과 같이 비판하였다.

> 세상에는 또 한 종류의 문법(門法)이 있어서 밖으로는 정주(程朱)를 따르는 척하지만 안으로는 관상(管商 : 管仲과 商鞅)을 따르고, 스스로는

90) 『星湖全集』 卷49, 「李先生禮說類編序」, 1ㄱ~ㄴ(199책, 396쪽). "夫子之所知, 止於理之可推, 若其名物度數, 豈睿知所及哉."

91) 『星湖全集』 卷49, 「李先生禮說類編序」, 3ㄱ~ㄴ(199책, 397쪽). "義理者, 天地間一公物, 無古無今, 無彼無此, 恐不可以人之高下而一切揮斥之也."

92) 『星湖全集』 卷49, 「李先生禮說類編序」, 3ㄴ(199책, 397쪽). "是以書中各條之下, 摭附諸說, 而雖與先生說有些異同, 皆在收錄, 非敢有所輕重, 實體先生包容之度, 竊附事師無隱之義……."

도학(道學)의 정통(正統)이라고 하지만 주자(朱子)와 퇴도(退陶 : 이황)의 학문에서 찾아보면 전혀 비슷하지도 않으니 가히 '정학(正學)의 모적(蟊賊)'이라 할 수 있다.[93]

이병휴는 이들이 누구인지 분명히 지적하지 않았다. 그러나 당시 '도학의 정통'을 자처하는 이들이라면 서인-노론 계열, 송시열 계열임을 충분히 짐작할 수 있다. 그것은 이병휴가 앞에서 지적한 바와 같이 도학의 이름을 빌려 사사로운 이욕을 추구하는 자들이었다. 이병휴는 그들을 '이단의 죄인', 즉 이단보다도 못한 자들이라고 통렬히 비판한 바 있다.

이병휴는 영남의 학문 경향에 대해서도 비판적이었다. 안정복이 영조 44년(1768)에 이병휴에게 보낸 편지를 보면 한정운(韓鼎運, 1741~1819)이 이상정의 말을 전언(傳言)한 내용이 수록되어 있는데 다음과 같다.

몇 해 전 신이로(愼耳老 : 愼後聃, 1702~1761) 씨가 영남을 지날 때 방문하여 강론하는 즐거운 시간을 가졌는데, 그의 이기(理氣)와 『중용(中庸)』·『대학(大學)』에 관한 여러 학설은 모두 선유(先儒)들의 정론(定論)에 배치되고 자기 스스로 문호(門戶)를 세운 것이 많아 과연 반평생의 독서가 모두 헛것이 되어버렸습니다.[94]

선유들의 정론을 독신(篤信)하는 이상정의 입장에서 볼 때 성호학파의 자득에 입각한 독창적 주장은 받아들이기 어려운 것이었음을 쉽게 짐작

---

93) 『貞山雜著』 11冊, 「自序」(四, 217~218쪽). "世又有一種門法, 外程朱而內管商, 自以爲道學正統, 而求諸朱子退陶之學, 未或彷佛, 可謂正學之蟊賊."

94) 『順菴集』 卷4, 「答李景協書戊子」, 15ㄴ(229책, 413쪽). "頃者韓自嶺來過, 謂見李延日象靖, 道其文行之美, 且傳其言云, 昔年愼耳老氏過嶺時歷訪, 有講討之樂, 而其理氣庸學諸說, 皆背先儒已定之論, 而自立門戶者多, 果然半生讀書, 皆歸虛云云."

할 수 있다. 이와 같은 전언에 접한 이병휴는 이상정이 과연 '영인(嶺人)의 규모'를 보여주었다고 평가했다. 그러면서 무릇 사람을 논할 때는 그 말의 득실을 살펴볼 뿐이지, 선유의 학설과 다르다는 이유로 한결같이 배척한다면 이것이 어찌 덕을 닦은 전대(前代)의 어진 군자들이 후인(後人)에게 바라는 것이겠느냐고 비판적 견해를 표명했다. 그러면서 이병휴는 이와 같은 논의는 "아는 사람과 더불어 말할 수 있는 것이지 모르는 사람과 말하기는 어렵다"고 하면서 하고 싶은 말을 다함으로써 옳지 않다는 지목을 범하기를 원치 않는다고 하였다.[95]

이에 대한 안정복의 답변은 이듬해인 영조 45년(1769)에 이병휴에게 보낸 편지에서 확인할 수 있다. 그는 먼저 예전에 자신이 스승 이익으로부터 직접 들었던 말을 다음과 같이 인용했다.

> 성인이 천하를 다스릴 때 먼저 언로(言路)를 열었다. 도(道)를 밝히고 학문을 강론하는 것이 그 얼마나 중대한 일인데, 후생의 언의(言議 : 議論)를 막는단 말인가. 그러므로 학문은 자득(自得)이 중요한 것[學貴自得]이지 전인(前人)의 언의에 얽매일 필요는 없다.[96]

이와 같은 이익의 견해에 대해 안정복은 후생이 자득을 위해 자기 주견부터 세우는 폐단을 언급하였다. 궁리(窮理)와 격물(格物)도 제대로

95) 『貞山雜著』 9冊, 「答百順書」(四, 5~6쪽). "李延日卽嶺外之望, 常欲一見而不得, 承喩韓某傳說, 果是嶺人規撫. 凡論人者, 當察其言之得失而已, 若但以異於先儒之說, 而一例揮斥, 則是豈前脩所望於後人者耶. 然此可與知者道, 難與不知者言, 亦不欲索說以犯不韙之目也." 여기서 "可與知者道, 難與不知者言"이라는 말은 蘇軾의 "可與知者道, 難與俗人言也"에서 유래한 것으로 보인다[『唐宋八大家文抄』, 蘇軾 2, 「答謝擧廉書」].

96) 『順菴集』 卷4, 「答李景協書己丑」, 17ㄴ(229책, 414쪽). "前日愚嘗承聞吾先生語矣. 曰聖王之治天下, 首開言路, 明道講學, 是何等大事, 而杜閉後生之言議耶. 是以學貴自得, 不必滺滯前人言議."

못하고 지기(志氣)와 사려(思慮)도 확고하지 못한 젊은 후생들이 자신의 주장만을 내세우는 것이 습성이 되면 경망스럽고 조급한 기상만 길러져서 결국은 덕을 쌓는데 도움이 되지 않는다는 주장이었다.97) 이와 같은 관점에서 안정복은 당시 이기양(李基讓, 1744~1802)이나 권철신(權哲身, 1736~1801)과 같은 성호학파 신진들의 거침없는 태도를 우려했던 것이다.98)

그러나 이와 같이 신중한 태도를 지닌 안정복도 당시 학계의 풍토에 대해서는 비판적이었다. 그는 영조 34년(1758)에 이병휴에게 보낸 편지에서 조선 학계의 상황을 다음과 같이 말한 바 있다.

> 우리나라는 중국과는 규모가 같지 않고 기상(氣象)이 답답할 만큼 매우 좁아서 사람들이 강론(講論)을 할 때 다만 독창성 없이 모방하기만 할 뿐입니다. 만약 구설(舊說)에 위배되는 것이 있으면 옳고 그름을 따지지 않고 떼를 지어 일어나 공격을 퍼부어 구덩이에 빠뜨리고야 마니, 이것이 매우 두렵습니다. 후생(後生)이 독서를 하다가 선현(先賢)들이 논한 바에 의심나는 부분이 있으면 차록(箚錄)하는 것은, 돌아가신 선현을 다시 살릴 수 없고[구천에 계신 분을 다시 불러올 수 없고] 또 옷자락을 여미고 청하여 질문을 할 수도 없기 때문에 사사로이 기록해 놓은 것에 불과하니, 〈이는〉 그 당시 문생(門生)들의 문목(問目)과 비슷한 예인 것입니다. 그런데 이것이 무슨 큰 죄라고 우리나라의

---

97) 『順菴集』 卷4, 「答李景協書己丑」, 17ㄴ(229책, 414쪽). "愚起而對曰, 下敎誠然. 但恐專以自得, 先立主意, 則未免私意橫生, 流弊不少. 若後生少年窮格未到, 志慮未定, 畧有所見, 卽自執己意曰, 古人之所不知者, 此習漸長, 則徒益其輕浮躁淺之氣, 而無益於進德之業. 先生笑而答曰, 此語誠是."

98) 『順菴集』 卷4, 「答李景協書己丑」, 18ㄱ(229책, 414쪽). "向來士興有書, 論中庸首章未發之義, 太狼藉, 一反舊說. 此義理大頭腦, 程朱豈覰不得耶. 於此不信從, 則其弊當如何. 觀此書以後, 心氣不安, 殆累日未定也. 士興亦云, 聖人無靜工夫, 敬近禪學, 朱子格致之訓, 又爲口耳之弊, 旣明從而和之. 此等氣習, 豈非大可憂慨者乎."

풍속이 이렇단 말입니까?[99]

이처럼 안정복은 선현의 구설(舊說)에 의문을 제기하는 것을 금기시하는 당시 학계의 분위기를 두려운 눈으로 바라보았다. 그는 이러한 상황에 대한 이병휴의 생각이 어떤지 질문하면서 독서나 강의를 할 때 오로지 구훈(舊訓)만을 따르고 새로운 뜻을 주장하지 말라고 조언했다. 아마도 안정복은 당시 남인 계열이 당면했던 정치적 상황과 서인들에게 역적으로 지목된 이잠(李潛, 1660~1706)의 후예인 이병휴의 처지를 염두에 두었을 것이다. 그는 이병휴의 처지가 다른 사람들과는 다르기 때문에 새로운 주장이 와전되어 구설수에 휘말릴 수 있다고 염려했던 것이다.[100]

안정복이 이병휴에게 이와 같은 조언을 하게 된 데는 그 나름의 이유가 있었다. 안정복의 전언에 따르면 영조 30년(1754) 겨울 무렵에 윤동규가 이병휴는 근본에서 너무 멀리 나가서[遊騎太遠][101] 총명이 오히려 누가 된다고 걱정했다고 한다.[102] 안정복 역시 이병휴의 '사소한 병통'에 유의하였다. 그는 자신의 경우에는 재주가 부족하고 기질이 유약해서 언제나 미치지 못하는 병통이 있는 반면에 이병휴는 재주가 높고 기질이 강하기 때문에 지나친 병통이 있다고 하였다. 두 사람

---

99) 『順菴集』 卷4, 「答李景協書戊寅」, 7ㄴ~8ㄱ(229책, 409쪽). "因此而竊嘗思之, 我東與中夏, 規模不同, 氣象窄迫, 凡人講論, 只知依樣畫葫, 若有背于舊說者, 則不計當否, 羣起攻之, 至于坑塹, 是甚可畏. 後生讀書, 於先賢所論, 有疑箚錄, 是九原難作, 摳衣請問, 亦不可得, 故不過私記, 便是當日門生問目之例, 顧何深罪, 而東俗如此."

100) 『順菴集』 卷4, 「答李景協書戊寅」, 8ㄱ(229책, 409쪽). "兄或念此耶. 且兄今所居之地, 亦非他比, 凡於讀書講授之際, 惟循舊訓, 勿發新義, 恐傳說之誤, 致費唇舌也."

101) '遊騎太遠'이란 "만약 유격 기병대가 너무 멀리 나가면 도리어 돌아올 수 없다[若遊騎太遠, 則却歸不得]"라는 뜻으로 근본을 중시해야 한다는 경계였다[『河南程氏遺書』 卷第7, 二先生語 7, 100쪽. "兵陣須先立定家計, 然後以遊騎旋, 旋量力分外面與敵人合, 此便是合內外之道. 若遊騎太遠, 則卻歸不得."].

102) 『順菴集』 卷4, 「答李景協書戊寅」, 9ㄱ~ㄴ(229책, 410쪽). "昔年尹丈以兄遊騎太遠, 聰明爲累有言. …… 此甲戌[1754년–인용자 주]冬語也."

모두 '중행(中行)의 도(道)'에 들어가기는 어렵다는 반성과 충고의 조언이었다.[103] 실제로 안정복도 영조 30년에 이병휴에게 편지를 보내 "온후관유(溫厚寬裕)에 더욱 힘쓰고, 발로영예(發露穎銳)의 습성을 끊어버린다면 독실광휘(篤實光輝)의 대업(大業)에 날로 진전하는 덕이 있게 될 것"이라고 충고한 바 있다.[104] 이 말을 뒤집어보면 이병휴에게는 온화하고 너그러운 맛이 부족하고 빼어남과 슬기로움을 드러내는 습성이 있다는 것이었다. 이와 같은 충고의 배경을 자세히 알 수는 없으나 안정복의 말에 따르면 이병휴가 자신에게 보낸 편지 가운데에는 "천고의 한 쾌거(快擧)를 감히 혼자만 알고 있을 수가 없다", "천하의 지극히 정밀한 자가 아니고서야 누가 여기에 끼어들 수 있겠는가", "어리석은 사람들 앞에 꿈 이야기를 하는 격이다" 등등의 언급이 있었다고 한다.[105] 안정복은 이를 자신의 총명함을 지나치게 자신하는 병통으로 여겼음에 틀림없다.

이상의 논의를 통해서 이익–이병휴–권철신·이기양으로 이어지는 '치의(致疑)를 통한 자득(自得) 위주의 학문관'과 신의(新義)를 추구하는 것을 경계하면서[106] "선유(先儒)의 가르침을 고수하여 잃지 않는 것"[107]을 중시하는 윤동규·안정복 계열의 학문관의 차이점을 확인할 수 있다. 이는 이른바 '성호좌파'와 '성호우파', 나아가 '성호좌파'와 '영남남인'의 학문적 차이점이기도 했다.

---

103) 『順菴集』 卷4, 「答李景協書戊寅」, 9ㄱ(229책, 410쪽). "僕才小而氣弱, 故有不及之患, 兄才大而氣高, 故有過逸之病, 均之恐難入中行之道矣."

104) 『順菴集』 卷4, 「與李景協書甲戌」, 4ㄴ(229책, 407쪽). "尊兄或不爲麾斥其妄率, 而益用力於溫厚寬裕之上而絶其發露穎銳之習, 則其於篤實光輝之大業, 益有日進之德矣."

105) 『順菴集』 卷4, 「與李景協書甲戌」, 4ㄱ~ㄴ(229책, 407쪽). "今見尊兄書中, 義理之精深, 見解之超悟, 固非庸陋如弟者所能論評, 而有曰千古一快, 不敢自秘, 又曰, 非天下之至精, 孰能與於此, 又曰, 癡人前說夢也. 此等句法, 未免有自恃之病, 於心終有不安."

106) 『順菴集』 卷4, 「答李景協書戊寅」, 7ㄴ(229책, 409쪽). "尹丈所謂新義可畏者指此耶."

107) 『順菴集』 卷4, 「答李景協書己丑」, 18ㄱ(229책, 414쪽). "是以與其強究別意, 不若守先儒之訓而不失之耳."

4. 명물도수(名物度數)와 불치하문(不恥下問)

성호학파의 학자들 가운데는 '명물도수지학(名物度數之學)'에 관심을 지니고 있는 사람들이 있었다. 이용휴(李用休)는 그 가운데 한 사람이었다. 그는 다음과 같이 명물도수지학과 '호문(好問)'·'질의(質疑)'의 관계를 논한 바 있다.

> 생지(生知 : 不思而得)보다 더 지혜로운 것은 없다. 그러나 그 아는 바는 이치[理]이다. '명물도수'와 같은 것은 반드시 물어본 다음에 알 수 있다. 그러므로 순(舜)임금은 묻기를 좋아했고, 공자도 관리에게 예(禮)를 물었다. 하물며 그 아래에 있는 사람임에랴. 나는 일찍이 본초(本草)를 읽은 후에 들에 나갔다가 풀을 보았는데, 줄기와 잎이 연하고 살져서 그것을 캐려고 농가의 아낙네에게 물었더니, 아낙네가 말하기를 "이것의 이름은 초오(草烏)인데 독이 많습니다"라고 하였다. 나는 놀라서 버리고 떠났다. 본초를 읽고도 거의 풀에 중독될 뻔했는데 질문으로 겨우 면하게 되었다. 천하의 일을 자세히 따져서 묻지[審問] 않고 함부로 단정할[妄斷] 수 있겠는가. 『설문(說文=說文解字)』을 살펴보니 '문(問)'이란 질의(質疑 : 의심스러운 것을 물어서 밝힘)이다.[108] 세상 사람들은 스스로 지혜롭다고 여겨 묻는 것을 부끄러워해서 생사(生死)가 가짜 성루[疑城][109]의 안에 있는 자가 많다[태어나서 죽을 때까지 의문의 성 안에 있는 자가 많다]. 오직 신원일(申原一)은 성품이 묻기를 좋아해서 학술의 동이(同異)와 의리(義利)의 취사(取舍)를 논하지 않고,

108) 『說文解字』 卷2上, 文34新附, 文2, 9ㄱ(32쪽－『說文解字』, 北京 : 中華書局, 1989의 페이지 번호). "問. 訊也."

109) '疑城'이란 적을 속이려고 세운 가짜 城壘를 뜻한다. 여기에서는 '疑問의 城'이라는 의미로 해석한다.

비록 심상(尋常)한 자구(字句)로 일찍이 대략 알고 있는 것도 반드시 강구하고 심역(尋繹 : 증거나 사례를 탐색하고 연구)하여 확실히 명백하게 된 다음에라야 그만두니, 그 진취를 가히 헤아릴 수 없다. 내가 「호문설(好問說)」을 지어 증여하니, 군(君)은 이를 가지고 대중들에게 물어보아 만약 빠뜨린 의의(意義)[遺義]가 있다고 하면 다시 와서 나에게 묻게나.[110]

일찍이 『중용』에서는 인간의 기품(氣稟)에 따라 지(知=智)의 등급을 셋으로 나누었다. 생이지지(生而知之 : 生知), 학이지지(學而知之 : 學知), 곤이지지(困而知之 : 困知)가 그것이다.[111] 여기서 '생이지지', 즉 '생지(生知)'는 태어나면서부터 '천하의 달도(達道)'를 깨친 성인의 경지를 뜻한다. 성인의 덕은 "혼연(渾然)히 천리(天理)인지라 진실하고 망령됨이 없어서 생각하고 힘씀[思勉]을 기다리지 않고도 종용(從容)히 도(道)에 들어맞는다"고 하였다.[112] 그런데 그들이 나면서부터 아는 것은 군신(君臣)·부자(父子)·부부(夫婦)·곤제(昆弟)·붕우(朋友) 간의 윤리인 '천하의 달도'였다. 그것은 바로 천하 고금에 공통된 도리인 오전(五典)·오륜(五倫)에 다름 아니었다. 이용휴가 위의 인용문에서 "생지가 아는 바는 이치이다"라고 단언했던 이유가 바로 여기에 있었다. 따라서 인간사회의 도덕과 윤리

---

110) 『歞歟集』, 「歞好問說」(223책, 42쪽). "莫知於生知, 然其所知者, 理也. 若名物度數, 則必待問而後知, 故舜好問, 宣尼問禮問官, 矧下此者乎. 余嘗讀本草後, 野行見有草, 莖葉嫩肥, 欲採之, 問于田婦, 婦曰, 是名草烏, 有大毒, 余驚棄去. 夫讀本草而幾爲草毒, 以問僅免, 天下之事, 其可不審問而妄斷耶. 按說文, 問者, 質疑也. 世之人, 自智而耻問, 生死疑城之中者多. 惟申君原一姓好問, 無論學術同異, 義利取舍, 雖尋常字句曾已畧曉者, 必講究尋繹, 洞然明白而後已, 其進未可量也. 余爲作好問說贈之, 君其持此以問於衆, 如有遺義, 復來問我."

111) 『中庸章句』, 20章. "或生而知之, 或學而知之, 或困而知之……."

112) 『中庸章句』, 20章. "誠者, 天之道也, 誠之者, 人之道也"의 주석 참조. "聖人之德, 渾然天理, 眞實無妄, 不待思勉而從容中道, 則亦天之道也."

문제 이외의 것, 예컨대 '명물도수'와 같은 것은 성인들이라 할지라도 나면서부터 알 수 있는 분야가 아니었다. 그것은 후천적 학습과 노력이 필요한 영역이었다.

요컨대 이용휴의 견해에 따르면 명물도수에 관한 지식을 습득하기 위해서는 '심문(審問)'의 과정이 필수적이었다. 이는 『중용』에서 '성지(誠之)'의 조목(條目)으로 제시한 박학(博學)·심문(審問)·신사(愼思)·명변(明辨)과 관련이 있다. 『중용』에서는 '천하의 달도'를 실천하기 위한 인간 행위의 근거로 지(知)·인(仁)·용(勇)이라는 세 가지 덕(德)을 이야기했다. 그것이 바로 '천하의 달덕(達德)'이다.[113] 위에서 말한 '천하의 달도'가 사람들이 공유하고 있는 도리[人所共由之路]이지만 세 가지 달덕이 없으면 그것을 행할 수 없다고 보았던 것이다. 그런데 달덕은 사람들이 공통적으로 얻어서 지니고 있는 바이지만 '성(誠=誠實)'하지 않으면 그 사이에 인욕이 끼어들어 그 덕을 제대로 발현할 수 없었다.[114] '생지'의 성인은 편안하게 달덕을 발휘해 달도를 행할 수 있겠지만 '생지'에 미치지 못하는 '학지(學知)' 이하의 사람들은 성실히 하고자 하는 그 나름의 노력이 필요했다. 그것이 바로 '성지(誠之)'이니 '택선이고집(擇善而固執 : 선을 택하여 그것을 굳게 잡음)'하는 것으로, 그 세목이 바로 '박학·심문·신사·명변·독행(篤行)'이었다.[115] 널리 배우고, 자세히 묻고, 신중하게 생각하고, 밝게 분변하고, 독실하게 실천하는 학문적 노력을 꾸준히 경주해야 했던 것이다. 이와 같은 『중용』의 내용은 성호학파의 학문관과

---

113) 『中庸章句』, 20章. "知[智]仁勇三者, 天下之達德也, 所以行之者, 一也."

114) 『中庸章句』, 20章. "天下之達道五, 所以行之者三, 曰君臣也, 父子也, 夫婦也, 昆弟也, 朋友之交也, 五者, 天下之達道也, 知[智]仁勇三者, 天下之達德也, 所以行之者, 一也."의 주석. "達道者, 天下古今所共由之路 …… 達道, 雖人所共由, 然無是三德, 則無以行之, 達德, 雖人所同得, 然一有不誠, 則人欲間之, 而德非其德矣."

115) 『中庸章句』, 20章. "誠者, 天之道也, 誠之者, 人之道也, 誠者, 不勉而中, 不思而得, 從容中道, 聖人也, 誠之者, 擇善而固執之者也. 博學之, 審問之, 愼思之, 明辨之, 篤行之."

밀접한 관련성이 있다고 판단된다.[116)]

이익은 문(文)이란 도(道)가 깃들어 있는 바라고 정의했다. 일월성신(日月星辰)을 천문(天文)이라 하고, 산천초목(山川草木)을 지문(地文)이라 하고, 예악형정(禮樂刑政)과 의장도수(儀章度數)를 인문(人文)이라고 하는 따위가 바로 이것이다. 그렇다면 옛 성인들이 '문'을 거론한 것은 바로 거기에 깃들어 있는 '도'로 천하를 올바르게 다스리기 위함이었다. 『주역』에서 "천문을 관찰하여 사시의 변화를 살피고, 인문을 관찰하여 천하를 교화하여 예속(禮俗)을 이룬다"[117)]라고 한 것이 대표적 사례라 할 수 있다. 이익은 옛사람들이 서자(書字 : 글자·문자)를 만든 목적도 바로 이와 관련이 있다고 보았다. 백세(百世)의 뒤에 미래의 생령(生靈)들에게 성인의 가르침을 전하기 위해서는 글이 필요했기 때문이다. 이러한 글도 또한 '문'이라고 하였으니 이때의 '문'은 '도'의 그림인 것이다.[118)]

이처럼 문자는 옛사람들이 후세의 사람들에게 도를 전하기 위한 목적으로 만들었지만 거기에는 근본적 한계가 있었다. 천지는 자연스러운 것이지만 인사는 유위(有爲)한 것, 즉 인위적인 것이기 때문이다. 고금의 풍속이 다르고, 언어도 맥락이 다르다. 따라서 오늘날의 관점에서 오래된 책[蠹簡 : 좀 먹은 책]의 문자[墨畫 : 먹으로 그린 그림]를 보는 것으로 거기에 온축된 내용을 온전히 파악하기에는 적잖은 어려움이 있었다. 상황이 이렇기 때문에 군자는 몸과 마음을 다해 그 본지를 찾기 위해 노력해야만 했다. 이익은 '불치하문(不恥下問)'[119)]이라는 말이 생기게

---

116) 『星湖僿說』 卷18, 經史門, 「知行合一」, 9ㄱ~10ㄴ(Ⅶ, 5쪽).

117) 『周易』, 賁卦, 彖傳. "觀乎天文, 以察時變, 觀乎人文, 化成天下."

118) 『星湖僿說』 卷21, 經史門, 「不恥下問」, 36ㄴ~37ㄱ(Ⅷ, 58~59쪽). "文者, 道之所寓也. 著於上則日月星辰, 謂之天文, 著於下則山川草木, 謂之地文, 著於兩間則禮樂刑政·儀章度數, 謂之人文. 易曰, 觀乎人文, 化成天下, 是也. …… 然近則可以指喩, 遠猶可以言傳, 百世之下, 其意將泯, 故古之人作爲書字, 諄諄反覆, 以告未來生靈, 庶幾因此而有得, 亦謂之文. 文者, 道之畫也."

119) 『論語』, 公冶長. "子貢問曰, 孔文子, 何以謂之文也. 子曰, 敏而好學, 不恥下問. 是以謂

된 이유가 여기에 있다고 보았다. 본지를 파악하기 위해서는 여러 가지 학설들을 모아서 분간하는 작업이 필요했고, 우스갯소리[諢言]나 터무니 없는 말[妄談]일지라도 상세히 살피지 않으면 안 되기 때문이었다.[120] 이치에 어긋난 말일지라도 용납할 수 있는 학문적 포용성이 있어야 하며, 이를 위해서는 아랫사람에게 묻는 것도 부끄러워할 필요가 없다는 것이었다.

이와 같은 이익의 관점에서 보면 당시 학자들의 학문하는 자세에는 심각한 문제점이 있었다. 그는 다음과 같이 비판하였다.

> 지금의 학자는 그렇지 않다. 금망(禁網)을 만들어 놓고 형구(刑具)[刀鋸][121]를 가지고 사람을 기다리니 법규[尺寸 : 표준]에 벗어난 것에 대해서는 입을 열 수가 없다. 대추를 〈씹지도 않고〉 통째로 삼키고, 조롱박의 모양을 보고 조롱박을 그대로 그리면서, 억지스럽게 해설하거나 어림짐작으로 대답하는 것을 고상한 격조로[고결하고 품위가 있다고] 여긴다. 뼈와 살이 붙어 있는 〈지극히 친근하고 은밀한〉 곳에 대해서는 반드시 얻음이 있지 않다[터득한 바가 없다]. 이로써 유자(儒者)라고 표방하는 자는 그 무리가 쇠털[牛毛]처럼 많지만, 그[진정한 유자]를 얻기는 기린의 뿔처럼 〈어렵다〉.[122]

之文也."

120) 『星湖僿說』卷21, 經史門, 「不恥下問」, 37ㄱ(Ⅷ, 59쪽). "然天地自然, 而人事有爲, 故古今殊俗, 言語異脉. 從今日意度, 嚮想於蠹簡墨畫之間, 寧有望於悉發其所蘊乎. 故君子盡心殫力, 誠求博訪, 冀得其本旨, 集衆說而揀別之, 雖諢言妄談, 莫不詳審, 苟使乖舛倍理, 容焉而不罪, 此不耻下問之所以爲文也."

121) 도(刀)는 할형(割刑)에, 거(鋸)는 월형(刖刑)에 쓰는 형구.

122) 『星湖僿說』卷21, 經史門, 「不恥下問」, 37ㄴ~38ㄱ(Ⅷ, 59쪽). "今之學者不然. 設爲禁網刀鋸以待人, 尺寸之外, 開吻不得. 昆侖呑棗, 依樣畫葫, 强說臆對, 以爲高致, 其於帖骨帖肉處, 却未必有得. 是以標榜爲儒者, 其衆如牛毛, 其得如麟角, 噫."

여기에서 이익은 유명한 비유 두 가지를 들었다. '혼륜탄조(昆侖呑棗)', '의양화호(依樣畫葫)'가 그것인데, 송대(宋代)의 속담이나 고사에서 유래한 말로 보인다. '혼륜탄조'에서 '혼륜(昆侖=混侖)'은 '혼륜(渾淪)'이나 '혼륜(囫圇)', 또는 '골륜(鶻圇=鶻淪=鶻崙)'으로도 쓰인다. 대체로 '광대하여 끝이 없다'는 의미에서 '애매모호함'을 가리키는 말로 그 뜻이 바뀐 것으로 보인다. '탄조(呑棗)'는 문자 그대로 '대추를 삼킨다'는 뜻이다. 따라서 '혼륜탄조'는 "대추를 씹지도 않고 통째로 삼킨다"는 말이며, "실상을 따지지 않고 건성으로 받아들이는 것"이나 "세밀히 분석하지 않고 지나침으로써 진정한 의미를 체득할 수 없음", 다시 말해 "공부를 건성으로 하는 것"을 비유하는 용어로 쓰였다. 그 용례는 주희의 문집과 어록에서 확인할 수 있다.[123)]

'의양화호'는 본래 '의양화호로(依樣畫葫蘆)', 또는 '의본화호로(依本畫葫蘆)'라는 말에서 유래한 것으로, 송(宋)의 위태(魏泰)가 지은 『동헌필록(東軒筆錄)』에 고사가 수록되어 있다. 한림원(翰林院) 학사(學士)인 도곡(陶穀)이 중요한 직책에 등용되지 못하는 불만을 제기하자 송 태조가 "듣자 하니 한림(翰林)들은 제서(制書)의 초안을 잡을 때 모두 앞사람들의 구본(舊本)을 조사하여 문장의 말[詞語]만 바꾼다고 하니, 이는 바로 속된 말로 이른바 '조롱박을 보고 조롱박을 그대로 그린다'는 격이니, 힘을 쓸 일이 어디 있단 말인가"라고 비웃었다는 것이다.[124)] 요컨대 '호로(葫蘆)'는 조롱박이니 '의양화호로'는 "본[모양·그림]을 보고 조롱박을 그대

---

123) 『晦庵先生朱文公文集』 卷59, 「答林正卿」, 2807쪽. "諺所謂鶻侖[囫圇]呑棗者, 是也, 何由知其味耶."[사고전서본 『晦庵集』에는 '鶻侖'이 '囫圇'으로 기재되어 있다]; 『朱子語類』 卷124, 陸氏, 葉賀孫錄, 2983쪽. "而今不欲窮理則已, 若欲窮理, 如何不在讀書講論. 今學者有幾箇理會得章句. 也只是渾淪呑棗, 終不成又學他, 於章句外別撰一箇物事, 與他鬥."

124) 『東軒筆錄』 卷1, 6ㄱ. "太祖笑曰, 頗聞翰林草制, 皆檢前人舊本, 改換詞語, 此乃俗所謂依樣畫葫蘆耳, 何宣力之有."

로 그리는 것"을 뜻한다. 독창성 없이 남의 것을 모방함을 비유하는 말이다.

이익은 이와 같은 두 가지 비유를 인용하여 당대 학자들의 학문 태도를 비판했다. 이와 같은 이익의 지적은 성호학파의 학문관과 밀접한 관련을 지니고 있다고 보인다. 특히 '치의(致疑)와 자득(自得)'이라는 학문방법론과 관련하여 주목된다. '혼륜탄조'가 세밀하게 분석하지 않고 공부를 건성으로 함으로써 진정한 의미를 체득할 수 없음을, '의양화로'가 독창성 없이 남의 것을 모방하기만 하는 태도를 비판하는 것이라는 점에서 시사하는 바가 적지 않다. 그 비판의 칼날이 이른바 '주자도통주의(朱子道統主義)'의 학문 자세를 겨냥하고 있다고 보이기 때문이다.

바로 이 대목에서 당시의 학자들은 "뼈와 살이 붙어 있는 곳에 대해서는 터득한 바가 없다[其於帖骨帖肉處, 却未必有得]"고 한 이익의 지적이 의미심장하다. 왜냐하면 여기에 등장하는 '첩골첩육(帖骨帖肉=貼骨貼肉)'이라는 표현이 바로 주희의 글에서 가져온 것이기 때문이다. 유기보(劉圻父)가 『대학장구』의 전문 5장 가운데 "표리(表裏)와 정조(精粗 : 정추)가 이르지 않음이 없다[表裏精粗無不到]"[125]에 대해서 질문하자 주희는 다음과 같이 대답하였다.

> 표(表)는 외면으로 이해할 수 있는 것, 이(裏)는 자신의 몸에 나아가 가장 친절하고 가장 은밀하며, 뼈와 살이 붙어 있는 곳이다. 지금 사람들이 일을 처리하면서 스스로 말하기를 "이렇게 해도 무방하다"고 하는데 이는 옳지 않다. 이는 다만 이해가 그와 같이 붙어 있는 곳에 아직 미치지 못한 것이다. 만약 그와 같이 붙어 있는 곳을 알았다면, 스스로 결단코 "이와 같이 해도"라고 하지 않을 것이다.[126]

---

125) 『大學章句』, 傳5章. "至於用力之久, 而一旦豁然貫通焉, 則衆物之表裏精粗無不到, 而吾心之全體大用, 無不明矣."

여기에서 주희는 오랫동안의 노력을 거쳐 활연관통(豁然貫通)의 경지에 도달하게 되면 모든 사물[衆物]의 '표리정조(表裏精粗)'가 도달하지 않음이 없다고 하였다. 사물에 대한 분명한 인식에 도달하기 위해서는 외면에 대한 피상적 이해에 그치는 것이 아니라 그 내면의 깊은 곳에 대한 이해가 병행되어야 한다고 보았던 것이다.[127]

위에서 살펴본 이익의 생각은 젊은 시절부터 견지해 온 것으로 보인다. 그는 30대 중반인 숙종 44년(1718) 무렵 서신을 통해 이식(李栻, 1659~1729)의 「당실명(堂室銘)」에 대한 비판적 의견을 표명한 바가 있었는데,[128] 이 편지에서도 자신의 학문적 자세를 강하게 피력하였다. 이익은 먼저 주희의 말을 근거로 치의(致疑)의 정당성을 다음과 같이 언급했다.

> 일찍이 듣건대 무릇 배우는 자가 조금 의심하면 조금 진보하고 크게 의심하면 크게 진보하니, 의심을 많이 해도 무방하다고 했습니다. 그러므로 간혹 병이 차도를 보여 서책을 대하기라도 하면 분분히 의심을 두었고[致疑], 이미 그 번민과 괴로움을 이기지 못하면 일찍이 그리운 사람[中坻][129]을 생각하면서 장차 노선생[几杖] 사이에서 주선해 보고자

126) 『朱子語類』 卷16, 大學 3, 傳五章釋格物致知, 黃義剛錄, 323쪽. "曰, 表便是外面理會得底, 裏便是就自家身上至親至切·至隱至密·貼骨貼肉處. 今人處事多是自說道, 且恁地也不妨, 這箇便不是. 這便只是理會不曾到那貼底處. 若是知得那貼底時, 自是決然不肯恁地了."

127) 이 구절에 대한 任聖周(1711~1788)의 다음과 같은 해석을 참조할 수 있다. 『鹿門集』 卷16, 雜著經義, 「大學辛丑」, 16ㄴ(228책, 335쪽). "(補亡章○……)表裏精粗無不到一句, 當詳味之, 徒見得表與粗, 而不窮其裏與精, 則固不可謂之到也. 只明於裏與精, 而或略於表與粗, 則亦不得謂之到矣. 須於表也粗也裏也精也, 一齊理會, 無不貫徹, 然後方可下到字. 無不云者, 又合衆物而言之也."

128) 문석윤, 「星湖 李瀷의 心說에 대하여 : 畏庵 李栻의 「堂室銘」에 대한 비판을 중심으로」, 『철학연구』 86, 철학연구회, 2009 참조.

129) 『詩經』, 秦風, 蒹葭. "蒹葭凄凄, 白露未晞. 所謂伊人, 在水之湄. 遡洄從之, 道阻且躋, 遡游從之, 宛在水中坻(갈대가 蒼蒼하니, 흰 이슬이 마르지 않았도다. 이른바 저 분이 물가의 한쪽에 있도다. 물결 거슬러 올라가 따르려 하나, 길이 막히고

[노선생께 여쭤보고자] 하지 않은 적이 없었습니다.[130]

위의 인용문에서 "조금 의심하면 조금 진보하고 크게 의심하면 크게 진보하니, 의심을 많이 해도 무방하다"는 것은 바로 주희의 말이다.[131] 이식의 「당실명」에 대한 이익 자신의 치의가 주자의 가르침에 따른 것이라는 점을 힘써 말했던 것이다. 이와 같은 이익의 자세는 노경에 접어들었을 때에도 변하지 않았다. 그는 영조 28년(1752)과 영조 37년(1761)에 제자들에게 보낸 편지에서도 여전히 이러한 태도를 견지하고 있었기 때문이다.[132] 주목해야 할 것은 의심이 있는 단계에서 의심이 없는 단계로 전진하기 위해서는 그 나름의 과정이 필요하다고 보았다는 점이다. 그것이 바로 훌륭한 스승이나 나의 공부를 보좌할 수 있는 벗들과의 토론이었다[明師强輔之駁正].

토론 과정은 치열하고 치밀해야 했다. 이익은 이식에게 보낸 편지에서

또 높으며, 물결 따라 내려가 따르려 하나, 宛然히 물 가운데 모래섬에 있도다)." 여기에서 水中坻(=中坻)는 그리워도 멀리 있어서 만날 수 없는 사람을 뜻한다.

130) 『星湖全集』 卷9, 「答李畏庵」, 20ㄱ(198책, 206쪽). "昔曾聞之, 凡學者小疑則小進, 大疑則大進, 只是多著疑不妨. 故或病隙對卷, 紛紛然致疑, 已不勝其憫惱, 則未嘗不緬懷中坻, 若將周旋於几杖間……."

131) 朱熹의 글 가운데 이와 관련한 내용으로는 『朱子語類』의 한 대목을 들 수 있다[『朱子語類』 卷115, 朱子 12, 訓門人 3, 2771쪽. "人傑將行, 請教. 先生曰, 平日工夫, 須是做到極時, 四邊皆黑, 無路可入, 方是有長進處, 大疑則可大進. 若自覺有些長進, 便道我已到了, 是未足以爲大進也."]. 그러나 이익이 제시한 문장과 같은 내용을 분명히 언급한 것은 陳獻章(1428~1500)이었다. 그는 이것이 '前輩'의 말이라고 하였다[『陳白沙集』 卷2, 「與張廷實主事」 又(12), 49ㄱ. "前輩謂, 學貴知疑, 小疑則小進, 大疑則大進, 疑者, 覺悟之機也. 一番覺悟, 一番長進. 章初學時, 亦是如此, 更無別法也." ; 『明儒學案』 卷5, 白沙學案 上, 文恭陳白沙先生獻章, 論學書, 與張廷實, 85쪽(新校標點 『明儒學案』, 台北 : 華世出版社, 1987의 페이지 번호)].

132) 『星湖全集』 卷24, 「答安百順壬申」, 21ㄴ(198책, 491쪽). "朱子謂少疑則少進, 大疑則大進, 多著疑不妨. 若內疑而外順, 所存可知也. 有疑而至於無疑, 固君子之階級次第, 俗學大抵不致疑者多, 是實可咍." ; 『星湖全集』 卷31, 「與李景祖辛巳」, 5ㄴ(199책, 38쪽). "瀷幸聞朱先生敎云, 學者多著疑不妨, 小疑則小進, 大疑則大進. 其思而無疑者, 非下學地位. 故對卷多疑, 疑而無處講定, 則又不免私自箚疑, 以待明師强輔之駁正."

다음과 같이 말하고 있다. "외물을 관찰하고 자신을 살필 때에는 의당 뼈가 붙어 있고 살이 붙어 있는 긴밀한 곳에서 구해야 하니, 만약 모호하게 말을 만들어 헛되이 황홀함만 야기한다면 무슨 유익함이 있겠습니까?"[133] 여기에서도 이익은 세밀하게 탐구하지 않고 건성으로 공부하여 핵심에 도달하지 못하는 학문 자세를 경계했던 것이다.

바로 이 지점에서 이익이 '불치하문'을 중요하게 생각했던 이유를 되짚어 볼 필요가 있다. 그것은 단순히 지식의 확장을 위해 아랫사람에게 묻는 것을 부끄러워하지 않아야 한다는 의미에 머물지 않는다. 그는 옛 성현들의 도에 대한 논의를 정확하게 파악하기 위해서는 가능한 한 많은 글을 검토해야 한다고 생각했다. 문자 기록이 지니고 있는 근원적 한계 때문이었다. '박학'이 필요한 이유가 바로 이것이었다. 그런데 이른바 '주자정론(朱子定論)'을 강조하는 주자도통주의자들은 이러한 학문 방식에 제동을 걸고 있었다. 따라서 '불치하문', '호문'은 학문적 포용성과 다양성을 부르짖는 외침이었다.

'박학'은 잡다한 내용을 그저 받아들이는 것이 아니었다. 이익은 '치의'의 중요성을 강조했다. 의문을 제기하는 것은 자칫 신기함을 추구하는 함정에 빠질 수 있었다. 이익도 그러한 사실을 모르지 않았다. 그러나 그는 그 위험성보다는 '치의'의 학문 자세가 지니는 장점에 더욱 주목했던 것이다.[134]

---

133) 『星湖全集』 卷9, 「答李畏庵」, 26ㄴ(198책, 209쪽). "觀物察己, 宜於貼骨貼肉處求之, 若鶻圖作說, 徒惹恍惚, 何益之有哉."

134) 『星湖僿說』 卷13, 人事門, 「尹彦明質魯」, 65ㄱ~ㄴ(V, 71쪽). "和靖嘗言, 說經而欲新奇, 何所不至, 自是名言, 其在輕薄好奇者, 雖甚著題, 亦將助成含糊懶廢, 厭精細而樂渾淪之陋習, 其爲患反有大於求新好奇者也. 且朱子有訓, 少疑則少進, 大疑則大進, 多著疑不妨, 故無疑處, 有疑看也, 疑者涉乎好新, 然始學之士, 探討谿徑, 務在深奧, 惟懼不合乎聖經之義, 豈可泛看而遂止耶."

제3장 서학(西學)에 대한 인식과 수용의 논리

1. 조선후기 서학 수용의 문제

조선후기 서학 수용의 문제는 서학사(西學史)뿐만 아니라 사상사, 문화사, 과학사 연구에서도 매우 중요한 주제이다. 조선후기 학자들 가운데 서학을 적극적으로 수용한 인물은 당색(黨色)과 학파(學派)를 초월해서 존재했다. 어느 특정 당파나 학파만이 서학을 수용한 것이 아니었다는 말이다. 과연 이들은 서학의 어떤 측면에 주목하였고, 어떠한 학문·사상적 관점에서 서학을 수용하고자 했을까? 또 서학 수용자들 사이에서의 학문적 계통화(系統化)는 가능한 것일까?

조선후기 과학사상사의 측면에서도 학파의 분기 현상은 주목의 대상이다. 학풍(學風)의 차이는 물리(物理)와 자연학(自然學)에 대한 인식의 차이, 서학이라는 이방(異邦)의 학문에 대한 태도에 영향을 끼칠 것으로 예상되기 때문이다. 특히 서학 수용의 문제는 동아시아 서학사의 차원에서 접근할 필요가 있다. 왜냐하면 조선후기 서학사는 중국이나 일본의 그것과의 비교 연구가 필요하기 때문이다. 이와 관련해서 몇몇 연구자들이 18세기 조선 '실학(實學)'의 유파를 정리한 내용이 흥미를 끈다. 특히 안대옥의 연구는 많은 시사점을 준다. 그는 명(明)·청대(清代) 서학 수용의 역사를 정리한 바탕 위에서[1] 18세기 조선의 서학 수용 양상을 계보화하고자 했다.[2]

안대옥은 먼저 명·청대 서학 수용을 크게 세 시기로 구분한다. 제1기는 1582년부터 1644년의 명·청 교체까지의 시기, 제2기는 명·청 교체로부터 건륭(乾隆) 연간에 이르기까지의 청대 전기, 제3기는 아편전쟁 이후 중화민국 성립까지의 시기이다. 제1기는 마테오 리치(Matteo Ricci)로 대표되는 예수회 선교사들의 적응주의적 선교 방식이 통용되던 때이다. 당시 마테오 리치에 의해 정식화된 '보유론(補儒論)'은 신학(神學)과 형이상학, 수리과학이 매우 정합적으로 결합된 형태였으며, 보유론의 틀 속에서 수용된 서학은 서교[天學=天主教]와 서학[필로소피아]이 결합된 것이었다. 제2기는 서교와 서학이 분리되고, 청 조정에 의해 수용되는 서학의 외연이 종래의 필로소피아에서 마테마티카[천문역산학]로 축소되는 시기이다. 이때 서학 수용의 논리를 체계화한 인물이 매문정(梅文鼎, 1633~1721)이었다. 그는 주자학에서 상대적으로 취약한 분야인 역산학(曆算學)에 한정하여 서학을 수용하면서 천주교를 서학에서 분리해냈다. 서학과 경학적 언설을 합리적으로 공존시키기 위해 그가 고안한 논리가 서학의 기원을 중국 고대의 경전에서 구하는 '서학중원설(西學中源說)'이었다.

이상과 같이 명·청 대 서학 수용의 역사를 정리한 바탕 위에서 안대옥

---

1) 安大玉, 「마테오 리치(利瑪竇)와 補儒論」, 『東洋史學研究』 106, 東洋史學會, 2009 ; 안대옥, 「『周髀算經』과 西學中源說－명말 서학수용 이후 『주비산경』 독법의 변화를 중심으로－」, 『韓國實學研究』 18, 韓國實學學會, 2009 ; 安大玉, 「清代 前期 西學 受容의 형식과 외연」, 『中國史研究』 65, 中國史學會, 2010 ; 安大玉, 「『性理精義』와 西學」, 『大東文化研究』 77, 成均館大學校 大東文化研究院, 2012.

2) 안대옥, 「18세기 正祖期 朝鮮 西學 受容의 系譜」, 『東洋哲學研究』 71, 동양철학연구회, 2012.

은 서학에 대한 태도를 중심으로 조선후기 실학의 유파를 다음과 같이 분류했다.[3)]

① 서학을 천주교와의 연계 속에서 객관주의(客觀主義) 혹은 외재주의(外在主義)적 필로소피아의 학문 형식의 일부로서 파악하는 일파로, 사상적 도구로서 『천학초함(天學初函)』 특히 『기하원본(幾何原本)』을 중시하는 이가환(李家煥), 정철조(鄭喆祚)를 중심으로 한 남인계의 학맥

② 유가적(儒家的) 경세론(經世論)의 입장에서 주자학과 서학의 선진적 부분을 결합시키려는 일파로, 서학의 과학으로서의 우월성을 인정하며 『역상고성(曆象考成)』, 『수리정온(數理精蘊)』을 중시하던 황윤석(黃胤錫) 등

③ 서학의 수리사상(數理思想)을 통해 역산학을 재정비하려는 일파로, 역시 『수리정온』을 중시한 서호수(徐浩修)의 소론계

반면에 김호는 조선후기의 서학 수용 양상은 서학을 대하는 학자들의 학문-주자학, 박학(博學), 실무(實務) 등-과 시대에 따라 서로 달랐다고 파악한다. 그에 따르면 줄곧 정부의 천문역산학을 담당한 소론계 관료들은 추산(推算)과 관측을 통한 개력(改曆)의 임무를 다하기 위해 정확한 서양의 역산(曆算)을 필요로 했으며, 주자학의 명분론에서 벗어나 고대 유학의 정신을 회복하려던 근기남인은 고거학(考據學)을 통한 박학을 지향하였고 서학 수용이 비교적 용이하였다고 한다. 반면 주자 의리학을 복원하여 도리(道理)의 재수립을 꾀한 노론은 남인과 소론에 비해 서학에 대한 기대가 적었다는 것이다. 요컨대 조선후기 서학 수용은 학자들의

3) 안대옥, 「19세기 과학의 성격과 동도서기론」, 『韓國儒學思想大系』 XII(科學技術思想編), 한국국학진흥원, 2009, 263쪽.

학문적 태도에 따라 다양했으며, 주자학으로부터의 이탈 현상과 주자학을 고수하는 경향이 병존하고 있었다는 것이다.[4)]

이상과 같은 분석을 통해 조선후기 서학에 대한 관심의 계기, 서학 탐구의 목적과 실제적 내용에서 학파/학자 간에 적잖은 차이를 보였다는 사실을 알 수 있다. 이와 같은 문제를 해명하기 위한 기초 작업으로서 '성호학파'의 서학 수용 문제가 주목된다.

이익(李瀷)을 종장(宗匠)으로 하는 학맥을 구성한 성호학파는 조선후기의 대표적 학파 가운데 하나라고 할 수 있다. 일찍이 조긍섭(曺兢燮, 1873~1933)은 이황(李滉)의 학통을 계승한 두 학파로 '영학(嶺學)'과 '기학(畿學)'을 거론한 바 있다. '영학'이란 '영남남인(嶺南南人)의 학문'을, '기학'이란 '근기남인(近畿南人)의 학문'을 가리키는데, 조긍섭은 '기학'이 성호(星湖)와 순암(順庵 : 安鼎福)으로부터 성재(性齋 : 許傳)에 이른다고 하면서 그 학문적 계보를 제시하기도 하였다.[5)] 성호학파의 학자들은 경학(經學), 사학(史學), 예학(禮學), 문학(文學) 등 전통적으로 중시했던 학문 분야뿐만 아니라 조선후기 사회 모순을 극복하기 위한 경세론(經世學), 자연학(自然學) 등 다양한 분야에서 주목할 만한 학문적 성과를 남겼다.

개방적 학문 자세를 바탕으로 서학을 적극적으로 수용하고자 했던 성호학파를 비롯한 일부 학자들과는 달리 조선의 대다수 관인(官人)·유자(儒者)들은 서학과 서교에 비판적이었다. 19세기 위정척사파(衛正斥邪派)의 서학에 대한 공격은 그 대표적 사례라 할 수 있다. 심지어 서학에 우호적이었던 성호학파 내부에서도 다양한 이유로 서학을 비판·배척하

---

4) 김호, 「조선 후기 지성계의 변화와 '서학' 수용」, 『韓國儒學思想大系』 XII(科學技術思想編), 한국국학진흥원, 2009 참조.

5) 『巖棲集』 卷31, 「朴晩醒先生墓碣銘」, 10ㄴ~11ㄱ(350책, 471~472쪽). "盖自陶山以後, 宗而學者, 有嶺畿之二派. 嶺學精嚴, 常主於守經反約, 畿學閎博, 多急於應用救時. 嶺學歷錦陽·蘇湖以至於定齋柳氏, 畿學從星湖·順庵以及於性齋許氏, 則波流益漫, 門庭寖廣……."

는 논의가 대두하였고, 이들과 일정한 학문적·정치적 유대 관계를 유지하고 있던 영남남인계(嶺南南人系)에서도 '벽이단(闢異端)'의 관점에서 성호학파의 서학에 대한 태도에 비판을 제기하였다. 이들이 제출한 대표적 서학 비판론은 다음과 같다.

〈표 3-1〉 서학 비판 저술의 작성 시점

시점	주요 사건	저자	제목	비고
1724.		愼後聃	遯窩西學辨	
1784. 11. 13. 이전		安鼎福	天學設問	
1784. 12(季冬).		趙述道	雲橋問答	1785. 11(仲冬). 추가
1785. 3.	秋曹摘發事件			
1785. 3.		安鼎福	天學考	1785. 12. 수정
1785. 3.		安鼎福	天學或問	1785. 12. 수정
1786. 3.		李森煥	洋學辨	
1785. 3.~1787. 8.		李獻慶	天學問答	1791. 1. 李獻慶 卒 「答艮翁李參判夢瑞獻慶書己酉」(1789)에 이헌경이 보내준 「천학문답」이 등장
1787. 겨울	泮會사건			
1790이후(?)		南漢朝	安順菴天學或問辨疑	
1790~1791. 7. 20.		安鼎福	天學問答	天學或問의 명칭 변경
1791. 7(孟秋).		申體仁	天學宗旨圖辨	安鼎福, 李獻慶, 趙述道의 천학 비판에 대한 보충
1791. 9.		黃德壹	三家略	
1791. 11.	珍山사건			
1791.		黃德吉	異端說	
	李承薰사건			
1801.	黃嗣永帛書사건			
1785~1801.		李基慶	闢衛編	
1833. 6.		柳健休	異學集辨	
1866. 여름.		金平默	闢邪辨證記疑	序文 작성일(中伏翼日)
1931.		李晩采	闢衛編	1785~1856년의 사료

위의 〈표〉에서 확인할 수 있듯이 조선후기의 관인·유자들은 몇 가지 중요한 사건을 거치면서 서교에 대해 깊은 반감을 갖게 되었다. 예컨대

정조 9년(1785)의 '추조적발사건(秋曹摘發事件)', 정조 11년(1787)의 '반회(泮會)사건', 정조 15년(1791)의 '진산(珍山)사건', 순조 원년(1801)의 '황사영(黃嗣永) 백서(帛書)사건' 등이 대표적이다. 이상과 같은 여러 차례의 사건들을 계기로 정치·사회적 갈등이 증폭하면서 조선의 위정자들은 서교=천주교(天主教)를 '어버이도 임금도 안중에 없는[無父無君]' 사교(邪教)로 공격하기에 이르렀다.

여기에서는 이와 같은 시대 상황을 염두에 두면서 조선후기 서학 수용과 배척의 논리를 분석하고자 한다. 먼저 성호학파를 중심으로 그들의 서학 수용론이 어떠한 논리 구조에 기초하고 있었고, 그 특징은 무엇이었는지를 서양과학의 수용 문제에 초점을 맞추어 살펴보고자 한다. 아울러 성호학파 내부에서 벽이단(闢異端)·척사(斥邪)의 논리가 출현한 시대적 맥락을 통해 그 저술 목적을 반추하고자 한다. 이를 통해 18세기 후반 이후 성호학파 내부의 서학을 둘러싼 논의가 어떻게 이루어졌는지, 아울러 학파의 보존과 계승을 위한 후학들의 노력이 서학·서교(=天學)의 문제와 어떻게 연동되어 있었는지 이해할 수 있을 것이다.

2. 성호학파의 서학 인식과 수용의 논리

1) 후출유공(後出愈工)의 서학 인식

이익은 기본적으로 서학과 서교(西教)를 분리해서 사고하였다. 서학에 대해서는 적극적 긍정과 수용의 태도를 보인 반면, 서교에 대해서는 비판적 태도를 견지했다. 서학에 대한 우호적 태도는 시헌력(時憲曆)을 비롯한 서양 과학의 우수성과 실용성에 대한 인식에 바탕을 두고 있었다.

이른바 '우러러 하늘을 관찰하고 굽어 땅을 살피는 기수(器數)와 기계의 오묘함[仰觀俯察器數機械之妙]',[6] '우러러 하늘을 관찰하고 굽어 땅을 살피며 추산(推筭)하고 수시(授時)하는 오묘함[仰觀俯察推筭授時之妙]'[7]이 바로 그것이었다. 서학에서 하늘과 땅에 대해 논한 것[談天說地]이 궁극에 이르기까지 깊이 있게 연구하여[究極到底] 역량을 포괄하였으니 일찍이 없었던 것이라는 평가[8]는 서양 과학의 우수성에 대한 이익의 인식을 보여주는 사례이다. 이익은 '기수지법(器數之法)'은 후대로 내려갈수록 더욱 정밀해지며, 비록 성인(聖人)의 지혜라 할지라도 다하지 못하는 바가 있다는 역사적 인식과[9] 당시 중국의 학문적 능력[志業力量]이 서양보다 뒤떨어져 있다는 현실 인식[10]을 바탕으로 서학수용론을 전개하였다. 특히 서양의 천문역법에 대해서는 그것이 매우 정확하여 중국의 역법이 미치지 못하니[11] 마땅히 따라야 한다고 주장했으며,[12] 시헌력의 경우 "성인이 다시 태어난다 해도 이것을 따를 것이다"[13]라고 하여 그 정확성을 인정하였다. 신후담(愼後聃)의 증언에 따르면 이익은 『천문략(天問畧)』이나 『기하원본(幾何原本)』과 같은 서학서에 보이는 '성력주

6) 『星湖全集』 卷33, 「答族孫輝祖壬申」, 33ㄱ(199책, 94쪽). "其佗仰觀俯察器數械機之妙, 中國之所未有也."

7) 『星湖全集』 卷55, 「跋天主實義」, 28ㄱ(199책, 516쪽). "其仰觀俯察推筭授時之妙, 中國未始有也."

8) 『星湖全集』 卷26, 「答安百順丁丑」, 19ㄴ(198책, 527쪽). "其談天說地, 究極到底, 力量包括, 蓋未始有也."

9) 『星湖僿說』 卷2, 天地門, 「曆象」, 43ㄱ~ㄴ(Ⅰ, 52쪽). "凡器數之法, 後出者工, 雖聖智有所未盡, 而後人因以增修, 宜其愈久而愈精也."

10) 『星湖全集』 卷55, 「跋職方外紀」, 26ㄴ(199책, 515쪽). "中國之士, 比諸洋外列邦, 固宜大有秀異者, 而今於西士之志業力量, 反有望洋向若之歎, 何如其愧哉."

11) 『星湖僿說』 卷1, 天地門, 「中西曆三元」, 49ㄱ(Ⅰ, 26쪽). "西國之曆, 中華殆不及也."

12) 『星湖僿說』 卷2, 天地門, 「日天之行」, 48ㄱ~ㄴ(Ⅰ, 54쪽). "然西洋之術極精當從."; 『星湖僿說類選』 卷1上, 天地篇上, 天文門, 「談天」(上, 8쪽).

13) 『星湖僿說』 卷2, 天地門, 「曆象」, 43ㄴ(Ⅰ, 52쪽). "今行時憲曆, 卽西洋人湯若望所造, 於是乎曆道之極矣. 日月交蝕未有差謬, 聖人復生, 必從之矣."

수지설(星曆籌數之說)'을 적극적으로 수용했는데, 그들의 역학(曆學)이 "만고(萬古)에 뛰어나다[冠絶萬古]"고 칭찬했다고 한다.[14] 이익이 서학의 실용성을 '천문주수지법(天文籌數之法)'에서 찾고 있었던 것[15]에서도 서양 천문역산학에 대한 그의 높은 평가를 읽을 수 있다.

이러한 이익의 인식은 역법의 역사적 발전 과정에 대한 객관적 분석에 기초하고 있었다. 이익은 역법을 황제(黃帝) 이래 역대 제왕들이 계승·발전시켜 온 사업으로 보았다. 특히 제곡(帝嚳)에서부터 요(堯)를 거쳐 순(舜)에 이르는 일련의 역법 사업을 천문역산학에 대한 연구 성과의 축적 과정으로 간주했다.[16] 요컨대 '기수지법'으로 표현되는 역법은 후대의 사람들이 전대의 그것을 토대로 증수(增修)하면 시대의 흐름에 따라 더욱 정밀하게 만들 수 있다는, 이른바 '후출유공(後出愈工)'의 발전론적 관점이었다.[17]

그런데 '후출유공'은 이익의 독특한 주장이 아니었다. 이전의 학자들도 그와 유사한 주장을 제기한 바 있다. 주희의 '후출유교(後出者巧)'의 논리가 대표적 사례라 할 수 있다. 이는 장재(張載, 1020~1077)의 『정몽(正蒙)』에 비해 호굉(胡宏, 1106~1161)의 『지언(知言)』을 높이 평가한 여조겸(呂祖謙, 1137~1181)의 견해에 대한 답변 형식으로 제출된 것이었다.[18]

---

14) 『遯窩西學辨』, 紀聞編, 戊申春見李翊衛紀聞(名栻, 居利川), 14쪽. "此外又有論, 受[星]曆籌數之說, 見於天問畧·幾何原本等書, 安山皆深取之, 稱其曆學冠絶萬古."

15) 『遯窩西學辨』, 紀聞編, 甲辰春見李星湖紀聞(名瀷, 居安山), 4~5쪽. "西泰之學, 則有實用處. …… 而若吾之所謂實用者, 取其天問略·幾何原本等諸書中所論天文籌數之法, 發前人之所未發, 大有益於世也."

16) 『星湖僿說』 卷1, 天地門, 「五星」, 16ㄱ(Ⅰ, 10쪽). "帝嚳能序星辰, 堯述父業, 曆象日月星辰, 舜承之以齊七政."; 『星湖僿說』 卷2, 天地門, 「方星圖」, 5ㄴ(Ⅰ, 33쪽); 『星湖僿說』 卷2, 天地門, 曆象, 43ㄱ(Ⅰ, 52쪽).

17) 『星湖僿說』 卷1, 天地門, 「九重天」, 46ㄴ(Ⅰ, 25쪽). "……此後出者益工也."; 『星湖僿說』 卷2, 天地門, 「曆象」, 43ㄱ~ㄴ(Ⅰ, 52쪽); 『星湖僿說』 卷2, 天地門, 「帝嚳序星辰」, 44ㄱ(Ⅰ, 52쪽). "殆所謂後出愈工者乎."

18) 『朱子語類』 卷101, 程子門人, 胡康侯, 李方子錄, 2582쪽. "東萊云, 知言勝似正蒙.

그러나 "뒤에 나온 것이 정교하다"는 주희의 발언은 『지언』의 학문적 가치를 적극적으로 긍정하기 위한 것이 아니었다. 실제로 주희는 『지언』의 문제점을 여덟 가지로 지적하여 호되게 비판했으며,[19] 『정몽』의 규모가 큰 것에 비해 『지언』의 그것은 작다고 보았다.[20] 결국 주희의 '후출자교'의 논리에서는 뒤에 나온 것이 더욱 정교하기는 하지만, 그것이 결코 학술적 가치를 담보하지는 않는다는 점을 강조하고자 했던 것이다.

이와 같은 주희의 논리와 대비해 볼 때 이익의 '후출유공'의 관점은 시대의 변천에 따른 '기수지법'의 발전을 인정하고 그 우수성을 긍정했다는 점에서 차이를 지닌다. 이러한 이익의 관점에서 보면 종래 역법의 개폐 과정은 보다 정밀한 역법을 만들기 위한 발전의 역사로 파악되었다. 그리고 그 발전의 정점에 당시 최신의 역법인 시헌력이 자리하고 있었던 것이다. "지금의 시헌력법은 백대(百代)가 지나더라도 폐단이 없을 것이라 말할 수 있다. …… 나는 항상 서국(西國)의 역법은 요임금 때의 역법에 비할 바가 아니라고 생각해 왔다"[21]는 이익의 언급은 시헌력에 대한 확신을 보여준다. 시헌력이 '역도지극(曆道之極)'으로 평가되는 이유가 바로 이것이었다.[22]

여기서 주목해야 하는 것은 '기수지법'에 관한 한 성인(聖人) 역시 부족한 점이 있을 수 있다는 지적[聖智有所未盡]과 역법은 후대로 내려올수록 더욱 정밀해진다는[後出愈工] 발전론적 관점이다. 상고(上古)의 성

先生曰, 蓋後出者巧也."

19) 『朱子語類』 卷101, 程子門人, 胡康侯, 楊方錄, 2582쪽. "知言疑義, 大端有八, 性無善惡, 心爲已發, 仁以用言, 心以用盡, 不事涵養, 先務知識, 氣象迫狹, 語論過高."

20) 『朱子語類』 卷101, 程子門人, 胡康侯, 吳振錄, 2582쪽. "振錄云, 正蒙規摹大, 知言小."

21) 『順菴集』 卷17, 「天學問答－附錄」, 26ㄴ(230책, 150쪽). "今時憲曆法, 可謂百代無弊. …… 吾常謂西國曆法, 非堯時曆之可比也."

22) 각주 13) 참조.

인들에 의해 인간사회의 도리(道理)는 물론 자연세계의 물리(物理)까지 모두 밝혀졌다고 보는 입장에서는 새로운 물리 탐구에 대한 적극적 자세가 나오기 어렵다. 이익의 경우 분명하게 언급하지는 않았지만 물리에 관한 한 성인에 의해 모든 것이 밝혀졌다고 보기 어렵다는 입장을 취하고 있었다고 볼 수 있다. 서양 과학에 대한 적극적 수용은 이와 같은 논리적 토대 위에서 가능하지 않았을까 짐작된다. 이익의 이러한 태도는 당시 사람들로부터 '서양의 학문[西洋之學]'을 하고 있다는 비방을 듣는 원인이 되기도 하였다.[23] 심지어 18세기 후반에 서조수(徐祖修) 같은 사람은 『성호사설(星湖僿說)』의 내용을 문제 삼아 이익을 '이마두(利瑪竇)의 무리[利氏之徒]'라고 매도하기도 하였다.[24]

반면에 이익은 서교(西教=天主教)에 대해서는 비판적 태도를 견지하였다. "구라파천주지설(歐羅巴天主之說)은 내가 믿는 바가 아니다"[25]라는 단적인 표현이 그것이다. 황덕일(黃德壹, 1748~1800)의 기록에 따르면 안정복(安鼎福)은 이익에게 보낸 편지에서 『칠극(七克)』의 논의가 유학의 그것과 다를 뿐만 아니라 분명히 이단이라고 하였다. 왜냐하면 안정복의 관점에서 보면 인심(人心)의 욕구는 자기의 형기(形氣)에서 나오는 것으로 외부적 요인 때문이 아닌데, 이 책에서는 사람이 악(惡)을 행하게

---

23) 『順菴集』 卷17, 「天學問答－附錄」, 26ㄱ~ㄴ(230책, 150쪽). "先生曰, 西洋之人, 大抵多異人, 自古天文推步·製造器皿·筭數等術, 非中夏之所及也. 是以中夏之人, 以此等事, 皆歸重於胡僧, 觀於朱夫子說, 亦可知矣. 今時憲曆法, 可謂百代無弊. 曆家之歲久差忒, 專由歲差法之不得其要而然也. 吾常謂西國曆法, 非堯時曆之可比也. 以是人或毁之者, 以余爲西洋之學, 豈不可笑乎."

24) 『拱白堂集』 卷2, 「上順菴先生書戊申」(260책, 151쪽). "日前尹老兄愼於李丈趾漢家, 見一冊子, 卽徐祖修所著文字也. 其言曰李星湖·柳磻溪, 甘爲利氏之徒云云." ; 『順菴集』 卷8, 「答黃莘叟書戊申」, 29ㄴ~30ㄱ(229책, 510쪽). "傳聞某人之誚毁, 專在於僿說云 …… 某人斥之以西學云, 不覺一笑."

25) 『星湖全集』 卷26, 「答安百順丁丑」, 19ㄴ(198책, 527쪽). "歐羅巴天主之說, 非吾所信." ; 『順菴集』 卷17, 「天學問答－附錄」, 26ㄴ(230책, 150쪽). "答曰, 天主之說, 非吾所信."

되는 원인을 마귀(魔鬼)가 인도해서라고 보고 있기 때문이었다. 이에 대해 이익은 "서양의 여러 책에서 역수(曆數)를 추보(推步)하고 기계를 제조하는 것은 중국이 미칠 수 있는 바가 아니다. 다만 그 학문은 이단문자(異端文字)가 분명하다"라고 답했다고 한다.[26)]

그러나 이익은 서교의 천주(天主)를 유가(儒家)의 상제(上帝)에 비유한다든지,[27)] 『칠극』을 유가의 '극기지설(克己之說)'과 같다고 하면서, 간간이 유학에서 밝히지 못한 것을 밝혔다고 평가함으로써[28)] 보유론적(補儒論的) 입장을 취하기도 했다. "『칠극』이라는 책은 '사물(四勿)의 주각(註脚)'으로 그 말 가운데 대개 뼈를 찌르는 말이 많지만, 이는 단지 문인(文人)의 재담(才談)이나 어린 아이들의 경어(警語)에 지나지 않는다. 그러나 그 황탄(荒誕)한 말을 제거하고 경어만을 요약한다면 우리 유학의 극기 공부에 반드시 적은 도움이 없지는 않을 것이다"[29)]라는 발언이 바로 그런 태도를 보여준다. 신후담의 천주교 배척에 대해서도 그것이 서학에 대한 깊은 고찰을 배제한 맹목적 비판이 될 위험성이 있음을 경고한 것[30)]도 서교의 가치에 대한 이익의 유보적 자세를 보여주는 것이라

---

26) 『拱白堂集』 卷7, 「三家略」(260책, 242쪽). "順菴安先生上星湖先生書曰 …… 七克書語多刺骨, 然有可疑者. 人心之欲, 出於自己之形氣, 不待外來, 而此書皆以爲人之爲惡, 魔鬼導之耳. 非但與吾儒之論不同, 明是異端. 答曰, 西洋諸書, 其推步曆數, 製造器械, 非中國所及, 但其學則分明異端文字. 公之辨得良是." 그런데 이 편지의 내용은 현전하는 『星湖全集』과 『順菴集』에서는 확인되지 않는다.

27) 『星湖全集』 卷55, 「跋天主實義」, 27ㄴ(199책, 516쪽). "天主者, 卽儒家之上帝, 而其敬事畏信則如佛氏之釋迦也."

28) 『星湖僿說』 卷11, 人事門, 七克, 2ㄱ~ㄴ(Ⅳ, 83쪽). "七克者, 西洋龐迪我所著, 卽吾儒克己之說也. …… 間有吾儒所未發者, 其有助於復禮之功大矣."

29) 『順菴集』 卷17, 「天學問答－附錄」, 26ㄴ~27ㄱ(230책, 150~151쪽). "七克之書, 是四勿之註脚, 其言盖多刺骨之語, 是不過如文人之才談, 小兒之警語. 然而削其荒誕之語而節略警語, 於吾儒克己之功, 未必無少補."

30) 『遯窩西學辨』, 紀聞編, 乙巳秋見李星湖紀聞, 5~7쪽. "李丈問曰, 吾嘗聞尹幼章[尹東奎－인용자 주]之言, 則君斥西泰之學, 不遺餘力云, 君知西泰之學爲何如耶. 吾且爲君言之 …… 然則君之今日之斥, 亦恐有未深考者也."

하겠다. 그는 서교를 비롯한 이단의 책일지라도 유학의 극기 공부에 도움이 되는 것이 있다면 섭취해도 무방하다고 생각하였다.[31)]

2) 성력주수지법(星曆籌數之法)의 수용

이익은 일찍부터 서양 과학기술의 우수성과 함께 그것이 지닌 실용성에 주목하였다. 이익은 그의 나이 44세 때인 경종 4년(1724)에 자신을 방문한 신후담에게 마테오 리치의 학문은 소홀히 여길 수 없다고 하였다.[32)] 당시 마테오 리치의 학문 종지를 묻는 신후담의 질문에 이익은 뇌낭설(腦囊說)과 삼혼설(三魂說)로 답변했는데, 그것이 유가(儒家)의 심성설(心性說)과 같은 차원에서 다루어질 수 있다고 여겼기 때문이다.[33)] 이에 대해 신후담은 자신이 일찍이 본 책을 거론하면서 '존봉천신(尊奉天神)'이 그 학문의 종지가 아니냐고 다시 물었다. 이에 대해 이익이 『천주실의(天主實義)』에 기재되어 있는 내용과 같은 것이 '존봉천신지설(尊奉天神之說)'이라고 답변하자, 신후담은 그렇다면 그 주장은 불교의 '천당지옥지설(天堂地獄之說)'과 비교하면 어떠한지 물었다. 이익이 '천당지옥지설' 역시 그 책에 이미 있다고 하자, 신후담은 마테오 리치 학문의 귀결점이 불교와 차이가 있느냐고 물었다. 마테오 리치의 학문을 불교와 같은 이단으로 간주했던 신후담의 일관된 관점이 녹아 있는 질문이었다.

---

31) 『順菴集』 卷17, 「天學問答－附錄」, 27ㄱ(230책, 151쪽). "於吾儒克己之功, 未必無少補, 異端之書, 其言是則取之而已."

32) 『遯窩西學辨』, 紀聞編, 甲辰春見李星湖紀聞(名瀷, 居安山), 3쪽. "此人之學, 不可歇看." 이는 서학에 대한 이익의 기본적인 자세였다[『遯窩西學辨』, 紀聞編, 甲辰秋見李星湖紀聞, 5쪽. "西泰之學, 不可歇看."].

33) 『遯窩西學辨』, 紀聞編, 甲辰春見李星湖紀聞(名瀷, 居安山), 3쪽. "余問曰, 其學以何爲宗. 李丈曰, 其言云, 頭者, 受(?)生之本也, □(?)頭有腦囊, 爲記含之主. 又云, 草木有生魂, 禽獸有覺魂, 人有靈魂, 此其論學之大要也. 此雖與吾儒心性之說不同, 而亦安知其必不然也."

이에 대해 이익은 양자 사이에 분명한 차이가 있다고 하였다. 양자의 '천당지옥지설'이 비록 유사하기는 하나 불교는 '적멸(寂滅)'에 불과할 뿐이지만 마테오 리치의 학문에는 '실용처(實用處)'가 있다고 보았기 때문이다. 이익이 생각하는 서학의 실용처는 『천문략(天問畧)』이나 『기하원본(幾何原本)』 등의 책에 수록된 '천문주수지법(天文籌數之法)'이었다. 그는 이것이 '전인미발(前人未發)'의 방법으로 세상에 크게 도움을 줄 수 있는 것이라고 하였다.[34)]

이익과 신후담의 문답에서 주목되는 내용은 다음과 같다. 첫째, 이익은 마테오 리치의 서학이 소홀히 보아 넘길 수 없는 무엇인가를 내포하고 있다고 판단했다. 둘째, 유가의 심성론과 비교할 수 있는 서학의 학문 종지를 '뇌낭설'과 '삼혼설'로 파악했다. 아울러 양자의 소통 가능성을 완전히 부정하지 않았다. 셋째, 서학이 천주(天主=天神)를 신봉하고 천당지옥을 설파하고 있다는 사실을 인지하고 있었지만 그것을 불교와 같은 이단(異端)으로 취급하는 견해에는 동의하지 않았다. 그 이유는 불교와 달리 서학에는 실용처가 있다고 판단했기 때문이다. 넷째, 이익이 중요하게 생각하는 서학의 실용처는 백성을 다스리고 국가를 통치하는 '치도(治道)'의 차원이 아니라 천문역산학이나 수학을 의미하는 '천문주수지법'이었다. 이익은 그것이 세상을 다스리는 데 유익하다고 판단했다.

이익이 '천문주수지법'으로 표현되는 서양의 천문역산학을 수용한 이유는 그것이 동아시아의 전통에서는 찾아볼 수 없는 내용을 지니고 있었기 때문이다. "〈서학에서〉 성력(星曆)의 수(數)를 논한 것은 실로 전고(前古)에 발(發)하지 못한 바가 있는 것이다"[35)]라는 이익의 언급에서

34) 『遯窩西學辨』, 紀聞編, 甲辰春見李星湖紀聞(名瀷, 居安山), 4~5쪽. "李丈曰, 此等處雖與佛氏畧同, 而佛氏則寂滅而已, 西泰之學, 則有實用處. …… 李丈曰, …… 而若吾之所謂實用者, 取其天問畧·幾何原本等諸書中所論天文籌數之法, 發前人之所未發, 大有益於世也."

35) 『遯窩西學辨』, 紀聞編, 乙巳秋見李星湖紀聞, 6쪽. "西學如天堂地獄之說, 固未免染於

그 사실을 확인할 수 있다. 그렇다면 그 내용은 구체적으로 무엇이었을까? 영조 원년(1725) 7월에 안산장사(安山庄舍)로 이익을 방문한 신후담은 서양의 천문역산학과 전통 천문역산학의 차이점을 질문하였다.[36] 이에 대한 이익의 답변을 통해 그가 주목했던 서양 천문역산학의 내용이 무엇이었는지 살펴볼 수 있다.

이익은 먼저 중국의 천문역산학이 진한(秦漢) 이후 쇠퇴했으며, 제가(諸家)의 학설도 어지럽게 뒤섞여[紛錯] 하나로 정해지지 못했다고 파악하였다.[37] 그럼에도 불구하고 오직 소옹(邵雍)의 세차설(歲差說)이 천고에 뛰어났으나 정밀하지 않은 부분이 있었고, 원대(元代) 조우흠(趙友欽)[38]에 이르러 더욱 정밀해졌으나 이것도 마테오 리치의 서양 천문역산학과 비교하면 하풍(下風)을 면하기 어렵다고 보았다.[39] 전통 천문역산학이 서양의 그것에 비해 질적으로 뒤떨어진다는 뜻이었다. 바로 이와 같은 태도의 연장선에서 이익은 마테오 리치 이래 서양 천문역산학이 중국의 그것과 다른 점을 다음과 같은 몇 가지로 정리하였다.

첫째, 중천설(重天說)이었다. 이익은 서양의 역학(曆學)이 하늘이 몇 겹인가를 계산할 때는 12중천(重天)을 궁구해서 천주(天主)가 거주하는

佛氏, 而其論星曆之數, 則實有前古之所未發者."

36) 『遯窩西學辨』, 紀聞編, 乙巳秋見李星湖紀聞, 7쪽. "抑彼之所以論星曆者, 其與古人同異何如."

37) 『遯窩西學辨』, 紀聞編, 乙巳秋見李星湖紀聞, 7쪽. "李丈曰, 中國星曆之學, 自秦漢以後失其傳, 諸家互說紛錯難定."

38) 宋나라 鄱陽(지금의 江西省 鄱陽縣) 사람으로 다른 이름은 敬, 字는 子恭, 號는 緣督이며 宋末元初에 주로 활동했다. 저서 가운데 『革象新書』는 天文曆法의 이론 문제와 天文儀器, 數學, 光學 등을 주요하게 다룬 것으로 1281년에 완성되었다. 原書는 5권이었는데 明代 王禕의 산정을 거쳐 『重刊革象新書』 2卷으로 편집되어 지금까지 전하고 있다. 陳美東, 『中國科學技術史(天文學卷)』, 北京 : 科學出版社, 2003, 545~547쪽 참조.

39) 『遯窩西學辨』, 紀聞編, 乙巳秋見李星湖紀聞, 7~8쪽. "獨邵堯夫歲次[差의 오자－인용자 주]說冠絶千古, 而猶有未精處, 至於元人鄱趙陽[趙鄱陽]而益加精矣. 然視西泰之曆學, 則亦不免下風."

종동천(宗動天)에 곧바로 다다른 다음에야 그쳤다고 하였다.[40] 이는 서양의 우주구조론인 중천설을 가리키는 것이었다. 이익은 서양의 세계 지도와 각종 서학서에 수록되어 있는 중천설에 주목하였다. 왜냐하면 자신이 전통 역법의 문제점이라고 여기는 세차법(歲差法)의 부정확함을 중천설을 통해 해소할 수 있다고 보았기 때문이다.[41]

둘째, 경도(經度)와 위도(緯度)를 설정하는 '도수지학(度數之學)'의 측면이었다. 이익은 서양의 역학이 천도(天度)를 계산할 때는 복도(福島)의 원근을 추산해서 온대(溫帶)와 양대(凉帶 : 寒帶)가 양극(兩極)을 평분(平分)함에 곧바로 다다른 다음에야 그쳤다고 하였다.[42] 이는 『건곤체의(乾坤體義)』나 『직방외기(職方外紀)』에서 지구설에 입각하여 경위도를 설정하는 방식을 언급한 것이다. 예컨대 『건곤체의』의 「천지혼의설(天地渾儀說)」에서는 "동서위선(東西緯線)은 천하의 길이를 계산하는 것으로, 주야평선(晝夜平線)을 가운데로 해서 위로 북극에 이르기까지 재고 아래로 남극에 이르기까지 잰다. 남북경선(南北經線)은 천하의 너비를 재는 것으로, 복도(福島)로부터 10도씩 그려 360도에 이르면 다시 서로 접한다"[43]라고 하였다. 요컨대 복도는 경도를 구획하는 기준점이었던 것이다. 한편 '온대'와 '양대'는 지구상의 기후대를 뜻한다. 『건곤체의』에서는

---

40) 『遯窩西學辨』, 紀聞編, 乙巳秋見李星湖紀聞, 8쪽. "盖西泰之爲曆學也, 籌天重, 則窮其十二重天, 直至天主所住之宗動天然後已."

41) 이 책의 제6장 1절 '重天說' 참조.

42) 『遯窩西學辨』, 紀聞編, 乙巳秋見李星湖紀聞, 8쪽. "籌天度, 則推其福島之遠近, 直至溫帶凉帶平分兩極然後已."

43) 『乾坤體義』 卷上, 「天地渾儀說」, 3ㄱ~ㄴ(787책, 757쪽-영인본 『文淵閣四庫全書』, 臺灣商務印書館의 책 번호와 페이지 번호. 이하 같음). "東西緯線, 數天下之長, 自晝夜平線爲中而起, 上數至北極, 下數至南極. 南北經線, 數天下之寬, 自福島起爲十度, 至三百六十度, 復相接焉." 『職方外紀』에 따르면 서양에서는 옛날부터 경도를 측정할 때 서양의 가장 서쪽에 위치한 곳을 初度로 삼았는데 그것이 바로 福島를 지나는 子午規였다고 한다[『職方外紀』 卷首, 「五大州總圖界度解」, 3ㄴ(594책, 283쪽). "或但以里數考之, 古來地理家俱從西洋最西處爲初度, 卽以過福島子午規爲始."].

천세(天勢)로 산해(山海)를 나누어 5대(五帶)를 설정했는데, 이는 위도의 변화에 따라 발생하는 기후의 차이를 하나의 열대(熱帶)와 각각 두 개의 한대(寒帶) 및 정대(正帶 : 溫帶)로 구분한 것이었다.[44]

셋째, '지구설(地球說)'이었다. 이익은 서양의 역학이 지평(地平)을 계산할 때는 동서남북 둘레 일체를 징험하고, 지상과 지하 사람들의 발꿈치가 마주 대하고 만나는 곳에 곧바로 다다른 다음에야 그쳤다고 하였다.[45] 서양인들이 땅이 둥글다는 사실을 입증하는 방법은 여러 가지였는데, 그 가운데 하나가 세계일주라는 경험적 사실을 거론하는 것이었다. 이익이 말한 "지상과 지하 사람의 발꿈치가 마주 대하고 만나는 곳"이란 대척지(對蹠地 : antipodes)를 가리키는데, 전통적인 지방설(地方說)이나 지평설(地平說)의 관점에서 보면 대척지에는 사람이 살 수 없었다. 이익이 눈여겨보았던 것은 서양인들이 세계 곳곳을 누비며 각종 지리 정보를 수집했다는 객관적 사실이었다. 그것은 바로 지구설에 입각한 세계지리 인식이었다.

넷째, 계절의 변화에 대한 논의였다. 이익은 서양의 역학이 1년의 순서를 계산할 때는 해와 달의 궤도가 극(極)으로부터 떨어진 도수의 멀고 가까움을 측량하고, 6개월이 낮이 되고 6개월이 밤이 되는 것에 곧바로 다다른 다음에야 그쳤다고 하였다.[46] 이는 서양의 천문역산학에서 태양 궤도의 변화에 따라 계절이 바뀌고 밤낮의 길이가 변화하는 원리를 설명했다는 사실을 말한 것이다.

---

44) 『乾坤體義』 卷上, 「天地渾儀說」, 2ㄴ(787책, 757쪽). "以天勢分山海, 自北而南爲五帶. 一在晝長晝短二圈之間, 其地甚熱, 則謂熱帶, 近日輪故也. 二在北極圈之內, 三在南極圈之內, 此二處地俱甚冷, 則謂寒帶, 遠日輪故也. 四在北極晝長二圈之間, 五在南極晝短二圈之間, 此二地皆謂之正帶, 不甚冷熱, 日輪不遠不近故也."

45) 『遯窩西學辨』, 紀聞編, 乙巳秋見李星湖紀聞, 8쪽. "籌地平, 則驗其東西南北周圍一體, 直至地上地下人踵對遭之處然後已."

46) 『遯窩西學辨』, 紀聞編, 乙巳秋見李星湖紀聞, 8쪽. "籌歲序, 則測其日月行度去極遠近之數, 直至六箇月爲一晝, 六箇月爲一夜然後已."

다섯째, 우주구조론 내지 행성구조론이었다. 이익은 지구가 달보다 몇 배가 크고, 해가 지구보다 몇 배가 크다는 것은 징험할 수 있는 수치[可徵之數]가 있고, 해의 궤도가 몇 번째 하늘이고, 달의 궤도가 몇 번째 하늘이며, 경성(經星)의 궤도가 몇 번째 하늘이고, 위성(緯星)의 궤도가 몇 번째 하늘인가 하는 것은 모두 상고할 수 있는 순서[可考之次]가 있다고 하였다.[47]

여섯째, 망원경으로 대표되는 서양의 천문의기(天文儀器)에 대한 논의였다. 이익은 금성 옆에 양이(兩耳)가 있고, 은하는 많은 별들이 모여 있는 것이라는 사실은 관천경(觀天鏡 : 망원경)으로 그 실상을 징험한 것이라고 하였다.[48] 사실 이익은 일찍부터 애체(靉靆)와 원경(遠鏡)에 대해 관심을 갖고 있었다.[49] 12중천을 논하면서 서양의 시원경(視遠鏡)으로 그것을 친히 살펴보지 못함을 안타까워했던 것도[50] 이러한 관심의 일단을 보여주는 것이다. 이는 서양식 천문의기의 정밀함에 대한 인식을 바탕으로 실측(實測)의 중요성을 염두에 두고 있었다는 점에서 주목된다.

일곱째, 일월식론(日月食論)이었다. 이익은 중국 제가(諸家)의 일월식론에서는 모두 "마땅히 일월식이 일어나야 하는데 일어나지 않는 경우[當食而不食]"와 "마땅히 일월식이 일어나지 않아야 하는데 일어나는 경우[不當食而食]"를 말했으나 서학에서는 "일월식은 그 도수가 이미 정해져 있어서 마땅히 식(食)이 일어나야 할 때 식이 일어나지 않는 이치가

47) 『遯窩西學辨』, 紀聞編, 乙巳秋見李星湖紀聞, 8쪽. "至如地大於月幾倍, 日大於地幾倍, 此有可徵之數. 日之行於第幾天, 月之行於第幾天, 經星之行於第幾天, 緯星之行於第幾天, 皆有可考之次."

48) 『遯窩西學辨』, 紀聞編, 乙巳秋見李星湖紀聞, 8쪽. "金星之旁有兩耳, 天河之特多列宿, 皆以觀天鏡驗其實."

49) 『星湖僿說』 卷4, 萬物門, 「陸若漢」, 4ㄱ(Ⅱ, 2쪽). "遠鏡者, 百里外能看望敵陣, 細微可察." ; 『星湖僿說』 卷4, 萬物門, 靉靆, 13ㄱ~ㄴ(Ⅱ, 7쪽).

50) 『星湖僿說類選』 卷1上, 天地篇 上, 天文門, 「十二重天」, 4쪽. "恨不得西國視遠鏡而躬親視之也."

없고, 마땅히 일어나지 않아야 할 때 식이 일어나는 이치도 없다. 다만 그 식이 동쪽에서 발생하면 동쪽에서는 보이고 서쪽에서는 보이지 않는 것이고, 식이 서쪽에서 발생하면 서쪽에서는 보이고 동쪽에서는 보이지 않는 것이다. 때문에 보이는가 보이지 않는가에 따라 식이 되기도 하고 불식(不食)이 되기도 할 따름이다"라고 하면서 마침내 일경도(日景圖)[51]를 만들어 그 소이연(所以然)을 밝혔다고 하였다.[52]

이익은 이상과 같은 서양의 여러 학설은 중국의 역서(曆書 : 천문역법서)를 살펴보아도 예로부터 없었던 것이라고 단언했다. 그리고 그와 같은 학설이 서양에서는 오랜 내력을 지닌 것으로 하루아침에 창안된 것이 아니라고 하였다. 서양인들이 오랜 세월에 걸쳐 노력을 기울여 발전시킨 것이라는 점을 인정했던 것이다. 나아가 이익은 이와 같은 학설은 자기 자신이 일찍이 그 책에 나아가 그 이치를 징험해 본 것이므로 믿지 않을 수 없다고 하였다.[53]

이와 함께 이익은 중국 고대 역가(曆家)의 학설 가운데 서학의 그것과 부합하는 내용이 있을 가능성을 언급했다.[54] 그러한 예의 하나로 이익은

---

51) 이는 『乾坤體義』나 『天問略』 등에 수록되어 있는 日蝕圖·月蝕圖와 같은 유형의 그림을 가리키는 것으로 보인다[『乾坤體義』 卷中, 日球大於地球地球大於月球, 第6題, 15ㄱ~ㄴ(787책, 774쪽) ; 『天問略』, 日蝕, 14ㄱ~ㄴ(787책, 860쪽)].

52) 『遯窩西學辨』, 紀聞編, 乙巳秋見李星湖紀聞, 8~9쪽. "又如諸家之論日月食, 皆云, 有當食而不食, 有不當食而食, 西泰則曰, 日月之食, 其數已定, 則於其當食也, 必無不食之理, 於其不當食也, 亦無見食之理, 但其食之在東, 則東見而西不見, 其食之在西, 則西見而東不見, 因其見不見而爲食不食耳, 遂爲日景圖以明其所以然."

53) 『遯窩西學辨』, 紀聞編, 乙巳秋見李星湖紀聞, 9쪽. "凡此諸說, 今以中國曆書驗之, 則古所無也, 而其在西國遠有來歷, 盖非一朝之所刱. 吾嘗卽其書而驗其理, 則一一良是, 不得不信."

54) 이익이 서양의 천문역산학을 수용하면서 그것을 중국 고래의 여러 학설에 연결하여 이해하고자 노력했다는 점은 초창기 연구에서 李元淳에 의해 이미 지적된 바이다. "星湖는 傳統的인 天文·曆算을 考究하면서 그의 慧眼으로 從來說의 矛盾과 缺陷 그리고 未備點을 發見하였으며 그러한 問題點의 解答을 그가 閱讀한 漢譯西歐天文曆算書에서 探究하였다"[李元淳, 「星湖 李瀷의 西學世界」, 『敎會史研究』 1, 한국교회사연구소, 1977, 21쪽]는 견해에 유의할 필요가 있다.

중국의 위서(緯書) 가운데서 정강성(鄭康成 : 鄭玄)이 땅의 두께가 3만 리(里)라고 한 주장을 찾아냈다. 당시 서학서에서는 땅의 둘레가 9만 리라고 했는데, 이익은 양자의 주장이 암암리에 부합한다고 보았던 것이다. 이익은 이러한 사실을 근거로 중국 고대 역가의 학설 가운데 서학의 내용과 합치하는 것이 적지 않으리라고 추론했다.[55] 물론 이와 같은 이익의 논리는 당대 유학자들이 보편적으로 지니고 있던 서학에 대한 거부감을 해소하기 위한 전략으로 볼 수도 있다. 그럼에도 불구하고 이익이 중요하게 생각했던 것은 "이미 그 말이 이치에 합당하다는 것을 알았다면 어찌 그것이 옛날과 다르다고 하여 취하지 않을 수 있겠는가"[56] 라는 말에서 알 수 있듯이 서학의 합리성이었다. 어떤 주장이 이치에 합당하다면 그것이 비록 이방(異邦)의 학문일지라도 받아들일 수 있다는 이익의 개방적 의식을 엿볼 수 있다.

3) 성호학파 서학 수용론의 구조

이익을 비롯한 성호학파의 서학 수용론에 대해서는 1980년대 이후 적잖은 연구가 이루어졌다. 기존의 연구 성과를 바탕으로[57] 그 수용론의 구조와 특징을 몇 가지로 정리해 보면 다음과 같다. 첫째, 이익을 비롯한 성호학파의 학자들은 서양의 과학기술[西學]과 천주교[西敎]를 분리해서 사고하였다. 이익은 천주교는 이단이라고 단언한 반면 서양의 과학기술

---

55) 『遯窩西學辨』, 紀聞編, 乙巳秋見李星湖紀聞, 9쪽. "抑吾於緯書中得鄭康成一說曰, 地厚三萬里, 此與西泰所謂地圍九萬里者, 暗相符合, 要之康成之說, 必有所稽, 則中國之古歷家想不無與西泰合者, 不止地厚一說而已, 而特其載籍不完所傳者, 只有此耳."

56) 『遯窩西學辨』, 紀聞編, 乙巳秋見李星湖紀聞, 10쪽. "然既知其言之當理, 則豈以其異於古而不取之乎."

57) 구만옥, 「星湖의 西學觀과 科學思想」, 『성호 이익 연구』, 사람의무늬, 2012, 330~343쪽.

에 대해서는 적극적인 수용의 태도를 보였다. 이익은 그의 나이 77세 때인 영조 33년(1757)에 안정복에게 보낸 편지에서 다음과 같이 말했다.

> '구라파천주지설(歐羅巴天主之說)'은 내가 믿는 바가 아니지만, 하늘과 땅에 대해 논한 것은 궁극에 이르기까지 깊이 있게 연구하여 역량을 포괄하였으니 일찍이 없었던 것이다.[58]

이는 서양의 천주교와 과학기술에 대한 이익의 기본자세를 보여주는 발언이다. 서학에 대해서는 적극적 긍정과 수용의 태도를 보인 반면, 서교에 대해서는 비판적 태도를 견지했던 것이다. 안정복은 「천학문답(天學問答)」의 부록에서 "천주지설(天主之說)은 내가 믿는 바가 아니다"라고 한 이익의 발언을 특기하였다.[59] 그런데 안정복의 회고에 따르면 이익의 이와 같은 생각은 이때 처음 나온 것이 아니었다. 영조 22년(1746) 10월에 안정복은 이익을 처음 배알하고 서학에 대해서 논한 바 있는데, 이때 이익은 삼혼설(三魂說)이나 천당지옥설(天堂地獄說)과 같은 천주교의 교리에 대해서 "이는 분명 이단(異端)으로서 전적으로 불씨(佛氏)의 별파(別派)이다"[60]라고 하였다.

앞에서 이미 살펴본 바와 같이 황덕일(黃德壹)의 기록에 따르면 안정복은 이익에게 보낸 편지에서 『칠극』의 논의가 유학의 그것과 다를 뿐만 아니라 분명히 이단이라고 하였는데, 이에 대해 이익은 "서양의 여러 책에서 역수(曆數)를 추보(推步)하고 기계를 제조하는 것은 중국이 미칠 수 있는 바가 아니다. 다만 그 학문은 이단문자(異端文字)가 분명하다"라

58) 『星湖全集』 卷26, 「答安百順丁丑」, 19ㄴ(198책, 527쪽). "歐羅巴天主之說, 非吾所信. 其談天說地, 究極到底, 力量包括, 蓋未始有也."

59) 『順菴集』 卷17, 「天學問答－附錄」, 26ㄴ(230책, 150쪽). "答曰, 天主之說, 非吾所信."

60) 『順菴集』 卷17, 「天學問答－附錄」, 26ㄴ(230책, 150쪽). "(余於丙寅歲, 始謁于先生……)因言三魂之說及靈神不死天堂地獄之語曰, 此決是異端, 專是佛氏之別派也."

고 답했다고 한다.[61]

이상에서 살펴볼 수 있듯이 이익은 담천설지(談天說地)·추보역수(推步曆數)·제조기계(製造器械) 등과 같은 서양의 과학기술 분야에 대해서는 일찍이 없었던 것, 중국이 미칠 수 없는 것이라고 하면서 그 학문적 가치를 높이 평가한 반면, 천주교를 비롯한 서양의 종교와 윤리에 관한 학설은 자신이 믿는 바가 아니며 이단의 문자가 분명하다고 비판했던 것이다. 천주교 교리에 대한 비판은 성호학파 내에서 일찍이 신후담에 의해 제기된 바 있고, 이익의 사후에는 안정복, 이삼환(李森煥), 윤기(尹愭), 황덕일 등이 비판적 논설을 작성하여 변척(辨斥)의 태도를 분명히 하였다.

둘째, 성호학파의 학자들은 서양 과학기술의 학문적 우수성과 실용성을 긍정하였다. 이익은 서학 수용의 논리적 토대를 구축한 선구적 인물이다. 서학에 대한 이익의 우호적 태도는 시헌력을 비롯한 서양 과학의 우수성과 실용성에 대한 인식에 기초한 것이었다. 이익은 '기수지법(器數之法)'은 후대로 내려갈수록 더욱 정밀해지며, 비록 성인의 지혜라 할지라도 다하지 못하는 바가 있다는 역사적 인식과 당시 중국의 학문적 능력이 서양보다 뒤떨어져 있다는 현실 인식을 바탕으로 서학 수용론을 전개하였다.

이익에 따르면 서학의 우수성은 천문역법에서 확인할 수 있었다. 그는 서양의 역법은 매우 정확해서 중국의 그것이 미치지 못하니 마땅히 따라야 한다고 주장했으며, 시헌력의 경우 "성인이 다시 태어난다 해도 이것을 따를 것이다"라고 하여 그 정확성을 인정하였다. 이러한 이익의 인식은 역법의 역사적 발전 과정에 대한 객관적 분석에 기초하고 있었다. 요컨대 '기수지법'으로 표현되는 역법은 후대의 사람들이 전대의 그것을

---

61) 각주 26) 참조.

토대로 증수(增修)하면 시대의 흐름에 따라 더욱 정밀하게 만들 수 있다는, 이른바 '후출유공(後出愈工)'의 발전론적 입장이었다.

이상의 논의에서 중요한 것은 '기수지법'에 관한 한 성인도 부족한 점이 있을 수 있다는 지적과 역법은 후대로 내려올수록 더욱 정밀해진다는 발전론적 관점이다. 상고의 성인들에 의해 인간사회의 도리는 물론 자연세계의 물리까지 모두 밝혀졌다고 보는 입장에서는 새로운 물리 탐구에 대한 적극적 자세가 나오기 어렵다. 이익의 경우 분명히 언급하지는 않았지만 물리에 관한 한 성인에 의해 모든 것이 밝혀졌다고 보기 어렵다는 입장을 취한 것으로 볼 수 있다. 서양 과학에 대한 적극적 수용은 이런 자세에서 가능하지 않았을까 짐작된다.

'기수지법'에 대한 발전론적 관점과 함께 주목해야 할 것이 서양인들의 학문적 역량에 대한 성호학파의 태도이다. 안정복은 정조 12년(1788)에 황덕일에게 보낸 편지에서 서학이 물리(物理)에 밝다는 사실을 인정하였고, 천문의 관측, 산수와 음률, 각종 기구의 제조 등에서 중국인이 미칠 수 있는 바가 아니라고 하였다. 그는 일찍이 주자(朱子)도 이와 같은 일들은 서승(西僧)의 그것을 귀중하게 여겼다는 사례를 거론하면서 그렇다면 주자도 서학을 했다고 할 것이냐고 반문했다. "천하에 버릴 사람은 있어도 버릴 말은 없다"[62]는 관점에서 서학을 대하고자 했던 안정복의 태도를 여기에서 엿볼 수 있다.[63]

이익의 만년(晩年) 제자라 할 수 있는 윤기(尹愭, 1741~1826)는 「벽이단설(闢異端說)」이라는 천주교 비판 논설을 작성한 것으로 알려져 있다. 그런데 천주교 교리에 철저히 비판적 입장을 견지했던 그도 마테오

62) 南宋 대 嚴羽의 『滄浪詩話』에 나오는 말이다[『滄浪詩話』, 「詩辯」, 1ㄴ. "天下有可廢之人, 無可廢之言, 詩道如是也."].

63) 『順菴集』 卷8, 「答黃莘叟書戊申」, 30ㄴ(229책, 510쪽). "大抵西學明於物理, 至若乾文推步, 籌數鍾律, 制造器皿之類, 有非中國人所可及者. 是以朱子亦以此等事, 多歸重於西僧. 然則朱子亦爲西學而云然耶. 有可廢之人而無可廢之言, 此君子知言之義也."

리치의 학문적 역량에 대해서는 다음과 같이 인정하는 태도를 보였다.

> 내가 듣건대 이마두(利瑪竇)는 천문·지리와 천하의 일에 대해 통하지 않는 바가 없고, 자기 스스로 사해(四海) 만국(萬國)을 다 돌아다녀 미치지 않은 곳이 없다고 하였다. 그러므로 그 '성력추보지술(星曆推步之術)'이 매우 정밀하고 오묘하여 지금까지 천하가 그 법을 준용하고 있으니, 비록 머나먼 곳의 외이(外夷)이기는 하나 '신지지인(神智之人)'이라고 일컬을 만하다고 여겼다. 나는 평소에 매번 이 일을 논할 때마다 일찍이 〈利瑪竇가 어떤 사람일까〉 미루어 생각하며 탄복하지 않은 적이 없었다.[64]

윤기 역시 천문지리(天文地理)·성력추보(星曆推步) 등의 측면에서 마테오 리치의 학문적 역량을 높이 평가했던 것이다. 이는 '기수지법'의 측면에 관한 한 서학이 지닌 우수성과 그것을 창출한 서양인의 학문적 역량을 인정하는 성호학파의 태도를 보여주는 것이라 할 수 있다.

셋째, 이익은 개방적 학문 자세를 바탕으로 이단의 학설에 대해서도 선별적 수용론을 제기했다. 앞에서 살펴보았듯이 이익은 천주교를 이단으로 단정했지만 천주를 유가의 상제에 비유한다든지, 『칠극』을 유가의 '극기지설'과 같다고 하면서, 간간이 유학에서 밝히지 못한 것을 밝혔다고 평가함으로써[65] 보유론적 입장을 취하기도 했다. 『칠극』에 대한 이익의 다음과 같은 평가는 이단의 학설에 대한 선별적 수용론을 보여주는 대표적 사례라 할 수 있다.

---

64) 『無名子集』 文稿, 冊1, 「闢異端說」(256책, 207쪽). "吾聞利瑪竇於天文地理及天下之事無所不通, 自謂四海萬國, 跡無不及. 故其星曆推步之術, 最極精妙, 至今天下遵用其法. 雖在外夷絶域, 亦可謂神智之人也. 不佞平日每論及此事, 未嘗不想像而奇歎之."

65) 『星湖僿說』 卷11, 人事門, 「七克」, 2ㄱ~ㄴ(Ⅳ, 83쪽). "七克者, 西洋龐迪我所著, 卽吾儒克己之說也. …… 間有吾儒所未發者, 其有助於復禮之功大矣."

간혹 우리 유교에서 밝히지 못한 것이 있어서, 그 극기복례(克己復禮)의 공정(功程)에 도움이 되는 바가 크다. 다만 그 가운데 '천주귀신지설(天主鬼神之說)'을 뒤섞어 놓은 것은 해괴하다. 만약 그 잡설[沙礫]을 제거하고 명론(名論)만을 채택한다면, 이것은 바로 유가자류(儒家者流)일 뿐이다.[66)]

『칠극』이라는 책은 '사물(四勿)의 주각(註脚)'으로 그 말 가운데 대개 뼈에 사무치는 말이 많지만, 이는 단지 문인(文人)의 재담(才談)이나 어린아이들의 경어(警語)에 지나지 않는다. 그러나 그 황탄(荒誕)한 말을 제거하고 경어(警語)만을 요약한다면 우리 유학의 극기 공부에 반드시 적은 도움이 없지는 않을 것이다.[67)]

위와 같은 이익의 선별적 수용론은 시사하는 바가 적지 않다. 거기에는 서학의 가치에 대한 객관적 평가가 전제되어 있기 때문이다. 이익은 『칠극』이라는 서적에 유가의 극기복례와 상통할 수 있는 지점이 있다고 보았다. 그러면서도 그 가운데 '천주귀신지설'을 뒤섞어 놓은 것은 해괴하다고 부정적으로 평가했다. 요컨대 이익은 『칠극』을 유학의 '극기지설'이라는 차원에서 도덕적 수양의 지침서로서 그 가치를 높이 평가했고, 그 가운데 허황한 학설을 제거하면 충분히 수용할 가치가 있다고 보았다. 그것이 비록 이단의 책일지라도 그 말이 옳다면 섭취해도 무방하다고 생각했던 것이다.[68)] 이 지점에서 이익은 경전적 근거를 인용해서 다음과

66) 『星湖僿說』 卷11, 人事門, 「七克」, 2ㄴ(Ⅳ, 83쪽). "間有吾儒所未發者, 其有助於復禮之功大矣. 但其雜之以天主鬼神之說則駭焉. 若刊汰沙礫, 抄採名論, 便是儒家者流耳."

67) 『順菴集』 卷17, 「天學問答－附錄」, 26ㄴ~27ㄱ(230책, 150~151쪽). "七克之書, 是四勿之註脚, 其言盖多刺骨之語, 是不過如文人之才談, 小兒之警語. 然而削其荒誕之語而節略警語, 於吾儒克己之功, 未必無少補."

68) 『順菴集』 卷17, 「天學問答－附錄」, 27ㄱ(230책, 151쪽). "於吾儒克己之功, 未必無少

같이 말했다.

> 군자가 "다른 사람이 선(善)을 행하도록 도와주는[與人爲善]"[69] 뜻에 있어서 어찌 피차의 다름이 있겠는가. 마땅히 그 단서를 알아서 취하면 되는 것이다.[70]

이처럼 이익은 다른 사람이 선을 행하도록 도와주는 뜻, 또는 다른 사람과 더불어 선을 행하는 뜻에 맞는 말이라면 그것이 비록 이단의 책에서 나온 내용일지라도 적극적으로 수용할 수 있다는 태도를 보여주었다. 앞서 거론한 바 있는 "천하에 버릴 사람은 있어도 버릴 말은 없다"는 논리를 이익과 안정복이 공유하고 있었던 것이다.

넷째, 성호학파의 학자들은 천주교를 비롯한 이단의 학설에 대해서도 깊이 있게 탐구하였다. 이는 위에서 살펴본 개방적 학문 태도와 관련이 있다. 이익은 경종 4년(1724)에 자신을 방문한 신후담에게 마테오 리치의 학문은 소홀히 여길 수 없다고 하였다. 그가 신후담의 천주교 배척론이 깊은 고찰을 배제한 맹목적 비판이 될 수 있음을 경고한 것도 서학에는 소홀히 보아 넘길 수 없는 무엇인가가 내포되어 있다고 판단했기 때문이다. 따라서 서학의 학술적 가치를 정확히 판단하기 위해서는 선입견을 배제한 신중하고 깊은 탐구가 필요하다고 여겼던 것이다.

실제로 이익을 비롯한 신후담, 안정복 등 성호학파의 학자들은 다양한 서학서를 폭넓게 읽고 장단점을 적출하였다. 이는 그들의 논설에 인용된

補, 異端之書, 其言是則取之而已."

69) 『孟子集註』, 公孫丑 上, 8章. "大舜有大焉, 善與人同. 舍己從人, 樂取於人以爲善. 自耕稼陶漁以至爲帝, 無非取於人者. 取諸人以爲善, 是與人爲善者也, 故君子莫大乎與人爲善." 註 : "與, 猶許也, 助也."

70) 『順菴集』 卷17, 「天學問答－附錄」, 27ㄱ(230책, 151쪽). "君子與人爲善之意, 豈有彼此之異哉, 要當識其端而取之可也."

서학서의 목록과 내용을 통해서도 충분히 확인할 수 있다. 이는 서학서를 전혀 접하지 않고 전문(傳聞)한 내용을 바탕으로 서학 비판론을 제기했던 영남 계열의 일부 학자들과 비교할 때 분명한 차별성을 보인다. "이미 그 말이 이치에 합당하다는 것을 알았다면 어찌 그것이 옛날과 다르다고 하여 취하지 않을 수 있겠는가"라는 말에서 알 수 있듯이 이익이 중요하게 생각했던 것은 객관적 합리성이었다. 여기에서 이치에 합당한 주장과 학설이라면 그것이 비록 이방(異邦)의 학문에서 출현한 것일지라도 받아들일 수 있다는 이익의 개방된 의식을 엿볼 수 있다. 성호학파의 학자들은 이와 같은 이익의 개방적 학문 자세를 공유하였고, 그 토대 위에서 서학을 비롯한 이단의 학문에 대해서도 깊이 있는 탐구를 진행했던 것이다.

이상에서 살펴본 바와 같은 이익을 비롯한 성호학파 학자들의 서학 수용의 논리—서양 과학기술의 학문적 우수성과 실용성에 대한 긍정, 개방적 학문 자세와 이단의 학설에 대한 선별적 수용론 등—는 당시 다수의 유학자들로부터 '서양지학(西洋之學)'을 하고 있다는 비방을 듣게 되는 원인이 되었다.

3. '존사위도(尊師衛道)'를 위한 변론(辨論)

18세기 후반, 특히 정조 대에 접어들어 서학(西學)의 종교적 측면, 즉 천주교를 둘러싸고 조선 사회 내부의 대립과 갈등이 심화하였다. 정조 7년(1783) 10월 이승훈(李承薰, 1756~1801)은 동지사(冬至使)의 서장관(書狀官)인 부친 이동욱(李東郁, 1739~?)을 따라 연행에 참가했다. 당시 이벽(李檗, 1754~1785)은 북경에 가게 된 이승훈에게 서양 선교사를 만나 세례를 받으라고 권유했고, 이에 따라 이승훈은 귀국길에 오르기

전인 이듬해(1784) 2월, 북경의 북천주당에서 그라몽(Jean-Joseph de Grammont, 梁棟材) 신부로부터 영세를 받고, 3월에 천주교 관련 서적을 갖고 귀국하였다. 북경에서 돌아온 이승훈은 이벽을 만나 선교사들에게서 받은 서학서를 전달했다. 이벽이 서학서를 본격적으로 연구한 것은 그 무렵이었던 것으로 보인다. 정약전(丁若銓, 1758~1816)·정약용(丁若鏞) 형제가 맏형수의 기제를 지내고 서울로 돌아오는 배 안에서 이벽으로부터 천주교 교리를 전해 들은 것이 바로 갑진년(1784) 4월 15일이었다는 사실로부터[71] 이를 짐작할 수 있다. 이후 이벽, 권철신(權哲身), 권일신(權日身) 등이 이승훈에게 세례를 받았고, 정조 8년(1784) 이벽·이승훈 등의 주도로 조선천주교회가 창설되었다.[72]

안정복은 「천학고(天學考)」에서 "연래에 어떤 사인(士人)이 사행(使行)을 따라 연경(燕京)에 갔다가 그 책을 얻어 가지고 왔는데, 계묘년(癸卯年 : 1783)과 갑진년(甲辰年 : 1784)에 재기 있는 젊은이들이 '천학(天學)에 관한 설[天學之說]'을 제창하였다"[73]고 하였는데, 이는 이승훈이 정조 7년의 연행에서 천주교 서적을 구해 귀국한 이후 이듬해 조선천주교회가 창설된 일련의 상황을 염두에 둔 서술로 보인다. 이와 같은 천주교의 전파 상황과 관련해서 이벽이 권철신에게 배웠고, 이가환(李家煥, 1742~1801)·이승훈·정약전·정약용 등과 활발히 교유했다는 점을 고려할 필요가 있다. 이승훈은 정재원(丁載遠, 1730~1792)의 사위로 정약용 형제와는 처남·매부 사이였고, 이가환은 이승훈의 외삼촌이었다. 이벽은 정약용

---

71) 『與猶堂全書』 第1集 第15卷, 詩文集, 「先仲氏墓誌銘－附見 閒話 條」, 42ㄱ(281책, 338쪽). "甲辰四月之望, 旣祭丘嫂之忌, 余兄弟與李德操, 同舟順流, 舟中聞天地造化之始, 形神生死之理, 惝恍驚疑, 若河漢之無極. 入京, 又從德操見實義·七克等數卷, 始欣然傾嚮, 而此時無廢祭之說."

72) 샤를르 달레(安應烈·崔奭祐 譯註), 『韓國天主敎會史』 上, 한국교회사연구소, 2000(6판), 299~316쪽 참조.

73) 『順菴集』 卷17, 「天學考乙巳」, 1ㄱ(230책, 138쪽). "年來有士人隨使行赴燕京, 得其書而來, 自癸卯甲辰年間, 少輩之有才氣者, 倡爲天學之說."

의 맏형 정약현(丁若鉉)의 처남이었으니 이들은 당색(黨色)뿐만 아니라 인척 관계로 얽혀 있었던 것이다.

성호학파 내의 천주교 전파와 관련해서 '주어사(走魚寺) 강학회'를 주목하는 견해가 있다. 정약용은 권철신의 묘지명(墓誌銘)에서 주어사 강학회에 대해 다음과 같이 언급한 바 있다.

> 선형(先兄) 약전(若銓)이 집지(執贄)하여 공[권철신]을 섬겼는데, 지난 기해년(1779) 겨울 천진암(天眞菴) 주어사(走魚寺)에서 강학(講學)할 때에 이벽(李檗)이 눈 내리는 밤에 도착하여 촛불을 밝혀 놓고 경(經)을 담론(談論)하였는데, 그 7년 뒤에 비방이 일어났으니, 이것이 이른바 "성대한 자리는 두 번 다시 열리기 어렵다"[74]는 것이다.[75]

천진암 주어사에서 있었던 강학회의 시기와 참석자, 강학 내용 등에 관해서는 연구자들 사이에 이견이 있어서 단정하기 어렵다. 다만 위의 인용문에서 언급된 내용이 사실이라면 강학회가 개최된 7년 후, 즉 1785년 무렵 천주교에 대한 비방이 일어나기 시작했다는 사실을 알 수 있다. 요컨대 정조 9년(1785)의 '추조적발사건(秋曹摘發事件)', 정조 11년(1787)의 '반회사건(泮會事件)'으로 말미암아 벽이단론(闢異端論)·척사론(斥邪論)이 대두하기 시작하였고, 그것은 정조 15년(1791)의 '진산사건(珍山事件)'을 계기로 최고조에 달하게 되었다. 아래에서는 이와 같은 상황에서 제기된 성호학파 내부의 서학비판론에 대해 살펴보고자 한다.

---

74) 王勃의 「滕王閣序」에 "아, 명승지는 항상 있는 것이 아니요, 성대한 자리는 두 번 만나기 어렵다[嗚呼, 勝地不常, 盛筵難再]"라고 한 데서 유래한 말이다[『古文眞寶後集』 卷2, 「滕王閣序」(王勃子安)].

75) 『與猶堂全書』 第1集, 第15卷, 詩文集, 「鹿菴權哲身墓誌銘」, 35ㄱ(281책, 334쪽). "先兄若銓, 執贄以事公, 昔在己亥冬, 講學于天眞菴走魚寺, 雪中李檗夜至, 張燭談經, 其後七年而謗生, 此所謂盛筵難再也."

이익의 조카인 이광휴(李廣休)의 아들 이삼환(李森煥, 1729~1813)은 이병휴(李秉休, 1710~1776)에게 입후(入後)되었다. 이병휴는 충청도 덕산현(德山縣) 장천리(長川里)에서 태어난 후 10세 때 서울로 이주하였고, 중년 이후에는 서울을 떠나 이익이 거주하던 안산(安山) 첨성리(瞻星里)에서 지내다가 다시 출생지로 돌아와 만년을 보냈다. 이병휴의 사후에 이삼환은 충청도 예산(禮山)에 정착한 여주이씨 가문의 중심인물이 되었다. 그는 가학을 부지하면서 덕산의 장천에 은둔하여 어버이를 봉양하는 한편 학문을 강론하고 학생들을 가르쳤다.[76]

이삼환은 '추조적발사건'(1785) 이듬해인 정조 10년(1786)에 「양학변(洋學辨)」을 저술하였다. 이는 1년 전에 저술된 안정복의 「천학문답」을 염두에 두었던 것으로 보인다. 기존의 연구에서는 「양학변」의 저술 배경으로 당시 이삼환이 거주하던 예산 지역에 천주교가 활발하게 전파되고 있었다는 현실과 천주교 신앙의 선두에 위치하고 있던 권철신(權哲身, 1736~1801)이 이삼환의 양부인 이병휴의 문하에 드나들었다는 사실을 거론하였다.[77] 당시 정부의 천주교에 대한 대응이 강경한 방향으로 선회하고 있었다는 점에서 이삼환은 이러한 사실에 위기의식을 느끼게 되었다는 것이다. 따라서 「양학변」의 저술 목적은 성호학파의 문인이나 여주이씨 가문의 사람들이 천주교에 빠지는 것을 막고, 예견되는 정부의 천주교 박해에 대응하기 위함이라고 보았다.[78]

그런데 실제로 「양학변」의 내용을 보면 이삼환의 천주교에 대한 위기의식은 심각한 수준에 이르지는 않았던 것 같다. 그것은 서양 윤리설에 대한 이삼환의 태도를 보면 알 수 있다. 그는 '10계(戒)' 가운데 선(善)을

76) 『修堂遺集』 冊4, 「木齋先生墓誌銘」(349책, 413쪽). "而猶且以家學毅然自持, 隱居養親於德山長川, 講學飭行, 教授生徒."

77) 姜世求, 「李森煥의 「洋學辨」 저술과 湖西지방 星湖學統」, 『실학사상연구』 19·20, 역사실학회, 2001, 477쪽.

78) 姜世求, 위의 논문, 2001, 478~481쪽.

권장한 대목은 유학자들도 힘써야 할 바라고 하면서 배척할 대상이 아니라고 보았으며,[79] "다른 사람의 처와 간음하지 말라거나 재화(財貨)를 탐하지 말라"고 한 것은 성인이 권면(勸勉)한 바이고, 군주가 가상히 여기는 바이며, 나라에서 금하는 바가 아니라고 하였다.[80] 이는 서양의 윤리설 가운데 유교의 수양론과 상통하는 부분이 있음을 인정하는 것으로, 이익이 견지했던 천주교에 대한 선별적 수용의 태도를 보여주는 것이라 할 수 있다.

「양학변」에서 주목해야 할 부분은 이삼환이 당시 국내에서 '양학(洋學)'을 하는 부류를 세 가지로 분류하고 있었다는 사실이다. 첫째는 선비로서 독서궁리(讀書窮理)하는 자, 둘째는 사류(士類)의 이름을 사모하여 즐거이 그들과 더불어 동업하는 자, 셋째는 무지한 천인(賤人)들이다.[81] 이는 당시 조선사회의 신분제를 염두에 둔 구분이라고 판단된다. 첫째는 양반, 둘째는 중인, 셋째는 양민(良民=常民)이나 천민을 가리키는 것이기 때문이다. 이삼환은 이들이 각각 '양학'에 관심을 갖게 된 계기가 다르다고 보았다.

첫째 부류는 서양의 산학(算學)과 추보(推步)가 정교하여 천상(天象)을 측험(測驗)하는 것이 분명히 들어맞는 것을 보고 그들의 말이 진실하고 거짓되지 않다고 여기게 되었다고 한다. 이에 따라 서양의 학문을 존경하여 높이는 사람들이 출현하게 되었다. 이삼환은 이것이 선입견에 말미암아 제대로 판단하지 못하게 된 것이라고 보았다. 그러나 이들의 경우

---

79) 『少眉山房藏』 卷5, 「洋學辨上篇丙午三月作」, 15ㄴ(續92책, 104쪽). "如十戒中爲善諸事, 亦吾儒之所勉, 在不當斥."

80) 『少眉山房藏』 卷5, 「洋學辨下篇」, 18ㄴ(續92책, 105쪽). "如不奸人妻, 不嗜財貨, 固亦聖人之所勉, 君上之所嘉尙, 而非國之禁也."

81) 『少眉山房藏』 卷5, 「洋學辨上篇丙午三月作」, 15ㄱ~ㄴ(續92책, 104쪽). "吾觀國內之爲其學者, 其類有三, 士之讀書窮理者 …… 其次則慕士類之名而樂與同業 …… 最下蚩蚩之賤……."

하늘이 부여해 준 영명(靈明)함은 가려지지 않았기 때문에 서학을 믿고 의심하는 것이 반반이라 그 책을 보기는 하지만 그 〈예〉법은 행하지 않고, 성인(聖人)의 가르침을 지키고 그 예법(禮法)을 폐지하지 않았으니 마침내는 스스로 깨달아 머지않아 성인의 도로 복귀할 것이라고 낙관하였다.[82]

둘째 부류의 목표는 사류의 이름을 얻는 것이기 때문에 부화뇌동하였을 뿐 이치의 유무(有無)나 도의 사정(邪正)은 탐구의 대상이 아니었고, 마음으로 기쁘고 즐거워하여 "배운 것을 다 버리고 배워서"[83] 마침내 미혹에 빠지게 되었던 것이다. 그렇지만 오도(吾道)가 다시 밝아져서 선비들이 바른 데로 돌아가게 되면 그들이 의부(依附)할 곳이 없기 때문에 마침내 금하지 않아도 폐기될 것이니 걱정할 필요가 없다고 보았다.[84]

셋째 부류는 본래 식견이 없어서 양학의 화복설(禍福說)에 동요되어 마음과 힘을 다해 그것을 믿는 자들이니 한유(韓愈, 768~824)가 이른바 "정수리를 태우고 손가락을 살라 수십 명씩 무리를 지어 …… 늙은이 젊은이 할 것 없이 바쁘게 돌아다니면서 그 생업을 버리는"[85] 경우에 해당하는 것이었다. 이삼환은 이들이 어리석기 때문에 깨우치기 어렵고 지키는 바가 이미 견고해서 입으로 논쟁을 하거나 형법으로 금지할 수 없다고 보았다. 그렇지만 이들의 경우에도 크게 걱정할 바가 없다고

---

82) 『少眉山房藏』 卷5, 「洋學辨上篇丙午三月作」, 15ㄱ(續92책, 104쪽). "士之讀書窮理者, 見其精於籌計, 巧於推步, 觀象測驗, 鑿鑿中竅, 遂謂其言之眞實无妄, 并與其學而欽尚者亦或有之. 此無他, 先入之見有以蔽之也. 然天賦之靈明有不可掩, 故信疑相半, 觀其書, 不肯行其法, 守聖人之訓, 不廢其禮, 吾知其終將自悟, 不遠而復也."

83) 『孟子』, 滕文公上. "陳相見許行而大悅, 盡棄其學而學焉."

84) 『少眉山房藏』 卷5, 「洋學辨上篇丙午三月作」, 15ㄱ~ㄴ(續92책, 104쪽). "其次則慕士類之名而樂與同業, 若理之有無, 道之邪正, 有不可究竟而心誠喜悅, 棄其學而學焉, 遂至於迷惑. 然吾道復明, 士趨自歸於正則無所依附, 終必不禁而廢, 亦不足憂也."

85) 『唐宋八大家文鈔』 卷1, 昌黎文鈔 1, 表狀, 「論佛骨表」, 4ㄴ. "皆云天子大聖, 猶一心敬信, 百姓何人, 豈合更惜身命, 焚頂燒指, 百十爲群, 解衣散錢, 自朝至暮, 轉相倣效, 惟恐後時, 老少奔波, 棄其業次."

하였다. 이들이 현재 생산을 하지 않고 재화를 아끼지 않으며 목전의 어려움을 돌보지 않고 하루 종일 부지런히 힘쓰는 것은 신앙생활에서 벗어나지 않으니 곧 생활을 탕진하게 될 것이었다. 결국 빈한(貧寒)이 자신의 몸에 닥치고 처자(妻子)가 추위와 굶주림에 떨게 되며, 심지(心志)가 어지럽게 되고 근심과 걱정을 어찌할 바가 없게 된 다음에라야 착한 마음이 드러나 복을 구하는 뜻이 없어질 것이니 저절로 그치게 되리라고 판단했던 것이다.[86]

이삼환이 이처럼 '사설(邪說)'의 종식을 낙관한 이유는 유교 문명의 유구한 교화가 우리나라에서 아직 사라지지 않았고, 조선왕조의 '문명지치(文明之治)'가 당대에 이르러 매우 성대하다고 판단했기 때문이다. 그는 천리(天理)가 존재하는 한 온 세상이 양학에 미혹되지는 않으리라고 보았고 '사설'의 종식은 어렵지 않게 이루어질 수 있는 일이라고 여겼다.[87] 이삼환은 당시 천주교도들이 정조가 표방한 서교에 대한 방침에 따라[88] "그 법(法)을 버리고 그 책을 태워버린" 다음 일체의 예법을 성인의 가르침에 따라 준수하기를 기대했던 것이다.[89]

---

86) 『少眉山房藏』 卷5, 「洋學辨上篇丙午三月作」, 15ㄴ(續92책, 104쪽). "最下蚩蚩之賤, 本無見識, 動於禍福, 猶懼地獄之難脫而思躋乎極樂天堂, 風靡影從, 盡心力以爲之, 韓子所謂老少奔波, 棄其業次, 焚頂燒指, 百千[十의 오자－인용자 주]爲群者, 政指此爾. 愚惑難曉, 守株已固, 此未可以口舌爭, 亦不可以刑法禁. 然不事生産, 不愛財貨, 不恤目下之難, 早夜孜孜者, 不外乎作法編戶, 生活幾何不至於蕩殘也. 夫人窮則呼天, 疾痛呼父母, 及至貧寒切身, 妻子凍餒, 心志拂亂, 憂愁無聊, 然後善心發露, 無意於求福, 不期而自止, 此勢之所必至也."

87) 『少眉山房藏』 卷5, 「洋學辨上篇丙午三月作」, 14ㄴ~15ㄱ(續92책, 103~104쪽). "雖然太師東敎之化, 尙幸未泯, 我聖朝文明之治, 於斯爲盛, 天理有在, 必不至於擧斯世迷溺而後已. 邪說之熄, 庶乎可以唾掌而俟之."

88) 『正祖實錄』 卷26, 正祖 12년 8월 3일(壬辰), 6ㄱ(46책, 3쪽－영인본 『朝鮮王朝實錄』, 國史編纂委員會의 책 번호와 페이지 번호. 이하 같음). "上曰, 予意則使吾道大明, 正學丕闡, 則如此邪說, 可以自起自滅, 而人其人火其書, 則可矣." 이는 널리 알려진 바와 같이 韓愈(768~824)가 「原道」에서 제시한 이단(=老佛)에 대한 대책에서 유래한 말이다["然則如之何而可也. 曰, 不塞不流, 不止不行, 人其人, 火其書, 廬其居, 明先王之道以道之, 鰥寡孤獨廢疾者有養也, 其亦庶乎其可也."].

안정복의 제자인 황덕일(黃德壹)은 진산사건이 벌어진 정조 15년(1791)에 「삼가략(三家略)」을 저술하여 도가(道家)·석가(釋家)·서학가(西學家)를 비판하였다. 물론 그의 비판은 서학가에 집중되어 있었다.[90] 이는 안정복 이후 성호학파 문인들의 벽이단론이 당시의 정세와 밀접한 관련을 지니며 전개되었음을 보여주는 것이다. 그러나 「삼가략」의 서학 비판 부분은 대체로 이익과 안정복의 기존 견해를 정리한 수준에 머물러 있으며 황덕일 자신의 독창적 견해를 찾아보기는 어렵다. 서학의 위험성에 대한 경고와 벽이단의 목소리는 높아졌지만 논리적 치밀성은 상대적으로 퇴조하고 있었던 것이다.

안정복은 정조 8년(1784) 권철신에게 보낸 편지에서 다음과 같이 권진(權瑱, 1757~1785, 字 于四)의 말을 인용하였다.

> 더구나 지금은 당의(黨議)가 분열되어 피차 틈을 노리면서 〈상대편의〉 좋은 점은 가리고 나쁜 점을 들추어내고자 하는 때인데, 만약 어떤 사람이 〈천주학을 빌미로〉 일망타진하려는 계책으로 삼는다면 몸을 망치고 이름을 더럽히는 치욕을 당할 것이다.[91]

황덕일은 「삼가략」을 작성하면서 위의 인용문이 포함된 안정복의 편지를 수록하였다.[92] 그런데 안정복이 『천학문답』을 저술한 이후에도 성호학파의 서학 수용을 공격하는 논의는 그치지 않았다. 앞에서도

---

89) 『少眉山房藏』 卷5, 「洋學辨下篇」, 18ㄴ(續92책, 105쪽). "誠自今棄其法火其書, 孝於父母, 生事葬祭, 一遵聖人之敎, 恪恭君命, 無敢違貳, 勤爾田事, 保爾家室, 享有人世之樂, 垂福無窮, 玆豈非天下之吉祥善事耶."

90) 조지형, 「順菴 西學認識의 계승과 확장, 黃德壹의 〈三家略〉」, 『누리와 말씀』 36, 인천가톨릭대학교 복음화연구소, 2014.

91) 『順菴集』 卷6, 「與權旣明書甲辰」, 34ㄴ(229책, 465쪽). "況此黨議分裂, 彼此伺釁, 掩善揚惡之時, 設有人爲一網打盡之計, 而受敗身汚名之辱."

92) 『拱白堂集』 卷7, 「三家略」(260책, 242~243쪽).

살펴보았듯이 정조 12년(1788)에 황덕일이 안정복에게 보낸 편지를 보면 당시 서조수(徐祖修)가 지은 책자에는 "이익(李瀷)과 유형원(柳馨遠)이 즐거이 이마두(利瑪竇)의 무리가 되었다"는 등의 문자가 있었다고 한다. 이에 황덕일은 안정복에게 편지를 보내 사도(師道)의 올바름을 보여줄 수 있는 저술을 요청하였다.[93]

안정복은 위의 편지에 대한 답장에서 황덕일의 의도가 "스승을 존중하고 도(道)를 지키고자 하는 성대한 뜻"에서 나온 것이라고 칭찬하였다. 그는 이익을 비롯한 선배들을 비방하는 악습은 앞의 인용문에서 지적한 것처럼 "지금은 세도(世道)가 야박하고 당의(黨議)가 횡류하여 좋은 점을 가리고 나쁜 점을 들추어내는 때"임을 보여주는 사례라고 판단했다.[94] 안정복에 따르면 당시 비난의 대상이 되었던 것은 오로지 『성호사설(星湖僿說)』이었다. 안정복은 『성호사설』의 서문을 거론하며 이익 자신이 그 제목을 '사설'이라 명명하고, 이는 "쓸모없는 공언(空言)이 될 것"이라고 하였는데, 그 내용을 갖고 사람의 일생을 단정하고 없는 허물을 있는 것처럼 꾸며 모욕하는 행위는 망령된 짓이라고 비판했다. 아울러 이익이 자신에게 보낸 편지에서[95] 이를 교정하고자 한다면 사실을 조사해서 잘못을 바로잡고, 조금만 남기고 태거(汰去)해서 끝없는 구설수를 면하게 해주면 다행이라고 하였는데, 자신이 이를 제대로 산정하지

---

93) 『拱白堂集』 卷2, 「上順菴先生書戊申」(260책, 151~152쪽). "日前尹老兄愼於李丈趾漢家, 見一冊子, 卽徐祖修所著文字也. 其言曰李星湖·柳磻溪, 甘爲利氏之徒云云 …… 伏願先生著之不刊之籍, 以明師道之正, 使後之學者, 有所尊信, 則不獨彼輩誣賢之說, 得以辨破, 而近日邪學之惑世誣民者, 亦可以排闢, 自知吾道之正矣."

94) 『順菴集』 卷8, 「答黃莘叟書戊申」, 29ㄱ~ㄴ(229책, 510쪽). "示諭多少, 出於尊師衛道之盛意, 何等欽賞. …… 孔北海曰, 今之少年, 喜謗前輩. 此等惡習, 從古已然, 況今世道澆薄, 黨議橫流, 掩善揚惡之時乎."

95) 『星湖全集』 卷27, 「與安百順壬午」, 15ㄴ(198책, 545쪽). "鄙稿本非爲傳後計, 偶因亂草, 不擇精粗者也. 吾又病昏, 不復遮眼, 近閱本草, 儘多可刪. 其始自四十年前, 其謬妄可想, 在傍族子辛勤謄傳則非初意也. 今遇百順之刊正, 吾之幸也. 書中每及愼重之意, 不覺驚怪. 須與朋友之年少數輩, 無少赼趄, 直加勘覈, 至可至可."

않아 한만(汗漫)함을 면치 못함으로써 이와 같은 일을 초래했다고 자책하였다.[96)]

안정복은 이익이 존중한 것은 공맹정주(孔孟程朱)였고, 배척한 것은 이단잡학(異端雜學)이었다고 하면서, 이익이 경전의 뜻을 발명하는 데 공헌이 많았고 이학(異學)의 문제점[眞贜=眞贓 : 훔친 장물]을 반드시 적시하여 도망갈 수 없도록 하였다고 강조했다.[97)] 이익이 서학에 물들었다는 비판에 대해 적극적으로 변명하면서 그 학문의 순정(醇正)함을 주장하고자 했던 것이다. 안정복의 서학 비판에는 자파의 학문적 정통성을 수호해야 한다는 목적이 강하게 투영되어 있었음을 알 수 있다.

이와 같은 안정복의 자세는 황덕일에게 계승되었다. 황덕일은 신문옥(愼文玉 : 성명 未詳)이 윤동규(尹東奎, 1695~1773)의 손자인 윤신(尹愼)에게 보낸 편지에서 안정복의 논설과 이헌경의 저술을 대거(對擧)해서 서술한 사실을 거론하면서 그 부당함을 지적했다. 그가 보기에 이헌경은 '문원(文苑)의 거장(巨匠)'이나 '근세(近世)의 명재(名宰)'라고 할 수는 있어도 '사문의 종사'인 안정복과 비교할 수는 없다고 보았기 때문이다. 황덕일은 안정복의 「천학고(天學考)」와 「천학문답(天學問答)」을 '위도(衛道)'의 측면에서 매우 높이 평가했고, 안정복이 서학을 변척(辨斥)한 것은 맹자(孟子)가 '양묵'을, 정주(程朱)가 '노불'을 물리친 것과 같은 공적

---

96) 『順菴集』 卷8, 「答黃莘叟書戊申」, 29ㄴ~30ㄱ(229책, 510쪽). "傳聞某人之誚毁, 專在於僿說云, 執此說而斷人之平生, 厚加誣辱則妄矣. 先生序此書曰, 僿說者星湖翁之筆也. 翁優閑者也. 讀書之暇, 或得之傳記, 得之子集, 得之詩家, 得之傳聞, 得之詼諧, 隨手亂錄, 遂成卷帙, 又不可無名, 故曰僿說, 其爲無用之空言定矣. 又嘗與余書曰, 此書是四十年前, 閑思漫錄, 謬妄可想. 君欲刊正, 當直加勘覈, 不須問我, 盡爲汰去, 只存些少, 俾免無限齒舌爲幸, 先生盖已知有此等事矣. 余輩不肖, 不能仰體本意, 臨文節刪, 多有不忍棄者, 而未免汗漫, 致有此事." 여기에서 안정복은 "其爲無用之空言定矣"라고 하였는데, 현존하는 『성호사설』의 서문에는 "其爲無用之宂言定矣"라고 되어 있다.

97) 『順菴集』 卷8, 「答黃莘叟書戊申」, 30ㄱ(229책, 510쪽). "先生以明睿之姿, 加勤篤之工, 所尊者孔孟程朱, 所斥者異端雜學. 經義多發未發之義, 異學必摘其眞贜而使無所逃."

이라고 보았다.[98]

사실 황덕일은 안정복과 함께 '벽이단(闢異端)'의 문제에 대해 논의한 적이 있다. 황덕일은 26세 때인 영조 49년(1773) 겨울에 덕곡(德谷)으로 안정복을 찾아가 배움을 청했는데, 황덕일의 문집에 수록되어 있는 「덕곡기문(德谷記聞)」은 그가 안정복의 문하에 든 이후부터 스승의 몰년인 정조 15년(1791)에 이르기까지 스승으로부터 받은 가르침의 대강을 정리한 글이다. 그 가운데 '벽이단'의 문제가 포함되어 있다. 그 내용을 보면 황덕일은 근년 이래로 서양 서적이 북경으로 전래되어 자못 성행하고 있으며, 이른바 '후생배(後生輩)' 가운데 간혹 그 학설을 익히는 자가 있으니 정도(正道)를 해칠 조짐이 크다고 우려했다. 그가 보기에 서학은 도교도 아니고 불교도 아니지만 그와 유사한 측면이 많았다. 예컨대 예수가 강생했다거나 영혼이 불멸한다는 주장이 노자의 환생설이나 불교의 윤회설과 유사하다고 보았던 것이다. 황덕일은 서학이 불교를 배척한다고 자부하지만 '천당지옥'의 논의는 오로지 불교를 답습한 것이고, 천주(天主)를 받들어 모신다는 주장은 유학의 상제(上帝)에 가탁한 것으로 상제를 기만하는 것이라고 하였다. 요컨대 서학은 '노불'보다 뒤에 나온 이단으로 더욱 교묘하기 때문에 그 해가 노불보다 더욱 심하다고 판단했던 것이다.[99]

---

98) 『拱白堂集』 卷2, 「與愼文玉書」(260책, 165쪽). "槩聞尊兄抵尹士眞甫書, 論順菴先生闢異一段, 繼之以艮翁李判尹所著文, 對擧幷叙, 有若一體而同道者, 何其擇之不精, 語之不詳也. 惟我先生, 承星門之嫡傳, 接陶山之遺統, 道巍而德尊, 業廣而功崇, 發揮經傳之旨, 繼往開來之功, 近世諸儒名家專門, 莫能造其閫域. 凡至異端雜學之流, 靡不究其源委, 辨其紫䵷, 若天學考辨及答問等篇, 參古訂今, 明白詳備, 其義質鬼神而無疑, 其言俟百世而不惑, 使斯世斯人, 曉然發蒙, 復知有聖賢禮義之敎, 不至於夷狄禽獸之域者, 卽先生衛道之功也. 孟子距楊墨, 程朱闢老佛, 而先生斥西學, 前聖後賢, 其揆一也. 若至李公, 其文宗馬也, 其詩學杜也, 闢異一書, 辭意見得, 亦可尙也. 爲後進者, 讀其文誦其詩而稱其人曰, 文苑巨匠可也, 近世名宰亦可也. 然如其比列於斯文宗師, 則固不可同年而語也."

99) 『拱白堂集』 卷4, 「德谷記聞」(260책, 189쪽). "問異端之害, 從古已然. 西洋之書, 出於

황덕일의 아우인 황덕길(黃德吉)도 이단에 대한 논설을 작성한 바 있다. 그 작성 시점이 정조 15년(1791)인 것으로 보아 '진산사건'과 일정한 관련성을 지니고 있는 글이라고 판단된다. 이단을 바라보는 황덕길의 기본 관점은 "이단이 해악을 끼치면 오도(吾道)가 떨칠 수 없다"는 말에서 단적으로 드러난다. 그의 논설은 전통적 이단이라 할 수 있는 양묵·노불·육왕(陸王)을 겨냥한 것이 아니었다. 주요 표적은 서방의 서쪽에서 전래한 '하늘을 논하는 학문[談天之學]', 즉 천주학이었다. 그들의 교리 가운데 "하늘을 섬기고 천명을 안다[事天知命]"는 것은 맹자보다 지나치지만 그 실질이 없고, '격물치지(格物致知)'는 주자보다 상세하지만 그 이치가 없으니, 양주(楊朱)가 아닌 듯하면서 양주이고, 묵적(墨翟)이 아닌 듯하면서 묵적이라고 하였다. 예의와 윤리를 업신여기는 황당무계함은 노불보다 심하고, 경전의 가르침을 표절하고, 경전의 뜻에 견강부회함은 육왕의 무리들보다 훨씬 심하다고 질타하였다. 이로 인해 '예의를 숭상하는 나라[冠帶=冠帶之國]'가 이적(夷狄)이 되고, 인류가 거의 금수가 될 지경인데 사람들은 그 사실을 깨닫지 못하고 있었다. 황덕길은 이와 같은 천주학의 폐해가 홍수나 맹수의 그것보다 훨씬 맹렬하다고 보았다. 일찍이 주나라의 대부인 신유(辛有)가 이천(伊川) 땅을 지나다가 사람들이 머리를 풀어헤치고 제사지내는 것을 보고 100년도 못 가서 이 지역은 오랑캐의 땅이 될 것이라고 했는데,[100] 하물며 이언(異言)이 세상을 미혹하고, 외래의 종교[外敎]가 밭두둑을 침범하고 있으니 장차 어찌

明季, 而中州之人, 往往信之. 近年以來, 其書自燕肆而出, 頗盛行, 後生輩或有習其說者, 大有害正之漸. 盖其學非老非佛, 而有類乎老佛, 其所謂耶蘇降生則似老氏蜀肆靑羊之說, 其所謂靈魂不滅則似佛氏不生不死之說, 自以謂力排佛學, 而至於天堂地獄之論則全襲釋書. 又謂之尊事天主則假托於吾儒之上帝, 其爲矯誣上帝者大矣. 後出益巧, 肆爲誕妄, 其害將有甚於老佛者也."

100) 『春秋左氏傳』 卷第5, 僖公上, 22년, 40ㄱ~ㄴ(126쪽－영인본 『春秋』, 成均館大學校大東文化硏究院, 1985의 페이지 번호. 이하 같음). "初平王之東遷也, 辛有適伊川, 見被髮而祭於野者, 曰不及百年, 此其戎乎."

되겠느냐고 한탄하였다.[101]

이처럼 황덕길은 천주학의 전파를 우려의 눈으로 바라보았다. 그는 맹자·정자·주자가 다시 이 세상에 태어나더라도 양묵, 노불, 육씨를 배척했던 것보다 더욱 엄하게 천주학의 올바르지 못함을 비판하리라고 여겼다. 그럼에도 불구하고 황덕길은 당시 분출하고 있던 '벽사론'에 대해서는 비판적이었다. 명예를 추구하고 일 만들기를 좋아하는 사람들이 경쟁적으로 벽사론을 제기함으로써 나라 안이 소란스러워지고 있는 현상을 부정적으로 보았던 것이다. 그는 이러한 현상을 '제인벌연(齊人伐燕)'에 비유하였다.[102] 이른바 '천리(天吏)'의 덕을 갖추지 못한 제나라가 연나라를 정벌하는 것은 결국 '이연벌연(以燕伐燕)'에 불과하다는 지적이었다. 황덕길은 맹자가 일찍이 향원(鄕原)이 덕을 어지럽히는 해악을 말하면서 그 해결책으로 '반경(反經)'을 제시했는데,[103] 주자가 이를 찬양하여 말하기를 '자치(自治)'보다 상책이 없다고 한 사실을 거론했다.[104] 황덕길 역시 '자치'가 근본적 해결책이 되어야 한다고 생각했던 것이다.[105]

---

101) 『下廬集』 卷9, 「異端說辛亥」, 15ㄱ~ㄴ(260책, 420쪽). "談天之學, 作於西方之西, 其敎漸東, 士始乘其學而學焉. 其言曰事天知命, 過於孟子而無有乎其實也, 其言曰格物致知, 詳於朱子而無有乎其理也. 非楊而楊, 非墨而墨, 蔑禮殄倫, 荒虛怪誕, 有甚於老佛, 剽竊經訓, 傅會經義, 倍蓰於陸王之徒. 冠帶胥入於夷狄, 人類幾淪於禽獸, 靡靡乎莫之覺焉, 洪水猛獸之害, 未必若是烈也. 辛有見伊川被髮者, 猶謂百年爲戎, 況於異言惑世外敎侵畔者乎."

102) 『孟子』, 公孫丑下. "齊人伐燕, 或問曰, 勸齊伐燕, 有諸. 曰, 未也. 沈同問燕可伐與, 吾應之曰, 可, 彼然而伐之也. 彼如曰, 孰可以伐之, 則將應之曰, 爲天吏則可以伐之. 今有殺人者, 或問之曰, 人可殺與,則將應之曰, 可, 彼如曰, 孰可以殺之, 則將應之曰, 爲士師則可以殺之, 今以燕伐燕, 何爲勸之哉."

103) 『孟子』, 盡心下. "君子反經而已矣, 經正則庶民興, 庶民興, 斯無邪慝矣."

104) 『晦庵先生朱文公文集』 卷第58, 「答宋深之」, 2774~2775쪽. "孟子論鄕原亂德之害, 而卒以君子反經爲說, 此所謂上策莫如自治者."

105) 『下廬集』 卷9, 「異端說辛亥」, 15ㄴ(260책, 420쪽). "使孟子·程子·朱子復起今之世, 其拒詖邪者, 必嚴於楊墨老佛陸氏矣. 近者闢邪之論出, 好名者喜事者競趨之, 國內譁然. 昔齊人伐燕, 燕可伐, 然未有天吏之德則齊亦燕也, 孟子曰以燕伐燕, 今之世不幾於

그렇다면 '자치'란 무엇일까? 황덕길은 유학자는 선왕의 법언(法言)이 아니면 말하지 않고, 선왕의 덕행이 아니면 행하지 않으며, 대도(大道)를 밝혀서 '나'라는 사욕[有我之私]을 막고, 정학(正學)을 이룩함으로써 상도에 어긋난 학설[不經之說]을 깨뜨리며, 한결같이 옛 성현을 규범으로 삼아 진덕수업(進德修業)하면 이단은 확산하지 않을 것이라고 보았다. 따라서 예전에 맹자가 그렇게 하였듯이 이단의 그릇됨을 논하여 배척함으로써 정도로 돌아올 수 있는 길을 열어 놓아야 한다고[106] 주장하였다. 그렇게 해야만 선비들의 지향점이 하나로 모이고 사문(斯文)이 진흥되어 주자·정자·맹자의 학문이 다시금 세상에 밝혀지고, 공자의 도가 땅에 떨어지는 일이 없어서 천하의 이치를 얻을 수 있다고 보았다.[107]

그런데 이와 같은 '자치'론은 스승 안정복의 주장이기도 했다. 일찍이 황덕일 형제가 스승 안정복을 모시고 있을 때 정약용의 재종조부인 정지영(丁志永)[108]이 자리를 함께한 적이 있다. 이들은 『심경(心經)』을 강론하던 중에 "맹자가 양묵(楊墨)을 물리친 것은 변경의 침입을 막은 공이요, 사단(四端)을 발명한 것은 사직(社稷)을 편안하게 한 공이다"[109] 라고 주자가 언급한 대목에 이르렀다. 이때 안정복이 좌중에게 고인(古

春秋之戰乎. 孟子嘗言鄕原亂德之害, 卒之以反經, 朱子贊之曰上策莫如自治."

106) 이는 양웅의 『法言』을 인용한 것이다[『揚子法言』(四庫全書本) 卷2, 吾子篇, 9ㄱ. "古者, 楊墨塞路, 孟子辭而闢之廓如也."].

107) 『下廬集』 卷9, 「異端說辛亥」, 15ㄴ~16ㄱ(260책, 420쪽). "自治者何也. 爲吾儒者, 非先王法言不言, 非先王德行不行, 明大道以閑有我之私, 致正學以破不經之說, 進德修業, 一是皆以古聖賢爲規, 則異端何自以滋蔓, 辭而闢之, 斯可廓如也然後, 士趣一斯文振, 朱子程子孟子之學, 復明於世, 吾夫子祖述憲章之道, 不墜於地, 而天下之理得矣."

108) 정지영은 丁壽崗(1454~1527)의 9대손이다[『順菴集』 卷18, 「丁思仲先代筆蹟帖跋丙午」, 42ㄴ(230책, 176쪽). "吾友丁思仲, 篤行士也, 自其九世祖月軒公以下, 至于其先大人手筆眞蹟, 彙爲一帖, 裝績而寶藏之曰……."].

109) 『心經附註』 卷2, 孟子, 人皆有不忍人之心章, 38ㄱ~ㄴ(177~178쪽 – 영인본 『心經』, 保景文化社, 1995의 페이지 번호). "朱子曰, 四端乃孔子所未發, 人只道孟子有闢楊墨之功, 不知他就人心上發明大功如此, 闢楊墨, 是扞邊境之功, 發明四端, 乃安社稷之功."

人)의 '벽이단의 도'가 무엇인지 알고 있느냐고 질문을 던졌다. 이에 정지영은 "이적이 중국을 어지럽히면 마땅히 먼저 공격해서 조금도 늦추어서는 안 된다"고 하였다. 이는 맹자가 이단을 비판할 때 즐겨 인용했던 "오랑캐인 융(戎)과 적(狄)을 공격하니, 남쪽의 초(楚)나라와 서(舒)나라가 징계되었다"[110]는 『시경』의 구절을 염두에 둔 답변이었다. 이에 안정복은 다음과 같은 주자의 발언을 상기시켰다.[111]

> 일찍이 내수(內修)와 자치(自治)의 실질로써 가르치지 않고 한갓 중화(中華)의 성현(聖賢)이 존중될 만하다는 것으로써 교만하게 군다면, 나는 '적을 쳐부수어 깨끗이 없애버리는 공[摧陷廓清之功]'을 쉽게 거둘 수 없을 뿐만 아니라 혹여 '적국의 포로[往遺之禽]'[112]가 되어 도리어 우리 당(黨)의 치욕이 될까 염려스럽다.[113]

안정복은 이단에 대한 토벌에 앞서서 '내수와 자치의 실질'이 선행되어야 한다고 생각했던 것이다. 정지영이 '자치의 세목'이 무엇이냐고 묻자,

---

110) 『詩經』, 頌, 魯頌, 閟宮. "戎狄是膺, 荊舒是懲, 則莫我敢承." ; 『孟子』, 滕文公上. "魯頌曰, 戎狄是膺, 荊舒是懲, 周公方且膺之, 子是之學, 亦爲不善變矣." ; 『孟子』, 滕文公下. "詩云, 戎狄是膺, 荊舒是懲, 則莫我敢承, 無父無君, 是周公所膺也."

111) 『拱白堂集』 卷4, 「德谷記聞」(260책, 189쪽). "德壹兄弟幷侍坐, 丁丈思仲亦在座, 乃講心經, 至朱子曰孟子闢楊墨, 是捍邊圉之事, 明四端, 是衛社稷之功. 先生曰, 君輩知夫古人闢異端之道乎. 思仲對曰, 夷狄猾夏則固宜先膺而不可少緩也. 先生曰, 朱子不云乎, 未嘗敎之以內修自治之宲, 徒驕之以中華聖賢之可以爲重, 則吾恐其不惟無以取其摧陷廓淸之功, 或乃往遺之禽, 而反爲吾黨之詬也.

112) 『春秋左氏傳』 卷第18, 昭公 2, 5년, "楚殺其大夫屈申"의 傳, 14ㄴ(335쪽). "(薳啓彊曰……)君將以親易怨, 實無禮以速寇, 而未有其備, 使群臣往遺之禽, 以逞君心, 何不可之有." 여기에서 '往遺之禽'이란 아무런 대비책도 없이 群臣을 전쟁에 내보내서 적들의 포로가 되게 한다는 뜻이다.

113) 『晦庵先生朱文公文集』 卷第70, 「讀大紀」, 3377쪽. "又未嘗敎之以內脩自治之實, 而徒驕之以中華列聖之可以爲重, 則吾恐其不唯無以坐收摧陷廓淸之功, 或乃往遺之禽, 而反爲吾黨之詬也."

안정복은 숭덕(崇德)·수특(修慝)·변혹(辨惑)이라는[114] 세 가지 조목을 제시했다. 그에 따르면 '숭덕'은 본성을 따르는 것, '수특'은 생각에 사특함이 없는 것, '변혹'은 좋아하고 싫어함을 공변되게 하는 것이었다. 안정복은 이 세 가지를 구비한 다음에라야 "양주와 묵적의 학설을 막자고 주장하는 자는 성인의 무리"[115]라는 맹자의 '벽이단'론에 동참할 수 있다고 여겼던 것이다. 이에 황덕일은 '내수의 일'은 진실로 빠뜨릴 수 없지만 '토적(討賊)의 의리'도 감히 폐할 수 없으니 먼저 해야 할 것과 나중에 해야 할 것을 아는 것이 중요하다고 하였다.[116] 이러한 생각은 황덕일만의 것이 아니었고 황덕길 역시 공유하는 바였다.[117] 형제의 '벽이단'론은 동일한 논리 구조를 지니고 있었던 것이다.

이상의 내용을 바탕으로 안정복과 그의 문하에서 제기되었던 '벽이단'론의 구조를 이해할 수 있다. 이들의 '벽이단'론은 성호학파에 서학의 굴레를 씌우려고 하는 부당한 공격에 적극적으로 대응하는 한편, 이익-안정복으로 이어지는 자파의 학문적 정통성을 수호하기 위한 목적을 지니고 있었다. 안정복과 그의 후학들은 당시 천주학의 확산에 커다란 위기의식을 지니고 있었다. 자파의 인물 가운데 천주학에 연루된 자가 많았고, 그에 대한 공격이 다각도로 진행되고 있었기 때문이다. 이들은

---

114) 『論語』, 顔淵. "樊遲從遊於舞雩之下曰, 敢問崇德·修慝·辨惑. 子曰, 善哉, 問. 先事後得, 非崇德與, 攻其惡, 無攻人之惡, 非修慝與, 一朝之忿, 忘其身, 以及其親, 非惑與."

115) 『孟子』, 滕文公下. "能言距楊墨者, 聖人之徒也."

116) 『拱白堂集』 卷4, 「德谷記聞」(260책, 189쪽). "思仲請問自治之目, 先生曰, 子曰崇德·修慝·辨惑, 崇德率其性也, 修慝思無邪也, 辨惑公好惡也, 三者備然後可與語孟子之能言也. 德壹起而對曰, 內修之業, 固不可闕, 而討賊之義, 亦不敢廢, 故曰知所先後則近道矣. 先生曰, 善."

117) 『下廬集』 卷7, 講義, 朱書, 「答范伯崇書曰異端害正止自弊之譏也」, 35ㄴ~36ㄱ(260책, 391쪽). "蘇軾斥荊公以佛老之似, 桂萼闢陽明以禪釋之類, 則以邪攻邪, 殆無異於以燕伐燕也, 彼哉彼哉, 何足並列於孟子所謂聖賢之徒也哉. 朱子嘗著讀大紀篇曰, 吾徒未嘗敎之以內修自治之實, 而徒驕之以中華列聖之可以爲重, 則吾恐其不惟無以坐收摧陷廓淸之功, 或乃往遺之禽而反爲吾黨之詬也. 至哉言乎, 世之論異端者, 知所先後, 卽近道矣."

천주학은 전통적인 이단보다 뒤에 나온 것으로 더욱 교묘하기 때문에 그 해가 이전의 이단보다 더욱 심하다고 보았다. 그럼에도 불구하고 이들은 당시 분출하고 있던 '벽사론'의 내용에 대해서는 동의하지 않았다. 그것을 주장하는 사람들의 목적이 개인적 명예를 얻고자 하는 것이거나, 그렇지 않으면 다른 정치적 의도가 숨어 있다고 보았기 때문이다. 이들이 보기에 그것은 '이사공사(以邪攻邪)', '이연벌연'에 지나지 않았고, 맹자의 '벽이단'론과도 맞지 않았던 것이다. 물론 이들도 이단에 대한 토벌이 필요하다는 것을 부정하지는 않았다. 그러나 선행 조건이 필요했다. 그것이 바로 '내수와 자치의 실질'이었다.

제4장 전통적 자연지식에 관한 성호학파 내부의 담론

'기삼백론(朞三百論)'과 '칠윤지설(七閏之說)'에 대한 논의

1. 이익의 기삼백론(朞三百論)

전통과학을 논할 때 첫머리에 등장하는 주제는 천문역법(天文曆法)이다. 천문역법은 사회경제적 필요에서뿐만 아니라 정치사상적 측면에서도 국가·사회를 이끌어가는 통치 이데올로기와 밀접한 관련성을 지니고 있다. 때문에 고대 사회 이래로 한국의 역대 왕조에서는 천문역법에 부단한 관심을 기울여 왔다. 특히 유학(儒學)사상이 수용되어 현실 정치 운영의 기본 원리로 작동하기 시작한 이후부터는 천인합일(天人合一)의 정치적 이상을 실현하기 위한 중요 수단으로서 천문역법이 주목되었다.

유학자들의 천문역법에 대한 이해는 유교 경전에 대한 학습, 즉 경학(經學)의 일환으로 이루어졌다. 그 과정에서 필수적으로 거치게 되는 것이 바로 『서경(書經)』의 「요전(堯典)」에 등장하는 '기삼백(朞三百)'에 대한 학습이었다. "기(期[朞])는 366일이니 윤달을 사용해야 사시(四時)를 정하고 해[歲]를 이룰 수 있다[期三百六旬有六日, 以閏月, 定四時成歲]"라고 간단히 언급되어 있는 기삼백장(朞三百章)의 구절 안에는 전통적인 태음태양력의 구성 원리가 들어 있다. 고대 중국인들은 천체 관측을 통해 1회귀년의 길이가 366일 정도라는 것을 알아냈으며, 1회귀년을 4계절로 구분하고 각 계절마다 중성(中星)을 관측해 계절 변화의 표지로 삼았다. 아울러 달의 삭망(朔望) 주기를 기준으로 한 달의 길이를 정하고 1년에 12달을 배치했다. 전통적인 태음태양력의 요체는 삭망월(朔望月)과 회귀년(回歸年)을 어떻게 결합시킬 것인가였다. 12개 삭망월의 길이와 1회귀년의 길이가 일치하지 않았기 때문이다. 이로 말미암아 윤달을 배치할 필요가 생겼다.

윤달은 성인이 천도(天道)를 헤아려 인시(人時)를 주는 '묘용대법(妙用大法)'으로 인식되었고, 이것이 없으면 하늘과 사람이 서로 상응할 수 없고, 1장(章)이 아니면 연시절기(年時節氣)가 그 법칙을 취할 바가 없다고 여겼다.[1] 요컨대 '기삼백'에는 역법 구성의 기초적 요소인 기삭(氣朔)을 조정하는 문제와 치윤법(置閏法)의 원리가 포함되어 있었고, 그것은 천인합일이라는 유교·주자학의 정치적 이상을 현실화할 수 있는 주요 기제의 하나로 간주되었다. 따라서 그 계산법에 대한 완벽한 이해는 유학자의 필수적 교양으로 요구되었던 것이다.

요컨대 '기삼백'은 전근대 천문역산학의 핵심이라 할 수 있는 역법(曆法)과 역리(曆理)에 대한 가장 기초적이고 필수적인 학습 과정이었다. 따라서 전통 사회 유학자들의 천문역법관(天文曆法觀)을 논할 때에는 '기삼백'에 대한 인식을 검토하는 것이 지름길이 될 수 있다.

조선후기에는 기삼백에 대한 전면적 해설을 시도한 학자들이 등장했다. 이익(李瀷)은 그 가운데서도 두드러진 성과를 제출한 인물로 주목된

---

1) 『老村集』 卷4, 「期三百語錄」, 17ㄴ~18ㄱ(206책, 84쪽). "經曰, 期三百六旬有六日, 以閏月, 定四時成歲. 閏者, 聖人之所以裁天道, 授人時之妙用大法, 無此則天人不相應, 未一章而年時節氣, 皆無所取則也."

다. 일찍이 이황(李滉, 1501~1570)은 산학(算學)이 '수방심(收放心)'에 도움이 된다고 하면서 학습을 권장한 바 있다.[2] 이익 역시 그와 같은 관점에서 산학에 관심을 기울였다. 그는 거친 마음을 고쳐 정밀하게 만드는 데[變麤爲細] 산술(算術)만한 것이 없다고 하면서 그 대표적 사례로 기삼백을 거론했다.[3] 실제로 이익은 중국과 서양의 산학에 정통한 것으로 후대에 평가되었으며, 그 대표적 저술 가운데 하나로 「기삼백주해(朞三百註解)」가 거론되었다.[4] 이규경(李圭景)은 역대의 기삼백 주석 가운데 수법(數法)에 조리가 있어 몽매한 선비들도 쉽게 이해할 수 있는 저술로 이익의 「기삼백주해」를 들었다.[5]

이익의 「기삼백주해」는 크게 네 단락으로 구성되어 있는데, 대체로 주희의 주석을 따라가면서 부연 설명하는 방식을 취했다. 첫 번째가 '일세일행지수(一歲日行之數)'의 계산, 둘째가 '일세월행지수(一歲月行之數)'의 계산, 셋째가 '일세윤율(一歲閏率)'을 구하는 법, 넷째가 장법(章法)의 원리에 대한 것이었다. 먼저 '일세일행지수'에 대한 해설에서 이익은 다음과 같이 말하고 있다.

> 삼가 살펴보건대 "하늘이 하루에 해보다 1도를 더 간다. 365$\frac{1}{4}$도가 쌓여서 해와 만난다"고 하였으니, 1도를 나누면 4분이 된다. "달은

2) 『艮齋集』 卷5, 「溪山記善錄上記退陶老先生言行」, 4ㄴ(51책, 81쪽). "先生教德弘曰, 讀書筭學, 此亦收放心之法."

3) 『星湖僿說』 卷15, 人事門, 「九章筭經」, 16ㄴ(Ⅵ, 8쪽). "然凡學者只患心麤, 變麤爲細, 無逾於筭術. 余每敎小兒朞三百註說, 其功與讀誦等焉."

4) 『五洲衍文長箋散稿』 卷44, 「數原辨證說」(下, 424쪽－영인본 『五洲衍文長箋散稿』, 明文堂, 1982의 책 번호와 페이지 번호. 이하 같음). "星湖李瀷兼通中西算學, 跋算學啓蒙, 悟開方法, 立算術一篇. 又著朞三百注解圖說."

5) 『五洲衍文長箋散稿』 卷54, 「朞三百注數法辨證說」(下, 731쪽). "今取諸賢之數法, 極有條理而可以易曉蒙士者, 潤色其未盡處, 以爲辨證, 讀書皆旁攷, 則果无滋惑之弊也歟. 李氏瀷星湖僿說雜著有朞三百注解, 今從其說."

하루에 해에 $12\frac{7}{19}$도를 미치지 못한다"고 하였으니, 매 도를 각각 19로 나누면 235분이 된다[12×19=228, 228+7=235]. 하늘이 더 갔다고 하는 것은 곧 해가 물러간 것이다. 달에서 보면 해는 13도 7분의 먼 곳에 이르기까지 지나간 것이고, 하늘에서 보면 해는 다만 1도의 가까운 거리만큼 물러간 것이다. 그러나 낮과 밤이라고 하는 것은 해에 관계된 것이지 하늘과 달에 관계된 것이 아니다. 이는 그 원근이 모두 하루의 수이기 때문이다. 그러므로 도수를 논하면 원근은 비록 억지로 합할 수 없지만, 만약 날수를 논한다면 두 가지는 반드시 결합한 이후에야 숫자를 계산할 때에 어긋나지 않을 수 있다. 그러므로 235분으로써 4분과 서로 곱하여 940이 된다[235×4=940]. 만약 도수로써 말한다면 태양을 측량할 때의 940은 다만 달을 측량할 때의 76일뿐이다. 달을 측량할 때의 940은 태양을 측량할 때의 940의 대략 11배에 해당한다. 그러므로 940분도(分度)라고 말하지 않고 940분일(分日)이라고 하였다. 이것을 파악한 사람은 도수의 원근에 구애되지 않고 다만 그 날수의 장단을 계산할 수 있을 것이다.6)

천체의 도수를 기준으로 계산하면 하루 동안 하늘은 태양보다 1도를 더 가고, 태양은 달보다 $12\frac{7}{19}$도를 더 갔다고 말할 수 있다. 그런데 여기서 이익이 강조하는 것은 실제 역법의 계산에서는 도수가 기준이

---

6) 『星湖全集』 卷43, 「朞三百註解日月日退遲速圖附」, 40ㄴ~41ㄱ(199책, 290~291쪽). "謹按天一日過日一度, 積三百六十五度四分度之一而與日會, 則一度分爲四分也. 月一日不及日十三度十九分度之七, 則每度各分十九, 而爲二百三十五分也. 天之過者, 乃日之退也, 月之退者, 乃日之過也. 在月看則日過至於十三度七分之遠, 在天看則日退只爲一度之近. 然晝夜者, 繫日不繫天與月也. 是其遠近皆一日之數, 故論度則遠近雖不可强合, 若論日則二者必須合之而後可以不錯於計數之際也. 故以二百三十五分, 與四分相乘, 而爲九百四十. 若以度言則量日之九百四十, 只是量月之七十六也, 量月之九百四十, 於量日之九百四十, 十一倍有奇, 故不曰九百四十分度, 而曰九百四十分日. 觀此者不拘於度之遠近, 而只筭其日之長短可矣."

아니라 일수(日數)가 기준이 된다는 사실이다. 따라서 실제로 중요한 것은 하루라는 시간 단위를 기초로 한 해와 달의 운행 주기 계산이었다. 이익은 역법에서 해와 달의 운행 주기의 차이는 반드시 합해서 계산할 수 있어야만 숫자 계산에 혼란이 없을 것이라고 보았다. 때문에 235와 4를 곱해서 얻은 940(分日)을 하루의 장단을 계산하는 기본 수로 삼는 것이었다. 여기서 235는 달이 퇴행하는 12도를 통분하고 분자 7을 합한 수치이며[12×19+7=235], 4는 주천도수 $365\frac{1}{4}$의 분모이다.

다음으로 '일세월행지수'를 계산하기 위해서는 먼저 1삭망월의 길이를 알아야 한다. 1삭망월의 길이는 주천도수를 '달이 하루에 퇴행하는 수'로 나누면 된다. 여기에서도 분수 계산이 관건인데 이익은 주천도수와 '달이 하루에 퇴행하는 수'의 분모인 4와 19를 통분하는 76분법[4×19=76]을 제시하였다. 먼저 $365\frac{1}{4}$도에 76을 곱하면 2,7759가 되는데 이것이 바로 '주천지분(周天之分)'이다. 마찬가지로 달이 하루 동안 해에 미치지 못하는 $12\frac{7}{19}$도에 76을 곱하면 940이 되는데 이것이 바로 '달이 하루에 퇴행하는 수[月之一日退之數]'이다. 주천지분 2,7759를 940으로 나누면 $29\frac{499}{940}$의 값을 얻게 되는데 이것이 바로 1삭망월의 길이이다.[7] 이익은 삭망월의 길이를 계산하는 다양한 방법을 제시하였다.[8] 그러나 그 원리는 기본적으로 앞에서 설명한 내용과 같다. 그는 결론적으로 499라는 수치가 나오게 된 과정을 다음과 같이 요약했다.

> 총괄적으로 말하면 달은 29일 동안 퇴행해서 태양에 6도 6분과 $\frac{1}{4}$도를 미치지 못한다. 940이라는 것은 매 도를 76으로 나눈 것이다. 그렇다면 6도라는 것은 6개의 76이다. 6분이라는 것은 본래 $\frac{6}{19}$도이니, 이것은 6개의 4이다. $\frac{1}{4}$도라는 것은 1개의 19이다. 6개의 76은 456이 되고,

7) 『星湖全集』 卷43, 「朞三百註解日月日退遲速圖附」, 41ㄴ~42ㄱ(199책, 291쪽).

8) 『星湖全集』 卷43, 「朞三百註解日月日退遲速圖附」, 42ㄱ~43ㄱ(199책, 291~292쪽).

6개의 4는 24가 된다. 이것을 1개의 19와 합하면 499가 된다.[9)]

달이 29일 동안 태양에 비해 퇴행한 수치를 계산하면 $358\frac{13}{19}$이 된다.[10)] 이 수치를 365도에서 빼면 $6\frac{6}{19}$이 된다.[11)] 바로 여기에서 6도 6분[$\frac{6}{19}$]이라는 수치가 나온 것이다. 그런데 주천도수는 본래 $365\frac{1}{4}$도이므로 $\frac{1}{4}$도가 남는다. 따라서 6도 6분과 $\frac{1}{4}$도 미치지 못한다고 한 것이다. "940이라는 것은 매 도를 76으로 나눈 것"이라고 한 것은 달이 하루 동안 퇴행한 수치인 $\frac{235}{19}$를 통분해서 분모를 76으로 할 경우 분자가 940[$\frac{940}{76}$]이 되는데, 이는 매 도를 76으로 나눈 것이라는 뜻이다. 따라서 6도, $\frac{6}{19}$도, $\frac{1}{4}$도를 76분법으로 통분하면 각각 $\frac{456}{76}$, $\frac{24}{76}$, $\frac{19}{76}$가 된다. 이를 이익은 6개의 76[6×76=456], 6개의 4[6×4=24], 1개의 19[1×19=19]라고 표현한 것이며, 이 수치들을 합산하면 456+24+19=499라는 값을 얻게 된다고 하였다. 따라서 달은 29일과 $\frac{499}{940}$일이 경과해야만 다시 태양과 만나게 되는 것이다.

다음으로 한 해의 윤율을 계산하는 방법이 제시되었다. 그에 따르면 1년은 360일을 상수로 하는데, 실제로 1회귀년의 길이는 $365\frac{235}{940}$이므로 기영(氣盈)이 있게 된다. 또 12개 삭망월의 길이는 $354\frac{348}{940}$일이기 때문에 360일과 비교할 때 삭허(朔虛)가 있게 된다. 기영과 삭허의 값은 각각 $5\frac{235}{940}$일, $5\frac{592}{940}$일이다. 기영과 삭허의 값을 1년 12달에 각각 배분하면 852분(分) 2리(釐) 5호(毫)가 된다. 이 계산법은 아래와 같다.

---

9) 『星湖全集』 卷43, 「朞三百註解日月日退遲速圖附」, 43ㄱ(199책, 292쪽). "總言之, 月退二十九日, 不及日六度六分又四分度之一也. 九百四十者, 是每度分爲七十六者也. 然則六度者, 是六箇七十六也, 六分者, 本十九分度之六, 是六箇四也. 四分度之一者, 是一箇十九也. 六箇七十六, 爲四百五十六也, 六箇四爲二十四也, 與一箇十九合之, 則爲四百九十九也."

10) $12\frac{7}{19}\times29=358\frac{13}{19}$

11) $365-358\frac{13}{19}=6\frac{6}{19}$

기영(氣盈) $5\frac{235}{940} \div 12 = \frac{411.25}{940}$ …… ①

삭허(朔虛) $5\frac{592}{940} \div 12 = \frac{441}{940}$ …… ②

①+②= $\frac{411.25}{940} + \frac{441}{940} = \frac{852.25}{940}$ → 852분 2리 5호

위의 계산에서 알 수 있듯이 한 달 동안 기영의 수치는 411분 2리 5호, 삭허의 수치는 441분이고, 1년 동안 기영의 수치는 4935(=411.25×12), 삭허의 수치는 5295(=441×12)이다. 따라서 1년 동안의 기영과 삭허를 합하면 1,0227(=4935+5292)이 된다. 이 값을 일법(日法)과 같이 940으로 나누면 $10\frac{827}{940}$일이 된다. 이것이 바로 '일세윤율'이다.12)

끝으로 이익은 '장법'에 대해 설명하였다. 한 해의 윤율이 10일 827분이니 19년이면 전일 190일(=10×19)을 얻을 수 있고 그 나머지는 1,5713분(=827×19)이다. 1,5713분을 일법과 같이 940으로 나누면 13일과 나머지 3493분을 얻을 수 있다. 190일에 13일을 더하면 203일이 되는데, 이는 대체로 7개의 윤달에 해당하는 값이다[29×7=203]. 그런데 실제로 1삭망월은 $29\frac{499}{940}$일이기 때문에 7윤(閏)에서 499분이 충족되지 못한 상태이다. 이에 나머지 3493분을 7윤에 분속시키면 각각 499분을 얻게 되어 남거나 부족한 것이 없게 된다(3493÷7=499). 이를 일러 "기삭이 분속되어 가지런하게 되니 1장이 된다[氣朔分齊而爲一章]"고 하는 것이다.13) 조선후기 많은 학자들의 기삼백에 대한 해설은 이상과 같은 이익의 논의에서 크게 벗어나지 않는다.

12) 『星湖全集』 卷43, 「朞三百註解日月日退遲速圖附」, 43ㄴ~44ㄱ(199책, 292쪽).

13) 『星湖全集』 卷43, 「朞三百註解日月日退遲速圖附」, 45ㄱ(199책, 293쪽).

2. 이익과 이병휴의 '칠윤지설(七閏之說)'에 대한 논의

영조 12년(1736) 무렵부터 영조 17년(1741) 사이에 이병휴와 이익은 세 차례에 걸쳐 질문과 답변을 주고받으며 '칠윤지설'에 대한 논의를 계속하였다. 논의를 진행하던 당시에 이병휴는 27~32세의 재기발랄한 청년기를 경과하고 있었고, 이익은 56~61세로 노경(老境)에 접어들고 있었다. 논의의 초점은 1장(章)의 기간 동안 윤달을 두는 시점과 윤달의 대소(大小) 문제였다. 이 논의의 발단이 된 것은 장현광(張顯光, 1554~1637)의 『역학도설(易學圖說)』에 수록되어 있는 「합기영삭허윤생지도(合氣盈朔虛閏生之圖)」였다. 그 내용은 사실 호방평(胡方平 : 玉齋 胡氏)의 견해로 『역학계몽통석(易學啓蒙通釋)』에 수록되어 있으며,[14) 『성리대전(性理大全)』에 수록된 『역학계몽(易學啓蒙)』의 세주에도 인용되어 있어서[15) 『성리대전』을 열람한 사람들은 익히 알고 있는 것이었다.

> (19歲 7閏은[19년에 7번의 윤달이 드는 것이] 1章이다.) 1년에 남는 날 10$\frac{827}{940}$일부터 19년 동안 누적되면 전일(全日) 190일을 얻고 [10×19=190], 1,5713분(分)[827×19=1,5713]이 누적된다. 〈누적된 분수를〉 일법(日法) 940분(分)으로 나누면 16일 673분이 계산되고[$\frac{1,5713}{940}$ =16.715……=16$\frac{673}{940}$ → 16일 673분], 앞에서 얻은 전일과 합하면 총계 206일 673분이 된다[190+16$\frac{673}{940}$ =206$\frac{673}{940}$일]. 이 수를 19년 내에 7개의 윤달로 나누어 만들면 30×7=210일 안에 3일 267분이 적으니[210-206$\frac{673}{940}$ =3$\frac{267}{940}$], 7개의 윤달 가운데 이 3일 267분을 합쳐서 나누어 세 개의

14) 『易學啓蒙通釋』 卷下, 明蓍策 第3, 30ㄱ~ㄴ. "乾之策二百一十有六, 坤之策百四十有四, 凡三百有六十當期之日"의 細註.

15) 『性理大全』 卷16, 易學啓蒙 3, 明蓍策 第3, 27ㄴ~28ㄱ(1152~1153쪽－영인본 『性理大全』, 濟南 : 山東友誼書社, 1989의 페이지 번호).

작은 달[小盡 : 29일]을 만들면 꼭 맞아떨어진다. 그러므로 기영(氣盈)과 삭허(朔虛)의 분수가 고르게 되는 것[氣朔分齊]은 동지(冬至)가 11월 초하루에 있는 것이고, 이것이 동지와 초하루가 같은 날이 되어 1장(章)의 해[一章之歲]가 되는 것이다.[16)]

1) 제1차 논의

장현광의 「합기영삭허생윤지도」의 내용을 토대로 이익은 「발역학도설기삭생윤도(跋易學圖說氣朔生閏圖)」라는 글을 지었던 것으로 보이며, 그 가운데 다음과 같은 대목이 있었던 것 같다.

> 제1윤(第一閏)으로부터 제7윤(第七閏)에 이르기까지 석 달이 대월(大月)이고 석 달이 소월(小月)이며 나머지가 673분이니, 이 수는 전일(全日)이 될 수 없어서 다음 달의 초하루에 넣으면 제7월(第七月)도 또 작은 달[小盡]이 된다.[17)]

이와 같은 이익의 글을 검토한 이병휴는 "석 달이 대월이고 석달이

---

16) 『易學圖說』 卷6, 類究, 曆紀, 「合氣盈朔虛閏生之圖」, 97ㄴ(下, 424쪽-영인본 『旅軒先生全書』, 仁同張氏南山派宗親會, 1983의 책 번호와 페이지 번호. 이하 같음). "十九歲七閏爲一章. 自一歲餘十日零八百二十七分, 積十九歲, 得全日一百九十日零分, 積一萬五千七百一十三分, 以日法九百四十分除之, 計成日一十六日零六百七十三分, 通前所得全日, 總計二百單六日零六百七十三分. 將此數於十九年內, 分作七箇閏月, 計三七二百一十日內, 少三日二百六十七分, 七閏月之中, 合除此三日二百六十七分, 均作三箇月小盡正恰好, 故氣朔分齊, 定是冬至在十一月朔, 是謂至朔同日而爲一章之歲也." 같은 내용이 『易學圖說』 卷2에도 수록되어 있다[『易學圖說』 卷2, 本原, 天度, 28ㄱ(下, 241쪽)]. 장현광은 이를 朱子의 논의로 소개하고 있지만 엄밀히 말하면 주자의 설명에 대한 호방평의 주석이다.

17) 『貞山雜著』 1冊, 「上季父問目」(三, 151쪽). "跋易學圖說氣朔生閏圖曰, 自第一閏至第七閏, 三月大三月小, 而餘六百七十三分, 則此數不得爲全日, 入次月之朔, 而第七月又小盡."

소월"이라는 대목에 의문을 가졌다. 그가 보기에 제1윤부터 제7윤까지는 대월이 3개, 소월이 4개이고 나머지가 673분이었기 때문이다 [30×3=90, 29×4=116 → 90+116=206 → 206 $\frac{673}{940}$ - 206= $\frac{673}{940}$].[18]

이와 같은 이병휴의 질문에 대해 이익은 영조 12년(1736)에 편지를 보내 계산법을 설명하였다.

- 1세(歲)의 윤율(閏率)=기영(氣盈)+삭허(朔虛)=5 $\frac{235}{940}$ +5 $\frac{592}{940}$ =10 $\frac{827}{940}$ = $\frac{10277}{940}$ → 1,0227분(分)
- 1월(月)의 윤율(閏率)=1,0227÷12=852.25 → 852분(分) 2리(釐) 5호(毫)
- 33개월의 윤율=852.25×33=2,8124.25 → 2,8124.25÷940=29 $\frac{864.25}{940}$
- 1삭망월(朔望月)=29 $\frac{499}{940}$
- 33개월의 윤율−1삭망월=29 $\frac{864.25}{940}$ −29 $\frac{499}{940}$ = $\frac{365.25}{940}$ → 365분(分) 2리(釐) 5호(毫)

이익은 33개월의 윤율이 누적되어 첫 번째 윤달[第1閏]이 된다고 보았다. 그 나머지 365분 2리 5호는 다음 달의 윤율로 이월되어 이후 33개월의 윤율을 계산할 때 첨가된다.

- 나머지+33개월의 윤율=365.25+2,8124.25=2,8489.5 → $\frac{28489.5}{940}$ =29 $\frac{1229.5}{940}$

이와 같은 방식으로 이익이 계산한 내용을 〈표〉로 정리하면 아래와 같다.[19]

---

18) 『貞山雜著』 1冊, 「上季父問目」(三, 151쪽). "窃思之[臆意]自第一閏至第七閏, 三月大四月小, 而餘六百七十三分. 試置總閏二百單六日零六百七十三分, 以七箇月約之, 則二百單六日內, 得三十日者三, 二十九日者四[三大月四小月], 餘六百七十三分則自在矣." ; 『星湖全集』 卷34, 「答秉休問目丙辰」, 13ㄴ~14ㄱ(199책, 103쪽). [ ]안의 내용은 밑줄 친 부분을 『星湖全集』에서 표현을 달리한 것임.

〈표 4-1〉 이익의 19세 7윤 계산법(初本)

	개월	기간	계산법	나머지
第1閏	33	1~33	$852.25 \times 33 \div 940 = 29\frac{864.25}{940}$	864.25-499=365.25
第2閏	33	34~66	$[365.25 + (852.25 \times 33)] \div 940 = 29\frac{1229.5}{940}$	1229.5-499=730.5
第3閏	32	67~98	$[730.5 + (852.25 \times 32)] \div 940 = 29\frac{742.5}{940}$	742.5-499=243.5
第4閏	33	99~131	$[243.5 + (852.25 \times 33)] \div 940 = 29\frac{1107.75}{940}$	1107.75-499=608.75
第5閏	32	132~163	$[608.75 + (852.25 \times 32)] \div 940 = 29\frac{620.75}{940}$	620.75-499=121.75
第6閏	33	164~196	$[121.75 + (852.25 \times 33)] \div 940 = 29\frac{986}{940}$	986-499=487
第7閏	32	197~228	$[487 + (852.25 \times 32)] \div 940 = 29\frac{499}{940}$	499-499=0
	228			

이익은 이상과 같은 계산 결과를 토대로 윤달의 대소를 판단했다. 각 기간 동안에 누적된 윤율과 1삭망월의 길이를 비교하는 방식이었다. 요컨대 위의 표에서 나머지의 값이 1일의 분수에 해당하는 940보다 큰 경우는 30일이 되어 대월이 되고, 그렇지 못한 것은 29일이 되어 소월이 된다는 것이다. 따라서 제2윤, 제4윤, 제6윤은 대월이 되고 나머지 네 개의 윤달은 소월이 된다.[20] 이는 대월이 3개, 소월이 4개가 아니냐는 이병휴의 의견을 수용한 것으로 볼 수 있다.

---

19) 『星湖全集』 卷34, 「答秉休問目丙辰」, 14ㄱ~ㄴ(199책, 103쪽). "一月之閏, 八百五十二分二釐五毫, 則歷三十三月, 合二十九日八百六十四分二釐五毫, 除四百九十九, 餘三百六十五分二釐五毫. 歷三十三月, 合二十九日一千二百二十九分五釐, 除四百九十九, 餘七百三十分五釐. 歷三十二月, 合二十九日七百四十二分五釐, 除四百九十九, 餘二百四十三分五釐. 歷三十三月, 合二十九日一千一百七分七釐五毫, 除四百九十九, 餘六百八分七釐五毫. 歷三十二月, 合二十九日六百二十分七釐五毫, 除四百九十九, 餘一百二十一分七釐五毫. 歷三十三月, 合二十九日九百八十六分, 除四百九十九, 餘四百八十七. 歷三十二月, 合二十九日四百九十九而章畢矣." ; 『貞山雜著』 1冊, 「上季父問目」(三, 151~152쪽).

20) 『星湖全集』 卷34, 「答秉休問目丙辰」, 14ㄱ~ㄴ(199책, 103쪽). "若言其大小月, 則第一閏二十九日零八百六十四分二釐五毫而爲小月, 第二閏零一千七百二十八分五釐, 除九百四十, 得一日爲大月, 餘七百八十八分五釐. 第三閏零八百分五釐而爲小月, 第四閏零一千六百六十四分七釐五毫, 除九百四十, 得一日爲大月, 餘七百二十四分七釐五毫. 第五閏零七百三十六分七釐五毫而爲小月, 第六閏零一千六百一分, 除九百四十, 得一日爲大月, 餘六百六十一分. 第七閏零六百七十三分而爲小月." ; 『貞山雜著』 1冊, 「上季父問目」(三, 152쪽).

2) 제2차 논의

이와 같은 이익의 답변에 대해 이병휴는 장문의 품목(稟目)을 올렸다.[21] 거기에 수록된 질문은 크게 네 가지였다. 첫째, 칠윤(七閏)의 대소를 결정하는 방법에 관한 문제, 둘째, '일통지설(一統之說)'의 문제, 셋째, 「발역학도설(跋易學圖說)」의 문제, 넷째, 「일월식변(日月蝕辨)」의 문제가 그것이다. 여기에서는 논의의 편의를 위해 첫 번째 질문 내용에 대해서만 살펴보도록 하겠다.

이병휴는 이익이 윤달의 대소를 결정하는 방식에 대해 이의를 제기하였다. 그는 달[月朔]의 대소는 반일강(半日强)에 달려 있는 것이지 윤(閏〈率〉)과는 관계가 없다고 보았다. 그런데 이익이 윤(閏)〈율〉의 다소(多少)를 가지고 달의 대소를 정하고자 했기 때문에 잘못을 면치 못했다고 판단했다.[22] 이병휴가 생각하는 치윤(置閏)의 방법[置閏之術]은 다음과 같았다.

- 먼저 윤달이 마땅히 들어가야 할 달의 대소가 어떠한지와 본월(本月)의 여분(餘分)의 다과(多寡)를 따져 본다.
- 만약 윤달이 마땅히 들어가야 할 달이 대월(大月)이라면 누적된 개월 동안의 윤율의 수와 본월의 여분을 계산하여 30일에 꽉 차면 그 후에 치윤할 수 있다.

---

21) 『貞山雜著』 2冊, 「上季父稟目」(三, 199~204쪽).

22) 『貞山雜著』 2冊, 「上季父稟目」(三, 199쪽). "前敎七閏之說, 近復審玩[繹], 則七閏大小之義, 恐有未當. 盖[蓋]月朔之大小, 只繫於半日强, 而(本自有定理,)閏無所與也. 今則乃以(得)閏之多少, 定其月朔之大小, 故未免有差." ; 『星湖全集』 卷35, 「答秉休問目辛酉」, 17ㄱ~ㄴ(199책, 121쪽). 인용문 가운데 밑줄 친 부분과 [ ] 안의 내용은 『星湖全集』에 다른 글자로 기재되어 있는 것, ( ) 안의 내용은 『星湖全集』에 누락된 부분이고, 〈〉 안의 내용은 『星湖全集』에만 있는 것이다. 이하의 인용 원문도 마찬가지.

- 만약 윤달이 마땅히 들어가야 할 달이 소월(小月)이라면 누적된 개월 동안의 윤율의 수와 본월의 여분을 계산해서 30일에 차지 않더라도 29일로 치윤할 수 있다.[23]

이병휴는 이러한 원칙하에 '1장(章)의 첫 번째 윤달[入章初閏]'의 경우를 예로 들어 설명하였다.

- 계해(癸亥) 11월에서 병인(丙寅) 6월까지 32개월의 윤율 : 1月의 윤율(閏率)×32=852.25×32=2,7272
- 이를 일법 940으로 나누면 2,7272÷940=29 $\frac{12}{940}$ → 29일과 여분(餘分) 12
- 32개월 동안 반일강(半日强) 합 : 499×32=1,5968
- 이를 일법 940으로 나누면 1,5968÷940=16 $\frac{928}{940}$ → 16대월(大月)과 여분(餘分) 928
- 본월(本月)의 여분(餘分) : 928
- 적월득윤지수(積月得閏之數 : 누적된 개월 동안의 윤율의 수)+본월(本月)의 여분(餘分)=29 $\frac{12}{940}$ + $\frac{928}{940}$ =30(일)

이병휴는 32개월이 경과한 상태에서 위와 같이 된다면 7월을 기다릴 필요 없이 6월 이후에 윤달인 윤6월을 두어야 한다고 보았던 것이다. 만약 7월이 되면 본월(本月), 즉 6월의 중기(中氣)가 다음 달의 초1일에 있을 것이니 윤6월을 두는 것에 의심이 없다고 하였다.[24]

---

23) 『貞山雜著』 2冊, 「上季父稟目」(三, 199쪽). "臆意置閏之道[術], 必須先看閏所當入之月大小何如, 及本月餘分之多寡. 若閏所當入之月大, 則計積月得閏之數及本月之餘分, 恰滿三十日, 然後乃可置閏. 若閏所當入之月小, 則計積月得閏之數及本月之餘分, 雖不滿三十日, 而二十九日便可置閏." ; 『星湖全集』 卷35, 「答秉休問目辛酉」, 17ㄴ(199책, 121쪽).

이병휴는 이와 같은 방식으로 유추하면 나머지 윤달의 대소도 모두 알 수 있다고 하였다. 그의 계산 방식을 가장 잘 보여주는 사례가 제7윤을 계산하는 과정이다. 그 과정을 순서대로 제시하면 다음과 같다.

① 〈경진년(庚辰年) 2월부터〉 33개월을 지나 임오년(壬午年) 10월에 이르면 본월은 크고 내달[來月]은 작다[本月大而來月小].

② 33개월의 반일강(半日强)을 합산하고, 전월(前月)의 여분(餘分)[前月餘分] 659를 보태고, 전일(全日) 18을 제거하면 여분이 206이다. 이 206이라는 것은 대월(大月)인 본월(本月)의 여분(餘分)[本月大之餘分]이다.

- 33개월의 반일강(半日强)=499×33=1,6467
- 전월(前月)의 여분(餘分)=659
- 33개월의 반일강+전월의 여분=1,6467+659=1,7126
- 1,7126÷940=18 $\frac{206}{940}$ → 전일(全日) 18일, 여분(餘分) 206[本月大之餘分]

③ 33개월의 윤율을 합하면 29일과 여분 864.25를 얻는다. 〈여기에〉 전윤(前閏)의 여분[前閏餘分] 293.73를 보태고, 전월의 여분[前月餘分] 659를 빼고, 본월의 여분[本月餘分] 206과 합하면 29일 705분이 된다. 그 29일은 소월(小月)인 내월(來月)의 수치[來月小之數]에 해당하여 윤(閏)10월이 되고 여분은 705이다.

- 33개월의 윤율=(852.25×33)÷940=29 $\frac{864.25}{940}$ → 29일과 여분 864.25
- 전윤여분(前閏餘分)= $\frac{293.75}{940}$
- 전월여분(前月餘分)= $\frac{659}{940}$
- 본월여분(本月餘分)= $\frac{206}{940}$

---

24) 『貞山雜著』 2冊, 「上季父稟目」(三, 199쪽). “試以入章初閏言[言之], 自癸亥十一月至丙寅六月, 閏二十九日餘分十二, 合於本月餘分九百二十八, 恰滿三十日, 則足當置閏, 何可更待七月. 若至七月, 則本月中氣已在來月初一日, 於此置閏六月無疑.”; 『星湖全集』 卷35, 「答秉休問目辛酉」, 17ㄴ(199책, 121쪽).

- 33개월의 윤율+전윤여분-전월여분+본월여분= $29\frac{864{,}25}{940}+\frac{293{,}75}{940}-\frac{659}{940}+\frac{206}{940}=29\frac{705}{940}$

→ 여기에서 29일은 소월(小月)인 내월(來月)의 수치에 해당하여 윤(閏)10월이 되고 여분은 705이다.

④ 이달[是月=閏月]의 반일강을 본월의 여분인 206에 합하면 705가 되는데, 하루[一日=940분]를 채우지 못하여 윤10월은 소월이 되고 여분은 705이다. 이에 이르러 달[月]은 705에서 끝나고 윤(閏)〈率〉 또한 705에서 다하게 된다. 이것이 이른바 19세7윤으로, 기영과 삭허가 가지런하게 되어 남거나 모자람이 없게 되어 1장이 되는 것이다.[25)]

이상과 같은 이병휴의 계산 방식은 각각의 기간 동안 누적된 반일강(半日强)과 윤율(閏率)의 값을 비교하는 것이다. 그것은 다음과 같은 절차를 거치게 된다.

- 먼저 32개월이나 33개월 동안의 누적된 반일강(半日强)의 수치를 구하고, 만약 이전 기간 동안의 여분, 즉 전월(前月)의 여분(餘分)이 있었다면 이를 합산한다. 여기서 전일(全日)을 제외하고 남는 여분이 바로 대월이나 소월이 되는 본월(本月)－윤달의 본월, 예컨대 6월 다음에 윤달이 들어가게 된다면 6월이 본월이 된다－의 여분이

---

25) 『貞山雜著』 2冊, 「上季父稟目」(三, 202~203쪽). "歷三十三月至壬午十月, 本月大而來月小. 合三十三月半日强, 添前月餘分六百五十九, 除全日十八, 餘分二百單六. 此二百單六者, 本月大之餘分也. 合三十三月閏, 得二十九日餘分八百六十四分二里[釐]五毫, 添前閏餘分二百九十三分七里[釐]五毫, 除前月餘分六百五十九, 幷[並]本月餘分二百單六, 爲二十九日七百五分. 其二十九日, 當來月小之數, 爲閏十月而餘分七百單五. 是月半日强則幷[並]本月餘分二百單六, 爲七百五分, 未滿一日, 爲閏十月小而餘分七百單五. 至此月終於七百單五, 而閏亦盡於七百單五, 此所謂十九歲七閏, 而氣朔分齊無餘欠, 爲一章者也."; 『星湖全集』 卷35, 「答秉休問目辛酉」, 20ㄴ~21ㄱ(199책, 122~123쪽).

된다. 본월이 소월(小月)인 경우에는 본월소(本月小)의 여분[本月小之餘分], 본월이 대월(大月)인 경우에는 본월대(本月大)의 여분[本月大之餘分]이 그것이다[①].

- 다음으로 32개월이나 33개월 동안 누적된 윤율(閏率)을 구한다. 만약 이전 기간의 윤율 가운데 여분[前閏餘分]이 있었다면 이를 합산한다. 이 값에서 전월(前月)의 여분을 빼고 다시 본월(本月)의 여분을 더하면 29~31일 사이의 값이 얻어진다. 여기에서 내월(來月=閏月)의 대소를 고려해서 29일이나 30일을 빼고 나면 나머지가 윤율(閏率)의 여분이 된다[②].
- 윤달의 반일강(=499)과 본월의 여분[①]을 합하여 그 값[③]을 ②와 비교한다. 이 두 개의 값이 맞아떨어질 때 1장(章)이 끝나는 것이다.

이상과 같은 계산 방식을 간략하게 〈표〉로 정리하면 다음과 같다.【※자세한 내용은 본서 450쪽 〈별표 : 이병휴의 치윤지도(置閏之道)〉 참조】

〈표 4-2〉 이병휴의 치윤지도(置閏之道)

	기간	개월		半日强의 합(+前月餘分) 除日法940 本月의 餘分 산출	閏率의 합 +(前閏餘分)-(前月餘分)+本月의 餘分	閏月 半日强+本月의 餘分
第1閏	癸亥 11월~ 丙寅 6월	32	本月小而 來月大	499×32=1,5968 1,5968÷940=16 $\frac{928}{940}$ 16大月과 餘分 928 (=本月小之餘分)	(852.25×32)÷940=29 $\frac{12}{940}$ 29 $\frac{12}{940}$ + $\frac{928}{940}$ =30 - 30일(=來月大之數)	499+928=1427 $\frac{1427}{940}$ =1 $\frac{487}{940}$ - 得1일 → 閏6月大 - 餘分=487
第2閏	丙寅 7월~ 己巳 3월	33	本月大而 來月小	499×33=1,6467 1,6467+487=1,6954 1,6954÷940=18 $\frac{34}{940}$ 18大月과 餘分 34 (=本月大之餘分)	(852.25×33)÷940=29 $\frac{864.25}{940}$ 29 $\frac{864.25}{940}$ - $\frac{487}{940}$ + $\frac{34}{940}$ =29 $\frac{411.25}{940}$ - 29일(=來月小之數) - 餘分 411.25	499+34=533 - 未滿 1일 → 閏3月小 - 餘分 533
第3閏	己巳 4월~ 辛未 12월	33	本月大而 來月小	499×33=1,6467 1,6467+533=1,7000 1,7000÷940=18 $\frac{80}{940}$ 18大月과 餘分 80 (=本月大之餘分)	29 $\frac{864.25}{940}$ + $\frac{411.25}{940}$ - $\frac{533}{940}$ + $\frac{80}{940}$ =29 $\frac{822.5}{940}$ - 29일(=來月小之數) - 餘分 822.5	499+80=579 - 未滿 1일 → 閏12月小 - 餘分 579

第4閏	壬申 1월~ 甲戌 9월	33	本月大而 來月小	499×33=1,6467 1,6467+579=1,7046 1,7046÷940=18 $\frac{126}{940}$ 18大月 餘分 126 (=本月大之餘分)	29 $\frac{864.25}{940}$ + $\frac{822.5}{940}$ - $\frac{579}{940}$ + $\frac{126}{940}$ =30 $\frac{293.75}{940}$ - 29일(=來月小之數) - 餘分 1 $\frac{293.75}{940}$	499+126=625 - 未滿 1일 → 閏9月小 - 餘分 625
第5閏	甲戌 10월~ 丁丑 5월	32	本月小而 來月大	499×32=1,5968 1,5968+625=1,6593 1,6593÷940=17 $\frac{613}{940}$ 17大月 餘分 613 (=本月小之餘分)	29 $\frac{12}{940}$ +1 $\frac{293.75}{940}$ - $\frac{625}{940}$ + $\frac{613}{940}$ = 30 $\frac{293.75}{940}$ - 30일(=來月大之數) - 餘分 293.75	499+613=1112 $\frac{1112}{940}$ =1 $\frac{172}{940}$ - 得1일 → 閏5月大 - 餘分 172분
第6閏	丁丑 6월~ 庚辰 1월	32	本月大而 來月小	499×32=1,5968 1,5968+172=1,6140 1,6140÷940=17 $\frac{160}{940}$ 17大月 餘分 160 (=本月大之餘分)	29 $\frac{12}{940}$ + $\frac{293.75}{940}$ - $\frac{172}{940}$ + $\frac{160}{940}$ = 29 $\frac{293.75}{940}$ - 29일(=來月小之數) - 餘分 293.75	499+160=659 - 未滿 1일 → 閏正月小 - 餘分 659
第7閏	庚辰 2월~ 壬午 10월	33	本月大而 來月小	499×33=1,6467 1,6467+659=1,7126 1,7126÷940=18 $\frac{206}{940}$ 18大月 餘分 206 (=本月大之餘分)	29 $\frac{864.25}{940}$ + $\frac{293.75}{940}$ - $\frac{659}{940}$ + $\frac{206}{940}$ =29 $\frac{705}{940}$ - 29일(=來月小之數) - 餘分 705	499+206=705 - 未滿 1일 → 閏10月小 - 餘分 705
		228		122大月 (122×30=3660) 106小月 (106×29=3074)		2개 大月 5개 小月

이와 같은 이병휴의 지적에 대해 이익은 자신이 전에 이야기했던 내용에 틀린 부분이 있다고 인정하였다. 그는 그것을 고친 다음 영조 17년(1741)에 이병휴에게 보낸 편지에 따로 첨부해서 보낸 것으로 보이는데[26] 현재는 확인할 수 없다. 그런데 이병휴가 이익에게 두 번째로 보낸 편지에는 이익의 답변이 첨부되어 있는데, 거기에는 『성호전집』에서 이익이 기미년(己未年 : 1739)에 이병휴에게 답한 편지라고 되어 있는 것이 수록되어 있다. 여기에서 이익은 '7개 윤달의 대소[七閏大小]' 문제와 '일통지설(一統之說)'에 대해 미진한 점이 있다면서 추가적 설명을 하였다.[27] 설명의 앞부분 내용은 위에서 살펴본 계산 방식과 본질적으로

26) 『星湖全集』 卷35, 「答秉休問目辛酉」, 21ㄱ(199책, 123쪽). "吾前說果有差, 改正別錄寄去."

동일하다. 차이점은 당시의 역법으로 추산하여 계해(癸亥) 11월을 장수(章首)로 삼아 구체적 기간을 제시했다는 점, 각 기간 동안의 윤율을 먼저 계산한 다음 이전 기간으로부터 이월된 나머지 윤율을 합산하는 방식으로 계산하였다는 점이다. 그 내용을 〈표〉로 나타내면 다음과 같다.[28]

〈표 4-3〉 이익의 19세 7윤 계산법(改正本-1)

	기간	개월	계산법	나머지
第1閏	癸亥 11월~丙寅 7월	33	$852.25\times33\div940=29\frac{864.25}{940}$	864.25-499=365.25
第2閏	丙寅 8월~己巳 4월	33	$852.25\times33\div940=29\frac{864.25}{940}$ 864.25+365.25=1229.5	1229.5-499=730.5
第3閏	己巳 5월~辛未 12월	32	$852.25\times32\div940=29\frac{12}{940}$ 12+730.5=742.5	742.5-499=243.5
第4閏	壬申 1월~甲戌 9월	33	$852.25\times33\div940=29\frac{864.25}{940}$ 864.25+243.5=1107.75	1107.75-499=608.75
第5閏	甲戌 10월~丁丑 5월	32	$852.25\times32\div940=29\frac{12}{940}$ 12+608.75=620.75	620.75-499=121.75
第6閏	丁丑 6월~庚辰 2월	33	$852.25\times33\div940=29\frac{864.25}{940}$ 864.25+121.75=986	986-499=487

27) 『星湖全集』卷34, 「答秉休己未」, 30ㄱ(199책, 111쪽). "前日論七閏大小及一統之說, 有未詳者……."

28) 『星湖全集』卷34, 「答秉休己未」, 30ㄱ~31ㄱ(199책, 111~112쪽). "一月之閏八百五十二分二釐五毫, 而或三十二月一閏, 或三十三月一閏也. 首章起於周正甲子年十一月甲子朔夜半冬至, 以今曆推之, 癸亥十一月爲章首. 歷三十三月至丙寅七月, 得二十九日, 餘分八百六十四分二釐五毫, 除四百九十九, 置閏, 餘三百六十五分二釐五毫. 又歷三十三月, 至己巳四月, 得全日二十九, 餘分八百六十四分二釐五毫, 合三百六十五分二釐五毫, 爲一千二百二十九分五釐, 除四百九十九, 置閏, 餘七百三十分五釐. 又歷三十二月, 至辛未十二月, 得全日二十九, 餘分十二, 合七百三十分五釐, 爲七百四十二分五釐, 除四百九十九, 置閏, 餘二百四十三分五釐. 又歷三十三月, 至甲戌九月, 得全日二十九, 餘分八百六十四分二釐五毫, 合二百四十三分五釐, 爲一千一百七分七釐五毫, 除四百九十九, 置閏, 餘六百八分七釐五毫. 又歷三十二月, 至丁丑五月, 得全日二十九, 餘分十二, 合六百八分七釐五毫, 爲六百二十分七釐五毫, 除四百九十九, 置閏, 餘一百二十一分七釐五毫. 又歷三十三月, 至庚辰二月, 得全日二十九, 餘分八百六十四分二釐五毫, 合一百二十一分七釐五毫, 爲九百八十六分, 除四百九十九, 置閏, 餘四百八十七分. 又歷三十二月至壬午十月, 得全日二十九, 餘分十二, 合四百八十七分, 爲四百九十九而無餘欠矣."

第7閏	庚辰 3월~壬午 10월	32	852.25×32÷940=29 $\frac{12}{940}$ 12+487=499	499-499=0
		228		

문제는 윤달의 대소를 판정하는 것이었다. 앞에서 살펴보았듯이 이전에 보낸 편지에서 이익은 각 기간 동안에 누적된 윤율과 1삭망월의 길이를 비교하여 윤달의 대소를 판정하였다. 요컨대 누적된 윤율의 나머지가 1일의 분수에 해당하는 940보다 큰 경우는 30일이 되어 대월이 되고, 그렇지 못한 경우는 29일이 되어 소월이 된다고 하였다. 그런데 이번 편지에서는 그와는 다른 방식을 제시하였다. 예컨대 계해(癸亥) 11월부터 병인(丙寅) 7월까지 33개월간 누적된 윤율을 기초로 윤달을 둘 때 그 달의 대소는 아래와 같은 과정을 거쳐 산출한다.

- 33개월 동안 누적된 반일강(半日强= $\frac{499}{940}$)을 계산 → 499×33=1,6467
- 1,6467÷940=17 $\frac{487}{940}$ → 전일(全日) 17과 여분 487 → 33개월 가운데 17개의 대월(大月)이 가능
- 여분 487을 윤월의 〈半日强〉 499와 합하면 986[487+499=986]
- 이것을 일법 940으로 나누면 윤달은 대월이 되고 여분은 46이다.
- $\frac{986}{940}$=1 $\frac{46}{940}$ → 전일 1과 여분 46이 되므로 윤달은 30일이 되고 46분이 남는다.

요컨대 33개월 내지 32개월 동안의 누적된 반일강의 값을 계산하여 그것을 가지고 그 기간 동안의 대월(大月)의 개수를 산출한 다음, 여분을 윤월의 반일강과 합산하여 그것이 일법(日法) 940을 초과하면 대월, 그렇지 못하면 소월로 판정하는 방식이었다. 이때 940을 초과하거나 미만인 여분은 그 다음 달로 이월되어, 그 다음 기간 동안의 반일강을 계산할 때 합산한다. 이와 같은 방식으로 산출한 일곱 개 윤달의 대소

여부를 도표로 나타내면 다음과 같다.[29]

〈표 4-4〉 이익의 19세 7윤 계산법(改正本-2)

	기간	개월	半日强의 합	除日法940	餘分과 閏月 半日强의 합	大小
第1閏	癸亥 11월~ 丙寅 7월	33	499×33=1,6467	1,6467÷940=17 $\frac{487}{940}$ 17大月과 餘分 487	487+499=986 $\frac{986}{940}$ =1 $\frac{46}{940}$ (1일 46분)	大月
第2閏	丙寅 8월~ 己巳 4월	33	499×33=1,6467 1,6467+46=1,6513	1,6513÷940=17 $\frac{533}{940}$ 17大月과 餘分 533	533+499=1032 $\frac{1032}{940}$ =1 $\frac{92}{940}$ (1일 92분)	大月
第3閏	己巳 5월~ 辛未 12월	32	499×32=1,5968 1,5968+92=1,6060	1,6060÷940=17 $\frac{80}{940}$ 17大月과 餘分 80	80+499=579	小月
第4閏	壬申 1월~ 甲戌 9월	33	499×33=1,6467 1,6467+579=1,7046	1,7046÷940=18 $\frac{126}{940}$ 18大月 餘分 126	126+499=625	小月
第5閏	甲戌 10월~ 丁丑 5월	32	499×32=1,5968 1,5968+625=1,6593	1,6593÷940=17 $\frac{613}{940}$ 17大月 餘分 613	613+499=1112 $\frac{1112}{940}$ =1 $\frac{172}{940}$ (1일 172분)	大月
第6閏	丁丑 6월~ 庚辰 2월	33	499×33=1,6467 1,6467+172=1,6639	1,6639÷940=17 $\frac{659}{940}$ 17大月 餘分 659	659+499=1158 $\frac{1158}{940}$ =1 $\frac{218}{940}$ (1일 218분)	大月
第7閏	庚辰 3월~ 壬午 10월	32	499×32=1,5968 1,5968+218=1,6186	1,6186÷940=17 $\frac{206}{940}$ 17大月 餘分 206	206+499=705	小月
		228		120大月(120×30=3600) 108小月(108×29=3132)		四月 大, 三月小

- 120대월(大月) : 120×30=3600일
- 108소월(小月) : 108×29=3132일

29) 『星湖全集』卷34, 「答秉休己未」, 31ㄱ~32ㄱ(199책, 112쪽). "若論月之大小, 則自癸亥十一月至丙寅七月, 其半日强, 合得全日十七, 爲十七大月, 餘分四百八十七. 又以閏月四百九十九, 合得九百八十六, 除日法九百四十爲大月, 餘分四十六. 又至己巳四月, 其半日强, 與四十六合, 得全日十七, 爲十七大月, 餘分五百三十三. 又以閏月四百九十九, 合得一千三十二分, 除日法九百四十爲大月, 餘分九十二. 又至辛未十二月, 其半日强, 與九十二合, 得全日十七, 爲十七大月, 餘分八十. 又以閏月四百九十九, 合爲五百七十九爲小月. 又至甲戌九月, 其半日强, 與五百七十九合, 得全日十八, 爲十八大月, 餘分一百二十六. 又以閏月四百九十九合, 爲六百二十五爲小月. 又至丁丑五月, 其半日强, 與六百二十五合, 得全日十七, 爲十七大月, 餘分六百一十三. 又以閏月四百九十九合, 爲一千一百一十二分, 除日法九百四十爲大月, 餘分一百七十二. 又至庚辰二月, 其半日强, 與一百七十二合, 得全日十七, 爲十七大月, 餘分六百五十九. 又以閏月四百九十九合, 爲一千一百五十八, 除日法九百四十爲大月, 餘分二百一十八. 又至壬午十月, 其半日强, 與二百一十八合, 得全日十七, 爲十七大月, 餘分二百六分. 又以閏月四百九十九合, 爲七百五分爲小月, 蓋四月大三月小也. 至是氣朔分齊無餘欠."

- 윤월 4대월(4×30=120일)+3소월(3×29=87일)=207일
- 합계 : 3600+3132+207=6939일
- 19세(歲) : $19 \times 365\frac{1}{4} = 6939\frac{705}{940}$ 일 → 전일(全日) 6939 여분(餘分) 705

이처럼 새로운 방식으로 판정한 일곱 개 윤달의 대소(大小)는 4개의 대월과 3개의 소월이 되어서, 3개의 대월과 4개의 소월이라는 이전 편지의 논의와는 다른 것이었다.

이익은 이상과 같은 개정별록(改正別錄)을 부치면서 이병휴가 질문의 모두에서 이야기한 내용에 대해서 반론을 제기하였다. 먼저 이병휴가 이야기한 대로 계해년 11월부터 병인년 6월까지 32개월 동안의 반일강을 계산하면 전일 16일과 여분 928분을 얻게 되어 소월이 된다. 반면에 7월까지 33개월로 계산하면 반일강 499가 더해져 1427분이 되고, 이를 일법 940으로 나누면 그 여분은 487이 되어 30일에 딱 들어맞아[30일을 충분히 채워서] 대월이 된다. 이때까지[33개월 동안의] 누적된 윤율을 계산하면 29일과 여분 864분 2리 5호를 얻을 수 있으니, 그 중기(中氣)가 대월 30일 안에 있게 된다. 따라서 중기가 다음 달인 7월 1일에 있게 된다고 본 이병휴의 생각은 잘못되었다는 것이다.[30)]

- 32개월 동안 반일강의 합 : $499 \times 32 = 1{,}5968$ → $1{,}5968 \div 940 = 16\frac{928}{940}$
- 33개월 동안 반일강의 합 : $499 \times 33 = 1{,}6467$ → $1{,}6467 \div 940 = 17\frac{487}{940}$
- 33개월 동안 누적된 윤율 : $(852.25 \times 33) \div 940 = 29\frac{864.25}{940}$

30) 『星湖全集』 卷35, 「答秉休問目辛酉」, 21ㄱ~ㄴ(199책, 123쪽). “而自癸亥十一月至丙寅六月, 爲三十二月, 其半日强得全日十六, 餘分九百二十八分, 爲小月. 至七月則合四百九十九分, 爲一千四百二十七分, 如日法除九百四十, 餘分四百八十七, 恰滿三十日, 爲大月. 閏積至此, 得二十九日, 餘分八百六十四分二釐五毫, 則其中氣在大月三十日內, 何云中氣在次月初一日.”

이익은 (윤)월의 대소는 반일강에 관계된 것이지 윤율의 누적과는 관계가 없다고 하였다. 따라서 먼저 반일강으로 월의 대소를 결정한 다음 누적된 윤율로 중기가 어디에 있는지를 보아야 한다고 하였다. 따라서 이병휴가 말한 방식처럼 32개월 동안의 반일강의 여분을 윤율의 누적분에 합하여 윤월을 만들 수는 없다고 보았다. 또 이병휴가 32개월 동안의 윤율의 여분인 12를 반일강의 여분인 928에 합산하여 30일의 수치에 딱 들어맞게 되었다고 한 것은 더욱 잘못이라고 지적하였다. 윤율이 누적되어 $29\frac{499}{940}$일에 이르면 윤달을 두는 것이지 940분에 딱 들어맞기를[30일=$29\frac{940}{940}$] 기다릴 필요가 없다는 것이었다.[31)]

3) 제3차 논의

이익이 다시 정리해서 보내준 치윤법의 개정본[改本定閏之術]을 본 이병휴는 그 내용에 대해 순순히 수긍할 수 없었다. 그래서 다시 이익에게 품목(稟目)을 올려 윤달을 정하는 방법에 대한 이견을 제시하였다. 먼저 이병휴는 이익이 답서에서 설명한 치윤법의 핵심을 다음과 같이 정리했다.

> 한 달은 $29\frac{499}{940}$일에 지나지 않는다. 이른바 19세 7윤이라는 것은 본래 $29\frac{499}{940}$일이 7개라는 것이다. 그러므로 지금 윤달을 정하는 것[定閏]은 또한 윤(閏=閏率)이 쌓여서 $29\frac{499}{940}$일을 채우기만 하면 곧바로 윤달을 두는 것이다. 또 전달의 여분[前月餘分]은 윤〈율〉이 쌓이는 것에 관계가

31) 『星湖全集』卷35, 「答秉休問目辛酉」, 21ㄴ(199책, 123쪽). "蓋月之大小, 繫於半日强, 不繫於閏積. 自是兩項事, 先以半日强者定月之大小, 然後以閏積觀其中氣何在可得, 何可以三十二月半日强餘分, 合於閏積之分而作閏月. 又以十二合九百二十八, 恰滿三十日之數者尤非. 閏積二十九日四百九十九, 而便置閏月, 何待恰滿九百四十耶."

없으므로 계산에 넣지 않는다.[32]

여기서 전월여분(前月餘分)이란 앞의 〈표 : 이병휴의 치윤지도(置閏之道)〉에서 볼 수 있듯이 윤월(閏月) 반일강(=499)과 본월의 여분[해당 기간 동안의 반일강의 합을 일법 940으로 나누어 산출한 값에서 全日을 제외한 여분]을 합한 값이다.

이익의 견해를 위와 같이 정리한 이병휴는 자신의 기본적 입장을 다음과 같이 피력했다.

- 19세 7윤이 비록 $29\frac{499}{940}$일이 7개라는 것이지만, 중간에 윤달을 두는 것은 이것[$29\frac{499}{940}$]에 기준할 필요는 없고, 혹은 이 수에 미치지 못해도 윤달을 두고, 혹은 (이 수를) 지나쳐도 윤달을 두지 않기도 한다.
- 전월여분은 비록 윤(=윤율)이 누적되는 것과는 관계가 없지만 윤달을 둘 때에는 또 전월여분의 많고 적음[多寡]을 살펴보아서 그것으로써 짐작하여 헤아리지[斟量] 않을 수 없다.
- 만약 천도(天度)로써 논한다면 매달의 합삭(合朔) 정수(定數)는 $29\frac{499}{940}$일에 불과할 뿐이지만 달의 대소는 이미 인의(人意 : 사람의 뜻)에서 나온 것이니 대월 30일과 소월 29일은 이미 매달의 정수와는 같지 않은 것이다. 어째서 오직 윤달에 이르러서만 반드시 $29\frac{499}{940}$일에 준할 필요가 있겠는가?[33]

---

32) 『貞山雜著』 2冊, 「上季父稟目」(三, 231~232쪽). "答誨之意, 一月不過二十九日四百九十九, 所謂十九歲七閏者, 本爲二十九日四百九十九者七箇, 故今此定閏, 亦欲閏積纔滿二十九日四百九十九, 則便置閏月. 又以前月餘分, 無與於閏積而不計也."; 『星湖全集』 卷35, 「答秉休問目辛酉」, 26ㄴ~27ㄱ(199책, 125~126쪽).

33) 『貞山雜著』 2冊, 「上季父稟目」(三, 232쪽). "臆意十九歲七閏, 雖爲二十九日四百九十九者七, 而中間置閏則不必準此, 或不及此數而卽置閏, 或過而不置也. 前月餘分雖無與於閏積, 而置閏之際則又不可不觀前月餘分之多寡而爲之斟量也. 若以天度論之, 每月之合朔定數, 不過二十九日四百九十九而已, 然月之大小, 旣出於人意, 則大月三十

요컨대 이병휴의 기본적 입장은 달의 대소는 인의(人意)에 따른 것이지 천도(天度)를 기준으로 한 것이 아니기 때문에 윤달의 경우도 $29\frac{499}{940}$일이라는 정수에 따를 필요가 없다는 것이다. 이익의 경우 누적된 윤율의 계산을 통해 그 값이 $29\frac{499}{940}$일이 넘을 경우에 비로소 윤달을 두는 문제를 논한 반면, 이병휴는 윤율의 누적이 $29\frac{499}{940}$일이 되지 않더라도 전월(前月) 반일강의 여분과 누적된 윤율을 종합적으로 고려해서 윤달을 둘 수 있다고 보았던 것이다.

이병휴는 이에 또다시 제1윤을 설정하는 자신의 계산 방식을 설명하였다.

- 계해년 11월부터 병인년 6월까지 32개월간의 누적된 윤율은 29일 12분[$(852.25\times32)\div940=29\frac{12}{940}$]
- 이 값은 대개 병인 6월 29일과 여분 928로부터 일월의 합삭 이후 병인년 7월 중기(中氣)까지의 거리[일자]를 계산해서 29일 12분을 얻은 것이다.
  ; 32개월간의 반일강의 합$=499\times32\div940=16\frac{928}{940}$ → 6월은 소월로 29일, 여분은 928
  ; 7월 1일이 중기
  ; $928+12=940$이기 때문에 여분 928을 제외하면 중기까지의 거리가 12분이라는 의미
- 저 928이라는 것은 비록 이전 6월의 여분이라고 하지만 전월은 다만 29일이니 그 여분은 실로 다음 달의 초하루가 되니, 윤6월 1일이 이것이다. 윤6월 1일의 940분 내에서 합삭 전의 928분은 전월의 여분이고, 합삭 후 12분은 윤적(閏積 : 누적된 윤율)[34]이다.

日小月二十九日, 已與每月定數不同矣. 何獨至於閏月而必準二十九日四百九十九之數耶.";『星湖全集』卷35,「答秉休問目辛酉」, 27ㄱ~ㄴ(199책, 126쪽).

- 만약 합삭 후에 한해서 윤적(閏積)의 분수를 계산하면 비록 29일 12분이지만 지금 윤6월을 두면 합삭 전의 전월여분은 불가불 이달[윤6월]의 30일 내에 함께 계산하지 않으면 안 된다. 어찌 전월의 여분을 계산하지 않고 윤적만으로 저절로 한 달이 될 이치가 있겠는가?[35]
- 또 윤6월은 마침 대월을 만났기 때문에 윤적 29일 12분은 전월여분인 920과 아울러 반드시 20일의 수치와 고르게[같게] 된다. 설혹 윤6월이 소월이라면 윤적은 비록 이 수치에서 다시 감해야 하겠지만 또 윤달을 둘 수 있으니 어찌 29일 499를 딱 맞게 채우기를 기다릴 필요가 있겠는가?[36]

이병휴는 전에 자기가 이른바 "만약 7월이 되면 본월(本月), 즉 6월의 중기(中氣)가 다음 달의 초1일에 있을 것"이라고 한 것에 대해 다음과 같이 설명하였다. 지금 윤6월이 본래 7월인데, 윤적이 이에 이르러

---

34) 이때의 閏積은 曆算에서 쓰이는 용어와는 다르다. 본래 윤적이란 天正冬至와 元冬至 직전의 삭 사이의 일수를 가리키는 것이고, 中積(元冬至로부터 天正冬至까지의 日數)을 놓고 閏應(元冬至와 그 직전 朔 사이의 日數)을 더해서 얻는 값이다[『世宗實錄』 卷156, 七政筭內篇 卷上, 曆日 第1, 推天正經朔, 3ㄴ(6책, 2쪽). "置中積, 加閏應, 爲閏積."].

35) 『貞山雜著』 2冊, 「上季父稟目」(三, 232쪽). "且所謂自癸亥十一月至丙寅六月, 合三十二月閏積爲二十九日十二分者, 槩從丙寅六月二十九日餘分九百二十八, 而日月合朔後, 計距丙寅七月中, 得二十九日十二分也. 彼九百二十八者, 雖曰前六月之餘分, 而前月只二十九日, 則其餘分寔[實]爲次月之朔日, 卽閏六月朔日是也. 閏六月初一日九百四十分內, 合朔前九百二十八, 卽爲前月之餘分, 而合朔後十二分, 卽爲閏積也. 若限合朔後只計閏積之分, 則雖爲二十九日十二分, 而今置閏六月, 則合朔前前月餘分, 不可不倂[幷]計於此月三十日之內也. 豈有不計前月餘分, 而閏積獨自爲一月之理乎."; 『星湖全集』 卷35, 「答秉休問目辛酉」, 27ㄴ~28ㄱ(199책, 126쪽).

36) 『貞山雜著』 2冊, 「上季父稟目」(三, 232~233쪽). "且閏六月適値大月, 故閏積二十九日十二分, 倂[幷]前月餘分九百二十八, 必準三十日之數焉. 設或[若]閏六月小, 則閏積雖更減於此數, 亦可以置閏, 何待恰滿二十九日四百九十九耶."; 『星湖全集』 卷35, 「答秉休問目辛酉」, 28ㄱ(199책, 126쪽).

29일 12분을 얻어서 전월의 여분 928과 합쳐서 30일이 되니, 본월[6월] 초1일부터 7월의 중기까지 그 사이가 30일에 딱 맞게 차니, 이로 인해 본월의 중기가 본월의 30일 내에 있지 않고 8월 초1일로 이동하게 된다. 그러므로 부득이 이에 윤6월을 둔 다음에야 이전의 8월이 변해서 7월이 되고 사계절이 어긋남이 없게 되는 것이다.[37]

그런데 이익은 답서에서 "7월까지 33개월로 계산하면 반일강 499가 더해져 1427분이 되고, 이를 일법 940으로 나누면 그 여분은 487이 되어 30일에 딱 들어맞아[30일을 충분히 채워서] 대월이 된다. 이때까지 [33개월 동안의] 누적된 윤율을 계산하면 29일과 여분 864분 2리 5호를 얻을 수 있으니, 그 중기가 대월 30일 안에 있게 된다"고 하였다. 이병휴가 보기에 이는 전월여분을 계산하지 않고 윤적만으로 대월 30일의 수치를 감당하고자 하는 것이기 때문에 자신의 주장과 맞지 않다고 하였다. 또 윤적 29일 864분 2리 5호라는 것은 본래 33개의 윤율이니 마땅히 8월 내의 날짜[日子]가 되어야 하는데, 도리어 7월의 30일 내로 옮기는 것은 매우 이해가 되지 않는다고 하였다.[38]

이에 대해 이익은 달에 대월과 소월을 두고, 세(歲)에 윤달을 두지 않는다면 세는 비록 어긋나겠지만 달은 어긋나지 않는다고 하였다. 이는 계절의 변화를 고려하지 않고 달의 위상 변화를 기준으로, 다시 말해 삭망월을 기준으로 만든 역법인 순태음력을 말하는 것이다. 이와

37) 『貞山雜著』 2冊, 「上季父稟目」(三, 233쪽). "前所謂若至七月, 則本月中氣已在來月初一日者, 今閏六月本七月也, 閏積至此, 得二十九日十二分, 併[并]前月餘分九百二十八爲三十日, 則盖[蓋]自本月初一日距七月中, 其間恰滿三十日矣. 是本月中氣不在本月三十日內, 而移於八月初一日, 故不得已於此置閏六月, 然後向之八月變爲七月, 而四時無差矣." ; 『星湖全集』 卷35, 「答秉休問目辛酉」, 28ㄱ(199책, 126쪽).

38) 『貞山雜著』 2冊, 「上季父稟目」(三, 233쪽). "今觀答誨曰, 至七月閏積得二十九日餘分八百六十四分二里[釐]五毫, 則其中氣在於六月三十日內云云. 此則不計前月餘分, 而欲以閏積獨勘大月三十日之數, 故乃與臆說不合矣. 且閏積二十九日八百六十四分二里[釐]五毫者, 本三十三月之閏, 則當爲八月內中日子, 而今反移之於七月三十日內者, 亦未可深曉." ; 『星湖全集』 卷35, 「答秉休問目辛酉」, 28ㄱ~ㄴ(199책, 126쪽).

같이 윤달을 폐지하는 것을 논하지 않더라도 삭허의 분수[$354\frac{348}{940}$ (=$29\frac{499}{940}$ $\times$12)-360=-$5\frac{592}{940}$]만을 계산해서 영뉵(盈朒 : 과부족)에 적당히 맞추어 혹은 대월로 하고 혹은 소월로 하면 만세(萬歲)를 경과하더라도 달은 어긋나지 않는다고 하였다. 혹자는 역(曆)을 만들었다는 용성(容成)[39] 이후로 희화(羲和) 이전까지 대체로 이러했을 것이라고 추정하기도 했다. 황제 때로부터 요임금에 이르기까지는 치윤법이 없었을 것이라고 보았던 것이다. 그러나 이익은 만약 달에 대월과 소월이 없다면 이른바 용성이 역을 만들었다는 것[造曆]은[40] 과연 무엇을 가리키는 것이냐고 반문했다. 오직 세차(歲差)가 있기 때문에 기영과 삭허의 분수를 합산하여 235개월 19세의 가운데에 나아가 7개월을 끄집어내서 이를 윤달이라고 지목하니 사계절이 이에 정해지는 것이다.[41]

- 19세 : $365\frac{235}{940}\times19=6939\frac{705}{940}$
- 235월 : $29\frac{499}{940}\times235=6939\frac{705}{940}$
- 19세의 윤율 : $10\frac{827}{940}\times19=206\frac{673}{940}$ ← 1세의 윤율 = 기영 + 삭허 =$5\frac{235}{940}+5\frac{592}{940}=10\frac{827}{940}$
- 7개의 윤달 : $29\frac{499}{940}\times7=206\frac{673}{940}$

39) 『尙書注疏』 卷3, 舜典 第2, 73~74쪽(十三經注疏 整理本 『尙書正義』, 北京 : 北京大學出版社, 2000의 페이지 번호). “世本云, 容成作歷, 大撓作甲子. 二人皆黃帝之臣, 蓋自黃帝已來始用甲子紀日, 每六十日而甲子一周.”

40) 『後漢書』 志 第1, 律曆上, 2999쪽. “呂氏春秋曰, 黃帝師大橈. 博物記曰, 容成氏造曆, 黃帝臣也.”

41) 『星湖全集』 卷35, 「答秉休問目 辛酉」, 28ㄴ~29ㄱ(199책, 126~127쪽). “月置大小而歲不置閏, 則歲雖差而月不差. 且廢閏一項不論, 只計朔虛分數, 盈朒隨宜, 而或大或小, 歷萬歲而月則不忒矣. 意容成以後羲和以前, 或者如此, 若月亦無大小, 所謂造曆果何指. 惟其復有歲差之故, 而合數[筭]氣朔之分, 而就二百三十五月十九歲中, 拈其七箇月, 目之以閏, 而四時於是定矣.”

아울러 이익은 쟁점은 대월·소월의 분수와 윤적이 합치하느냐 합치하지 않느냐에 달려 있는 것이라고 보았다.[42]

이상에서 살펴본 바와 같이 몇 년에 걸쳐 진행된 이익과 이병휴의 논의는 명쾌한 결론을 내지 못했다. 이익은 자신의 기본적 입장을 바꾸지 않았고, 이병휴 역시 자신의 주장에서 물러서지 않았다. 이와 관련해서 주목해야 할 글이 『정산잡저(貞山雜著)』에 수록되어 있는 「논역법(論曆法)」이라는 제목의 논설이다.[43] 제목으로만 보면 역법 전반에 대한 문제를 논한 것처럼 보이지만 실제 내용은 이익과 편지를 주고받으며 논의했던 19세 7윤의 문제가 중심을 이루고 있다. 크게 세 부분으로 구성되어 있는데, 첫째는 '칠윤지설(七閏之說)'에 대해 이익에게 다시 질의했던 두 번째 편지인 「상계부품목(上季父稟目)」, 둘째는 '일통지설(一統之說)'에 대한 이익의 답변, 셋째는 「상계부품목」의 '일통지설'에 대한 재질문이다. 요컨대 이 논설은 기존의 논의를 재편집하고 앞뒤에 간략하게 자신의 의견을 첨부한 것이다. 그 가운데 첫머리에 새롭게 첨부한 내용은 다음과 같다.

> 하늘[天]에 24기(氣)가 있고 해[歲]에는 열두 달이 있다. 매월에는 2기가 해당하는데, 천기(天氣)는 반드시 30일 411분 2리 5호라서 여유가 있고, 월삭(月朔)은 다만 29일 499분이라서 부족하다. 그러므로 매월 윤(율) 852분 2리 5호를 얻게 되어, 매월 얻은 윤〈율〉이 쌓이면 혹은 32개월에 하나의 윤달을, 혹은 33개월에 하나의 윤달을 〈두게 된다〉.[44]

---

42) 『星湖全集』 卷35, 「答秉休問目 辛酉」, 29ㄱ(199책, 127쪽). "所爭只存乎大小月分數與閏積合與不合, 熟察然後有以反覆之也."

43) 『貞山雜著』 1冊, 「論曆法」(三, 89~94쪽).

44) 『貞山雜著』 1冊, 「論曆法」(三, 89쪽). "天有二十四氣, 歲有十二月. 每月當二氣, 然天氣必三十日四百一十一分二里五毫而有餘, 月朔只二十九日四百九十九而不足, 故每

위 인용문에서 천기(天氣)가 30일 411분 2리 5호라고 한 것은 1회귀년(=1周歲)의 길이를 12달로 나눈 값이다[$365\frac{235}{940} \div 12 = 30\frac{411{,}25}{940}$]. 평기법(平氣法)에 따를 때 1기의 길이는 1회귀년의 길이를 24등분해서 구한다[$365\frac{235}{940} \div 24 = 15\frac{205{,}625}{940}$]. 매달에는 하나의 절기(節氣)와 중기(中氣)[二氣]가 포함되므로 그 길이는 30일 411분 2리 5호가 된다[$15\frac{205{,}625}{940} \times 2 = 30\frac{411{,}25}{940}$]. 반면에 1삭망월의 길이는 $29\frac{499}{940}$일이라서 천기에 미치지 못한다. 양자 사이의 차이가 곧 윤율(閏率)이 되는데, 그 값은 852분 2리 5호이다[$30\frac{411{,}25}{940} - 29\frac{499}{940} = \frac{852{,}25}{940}$].

이처럼 이익과 이병휴의 논의는 명쾌하게 정리되지는 않았다. 그렇다면 누구의 견해가 실제의 치윤법에 근접한 것일까? 이를 판단하기 위해서는 실제의 역법 계산에서 그와 유사한 사례를 찾아보는 것이 하나의 방법이 될 수 있다. 흥미로운 점은 이병휴와 이익이 "계해년 11월부터 임오년 10월까지"를 하나의 사례로 들어 그들 나름의 계산을 수행했다는 사실이다. 이들이 특정한 해를 염두에 둔 것이었는지는 확인하기 어렵다. 그에 대한 명시적 언급이 없기 때문이다. 중요한 것은 계해년 11월을 '장수(章首)'로 삼았다는 사실이다. 조선왕조의 역사에서 계해년에 해당하는 연도는 세종 25년(1443), 연산군 9년(1503), 명종 18년(1563), 인조 원년(1623), 숙종 9년(1683), 영조 19년(1743) 등등이다. 그 가운데 11월이 '장수'에 해당한다고 볼 수 있는 해는 1623년이 유일하다. 그해 11월의 앞에 윤10월이 있고, 11월 1일(丁巳)은 11월의 절기인 동지(冬至)였기 때문이다. 물론 임오년 10월에 윤달이 배치되지 않았기 때문에 이들이 논의하고 있는 사례와 정확히 일치하지는 않는다. 그렇지만 이것이 가장 유사한 사례라는 점은 분명하다. 이 기간 동안의 윤달 배치와

月得閏八百五十二分二里五毫, 積每月所得之閏, 或三十二月一閏, 或三十三月一閏."

윤달의 대소 문제를 도표로 정리하면 다음과 같다.

〈표 4-5〉 계해년(1623)~임오년(1642)의 윤달 배치와 월의 대소(大小)[45]

癸亥	1小	2大	3小	4大	5大	6小	7大	8小	9大	10小	10大	11小	12大
甲子	1小	2大	3小	4大	5小	6大	7大	8小	9大	10小	11大	12小	
乙丑	1大	2小	3小	4大	5小	6大	7大	8小	9大	10大	11小	12大	
丙寅	1小	2大	3小	4小	5大	6小	6大	7小	8大	9大	10大	11小	12大
丁卯	1小	2大	3小	4小	5大	6小	7小	8大	9大	10大	11大	12小	
戊辰	1大	2小	3大	4小	5小	6大	7小	8小	9大	10大	11小	12大	
己巳	1大	2大	3小	4大	4小	5小	6大	7小	8小	9大	10大	11小	12大
庚午	1大	2大	3小	4大	5小	6小	7大	8小	9小	10大	11小	12大	
辛未	1大	2大	3小	4大	5小	6大	7小	8大	9小	10小	11大	11小	12大
壬申	1大	2小	3大	4大	5小	6大	7小	8大	9小	10大	11小	12小	
癸酉	1大	2小	3大	4大	5小	6大	7小	8大	9大	10小	11大	12小	
甲戌	1大	2小	3小	4大	5小	6大	7小	8大	8大	9大	10小	11大	12小
乙亥	1大	2小	3小	4大	5小	6大	7小	8大	9大	10小	11大	12大	
丙子	1小	2大	3小	4小	5大	6小	7小	8大	9大	10小	11大	12大	
丁丑	1大	2小	3大	4小	4小	5大	6小	7小	8大	9小	10大	11大	12大
戊寅	1大	2小	3大	4小	5小	6大	7小	8小	9大	10小	11大	12大	
己卯	1大	2小	3大	4小	5大	6小	7大	8小	9小	10大	11小	12大	
庚辰	1大	1小	2大	3大	4小	5大	6小	7大	8小	9小	10大	11小	12大
辛巳	1小	2大	3大	4小	5大	6大	7小	8大	9小	10大	11小	12小	
壬午	1大	2小	3大	4小	5大	6大	7小	8大	9大	10小	11大	11小	12大

- 위의 〈표〉에서 월 뒤에 표기된 大·小는 그 달이 大月인지 小月인지를 나타낸 것이다. 예컨대 '1小'는 1월이 小月이라는 것을, '3大'는 3월이 大月이라는 것을 뜻한다.
- 음영으로 표시한 부분이 윤달이다.

'칠윤지설'을 둘러싼 이익과 이병휴 사이의 논의와 위의 표를 비교해 보면 이병휴의 주장이 실제 치윤법에 근접하기는 하지만 정확히 일치하지 않는다는 사실을 확인할 수 있다. 이익은 일곱 개의 윤달 가운데 대월이 4개, 소월이 3개라고 주장하였고, 이병휴는 대월이 2개, 소월이 5개라고 주장했는데, 위의 표에서 볼 수 있듯이 실제로는 대월이 2개, 소월이 5개였다. 그렇지만 이병휴가 대월과 소월의 분포가 '대-소-소-소-

45) 張培瑜, 『三千五百年歷日天象』, 河南 : 河南教育出版社, 1990의 「歷代頒行歷書(摘要)(前 221年－公元2050年)」, 366~369쪽 참조.

대-소-소'라고 보았던 반면, 실제로는 '대-소-소-대-소-소-소'였다.

여기서 『칠정산내편(七政算內篇)』의 치윤법을 살펴볼 필요가 있다. 그것이 바로 「추중기거경삭(推中氣去經朔)」인데 그 내용은 다음과 같다.

> 천정윤여(天正閏餘)[46]를 놓고 이를 '〈天正〉경삭(經朔)으로부터 〈天正〉동지(冬至)[47]까지의 거리'라고 한다. 월윤(月閏)[48]을 여기에 누적하면 각각 중기(中氣)가 경삭(經朔)으로부터 얼마나 떨어져 있는지 구할 수 있다.【삭책(朔策)[49]이 차면 그것을 덜어내는데 윤달을 두기에 적합하다. 그러나 정삭(定朔)[50]을 기다려 중기(中氣)가 없는 것으로 재정(裁定)해야 한다.】[51]

요컨대 천정동지(天正冬至)와 그 직전의 천정경삭 사이의 일수인 천정윤여를 구하고, 여기에 월윤(月閏)을 차례로 더하면 각 중기와 그 직전의 경삭 사이의 일수를 구할 수 있다. 월윤이란 세실을 12등분한 값과 1삭망월의 길이의 차이[9062분 82초]이기 때문에 각각의 경삭에서 그달의 중기까지의 길이는 월윤만큼씩 길어지게 된다. 따라서 천정윤여에 누적된 월윤의 값을 더하면 각각의 중기와 경삭 사이의 일수를 구할

---

46) 天正閏餘 : 天正經朔에서 天正冬至까지의 일수. 여기서 天正經朔이란 天正冬至 바로 전의 經朔이고, 經朔이란 삭망월을 주기로 하는 달의 평균 운동으로 삭을 정하는 平均朔을 뜻한다.

47) 天正冬至 : 역일을 계산하고자 하는 해의 동지.

48) 月閏 : 歲實(365만 2425분)을 12(달)로 나눈 값[365.2425/12=30.436875]과 朔實[1삭망월 : 29만 5305분 93초(=29.530593)] 간의 차이. → 30.436875-29.530593=0.906282(9062분 82초)

49) 朔策 : 1朔望月의 길이를 일 단위로 표시한 것.

50) 定朔 : 부등속운동을 하는 달의 실제 운동에 따라 삭을 정하는 것.

51) 『世宗實錄』 卷156, 七政筭內篇 卷上, 曆日 第1, 推中氣去經朔, 6ㄱ(6책, 3쪽). "置天正閏餘, 命之爲冬至去經朔. 以月閏累加之, 各得中氣去經朔【滿朔策去之, 乃合置閏. 然俟定朔無中氣者, 裁之】."

수 있다. 예컨대 천정경삭으로부터 n번째 경삭에서 n번째 중기까지의 일수는 '천정윤여+n×월윤'의 산식으로 산출할 수 있는 것이다. 월윤이 계속 누적되면 어느 순간에 1삭망월의 길이인 삭책(朔策 : 朔實)을 넘어서게 된다. 바로 이때가 윤달을 둘 수 있는 때이다. 다만 치윤(置閏)의 정확한 판단은 달의 평균 운동으로 삭을 정하는 경삭(經朔)이 아니라 부등속운동을 하는 달의 실제 운동에 따라 삭을 정하는 정삭(定朔)을 기준으로 하기 때문에 정삭과 정삭 사이에 중기가 없는 달을 기다려서 결정해야 한다는 것이다.[52] 요컨대 경삭으로부터 해당 중기까지의 길이가 삭책[朔實]보다 크면 그달에는 중기가 들어갈 수 없으므로 그달을 전달의 윤달로 삼고, 중기가 들어간 다음 달을 정규의 달[節月]로 한다.

이와 같은 계산법을 염두에 둘 때 이병휴와 이익의 논의는 조선전기의 역산법은 물론 당대의 그것과도 일정한 거리가 있었다고 보아야 한다. 가장 큰 문제는 그것이 사분력(四分曆)에 기초한 역리(曆理) 차원의 논의였다는 것이다. 따라서 고려후기 이후 사용되었던 수시력이나 대통력, 조선후기에 채택된 시헌력의 역산법과는 일정한 간극이 있었다. 윤달의 설정 시점과 윤달의 대소를 판단하기 위해서는 태양과 달의 실제 운동을 고려할 필요가 있었다. 정확한 합삭일(合朔日)과 입기일(入氣日)을 파악할 필요가 있었다는 것이다.[53]

---

52) 이은희, 『칠정산내편의 연구』, 한국학술정보, 2007, 95쪽.

53) 19년 7윤법을 포함한 치윤법의 상세한 내용에 대해서는 이은성, 『曆法의 原理分析』, 정음사, 1985, 제5장 「치윤법」을 참조.

제5장 새로운 자연지식에 관한 성호학파 내부의 담론

윤동규와 안정복의 자연학 논의

성호학파 자연학의 학문 체계를 종합적으로 이해하기 위해서는 학파 구성원들의 자연지식(自然知識)에 관한 연구가 여전히 중요한 과제이다. 지금까지 성호학파의 자연학에 대한 연구 성과는 대체로 『성호사설(星湖僿說)』의 관련 내용을 중심으로 이익(李瀷) 개인의 자연지식을 다룬 것이었다. 이는 일차적으로 자료의 문제에 기인한 것이기도 하다. 『성호사설』을 비롯한 이익의 저술에는 자연지식에 대한 논의가 풍부하게 담겨 있는 반면 성호학파의 다른 구성원들의 논저에서는 그와 같은 자료를 찾기가 쉽지 않았기 때문이다. 아래에서는 이와 같은 점에 주목하여 성호학파의 자연지식에 관한 담론을 이익의 직제자(直弟子), 그 가운데서도 윤동규(尹東奎, 1695~1773)와 안정복(安鼎福, 1712~1791)의 논의를 중심으로 살펴보고자 한다.

윤동규의 본관은 파평(坡平)으로 윤관(尹瓘, ?~1111)의 24세손이다. 그는 17세 때인 숙종 37년(1711)에 이익의 문하에 들었으며,[1] 이익의 사후에 스승의 「행장(行狀)」을 작성했을 정도로 자타가 공인하는 이익의 고제(高弟)였다.[2] 안정복은 조부 안서우(安瑞羽, 1664~1735)가 벼슬을 버리고 영조 2년(1726) 무주(茂朱)에 복거(卜居)했기 때문에 어린 시절에는 무주에서 생활하면서 외가인 전주이씨가(全州李氏家)가 있는 전라도 영광(靈光)에 자주 왕래하였다. 영조 11년(1735)에 조부가 사망하자 그 이듬해에 선영이 있는 경기도 광주(廣州)로 이사하였다.[3] 안정복은 그의 나이 35세 때인 영조 22년(1746)에 광주 안산(安山)에 거주하던 이익을 찾아가 그의 문인이 되었다.[4] 윤동규에 비해 35년 정도 늦게 이익의 문하에 들었던 것이다. 안정복은 그 이듬해부터 이익, 윤동규와 편지를 주고받으며 여러 가지 주제에 대해 담론하였다.[5] 윤동규와 안정복이 스승과 학문적으로 교유한 기간은 대략 햇수로 53년과 18년에 해당한다.

여기에서는 주로 영조 25년(1749)부터 영조 35년(1759) 사이, 그 가운데서도 영조 32년(1756)부터 영조 35년까지 주고받은 안정복과 윤동규의 편지를 주요 자료로 삼아 논의를 진행하고자 한다. 당시 윤동규는 60대 초반의 노년기에 접어들었고, 안정복은 40대 중후반으로 자기 나름의 학문적 틀을 갖추고 있던 때였다. 정치적으로 이 시기는 영조 31년(1755)의 '나주괘서사건(羅州掛書事件=乙亥獄事)'으로 인해 시끄러운 때였고, 안정복은 영조 30년(1754) 6월 부친상을 당해 상중에 있으면서

---

1) 『順菴集』 卷26, 「邵南先生尹公行狀乙巳」, 9ㄱ(230책, 323쪽). "星湖李先生生于東方絶學之餘, 講道於畿甸, 先生首先問學, 卽歲辛卯(숙종 37, 1711), 而先生之年十七矣."

2) 『星湖全集』 附錄, 卷1, 「行狀」(門人尹東奎), 19ㄱ~29ㄴ(200책, 187~192쪽).

3) 이상의 내용은 『順菴集』 年譜, 「順菴先生年譜」, 2ㄱ~ㄴ(230책, 364쪽) 참조.

4) 『順菴集』 年譜, 「順菴先生年譜」, 4ㄴ~5ㄱ(230책, 365~366쪽).

5) 현재 『順菴集』에 수록된 편지를 보면 안정복이 이익이나 윤동규에게 올린 편지 가운데 가장 이른 것이 丁卯年(영조 23, 1747)에 보낸 편지이다. 『順菴集』 卷2, 「上星湖李先生書先生諱瀷○丁卯」, 1ㄱ~2ㄴ(229책, 361쪽) ; 『順菴集』 卷3, 「與卲[邵]南尹丈東奎書丁卯」, 1ㄱ~2ㄱ(229책, 381쪽). 이익이 안정복에게 답한 편지 가운데 가장 이른 것도 정묘년의 편지이고[『星湖全集』 卷24, 「答安百順鼎福問目丁卯」, 1ㄱ~8ㄱ(198책, 481~484쪽)], 윤동규가 안정복에게 보낸 편지 가운데 가장 빠른 것도 정묘년 4월의 편지이다[『邵南遺稿』 卷6, 「答安百順鼎福 丁卯四月」(157쪽)].

『동사강목(東史綱目)』의 저술에 착수해 영조 35년(1759)에 초고를 완성하였다.[6] 그 과정에서 안정복은 사우(師友)들에게 많은 편지를 보내 관련 사항을 문의하기도 했다.

안정복과 윤동규가 주고받은 편지는 주로 『순암부부고(順菴覆瓿稿)』와 『소남유고(邵南遺稿)』에 수록된 것을 대상으로 하였으며, 그 가운데 자연지식이나 서학과 관련한 논의는 안정복이 보낸 3통의 편지와 윤동규가 답한 7통 등 대략 10통의 편지에서 확인할 수 있었다. 물론 이것 이외에도 관련 서신들이 더 있었으리라 추측되지만 문집의 편찬 과정에서 누락되어 확인할 수 없었다. 양자의 논의 내용은 크게 세차법(歲差法), 일전표(日躔表), 조석설(潮汐說), 천주학(天主學)에 관한 것으로 대별할 수 있다. 이 문제에 대해서는 일찍이 성호학파의 서학(西學) 접촉 과정을 다룬 연구에서 이미 언급한 바 있다.[7] 그에 따르면 이익의 서학에 대한 태도가 제자들에게 많은 영향을 주었고, 윤동규와 안정복을 비롯한 제자들이 여러 종류의 서학서를 구해서 읽고, 서양의 과학·기술에 관심을 가지게 되었다고 하였다. 그러나 논의의 전후 맥락과 그 의미에 대해서는 상세히 논하지 않았다.

세차(歲差)나 조석(潮汐)과 같은 자연 현상을 어떻게 이해할 것인가 하는 문제는 성리학자들에게 중요한 것이었다. 그것이 유교 경전이나 『성리대전(性理大全)』과 같이 성리학설을 집대성한 책에 수록되어 있는 주제였기 때문이다. 실용적 차원의 필요성을 차치하더라도 격물치지(格物致知)의 차원에서 주목해야 할 문제였던 것이다. 천지자연(天地自然)의 사사물물(事事物物)에 대한 탐구는 인간과 사회와 자연을 천리(天理)라는

---

6) 『順菴集』 年譜, 「順菴先生年譜」, 19ㄴ(230책, 373쪽). "三十五年己卯, 先生四十八歲 ○東史綱目成. 先生嘗嘆東人之專昧東事, 自丙子歲(1756, 영조 32－인용자 주)始草, 閱四年而書成."

7) 차기진, 『조선 후기의 西學과 斥邪論 연구』, 한국교회사연구소, 2002, 77~79쪽과 89~90쪽 참조.

통일적 구조 속에서 파악하고자 한 성리학적 사유에서 필수적인 것으로 간주되었다. 그럼에도 불구하고 조선후기의 모든 유학자들이 이와 같은 주제에 천착했던 것은 아니다. 실제로 자연 사물과 현상을 자신의 학문적 영역으로 끌어들인 학자는 일부에 지나지 않았다. 이익을 비롯한 성호학파의 학자들이 대표적이라 할 수 있다.

1. 세차법(歲差法)

세차(precession)란 지구의 자전축이 황도면의 축인 황극(黃極)을 중심으로 동쪽에서 서쪽으로 약 2,6000년을 주기로 이동하는 현상이다. 이에 따라 천구 적도와 황도의 교차점인 춘분점이 황도를 따라 1년에 약 50″씩 동쪽에서 서쪽으로 이동하게 된다. 이것이 이른바 '분점(分點)의 세차(precession of the equinox)'이다. 사실 세차운동의 원인은 복합적이다. 지구는 완전한 구체가 아니라 적도 지역이 부푼 타원 모양이며, 이로 인해 적도 지역에 달과 태양의 인력이 작용한다. 이것이 세차의 주요 요인이며 이를 일월세차(日月歲差)라고 한다. 그러나 이것 이외에도 행성세차 등의 요소가 작용하고 있다.

지금까지 몇 편의 논고에서 이익을 비롯하여 이병휴, 이가환(李家煥) 등 성호학파 학자들의 세차설을 다룬 바 있다. 조선후기 세차설의 주요 논점은 크게 두 가지로 나누어 살펴볼 수 있다. 하나는 세차가 발생하는 원인이 무엇인가 하는 점이고, 다른 하나는 세차의 주기, 다시 말해 세차상수(precession constant)가 얼마인가 하는 점이다. 기존 연구를 통해 이익과 이병휴는 서양의 중천설(重天說)을 수용하여 세차천구(歲差天球)를 설정함으로써 세차의 원인을 설명하고자 했고, 이가환은 서양의 세차설인 '항성동행설(恒星東行說)'을 주장했다고 알려져 있다.[8] 이와 같은 사실을 염두에 두고 안정복과 이병휴의 세차법에 대한 논의를 살펴보도록 하자.

안정복은 영조 25년(1749) 정월에 윤동규에게 편지를 보냈다. 그는 이 편지에서 지난번에 『천문략(天問略)』과 『곤여도(坤輿圖)』를 보냈으며, 이번에 다시 『방성도(方星圖)』와 『측량서(測量書)』를 보낸다고 하면서 참고해 보시기 바란다고 하였다. 아울러 『수법(水法=泰西水法)』과 『만국도(萬國圖)』는 잠시 남겨두겠다고 하였다.[9] 안정복은 이 이외에도 『기하원본(幾何原本)』, 『동문산지(同文算指)』, 『공제격치(空際格致)』 등의 책도 보여주면 좋겠다는 바람을 전했다.[10]

이어서 안정복은 윤동규에게 '세차법(歲差法)'에 대해 문의하였다. 그가 빌려본 '도(圖)'에 이른바 남북차(南北差)·동서차(東西差)의 학설이 수록되어 있는데, 그 의미가 무엇인지 분명하지 않았기 때문이다. '동서지차(東西之差)', 즉 '동서세차(東西歲差)'라는 개념은 동아시아 지식인들에게도 익숙한 개념이었다. 그런데 '남북지차(南北之差)', 즉 '남북세차(南北歲差)'라는 개념은 낯설었다.[11] 안정복은 윤동규에게 편지를 보내기

8) 김문용, 「성호학파 천문·역법론의 추이와 성격」, 『조선시대 전자문화지도와 문화 연구』, 고려대학교 민족문화연구원, 2006, 236~240쪽 ; 전용훈, 「17세기 서양 세차설의 전래와 동아시아 지식인의 반응」, 『韓國實學硏究』 20, 韓國實學學會, 2010, 372~376쪽 ; 구만옥, 「星湖의 西學觀과 科學思想」, 『성호 이익 연구』, 사람의 무늬, 2012, 345~347쪽 ; 구만옥, 「貞山 李秉休(1710~1776)의 학문관과 천문역산학 담론」, 『韓國實學硏究』 38, 韓國實學學會, 2019, 375~383쪽.

9) 안정복은 그 이듬해까지 이 두 책을 돌려주지 못한 것으로 보인다. 영조 26년(1750) 9월에 윤동규에게 보낸 답장에서 '西洋二書'를 돌려보내지 못해 송구하다는 사과를 하고 있기 때문이다[『順菴覆瓿稿』 卷5, 「答尹丈書(庚午九月)」(上, 272쪽 －韓國史料叢書 第56 『順菴覆瓿稿』, 國史編纂委員會, 2012의 책 번호와 페이지 번호. 이하 같음). "西洋二書, 每欲還完而疾憂未暇, 今承俯索, 還切悚仄."].

10) 『順菴覆瓿稿』 卷5, 「與尹丈書(己巳正月)」(上, 270쪽). "天問畧·坤輿圖, 頃便付上, 計不至浮沉, 方星圖及測量書, 今又納上, 考視如何. 水法及萬國圖, 姑留之耳. 此外幾何原本·同文筭指·空際格致等書, 更爲惠示, 幸莫大焉."

11) 『順菴覆瓿稿』 卷5, 「與尹丈書(己巳正月)」(上, 270쪽). "歲差法, 終未曉悟, 圖中所謂南北差東西差之說, 其義何居. 東西之差, 古已言之, 而南北之差, 今始創見, 深用疑菀."

전에 이미 이익에게 세차의 문제를 문의했던 것으로 보인다. 이익이 영조 24년(1748)에 안정복에게 보낸 답장의 별지를 보면 "중성(中星)의 차이는 의심할 바가 아닙니다. 동서의 차이[東西歲差]만이 아니라 또 남북세차가 있으나 그 차이가 매우 미미해서 중국에서는 깨닫지 못했습니다. 서양의 역법에 이르러 비로소 드러나지 않은 것이 없게 되었는데, 갑자기 거론할 수 없으니 다른 때를 기다려 설명하겠습니다"라고 하였다.[12] 이는 서양의 세차설에 대한 언급인데 이익은 그에 대한 설명을 잠시 미루었던 것이다.

천체역학의 관점에서 세차의 원인을 정확하게 파악하지 못했던 전근대 시기의 관측자에게 세차 현상은 시간의 흐름에 따라 천구상의 태양의 위치와 '중성'이 변화하는 것으로 나타난다.[13] 예컨대 요(堯)임금 때는 동지에 태양의 천구상의 위치가 허수(虛宿)에 있었고 당시 혼중성(昏中星)이 묘수(昴宿)였는데, 지금 태양의 천구상의 위치와 혼중성은 그와 달라졌다는 것이다. 『서집전(書集傳)』에서는 세차운동의 원인과 세차의 수치를 다음과 같이 정리하였다.

> 중성(中星)이 같지 않은 것은 하늘[天]은 $365\frac{1}{4}$ 도(度)이고, 해[歲]는 $365\frac{1}{4}$ 일(日)인데, 천도(天度 : 하늘의 도수)는 $\frac{1}{4}$ 이 남고, 세일(歲日)은 $\frac{1}{4}$ 이 부족하다. 그러므로 '천도'는 항상 고르게 운행하여 펴지고, 일도(日道 : 태양의 궤도)는 항상 안으로 돌아 위축된다. 〈그리하여〉 하늘은

12) 『星湖全集』 卷24, 「答安百順戊辰(別紙)」, 12ㄴ(198책, 486쪽). "中星之差, 非所可疑, 不但東西有差, 又有南北歲差, 其差極微, 中國未覺也. 及西洋之曆, 始無餘蘊, 不能猝擧, 待別時說."

13) 『御製曆象考成』 上編, 卷1, 曆理總論, 歲差, 13ㄱ(790책, 14쪽－영인본 『文淵閣四庫全書』, 臺北 : 臺灣商務印書館의 책 번호와 페이지 번호. 이하 같음). "歲差者, 太陽每歲與恒星相距之分也. 如今年冬至, 太陽躔某宿度, 至明年冬至時, 不能復躔原宿度, 而有不及之分. 但其差甚微, 古人初未之覺, 至晉虞喜始知之, 因立歲差法."

점점 차이가 나서 서쪽으로 가고, 해[歲]는 점점 차이가 나서 동쪽으로 간다. 이것이 세차(歲差)의[세차가 발생하는] 이유이니, 당(唐)의 일행(一行)이 이른바 '세차'라고 한 것이 이것이다. 옛날의 역법은 간이(簡易)해서 차법(差法)을 세우지 않고 다만 때에 따라 점후(占候)해서 개수(修改)하여 하늘과 합치하게 하였다. 동진(東晉)의 우희(虞喜)에 이르러 비로소 하늘을 하늘이라 하고, 세를 세라고 하여[以天爲天, 以歲爲歲] 차(差=差法)를 세워 그 변화를 추적했으니, 대략 50년에 1도(度)를 물렸다. 하승천(何承天)은 〈그 값이〉 너무 지나치다고 여겨 연수(年數)를 두 배로 하였는데[100년 退1도] 도리어 미치지 못했다. 수(隋)의 유작(劉焯)에 이르러 두 사람의 중간 수치인 75년을 취했으니 그것이 근사하게 되었다. 그러나 또한 정밀하지 못하니, 인하여 여기에 붙여 둔다.[14]

안정복은 편지에서 주희(朱熹)가 차법(差法)에 대해 말하기를 75년에 1도의 차이가 발생한다고 본 견해가 근사하지만 적확하지는 않다고 한 사실을 거론했는데, 이는 위에서 인용한 『서집전』의 내용을 근거로 한 것이었다. 그는 자신이 일찍이 '전배(前輩)[선배]'에게서 들은 이야기도 소개했다. 그것은 72년에 1도의 차이가 발생한다고 보면 자못 정확할 뿐만 아니라 소옹(邵雍, 1011~1077)의 경세법(經世法)에도 합치한다는 주장이었다. 안정복은 그 이야기는 길어서 편지에서는 갑자기 다 말할 수 없다고 하였다.[15]

---

14) 『書傳大全』 卷1, 虞書, 堯典, "申命和叔, 宅朔方, 曰幽都, 平在朔易, 日短, 星昴, 以正仲冬, 厥民隩, 鳥獸氄毛"의 註, 12ㄱ~ㄴ(24쪽－영인본 『書經』, 成均館大學校出版部, 1984의 페이지 번호). "中星不同者, 蓋天有三百六十五度四分度之一, 歲有三百六十五日四分日之一, 天度四分之一而有餘, 歲日四分之一而不足, 故天度常平運而舒, 日道常內轉而縮, 天漸差而西, 歲漸差而東, 此歲差之由, 唐一行所謂歲差者是也. 古曆簡易, 未立差法, 但隨時占候修改, 以與天合. 至東晉虞喜, 始以天爲天, 以歲爲歲, 乃立差以追其變, 約以五十年退一度. 何承天以爲太過, 乃倍其年, 而又反不及. 至隋劉焯, 取二家中數七十五年, 爲近之. 然亦未爲精密也, 因附著于此."

안정복은 요임금 갑진년[B.C. 2357]부터 지금 기사년[1749]까지가 4106년이니 72도로 계산하면 대략 57도 2년이 된다고 하였다. 또 지난번에 윤동규가 알려준 서법(西法)의 "66년에 1도의 차이가 난다는 학설[六十六年差一度之說]"로 계산해 보면 62도 14년이 된다고 하였다.

① 4106÷72=57.027777…… → 0.027777……×72=2 → 57도 2년

② 4106÷66=62.212121…… → 0.212121……×66=14 → 62도 14년

그는 『서집전』에서 요임금 때 동지에 태양이 허수(虛宿)에 위치했다고 하였으니, 세차 값에 따라 태양의 위치 변화를 계산해 보면 미수(尾宿)의 끄트머리나 기수(箕宿)의 첫머리 사이에 위치해야 한다고 보았다. 그런데 이와 같은 계산에서 문제가 되는 것은 28수 각각의 도수, 즉 '경성도수(經星度數)'였다. 『회남자(淮南子)』「천문훈(天文訓)」 이래로 역대 서적에 기재된 내용에 조금씩 차이가 있었기 때문이다.[16]

〈표 5-1〉 28수의 경성도수(經星度數)[17]

28수	虛	女	牛	斗	箕	尾	出典
도수 赤道 宿度	10	12	8	26	$11\frac{1}{4}$	18	淮南子
	10	12	8	$26\frac{1}{4}$	11	18	天象列次分野之圖
	10	12	8	26	11	18	天文類抄

15) 『順菴覆瓿稿』 卷5, 「與尹丈書(己巳正月)」(上, 270~271쪽). "朱子言差法, (此以東西言) 以七十五年爲近, 而終未的確. 愚嘗有聞于前輩, 以七十二年差一度爲準, 頗近精, 亦合於邵子經世法, 其說長未可猝旣." 실제로 서양의 역법에 따라 계산해 보면 1년의 세차 값을 50″라고 할 때 1°의 차이가 나기 위해서는 72년이 소요된다[1°=60′=3600″→ 3600÷50=72].

16) 『順菴覆瓿稿』 卷5, 「與尹丈書(己巳正月)」(上, 270~271쪽). "自堯甲辰至今己巳四千一百單六年, 以七十二約而一, 爲五十七度二年, 又以頃者下諭西法六十六年差一度之說, 約而一, 則爲六十二度十四年矣. 以堯時日在虛之說推之, 當在于尾末箕初之間, 而經星度數, 淮南子及諸說多寡不同."

	9도	11도	7도	23도半	9도半	18도	渾蓋通憲圖說
	8°41′	11°07′	6°50′	24°24′	10°34′	19°18′	新法算書
	8도41分	11도07분	6도50분	24도24분	8도46분	21도06분	明史
	8도95分太	11도35분	7도20분	25도20분	10도40분	19도10분	曆算全書

* 『新法算書』의 경우 60진법으로 1°=60′, 『曆算全書』의 경우 1도=100분

『천문유초(天文類抄)』에 기재되어 있는 각 별자리의 도수를 기준으로 허수의 말도(末度)에서 기수의 초도(初度)까지 계산하면 대략 67도[10+12+8+26+11=67] 정도가 된다. 문제는 요임금 때 태양이 허수의 몇 도에 위치했는가이다. 이것을 기준점으로 계산해야 하기 때문이다. 안정복은 『서집전』의 세주[小註]에 수록되어 있는 김이상(金履祥, 1232~1303, 仁山先生)의 학설에 주목하였다. 그에 따르면 요임금 때 동지에 태양은 허(虛)7도에 있다고 하였으며,[18] 다른 책에서는 허9도에 있다고 하였다.[19] 그런데 윤동규가 보내준 '측량서(測量書)'의 서면에 기재한 내용을 보면 '허1도'라고 하였으니, 이것이 어느 책에서 나온 것이냐고 질문하였고, 남북조 시대 송[劉宋]의 하승천(何承天)은 요임금 때 동지에 태양은 여(女)10도에 있다고 하였으니,[20] 어느 것을 따라야 하느냐고 물었다.[21]

---

17) 『新法算書』 卷57, 恒星曆指 卷2, 恒星變易度 第3, 考赤道宿度差, 24ㄱ~ㄴ(789책, 13쪽). '今各宿度' ; 『明史』 卷25, 志 第1, 天文 1, 黃赤宿度, 赤道宿度, 354쪽(點校本 『明史』, 北京 : 中華書局, 1995의 페이지 번호. 이하 같음) ; 『曆算全書』 卷23, 曆學駢枝 卷3, 月食通軌, 赤道宿度, 26ㄱ~ㄴ.

18) 『書傳大全』 卷1, 虞書, 堯典, "申命和叔, 宅朔方, 曰幽都, 平在朔易, 日短, 星昴, 以正仲冬, 厥民隩, 鳥獸氄毛"의 註, 14ㄱ(25쪽). "金氏曰, 堯典中星與月令不同, 月令中星與今日又不同. 歲有差數, 先賢故立歲差之法以步之, 差法當以七十五年者爲稍的. 堯時冬至日在虛七度, 昏昴中."

19) 黃道周의 『三易洞璣』에는 다음과 같은 구절이 있다. 『三易洞璣』 卷5, 文圖經中, 11ㄱ. "堯典日在虛九度, 軒轅時當在危三四度……."

20) 『天原發微』 卷4上, 卦氣, 5ㄱ(806책, 192쪽). "愚曰, 稽之往古, 難以盡同. 曆謂堯時冬至日在虛一度, 何承天却云在女十度, 宋元嘉曆冬至日在斗十七度, 月令要義却云在斗十四度……."

안정복 자신의 소견으로는 72년설에 의거해서 계산하면 지금 무진년(戊辰年 : 1748) 동지에 태양이 비로소 기(箕)2도에 들어갈 것 같다고 하면서, 윤동규에게 지금의 역법으로 태양은 몇 도에 있는지 알려달라고 했다. 또 윤동규가 보내준 책면(冊面)에 "만력(萬曆) 갑진(甲辰 : 1604)에 기(箕)3도에 교차한다"는 설이 있는데, 이는 72년법으로 계산해 보면 1도의 차이가 나고, 66년법으로 계산해 보면 차이가 너무 심하니 상세하게 가르쳐 달라고 요청하였다. 아울러 경성의 도수에 대해서 여러 가지 학설들이 같지 않으니 어느 것이 올바른지 알 수 없다고 하면서, 서사(西士)들이 이에 대해 논한 바가 있다면 아울러 가르쳐 달라고 하였다.[22]

안정복의 질문에 대해 윤동규는 곧바로 답장을 보냈다. 그의 답변 내용은 다음과 같은 몇 가지 단락으로 구분해 볼 수 있다. 첫째, 윤동규는 먼저 전통적 세차법과 서양의 그것을 비교하였다. 『서집전』에서는 이십팔수천(二十八宿天=항성천)을 기준으로 이야기했는데, 지금 서법(西法)에서는 따로 동서세차천(東西歲差天)을 두었으니 이는 별도의 하늘을 가리키는 것 같은데 상고할 수 없다고 하였고, 남북의 차이 66년법은 명(明) 만력(萬曆) 연간에 이지조(李之藻)의 상소에서 말한 바 있는데,[23]

---

21) 『順菴覆瓿稿』 卷5, 「與尹丈書(己巳正月)」(上, 271쪽). "且堯時日躔之度, 以書小註, 金仁山說觀之, 在虛七度, 他書亦云在虛九度. 今觀執事測量書面所記, 則云在虛一度, 此出何書耶. 至劉宋何承天以爲, 堯冬至, 日在女十度, 此何適從."

22) 『順菴覆瓿稿』 卷5, 「與尹丈書(己巳正月)」(上, 271쪽). "以妄見, 七十二年爲主, 則自今戊辰冬至, 日始入箕二度, 敢禀今曆日在何度耶. 又觀貴冊面, 有萬曆甲辰交箕三度之說, 然則妄料七十二之年法, 所差一度, 六十六年之法, 則徑庭亦太甚矣, 詳教幸甚. 經星度數, 諸說多寡不同, 未知何者爲正, 而西士亦有所論, 並示如何."

23) 이는 아마도 崇禎 2년(1629) 7월 26일에 徐光啓가 올린 상주문에 등장하는 내용으로 보인다. 당시 서광계는 '修改曆法事宜四款'(=急要事宜四款)을 올렸는데, 그 내용은 ①曆法修正十事, ②修曆用人三事, ③急用儀象十事, ④度數旁通十事로 모두 33條에 달하는 것이었다. 그 가운데 '曆法修正十事'의 첫 번째 항목이 歲差였으며, 그 내용은 항성동행설의 세차 값에 의거하여 古來의 100년 差 1도설, 50년 차 1도설, 66년 차 1도설 등의 오류를 바로잡겠다는 것이었다[『新法算書』 卷1, 緣起 1, 22ㄱ(788책, 13쪽). "其一議歲差. 每歲東行漸長漸短之數, 以正古來百年·五十

다만 남북세차는 매우 미미하여 중국에서는 일찍이 알지 못했던 바인데, 그 내용에 대해서 말하지 않았기 때문에 또한 어떠한 것인지 알 수 없다고 했다.[24] 그런데 사실 이와 같은 답변은 불분명한 점이 있다. 왜냐하면 '66년 차1도'설은 수시력(授時曆)의 세차법이었고,[25] 서양의 세차설은 항성천이 해마다 동쪽으로 51초씩 이동한다는 '항성동행설(恒星東行說)'이기 때문이다.[26] 그 값은 66년이 아니라 70여 년에 해당하는 것이다.[27]

둘째, 윤동규는 자신이 '허1도'라고 한 것은 만력 갑진년(1604)에 기수(箕宿)와 교차했다는 것을 전제로 66년법에 의거해서 역산한 것이라고 하였다. 다만 역년(歷年)의 수치가 이미 정확하지 않으니 이 또한 그럭저럭 맞춘 것이라[湊合] 정확하다고 자신할 수 없다고 하였다.[28] 윤동규가

年·六十六年等多寡互異之說."].

24) 『邵南遺稿』 卷6, 「答安百順 己巳正月」(159쪽). "歲差之法, 以書註言不過以二十八宿之天而言, 而今西法更有東西(歲)差天, 則似更有別指, 而未能有攷, 南北之差六十六年之法, 明萬曆中, 李之藻上疏言之, 而但言南北歲差甚微, 中國曾所未知, 不言所以, 亦未知如何."

25) 『元史』 卷52, 志 第4, 曆1, 歲餘歲差(1131쪽). "今自劉宋大明壬寅以來, 凡測景驗氣得冬至時刻眞數者有六, 取相距積日時刻, 以相距之年除之, 各得其時所用歲餘. 復自大明壬寅距至元戊寅積日時刻, 以相距之年除之, 得每歲三百六十五日二十四分二十五秒, 比大明曆減去一十一秒, 定爲方今所用歲餘. 餘七十五秒, 用益所謂四分之一, 共爲三百六十五度二十五分七十五秒, 定爲天周. 餘分强弱相減, 餘一分五十秒, 用除全度, 得六十六年有奇, 日却一度, 以六十六年除全度, 適得一分五十秒, 定爲歲差." ; 『古今律曆考』 卷2, 經2, 尙書考, "申命和叔, 宅朔方, 曰幽都, 平在朔易, 日短, 星昴, 以正仲冬, 厥民隩, 鳥獸氄毛"의 註, 10ㄴ~11ㄱ. "至郭守敬, 推冬至在箕十度, 斯爲密近, 然守敬謂六十六年差一度, 亦非定法. 六十六年, 惟守敬之時爲然, 而守敬之後, 則又在六十六年下矣." ; 『明史紀事本末』 卷73, 修明曆法, 6ㄱ. "許衡郭守敬定以六十六年有餘, 似已密矣."

26) 『新法算書』 卷56, 恒星曆指 卷1, 重測恒星法 第3(4章), 更求角宿距星赤道經度, 10ㄴ(788책, 966쪽). "恒星東行每年五十一秒, 六年得五分."

27) 『御製曆象考成』 上編, 卷1, 曆理總論, 歲差, 13ㄴ(790책, 14쪽). "今新法實測晷影, 驗之中星, 得七十年有餘而差一度, 每年差五十一秒. 此所差之數, 在古法爲冬至西移之度, 新法爲恒星東行之度, 徵之天象, 恒星原有動移, 則新法之理長也." ; 『御製曆象考成』 上編, 卷16, 恒星曆理, 恒星東行, 4ㄱ~5ㄱ(790책, 593~594쪽).

28) 『邵南遺稿』 卷6, 「答安百順 己巳正月」(159쪽). "在虛一度者, 以六十六年之法, 自萬曆甲

계산한 값이 66년법에 의거한 것이라면 그것은 안정복이 계산한 바와 같이 대략 60도 정도 차이가 나야 한다. 만약 만력 갑진년에 일전이 기1도에 위치하고 있었다면, 요임금 갑진년에는 대략 허3도에 위치해야 할 것이다.

셋째, 윤동규는 '만력갑진교기삼도지설(萬曆甲辰交箕三度之說)'에 대해서도 설명했다. 그는 만력 갑진년(1604)으로부터 지금 기사년(1749)까지가 148년[146년의 오기]이니, 그 사이의 세차 값을 '서법'에 의거하여 계산해 보면 기사년에는 일전이 기(箕)3도를 지났을 것이라고 하였다.[29] 윤동규는 당시 『방성도』에 따르면 춘분에는 벽(壁)이 중성이고, 추분에는 진(軫)이 중성이라고 하였으니[30] 이것으로부터 유추할 수 있지 않겠느냐고 하였다. 다만 자신은 정신과 정력이 소모된 상태라 추산하기 어려우니 안정복이 계산해서 알려주면 좋겠다고 하였다.[31]

넷째, 윤동규는 자신이 활용한 '경성도수'는 지금의 역법에 의거했다고 하였다. 그렇다면 그것은 시헌력(時憲曆)을 가리키는 것으로 볼 수 있다. 당시 청의 시헌력은 이른바 '대진현법(戴進賢法)'으로 『역상고성후편(曆象考成後編)』에 의거하고 있었다. 그렇지만 윤동규가 이용한 경성도수가 『역상고성』 이래의 그것인지는 현재로서는 단언할 수 없다.

辰交箕, 推上而爲言, 歷年之數, 旣未眞的, 則此亦湊合, 豈自爲的乎. 惟在詳更推示."

29) 146(년)÷66(년/도)=2.212121……(도) → 2도 넘게 이동하게 되므로 箕1도에서 箕3도 너머로 변화했다고 본 것이다.

30) 현존하는 「方星圖」의 춘분권도와 추분권도를 보면 각각 壁宿와 軫宿가 춘분점과 추분점의 일직선상에 위치해 있음을 확인할 수 있다[서울역사박물관, 『조선의 과학문화재』, 서울역사박물관, 2004, 62~63쪽]. 하지권도와 동지권도를 보면 하지점은 井宿 부근에, 동지점은 斗宿와 箕宿 사이에 있음을 알 수 있다[같은 책, 63~64쪽]. 『방성도(=方星圖解)』는 1711년에 閔明我(Philippus Maria Grimardi, 1632~1712)가 제작한 것이다[徐宗澤 編, 『明淸間耶穌會士譯著提要』, 北京 : 中華書局, 1949, 396쪽].

31) 『邵南遺稿』 卷6, 「答安百順 己巳正月」(159쪽). "自甲辰至今己巳, 更有百四十八年, 則以西法推之, 當更過箕三度矣. 以今方星畵言之, 春分在壁之中, 秋分在軫之中. 以此或可推出耶. 神精勞耗, 不能推去, 惟望詳度以示也."

그는 서양의 도수 또한 책마다 차이가 있다고 하였다. 그가 참조한 것 가운데 하나가 『혼개통헌도설(渾蓋通憲圖說)』의 「황도분도(黃道分圖)」였는데,[32] 상세한 내용을 획득하지는 못한 것으로 보인다.[33] 실제로 『혼개통헌도설』에서 28수의 도수를 대략적으로 언급한 것은 「세주대도도설(歲周對度圖說)」이었다. 그 내용을 정리하면 다음의 〈표〉와 같다.[34]

〈표 5-2〉 『혼개통헌도설(渾蓋通憲圖說)』의 「세주대도도설(歲周對度圖說)」

북방7수		서방7수		남방7수		동방7수	
宿名	도수	宿名	도수	宿名	도수	宿名	도수
斗	23도半	奎	17도太	井	31도	角	12도太
牛	7도	婁	12도少	鬼	2도	亢	9도半
女	11도	胃	15도太	柳	13도	氐	16도半
虛	9도	昴	11도	星	6도少	房	5도半
危	16도	畢	16도半	張	17도太	心	6도少
室	18도少	觜	5分	翼	20도	尾	18도
壁	9도少	參	10도少	軫	18도太	箕	9도半

* 여기에서 태(太)는 2/3, 반(半)은 1/2, 소(少)는 1/3이다.

다섯째, 윤동규는 안정복이 빌려달라고 요청한 책에 대해 언급하였다. 안정복은 『기하원본』을 비롯한 서양 산학서를 요청하였다. 그런데 윤동규가 생각하기에 기하학과 관련한 여러 논의를 이해하기 위해서는 많은 정력을 소비해야 했고, 『측량법의(測量法義)』를 통해서 직각(直角)과 방형(方形)에 대한 개략적 의미를 파악할 수는 있겠지만 헛된 수고를 할 필요가 없다고 하였다. 또 『동문산지』는 등사해 놓은 것이 없기 때문에

32) 이것이 정확히 무엇을 지칭하는지는 알 수 없으나 卷上에 수록되어 있는 「黃赤二道差率略」이나 卷下에 수록되어 있는 「用黃道經度赤道緯度立算」, 「用赤道經度北極緯度立算」, 「黃道經緯合度立算」 등과 같은 일련의 도표를 염두에 두었던 것이 아닐까 한다.

33) 『邵南遺稿』 卷6, 「答安百順 己巳正月」(159쪽). "經星度數, 依今曆法, 然而西洋計度似不同, 略見渾盖通憲黃道分畠, 而不得其詳耳."

34) 『渾蓋通憲圖說』(四庫全書本) 卷下, 歲周對度圖說 第14, 25ㄴ~26ㄱ.

요청에 부응할 수 없고, 『공제격치』는 본래 우리나라에 수입되지 않은 것이라고 했다.[35]

이상의 편지 내용에서 먼저 확인할 수 있는 것은 당시 이들이 세차법을 논하면서 참고한 서적들이다. 전통적으로 세차설을 습득하는 주요 통로였던 『서집전』이 거론되고 있다. 아울러 이지조(李之藻)의 상주문을 비롯하여 몇 종의 서학 관련 서적이 언급되었다. 『방성도』, 『혼개통헌도설』, 『측량법의』(徐光啓), 『동문산지』 등이 그것이다. 대체로 성호학파의 학자들은 이익의 영향 아래 이와 같은 서적을 통해 서양 천문역산학의 새로운 이론에 접하게 되었을 것이다. 세차법에 대한 논의는 그와 같은 탐구 과정에서 제기된 문제였다. 실제로 윤동규의 답변을 보면 이익 이래의 세차설을 수용하고 있었음을 알 수 있다.

2. 서양역법(西洋曆法)과 일전표(日躔表)

태양의 운행 궤도를 뜻하는 일전(日躔)에 대한 논의는 조선전기의 『칠정산(七政算)』, 『교식통궤(交食通軌)』, 『교식추보법(交食推步法)』이나 조선후기의 『세초유휘(細草類彙)』, 『시헌기요(時憲紀要)』, 『추보첩례(推步捷例)』, 『추보속해(推步續解)』 등과 같은 천문역산서, 또는 『선택요략(選擇要略)』이나 『선택기요(選擇紀要)』와 같이 택일을 위해 날짜와 시간의 계산이 필요한 명과학(命課學)과 관련된 서적에서 등장할 뿐 일반인들의 논의에서는 찾아보기 어렵다.

그런데 영조 32년(1756) 5월에 안정복은 윤동규에게 보낸 편지에서

---

35) 『邵南遺稿』 卷6, 「答安百順 己巳正月」(159쪽). "幾何細論[諭?], 方圓曲直, 角形之線, 而雖推得, 多費精, 其見於測量法義, 直角方形者, 可畧知其義, 不欲吾友虛勞精思, 而與同文筭指, 俱無謄書, 未得仰副, 空際書, 元不出來我東耳."

'일전표(日躔表)'를 언급했다. 그것은 『신법산서(新法算書=西洋新法曆書)』나 『역상고성(曆象考成)』 등에 수록되어 있는 편목으로서 태양 운행과 관련한 각종 천문 상수와 그것을 이용한 계산의 이론과 방법을 정리해 놓은 것이다.[36] 그런데 안정복은 편지에서 "서양역법에는 『일전표』 2권이 있는데, 지금 세상에서 사용하고 있는 것이다"라고 하였다. 이는 『신법산서』의 권25~26에 수록되어 있는 『일전표』를 가리키는 것으로 보인다. 안정복은 이전에 이를 다른 사람에게서 빌렸는데, 미처 검토해 보기도 전에 황운대(黃運大, ?~1757, 字 得甫)가 빌려 갔다고 한다.[37] 지난번에 황운대가 와서 책을 전하기에 그 추산법(推算法)에 대해 물어보았더니 알 수 없다고 하였다. 안정복 자신도 그 후에 대략 살펴보았는데 산법(算法)은 별로 알 만한 것이 없었으나 절기(節氣), 전도(躔度), 기일(紀日) 등은 모두 부합했다고 한다. 다만 이 책은 순천부(順天府)를 기준으로 한 것이었으므로,[38] 우리나라보다 하루가 뒤진다고 하였으며, 이른바 『일전역지(日躔曆指)』라는 책과 함께 참고한 다음에라야 철저하게 꿰뚫을[通透] 수 있는데[39] 자신은 이 책을 보지 못했다고 하면서 윤동규에게

36) 예컨대 『曆象考成』에 수록되어 있는 日躔表의 내용은 다음과 같다. 太陽年根表, 太陽周歲平行表, 太陽周日平行表, 太陽均數表, 黃赤距度表, 黃赤升度表, 黃道赤經交角表, 升度時差表, 均數時差表, 太陽距地心表, 清蒙氣差表, 太陽實行表[『御製曆象考成表』 卷1, 日躔表, 1ㄱ~ㄴ 참조].

37) 안정복이 지은 「黃得甫哀詞」를 보면 丙子年(1756) 4월에 부친의 상중이었던 황운대가 역시 居喪 중에 있던 안정복을 찾아와서 두 사람이 經書性理之奧와 禮文度數之儀로부터 歷代之興廢와 晷度交會之術에 이르기까지 논하지 않음이 없었다고 한다. 아마도 이 무렵에 『일전표』를 빌려간 것이 아닌가 한다[『順菴集』 卷20, 「黃得甫哀詞己卯」, 30ㄴ~31ㄱ(230책, 216~217쪽). "丙子四月, 余坐堊室, 有曳衰而至者, 卽得甫也. …… 是夜留話, 衰絰相對, 悲泣論懷, 而講說平日之疑義, 自經書性理之奧, 禮文度數之儀, 至若歷代之興廢, 晷度交會之術, 靡不爬櫛而擧之, 雖在憂服之中, 亦足以自慰也." 황운대는 그 이듬해 봄에 사망하였다.

38) 『新法算書』 卷25, 日躔表, 求各處節氣時刻及日躔度分, 13ㄴ(788책, 398쪽). "右上法所算躔宜[宮]度分, 皆順天府或南北同經度等方也. 若在東或西, 不得相同, 法于左."

39) 실제로 『新法算書』 卷25~26에 수록되어 있는 『일전표』의 세주에는 "所以然者, 見日躔曆指", "全圖見日躔曆指, 今用半圖", "其假如見日躔曆指" 등의 표현이 있고[『新

본 적이 있느냐고 질문하였다.[40]

다음으로 안정복은 절기(節氣) 배치법에 대해 문의했다. 역대의 역법에서는 평기법(平氣法)을 사용했기 때문에 24절기 사이의 간격이 동일했다. 그런데 서양 역법에서는 정기법(定氣法)을 사용하기 때문에 각 절기 사이의 간격이 일정하지 않았다. 안정복은 그 방법이 매우 정밀해서 수천 년 후에도 고칠 필요가 없을 것 같다고 하는데 과연 그런 것인지 물었던 것이다.[41]

그런데 이에 대한 윤동규의 답변은 곧바로 이루어지지 못했다. 아마도 윤동규에게 『일전표』가 없었기 때문으로 보인다. 윤동규는 이 책을 빌려달라고 안정복에게 요청했던 것 같고 이에 대한 답장이 6월 13일에 윤동규에게 발송되었다. 그에 따르면 『일전표』 두 권은 비록 다른 사람의 소유이기는 하지만 안정복 자신이 책 주인과 친분[契分]이 있으니 이를 다른 이에게 빌려주어도 무방하다고 하면서 윤동규에게 보냈다. 아울러 안정복은 반드시 『일전역지』를 참고해서 보아야만 이 책에 통달할 수 있다고 덧붙였고, 이 책을 열람한 후 일종의 예제 풀이라 할 수 있는 '가령(假令)'을 따로 만들어 보여주면 좋겠다고 하였다.[42]

法算書』 卷25, 日躔表, 求二十四節氣日率, 8ㄱ(788책, 396쪽) ; 『新法算書』 卷26, 日躔表 卷2, 算加減表說, 13ㄱ(788책, 437쪽) ; 『新法算書』 卷26, 日躔表 卷2, 日差表說, 用法, 30ㄱ(788책, 445쪽)], 본문에도 "淸蒙氣說, 見日躔曆指第三", "地半徑說, 見日躔曆指第八" 등과 같은 내용이 들어 있다[『新法算書』 卷26, 日躔表 卷2, 淸蒙地半徑表用法, 34ㄱ(788책, 447쪽)].

40) 『順菴覆瓿稿』 卷5, 「與尹丈書(丙子五月十七日)」(上, 291쪽). "西洋曆法, 有日躔表二卷, 今世所用者也. 前日借之於人, 未及被閱, 而得甫又爲借去, 向日來傳, 問其推筭之法, 以爲終不可知, 日來略略看過, 算法別無可知者, 而節氣·躔度·紀日, 亦皆符合. 但此書以順天府立例, 故於我東每後一日, 與所謂日躔曆指者參看然後, 可以通透, 而此書亦未得見, 伏未知曾已披覽否."

41) 『順菴覆瓿稿』 卷5, 「與尹丈書(丙子五月十七日)」(上, 291쪽). "歷代曆法二十四氣折分皆同, 歲歲皆然, 而惟此西法, 則每節不同, 歲歲亦不相似, 其爲術儘密矣. 似至數千百載而更無變改者然, 此果如此否."

42) 『順菴覆瓿稿』 卷5, 「與尹丈書(丙子六月十三日)」(上, 292쪽). "日躔表二卷, 雖是他人

윤동규는 안정복의 편지를 받고 『일전표』를 빌려준 것에 대해 고마움을 표하면서 근자에 자신의 정력이 쇠잔하여 정신이 없고 총명하지 못하니 깊이 탐구하기는 어려울 것 같다고 하면서, 대략적으로 훑어본 후에 돌려보내겠다고 하였다.[43] 비록 말은 그렇게 했지만 검토 기간이 오래 걸리지는 않은 것 같다. 그달을 넘기지 않고 바로 답장을 보냈기 때문이다.

윤동규는 답장에서 『일전표』에서는 용법을 상세히 논하지 않았기 때문에 자신이 그 요령을 알지 못하여 헛되이 정신만 허비했다고 하면서 의심나는 바를 간략하게 논해서 별지로 보낸다고 하였다.[44] 그러면서 별지와는 별도로 다음과 같은 간단한 답변을 편지에 적었다.

> 지금 이 표를 보면 조력(造曆)은 도(圖)에 의거하여 포산(布算)을 하면 많은 힘을 소모하지 않아도 될 것 같습니다. 요컨대 이미 근수(根數)를 알고 있으면 365일의 행도(行度)를 더하여 동지(冬至)를 정하고, 명년(明年) 이후부터는 수기일(宿紀日 : 동지 다음날)을 더하여 차례대로 정할 수 있습니다. 이미 동지의 절후를 정했다면 소한(小寒) 이후는 저절로 법에 의해 배열할 수 있습니다. 그렇지만 우리나라의 동지는 항상 북경보다 5일이 늦으니,[45] 그 근수가 합치하는지 알 수 없으며, 최고충

之書, 書主頗有契分, 轉借無妨. 故玆以依敎納上, 必與日躔曆指參看, 然後可以盡通此書, 無由得見伏歎. 下覽後別爲假令下示, 何幸何幸."

43) 『邵南遺稿』 卷6, 「答安百順 丙子六月」(185쪽). "日躔表, 勤蒙借示, 近日精力困頓, 日事昏睡, 不聰明, 恐未得深究耳. 草草遮眼, 後當奉完矣."

44) 『邵南遺稿』 卷6, 「答安百順 丙子六月」(185쪽). "日躔表, 旣不詳用法, 冥行擿埴, 徒勞精神, 故畧論所疑於別紙而還付."

45) 여기서 '5일'은 계산상의 착오로 보인다. 8월에 안정복에게 보낸 편지에 이에 대한 언급이 등장하기 때문이다[『邵南遺稿』 卷6, 「答安百順 丙子八月」(186쪽). "燕箕冬至, 一日五日先後之差. 來敎以前後之異. 日躔表所言, 於戊辰曆元, 求來年己巳天定[正]冬至, 故依此推之, 果後五日也. 今承來敎, 則戊辰曆元, 泝求癸酉冬至, 非求己巳冬至也. 然則此妄推不當耶. 惟望更詳而爲敎也."].

> (最高衡 : 가감차 계산에 사용하는 수)이 같지 않은 것은 북극출지로써 그것을 정하기 때문이 아닌지요? 다만 절기(節氣)를 정하고 시법(時法)을 변화하는 것은 끝내 깨닫지 못하겠는데[終看不出][46] 따로 산법(筭法)이 있을 것 같으니 만약 이해하게 되거든 설파하여 주시기 바랍니다. 다시 절기가 같지 않은 것을 구하고자 한다면 동서(東西)가 같지 않다는 것을 위주로 해야 합니다. 500리(里)를 법(法)으로 삼은 연후에 우리나라의 근수는 반드시 동서부동(東西不同)으로써 법을 세워야 합니다. 혹시 다른 날에 들어서 이해하시게 되면 또한 일러 주시기 바랍니다. 다만 동서의 차이만 있는 것이 아니라 남북으로도 출입의 다과가 있기 때문에 양지(兩至 : 동지·하지)와 양분(兩分 : 춘분·추분)에 선후가 있게 됩니다. 동력(東曆)이 북경보다 매번 5일이 늦은 것은 또한 북극의 출입 때문입니다.[47]

이와 같은 윤동규의 언급은 『일전표』에 수록되어 있는 「역원후이백항년표설(曆元後二百恒年表說)」의 내용에 근거한 것이라고 볼 수 있다. 그것은 「역원후이백항년표(曆元後二百恒年表)」[48]에 사용된 상수와 항목에 대한 설명을 담고 있다. 세실(歲實), 역원(曆元), 기년도분(紀年度分), 최고충도분(最高衝度分), 수기일(宿紀日) 등이 바로 그것이다.[49]

---

46) 『滄溪集』 卷24, 讀書箚錄, 「栗谷別集疑義上朴玄江」, 13ㄴ(159책, 540쪽). "(卷之三)第三板不用某許多條. 朱子語本甚明白, 所謂看不出云者, 如云見不到看不破也."

47) 『邵南遺稿』 卷6, 「答安百順 丙子六月」(185쪽). "今觀此表, 造曆依畐[圖]布筭, 似不大費力, 旣知根數, 加三百六十五日行度, 定冬至, 自明年以後, 加宿紀日, 次第可定, 而旣定冬至節候, 則小寒以下, 自可依法排列. 然我國之冬至, 常後於北京五日, 未知其根數果合, 而最高衝不同, 以北極出地定之耶. 但定節氣, 變時法, 終看不出, 似別有筭法, 而若講得, 則示破爲望, 更求節氣不同, 以東西不同爲主, 而以五百里爲法, 然則我國根數, 必以東西不同立法, 或他日有聞知, 亦望開示之耳. 非但東西之差, 南北有出入之多寡, 故有兩至兩分先後, 東曆之於北京, 每後五日者, 亦以北極之出入耳."

48) 『新法算書』 卷25, 日躔表, 曆元後二百恒年表, 20ㄱ~31ㄴ(788책, 402~407쪽).

49) 『新法算書』 卷25, 日躔表, 曆元後二百恒年表說, 4ㄴ~5ㄱ(788책, 394쪽). "新法(依百

한편 윤동규는 이 편지에 별지를 첨부하였는데, 이를 통해 『일전표』의 개략적 내용에 대한 본인의 생각을 피력했다. 먼저 그는 『일전표』에 수록된 것은 입성(立成 : 수표)[50]에 불과하며, 그 용법에 대해서는 자세히 말하지 않았다고 하였다. 윤동규는 그 가운데 두 가지 산법에 대해 설명하고 있는데 하나는 '구천정동지시각(求天正冬至時刻)'이고, 다른 하나는 '구각처절기시각(求各處節氣時刻)'이었다. 실제로 『신법산서』에는 이에 대한 상세한 계산법이 수록되어 있다.[51] 그런데 윤동규는 이상과 같은 세세한 과정에 대해 모두 설명하지는 않았다. 다만 그는 균수(均數)는 대략 약속에 의해 구할 수 있으며, 시각을 변환하는 방법은 모름지기 24시가 분(分)·초(秒)·미(微)로 변화하는 방법을 알아야 하고, 그것이 서로 변화하는 방법은 '삼수산법(三數筭法)'[52]을 알아야만 통할 수 있다고 하였다. 그러나 이 방법 또한 약속에 의해 알 수 있기 때문에 지워버렸다고 했다.[53]

한편 황도전도(黃道躔度)와 같은 것들은[54] 또한 그 산법을 알고 있어야

分算)定用平行歲實, 爲三百六十五日二十四刻二十一分八十八秒六十四微, 以崇禎元年戊辰歲爲曆元, 作二百恒年表, 表中書紀年度分者, 平冬至之根數. 蓋是本日夜子正四刻以前, 上遡至平冬至時刻之日躔度分, 與氣應同理者也. 其最高衝度分者, 是加減差所用, 合于加減差表, 依法推算, 則得定冬至也. 其宿紀日者, 是年之冬至次日, 若加差滿一日, 則爲本日也."

50) 『明史』 卷34, 志 第10, 曆 4, 大統曆法 2立成, 623쪽. "立成者, 以日月五星盈縮遲疾之數, 預爲排定, 以便推步取用也."

51) 『新法算書』 卷25, 日躔表, 求天正冬至時刻, 5ㄱ~ㄴ(788책, 394쪽) ; 『新法算書』 卷25, 日躔表, 求各處節氣時刻及日躔度分, 13ㄱ~14ㄱ(788책, 398~399쪽).

52) 『測量法義』, 「三數算法附」, 31ㄱ. "三數算法, 卽九章中異乘同除法也. 先定某爲第一數, 某爲第二第三數, 次以第二第三兩數相乘爲實, 以第一數爲法除之, 卽得所求第四數."

53) 『邵南遺稿』 卷6, 「答安百順 丙子六月」, 別紙(185쪽). "今此日躔表所錄, 不過立成表, 而畧言用之之法, 以其求天正冬至及各節氣之兩法言之, 均數畧可依約求之, 而其變時刻之法, 須知二十四時, 化微分抄, 相化之法, 而知三數筭法, 乃可通之, 此法亦可依約爲之, 故抹之."

54) 이는 아마도 '太陽躔黃道宿度'를 계산하는 방법을 말하는 것으로 보인다『新法算

통할 수 있다고 하였으며, 소이연을 말하지 않았기 때문에 비록 약속에 의거해서 그것을 계산하는 자도 또한 그것이 어떤 의미인지 모를 것이라고 하였다. 「태양평행영표(太陽平行永表)」나 「태양평행육십영년표(太陽平行六十零年表)」와 같은 것은[55] 이 방법의 사용처를 이미 말했기 때문에 지워버렸다고 하였다.[56]

윤동규는 『일전표』 하권에 수록된 「청몽표(淸蒙表=日高淸蒙氣差表)」와 「태양거지심표(太陽距地心表)」와 같은 것은 그 용도를 얘기하지 않았으니 무슨 뜻인지 알 수 없다고 하였다. 그러면서 윤동규는 자신의 독서 경험을 이야기했다. 예전에 그가 서양의 여러 책을 보았을 때는 그것이 사람들에게 가리켜 보여주는 바가 명료했기 때문에 눈으로 보고 손으로 만지는 것과 같았는데, 지금 이 『일전표』는 그렇지 않다고 하였다.[57] 『일전표』의 구성 방식이 독자의 이해를 돕기에 불친절하다는 문제점을 언급한 것이었다. 이와 같은 윤동규의 불만은 일면적으로는 타당하다. 『일전표』는 계산의 편의를 돕기 위한 수표이기 때문이다. 그렇지만 『신법산서』의 전체적 구성을 염두에 둔다면 이와 같은 문제 제기는 부당한 것이다. 『일전표』는 『일전역지』에 수록된 계산의 원리나 방법과 함께 참조해야 하는 것이기 때문이다.[58]

書』 卷25, 日躔表, 求太陽躔宿度分, 算太陽躔黃道宿度, 12ㄱ~17ㄱ(788책, 399~400쪽)].

55) 『新法算書』 卷25, 日躔表, 太陽平行永表, 32ㄱ~35ㄱ(788책, 408~409쪽) ; 『新法算書』 卷25, 日躔表, 太陽平行六十零年表, 35ㄴ~36ㄴ(788책, 409~410쪽).

56) 『邵南遺稿』 卷6, 「答安百順 丙子六月」, 別紙(185쪽). “黃道躔度之類, 亦知其筭法, 乃可通之, 不言所以然, 雖可依約爲之者, 亦茫然不知其何義, 至於平行永表·六十零年表, 此法用處, 亦已言之, 故抹之.”

57) 『邵南遺稿』 卷6, 「答安百順 丙子六月」, 別紙(185쪽). “下卷淸蒙表·太陽距地心表, 旣不言所用, 亦不知何義. 曾觀西洋諸書, 其指示人, 使知瞭然, 如目擊手驗, 而此則不然.”

58) 서광계 등은 『崇禎曆書』의 편찬 과정에서 관련 書目을 ‘基本五目’과 ‘節次六目’의 11部로 분류하였다. ‘기본오목’이란 法原·法數·法算·法器·會通이고, ‘절차육목’이란 日躔·恒星·月離·日月交會·五緯星·五星交會였다[『新法算書』, 提要, 2ㄱ(788책,

윤동규는 서광계(徐光啓)가 개력(改曆)을 감독할 때 진상한 책이 20여 권에 달한다고 하였다. 이는 숭정 4년(1631) 정월에 서광계가 진상한 책을 가리키는 것이다. 『명사(明史)』「역지(曆志)」에서는 "(숭정)4년 정월에 서광계가 역서(曆書) 24권을 진상하였다"[59]고 하였고, 「열전(列傳)」에서는 "4년 춘정월(春正月)에 서광계가 일전역지(日躔曆指) 1권, 측천약설(測天約說) 2권, 대측(大測) 2권, 일전표(日躔表) 2권, 할원팔선표(割圓八線表) 6권, 황도승도(黃道升度) 7권, 황적거도표(黃赤距度表) 1권, 통률표(通率表) 1권을 진상하였다"[60]라고 하였다. 양자의 서술이 일치하지 않는데 그 상세한 내용은 『신법산서』의 연기(緣起), 즉 이른바 '치력연기(治曆緣起)'에서 확인할 수 있다. 그에 따르면 서광계가 제1차로 진정한 서목(書目)은 역서(曆書) 1투(套) 6권과 역표(曆表) 1투(套) 18권으로 모두 24권이었다. 그 가운데 역서 6권은 역서총목(曆書總目) 1권, 일전역지(日躔曆指) 1권, 측천약설(測天約說) 2권, 대측(大測) 2권이었고, 역표 18권은 일전표(日躔表) 2권, 할원팔선표(割圓八線表) 6권, 황도승도표(黃道升度表) 7권, 황적거도표(黃赤(道)距度表) 1권, 통률표(通率表) 2권이었다.[61] 윤동규는 만약 역법을 구하고자 한다면 반드시 이와 같은 여러 책을 얻어서 그 뜻을 철저히 파악한 다음에 역법을 만들어야 한다고 보았다. 만약 이러한

2쪽). "其書凡十一部, 曰法原, 曰法數, 曰法算, 曰法器, 曰會通, 謂之基本五目, 曰日躔, 曰恒星, 曰月離, 曰日月交會, 曰五緯星, 曰五星交會, 謂之節次六目." ; 『新法算書』 卷1, 緣起 1, 17ㄱ~ㄴ(788책, 11쪽). "臣惟玆事, 義理奧賾, 法數殷繁, 述叙既多, 宜循節次, 事緖尤紛, 宜先基本. 今擬分節次六目, 基本五目, 一切翻譯譔著, 區分類別, 以次屬焉. 謹條列如左."]. 이에 따르면 『日躔曆指』는 '法原'에 해당하는 것이었고, 『日躔表』를 비롯한 수표는 '法數'에 속하는 것이었다[『新法算書』 卷1, 緣起 1, 19ㄴ~20ㄱ(788책, 12쪽). '第一次進呈書目'의 '計開' 참조].

59) 『明史』 卷31, 志 第7, 曆 1, 531쪽. "四年正月, 光啓進曆書二十四卷."

60) 『明史』 卷251, 列傳 第139, 徐光啓, 6494쪽. "四年春正月, 光啓進日躔曆指一卷·測天約說二卷·大測二卷·日躔表二卷·割圜八線表六卷·黃道升度七卷·黃赤距度表一卷·通率表一卷."

61) 『新法算書』 卷1, 緣起 1, 第一次進呈書目, 計開, 19ㄴ~20ㄱ(788책, 12쪽) ; 『新法算書』 卷2, 緣起 2, 計開, 4ㄱ~ㄴ(788책, 23쪽).

책을 보지 않으면 그것은 헛되어 정신만 낭비하고 얻는 바가 없을 것이라고 하였다.[62)]

이상의 내용을 통해 윤동규가 『신법산서』로 대표되는 서양의 천문역산학에 관해 적잖은 지식을 축적하고 있었음을 확인할 수 있다. 이와 관련해서 안정복이 지은 윤동규의 「행장」에 유의할 필요가 있다. 그 가운데는 윤동규에 대한 이익의 평가가 수록되어 있는데, 안정복이 병인년(영조 22, 1746)에 이익을 뵈었을 때 이익이 말하기를 "양웅(揚雄)의 『태현경(太玄經)』이나 명나라 유자[明儒]의 『기하원본(幾何原本)』은 세상 사람들이 난해하다고 말하는데, 윤동규는 한 번 보고 밝게 깨우쳐 그 취지를 밝혔으니 지금 세상에서 궁리지학(窮理之學)을 〈하는 사람 가운데〉 그보다 앞서는 사람이 없다"[63)]라고 하였다. 또한 윤동규는 천문역산학, 지리학, 의학, 그리고 산학 가운데 '개방염우(開方廉隅)' 등을 탐구했다고 한다.[64)] 이는 윤동규가 당시의 천문역산학과 개방술(開方術)을 비롯한 산학에 조예가 깊었음을 뜻하는 것으로 보인다.

안정복이 『일전표』에 관심을 갖고 그에 기초해서 각종 계산을 시도했다는 점, 서양 천문역산학의 도입 이후 변화가 발생한 절기배치법에 대해 질문했다는 점도 눈에 띈다. 이는 서학을 대하는 성호학파의 학문적 태도와 관련해서 생각해 보아야 할 문제이기 때문이다. 조선후기에 많은 서학 비판론자들이 서학서를 보지 않고 서학을 비판했다. 심지어

---

62) 『邵南遺稿』 卷6, 「答安百順 丙子六月」, 別紙(185쪽). "盖徐尙書督修曆法時, 所上諸書, 有日躔曆指·測天約說·大測·日躔表·割圓八線表·黃道升度·黃赤距度·通率等二十餘卷, 若欲求曆法, 必須得此等諸書, 乃可通曉其義而作法. 若不見此書, 不過徒費精神而無得, 故畧論如此, 而還呈日躔表耳."

63) 『順菴集』 卷26, 「邵南先生尹公行狀乙巳」, 11ㄱ(230책, 324쪽). "丙寅歲, 鼎福謁李先生, 先生語當世人物曰 …… 又曰, 楊雄太玄, 明儒幾何原本, 世稱難解, 而某也一見洞曉, 發其指歸, 今世窮理之學, 莫之先也."

64) 『順菴集』 卷26, 「邵南先生尹公行狀乙巳」, 14ㄴ(230책, 325쪽). "至如象緯曆法, 地理疆域, 醫方之素問運氣, 籌數之開方廉隅, 靡不究覈."

자신이 서학서를 보지 않았다는 사실을 자랑스럽게 언급하면서 척사론(斥邪論)을 제기한 경우도 있었다. 그와 비교해 볼 때 다양한 서학서를 탐독하는 성호학파 학자들의 태도는 남다른 면이 있었다. 물론 이와 같은 학문적 자세에 가장 큰 영향을 준 인물은 이익이었다. 그는 마테오 리치의 학문은 소홀히 여길 수 없으며, 서학에는 천문역산학과 같은 실용처(實用處)가 있다고 보았는데,[65] 이러한 그의 서학관(西學觀)은 제자들에게도 전파되었다.

윤동규는 영조 32년(1756) 8월에 안정복에게 보낸 편지에서 양학(洋學)은 불교와 같이 윤리를 절멸(滅絶)하는 것이 아니며, 격치(格致)에 온전히 힘을 쓰고 있다고 주장했다.[66] 그는 양학이 천지의 광대함과 사물의 미세함에 이르기까지 천주(天主)의 일이 아닌 것이 없다고 여겨 반드시 끝까지 궁구한 다음에 그치니 이를 '무용지학(無用之學)'이라고 하여 불교와 비교해서 논할 수는 없다고 하였다. 특히 천도(天道)의 순회(循回)와 일월(日月)의 왕래(往來)〈에 대한 계산〉은 만고에 걸쳐 오차가 없고, 기계(器械)를 부려서 쓰는 정교하고 예리함은 공수(工垂=工倕 : 舜임금 때의 훌륭한 목수)와 대질해도 차등이 없어서, 희화(羲和)와 공공(共工)의 직책을 맡겨도 될 정도니 어찌 성인의 무리가 아니겠느냐고 하였다.[67] 이와 같은 윤동규의 발언은 서양의 과학기술에 대한 긍정적 평가가 아닐 수 없다.

같은 해 12월에 윤동규는 다시 안정복에게 편지를 보내 서양인의

---

65) 구만옥, 앞의 논문, 2012, 335~323쪽 참조.

66) 『邵南遺稿』 卷6, 「答安百順 丙子八月」(186쪽). "佛則以天地萬物爲幻形, 而以寂滅頓悟爲主, 洋學則雖童身赴學, 此要專靜, 非爲滅絶倫理, 全務格致……."

67) 『邵南遺稿』 卷6, 「答安百順 丙子八月」(186쪽). "至於天地之廣大, 事物之微細, 莫非爲(天)天主之事, 而必窮底乃已, 恐不可以無用之學, 比而論之耶. 若其天道之循回, 日月之往來, 歷萬古而無差, 器械事用之精利, 質工垂而無等, 委之羲和共工之任, 豈非聖人之儔耶."

학술에 대해 논했다. 그는 천주교 교리에 대해서는 비판적 입장을 취하면서도 서학에는 버릴 수 없는 것이 있다고 하였다. 오기(五紀 : 歲·月·日·星辰·曆數)의 정묘함과 사물의 상세함이 바로 그것이었다. 윤동규는 서학의 신앙적 측면에 터무니없고 잘못된 점이 있다는 이유로 이런 장점까지 버릴 수는 없다고 생각했던 것이다.[68] 이익 이래로 서양의 자연학과 천주교를 따로 떼어서 생각했던 성호학파 학자들의 태도를 여기에서도 엿볼 수 있다.

3. 조석설(潮汐說)

바다에서 밀물과 썰물이 반복되는 조석(潮汐) 현상에 대해서는 예로부터 많은 사람들이 실용적·학문적 차원에서 관심을 기울였고, 그에 따라 다양한 조석설(潮汐說)이 산출되었다. 조석설의 핵심 주제는 조석의 원인을 규명하는 것과 지역에 따라 정확한 조석 시각을 산출하는 것이었다. 우리나라의 경우 동해에 조석 현상이 미미했기 때문에 그 이유를 밝히고자 하는 이른바 '동해무조석(東海無潮汐)'의 문제가 추가되었다.[69] 성호학파 학자들의 조석설 역시 이와 같은 범주에서 벗어나지 않는다.

1) 영조 32년(1756)~33년(1757)의 논의

안정복이 조석설에 관심을 피력한 것은 영조 32년(1756) 3월에 남유로

---

68) 『邵南遺稿』 卷6, 「答安百順 丙子十二月」(187쪽). "若其五紀之精竗[妙], 事物之詳細, 有不可棄者, 亦不可以其學之荒謬而捨之也. 未知如何."

69) 구만옥, 「朝鮮後期 潮汐說과 '東海無潮汐論'」, 『東方學志』 111, 延世大學校 國學硏究院, 2001 참조.

(南維老, 1698~?, 字 幼張, 號 止菴)[70]에게 보낸 편지에서였다. 3월 15일의 편지와 3월 18일의 편지가 그것이다. 3월 15일의 편지에서 안정복은 자신이 이전에 한백겸(韓百謙, 1552~1615)의 조석설을 보았는데 그 논의가 소옹의 '천식지설(喘息之說)'을 전용(專用)한 것이지만, 그것을 미루어 부연한 내용에는 '자득(自得)'한 말이 많다고 하였다. 그러면서 안정복은 남유로에게 조석설에 대한 가르침을 요청하였다.[71] 3월 18일의 편지에서는 한백겸의 조석설을 다음과 같이 요약하였다.

> 조석설은 예전에 한백겸[久庵]이 논한 바를 보았는데, 그 말은 소옹(邵雍=邵子)의 호흡설[喘息之說][72]을 전용(專用)한 것으로, 말하기를 "남극과 북극〈사이〉을 '하나의 기(氣)'가 상통하는데 사람이 호흡을 하는 것과 같다. 양극(兩極=兩辰)의 사이는 기울어져서 서로 바라보고 있기 때문에 반드시 양각풍(羊角風 : 회오리바람)과 같은 일기(一氣)가 있어서, 남극[南辰]으로부터 일어나 빙빙 돌아서[旋旋] 땅을 나와 북쪽을 향해 가는 것이 사람의 호흡이 '배꼽 아래의 단전[氣海丹田]'에서 일어나 입과 코를 출입하는 것과 같다. 양극 〈사이를〉 왕래〈하는 氣〉는 남쪽으로부터 북쪽으로 향하여 곧바로 위로 가고 곧바로 아래로 내려오니, 기두(氣頭)의 여파(餘波)는 좌우로 널리 미칠 수 없다. 그러므로 동해에는 조석이

---

70) 『順菴集』에는 남유로의 시에 次韻하거나 남유로에게 바친 시가 4수, 戊辰年(1748, 영조 24)과 己巳年(1749, 영조 25)에 남유로에게 보낸 편지 3통이 수록되어 있다. 그러나 그의 인적 사항에 대한 단서는 보이지 않는다. 다만 『順菴覆瓿稿』에 수록된 편지 가운데 "維老는 戊寅生으로 號는 止庵이며 木溪에 거주하고 있다"는 기록이 있어 그의 출생 연도가 戊寅年(1698, 숙종 24)임을 알 수 있다[『順菴覆瓿稿』 卷5, 「答南丈(幼張)書」(上, 263쪽). "維老戊寅生, 號止庵, 時居木溪."].

71) 『順菴覆瓿稿』 卷16, 「與南丈書(丙子三月十五日)」(下, 418쪽). "潮水說, 昨見韓久庵所論, 其言專用邵子喘息之說, 而推以演之者, 多自得之語, 試入下思, 而亦願搆出一說, 下示之也."

72) 『性理大全』 卷27, 理氣 2, 地理潮汐附, 33ㄴ(1892쪽). "潮汐者, 地之喘息也, 所以應月者, 從其類也."

> 없고, 그렇다면 서해에도 또한 반드시 조석이 없을 것이다"라고 하였다. 또 말하기를 "중국의 조석설은 다만 남해에 근거해서 말한 것이므로, 그 설(說)이 통하지 않는다. 우리나라의 조석은 서남쪽에서 가장 왕성하고, 전라좌도(全羅左道)로부터 점차 미약해지며, 경상도와 강원도를 거치면 전혀 미치지 못한다. 〈해당 지역이〉 달이 뜨는 곳에 정확하게 위치해도 하나의 물결[一波]도 움직이지 않으니, 물이 달을 따라 운행하지 않는 것이 또한 분명하다"라고 하였다.[73]

안정복은 이와 같은 한백겸의 조석설을 남유로에게 보내면서 이것이 '자득'한 데서 나온 것으로 보이는데 시험 삼아 보내니 가르침을 달라고 하였다.[74] 위의 인용문에서 확인할 수 있듯이 한백겸의 조석설은 '호흡설'에 속하는 것이었다.

안정복의 질문에 대한 남유로의 답장은 확인할 수 없다. 그런데 그 이듬해인 영조 33년(1757)과 영조 35년(1759)에 윤동규가 안정복에게 보낸 편지에서 조석설에 관한 논의가 등장한다. 먼저 영조 33년 정월에 보낸 편지에서 윤동규는 『곤여도(坤輿圖)』에 수록되어 있는 서양인의 조석설을 안정복에게 별지[別楮]로 등사해서 보냈다. 그는 스승 이익의 조석설도[75] 그 대의가 여기에서 벗어나지 않는다고 하면서, 자신이

---

73) 『順菴覆瓿稿』 卷5, 「與南丈書(丙子三月十八日)」(上, 265~266쪽). "潮汐說, 作[昨]見久庵所論, 其言專用邵子喘息之說, 曰南北辰一氣相通, 猶人之有呼吸. 兩辰之間, 斜倚相望, 必有一氣如羊角風, 起自南辰, 旋旋出地, 向北而去, 如人之呼吸, 起自氣海丹田, 出入口鼻矣. 兩辰之往來, 從南向北, 直上直下, 則氣頭餘波, 不能遠及於左右, 故東海無潮汐, 然則西海亦必無潮汐矣. 又曰, 中國潮汐之說, 只據南海而言, 故其說不通, 我國潮汐, 最盛於西南, 自全羅左道漸微, 歷慶尙·江原則專不及矣. 正當月出之地, 一波不動, 水不從月而行, 亦明矣."

74) 『順菴覆瓿稿』 卷5, 「與南丈書(丙子三月十八日)」(上, 266쪽). "此說亦出於自得, 試入下思見教, 幸甚."

75) 『星湖全集』 卷43, 「潮汐辨」, 24ㄱ~27ㄱ(199책, 282~284쪽).

소시(少時)에 그것을 받아서 보았는데 지금은 기억할 수 없다고 하였다.[76]

여기서 윤동규가 말한 『곤여도』는 남회인(南懷仁, Ferdinand Verbiest, 1632~1688)의 저술인 『곤여도설(坤輿圖說)』을 가리키는 것이다.[77] 윤동규는 자신이 이익의 조석설에 접한 때가 '젊었을 때[少時]'라고 하였다. 대체로 그의 나이 20대 때라고 본다면 1714~1724년에 해당한다. 현재 『곤여도설』의 전래 시기는 경종 2년(1722)으로 알려져 있다.[78] 이것이 사실이라면 이익은 『곤여도설』이 전래되고 얼마 지나지 않은 시점에 이를 입수하여 자신의 조석설을 구성했다고 볼 수 있다. 이와 관련해서 주목해야 할 또 하나의 사실은 '성문삼걸(星門三傑)'의 하나로 불렸던 이익의 제자 신후담의 저작 가운데 『문천문략곤여도설변제(問天畧坤輿圖說辨題)』가 있었다는 사실이다.[79] 신후담의 연보에 따르면 이는 영조 36년(1760)에 저술한 것으로, 그 제목은 『천문략곤여도설약론(天問畧坤輿圖說畧論)』이었다. 이것은 『서학변(西學辨)』(1724)의 연장선에서 저술된 것으로 보인다. 신후담은 『서학변』을 통해 천주교의 교리를 배척한 이후, 당시 사람들이 천지도수(天地度數)와 물리설(物理說)에 정미(精微)하다고 여겼던 서양의 과학기술론 역시 종종 괴이한 부분이 있어서

76) 『邵南遺稿』 卷4, 「答安百順 丁丑正月」(93쪽). "潮汐之說, 坤輿畐[圖]西洋人所論, 別楮謄上, 而丈席所著大意, 亦不出於此. 少時一賜見過, 而今未記得矣."

77) 윤동규가 필사한 『곤여도설』에 대해서는 다음의 논저를 참조. 페르비스트(南懷仁)(박혜민·허경진 옮김), 『소남 선생이 필사한 곤여도설』, 보고사, 2021 ; 박혜민, 「『곤여도설(坤輿圖說)』의 조선 전래와 그 판본 검토-인천에 전해지는 윤동규(尹東奎) 필사본을 중심으로-」, 『인천학연구』 37, 인천대학교 인천학연구원, 2022.

78) 金良善, 「韓國古地圖硏究抄-世界地圖-」, 『梅山國學散稿』, 崇田大學校 博物館, 1972, 234쪽.

79) 『響山集』 卷16, 「成均進士河濱愼公行狀」, 4ㄱ~ㄴ(續144책, 481쪽). "旣拜星翁, 凡得師說, 逐年編記, 篤信好學, 終始不貳, 與尹公東奎·安公鼎福並稱爲星門三傑. …… 盖公之讀書, 旣若是之多, 故其發之文章者, 無非深造自得默契玄解之餘 …… 問天畧坤輿圖說辨題並雜著詩文合百餘卷, 可認其撰述之大畧也."

모두 믿을 수 없다고 판단했기에 그에 대한 비판을 시도했던 것이다.[80)]

이익의 『성호사설』에는 「일일칠조(一日七潮)」라는 기사가 수록되어 있다. 그에 따르면 윤동규는 『직방외기(職方外紀)』에 등장하는 "구라파(歐邏巴)의 액구백아(尼[厄]歐白亞 : 에보이아(Évvoia, Euboea) 섬)에는 해조가 하루에 일곱 차례나 있다"는 대목을[81)] 이익에게 질문하였다.[82)] 이에 대한 이익의 답변 내용에 남회인의 『곤여도설』이 등장한다.[83)] 이익의 조석설이 『곤여도설』에 영향을 받았다는 사실은 이미 알려져 있다.[84)] 그렇다면 윤동규가 안정복에게 등사해서 보낸 조석설은 『곤여도설』의 「해지조석(海之潮汐)」[85)] 항목이라고 추론할 수 있다.

윤동규는 주희(朱熹)가 논한 바 있는 여정(余靖, 1000~1064)의 '자오묘유(子午卯酉)'라는 말이 서양인의 학설과 서로 부합한다고 보았다.[86)] 그것은 바로 "조석설은 여양공(余襄公=余靖)이 말한 것이 가장 상세하다. 대저 천지(天地)의 사이에 동서(東西)는 위(緯)가 되고, 남북(南北)은 경

---

80) 『河濱先生年譜』, (英廟)三十六年庚辰, 先生五十九歲, 100쪽(영인본 『河濱先生全集』 卷9, 아세아문화사, 2006의 페이지 번호). "有天問畧坤輿圖說畧論. 其序曰, 西洋之學, 今大行於天下矣. 其學本佛氏而稍變以自神, 余嘗撰西學辨以尺之. 其論天地度數及物理說, 最爲精微, 而往往弔詭, 不可盡信, 如天問畧坤輿圖說二書所載者, 可見其槩. 今隨覽畧論, 以竢識者質焉."

81) 『職方外紀』 卷2, 「厄勒祭亞」, 26ㄱ(594책, 313쪽-영인본 『文淵閣 四庫全書』, 臺北 : 臺灣商務印書館의 책 번호와 페이지 번호). "有二島, 一爲厄歐白亞, 海潮一日七次. 昔名士亞利斯多徧窮物理, 惟此潮不得其故, 遂赴水死. 其諺云, 亞利斯多欲得此潮, 此潮反得亞利斯多."

82) 『星湖僿說』 卷1, 天地門, 「一日七潮」, 49ㄴ(Ⅰ, 27쪽). "職方外紀歐邏巴尼[厄]歐白亞, 海潮一日七次. 昔有名士亞利斯多者, 遍究物理. 惟此潮不得其故, 遂赴水死. 其諺云, 亞利斯多欲得此潮, 此潮反得亞利斯多. 尹幼章擧此來問."

83) 『星湖僿說』 卷1, 天地門, 「一日七潮」, 49ㄴ(Ⅰ, 27쪽). "余答云, 天下之潮, 其早晏由月, 盛衰由日. 大地四方, 莫不如此. 南懷仁坤輿圖說, 亦可證, 豈有一日七潮之理."

84) 구만옥, 앞의 논문, 2001, 43~44쪽.

85) 『坤輿圖說』 卷上, 「海之潮汐」, 17ㄱ~20ㄴ(594책, 739~740쪽).

86) 『邵南遺稿』 卷4, 「答安百順 丁丑正月」(93쪽). "朱子所論余襄公子午卯酉之言, 與西洋人說相合."

(經)이 된다. 그러므로 자오묘유(子午卯酉)가 사방의 정위(正位)가 되고, 조수(潮水)의 진퇴(進退)는 달이 이 위치에 이르는 것으로써 시기[節]를 삼을 뿐이다. 기(氣)의 소식(消息)으로 그것을 말하면 자(子)는 음(陰)의 극(極)이자 양(陽)의 시(始)이고, 오(午)는 양(陽)의 극(極)이자 음(陰)의 시(始)이며, 묘(卯)는 양중(陽中), 유(酉)는 음중(陰中)이 된다"[87]라는 주장이었다.

그렇다면 윤동규는 이와 같은 주희의 언급이 어떻게 서양인의 조석설과 상통한다고 보았던 것일까? 그는 먼저 적도의 아래는 대개 〈물결이〉 격렬하게 요동쳐서[激軋動蕩] 하늘을 따라 급하게 회전한다고 하였다. 그러므로 해조도 또한 〈하늘을〉 따라 충만(充滿)하고 성대(盛大)해진다고 보았던 것이다. 또 조석은 달과 함께 소식영허(消息盈虛)하는데, 서양인들이 "해안으로부터 떨어진 거리의 원근에 따라 조수의 대소(大小)·장단(長短)이 생긴다"고 한 것이 바로 이를 지칭한다고 여겼다. 윤동규는 그 나머지 이른바 "숭비(崇卑)·곡직(曲直)의 형세가 있다"고 한 대목은 아마도 바꿀 수 없는 것이라고 하였다.[88] 이는 아래의 인용문에서 볼 수 있듯이 『곤여도설』에 수록된 조석설의 내용을 언급한 것이었다.

> 지중해(地中海)에서 북쪽과 서쪽으로 이어진 곳은 혹은 모두 〈조석이〉 없기도 하고, 혹은 미약해서 분변하기 어렵다. 남쪽과 동쪽으로 이어진 곳은 〈조석이〉 있어서 크고, 큰 바다 가운데 이르면 모든 곳에서

---

87) 『晦庵先生朱文公文集』 卷58, 「答張敬之顯父」, 2800쪽. "潮汐之說, 余襄公言之尤詳. 大抵天地之間東西爲緯, 南北爲經, 故子午卯酉爲四方之正位, 而潮之進退以月至此位爲節耳. 以氣之消息言之, 則子者陰之極而陽之始, 午者陽之極而陰之始, 卯爲陽中, 酉爲陰中也."

88) 『邵南遺稿』 卷4, 「答安百順 丁丑正月」(93쪽). "而天緯之下, 大抵激軋動盪, 隨天運急, 故海潮亦隨而充滿盛大. 又與月消息盈虛, 其所以離岸遠近, 爲大少長短者, 是矣, 而其他如所謂有崇卑曲直之勢云者, 恐不可易."

〈조석을〉 볼 수 있다. 다만 〈조석의〉 대소(大小)·속지(速遲)·장단(長短)은 각각의 곳마다 또 같지 않다. 해안에 가까운 곳에서는 크게 나타나고, 해안에서 멀리 떨어질수록 조수는 더욱 미약해진다. 지중해는 조수(潮水)가 매우 미약하고 …… 이는 각 지방의 해조(海潮)가 같지 않은 이유가 바닷가의 땅에는 높고 낮고, 곧고 굽은 형세[崇卑直曲之勢]가 있고, 해저(海底)와 해내(海內)의 동굴에는 많고 적고, 크고 작은 까닭이 있는 데에 연유하기 때문이다.[89]

이처럼 『곤여도설』에서는 각 지방의 지리적 형세의 차이에 따라 조석 현상에 차이가 있다는 점을 설명하였다. 해안선으로부터의 거리에 따라 조석 현상의 '대소·속지·장단'이 각 지역마다 같지 않고, 그와 같은 차이가 발생하는 이유는 바닷가 지역의 '숭비곡직(崇卑直曲)의 형세' 등에 연유한다고 했던 것이다.

윤동규는 위 인용문의 앞부분, 즉 "지중해에서 북쪽과 서쪽으로 이어진 곳은 혹은 모두 〈조석이〉 없기도 하고, 혹은 미약해서 분변하기 어렵다. 남쪽과 동쪽으로 이어진 곳은 〈조석이〉 있어서 크다"라고 한 것과 우리나라 동해의 그것을 비교·검증해 보면 동해에 조석이 없는 이유를 이해할 수 있다고 하였다.[90] 그가 보기에 우리나라의 동해는 동북쪽에 걸쳐 있어서 이미 북극에 가깝고 적도로부터 멀며, 또 넓고 좁음, 굽고 곧음, 높고 낮음[濶狹·曲直·崇卑]의 차이가 있었다.[91] 이와

89) 『坤輿圖說』 卷上, 「海之潮汐」, 17ㄱ~ㄴ(594책, 739쪽). "潮汐各方不同, 地中海迤北迤西, 或悉無之, 或微而難辨. 迤南迤東, 則有而大, 至于大滄海中, 則隨處皆可見也. 第大小速遲長短, 各處又不同, 近岸見大, 離岸愈遠, 潮愈微矣. 地中海潮水極微 …… 此各方海潮不同之故, 由海濱地有崇卑直曲之勢, 海底海內之洞, 有多寡大小故也."

90) 『邵南遺稿』 卷4, 「答安百順 丁丑正月」(93쪽). "我東之東海無潮者, 以彼所謂地中海迤北迤西, 或悉無悉[之], 微難辨, 迤東迤南, 有而大者, 比勘, 亦可以領略."

91) 『邵南遺稿』 卷4, 「答安百順 丁丑正月」(93쪽). "盖東海橫于東北, 已近極遠緯, 且有濶狹曲直崇卑之異."

같은 지리적 위치와 형세의 차이로 인해 동해에 조석이 발생하지 않는다고 여겼던 것이다.

윤동규는 전통적인 조석설의 한 갈래인 호흡설에 대해서는 부정적이었다. 이른바 '배복독맥지론(背腹督脉之論)'이 그것이었다. '배복(背腹)'이라는 것은 사람의 호흡은 배에서 일어나지 등에서 일어나지 않는다는 뜻이다.[92] 여러 사람들이 인체의 호흡을 비유로 들어 조석 현상을 설명한 바 있다. 사람들의 호흡은 배에서 시작하여 입과 코로 나오지만 등은 움직이지 않는다는 것이었다.[93] 윤동규는 이와 같은 논의가 그 추리한 바는 비록 깊다고 할 수 있으나 땅이 승강하기 때문에 호흡한다는 논의와 마찬가지로 믿을 수 없다고 여겼다.[94] 땅의 주기적 승강으로 인해 조석이 발생한다는 견해는 서긍(徐兢)의 논의에서 확인할 수 있다.[95]

---

92) 여기서 '督脉(=督脈)'이란 한의학에서 말하는 奇經八脈의 하나로, "尾椎骨 아래에서 시작하여 척추 속을 따라 올라가다가 風府穴 부위에서 뇌 속으로 들어가서 정수리로 나온 다음 이마와 콧마루를 지나 윗잇몸 속으로 들어가는 經脈"으로 뇌·척추·會陰部와 연계된다.

93) 『浦渚集』 卷23, 「東海無潮汐論」, 5ㄱ~ㄴ(85책, 415쪽). "若夫內海之有潮汐, 則如人之有呼吸也. 天地之氣, 消息盈虛, 往來屈伸, 而未嘗止息焉者也. 蓋大海停蓄, 瀰滿四方, 而往來屈伸而爲潮汐者, 只在中間, 如人身頭腦百體血氣充滿, 而呼吸之氣, 只自腹而達於口鼻也."; 『谿谷漫筆』 卷1, 18ㄱ~ㄴ(92책, 570쪽). "先儒以潮汐爲地之喘息. 人之喘息也, 腹動而背不動. 地勢以北爲背而南爲腹, 腹有喘息而背無喘息, 其理則然."; 朴光元, 『白野堂集』(奎15453) 卷4, 「東海無潮汐辨」, 24ㄴ~25ㄱ. "近世谿谷老所論, 頗似精明, 呼吸以腹, 不以背云者, 其亦庶幾近之, 而至於東海是北海之濱云者, 未免牽合之病, 良可惜也."

94) 『邵南遺稿』 卷4, 「答安百順 丁丑正月」(93쪽). "如所謂背腹督脉之論, 推理雖深, 恐與地有升降喘息之義, 同歸於未信, 未知如何."

95) 『宣和奉使高麗圖經』 卷34, 海道 1, 1ㄴ(81쪽-『국역 고려도경』, 민족문화추진회, 1977의 원문 페이지 번호. 이하 같음). "大抵天包水, 水承地, 而一元之氣, 升降於太空之中. 地乘水力以自持, 且與元氣升降, 互爲抑揚, 而人不覺, 亦猶坐於船中者, 不知船之自運也. 方其氣升而地沈, 則海水溢上而爲潮, 及其氣降而地浮, 則海水縮下而爲汐."

2) 영조 35년(1759)의 논의

영조 35년 7월에 윤동규는 안정복에게 편지를 보내면서 다시금 조석설에 대한 자신의 의견을 피력했다. 그런데 그 내용을 검토해 보면 안정복이 자기 나름의 조석설을 보내 윤동규에게 질정을 요청했던 것으로 보인다. 요컨대 양자 간의 논의가 이루어진 배경에는 안정복이 구축한 자기 나름의 「조석설(潮汐說)」이 있었던 것이다.[96]

안정복의 「조석설」은 현전하는 『순암집』에는 수록되어 있지 않다. 그것은 『순암부부고』에 들어 있는데, 이 논설의 작성 시점은 분명하지 않다. 다만 『순암부부고』의 「조석설」 앞뒤에 수록된 다른 글의 저술 시점은 갑술년(1754, 영조 30)에서 병자년(1756, 영조 32)에 걸쳐 있다. 『순암부부고』의 편차가 대체로 저술 시점에 따라 정리되어 있다는 점을 고려할 때, 「조석설」의 작성 시기 역시 이와 유사하지 않을까 한다. 그렇다면 안정복은 그 무렵 자신이 작성한 「조석설」을 윤동규에게 보내 질정을 구했던 것이고, 윤동규의 답장은 이에 대한 논의를 담고 있는 것이라 할 수 있다. 따라서 윤동규의 답변을 살펴보기에 앞서 안정복의 「조석설」을 검토할 필요가 있다.

안정복은 조석에 대해서는 옛사람들이 깊이 탐구했다고 보았다. 여정(余靖)은 조석을 달의 영허(盈虛)와 관련해서 생각하였고 주자(朱子)는 이를 옳게 여겼으며, 선유(先儒)들의 구설(舊說) 가운데는 장재(張載, 1020~1077)처럼 조석 현상이 땅의 부침(浮沈)에 인한 것이라고 주장한 경우도 있는데 황서절(黃瑞節)이 그것을 비판했으니,[97] 이는 모두 추측

96) 『順菴覆瓿稿』 卷16, 「潮汐說」(下, 409~411쪽).

97) 『性理大全』 卷5, 正蒙 1, 參兩篇 第2, 11ㄱ~ㄴ(405~406쪽). “地有升降, 日有脩短 …… 至於一晝夜之盈虛升降, 則以海水潮汐驗之爲信, 然間有小大之差, 則繫日月朔望, 其精相感.”에 대한 黃瑞節의 주석 참조. “黃瑞節曰, 此段地有升降, 日有脩短, 及證以海水潮汐之候, 皆用舊說. …… 潮汐消長, 則惟余襄公海潮圖序最明. 蓋潮之消

하거나 억측한 말로 정확한 논의[的論]가 될 수 없었다. 이와 같은 비판적 관점하에서 안정복은 소옹(邵雍)의 학설이 가장 명백하다고 보았다.98) 일찍이 한백겸의 '호흡설'에 호감을 보였던 그의 태도를 여기에서도 확인할 수 있다.

안정복은 자신이 직접 바닷가에서 조석의 진퇴를 관찰한 결과를 정리하였다. 그 특징은 다음과 같이 간추려 볼 수 있다.

- 1년 동안의 조석의 진퇴를 보면, 봄과 가을에 물이 불어나는데[張溢] 7·8월이 가장 왕성하다. 춘분(春分) 이후에는 조수(潮水)가 많고, 추분(秋分) 이후에는 석수(汐水)가 많다.99)
- 한 달 동안의 조석의 진퇴를 보면, 삭망(朔望)일 때 불어나고· 상현(上弦)과 하현(下弦)일 때 줄어든다. 자세히 분류해서 말해 보면 상현일 때 가장 줄어들고, 그 이후로 초9일까지는 어쩔 수 없이 줄어들게 되니 바닷가 사람들은 이를 '수휴(水休)'라고 한다. 10일에 이르면 비로소 불어나게 되니[潤] 이를 '일수(一水)'라고 한다. 이로부터 날마다 물이 불어나서 18일의 '구수(九水)'에 이르러 가장 불어나게 된다[極漲]. 19일 이후에는 점점 줄어들어 하현에 이르면 가장 줄어들고, 24일에 '수휴'가 되며, 25일에 이르러 '일수'로 다시 불어나게 되고, 초3일에 '구수'가 되어 가장 불어나게 되는데, 작은 달[小盡]인 경우에는 초4일에 가장 불어나게 된다.100)

息, 皆繫於月. …… 此潮之消息, 乃繫乎月之進退, 亦非因地之浮沉也. 張子特用舊說而未之易耳."

98) 『順菴覆瓿稿』 卷16, 「潮汐說」(下, 409쪽). "潮汐之說, 古人論之課矣. 余襄公安道謂, 系於月之盈虛而朱子是之. 先儒舊說謂, 由於地之浮沈, 而黃氏瑞節非之, 此皆揣模意億之言, 未必其果爲的論, 而邵康節潮是大地喘息之說, 寂[最?]爲明白也."

99) 『順菴覆瓿稿』 卷16, 「潮汐說」(下, 409~410쪽). "余嘗至海上, 觀潮汐之進退, 大約以一年言之, 漲於春秋而七八月最盛, 春分後則潮多, 秋分後則汐多."

100) 『順菴覆瓿稿』 卷16, 「潮汐說」(下, 410쪽). "以一月言之, 漲於朔望, 縮於二弦, 而細分

- 한 달 동안의 조석 시각을 정리해 보면 일수(一水)일 때는 자시(子時)와 오시(午時)에, 이수(二水)·삼수(三水)·사수(四水)일 때는 축시(丑時)와 묘시(卯時)에, 오수(五水)·육수(六水)일 때는 인시(寅時)와 신시(申時)에, 칠수(七水)·팔수(八水)·구수(九水)에는 묘시(卯時)와 유시(酉時)에 조수와 석수가 이르게 된다. 그 이후로 3일 동안은 진시(辰時)와 술시(戌時)에 조석이 이르게 되고, 다시 또 3일 동안은 사시(巳時)와 해시(亥時)에 조석이 이르게 된다. 물이 도달하는 시각은 모두 자시에서 시작하여 해시에서 끝나는데 그 증감이 순환하여 무궁하다. 안정복은 이것이 우리나라 조강(祖江)에서 조석이 영축(盈縮)하는 도수(度數)라고 하였다.[101]

이상의 내용에서 볼 수 있듯이 안정복은 우리나라 조강의 경우에는 '자(子)·축(丑)·인(寅)·묘(卯)·진(辰)·사(巳)'시에 조수가, '오(午)·미(未)·신(申)·유(酉)·술(戌)·해(亥)'시에 석수가 온다고 하였다. 그는 조수(潮水)가 비록 자시(子時)에 이르지만 그것은 술시(戌時)에 일어나서 묘시(卯時)에 다하며, 석수(汐水)가 이르는 것도 비록 오시(午時)이지만 그것은 진시(辰時)에 일어나서 유시(酉時)에 다한다고 하면서, 나머지 시간도 이에 준한다고 보았다. 조수의 끝이 석수의 시작이고, 석수의 끝이 조수의 시작이니, 이는 호흡이 서로 이어져서 한순간도 중간에 끊김이

以言, 則上弦極縮後, 初九則不加不減, 海上人謂之水休. 至十日始潤, 名曰一水. 自此日漸加潤, 至十八九水而極漲, 十九以後漸縮, 至下弦而極, 廿四水休, 至廿五一水又始潤, 至初三九水而極漲, 月小盡則漲至初四." 국사편찬위원회의 韓國史料叢書에서는 이 부분의 구두를 "至初三九水而極漲. 月小盡則漲至, 初四盖一水……"라고 하였으나 문맥에 따라 수정하였다.

101) 『順菴覆瓿稿』卷16, 「潮汐說」(下, 410쪽). "盖一水, 子時潮至, 午時汐至, 二三四各丑時潮至, 未時汐至, 五六水, 寅時潮至, 申時汐至, 七八九水, 卯時潮至, 酉時汐至. 此後三日辰戌時潮汐至. 又三日已亥時潮汐至. 水到時刻, 皆始子終亥, 而初三水差大, 十八水差小, 一增一減, 循環無窮, 此乃我國祖江潮汐盈縮之度數也."

없는 것과 같으니 그 오묘함은 궁구할 수 없다고 하였다.[102)]

이처럼 안정복은 조석의 오묘함을 궁구할 수 없다고 보았음에도 불구하고 기존의 조석설에 대한 의문이 있었기 때문에 '호흡설'에 의거하여 자기 나름의 견해를 표명했던 것이다. 그것은 바로 조석의 성쇠(盛衰)가 달의 영휴(盈虧 : 차고 이지러짐)에 따른다는 전통적 '응월설(應月說)'에 대한 의문이었다. 그에 따르면 보름 이후 달이 충만했을 때 조수가 왕성한 것은 그래도 설명이 되는데, 달이 이지러진 그믐과 초하루[晦朔]에 조수가 왕성한 것은 말이 되지 않는 것 같다고 하였다. 안정복은 응월설이 조수의 성쇠가 마침 삭망이현(朔望二弦)의 즈음[朔-上弦-望-下弦]에 해당한다는 것만 본 것이고, 조수의 진퇴(進退)에 저절로 정해진 도수(度數)가 있음을 알지 못했다고 판단한 것이다.[103)]

전통적 조석설 가운데 통설이라 할 수 있는 '응월설'에 의문을 품었던 안정복은 "땅의 부침으로 인해 조석이 발생한다"고 보는 장재의 견해에 대해서도[104)] 부정적이었다. 왜냐하면 안정복은 땅이 물 위에 떠 있는 것이 아니라 하늘의 한 가운데 매달려 있고, 물이 땅 위에 실려 있다고 보았기 때문이다. 따라서 땅이 가라앉아서 물이 넘치거나 땅이 떠올라서 물이 줄어들 이치가 없다고 판단했으며, 황서절의 비판이 타당하다고 여겼다.[105)]

---

102) 『順菴覆瓿稿』 卷16, 「潮汐說」(下, 410쪽). "大凡潮至雖以子, 起於戌而盡於卯, 汐至雖以午, 起於辰而盡於酉, 餘時皆準此. 潮之終爲汐之始, 汐之終爲潮之始, 如呼吸之相仍, 無一息之間斷, 其妙不可究矣."

103) 『順菴覆瓿稿』 卷16, 「潮汐說」(下, 410쪽). "竊以意推之, 苟以爲潮之盛衰, 隨月之盈虧, 則潮盛於望後月滿之時, 猶有說焉, 潮盛於晦朔月虧之時, 似是無謂. 盖其只見潮之盛衰, 適値於朔望二弦之際, 不知潮之進退自有度數, 如上所列而爲此說也."

104) 張載와 비슷한 조석설을 주장한 이로는 邱光庭이나 徐兢을 거론할 수 있다. 구만옥, 앞의 논문, 2001, 17~18쪽 참조.

105) 『順菴覆瓿稿』 卷16, 「潮汐說」(下, 410쪽). "至於浮沈之論, 尤不近理, 何以明之. 地非泛水, 麗於天中, 而水載地上, 豈有地沈而水浮, 地浮而水沈之理乎. 黃氏非之宜矣."

안정복은 이른바 '동해무조석(東海無潮汐)'에 대해서도 나름의 견해를 피력했다. 이 문제에 대해서는 중국 학자들이 논의한 바가 없었다. 조선 학자들 가운데 이 문제를 논한 사람으로는 성현(成俔, 1439~1504)을 들 수 있다. 그러나 안정복은 성현 등의 논의가 두찬(杜撰)을 면치 못한다고 비판적으로 평가했다.[106] 사실 그것은 성현 개인의 주장이 아니라 '동해무조석'에 대한 당시의 세 가지 견해를 소개한 것이었는데, 그 가운데 세 번째 논의를[107] 안정복은 다음과 같이 자기 나름의 방식으로 윤색해서 인용하였다.

> 조수의 커다란 근원은 부상(扶桑)에서 나오는데, 우리나라 동해는 '일자(一字)' 모양의 왜국[倭邦]이 바깥에서 막고 있고, 그[우리나라 동해] 북쪽 변경은 야인(野人)의 경계와 함께 육지로 연결되어 막혀 있어서 바닷물이 통하지 않는다. 그러므로 조수는 부상으로부터 곧바로 서남쪽의 대해(大海)로 내달리기 때문에 〈우리나라 동해로〉 굽어 들어오지 못한다.[108]

요컨대 성현이 소개한 견해는 우리나라의 동해가 위치하고 있는 지리적 특성으로 인해 조수가 미치지 못한다는 것이었다. 안정복이 처음부터

---

106) 안정복 이전에 成俔의 학설이 杜撰을 면치 못한다고 비판한 사람은 金時讓이었다 [『大東野乘』 卷72, 荷潭破寂錄(XVII, 81쪽－고전국역총서 『대동야승』, 민족문화추진회, 1985(중판)의 책 번호와 원문 페이지 번호. 이하 같음). "我國東海無潮, 而中國所不知, 故先儒無論之者. 我國文人如成虛白輩有論之者, 而皆未免杜撰."]. 안정복의 조석설이 김시양의 그것에 일정한 영향을 받았음을 알 수 있다.

107) 『大東野乘』 卷2, 慵齋叢話 卷7(Ⅰ, 626쪽). "或云, 自東女眞之域, 沮洳連陸, 達于東倭. 潮源出自扶桑, 過倭國而西, 潮至連陸之地, 迤回而南. 我之東海在其內, 故潮不及."

108) 『順菴覆瓿稿』 卷16, 「潮汐說」(下, 410쪽). "其言曰, 潮大大源出於扶桑, 而我國東海, 一字倭邦蔽於外, 其北邊與野人界, 連陸阻茹, 海水不通, 故潮自扶桑, 直走西南大海, 而不爲迂入云云."

이와 같은 학설에 비판적이었던 것은 아니다. 오히려 그는 성현이 소개한 논의가 근사하다고 여겼다고 한다. 그렇다면 그가 이에 대해 비판적 입장으로 돌아서게 된 계기는 무엇이었을까? 그것은 안정복 자신의 관찰 결과였다. 앞에서 본 바와 같이 그가 관찰한 것은 우리나라 서해, 그 가운데 조강(祖江)의 조석 현상과 조석 시각-일종의 조석표(潮汐表)-이었다. 안정복이 관찰한 바에 따르면 서해 지역의 조수의 왕래는 구불구불한 골목길[委巷]이나 궁벽한 도랑[僻壑]이라도 곳곳[曲曲]에 들어왔다 나가며 그 한계를 채우면 그치지 아니함이 없었고, 오직 지세(地勢)가 높은 곳은 비록 종이 한 장의 두께[종이 한 장의 간격]라도 위로 갈 수 없었다고 한다.[109] 그는 이와 같은 사실을 관찰한 이후에 비로소 성현의 학설이 지니고 있는 오류를 알게 되었던 것이다.[110]

이와 같은 관찰의 연장선에서 안정복은 땅의 동쪽 모퉁이는 기(氣)가 부족하여 충만하지 못하고, 기가 부족하면 물이 말라 흩어지기 때문에 동해에 조석이 없다고 주장하는 이항복(李恒福, 1556~1618)의 견해에 대해서도 부정적이었다.[111] 그는 김시양(金時讓, 1581~1643)과 장유(張維, 1587~1638)의 견해가 그나마 이치에 닿는다고 보았다. 김시양은

---

109) 金時讓은 『荷潭破寂錄』에서 '東海無潮汐'을 설명하면서 "큰비로 물이 불어나 가득 차서 언덕 위로 범람할 때에도 한 개의 주먹만한 작은 土山[邱垤]이라도 그것보다 조금 높은 곳이 있으면 물이 올라오지 못한다"는 비유를 든 적이 있다[『大東野乘』 卷72, 荷潭破寂錄(XVII, 81쪽). "余每與士友輩論東海無潮曰, 大雨水漲瀰漫襄陵, 而有一拳邱垤稍高處, 則水不得上, 其理然也."]. 안정복의 설명은 여기에서 힌트를 얻은 것으로 보인다.

110) 『順菴覆瓿稿』 卷16, 「潮汐說」(下, 410쪽). "余初以爲理或近似, 及見西海潮水之來往, 雖委巷僻壑, 靡不曲曲入去, 滿其限而止, 唯地勢高處, 雖一紙之厚不能上, 余然後始知成說之謬." 국사편찬위원회의 韓國史料叢書에서는 이 부분의 구두를 "雖委巷僻壑靡不曲, 曲入去滿, 其限而止"라고 하였으나 문맥에 따라 수정하였다.

111) 『白沙集』 卷2, 「海談」, 32ㄴ~33ㄱ(62책, 199~200쪽) ; 『順菴覆瓿稿』 卷16, 「潮汐說」(下, 410~411쪽). "李白沙海談云, 地不滿東隅, 其不滿者, 卽氣有所不足, 氣不足則有渴, 渴則散, 東海之無潮, 氣渴而水隨而散矣. 朱子曰, 水流東海[極-인용자 주], 氣盡而散, 是先師足未及東海之岸, 可已矣[心已會-인용자 주]無潮之理, 此言亦未課其必然."

지세(地勢)의 고하(高下)를 근거로 '동해무조석'을 설명하였고, 장유는 동해에 조석이 없는 것이 아니라 북해(北海)에 조석이 없는 것[北海無潮汐]이라는 독특한 주장을 펼친 바 있다. 천하라는 관점에서 볼 때 우리나라의 동해는 북해의 변경 지역[邊裔]이고, 북해에는 조석이 없기 때문에 우리나라의 동해에도 조석이 없다는 견해였다.[112)]

안정복은 이와 같은 두 사람의 견해가 다른 사람들의 학설에 비해 설득력이 있다고 보았다.[113)] 그는 자기 주장의 타당성을 입증하기 위해 자신이 북경에 왕래한 사람으로부터 들은 내용을 첨부하였다. 그에 따르면 산해관(山海關)의 망해정(望海亭) 아래에는 조석이 다다르지 않기 때문에 사람들이 바닷가에 많이 산다고 하였다. 안정복은 이것이 땅이 높은 곳에는 조석이 없다는 하나의 증거가 될 수 있다고 생각했던 것이다.[114)]

한편 안정복은 '동해무조석'의 문제와 관련해서 김세렴(金世濂, 1593~1646)의 『해사록(海槎錄)』에 수록된 내용에 주목하였다. 그것은 병자년(1636) 11월 10일의 기록이었다. 당시 김세렴이 부사로 참여한 통신사행은 부산을 떠나 대마도(對馬島), 일기도(壹岐島), 적간관(赤間關)을 거쳐서 뇌호내해(瀨戶內海)를 지나 대판(大阪 : 오사카)을 향하고 있었다.

---

112) 張維와 金時讓의 '東海無潮汐論'에 대해서는 구만옥, 앞의 논문, 2001, 35쪽과 37쪽을 참조.

113) 『順菴覆瓿稿』 卷16, 「潮汐說」(下, 411쪽). "惟金荷潭張谿谷之言, 稍爲有理. 金則以爲地勢西北高, 東北下, 而我國東海接北地勢高, 故潮不得上. 以此言之, 西海亦必無潮, 但足跡所不能到, 故不可知. 張則以爲竊意非東海無潮, 乃北海無潮. 先儒以潮汐爲地之喘息, 腹動而背不動, 地勢以北爲背, 以南爲腹, 腹有喘息而背無喘息, 其理則然. 我國考[處-인용자 주]天下之東北隅, 東界一面, 在我雖稱東方, 自天下論之, 當爲近北之地, 則其海亦〈北-인용자 주〉海之邊裔也. 夫惟北海無潮, 故此亦無潮. 以此推之, 雖海域之西, 近北之海, 亦必無潮, 如我東海也. 此二說比諸人說似得之."

114) 『順菴覆瓿稿』 卷16, 「潮汐說」(下, 411쪽). "余聞燕京往來人言, 則山海關望海亭下, 潮汐不到, 故人多濱海而居云, 此亦地高無潮之一驗也. 余記其所曾聞見者, 而參以妄料爲說如此, 未知果不悖謬, 而理亦有反常而不可知者."

> 해가 솟을 무렵에 돛을 펴고 바다로 나갔다. 노옥(蘆屋), 일명 천하기(天河崎)라는 곳을 지나니 성지(城池)가 있었다. 강어귀에 이르니 얕은 여울로 되어 있어 강물과 해조(海潮)가 교류하면서 다투어 천만 가지 모양으로 용솟음치므로 왜인들이 매우 두려워했다.[115]

여기서 안정복이 주목한 것은 오사카 하구에서 강물과 해조가 교류상전(交流相戰)한다는 내용이었다. 그는 이것을 우리나라 동해의 동쪽에 위치한 오사카 지역에 조석 현상이 있다는 사실로 받아들였다. 그렇다면 동해에 조석이 없다는 것은 다만 우리나라 동해에 해당하는 말일뿐, 대양(大洋)의 동해에는 해당하지 않는 것이었다.[116]

아마도 이상과 같은 안정복의 「조석설」을 편지를 통해 확인한 이후인 영조 35년(1759) 7월에 윤동규는 안정복에게 답장을 보내 조석설에 대한 자신의 의견을 피력했다. 그 내용은 다음과 같은 몇 단락으로 나누어서 검토할 필요가 있다. 먼저 윤동규는 자신이 예전에 스승 이익으로부터 전해 들은 조석설의 내용은 오로지 『곤여도설』의 논의를 위주로 하여 약간의 윤색을 가한 것이라고 하였다. 그렇다면 『곤여도설』에 수록된 서양인들의 조석설의 핵심 내용은 무엇일까? 윤동규는 서양인들이 "적도(赤道=天緯) 아래의 해수(海水)를 자오묘유(子午卯酉)의 사단(四段)(?)으로 나누어, 이것이 한 바퀴 돌아 다시 시작하니 끝이 없다고 하였고, 조석의 원근(遠近)·고하(高下)·천심(淺深)은 지세(地勢)의 위곡(委曲)과 적도로부터의 거리를 위주로 삼았다"고 하였다.[117] 이와 같은

---

115) 『東溟集』 卷9, 「海槎錄上」, 初十日庚戌晴, 46ㄴ(294쪽). "日出, 張帆開洋, 過蘆屋, 一名天河崎, 有城池. 行到河口, 皆是淺灘, 河水海潮交流相戰, 洶湧萬狀, 倭人甚懼."

116) 『順菴覆瓿稿』 卷16, 「潮汐說」(下, 409쪽). "又按金東溟海槎錄, 至大坂河口, 河水海潮交流相戰. 然則大坂在我東海之東而有潮, 則東海之無潮, 只我國之東海, 而大洋東海亦有潮矣."

117) 『邵南遺稿』 卷4, 「與安百順 己卯七月」(104쪽). "潮汐之說, 前承聽函丈之前, 專以坤輿圖

윤동규의 언급은 그 자체로서는 무슨 뜻인지 이해하기 어렵다. 전후의 맥락이 드러나지 않기 때문이다. 윤동규의 발언을 이해하기 위해서는 그가 이미 『곤여도설』의 조석설을 안정복에게 등사해서 보냈다는 사실을 염두에 둘 필요가 있다. 따라서 두 사람의 논의를 이해하기 위해서는 『곤여도설』에 수록된 조석설의 요지를 파악할 필요가 있다.

『곤여도설』에서는 고금의 여러 논의 가운데 해조의 발생 원인을 월륜(月輪)이 종동천(宗動天)을 따라 운행하는 데서 비롯된 것으로 설명하는 방식을 정론으로 제시한 다음 그 구체적 증거로 다섯 가지를 거론했다.[118] 윤동규가 편지에서 언급한 전반부의 내용은 그 가운데 첫 번째와 관련한 것이었다.

> 조수가 불어나고 줄어드는 형세가 다른 것은 대체로 달이 뜨고 지고 차고 기우는 형세에 따르는 것이다. 대개 달의 대운(帶運 : 종동천과 함께 운행하는 것)은 한 주야(晝夜)에 하늘을 한 바퀴 도는데, 그 둘레는 넷으로 나눌 수 있다. 동방(東方)으로부터 오(午)까지, 오에서 서(西)까지, 서에서 자(子)까지, 그리고 다시 자에서 동(東)까지이며, 조수는 한 주야에 대개 두 차례 발동하니 묘시(卯時)에 불어나면 오시(午時)에

[圖]說所論爲主, 而稍加潤色. 盖西洋人以赤道天緯之下, 海水分作(?)子午卯酉四段(?), 周而復始無端, 其近遠高下淺深, 亦以地勢委曲, 距赤道遠近爲主, 故師說專用此意也."

118) 『坤輿圖說』 卷上, 「海之潮汐」, 18ㄱ~19ㄱ(594책, 739~740쪽). "嘗推其故而有得于古昔之所論者, 則以海潮由月輪隨宗動天之運也. 古今多宗之, 其正驗有多端……." ①만조와 간조의 발생은 달이 뜨고 지고 차고 기우는 형세[顯隱盈虧之勢]와 관련이 있다, ②조석의 세기는 달의 위상 변화와 관련이 있다[달과 태양의 상대적 위치의 변화가 조석의 세기를 다르게 한다], ③조석의 발생이 매일 조금씩 늦어지는 것은 달의 운행이 늦어지는 것과 관련이 있다, ④겨울의 조석이 여름의 조석보다 강렬한 것은 겨울철의 달이 여름철의 달보다 강하기 때문이다, ⑤陰에 속하는 모든 사물은 달을 위주로 하는데, 海潮는 濕氣에 연유하는 것이므로 달에 의해 住持된다. 또 달은 빛으로 뿐만 아니라 갖추어진 隱德으로도 조석을 발생시키기 때문에 無光인 朔의 위치에서도 조석을 일으킨다.

줄어들고, 유시(酉時)에 불어나면 자시(子時)에 줄어든다. 장소와 시간에 따라 대략 〈조석의 시간이〉 같지 않은 것은 논할 것이 되지 못하니 그 까닭[所以然]이 따로 있다.119)

위의 내용이 바로 "적도 아래의 해수를 자오묘유의 사단으로 나누어, 이것이 한 바퀴 돌아 다시 시작하니 끝이 없다"는 윤동규 발언의 전거였다. 한편 "조석의 원근·고하·천심은 지세의 위곡과 적도로부터의 거리를 위주로 삼았다"는 후반부의 내용은 이전에 안정복에게 보낸 편지에서 이미 논한 바 있다. 윤동규는 이상과 같은 『곤여도설』의 뜻을 전용(專用)하여 이익이 조석설을 구성했다고 본 것이다.

이와 같은 스승의 조석설을 정론으로 여기고 있었던 윤동규에게 '동해무조석'에 관한 성현(成俔)의 논의는 타당하지 않았다. 성현은 조수의 근원이 '부상(扶桑)'에서 나와 서쪽으로 가고, 다시 남쪽으로 달려 대해(大海)에 이르게 된다고 하였으니, 이는 조석이 발생하는 곳[起處]이 있고 가는 곳[去處]이 있다는 이야기가 된다. 윤동규가 보기에 이와 같은 학설은 서양인의 그것과는 현격하게 다른 것이었고, 장유나 한백겸의 조석설도 이와 유사한 것에 지나지 않았다.120)

다음으로 윤동규는 김세렴의 『해사록』에 수록된 내용에 대해 논했다. 일단 그는 적간관(赤間關)과 대판(大坂)이 우리나라의 어느 곳에 해당하는지 알 수 없다고 하였다. 우리나라의 북쪽에 접한 바다는 북도(北道)에서 보면 남쪽이 되고 왜국에서 보면 북쪽이 되니, 이를 북해(北海)라고

---

119) 『坤輿圖說』 卷上, 「海之潮汐」, 18ㄱ~ㄴ(594책, 739쪽). "一日, 潮長與退之異勢, 多隨月顯隱盈虧之勢. 蓋月之帶運, 一晝夜一周天, 其周可分四分, 自東方至午, 自午至西, 自西至子, 復自子至東, 而潮一晝夜槩發二次, 卯長午消, 酉長子消. 若隨處隨時, 略有不同, 是不足爲論, 別有其所以然也."

120) 『邵南遺稿』 卷4, 「與安百順 己卯七月」(104쪽). "如成虛白之說, 起自扶桑而西走南大海, 則是有起處有去處, 恐與此語意逈然相異, 而與張韓諸說, 恐皆爲一套也."

할 수는 있어도 동해라고 할 수는 없다고 하였다. 만약 북해라고 한다면 이는 하나의 물이 아니니, 우리나라의 동해에는 조석이 없고 일본의 북해에는 홀로 조석이 있는 것이라고 하였다.[121)]

또 '지세'로써 보면 동해는 우리나라의 영남지방의 왼쪽으로부터 왜〈국〉의 오른쪽으로 구불구불하게 이어져 들어가서 북도(北道)의 남쪽과 왜국의 북쪽에 이르게 되니, 동서로 길게 가로로 뻗어서[橫亘] 고여 있다[停蓄=停滀]고 보았다. 윤동규는 혹자의 말을 빌려 적간관에서 대판에 이르는 길은 대마도에서 동쪽으로 가서 왜국의 남쪽으로 들어가는 곳이라고 하니, 이는 북해와는 관련이 없는 것이 아니냐고 반문했다.[122)]

또 왜국의 동해는 소동양(小東洋)이니 이는 동해와 관련이 없다고 하면서, 서양국의 '만국지도(萬國地圖)'에 징험해 보면 추측할 수 있다고 하였다. 여기에 등장하는 '만국지도'는 『직방외기』에 수록되어 있는 「만국전도(萬國全圖)」를 가리키는 것으로 보인다. 실제로 윤동규는 서양의 지중해와 우리나라의 동해가 모두 주장선(晝長線 : 북회귀선)의 북쪽에 있다고 하였고, 그것이 들어간 부분의 구불구불한 모습[委折]과 동서로 길게 가로로 뻗어 있는 모습이 서로 비슷하다고 하였다. 지중해와 동해의 지형적 유사성을 언급한 것이었다. 따라서 조석이 미약하거나 없는 것을 이로써 추측해 볼 수 있다고 하였다.[123)] 윤동규가 이와 같은 비유를 든 까닭은 앞에서 이미 살펴보았듯이 『곤여도설』에서 지중해는

---

121) 『邵南遺稿』 卷4, 「與安百順 己卯七月」(104쪽). "海槎所記, 赤間關·大坂, 未知的與我地, 何處相直, 而我北直海, 在北道爲南, 在倭爲北, 是可謂北海, 不可謂東海. 若可謂北海, 則不應一水, 此無潮汐, 而彼獨有之也."

122) 『邵南遺稿』 卷4, 「與安百順 己卯七月」(104쪽). "且以地勢言, 東海自我嶺左, 與倭右宛委連入, 至於北道之南·倭國之北, 則東西橫亘停畜. 或者赤間至大坂者, 自對島向東至倭南所入處, 而非關於北海耶."

123) 『邵南遺稿』 卷4, 「與安百順 己卯七月」(104쪽). "倭之東海, 自是小東洋, 不關於此東海也. 驗西洋萬國地啚[圖], 可以懸度, 而盖彼地中海, 與此東海, 皆在晝長線以北, 而其所入之委折, 東西之橫亘, 若相似, 然其潮汐之或微與(?)無, 亦可揣想耶, 幷乞更敎."

조수가 극히 미약하다고 했기 때문일 것이다.

이상의 논의를 통해 확인할 수 있듯이 안정복은 당시 조석설의 주류라고 할 수 있는 '응월설'에 의문을 제기하면서 '호흡설'에 의거하여 자기 나름의 조석설을 구축하였다. 그것은 고인(古人)들의 논설을 비판적으로 검토한 바탕 위에서 자신이 직접 해상(海上)에서 조석의 진퇴를 관찰한 경험을 참고 자료로 삼아 작성한 것이었다. 아울러 동해에 조석이 없는 원인은 '지세의 고저'에 따른 것이라고 주장했다. 반면에 서학을 수용하여 천체역학적 원리에 입각하여 조석 현상을 설명하는 이익의 조석설을 정론으로 간주했던 윤동규는 '호흡설'에 부정적이었고, 동해에 조석이 없는 것도 동해가 일본열도에 차단되어 일종의 호수와 같은 형상을 하고 있기 때문이라고 보았던 것이다. 자료적 한계로 인해 양자의 논의가 어떻게 귀결되었는지 확인할 수는 없지만, 이는 조석이라는 자연 현상을 둘러싸고 전개되었던 성호학파 내부의 활발한 논의 과정을 확인할 수 있는 하나의 사례가 될 수 있을 것이다.

이상의 논의를 통해서 다음과 같은 사실을 확인할 수 있다. 첫째, 윤동규와 안정복의 서신을 통해서 이들이 다양한 서학서에 접하고 있었다는 사실을 확인할 수 있다. 이들은 『천문략』, 『곤여도설』, 『방성도』, 『측량서』, 『태서수법』, 『만국도』, 『혼개통헌도설』, 『일전표』 등을 검토했고, 논의 과정에서 『기하원본』, 『동문산지』, 『측량법의』, 『일전역지』, 「만국전도」[『직방외기(職方外紀)』] 등을 언급하였다. 적어도 1750년대까지 성호학파 내부에서는 서양 과학에 대한 탐구가 활발히 이루어지고 있었던 것이다. 그런데 이들이 언급한 서학서는 당시 최신의 서적이 아니었다. 청(淸)에서 건륭(乾隆) 7년(1742)에 '역상고성후편(曆象考成後編) 체제'로 개력(改曆)을 단행한 이후, 조선에서도 이를 수용하여 역법의 세부적 내용을 개정하였다. 영조 20년(1744) 무렵 『역상고성후편(曆象考

成後編)』 전질이 도입되었고, 이에 대한 탐구를 통해 '역상고성후편 체제'에 대한 이해를 심화해 가고 있었다. 그럼에도 불구하고 자연지식에 대한 성호학파의 논의는 아직까지 『신법산서(新法算書=西洋新法曆書)』 단계에 머물러 있었다. 이는 성호학파의 구성원들이 최신의 참고문헌에 접근할 수 있는 통로가 제한되어 있었다는 점을 염두에 두고 따져 보아야 할 문제이다.

둘째, 1750년대 후반 천문역산학 분야를 비롯한 자연지식에 관한 성호학파 내부의 논의가 어떻게 이루어졌는지 살펴볼 수 있었다. 일찍부터 학계에서는 성호학파의 '박학적(博學的) 학문 경향'과 '치의(致疑)를 통한 자득(自得) 위주의 학문관'에 주목하였다. 박학의 범주 안에는 이전에 주목하지 않았던 자연지식 분야도 포함되었다. 이른바 '물리(物理)'와 자연학에 대한 새로운 인식이 등장하게 되었던 것이다. 이익을 비롯한 성호학파의 학자들은 전통 학문의 토대 위에서 서학을 적극적으로 수용함으로써 새로운 자연지식을 습득할 수 있었다. 그들은 이를 바탕으로 서신 왕래를 통해 서양의 세차설과 『일전표』를 활용한 역산법, 조석설의 의문점을 적시하여 문제를 제기하고, 상호 간의 논의 과정에서 기존의 지식과 서학의 학설을 종횡으로 활용하여 타당한 해답을 찾고자 노력하였다. 이는 기존의 학설에 대한 회의와 비판을 통해 자득을 모색하는 과정이라고 볼 수 있을 것이다.

셋째, 성호학파의 종장(宗匠)인 이익의 자연지식과 서학관이 어떻게 제자들에게 전승되었는지 확인할 수 있었다. 서학에 대한 성호학파 내부의 논란을 확인할 수 있는 초기의 자료로는 신후담의 『서학변』(1724)을 들 수 있다. 이를 통해 이익이 이미 1720년대 초에 일정한 서학 인식을 구축하고 있었음을 분명히 알 수 있었다. 이 글의 논의에서도 윤동규가 소시(少時)에 이익의 조석설을 접했다는 사실을 확인하였다. 늦추어 잡아도 그때가 대략 1724년 이전이었다고 볼 수 있다. 요컨대 이익은 40대 이전에 자기 나름의 서학 인식과 자연지식을 구축하고 있었으며, 이를 후학들에게 전파하였다. 그 사실을 분명히 확인할 수 있는 인물이 윤동규였다. 그의 세차설과 조석설, 그리고 서학 인식은 스승 이익의 그것을 빼닮았기 때문이다. 윤동규와 안정복의 문답을 보면 천주교의 교리에 대해서는 부정적 견해를 보였지만 서양 과학기술의 우수성과 효용성에 대해서는 긍정적으로 평가하는 자세를 취했다. 여기에는 서학의 종교적 측면과 실용적 측면을 분별하는 이익의 서학관이 강한 영향을 미쳤다고 볼 수 있다. 이와 같은 서학관을 토대로 성호학파의 학자들은 서학의 자연지식을 활용해서 다양한 담론을 전개했던 것으로 보인다.

제6장 전통적 자연학에 대한 비판과 새로운 학설의 전개(1)

1. 중천설(重天說)

종래 이익의 우주구조론은 9중천설(九重天說)의 연장인 12중천설(十二重天說)로 이해되어 왔으며, 당시에 이미 티코 브라헤(Tycho Brahe, 1546~1601)의 우주구조론이 『서양신법역서(西洋新法曆書)』에 '신도(新圖)'로 소개되고 있었다는 점을 들어 이익의 우주론을 시대에 뒤떨어진 것이라고 평가하기도 했다. 그리고 그 원인으로 이익이 티코 브라헤의 우주구조론이 소개된 새로운 서학서에 접하지 못했다는 사실이 거론되었다.[1] 물론 이익의 저술 가운데 9중천설과 12중천설에 대한 논의가 수록되어 있기는 하다. 그렇다고 이익의 우주구조론을 곧바로 9중천설

1) 이익의 宇宙論에 대한 기존의 연구로는 李龍範, 「法住寺所藏의 新法天文圖說에 對하여－在淸天主敎神父를 通한 西洋天文學의 朝鮮傳來와 그 影響－」, 『歷史學報』 32, 1966(李龍範, 『韓國科學思想史硏究』, 東國大學校出版部, 1993에 재수록) ; 李龍範, 「李瀷의 地動論과 그 論據－附 : 洪大容의 宇宙觀－」, 『震檀學報』 34, 1972(李龍範, 『韓國科學思想史硏究』, 東國大學校出版部, 1993에 재수록) ; 李龍範, 「李朝實學派의 西洋科學受容과 그 限界－金錫文과 李瀷의 경우－」, 『東方學志』 58, 1988 ; 최정연, 「성호의 우주론에 미친 서학의 영향－서양 12중천설의 접촉을 중심으로－」, 『교회사학』 12, 수원교회사연구소, 2015 등을 참조.

이나 12중천설이라고 단정할 수 있는 것은 아니다. 그가 분명히 받아들이고 있었던 것은 중천(重天)의 개념이었을 뿐이고, 그것이 몇 겹이나 되는지에 대해서는 논의를 유보하였기 때문이다.[2)]

이익이 보았던 서학서 가운데 9중천설이나 12중천설을 소개한 것으로는 「곤여만국전도(坤輿萬國全圖)」(1602년 刊)의 서문, 『건곤체의(乾坤體義)』, 『천문략(天問略)』(1615년 刊), 『주제군징(主制群徵)』(1629년 刊), 『천주실의(天主實義)』 등을 들 수 있다. 「곤여만국전도」의 서문에는 9중천에 대한 간단한 언급이 있고, 「곤여만국전도」를 발전시킨 「양의현람도(兩儀玄覽圖)」의 주기에는 '구중천도(九重天圖)'라는 항목이 있어 9중천설을 비교적 소상히 소개하고 있다.[3)] 마테오 리치(Matteo Ricci : 利瑪竇)의 『건곤체의』에는 9중천에 대한 설명과 함께 변형된 형태의 11중천이 '건곤체도(乾坤體圖)'라는 제목으로 수록되어 있다.[4)] 또 『천주실의』의 「물종류도(物宗類圖)」에는 형태가 있는 것 가운데 '혹불후여천성(或不朽如天星)'이라는 이름 아래 9중천의 명칭이 기재되어 있다.[5)] 디아즈(Emmanuel Diaz : 陽瑪諾)의 『천문략』에는 「천유기중급칠정본위(天有幾重及七政本位)」라는 항목에서 12중천의 내용을 설명하고 있으며 그림을 첨부하였다.[6)]

---

2) 『星湖僿說』 卷27, 經史門, 「神理在上」, 55ㄴ(X, 116쪽). "凡地上皆天, 天包地外, 重重疊裹如葱頭, 然其氣淸明, 不能蔽隔, 術家以日月星辰爲證有九重之說, 其實不知更有幾重包在也." ; 『星湖僿說類選』 卷1上, 天地篇上, 天文門, 十二重天(上, 4쪽). "地上皆天, 其無星之天, 不知更有幾重在也."

3) 金良善, 「明末淸初 耶蘇會宣敎師들이 製作한 世界地圖와 그 韓國文化史上에 미친 影響」, 『崇大』 6, 1961, 44~58쪽 참조(『梅山國學散稿』, 崇田大學校 博物館, 1972, 193~213쪽에 재수록).

4) 『乾坤體義』 卷上, 「地球比九重天之星遠且大幾何」, 5ㄱ~6ㄴ(787책, 758~759쪽)과 『乾坤體義』 卷上, 「乾坤體圖」, 9ㄱ~ㄴ(787책, 760쪽) 참조.

5) 『天主實義』 上卷, 43ㄴ(132쪽－영인본 『天學初函』, 亞細亞文化社, 1976의 페이지 번호).

6) 『天問畧』, 「天有幾重及七政本位」, 1ㄱ~4ㄴ(787책, 852~854쪽).

이익은 이상의 서적을 통해 서양의 우주구조론인 중천설을 수용하였다. 그것은 결과적으로 일월오성(日月五星)과 경성천(經星天) 이외에 또 다른 하늘이 있다는 사실을 받아들이고 있었음을 뜻하는데,[7] 이익이 이런 판단을 하게 된 이유는 세차(歲差)의 원인을 설명하기 위한 것이었다. 그는 역대의 세차설에 대해 의문을 지니고 있었다. 왜냐하면 여러 사람들이 제시하는 세차 값이 모두 달랐기 때문이다. 『서전(書傳)』에는 이른바 '천세수도지설(天歲殊度之說)'에 입각한 세차 값이 제시되어 있는데 우희(虞喜), 하승천(何承天), 유작(劉焯)의 세차 값이 그것이었다. 우희는 '50년 퇴(退)1도(度)'설을 주장했고, 하승천은 그 값이 너무 크다고 하여 '100년 퇴1도'설을 주장했으며, 유작은 두 사람의 중간값을 취하여 '75년 퇴1도'설을 주장하였다. 주자(朱子)와 채침(蔡沈)은 이 가운데 유작의 세차 값이 근사하다고 하면서 정밀하지는 못하다고 평가했다.[8] 그런데 김이상(金履祥, 1232~1303)은 「요전(堯典)」의 소주(小註)에서 '73년 퇴1도'설이 비교적 정확하다[稍的]고 주장하였다.[9] 이익은 김이상이 무엇에 근거해서 그러한 주장을 펼친 것인지 의심하였다.[10]

---

7) 『星湖僿說』 卷1, 天地門, 九重天, 46ㄴ(Ⅰ, 25쪽). "九重天之說, 始於屈原天問, 謂日月五星及經星之外, 更有一重, 西曆所謂宗動天也."

8) 『書傳大全』 卷1, 堯典, 12ㄱ~ㄴ(24쪽). '申命和叔, 宅朔方, 曰幽都, 平在朔易, 日短星昴, 以正仲冬, 厥民隩, 鳥獸氄毛'의 주. "蓋天有三百六十五度四分度之一, 歲有三百六十五日四分日之一, 天度四分之一而有餘, 歲日四分之一而不足, 故天度常平運而舒, 日道常內轉而縮, 天漸差而西, 歲漸差而東, 此歲差之由, 唐一行所謂歲差者是也. 古曆簡易, 未立差法, 但隨時占候修改, 以與天合. 至東晉虞喜, 始以天爲天, 以歲爲歲, 乃立差以追其變, 約以五十年退一度. 何承天以爲太過, 乃倍其年而又反不及, 至隋劉焯, 取二家中數七十五年, 爲近之. 然亦未爲精密也, 因附著于此."

9) 『書傳大全』 卷1, 堯典, 14ㄱ(25쪽). '申命和叔, 宅朔方, 曰幽都, 平在朔易, 日短星昴, 以正仲冬, 厥民隩, 鳥獸氄毛'의 소주. "金氏曰, 堯典中星, 與月令不同, 月令中星, 與今日又不同. 歲有差數, 先賢故立歲差之法, 以步之, 差法當以七十五年者爲稍的. 堯時冬至, 日在虛七度, 昏昴中, 至月令時, 該一千九百餘年, 月令冬至, 日在斗二十二度, 昏奎中. 至本朝初, 該一千七百餘年, 冬至日在斗初度, 昏壁中. 今延祐又經四十餘年, 而冬至日在箕八度矣, 昏亦壁中. 以此驗之, 誠有不同."

10) 『星湖全集』 卷55, 「書金仁山歲差說後」, 11ㄴ~12ㄱ(199책, 508쪽). "……朱子引劉焯

이익은 일찍부터 역대 역법의 문제점이 세차법의 부정확함에서 유래한다고 보았고,[11] 이러한 세차를 설명하기 위해서는 별도로 또 하나의 하늘을 설정할 필요가 있다고 생각해 왔는데, 그것을 12중천설의 '동서세차천(東西歲差天)'에서 발견했던 것이다.

> 내가 예전에 역가(曆家)와 더불어 논의하면서 망령되게 이르기를, "둥근 하늘[天圓]이 회전하여 사시(四時)가 생기니 이는 반드시 사시와 연계된 하늘이 있는 것이다. 이제 고금(古今)의 중성(中星)의 차이로 그것을 징험해 보면 열수천(列宿天)의 위에 반드시 또 하나의 하늘이 있어 사시와 부합하게 될 것이다"라고 하였는데 듣는 사람이 아마도 깨닫지 못했을 것이다. 지금 그 말[『天問略』]에 이르기를 한 겹의 동서세차천(東西歲差天)이 있다고 하니 꼭 들어맞는다.[12]

> 중성(中星)의 차이는 의심할 수 있는 것이 아닙니다. 비단 동서세차(東西歲差)뿐만 아니라 남북세차(南北歲差)가 있는데 그 차이는 매우 미세하여 중국에서는 깨닫지 못하였습니다. 서양의 역법에 이르러서야 비로소 나머지가 없게 되었습니다[남김없이 밝혀졌습니다]. 갑자기 거론할 수 없으니 다른 때를 기다려 설명하겠습니다.[13]

說以七十五年爲近之, 金氏以七十三年爲稍的, 未知何據而云."

11) 『順菴集』 卷17, 「天學問答－附錄」, 26ㄴ(230책, 150쪽). "曆家之歲久差忒, 專由歲差法之不得其要而然也." 세차법의 문제에 대한 성호학파 내부의 논의에 대해서는 구만옥, 「자연지식에 대한 星湖學派 내부의 담론－尹東奎와 安鼎福의 논의를 중심으로－」, 『韓國實學硏究』 42, 韓國實學學會, 2021을 참조.

12) 『星湖全集』 卷55, 「跋天問略」, 31ㄱ~ㄴ(199책, 518쪽). "余昔與曆家論, 妄謂天圓回轉, 四時生焉, 是必有四時所繫之天. 今以古今中星之差驗之, 列宿天之上, 又必有一天, 爲四時之符者也. 聽者或未契悟. 今其言曰, 有一重東西歲差之天, 恰與符合."

13) 『星湖全集』 卷24, 「答安百順戊辰(別紙)」, 12ㄴ(198책, 486쪽). "中星之差, 非所可疑. 不但東西有差, 又有南北歲差, 其差極微, 中國未覺也. 及西洋之曆, 始無餘蘊, 不能猝擧, 待別時說."

요컨대 중성의 변화나 북극성의 이동은 세차에 따른 천체 현상인데, 이것을 설명하기 위해서는 항성천(恒星天 : 經星天)의 운동과는 다른 또 하나의 운동을 설정할 필요가 있다고 여겼던 것이다.[14] 12중천설에서는 그것을 동서세차천(東西歲差天)과 남북세차천(南北歲差天)으로 구분하여 설정하고 있었는데,[15] 이익은 그것을 종동천(宗動天) 하나의 운동으로 통합할 수 있다고 생각하였다. 따라서 종동천 이외에 별도의 하늘을 설정하는 방식에 대해서는 회의적이었다.[16]

종동천과 경성천, 그리고 칠정천(七政天)이 중첩되어 둘러싸여 있는 이 우주구조에서 각각의 하늘은 정기(精氣)가 모여서 이루어진 것으로 간주되었다. 그것은 유리와 같이 투명하기 때문에 사람들은 아무런 막힘 없이 모든 하늘을 관측할 수 있었다.[17] 그런데 앞서 언급한 바와 같이 이익은 전체 우주가 몇 겹의 하늘로 구성되어 있는지 단언하지 않았고, 태양계의 구체적 구조에 대해서도 상세하게 논하지 않았다. 그는 다만 이러한 우주의 구조에 대해 몇 가지 다른 견해가 있다는 사실을 소개하였다. 그것은 두 가지였는데, 하나는 금성과 수성이 독자적인 하늘을 구성하고 있는가 하는 문제였고, 다른 하나는 금성과 태양, 화성의 상호 위치에 대한 문제였다.[18]

---

14) 『星湖僿說』 卷1, 天地門, 「九重天」, 46ㄴ(Ⅰ, 25쪽). “九重天之說, 始於屈原天問, 謂日月五星及經星之外, 更有一重, 西曆所謂宗動天也. 何以驗之, 古者北極最中之星, 一晝夜周復, 其徑只一度, 今至三度, 則知極星之外, 別有一天也.”

15) 12중천설의 동서세차천이 중성의 변화를 설명하는 천구라는 이익의 생각이 서양 학설에 대한 오해에서 비롯된 것이라는 점에 대해서는 전용훈, 「17세기 서양 歲差說의 전래와 동아시아 지식인의 반응」, 『韓國實學硏究』 20, 韓國實學學會, 2010을 참조.

16) 『星湖僿說類選』 卷1上, 天地篇上, 天文門, 「十二重天」(上, 3쪽). “此則恐皆宗動之所司, 不必言別有二重天.”

17) 『星湖僿說』 卷1, 天地門, 「星月變」, 41ㄴ(Ⅰ, 23쪽). “經星及七政之天, 重重包裹, 如葫蒜之根, 有內外之苞也. 然精氣所成, 明如玻瓈之通望不碍其中.”

18) 『星湖僿說類選』 卷1上, 天地篇上, 天文門, 「十二重天」(上, 4쪽). “或謂金水獨不經天,

그런데 이 두 가지 사실을 종합하면 우리는 색다른 우주구조를 연상할 수 있게 된다. 먼저 수성천과 금성천은 태양천에 붙어서 회전하는 것으로 생각되었는데, 비유하자면 대륜(大輪) 가운데 다시 소륜(小輪)이 있는 것과 같았다.[19] 이것은 전형적인 12중천설에서는 가능하지 않은 설명이었다. 왜냐하면 12중천설에 따르면 지구를 중심으로 12겹의 하늘이 그야말로 양파 껍질처럼 각각 동심원으로 둘러싸여 있기 때문이다. "대륜 가운데 소륜이 있는 것과 같다"는 이익의 설명은 티코 브라헤의 우주구조론을 연상하게 한다. 그것은 두 번째 문제에서도 마찬가지다. 12중천설에서는 화성이 태양천의 안쪽으로 들어올 수 없다. 그러나 티코 브라헤의 우주구조에서는 이것이 가능하다.[20] 이는 이익의 우주구조가 단순하지 않다는 사실을 말해주는 것이고, 종래의 평가와는 달리 이익이 티코 브라헤의 우주구조론을 알고 있었을 가능성을 시사해 주는 것이라 할 수 있다.

어쨌든 이상과 같은 우주구조에서 핵심적 역할을 하는 것은 경성천과 태양천이었다. 그것은 경성천과 태양천의 운행이 다른 행성들의 운동에 비해 상대적으로 일정하기 때문이었다.[21] 이익은 오행성의 운행은 궤도와 속도가 일정치 않다고 보았으며,[22] 따라서 오행성의 행도(行度)를 추산하는 것은 쉽지 않다고 생각하였다. 그는 역대의 역사서와 역서(曆

隨日旋轉則爲一天, 或謂火星有時在日天之上[下의 잘못-인용자 주], 金星有時在日天之上, 亦必有測候而云, 未可臆料斷其是非也."

19) 『星湖僿說』 卷1, 天地門, 「星月變」, 42ㄱ(Ⅰ, 23쪽). "如金水二星天, 附日天環回, 大輪之中, 復有小輪也."

20) 『新法算書』 卷36, 五緯曆指 1, 周天各曜序次, 3ㄴ~4ㄱ(788책, 633~634쪽). "古曰, 土木火星恒居太陽之外, 今曰, 火星有時在太陽之內."

21) 『星湖僿說』 卷1, 天地門, 「星月變」, 41ㄱ~ㄴ(Ⅰ, 23쪽). "經星及太陽二天, 運行不停, 萬古不忒, 歲功所以成也. 其他或有遲疾南北之差, 各自不同."

22) 『星湖僿說』 卷1, 天地門, 「五星」, 16ㄴ(Ⅰ, 10쪽). "以今考之, 或疾或遲, 或橫或逆, 又縱橫不定, 時運乖變, 何從而知其必如此耶."

書)에 대한 검토를 통해 이런 결론에 도달하게 되었다.[23] 경성천과 태양천의 극(極)이 바로 북극(北極)과 황극(黃極)이었다. 이익은 북극을 자미(紫微), 황극을 태미(太微)에 비유하였다. 천지간의 음양 조화는 태양에 근거하기 때문에 태양이 운행하는 황도의 극, 즉 황극은 북극 못지않게 중요한 곳이었다. 북극과 황극 사이에서 양자를 조율하는 것은 북두칠성의 책무였다.[24] 북극과 황극은 성신천극(星辰天極)과 일천지극(日天之極)으로 지칭되기도 하였다.[25] 이익은 『주제군징』이나 『천문략』과 같은 서학서를 참고하여 경성천과 태양천의 직경 및 지구로부터의 거리를 계산하였다.[26] 그는 이러한 계산의 수치를 검증할 만한 정교한 기구가 없기 때문에 그 잘잘못을 알 수는 없지만, 서양의 기술이 매우 정밀하기 때문에 마땅히 따라야 한다는 입장을 취하고 있었다.[27]

천체 운행에 대한 이익의 기본적 입장은 '천동지정(天動地靜)'이었다. 경성천 이하의 각각의 하늘은 종동천에 이끌려 회전하는 것[帶動]이었다. 종동천은 운동의 근원이기 때문에 그 운행 속도가 가장 빠르고, 그 나머지 하늘의 속도는 종동천과 가까운 것은 빠르고 먼 것은 느리게 된다.[28] 우주 전체로 보자면 '외질내지(外疾內遲)'의 모습이었다. 태양의

---

23) 『星湖僿說』 卷1, 天地門, 「五星」, 16ㄴ(Ⅰ, 10쪽). "今七政之曆, 年年不同, 其非準行可見." ; 『星湖僿說』 卷1, 天地門, 五星聚井, 21ㄱ(Ⅰ, 13쪽). "不獨金水, 凡木火二政, 遲疾無常, 史策可驗, 亦何得以準其行度耶."

24) 『星湖僿說』 卷1, 天地門, 「日月道」, 43ㄱ~ㄴ(Ⅰ, 24쪽). "黃道之天, 亦必有極, 在星辰天極之左, 其象如紫微之有太微. 凡天地間陰陽造化, 皆原於日, 太微之帝座公卿之類, 如王居之有外朝也. 以人體言, 紫微爲根本, 腎之象也, 太微爲行政之所, 七竅之象也, 北斗居間用事, 喉舌之象也."

25) 『星湖僿說』 卷1, 天地門, 「日天之極」, 45ㄴ~46ㄱ(Ⅰ, 25쪽). "西洋曆法, 日天之北極, 比星辰天極之稍東稍高 …… 然則日天之極, 比星辰天之極, 差東二十四度矣."

26) 『星湖僿說』 卷2, 天地門, 「日天之行」, 46ㄴ~48ㄴ(Ⅰ, 53~54쪽).

27) 『星湖僿說』 卷2, 天地門, 「日天之行」, 48ㄱ~ㄴ(Ⅰ, 54쪽). "天度之准地, 此無巧器, 可以驗視, 只憑彼說爲據, 未知孰爲得失, 然西洋之術極精當從."

28) 『星湖僿說類選』 卷1上, 天地篇上, 天文門, 「十二重天」(上, 3쪽). "凡物動者, 必有其宗, 其行最疾, 統領諸天, 近者疾而遠者遲, 莫非其帶動." ; 『星湖全集』 卷43, 「黃道辨」,

운행이 하늘보다 하루에 1도씩 늦는 이유는 하늘로부터 멀리 떨어져 있기 때문이었다.[29]

이익의 '지전(地轉)'에 대한 논의는 위와 같은 천체운행론이 갖는 문제점으로부터 촉발되었다. 지전설(地轉說)이 설득력을 갖는 가장 중요한 이유 가운데 하나는 하늘이 하루에 한 바퀴씩 지구 주위를 돌려면 그 속도가 엄청나게 빨라야 한다는 것이었다. 때문에 당시에 일부 논자들은 하늘이 하루에 한 바퀴 돌 수 없을 것이라고 생각했고, 그 대안으로 하늘 대신 지구의 회전을 고려하게 되었다. 전통적 우주론 가운데 안천설(安天說)이 이 범주에 속하는 학설이라고 이익은 판단했다.[30] 뿐만 아니라 이러한 학설은 동아시아의 전통적 사유에서 그 원형을 찾을 수도 있었다. 『장자(莊子)』의 「천운편(天運篇)」은 그 대표적 논의였다.[31] 일찍이 주자도 『장자』의 논의가 지니고 있는 가치를 인정한 바 있었다.[32] 『장자』의 글에서 적극적으로 추출할 수 있는 것은 '천동지정'이라는 전통적 사유 방식과는 다른 '천정지전(天靜地轉)'의 견해와 일월의 좌선설

22ㄴ(199책, 281쪽). "凡盈天地之間者, 莫非氣也. 氣爲天帶動, 日月隨以運行, 徐疾以之."

29) 『星湖僿說』 卷1, 天地門, 「日月道」, 43ㄱ(Ⅰ, 24쪽). "黃赤二道, 俱隨天左轉, 而黃道每日不及赤道一度, 其繞天則隨南北極之勢, 則其日爲天之帶動可知, 遠於天故差遲也."

30) 『星湖僿說』 卷3, 天地門, 「談天」, 47ㄱ(Ⅰ, 95쪽). "安天者, 亦可意推. 凡天地之間, 最疾者, 莫如銃丸, 地周九萬里, 而銃丸之疾, 經七日有奇, 然後當復也. 天之周比地周, 不知幾千百倍, 則疑若不能一日而一環也, 故或疑天實不動, 而地右旋一日一周, 如人在舟中, 舟或旋回, 而但覺四面地轉, 不復知身轉也. 余每謂其說雖有理, 乾大象云天行健, 此非可信耶."; 『星湖僿說』 卷3, 天地門, 「天隨地轉」, 48ㄱ(Ⅰ, 95쪽). "或疑天常不動而地轉於內, 此安天之說所以起."

31) 『星湖僿說』 卷1, 天地門, 「配天配帝」, 40ㄱ~41ㄱ(Ⅰ, 22~23쪽); 『星湖僿說』 卷3, 天地門, 「天問天對」, 40ㄴ~41ㄴ(Ⅰ, 91~92쪽).

32) 『朱子語類』 卷125, 老氏莊列附, 莊子書, 郭友仁錄, 3001쪽. "先生曰 …… 莊子這數語甚好, 是他見得, 方說到此, 其才高." 이익은 이를 근거로 『莊子』 天運篇의 논의는 朱子의 '勘破(=看破)'를 거친 것이라는 점에서 신뢰할 수 있다고 주장하였다[『星湖僿說』 卷1, 天地門, 配天配帝, 40ㄴ(Ⅰ, 22쪽). "朱子以爲極是, 莊說未必皆信, 此旣經朱子勘破, 則信之而已."].

(左旋說)에 반대되는 우선설(右旋說)이었다.[33] 이익은 또 주자의 단편적 언급을 이와 같은 지전설을 주장한 것으로 인용하기도 하였다.[34]

그럼에도 불구하고 이익은 결과적으로 '지전'의 가능성을 승인하지 않았다. 그 이유로는 몇 가지를 거론할 수 있는데, 기존의 연구에서는 이익이 성현의 말씀인 『주역(周易)』의 '천행건(天行健)'이라는 명제를 위배할 수 없었기 때문이라고 파악했다.[35] 그러나 이것을 단순히 이익이 경전의 권위에 압도되어 신념을 굽힌 것이라고 볼 수는 없다. 그것은 이익이 염두에 두었던 '천동지정(天動地靜)'[36]이라는 우주의 운동 도식으로부터 자연스럽게 도출된 결론이었던 것이다. 그가 보기에 지구가 하늘의 중심에 위치해서 아래로 추락하지 않는 이유는 하늘이 매우 빠른 속도로 회전하고 있기 때문이었다. 하늘과 땅이 모두 회전한다면 땅은 추락하고 말 것이라고 이익은 생각했던 것이다.[37] 기(氣)의 회전 속에서 지구가 허공에 떠 있다고 하는 사고방식[38]에서 하늘은 정지해

33) 『星湖僿說』 卷3, 天地門, 「天問天對」, 41ㄱ(Ⅰ, 92쪽). "其意盖曰, 人謂天運而地靜, 安知天不動而地回轉耶. 天其形至大, 其行至疾, 一日之間, 疑若不能旋復, 此如乘舟泛海, 不覺舟回而只見岸旋, 故地若一日右轉一周, 則人居大地一面, 隨地而東, 只見天行, 而不覺地斡也. 日月麗天, 人謂日疾而月遲, 安知非二者皆右轉, 月反疾而日反遲耶."

34) 『星湖僿說』 卷3, 天地門, 「天隨地轉」, 47ㄴ(Ⅰ, 95쪽). "朱子曰, 安知天運於外, 而地不隨之而轉耶. 其意若曰, 天一日一轉, 地隨而轉, 不及天一度耶." 원문은 『朱子語類』 卷86, 禮3, 周禮, 地官, 沈僩錄, 2212쪽을 참조. 山田慶兒 역시 朱子의 이 주장을 지구 자전의 가능성을 인정하는 것이라고 보았다[야마다 케이지(김석근 옮김), 앞의 책, 1991, 177쪽].

35) 『星湖僿說類選』 卷1上, 天地篇上, 天文門, 「天行健」(上, 2쪽). "然乾之象曰天行健, 聖人無所不知, 此一句爲可信, 且從之."; 『星湖僿說』 卷3, 天地門, 「談天」, 47ㄱ(Ⅰ, 95쪽). "余每謂其說雖有理, 乾大象云天行健, 此非可信耶."

36) 『星湖全集』 卷43, 「黃道辨」, 23ㄱ(199책, 282쪽). "蓋萬物莫不就靜, 天常動而地常靜, 故物皆以地爲下."

37) 『星湖僿說』 卷3, 天地門, 「天隨地轉」, 48ㄱ(Ⅰ, 95쪽). "然地居天心而不墜下, 因天之運也, 故曰天行健. 又若天與地俱轉, 地亦墜下矣."

38) 이익은 『周易』 乾卦의 '天行健'이라는 명제를 이런 의미로 해석하였다. 『星湖僿說』 卷15, 人事門, 「腹痛」, 36ㄱ(Ⅵ, 13쪽). "一日讀易, 至天行健註云, 天之氣運轉不息,

있고 지구가 회전함에도 불구하고 땅이 추락하지 않을 수 있다는 사고방식으로의 전환은 쉽지 않았다. 그것은 결국 근대적 역학(力學)의 원리에 대한 이해를 전제하지 않고는 어려운 것이었다. 이것이 이익이 『장자』 「천운편」의 논의를 긍정적으로 평가하고, 그것이 서양의 '영정부동천(永靜不動天)'의 개념과 합치한다는 점을 인정하면서도 결국은 영정천(永靜天)의 개념을 받아들이지 않은 원인이었다.[39]

'지전'을 받아들이지 않았던 또 하나의 이유는 운동의 근원에 대한 이익의 관념이었다. 이익은 일반 유자(儒者)들이 그랬던 것처럼 운동의 근본은 '고요함[靜]'이라고 보았다.[40] 고요함만이 운동을 제어하여 오차가 발생하지 않게 할 수 있다는 것이었다. 따라서 운동의 근원인 '기함(機緘)'은 정(靜)에 속하는 것이지 동(動)에 속하는 것이 아니었다.[41] 그런데 이익의 우주구조에서 '상정부동(常靜不動)'한 곳은 양극(兩極)이었다.[42]

故閣得地在中間. 如人弄椀珠, 只運動不住, 故空中不墜, 少有息則墜矣."

39) 『星湖僿說』 卷3, 天地門, 「天隨地轉」, 48ㄱ(Ⅰ, 95쪽). "莊子天運之說, 朱子亟許, 却與西曆永靜不動天之論合, 然永靜却依於何處."

40) 『論語集註』, 爲政 第2, 1章, "子曰, 爲政以德, 譬如北辰居其所, 而衆星共之."의 註. "范氏曰, 爲政以德, 則不動而化, 不言而信, 無爲而成, 所守者至簡而能御煩, 所處者至靜而能制動, 所務者至寡而能服衆." 여기에서 언급된 "以簡制[御]煩, 以靜制動"의 논리는 이후 儒者들이 文章과 修身, 經綸과 軍政을 논할 때 차용되었다. 대표적인 예로 다음을 참조. 『月沙集』 卷40, 「芝峯集序」, 22ㄴ~23ㄱ(70책, 160~161쪽). "以簡制煩, 以靜制動, 本源澄澈, 微瀾不起, 以故發之於詩者, 一味沖澹, 無繁音無促節, 其聲鏗而平, 其氣婉而章……." ; 『宋子大全』 卷17, 「進心經釋疑箚辛酉九月」, 11ㄴ(108책, 408쪽). "因竊伏念, 帝王之學, 雖與韋布不同, 而其治心修己, 以簡御煩, 以靜制動, 則無以異也." ; 『宋子大全』 卷162, 「石湖尹公神道碑銘幷序」, 35ㄴ(113책, 462쪽). "理事綜密, 綱擧目張, 處大事, 決大疑, 不動聲氣, 常以靜制動, 故稱之者以爲經綸手而宰相器也."

41) 『星湖僿說』 卷3, 天地門, 「天問天對」, 41ㄱ(Ⅰ, 92쪽). "靜者, 動之本, 惟靜然後可以管其動, 而主張綱維之也. 未有以動制動而能不差者也. 其居無事而推行之者誰耶. 機緘屬乎靜, 不已屬乎動."

42) 『星湖全集』 卷43, 「黃道辨」, 22ㄴ(199책, 281쪽). "今觀星文, 其天腹者最疾, 漸迤漸徐, 至二極則常靜不動." 北極[北辰]이 강조된 이유는 바로 이런 관점에서였다[『星湖僿說』 卷1, 天地門, 「北辰」, 44ㄱ(Ⅰ, 24쪽). "北極者, 極星之頭不動處, 所謂北辰也."].

그것은 지구의 남북극을 천구상에 투영한 것이었다. 따라서 그 축의 중심인 지구 역시 움직일 수 없다고 생각했을 가능성이 있다.

2. 일월식론(日月蝕論)

조선후기에 서양의 일월식론(日月蝕論)을 적극적으로 수용했던 일부 학자들은 새로운 방식으로 일식과 월식의 문제에 접근하였다. 이익은 그런 면에서 선구적 학자였다.43) 주자의 일월식론은 논의가 다단해서 여러 가지 해석이 가능하다. 주자의 논의 가운데 중요한 몇 가지를 제시하면 다음과 같다.

> ① 해와 달의 박식(薄蝕)은 일월(日月)이 서로 회합하는 곳에서 양자가 정확히 일치하기 때문에 그 빛이 가려져 버리는데, 초하루에는 일식(日食)이 되고 보름에는 월식(月蝕)이 된다. …… 오직 달이 해의 바깥쪽을 지나가서 해의 안쪽을 가릴 때만 일식이 되며, 해가 달의 바깥쪽을 지나가서 달의 안쪽을 가릴 때만 월식(月蝕)이 된다.44)
>
> ② 일식은 해와 달이 회합하는 곳에서 달은 해의 아래쪽에 있게 되는데, 간혹 거꾸로 〈달이 해의〉 위에 있게 되면 식(蝕)하게 되는 것이다. 월식은 해와 달이 똑바로 서로 마주보면서 비추는 것이다.45)

---

43) 『星湖全集』 卷43, 「日月蝕辨」, 18ㄱ~19ㄴ(199책, 279~280쪽).

44) 『朱子語類』 卷2, 理氣下, 天地下, 周謨錄, 18쪽, "日月薄蝕, 只是二者交會處, 二者緊合, 所以其光掩沒, 在朔則爲日食, 在望則爲月蝕. 所謂紓前縮後, 近一遠三, 如自東而西, 漸次相近, 或日行月之旁, 月行日之旁, 不相掩者皆不蝕. 唯月行日外而掩日於內, 則爲日蝕, 日行月外而掩月於內, 則爲月蝕."

45) 『朱子語類』 卷2, 理氣下, 天地下, 童伯羽錄, 21쪽, "日蝕是日月會合處, 月合在日之下, 或反在上, 故蝕. 月蝕是日月正相照."

③ 초하루에 일식이 일어나는 까닭은 달은 언제나 아래에 있고, 해는 언제나 위에 있어서 서로 회합할 때 아래에 있는 달이 해를 가리기 때문이다[달이 아래에 있으면서 해를 가리기 때문에 일식이 된다]. 보름의 월식은 진실로 음(陰)이 감히 양(陽)과 대적하는 것으로, 역가(曆家)는 또한 그것을 암허(暗虛)라고 부른다. 화(火)와 일(日)은 바깥은 빛나지만, 그 속은 사실 어두워서 보름이 되면 그 속의 어두운 곳이 정면으로 보이기 때문에 월식이 일어난다.[46]

④ 합삭(合朔) 때에 해와 달의 동서(東西)가 비록 같은 도수에 있어도 월도(月道)의 남북(南北)이 태양으로부터 멀면 일식은 일어나지 않는다. 또 남북의 도수가 비록 서로 가까워도 해가 안에 있고 달이 바깥에 있다면 일식은 일어나지 않는다. 이것은 바로 한 사람이 등불을 들고 〈다른〉 한 사람은 부채를 들고 서로 교차하면서 지나가는데, 〈또 다른〉 한 사람이 안에서 이것을 볼 때 두 사람의 거리가 서로 멀면 비록 부채가 안에 있고 등불이 바깥에 있어도 부채는 등불을 가릴 수 없고, 또 등불을 든 사람이 안에 있고 부채를 든 사람이 바깥에 있다면 서로 가까이 있어도 부채는 또한 등불을 가릴 수 없는 것과 같다. 이것으로써 추론하면 대략을 알 수 있다.[47]

여기서 문제가 되는 것은 첫 번째와 두 번째 논의였다. 첫 번째 인용문의 "달이 해의 바깥쪽을 지나가서 해의 안쪽을 가릴 때만 일식이 되며,

---

46) 『朱子語類』 卷2, 理氣下, 天地下, 沈僩錄, 12~13쪽, "日所以蝕於朔者, 月常在下, 日常在上, 旣是相會, 被月在下面遮了日, 故日蝕. 望時月蝕, 固是陰敢與陽敵, 然曆家又謂之暗虛. 蓋火日外影, 其中實暗, 到望時恰當着其中暗虛, 故月蝕."

47) 『晦庵先生朱文公文集』 卷45, 「答廖子晦」, 2104~2105쪽. "故合朔之時, 日月之東西雖同在一度, 而月道之南北或差遠於日則不蝕. 或南北雖亦相近, 而日在內, 月在外, 則不蝕. 此正如一人秉燭, 一人執扇, 相交而過, 一人自內觀之, 其兩人相去差遠, 則雖扇在內, 燭在外, 而扇不能掩燭. 或秉燭者在內, 而執扇在外, 則雖近而扇亦不能掩燭. 以此推之, 大略可見."

해가 달의 바깥쪽을 지나가서 달의 안쪽을 가릴 때만 월식이 된다[月行日外而掩日於內, 則爲日蝕, 日行月外而掩月於內, 則爲月蝕]"라는 구절과 두 번째 인용문의 "간혹 거꾸로 〈달이 해의〉 위에 있게 되면 식(蝕)하게 된다[或反在上, 故蝕]"라는 구절은 땅을 중심에 놓고 보았을 때 달이 태양보다 높은 곳에 위치할 때도 있다는 주장으로 해석될 수 있었다. 실제로 조선후기에는 이러한 주자의 언급에 주목하여 그의 일월식론을 비판한 논자들이 등장했다. 이익은 그 대표적 인물이었다. 그는 먼저 "해가 달의 바깥쪽을 지나가서 달의 안쪽을 가릴 때 월식이 일어난다[日掩月內則爲月蝕]"는 주자의 논의에 대해, 월식은 보름에 일어나는 것이고, 보름은 해와 달이 마주보고 있는 때인데 어떻게 태양이 달을 가릴 수 있느냐고 비판했다.[48] 다음으로 등불과 부채의 비유를 들어 일월식을 설명한 것에 대해서도 비유의 상황 설정에 오류가 있다고 지적하였다. 이는 일식이 일어나는 경우와 일어나지 않는 경우, 즉 '당식(當蝕)'과 '불식(不蝕)'을 설명한 것인데, 지구를 중심에 놓고 볼 때 본래 태양의 궤도는 높은 곳에, 달의 궤도는 낮은 곳에 위치하기 때문에 주자가 설정한 "해가 안에 있고 달이 바깥에 있는[日在內, 月在外]" 경우는 본래부터 있을 수 없다는 지적이었다.[49]

이익의 논의 가운데 가장 눈에 띄는 부분은 '암허(暗虛)'설에 대한 비판이라고 할 수 있다. 암허설은 한대(漢代)의 장형(張衡)이 제창한 이후로 역가(曆家)들이 월식을 설명하는 논리로 활용하였다. 그것은 지구설과 그에 입각한 서양의 월식 이론이 도입되기 이전의 일반적 상황이었다. 때문에 주자 역시 이것을 인용하여 "화(火)와 일(日)은 바깥

48) 『星湖全集』 卷43, 「日月蝕辨」, 18ㄱ~ㄴ(199책, 279쪽). "朱子曰, 月掩日內則爲日蝕, 日掩月內則爲月蝕. 夫日蝕於朔, 月蝕於望, 望者相對也, 豈有日掩月而蝕哉."

49) 『星湖全集』 卷43, 「日月蝕辨」, 18ㄴ(199책, 279쪽). "又曰, 日在內, 月在外, 則不蝕, 如秉燭者在內, 執扇者在外, 扇不能掩燭, 此指日之當蝕不蝕, 而日輪本高, 月輪本下, 豈有月在外時節耶."

은 빛나지만, 그 속은 사실 어두워서 보름이 되면 그 속의 어두운 곳이 정면으로 보이기 때문에 월식이 일어난다"고 했던 것이다. 이익은 이에 대해 먼저 불의 내부가 비록 어둡기는 하지만 그것이 사물을 비출 때 사물에 어두운 구석이 나타나게 되는 현상을 보지 못했다는 경험적 사실을 들어 이러한 논리의 허구성을 지적했다.[50] 불빛이 사물을 비출 때 어두운 구석이 나타나지 않는다면, 햇빛을 받는 달이 태양의 '암허' 때문에 어둡게 되는 일은 없을 것이었다.

이와 같은 암허설에 대한 비판은 이익이 서양의 우주구조론과 월식 이론을 수용함으로써 가능하게 된 것이었다. 서양 월식론의 핵심은 '지영지설(地影之說)'이었다. 그에 따르면 달은 햇빛을 받아 빛을 내는데 지구가 그 가운데서 햇빛을 차단하기 때문에 월식이 발생하게 되는 것이었다.[51] 『천문략(天問略)』의 우주구조론과 아담 샬(Adam Schall von Bell, 1591~1666 : 湯若望)의 『일월식추보(日月蝕推步)』는 이런 논의의 참고서였다.[52] 이익은 아담 샬의 계산법이 정밀하여 그에 따른 일월식 계산에 오류가 없다는 사실을 인정했고,[53] 그 연장선에서 종래 '당식불

50) 『星湖全集』 卷43, 「日月蝕辨」, 18ㄴ(199책, 279쪽). "又曰, 火日外影, 其中實暗, 到望時恰撞著其中暗處, 故月蝕也. 此古來曆家所遵用, 而謂之暗虛者, 是也. 火雖內暗, 光之被物, 未見有撞著暗虛處, 則何獨月之受日爲然哉."

51) 『星湖全集』 卷43, 「日月蝕辨」, 19ㄱ(199책, 280쪽). "月受日之光而始明, 故地遮於中, 影之所射者爲月蝕."

52) 『星湖全集』 卷43, 「日月蝕辨」, 18ㄴ(199책, 279쪽). "今考歐邏巴人天問略云, 天有十二重, 月居最下, 日居第四重, 卽七緯之中也……."; 같은 글, 19ㄴ(199책, 280쪽). "往在十數年前, 譯官某赴京回, 買西洋人湯若望所著日月蝕推步一書以獻, 其人死骨朽已久矣, 而推之於前, 無不驗, 引之於後, 又從今四十餘年, 已有定籌, 莫不昭晣, 其精微至此……."

53) 『星湖全集』 卷43, 「日月蝕辨」, 19ㄴ(199책, 280쪽). "往在十數年前, 譯官某赴京回, 買西洋人湯若望所著日月蝕推步一書以獻, 其人死骨朽已久矣, 而推之於前, 無不驗, 引之於後, 又從, 今四十餘年, 已有定籌, 莫不昭晣, 其精微至此."; 『星湖僿說』 卷2, 天地門, 「曆象」, 43ㄴ(Ⅰ, 52쪽). "今行時憲曆, 卽西洋人湯若望所造, 於是乎曆道之極矣. 日月交蝕未有差謬, 聖人復生, 必從之矣."

식(當食不食)', '부당식역식(不當食亦食)'의 문제를 음양성쇠(陰陽盛衰)의 논리로 해석했던 일체의 논의는 계산법의 부정확함에서 연유한 것이라고 비판했다.[54] 주자학적 일월식재이관(日月蝕災異觀)의 중요한 논거 가운데 하나였던 '당식불식'의 논리가 해체되고 있었던 것이다.

이익은 영조 17년(1741) 이병휴(李秉休)의 질문에 대한 답변에서 일월식은 "동서동도(東西同度), 남북동도(南北同道)"의 조건이 충족되어야만 발생한다는 사실을 확인한 후, 삭망(朔望) 때 '동서동도'의 조건은 충족되지만 '남북동도'의 조건을 충족하지 못하여 일월식이 발생하지 않는 경우가 있다고 설명했다.[55] 그럴 경우에 지구가 햇빛이 뭇별들에 도달하는 것을 가로막아 '성식(星蝕)'이 발생할 수도 있지 않느냐는 이병휴의 질문[56]에 대해서는 해가 크고 지구가 작으면 지구의 그림자가 가리는 범위는 멀어지면 멀어질수록 작아지고, 지구가 크고 해가 작다면 그림자가 가리는 범위는 멀어지면 멀어질수록 커진다고 전제하면서, 실제로 지구의 그림자가 천체를 가리는 범위는 가장 아래에 있는 월천(月天)에 해당하고 그 바깥까지는 지구의 그림자가 미치지 못한다고 답변하였다.[57] 당시 이익이 확보하고 있었던 자료에 의하면 지구는 달보다 38$\frac{1}{3}$

---

54) 『星湖全集』 卷43, 「日月蝕辨」, 19ㄴ(199책, 280쪽). "古今史策所載, 或當蝕不蝕, 或不當蝕亦蝕, 或晦而先蝕, 皆以陰陽盛衰爲占, 到今思之, 莫非疇人之失職, 使知者見之, 豈非大可笑耶."; 『星湖僿說』 卷2, 天地門, 「日蝕」, 13ㄱ(Ⅰ, 37쪽). "意者, 古時曆術猶有未精, 人疑其有當蝕不蝕, 不當蝕亦蝕之例, 於是有此說, 似非聖人之政也."; 『星湖僿說』 卷2, 天地門, 「衛朴」, 24ㄴ(Ⅰ, 42쪽). "前史所載當食不食, 不當食亦食, 何也, 不過術猶未精也."

55) 『星湖全集』 卷35, 「答秉休問目辛酉」, 23ㄴ(199책, 124쪽). "凡日月之行, 東西同度, 南北同道然後蝕也. 朔望必同度, 而南北不同道, 故不蝕也."

56) 『星湖全集』 卷35, 「答秉休問目辛酉」, 23ㄱ~ㄴ(199책, 124쪽). "若曰望時日月, 未必正當地之中央, 故不能蝕, 則月或不當地影之所射, 而滿天星斗必有當其影射處, 然未嘗有星蝕, 抑又何也."

57) 『星湖全集』 卷35, 「答秉休問目辛酉」, 23ㄴ(199책, 124쪽). "日大而地毬小, 其影之所觸, 漸遠漸小, 若地毬大而日小, 亦漸遠漸大矣. 月天最下, 所以能蝕, 其在月天之外者, 影皆未及矣."

배 크고, 해는 지구보다 $165\frac{3}{8}$배 크기 때문이었다.[58]

이익은 영조 24년(1748)에 안정복에게 답장을 보내면서 다음과 같이 일월식의 문제를 정리하였다.

> 일식은 처음부터 깨닫기 어렵지 않다. 월식에 이르러서는[월식의 경우에는] '암허지설(闇虛之說)'이 있는데 이것은 결코 그렇지 않다. 〈마단림(馬端臨)의 『문헌통고(文獻通考)』〉 「상위고(象緯考)」에서 "해와 마주 대하는 곳에는 항상 어떤 물건이 있어 그 때문에 달을 가리게 된다"[59]고 하였는데, 만약 그렇다면 어찌해서 성식(星蝕)은 발생하지 않는가. '지영지설(地影之說)'은 서양 책에 상세하게 실려 있어 충분히 명백하게 알 수 있다.[60]

한편 '지영지설'이 서양의 독창적인 학설이 아니라는 이익의 주장에 주목할 필요가 있다. 이익은 그 자료적 근거를 하맹춘(何孟春, 1474~1536)의 『여동서록(餘冬序錄)』[61]에서 찾았다. 거기에는 하맹춘이 송렴(宋濂, 1310~1381)의 학설을 인용하면서 "일찍이 해가 지지 않았는데 월식이 일어나는 것을 보았으니 지영(地影)은 틀린 것이다"라고 하면서 송렴의

58) 『星湖全集』 卷35, 「答秉休問目辛酉」, 23ㄴ(199책, 124쪽). "西洋曆法云, 地毬大於月輪三十八倍又三分之一, 日大於地毬一百六十五倍又八分之三, 用此推究." 이 수치는 마테오 리치의 『乾坤體義』에 소개되어 있는 내용이다[『乾坤體義』 卷上, 「地球比九重天之星遠且大幾何」, 5ㄱ~6ㄴ(787책, 758~759쪽)].

59) 『文獻通考』 卷282, 象緯考 5, 日食. "中興天文志 …… 又曰 …… 月之行在望, 與日對衝, 月入於日暗虛之內, 則月爲之食, 是爲陽勝陰, 其變輕. …… 所謂暗虛, 盖日少外明, 其對必有暗氣, 大小與日體同, 此日月交會薄食之大略也."

60) 『星湖全集』 卷24, 「答安百順戊辰(別紙)」, 12ㄴ~13ㄱ(198책, 486~487쪽). "日蝕初非難曉, 至於月蝕, 有闇虛之說, 此決不然. 至象緯考, 謂與日相對處, 常有物在, 所以蔽月, 若然何無星蝕. 地影之說, 詳在西洋書, 十分明曉."

61) 『明史』 卷98, 志 74, 藝文 3, 2430쪽(點校本 『明史』, 北京 : 中華書局, 1974의 페이지 번호). "何孟春餘冬序錄六十五卷." 이 책은 '雜家類'로 분류되어 있다.

주장을 반박한 내용이 있다고 한다. 이익은 이것을 보고 명나라 초기에 이미 '지영지설'이 중국에 도달한 것으로 간주했다.[62] 그럼에도 불구하고 송렴 단계에서는 일월식의 이치에 대해 분명하게 깨닫지 못했다고 보았다. 왜냐하면 송렴이 '지영'에 대한 논의를 전개했고 그 원리를 이미 터득하고 있었지만 그 계산 방법이 정밀하지 않았다고 보았기 때문이다[理得而術有未精]. 그로 인해 하맹춘은 송렴의 주장을 비판해서 말하기를 "월식이 해가 지지 않은 때에, 또는 해가 이미 뜬 때에 일어났다고 하면 또한 '지영' 때문이라고 할 수 있겠는가?"라고 했다는 것이다.[63]

이처럼 이익은 서양 과학의 여러 학설을 수용하면서도 그 주장의 역사적 전거를 중국의 역대 문헌에서 확인해 보는 작업을 했다. 앞에서 이미 살펴보았듯이 이익은 중국 고대 역가(曆家)의 학설 가운데 서학의 그것과 부합되는 바가 있을 가능성을 언급하였고, 그 하나의 예로 땅의 두께에 대한 정현(鄭玄, 字 康成)의 학설을 거론하였다. 월식론에서 송렴을 인용한 것이나 뒤에서 살펴보게 될 지구설에서 최영은(崔靈恩)을 끌어들인 것도 같은 맥락에서 이해할 수 있다.

---

62) 『星湖全集』 卷24, 「答安百順戊辰(別紙)」, 13ㄱ(198책, 487쪽). "何孟春餘冬序錄引宋濂說云, 嘗見日未沒月蝕, 則地影者非是. 意者此說, 明初已至中國故云爾然. 月蝕必在旣望, 其有日未沒而月蝕耶, 其迷罔如此也."

63) 『星湖全集』 卷43, 「日月蝕辨」, 19ㄱ(199책, 280쪽). "地影之說, 昔宋濂已有此論, 蓋不待西士也. 然理得而術有未精, 故中士多瞠然爲疑. 何孟春難之曰, 月蝕或有日未沒時, 或有日已出時, 亦可謂地影乎."

3. 「방성도(方星圖)」와 '수간미곤(首艮尾坤)'론의 전개

1) 여주이씨 가문 소장의 「방성도(方星圖)」

이용휴(李用休)의 시 가운데 「방성혼의명(方星渾儀銘)」이라는 작품이 있다. 그 내용은 다음과 같다.[64]

天不自造　하늘은 스스로 못 만들 테니
必有造者　반드시 만든 자 있으리니
既落於形　이미 모습을 갖추게 되면
亦是器也　이것도 또한 형기(形器 : 유형의 물체)가 된다네.
以器象器　기구(器具)로써 형기(形器)를 본떠서
名曰渾儀　이름을 '혼의(渾儀)'라고 붙였으니
推步窺測　추보(推步)하고 규측(窺測 : 엿보아 헤아림)하는 것은
其法在玆　그 방법이 여기에 있도다.
木毬金鐓　나무로 만든 구(球)와 쇠로 만든 창고달은
經營意匠　치밀한 구상[意匠]을 경영한 것이고
輪軸鉤鍵　기륜(機輪)과 축(軸), 갈고리와 비녀장은
巧制乃刱　정교한 제도를 창안한 것이네.
規有南北　둥근 고리[規]에는 남극과 북극이 있고
候有分至　절후에는 춘분·추분과 하지·동지가 있으니
驗之以星　별로써 그것을 징험하여
其故坐致　그 드러난 자취[故]를 찾으면 천년 뒤의 동지를 앉아서도

64) 『歘數集』, 「方星渾儀銘」(223책, 16쪽). 이 시의 번역으로는 조남권·박동욱 옮김, 『혜환 이용휴 산문 전집』 下, 소명출판, 2007, 37~38쪽을 참조하였고, 일부 내용은 문맥에 맞게 수정하였다.

알 수 있다네.

冬裘夏葛　겨울에는 갖옷 입고 여름에는 거친 베옷 입으며

晨興夕眠　새벽에 일어나고 저녁에 잠드니

隨時節宣　때에 따라서 절선(節宣 : 기(氣)를 적당히 조절함)한다면

人弗違天　사람이 하늘을 어기지 않으리로다.

시의 내용을 보면 이는 '혼의명', 즉 혼천의(渾天儀)에 붙인 명문으로 보인다. 그렇다면 앞에 '방성(方星)'이라는 용어가 뜻하는 것은 무엇일까? 이용휴가 그렇게 제목을 붙인 정확한 의도를 단정하기는 어렵다. 기존의 연구에서는 이를 서양식 천문도인 「방성도(方星圖)」와 관련이 있는 것으로 추정했지만[65] 시의 내용만으로는 그 사실을 확인하기 어렵다. '목구금대(木毬金鐓)'나 '윤축구건(輪軸鉤鍵)'이라는 구절은 전통적 혼의(渾儀 : 혼천의)를 구성하는 부속품을 설명하는 것이지 「방성도」의 구조를 가리키는 것이라고 보기 어렵기 때문이다. 더구나 이용휴는 '명왈혼의(名曰渾儀)'라고 하여 그가 대상으로 삼고 있는 기물이 '혼의'임을 분명히 하였다. 그럼에도 불구하고 이용휴가 '방성'이라는 용어를 '혼의' 앞에 붙인 것은 이 글과 「방성도」가 일정한 관련성을 지니고 있음을 유추할 수 있는 중요한 단서라는 점은 분명하다.

이익과 함께 여주이씨 경헌공파(敬憲公派)에 속하는 이복휴(李福休, 1729~1800)[66]는 '방성도'에 대한 발문을 작성한 바 있다. 이는 「방성도」에 대한 독립된 논설로 『성호사설』 등에 수록되어 있는 이익의 그것과 비교·검토해 볼 필요가 있다. 이복휴는 이 글에서 혼천설(渾天說)에

65) 하지영, 「이용휴 문학에 나타난 서학적 개념의 수용과 변용」, 『東洋古典研究』 65, 東洋古典學會, 2016, 83쪽.

66) 이복휴의 생애와 그의 문집인 『漢南集』의 내용에 대한 개략적 소개로는 임형택, 「第五冊 解題 : 漢南集」, 『近畿實學淵源諸賢集』 五, 成均館大學校 大東文化研究院, 2002, 1~18쪽 참조.

기초해서 그린 전통적 천문도의 문제점으로 남극 부분의 별자리가 보이지 않는다는 점을 지적했다. 그는 서양의 천문역산학이 전래된 이후로 그 작도 방법이 차츰 정교해졌다고 보았는데, 그 실례로 마테오 리치가 제작한 성도(星圖)를 거론했다. 아마도 그것은 서양식 천문도인 「황도남북양총성도(黃道南北兩總星圖)」를 가리키는 것으로 보인다. 왜냐하면 그것을 '일구일개(一毬一盖)', 즉 적도 이상의 별은 북극에 소속시켜 덮개처럼 둥근 모양 안에 그리고, 적도 이하의 별들은 남극에 소속시켜 공처럼 둥근 모양 안에 그렸다고 하였기 때문이다. 이에 따라 경성(經星)의 절반은 남쪽에 속하고, 절반은 북쪽에 속하게 되어, 전통적인 동의(銅儀), 즉 혼상(渾象)에 비하면 조금 상세해졌으나 '사계절의 관측'이라는 측면에서 보면 아직 그 오묘함을 다하지 못했다고 보았다.[67]

그에 비해 「방성도」는 서양인 그리말디(Philippus Maria Grimaldi, 1639~1712, 閔明我)가 제작한 것으로 365도를 동서남북으로 갈라서 곳에 따라 그 도수를 가늠할 수 있게 했다고 하였다. 전면과 후면에 182도, 동면과 서면에도 마찬가지로 하였으며, 이를 반으로 가르면 1폭은 91도가 되고, 남극과 북극 지역도 각각 91도로 하여 덮개와 받침으로 만들었다고 하였다. 또 일월(日月)의 행도(行道)는 천복(天腹)을 기준으로 하여, 천복 위의 46도와 천복 아래의 45도를 합해서 91도인데, 이것을 각각 춘하추동의 4폭으로 만들었다고 하였다.[68] 이상과 같은 「방성도」의 구조에 대한

---

67) 『漢南集』 卷7, 「方星圖跋」(五, 152쪽 – 영인본 『近畿實學淵源諸賢集』, 成均館大學校 大東文化硏究院, 2002의 책 번호와 페이지 번호. 이하 같음). "古之象天者, 以渾天爲體, 赤道爲準, 半隱半現, 考二至日月平均準二分, 終是南極一面未盡見. 西象出後, 其法稍精, 利瑪竇作星圖, 一毬一盖, 赤道以上屬北極爲盖, 赤道以下屬南極爲毬, 經星半屬南, 半屬北, 譬銅儀則小詳, 而至於四序測候, 又不盡其妙."

68) 『漢南集』 卷7, 「方星圖跋」(五, 152쪽). "西人閔明我作方星圖六幅, 以三百六十五度, 東西南北破之, 隨處準其度, 前面百八十二度, 後面百八十二度, 東西亦然, 半折一幅爲九十一度, 南北二極, 各爲九十一度爲盖爲臺. 日月行道, 以天腹爲準, 天腹上四十六度, 天腹下四十五度, 通爲九十一度, 各爲春夏秋冬四幅."

이복휴의 설명은 우리가 알고 있는 그것과는 다르고 정확하지도 않다. 먼저 주천도수(周天度數)를 365도라고 한 것부터가 잘못이다. 이로 인해 주천도수로부터 산출된 나머지 도수도 182도, 91도와 같이 실제로 「방성도」에 기재되어 있는 도수와 다르게 서술하였다. 서양인들은 주천도수를 360도로 설정하였고, 「방성도」의 경위도 또한 90도, 180도, 360도 등으로 분할되어 있다.[69] 실제로 「방성도」의 상하사방 6면의 구성은 아래의 표와 같다.[70]

〈표 6-1〉「방성도(方星圖)」 6면의 구성 : 『方星圖解』(續修四庫全書本)

명칭	내용	천구의 작도 범위		비고
		赤經(right ascension)	赤緯(declination)	
北極之圖	북극권	0°~360°	北緯 +45°~90°	
第1圖	춘분권	315°~0°~45°	北緯 +0°~45° 南緯 -0°~45°	立春~立夏
第2圖	하지권	45°~135°	상동	立夏~立秋
第3圖	추분권	135°~225°	상동	立秋~立冬
第4圖	동지권	225°~315°	상동	立冬~立春
南極之圖	남극권	0°~360°	南緯 -45°~90°	

위와 같은 「방성도」의 구성에 대한 부정확한 서술에도 불구하고 이복

---

69) 이복휴 역시 이러한 사실을 모르지 않았다고 보인다. 그는 다른 글에서 「방성도」의 제작자인 閔明我가 45도를 경계로 삼아 주천도수를 360도로 하였다고 분명히 언급했기 때문이다. 그럼에도 불구하고 자신은 91度半을 경계로 삼아 渾天을 366도로 하였으니, 이것이 더욱 잘 들어맞는다고[襯着] 주장하였다[『南漢集』 卷10·11, 「南北極赤道相距度數圖半面」(五, 228쪽). "盖閔明我以四十五度爲限, 一極全體, 南四十五度, 北四十五度, 東四十五度, 西四十五度, 通是東西九十度, 南北九十度, 爲全百八十度, 故南極之於北極, 亦百八十度, 前後百八十度, 統爲三百六十度. 吾則以九十一度半爲限, 作前後上下九十一度半, 爲渾天三百六十六度之數, 則尤爲襯着……."]. 이는 전통적인 주천도수 365$\frac{1}{4}$도를 고수하고자 한 것이다.

70) 「방성도」에 대한 기존의 연구로는 다음을 참조. 김일권, 「신법천문도 방성도의 자료 발굴과 국내 소장본 비교 고찰 : 해남 녹우당과 국립민속박물관 및 서울역사박물관 소장본을 대상으로」, 『조선의 과학문화재』, 서울역사박물관, 2004 ; 李亮, 「以方求圓 : 閔明我≪方星圖≫的繪制与傳播」, 『科學文化評論』 第16卷 第5期, 2019.

휴가 그것을 보았다는 사실은 다음의 언급을 통해 분명히 확인할 수 있다.

> 하지의 일도는 위로 정수(井宿)에 이르러 한 폭이 되고, 동지의 일도는 아래로 남두(南斗)에 들어가 한 폭이 되고, 춘추분은 적도에 평평하게 다다라 각각 한 폭이 된다.[71]

인용문의 내용은 「방성도」에 그려진 하지, 동지, 춘분, 추분의 태양의 위치, 다시 말해 적경 90°, 270°, 0°, 180°에서의 태양의 위치가 각각 적위 +23.5°, -23.5°, 0°, 0°에 해당한다는 것을 묘사한 것으로, 현존하는 「방성도」를 통해서 확인할 수 있는 사실이다.

이복휴는 「방성도」에 표시되어 있는 괘선[方罫]이 분명하여 도수를 자세히 파악할 수 있다고 하였다. 그가 「방성도」를 "물을 담아도 새지 않는", 다시 말해 치밀해서 빈틈이 없는 것으로, 성도 가운데 가장 정밀하다고 평가했던 이유 가운데 하나가 여기에 있었다.[72] 여기서 말하는 '괘선'이란 천구의 경위선의 도수를 격자 모양의 검은색과 흰색의 직사각형 모양이 연속된 형태의 선으로 표시한 것이다. 이때의 흑백으로 구획된 한 칸은 1도에 해당한다. 민명아는 『방성도해(方星圖解)』에서 이를 '분철도수(分綴度數)'라고 표현한 바 있다.[73] '갈라서 나눈 도수'라는 뜻인데, 흑백의 직사각형 하나를 각각 1도로 하여 이를 파선 모양으로 이어

---

71) 『漢南集』 卷7, 「方星圖跋」(五, 152쪽). "夏至日道, 高至井宿爲一幅, 冬至日道, 下入南斗爲一幅, 春秋分平臨赤道各一幅."

72) 『漢南集』 卷7, 「方星圖跋」(五, 152쪽). "方罫分明, 度數詳悉, 盛水不漏, 盖星圖中最精者也."

73) 『方星圖解』, 「方星圖解」(1032책, 310~311쪽－영인본 『續修四庫全書』, 上海 : 上海古籍出版社, 2002의 책 번호와 쪽 번호. 이하 같음). "北極居上, 南極居下, 各以極爲心, 環極各四十五度直線, 爲經圈線, 爲緯徑邊, 俱分綴度數 …… 四面之徑與邊, 亦俱分綴度數 ……."

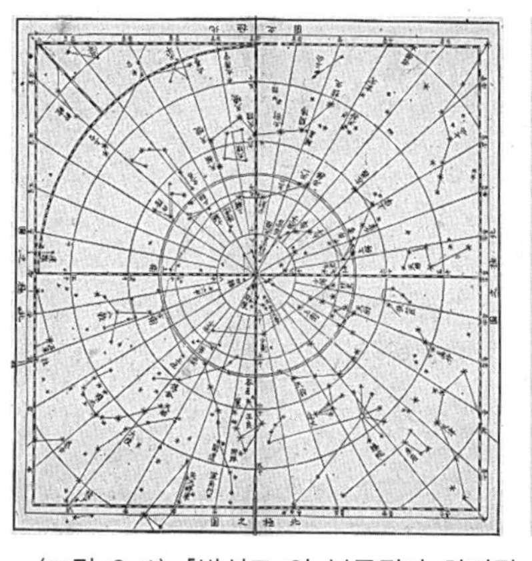

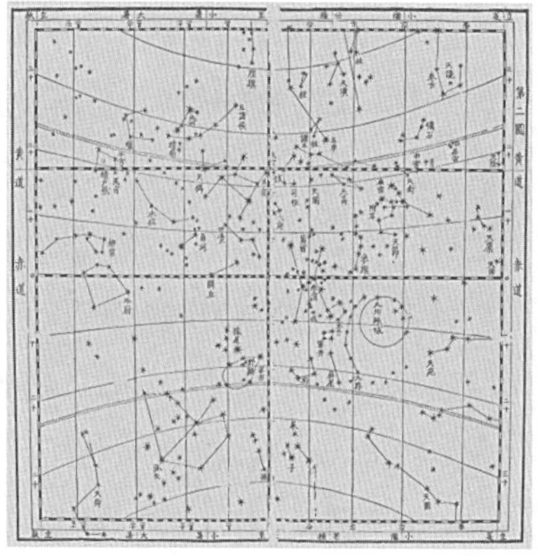

〈그림 6-1〉「방성도」의 북극권과 하지권 : 녹우당 소장본(좌)과 속수사고전서본(우)

붙여서 적경과 적위를 표시한 것이다.(그림 6-1 참조)

주목해야 할 것은 이복휴가 이상과 같은 발문을 작성하게 된 계기이다. 그는 이익의 손자인 이구환(李九煥, 1731~?)을 통해서 처음으로 「방성도」에 접할 수 있었다. 이구환은 이를 보여주면서 그 상세함에 대해서도 설명했던 것으로 보인다.[74] 요컨대 이복휴가 열람했던 「방성도」는 이익의 집안에서 대대로 소장하고 있던 천문도였던 것이다. 이용휴가 만약 「방성도」를 보았다면 그것 역시 이구환이 소장하고 있던 것과 관련이 있을 것이다.

2) 이익이 열람한 「방성도」

이익은 『성호사설』에서 「방성도」에 대해 여러 차례 언급한 바 있다.[75]

---

74) 『漢南集』 卷7, 「方星圖跋」(五, 152쪽). "宗人元陽[이구환의 字-인용자 주]示余圖而說其詳, 余亦妙其制……."

75) 『星湖僿說』 卷1, 天地門, 「星土坼開圖」, 23ㄱ(Ⅰ, 14쪽). "六片方星圖, 出自西國, 中土人所未及……." ; 『星湖僿說』 卷2, 天地門, 「方星圖」, 6ㄱ(Ⅰ, 33쪽). "今見西國方星圖, 與中國差別." ; 『星湖僿說』 卷2, 天地門, 「地厚」, 10ㄱ(Ⅰ, 35쪽). "攄方星圖,

그 내용을 살펴보면 그가 이 천문도를 상세히 관찰하였음을 알 수 있다. 이익은 「방성도」가 하늘의 별자리[星土]를 여섯 장의 그림으로 분할해서 [坼開] 그렸다는[76] 점에 착안해서 이를 '성토탁개도(星土坼開圖)'라고도 불렀다.[77] 그는 「방성도」를 정항령(鄭恒齡, 1700~?)에게 빌려준 적이 있었던 것 같은데, 그것을 돌려달라고 요청하는 편지를 보내면서 이는 "매우 구하기 어려운 것"이라고 하였다.[78] 정항령이 「방성도」를 열람했다는 사실은 신경준(申景濬, 1712~1781)의 발언을 통해서 간접적으로 확인할 수 있다. 신경준은 정항령의 지도 제작이 뛰어나다는 사실을 언급하면서 이것이 「방성탁성혼개통도(方星坼星渾盖通圖)」와 같은 사례라고 하였기 때문이다.[79] 그는 정항령의 지도가 분리하면 열읍지도(列邑地圖)가 되고, 합하면 전국지도가 되는 것이 "하늘을 여섯 개 구역으로 분할해서 혼천(渾天)과 개천(蓋天)을 통합한 천문도", 즉 「방성도」와 같은 제작 원리라고 여겼던 것이다.

그렇다면 이익이 상세히 살피고 주변 사람들에게 빌려주기도 했던 「방성도」는 어떤 것이었을까? 현존하는 유물로 확인할 수 있는 국내의 「방성도」는 모두 네 가지이다. 각각의 소장처와 세부 사항을 표로 정리하

自中台之下, 歷常陳·織女之上, 輦道·天津·螣蛇之下, 奎宿之上, 天大將軍·五車·天潢·座旗而復矣.";『星湖僿說』卷3, 天地門,「星土坼開圖」, 44ㄴ(Ⅰ, 93쪽). "六片方星圖, 出自西國, 意思妙絶, 中土人所未及.";『星湖僿說』卷3, 天地門,「談天」, 47ㄱ~ㄴ(Ⅰ, 95쪽). "劉誠意觀象玩占, 又有方天·四天. 方天者, 王充所論, 則必見於論衡, 恐如方星圖, 分上下四方爲六片, 如是然後, 星度濶狹, 審察方明也."

76) 坼開는 拆開와 같은 뜻이다. 拆開는 ①'열다', '봉한 것을 뜯다', ②'갈라놓다'라는 뜻을 지니고 있다.

77) 『星湖全集』卷55,「題星土坼開圖」, 26ㄴ~27ㄴ(119책, 515~516쪽).

78) 『星湖全集』卷29,「答鄭玄老乙亥」, 17ㄴ(199책, 11쪽). "方星圖極是難得, 幸收拾還之也."

79) 『旅菴遺稿』卷5,「東國輿地圖跋」, 1ㄱ(231책, 69쪽). "吾友鄭恒齡玄老, 於其難者用心苦, 嘗圖東國, 分而爲列邑, 合而爲全國, 尺量寸度, 至爲精密, 與方星坼星渾盖通圖, 同其例也."

면 다음과 같다.

〈표 6-2〉 현존하는 국내 「방성도」의 소장처와 세부 사항[80]

연번	유물명	소장처	형태	유물(소장품)번호	특기 사항
1	방성도	고산윤선도박물관	인쇄본 책자 22.0×22.3㎝		方星圖解, 方星圖, 方星圖用法
2	방성도	서울역사박물관	필사본 가로 25.8㎝, 세로 35.8㎝	서울역사 014012	"歲甲申孟夏梧山書"라는 기문
3	방성도	국립민속박물관	채색 필사본, 절첩식 가로 26㎝, 세로 26㎝	006361	
4	방성도	국립민속박물관	필사본, 두루마리 세로 37.4㎝, 가로 380㎝	029633	黃道南北兩總星圖, 月食圖說, 日食圖說 등도 함께 수록

과연 이 가운데 이익이 보았고, 그의 가문에서 대대로 소장하고 있던 「방성도」의 저본은 무엇이었을까? 이를 판단하기 위해서는 몇 가지 고려할 사항이 있다. 그 가운데 가장 중요한 문제는 고산윤선도박물관(녹우당문화예술재단) 소장본 「방성도」와 같은 인쇄본에는 은하가 그려져 있지 않다는 사실이다. 기존의 연구에서는 필사본 「방성도」가 인쇄본을 기초로 필사한 것이라고 판단하였다. 그럼에도 불구하고 필사본 「방성도」의 은하 표현은 세밀하지 않고, 우수(牛宿) 부분에서 두 갈래로 갈라지는 모습도 제대로 표현하지 않았다. 이 때문에 기존 연구에서는 이익이 참조한 「방성도」가 현존하는 필사본 「방성도」가 아니며, 은하에 대한 설명은 "또 다른 신법 전천천문도의 은하수 그림을 참조하여 자신의 의견을 개진하였던 것"이라고 추정하면서, 이익이 본 것은 인쇄본 「방성도」가 분명하다고 하였다.[81]

80) 이 가운데 1~3번 「방성도」에 대한 상세한 내용은 김일권, 앞의 논문, 2004, 155쪽을 참조할 수 있다. 「방성도」의 크기는 소장처에서 제공하고 있는 정보에 따랐다.

81) 김일권, 위의 논문, 2004, 150쪽.

만약 이익이 본 「방성도」가 인쇄본이 맞다면 그는 그것을 어떤 경로를 통해서 구했을까? 「방성도」가 제작된 것은 1711년이었다. 그렇다면 그것은 이익의 선대로부터 전해 내려온 것이 아니다. 그것이 만약 녹우당 소장본과 같은 것이라면 기존 연구에서 지적한 것처럼 윤두서(尹斗緖, 1668~1715)를 통해서 구한 것으로 볼 여지가 있다. 윤두서가 해남으로 낙향한 것은 1712년이었다. 그가 이익의 형 이서(李漵, 1662~1723)와 친교를 맺고 있었다는 사실은 널리 알려져 있다.[82] 윤두서의 죽음에 대해 깊은 애도를 표한 이서와 이익의 제문을 통해서도 그 사실을 확인할 수 있다.[83] 아들 윤덕희(尹德熙, 1685~1776)가 지은 윤두서의 행장에는 다음과 같은 구절이 있다.

> 그 밖에 읽지 않은 책이 없었으며, 백가(百家)·중기(衆技 : 여러 가지 기예)의 부류에 이르기까지 모두 그 지취(志趣 : 지향)를 궁구하였다. 상위(象緯)와 같은 것은 이미 여러 방서(方書)을 두루 상고하였고, 밤에는 반드시 관측을 행하여 그 추보(推步)·점험(占驗)하는 방술(方術)을 비교해 보았다. 주수(籌數=算數)〈와 같은 것〉은 그림과 산가지를 살펴 [단서에 의거하여] 하늘을 측량하고 땅을 재는 방법을 증험하였으니, 유수석(劉壽錫)이 논란할 수 없는 바였다.[84]

---

82) 尹德熙, 「恭齋公行狀」, 2쪽(李乙浩, 「恭齋 尹斗緖行狀」, 『美術資料』 14, 국립중앙박물관, 1970의 페이지 번호. 이하 같음). "與玉洞李先生早托金蘭之契, 所居不遠, 遇從無虛日, 每相見, 則討論經旨之餘, 開懷劇談, 上自天人性命之源, 皇王帝伯之道, 元會運世之紀, 禮樂度數之詳, 以及歷代廢興, 人物高下, 當世事務, 家庭日用之微, 莫不傾困倒廩, 毫分縷析, 夜以繼日, 亹亹不知止, 其或間闊積久, 則書疏往復不嫌煩復, 盖其相許相期之深, 有非他人所可窺測, 亦不欲苟且雷同, 麗澤之益盖可想也."

83) 『弘道遺稿』 卷5, 「祭尹恭齋文」, 75ㄱ~76ㄱ(續54책, 169쪽) ; 『星湖全集』 卷57, 「祭尹進士斗緖文」, 7ㄴ~8ㄴ(199책, 546쪽).

84) 尹德熙, 「恭齋公行狀」, 2쪽. "其外無書不讀, 至於百家衆技之流, 皆有以窮其志趣, 如象緯則旣遍考諸方, 而夜必行觀, 以視其推步占驗之術, 筭[籌]數則按圖筭[籌], 以驗夫量天尺地之法, 劉壽錫之所不能難也." 윤두서 행장의 원문과 번역문은 이내옥,

윤덕희가 부친의 천문역산학[象緯]과 산학[籌數]에 대한 조예를 언급하기 위해 그와 동시대의 인물인 유수석을 거론한 점이 의미심장하다. 유수석은 홍정하(洪正夏)와 함께 숙종 39년(1713)에 당시 목극등(穆克登)과 함께 조선을 방문했던 청의 오관사력(五官司曆) 하국주(何國柱)와 산학문답(算學問答)[論筭]을 나누었던 인물이다.[85] 이는 청과 조선의 산학 전문가들이 서로 문제를 내면서 상대방과 기량을 겨루었다는 점에서 한국수학사 연구에서 매우 비중 있게 다루어진 흥미로운 사건이었다.[86]

황윤석의 『이재난고(頤齋亂藁)』에도 유수석의 산학문답에 관한 이야기가 등장한다. 영조 46년(1770) 4월 13일에 황윤석은 이현직(李顯直, 1735~1773)을 방문하여 밤늦게까지 다양한 주제에 대해 극담(劇談)을 나누었다. 당연히 그 가운데는 양자가 지대한 관심을 갖고 있던 '율력서수(律曆書數)'의 문제가 포함되어 있었다. 이현직은 자신의 산학 학습 과정을 이야기하면서 천원술(天元術)을 깨우치기 어려웠는데 관상감원 이태창(李泰昌)을 통해 터득했다고 하였다. 그러면서 그는 이태창이 예전에 들려주었던 이야기를 전했다. 그것은 우리나라의 산원(算員) 가운데 뛰어난 인물에 대한 평가였다. 인조조의 경선징(慶善徵), 숙종조의 유수석, 홍정하가 바로 그들이었다. 이태창은 유수석의 뛰어난 산술(算術) 능력과 처신을 거론하며 그를 '기사(奇士)'라고 평가하였다.[87]

『공재 윤두서』. 시공사, 2003, 374~385쪽에도 수록되어 있는데, 밑줄 친 '等數'나 '圖等'은 문맥에 맞지 않는다. 탈초 과정에서 일부 오류가 있었던 것이 아닌가 한다.

85) 『九一集』 卷9, 雜錄, 376쪽(영인본 『九一集』, 誠信女子大學校 出版部, 1983의 페이지 번호). "癸巳[1713년, 숙종 39-인용자 주]閏五月二十九日, 余與劉生壽錫, 入舘中, 與五官司曆何國柱論筭."

86) 金容雲·金容局, 『韓國數學史』, 科學과人間社, 1977, 244~250쪽 ; 川原秀城, 『朝鮮數學史－朱子學的な展開とその終焉』, 東京 : 東京大學出版會, 2010, 110~111쪽 ; 가와하라 히데키(안대옥 옮김), 『조선수학사－주자학적 전개와 그 종언』, 예문서원, 2017, 188~192쪽.

87) 『頤齋亂藁』 卷14, 庚寅(1770) 4월 13일(庚申), (三, 142쪽). "朝後訪李子敬, 劇談天人

그렇다면 유수석이 하국주와 산학문답을 했던 일은 이미 18세기에 산학 분야에 관심이 있는 사람들에게는 널리 알려져 있었다고 볼 수 있다. 윤덕희가 행장에서 유수석을 거론한 것은 아마도 윤두서가 동시대 인물인 유수석을 능가할 정도로 산학 분야에 조예가 깊었다는 사실을 이야기하고 싶었던 것이 아닐까?

윤두서의 행장에서 확인할 수 있듯이 그는 천문역산학과 수학에도 일가견이 있었고, 최신의 「방성도」를 입수할 수 있을 정도의 경제력도 보유하고 있었다. 따라서 그와 긴밀한 학문적 유대 관계를 형성하고 있던 이서를 매개로 인쇄본 「방성도」나 그것을 모사한 필사본이 여주이씨 가문에 전해졌을 가능성도 생각해 볼 수 있다. 그렇지만 이익이 보았던 「방성도」가 고산윤선도박물관에 소장되어 있는 인쇄본과 같은 것이라고 단정할 수는 없다. 뒤에 살펴보겠지만 이익은 고리 모양의 형태를 지닌 은하의 전모를 「방성도」를 통해 확인할 수 있다고 여러 차례 언급하였기 때문이다. 은하가 그려진 「방성도」는 서울역사박물관과 국립민속박물관에 소장되어 있는 필사본들이다.(그림 6-2 참조)

기존의 연구에서 지적한 바와 같이 민명아의 인쇄본 「방성도」에는 은하의 표시가 없지만, 조선에서 그것을 모사한 필사본 「방성도」에는 푸른색으로 은하가 묘사되어 있다.[88] 조선인들은 어떤 방식으로 은하를

性命·聖賢治亂·律曆書數·聲音丹靑·仙佛之說, 終夕乃罷. 子敬言, 留心算學, 今已十七年矣. …… 但立天元一法, 初則茫茫不省, 幸因觀象官李泰昌提醒, 乃能解, 泰昌今已死矣. …… 泰昌又言, 我國戶曹算士會士, 今通稱算員, 仁祖朝, 有慶善徵者, 著默思集行世. 肅宗朝, 有劉壽錫·洪靖夏者, 尤稱絶, 而人莫之知. 康熙中, 遣欽天監五官司曆何國柱, 隨勑使東來, 留南州館, 測候北極太陽, 求見本國明算者, 朝家試以算員錚錚者應之, 無一當意. 及劉壽錫與之酬酢, 愈出愈奇, 彼所未曉, 此無不辨析. 彼乃驚服曰, 東國有如此人才, 而乃爲冗員耶. 於是朝家, 始命以邊將, 而劉不仕, 是固奇士."

88) 김일권, 앞의 논문, 2004, 148~150쪽. 민명아의 『方星圖解』는 『續修四庫全書』에 수록되어 있다. 인터넷을 통해서 고산윤선도박물관 소장본 「방성도」와 프랑스 국립도서관(Bibliotheque Nationale de France, BNF)의 디지털도서관인 'Gallica'에서 제공하는 「방성도」의 이미지 자료를 확인할 수 있다.(https://gallica.bnf.fr/

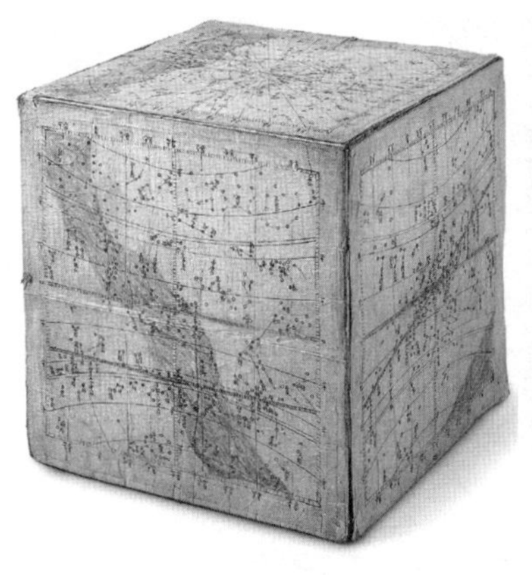

〈그림 6-2〉 필사본 「방성도」의 은하 : 서울역사박물관(좌)과 국립민속박물관(우) 소장본

그려 넣었을까? 서양식 천문도에 은하를 표시한 것은 「방성도」가 처음이 아니었다. 「황도총성도(黃道總星圖)」를 모본으로 삼아 제작한 「황도남북양총성도(黃道南北兩總星圖)」 계열의 서양식 천문도에도 은하가 표시된 모습을 확인할 수 있다. 국립민속박물관에 소장되어 있는 「신구법천문도」(소장품번호 : 070195)를 통해서 그 모습을 확인할 수 있다. 이와 관련해서 주목되는 유물이 국립민속박물관에 소장된 「방성도」(소장품번호 029633)이다. 이 두루마리 형태의 천문도에는 「방성도」뿐만 아니라 「황도남북양총성도」가 수록되어 있는데, 여기에도 은하가 그려져 있다. 책자에 수록된 천문도 가운데 은하가 묘사된 것으로는 『신법산서(新法算書)』의 「적도남북양총성도(赤道南北兩總星圖)」와 「황도남북양총성도(黃道南北兩總星圖)」, 『의상고성(儀象考成)』의 「항성전도(恒星全圖)」, 「적도북항성도(赤道北恒星圖)」, 「적도남항성도(赤道南恒星圖)」 등이 대표적이다.[89)]

ark:/12148/btv1b9006845h.image)

89) 『新法算書』 卷61, 恒星圖說(789책, 91~94쪽) ; 『儀象考成』 卷1, 恒星總紀, 恒星全圖, 32ㄱ~33ㄴ.

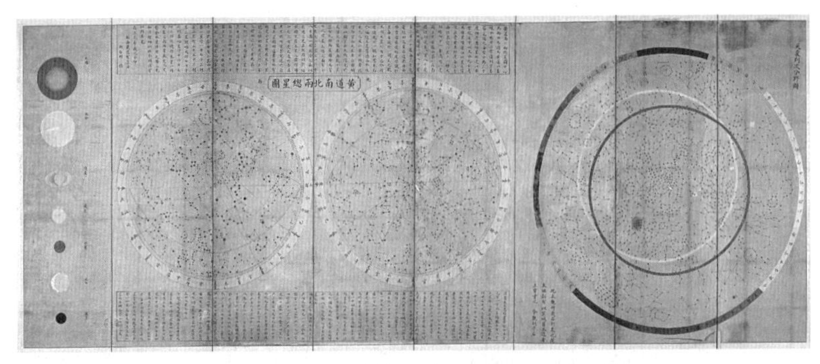

〈그림 6-3〉 신구법천문도(新舊法天文圖)의 은하

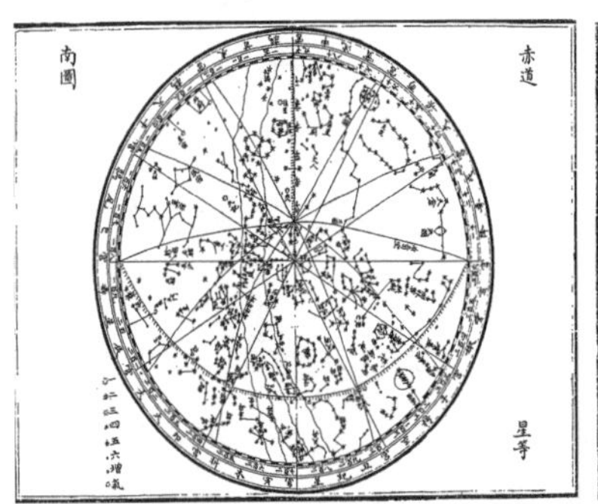

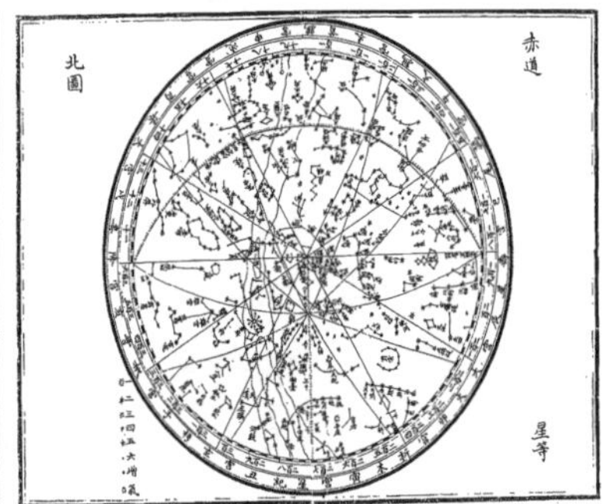

〈그림 6-4〉 적도남북양총성도 : 『신법산서』

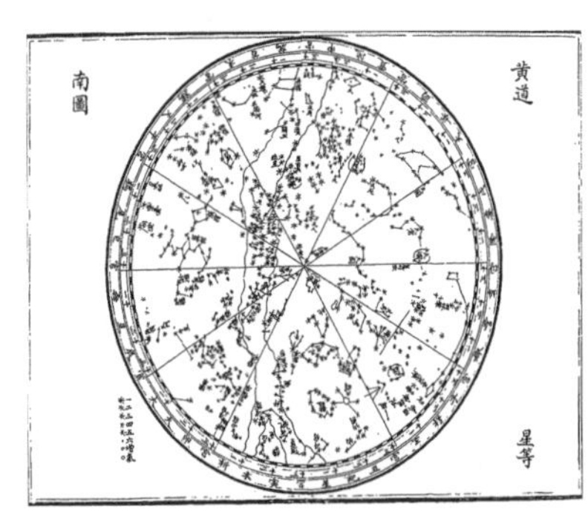

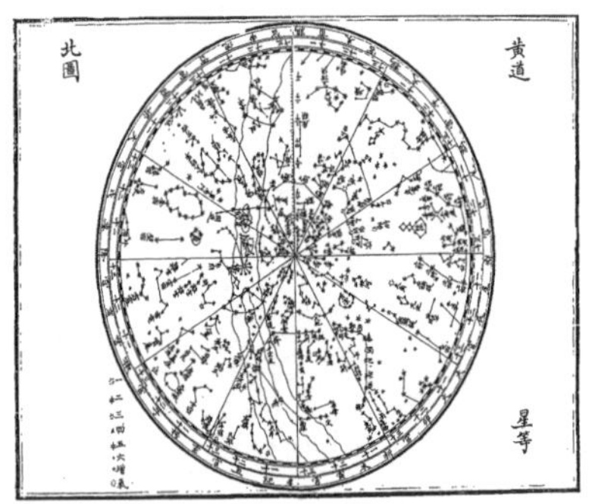

〈그림 6-5〉 황도남북양총성도 : 『신법산서』

이상과 같은 천문도와 함께 눈여겨보아야 할 것은 은하의 경계선이다. 천문도에 은하를 묘사하기 위해서는 강물처럼 흘러가는 은하의 양쪽 경계가 어떤 별자리를 경유하고 있는가를 확인해야 하기 때문이다. 은하의 경로는 『진서(晉書)』「천문지(天文志)」를 비롯한 역대 중국 정사(正史)의 「천문지」와 『보천가(步天歌)』나 『천문유초(天文類抄)』와 같은 천문학 관련 서적에서 찾아볼 수 있다. '천한기몰(天漢起沒)', '천하기몰(天河起沒)', '천한기지(天漢起止)'에 대한 서술이 그것이다.[90] 조선후기에 유행한 서양의 천문역산서 가운데는 『신법산서』의 '천한(天漢)' 항목이 은하의 위치와 경로에 대한 정보를 담고 있으며,[91] 『의상고성』의 권27에서 권30에 수록된 천한황적경위도표(天漢黃赤經緯度表)는 황도와 적도의 남북을 네 개의 표로 나누어 은하의 경로를 상세하게 정리한 것이다.[92] 따라서 이와 같은 자료를 참조한다면 필사본 「방성도」에 은하의 경로를 묘사하는 것은 어려운 일이 아니었을 것이다.

3) '수간미곤(首艮尾坤)'론의 전개

그렇다면 이익은 「방성도」의 어떤 측면에 주목했던 것일까? 이 문제는 이익의 독특한 주장 가운데 하나인 '수간미곤(首艮尾坤)'론과 연관 지어 검토해 볼 필요가 있다. 현재까지 확인할 수 있는 기록으로 볼 때 '수간미

90) 『晉書』 卷11, 志 第1, 天文上, 天漢起沒, 307쪽(點校本 『晉書』, 北京 : 中華書局, 1996의 페이지 번호). "天漢起東方, 經尾箕之間, 謂之漢津. 乃分爲二道, 其南經傳說·魚·天籥·天弁·河鼓, 其北經龜, 貫箕下, 次絡南斗魁·左旗, 至天津下而合南道. 乃西南行, 又分夾匏瓜, 絡人星·杵·造父·騰蛇·王良·傅路·閣道北端·太陵·天船·卷舌而南行, 絡五車, 經北河之南, 入東井水位而東南行, 絡南河·闕丘·天狗·天紀·天稷, 在七星南而沒." ; 『天文類抄』 上, 天河起沒, 52ㄴ~53ㄱ(488~489쪽-韓國科學古典叢書 Ⅱ 『諸家曆象集·天文類抄』, 誠信女子大學校 出版部, 1983의 페이지 번호) ; 『新法步天歌』, 天漢界度, 34ㄴ~35ㄱ(562~563쪽-영인본 『韓國科學技術史資料大系 天文學篇 6』, 驪江出版社, 1986의 페이지 번호). "天漢起止, 自東方析木之初……."

91) 『新法算書』 卷58, 恒星曆指, 恒星有等無數 第4 3章, 天漢, 37ㄱ~38ㄴ(789책, 37~38쪽).

92) 『儀象考成』 卷27, 天漢黃赤經緯度表, 2ㄴ. "今亦分黃赤南北四表, 而各按宮次, 分南界·北界·南之北界·北之南界, 各列四層, 其分合既爲明晰……."

곤'이라는 표현으로 우리나라의 지형을 설명한 인물은 백문보(白文寶, 1303~1374)가 처음이다. 그는 「영호루금방기(暎湖樓金榜記)」에서 다음과 같이 말했다.

> 무릇 물의 근원과 지류가 머리를 간방(艮方)에 두고 꼬리를 곤방(坤方)에 둔 것으로서 하늘에 있는 것을 하한(河漢 : 은하)이라고 한다. 그런 까닭에 복주(福州 : 안동)의 글 잘하는 선비와 걸출한 인재가 가끔 이 기(氣)를 받아서 그 사이에 태어났다. 대체로 해와 달이 형상을 드리우고[93] 은하가 문장을 이루는 것은[94] 하늘의 '아름다운 현상[文彩]'이다. 이 〈영호〉루가 은하〈처럼 근원을 간방에 두고 꼬리를 곤방에 둔 강물〉을 누르고 섰으니, 〈하늘의 문채와도 같은〉 '임금님의 제자(題字)[天章]'를 얻어 금벽(金碧 : 황금빛과 푸른빛)의 단청으로 새겨서 후세에 밝게 빛나게 함은 마땅한 일이다.[95]

백문보는 영호루를 휘감아 도는 낙동강을 하늘의 은하에 비유하여 위와 같은 기문을 작성하였다. 이 글은 『동문선(東文選)』에 채록되었고,[96] 이후 『동국여지승람(東國輿地勝覽)』의 안동대도호부(安東大都護府) 누정(樓亭) 항목에도 수록되어 많은 사람들에게 알려졌다.[97] 영조 10년(1734) 안동 유생들의 집단 상소에 이 구절이 등장했던 것[98]에서도

---

93) 『周易』, 繫辭上傳, 第11章. "縣[懸]象著明, 莫大乎日月."

94) 『詩經』, 大雅, 文王之什, 棫樸. "倬彼雲漢, 爲章于天."

95) 『淡庵逸集』 卷2, 「暎湖樓金榜記」, 9ㄴ~10ㄱ(3책, 313쪽). "凡水之源派, 首艮而尾坤者, 在天謂之河漢. 故福之文士·傑人, 往往稟是氣而生其間. 蓋日月之懸象, 河漢之爲章, 天之文也, 宜乎玆樓之控壓河漢, 得之天章, 刻之金碧, 焜燿乎來世."

96) 『東文選』 卷69, 「金牓記」(白文寶), 17ㄴ~19ㄱ(2책, 460~461쪽-影印標點『東文選』, 民族文化推進會, 1999의 책 번호와 페이지 번호).

97) 『新增東國輿地勝覽』 卷24, 慶尙道, 安東大都護府, 樓亭, 暎湖樓, 7ㄴ(403쪽-古典刊行會 영인본 『新增東國輿地勝覽』, 書景文化社, 1994의 페이지 번호).

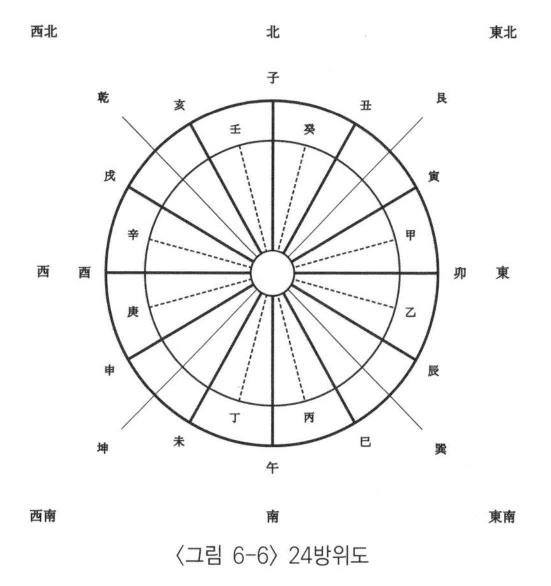

〈그림 6-6〉 24방위도

그와 같은 상황을 짐작할 수 있다.

그런데 이익의 '수간미곤'론은 위와 같은 백문보의 그것과 비교할 때 중요한 차이점이 있다. 백문보가 안동 지역을 흐르는 낙동강의 일부 구간을 은하에 비유한 것이라면, 이익은 그 규모를 확대해서 우리나라 주요 하천의 흐름을 은하에 비유했던 것이다. 아울러 은하의 중요성을 '관상(觀象)'의 차원에서 해명하고자 했고, 그 사상적 원류로서 유교 경전의 관련 내용을 거론하여 그 사실을 합리화하고자 했다. 나아가 자국의 역사와 문화가 유교 문명의 정통을 온전히 계승하여 그 정수를 보존하고 있다는 사실을 경학과 자연학의 결합을 통해 개진하고자 했던 것이다. 이익의 '수간미곤'론이 지니고 있는 독창성은 바로 여기에 있다.

---

98) 『承政院日記』 787책, 英祖 10년(1734) 9월 17일(己丑). "蓋安東邑基, 卽前朝臣鄭夢周詩所謂, 地形最得山川勢者也. 猪首峯一支, 散落平地, 墩阜隆起於大野, 璋分珪合, 衍夷隆隱, 衙舍在左, 客舍在右, 北有五里小溪, 中流兩舍之間, 南入于大江, 所謂大江, 卽白文寶金榜記中, 所謂首艮尾坤, 象銀河者也." ; 『逋軒集』 卷2, 「謝恩辨誣仍請復渠䟽」, 8ㄱ~ㄴ(續57책, 321쪽).

아래에서는 이와 같은 '수간미곤'론의 논리적 진화 과정을 단계적으로 검토해 보고자 한다.

(1) 중국 중심의 '수간미곤'론

이익의 '수간미곤'론은 「방성도」와 밀접한 관련이 있다. 그는 중국인들이 일찍이 남극(南極)을 볼 수 없었다고 하였다. 이는 지구의 북반부에 사는 중국인들에게는 관측 지점의 남방한계 바깥에 있는 하늘, 즉 남극을 중심으로 한 남반구의 하늘 일부가 전혀 보이지 않는다는 사실을 지적한 것이다. 따라서 중국인들이 볼 수 있는 은하(銀河=天河) 또한 '패결(佩玦)', 즉 '빈틈이 있는 고리 모양의 패옥(佩玉)'처럼 한쪽 면이 트여 있는 모양을 이루게 된다. 요컨대 은하는 동북쪽에서 시작하여 서남쪽에서 끝나는 모양, 즉 '수간미곤(首艮尾坤)'의 형태를 띠게 된다는 것이다. 그러나 남반구의 하늘을 포함한 전체 하늘[全天]의 차원에서 보면 은하는 서남쪽에서 끝나는 것이 아니라 천구의 남쪽을 돌아 다시 북쪽으로 와서 둥근 고리처럼 조금도 끊어진 곳이 없는 모양이 된다. 이익은 이 사실을 「방성도」를 통해 확인했던 것이다.[99]

이익은 이와 같은 둥근 고리 모양으로 분포되어 있는 은하를 해의 운행과 비교하여 전통적인 '조화(造化)'의 논리로 해석하고자 했다. 수(水)와 화(火)가 교섭하지 않으면 만물이 이루어지지 않는다는 논리였다. 그에 따르면 은하는 물[水]이고, 해는 불[火]이었다. 천지의 사이에 이 둘이 아니면 조화가 이루어질 수 없으니 이른바 "수와 화가 서로 해치지 않는다[水火不相射]"는 『주역』의 논리[100]가 이것을 가리킨다고 하였

---

99) 『星湖僿說』 卷1, 天地門, 「星土坼開圖」, 23ㄱ(Ⅰ, 14쪽). "中土人不曾見南極, 故但知天河首艮尾坤, 圜如佩玦而開一面, 孰知夫繞南而復北, 如環之無少缺哉. 擄此推極, 其理當然." ; 『星湖僿說』 卷3, 天地門, 「星土坼開圖」, 44ㄴ(Ⅰ, 93쪽).

다.[101]

이익이 보기에 황도는 '해의 길[日道]'이고, 은하는 '물의 길[水道]'이며, 적도는 그 가운데 위치하여 이른바 '천복(天腹)'이 된다. '해의 길'은 여름에는 적도의 북쪽으로 가고, 겨울에는 적도의 남쪽으로 가서[夏北冬南] 각각 반원(半圓 : 半弧) 모양이 되는데, 이를 적도와 합해서 보면 '두 개의 호(弧)와 하나의 현(絃=弦)'이 끊임없이 순환하는 형태를 갖추게 된다. 해의 1년 동안의 운행을 계절별로 살펴보면 적도의 북쪽에서는 춘분[2월]에 '강루(降婁)의 차(次)'[102]에서 북쪽으로 가기 시작하여, 하지[5월]에 '순수(鶉首)의 차'에서 〈북쪽의〉 가장 높은 곳에 이르고, 추분[8월]에 '수성(壽星)의 차'에서 끝나며, 적도의 남쪽에서는 추분에 '수성의 차'에서 남쪽으로 가기 시작하여, 동지[11월]에 '성기(星紀)의 차'에서 〈남쪽의〉 가장 높은 곳에 이르며, 춘분에 '강루의 차'에서 끝나게 된다. 반면에 은하는 이와 같은 해의 운행과 교차해서[交貫] 봄에는 적도의 북쪽으로, 가을에는 적도의 남쪽으로 가는데[春北秋南], 적도의 북쪽에서는 하지에 '순수의 차'에서 북쪽으로 가기 시작하여, 춘분에 '강루의 차'에서 가장 높은 곳에 이르고, 추분에 '수성의 차'에서 끝나게 된다. 이것 역시 해의 운행과 마찬가지로 '두 개 호와 하나의 현'과 같은 형태가 된다고 보았다.[103]

---

100) 『周易』, 說卦傳, 第3章. "天地定位, 山澤通氣, 雷風相薄, 水火不相射, 八卦相錯, 數往者順, 知來者逆."

101) 『星湖僿說』 卷1, 天地門, 「星土坼開圖」, 23ㄱ(Ⅰ, 14쪽). "水火不交, 萬物不遂. 河者, 水也, 日者, 火也. 天地之間, 非此則造化不成, 易所謂水火不相射, 是也."; 『星湖僿說』 卷3, 天地門, 「星土坼開圖」, 44ㄴ(Ⅰ, 93쪽).

102) 이는 12次에 따라 태양의 위치를 표시한 것이다. 黃道 12宮으로 따지면 降婁는 戌宮, 鶉首는 未宮, 壽星은 辰宮, 星紀는 丑宮에 해당한다. 「방성도」의 황도에는 12궁이 기재되어 있다.

103) 『星湖僿說』 卷1, 天地門, 「星土坼開圖」, 23ㄱ~ㄴ(Ⅰ, 14쪽). "黃道者, 日道也, 天河者, 水道也, 赤道居中爲天腹, 而日道夏北冬南, 各如半弧, 合而觀之, 形如兩弧一絃循環不窮也. 其北也, 始於春分降婁之次, 極於夏至鶉首之次, 終於秋分壽星之次, 其南也, 始

여기에서 이익이 언급한 '하나의 현'이란 적도를 가리키는 것이다. 황도와 은하 모두 적도를 '현'으로 삼고 있다는 언급을 통해 그 사실을 확인할 수 있다. 황도는 적도의 안쪽에 있으며, 극(極)까지의 거리가 각각 64도이고,[104] 은하는 적도의 바깥쪽에 있으며 극으로부터의 거리가 각각 22도이다. 황도와 은하가 교차하는 때는 동지와 하지 때이다.[105] 이익은 해의 운행이 하늘에 비해 하루에 1도씩 뒤처지기 때문에 12달이 지난 이후에야 다시 제자리로 돌아오며, 그 운행 방향은 서쪽에서 동쪽으로 향한다고 하였다. 반면에 은하는 움직이지 않는 것처럼 보이지만 그 기(氣)는 반드시 움직일 것이고 그 방향은 해의 운행과 반대인 동쪽에서 서쪽으로 향할 것으로 추측하였다.[106]

「천상열차분야지도(天象列次分野之圖)」를 비롯한 전통 천문도를 보면 은하의 모양이 선명하게 그려져 있다. 그 가운데 은하가 두 줄기로 갈라진 부분이 눈에 띈다. 이익은 12차로 따져 보면 갈라지는 부분이 '순수'에서부터 시작된다고 보았다. 그에 따르면 '순수'는 화가 비로소 왕성해지기 시작하는 때라 물이 갈라지는 것이고, '강루' 이후로는 화기(火氣)가 줄어들어서 다시 물이 합쳐지게 된다고 하였다.[107]

於秋分壽星之次, 極於冬至星紀之次, 終於春分降婁之次也. 天河者與之交貫, 春北秋南, 其北也, 始於夏至鶉首之次, 極於春分降婁之次, 終於秋分壽星之次也, 亦如兩弧之一紘." ; 『星湖僿說』 卷3, 天地門, 「星土坼開圖」, 44ㄴ~45ㄱ(Ⅰ, 93~94쪽). 卷3의 「星土坼開圖」에서는 밑줄 친 '紘'을 '弦'으로 기재하였다.

104) 천구의 적도에서 극까지의 각거리는 90°이고, 황도는 적도와 23.5° 기울어져 있다. 하지점과 동지점에서 북극과 남극으로부터 황도까지의 각거리는 90-23.5=66.5° 정도이다.

105) 현존하는 실물 「방성도」를 통해서 극으로부터의 거리가 22도라는 사실을 명확히 확인하기는 어렵다.

106) 『星湖僿說』 卷1, 天地門, 「星土坼開圖」, 23ㄴ~24ㄱ(Ⅰ, 14쪽). "……皆以赤道爲紘. 黃道在內, 距極各六十四度, 天河在外, 距極各二十二度, 其交在冬夏二至. 以理推之, 日在天日退一度, 十二月而周復, 則其行也, 自西而東也. 河雖若不動, 其氣必運, 意者自東而西乎." ; 『星湖僿說』 卷3, 天地門, 「星土坼開圖」, 45ㄱ(Ⅰ, 94쪽). 卷3의 「星土坼開圖」에서는 밑줄 친 '紘'을 '弦'으로 기재하였다.

이상의 내용을 통해서 이익이 「방성도」를 열람하여 은하의 전체적 형태를 파악했고, 이를 기초로 해와 은하의 상호감응으로 조화가 이루어진다는 주장을 개진했음을 확인할 수 있다. 그런데 이와 같은 『성호사설』의 내용은 『성호전집』에 수록되어 있는 '성토탁개도'에 대한 제사(題辭)인 「제성토탁개도(題星土坼開圖)」의 그것과 비교해 볼 필요가 있다. 여기에서 먼저 눈에 띄는 것은 이익이 '수화(水火)의 조화'라는 논리를 『주역』과 연관 지어 확장하고 있다는 사실이다. "건곤(乾坤)은 부모이며, 감리(坎离)는 광곽(匡郭 : 테두리)이니, 천지 음양의 두 기운이 서로 감응하는 [絪縕交感] 것은 수화가 하는 바가 아님이 없다"[108]라는 언급이 바로 그것이다. 이는 『주역참동계(周易參同契)』의 첫머리에 등장하는 "건곤은 역(易)의 문호(門戶)로 모든 괘의 부모이고, 감리(坎離)는 광곽으로 바퀴통[轂]을 돌리고 굴대[軸]를 바르게 한다"[109]는 구절을 원용한 것이다. 요컨대 선천도(先天圖)에서 건곤이 남북에, 이감(離坎)이 동서에 위치하여 그 형상이 담장이나 테두리[垣郭]를 두른 것과 같고, 감리가 건곤의 사이를 승강하는 것이 수레의 축에 바퀴통을 끼워서 바퀴를 돌리면 그것이 위아래로 올라갔다 내려갔다 하는 것과 같다는 말이었다.[110]

이익은 「방성도」가 중국에는 일찍이 없었을 뿐만 아니라 중국인들이 미처 깨닫지 못한 바라고 하였다. 그는 왜 이와 같은 평가를 하였던

---

107) 『星湖僿說』 卷1, 天地門, 「星土坼開圖」, 24ㄱ(Ⅰ, 14쪽). "河自鶉首分爲二道何也. 鶉首火之始盛, 水爲分布, 而自降婁以後, 氣殺而復合, 亦其宜也."; 『星湖僿說』 卷3, 天地門, 「星土坼開圖」, 45ㄱ~ㄴ(Ⅰ, 94쪽).

108) 『星湖全集』 卷55, 「題星土坼開圖」, 26ㄴ(199책, 515쪽). "乾坤父母, 坎离匡郭, 絪縕交感, 莫非水火所爲."

109) 『周易參同契考異』(四庫全書本), 3ㄴ~4ㄱ. "乾坤者, 易之門戶, 衆卦之父母, 坎離匡郭, 運轂正軸."

110) 『周易參同契考異』(四庫全書本), 4ㄱ. "乾坤位乎上下, 而坎離升降于其間, 所謂易也. 先天之位, 乾南坤北, 離東坎西是也. 故其象如垣郭之形, 其升降則如車軸之貫轂以運輪, 一下而一上也."

〈그림 6-7〉 천상열차분야지도(天象列次分野之圖)의 은하 : 규장각

것일까? 이익이 보기에 조화의 주체가 되는 '수화' 가운데 물은 은하에서, 불은 황도에서 운행하며, 둘 다 모두 둥근 고리처럼 반복되는 원운동을 하는데, 물은 바깥에서, 불은 안에서 '천복'인 적도와 교차하고 있다고 보았다.[111] 그런데 이러한 운동 가운데 황도가 적도를 중심으로 위아래 40도 사이에서 운행한다는 것은 중국인들도 이미 알고 있는 사실이었다. 그에 비해 은하가 위로 북륙(北陸)에 근접하고, 아래로 남극에 근접한다는 사실은 일찍이 알지 못했던 것이다. 북반구에 위치한 중국에서는 육안 관측을 통해 남극권을 볼 수 없었기 때문이다.[112]

이로 인해 중국에서 보이는 은하는 '수간미곤', 즉 동북쪽에서 서남쪽으로 하늘에 걸려 있는 모습을 하고 있다. 하지에 기수(箕宿)와 미수(尾宿)의 사이에서 시작하여 적도의 북쪽으로 나가고, 추분에 이르러 북극에 가까워지며, 춘분에 이르러 적도의 남쪽으로 나가고, 동지에 이르러 되돌아온다는 것이다. 반면에 황도는 춘분에 적도의 북쪽으로 나가고, 하지에 이르러 북극 45도에 미치지 못하며,[113] 추분에 이르러 적도의 남쪽으로 나가고, 동지에 이르러 남극 45도에 미치지 못하며, 춘분에 이르러 되돌아온다.[114] 그런데 이상과 같은 이익의 설명 가운데 은하의

---

111) 여기에서 "水外而火內"라는 언급은 중천설의 우주구조에서 태양이 운행하는 太陽天(=日輪天)과 은하를 포함한 별이 위치하고 있는 恒星天(=列宿天)의 內外 관계를 염두에 둔 것으로 보인다. 지구를 중심으로 보면 태양천이 보다 안쪽에, 항성천은 바깥쪽에 위치하기 때문이다.

112) 『星湖全集』 卷55, 「題星土坼開圖」, 26ㄴ(199책, 515쪽). "此圖不但中國未始有, 中國人未曾覺也. …… 水行於銀河, 火行於黃道, 皆周復如環, 水外而火內, 與天腹赤道交貫也. 黃道出入四十度之間, 中國之見知也, 銀河則上近於北陸, 下近於南極, 南者未曾見, 故宜未曾知也."

113) 정육면체로 되어 있는 「방성도」의 윗면에는 구면의 北極圈이, 아랫면에는 구면의 南極圈이 그려져 있는데, 모두 북극과 남극으로부터 45°가량의 범위로 잘라냈다. 閔明我는 『方星圖解』에서 이를 "北極居上, 南極居下, 各以極爲心, 環極各四十五度直線, 爲經圈線, 爲緯徑邊, 俱分綴度數, 按表而布拱極之諸星焉."이라고 표현했다. 『방성도해』의 원문은 김일권, 앞의 논문, 2004, 158~163쪽에 수록된 「첨부 자료 : 방성도해의 원문과 번역문」 참조.

운행에 대한 서술은 "하지에 북쪽으로 가기 시작하여, 춘분에 가장 높은 곳에 이르고, 추분에 끝나게 된다"고 하였던 『성호사설』의 내용과 차이가 있다. "하지에 적도의 북쪽으로 나가고, 추분에 북극에 가까워지며, 춘분에 적도의 남쪽으로 나가고, 동지에 되돌아온다"라고 보았기 때문이다.

이와 같은 이익의 언급을 이해하기 위해서는 「방성도」를 통해 별을 관측하는 방법을 알아야 한다. 「방성도」의 춘분권, 하지권, 추분권, 동지권에 그려진 천상(天象)은 낮의 별자리들[晝之天象]이다. 따라서 실제로 밤에 그 별자리를 관측하고자 하면 그 반대편을 보아야 한다. 요컨대 춘분권의 별자리는 가을 3개월 동안, 하지권의 별자리는 겨울 3개월 동안, 추분권의 별자리는 봄 3개월 동안, 동지권의 별자리는 여름 3개월 동안 밤에 항상 볼 수 있는 별자리인 것이다.[115] 따라서 「방성도」에 그려져 있는 은하의 모양 또한 이를 토대로 유추해 볼 필요가 있는 것이다.

현존하는 필사본 「방성도」에 그려진 은하는 동지권의 '기수'와 '미수'의 사이에서 적도의 북쪽으로 올라가서 북극권으로 횡단하고, 하지권에서 적도의 아래로 내려가 추분권의 오른쪽 하단부를 걸치면서 남극권을 돌아 동지권에서 다시 적도 쪽으로 올라오는 고리 모양을 이루고 있다. 만약 이익의 설명이 이와 같은 은하 모양을 염두에 둔 발언이라면,

---

114) 『星湖全集』 卷55, 「題星土坼開圖」, 26ㄴ~27ㄱ(199책, 515~516쪽). "中國所見之河, 首艮尾坤, 夏至之交, 起於尾箕之間, 出赤道之北, 至秋分之交, 近乎北極, 又至春分之交, 出赤道之南, 又至冬至之交而復矣. 黃道春分之交, 出赤道之北, 至夏至, 不及北極四十五度, 又至秋分之交, 出赤道之南, 又至冬至之交, 不及南極四十五度, 至春分而復矣."

115) 『方星圖解』, 「方星圖解」(1032책, 311쪽). "首方一面, 太陽躔戌宮, 係春分, 此面是晝之天象, 要認星可用于秋之三月, 當夜所恒見之天象. 第二面, 太陽躔未宮, 係夏至, 此面可用于冬之三月, 當夜所恒見之天象. 第三面, 太陽躔辰宮, 係秋分, 此面可用于春之三月, 當夜所恒見之天象. 第四面, 太陽躔丑宮, 係冬至, 此面可用于夏之三月, 當夜所恒見之天象."

위의 서술은 "하지에 기미 사이에서 시작하여 적도의 북쪽으로 나가고, 추분에 이르러 북극에 가까워지며, 동지에 이르러 적도의 남쪽으로 나가서, 〈춘분에 남극권을 돌아서〉 하지에 이르러 되돌아온다"로 바꾸어야 하지 않을까 한다.

이익은 이상과 같은 천체 현상을 수기와 화기의 조응으로 전환하였다. 요컨대 하지에는 수기가 위에 화기가 아래에, 동지에는 화기가 위에 수기가 아래에 있다는 것이다.[116] 왜냐하면 하지에 태양은 적도 북쪽 23.5°에 위치하는데 은하가 그 위에 펼쳐져 있고, 동지에 태양이 적도의 남쪽 23.5°에 위치하고 있는데 수기가 그 아래에 있다고 보았기 때문이다. 물론 이와 같은 그의 견해는 오늘날의 과학적 상식에 비추어 볼 때 받아들이기는 어렵다. 그러나 이익은 이와 같은 수기와 화기의 조응이 기제괘(䷾)와 미제괘(䷿)를 상징하는 것으로 보았다. 상괘와 하괘의 구성으로 볼 때 '수화기제(水火旣濟)', '화수미제(火水未濟)'이기 때문이었다.

이익은 여기에 호체(互體)의 개념을 도입한다. 역학(易學)에서 호체란 6획의 여섯 효로 구성된 중괘(重卦) 가운데 제2, 3, 4효와 제3, 4, 5효로 이루어지는 두 개의 3획괘[單卦]를 뜻한다. 이는 중괘의 상괘(上卦)와 하괘(下卦)를 뒤섞어서 이루어지는 새로운 괘상이기 때문에 '호체', 또는 '호괘(互卦)'라고 하였다. 따라서 건괘(乾卦)와 곤괘(坤卦)는 본래 호체의 변화가 없다. 6효가 모두 동일하기 때문이다. 그런데 건·곤괘의 상괘와 하괘를 하나씩 교환하면 비괘(否卦)와 태괘(泰卦)가 된다. 비괘와 태괘의 호체는 점괘(漸卦)와 귀매괘(歸妹卦)가 되고, 점괘와 귀매괘의 호체는 기제괘(旣濟卦)와 미제괘(未濟卦)가 되는데, 기제괘와 미제괘의 호체는 미제괘와 기제괘가 되어 상호간의 변동이 없다. 이익은 이것이 바로 역의 시종(始終)이라고 보았다.[117] 이를 도표로 제시하면 다음와 같다.

---

116) 『星湖全集』卷55, 「題星土坼開圖」, 27ㄱ(199책, 516쪽). "當夏至之交, 水上而火下, 冬至之交, 火上而水下, 便成旣未濟之象."

〈표 6-3〉 호체(互體)를 통해 본 '역(易)의 시종(始終)'

乾 ䷀	否 ䷋	漸 ䷴	旣濟 ䷾	未濟 ䷿
坤 ䷁	泰 ䷊	歸妹 ䷵	未濟 ䷿	旣濟 ䷾

이익은 이와 같은 주장의 근거로 태괘의 육(六)5 효사와 귀매괘의 육5 효사가 같다는 사실을 들었다. 그것은 두 괘의 육5 효사에 공통으로 등장하는 "제을(帝乙)이 여동생을 시집보냄"이라는 구절을 지목한 것이었다.118) 이익은 이를 통해 역에서 괘의 순서를 정할 때 '호체'를 사용한 것을 알 수 있다고 하였다. 그는 건곤(乾坤), 즉 천지의 안에서 수화가 운행하는 것이 아니라면 성인이 무엇을 따라서 괘를 그리고 그 풀이를 붙일 수 있었겠느냐고 반문했다. 요컨대 성인의 '획괘계사(畫卦繫辭)'는 바로 이와 같은 천지자연의 질서를 모델로 하였다는 주장이었다.119)

이익은 중국에서 보이는 은하의 방향이 '수간미곤'이라는 점을 매우 기묘(奇妙)하다고 여겼다. 하늘의 천체 현상과 연관을 지어 중국이라는 지역이 특수성을 지니고 있다고 생각했던 것으로 보인다. 여기에서 그는 독특한 주장을 펼쳤다. 그것은 바로 '낙서(洛書)'와 '홍범(洪範)'을 결합하고자 한 것이었다.120) 물론 『서경』의 「홍범」편에 "하늘이 우(禹)에게 홍범구주(洪範九疇)를 내려 주시니, 이륜(彜倫)이 펼쳐지게 되었다"라는 대목이 있고,121) 이에 대한 주석에서 채침(蔡沈)은 "우(禹)가 물의

---

117) 『星湖全集』 卷55, 「題星土坼開圖」, 27ㄱ(199책, 516쪽). "乾坤無互體之變, 一交而爲否泰, 否泰之互, 爲漸歸妹, 漸歸妹之互, 爲旣未濟, 旣未濟互體, 相易不動, 此易之始終也."

118) 『周易』, 泰卦, 六五. "六五, 帝乙歸妹, 以祉, 元吉."; 『周易』, 歸妹卦, 六五. "六五, 帝乙歸妹, 其君之袂, 不如其娣之袂, 良, 月幾望, 吉."

119) 『星湖全集』 卷55, 「題星土坼開圖」, 27ㄱ(199책, 516쪽). "以何爲證, 泰六五與歸妹六五同辭, 可見易序之用互體也. 苟非乾坤之內, 水火之運行, 聖人之畫卦繫辭, 亦何從而得哉."

120) 이에 대해서는 안승우, 「성호(星湖) 이익(李瀷)의 홍범(洪範)에 대한 관점 고찰」, 『儒教思想文化研究』 86, 韓國儒教學會, 2021에서 상세히 분석한 바 있다.

성질을 따라서 땅이 평안하고 하늘이 이루어졌다. 그러므로 하늘이 낙수(洛水)에 글을 내놓자, 우가 이것을 구별하여 홍범구주를 만드니, 이는 이륜이 펼쳐지게 된 소이(所以)다"[122]라고 하였기 때문에 '낙서'와 '홍범구주'의 상호관련성은 유학자들에게 상식에 속한다. 중요한 것은 그 다음 대목이다. 이익은 '낙서'에서 2와 8이 서로의 자리를 바꾸면 그것이 바로 간(艮)과 곤(坤)의 자리가 된다고 하였다. 여기에서 한 걸음 더 나아가 '홍범구주(洪範九疇)'의 두 번째인 오사(五事)와 여덟 번째인 서징(庶徵)은 사람과 하늘이 감통하는 것으로, 거기에 등장하는 '숙(肅)·예(乂)·철(哲)·모(謀)·성(聖)'[123]이 서로 조감(照勘)한다고 보았다.[124]

이상과 같은 주장의 배후에는 후천도[文王八卦方位之圖]의 팔괘 배치가 자리하고 있었다고 판단된다. 이익은 후천괘에서 곤(坤)이 본래의 위치인 동북쪽에서 서남쪽으로 이동했다고 보았다. 그는 그 근거로 문왕(文王)의 단사(彖辭)를 거론했다. 『주역』 곤괘(坤卦)의 '단사'에서는 "군자(君子)의 갈 바를 둠이다. 먼저 하면 혼미하고, 뒤에 하면 얻으리니, 이로움을 주장한다. 서남(西南)은 벗을 얻고 동북(東北)은 벗을 잃을 것이니, 안정

---

121) 『書傳大全』 卷6, 周書, 洪範, 41ㄴ~42ㄱ(223쪽-영인본 『書經』, 成均館大學校出版部, 1984의 페이지 번호. 이하 같음). "箕子乃言曰, 我聞在昔, 鯀陻洪水, 汨陳其五行. 帝乃震怒, 不畀洪範九疇, 彝倫攸斁. 鯀則殛死, 禹乃嗣興, 天乃錫禹洪範九疇, 彝倫攸敍."

122) 『書傳大全』 卷6, 周書, 洪範, 42ㄱ~ㄴ(223쪽). "禹順水之性, 地平天成, 故天出書于洛, 禹別之, 以爲洪範九疇, 此彝倫之所以敍也."

123) 『書經』, 周書, 洪範. "箕子乃言曰, 我聞在昔, 鯀陻洪水, 汨陳其五行. 帝乃震怒, 不畀洪範九疇, 彝倫攸斁. 鯀則殛死, 禹乃嗣興, 天乃錫禹洪範九疇, 彝倫攸敍. 初一曰五行, 次二曰敬用五事, 次三曰農用八政, 次四曰協用五紀, 次五曰建用皇極, 次六曰乂用三德, 次七曰明用稽疑, 次八曰念用庶徵, 次九曰嚮用五福, 威用六極. …… 二五事. 一曰貌, 二曰言, 三曰視, 四曰聽, 五曰思, 貌曰恭, 言曰從, 視曰明, 聽曰聰, 思曰睿. 恭作肅, 從作乂, 明作哲, 聰作謀, 睿作聖. …… 八庶徵. 曰雨·曰暘·曰燠·曰寒·曰風·曰時. …… 曰休徵. 曰肅, 時雨若, 曰乂, 時暘若, 曰哲, 時燠若, 曰謀, 時寒若, 曰聖, 時風若."

124) 『星湖全集』 卷55, 「題星土坼開圖」, 27ㄱ(199책, 516쪽). "中國之河, 首艮尾坤, 亦奇乎妙哉. 洛書之二八相易, 卽艮坤之位也. 洪範之五事·庶徵, 人天感通, 其肅乂哲謀聖, 兩相照勘."

(安貞)하여 길(吉)하다"라고 하였다.[125] 이익은 바로 이 구절이 곤괘가 동북쪽에서 서남쪽으로 이동했다는 근거라고 확신했다. "경전의 뜻이 백성을 깨우침이 지극하다"라는 그의 평가는 자신의 새로운 발견에 대한 확신의 표현이었다.[126]

그렇지만 이상과 같은 이익의 '수간미곤'론은 중국에서 보이는 은하의 형태를 중심으로 전개되었고, 그것을 유교 경전의 관련 논의와 결합한 것이었다. 일종의 중국 중심의 '수간미곤'론이었다고 할 수 있다. 그런데 그것은 다음 단계에서 동국 중심의 '수간미곤'론으로 비약하였다.

(2) 동국 중심의 '수간미곤'론

이익의 논설 가운데 '수간미곤'론을 우리나라[我國]에 적용한 대표적 사례로는 『성호사설』의 「수간미곤」을 들 수 있다. 그 전체 내용은 아래와 같다.

> 『천문략(天問略)』에 이르기를 "이른바 은하[天河]라는 것은 작은 별들이 조밀하게 〈모여 있기〉 때문에 그 형체가 뚜렷하게 빛을 발하여 마치 흰 비단이 서로 이어진 것과 같다"라고 하였다.[127] 서국(西國)에는

---

125) 『周易』, 坤卦. "君子有攸往, 先迷後得主利, 西南得朋, 東北喪朋, 安貞吉."

126) 『星湖全集』 卷55, 「題星土坼開圖」, 27ㄱ~ㄴ(199책, 516쪽). "後天之卦, 坤自東北移居西南, 故文王之象云, 西南得朋, 東北喪朋. 經訓之諭民, 其至矣哉."

127) 이 대목은 四庫全書本 『천문략』에는 수록되어 있지 않다. 『天學初函』에 수록되어 있는 『천문략』의 말미에는 사고전서본에는 없는 내용이 첨부되어 있다. 그것은 망원경[視遠鏡]의 발명과 그를 이용한 관측 내용을 서술한 것이었다. 그에 따르면 『천문략』에 수록된 여러 논의는 관측자의 目測에 근거한 것인데, 목측에는 한계가 있기 때문에 天上의 미묘한 이치를 모두 파악할 수 없었다. 이에 역법에 정통한 近世 西洋의 한 名士가 정교한 기구[巧器], 즉 망원경을 창조하여 목측의 한계를 보완하였다고 한다[『天問略』, 43ㄱ. "凡右諸論, 大約則據肉目所及測而已矣. 第肉目之力劣短, 曷能窮盡天上微妙理之萬一耶. 近世西洋精于曆法一名士, 務測日月

시원경(視遠鏡)이 있어서 능히 이와 같이 관찰한 것인데 그런 것인지 아닌지 알 수 없다. 세상 사람들은 은하가 반드시 물의 흐름처럼 한 길로 가로로 뻗쳐 있다고 여긴다. 중국에 의거하여[중국의 위치에서] 그것을 관찰하면, 그 형체는 "머리는 동북쪽이고 꼬리는 서남쪽[首艮尾坤]"이다. 지금 중국의 물은 모두 동쪽으로 흐르니, 황하(黃河)는 "서북쪽에서 동남쪽으로[自乾至巽]" 〈흐른〉 연후에 바다로 들어간다. 우리나라의 큰 강[大水]이 셋이니 압록강·대동강·한강이다. 압록강은 격(湨), 대동강은 산(滻), 한강은 대(帶)다.[128] 이 세 강은 모두 "머리를 동북쪽으로 꼬리를 서남쪽으로[首艮尾坤]" 하여 위아래가 서로 들어맞는다. 『시경』에서 이르기를 "밝고 큰 저 은하여, 하늘에서 문장을 이루었네"라고 했는데,[129] 한쪽 모퉁이의 '기자의 나라[箕邦]'가 하늘의 은하와 문장이 일치하니 또한 기이하다.[130]

앞에서 살펴보았듯이 이익은 중국에서 보이는 은하[中國之河]의 방향

星辰奧理, 而哀其目力尫羸, 則造刱一巧器以助之."]. 이익이 인용한 부분은 이와 같은 망원경을 이용한 구체적 관측 사실의 끄트머리에 기재되어 있는 있는 내용이다[『天問略』, 43ㄱ~ㄴ(2717~2718쪽). "觀列宿之天, 則其中小星, 更多稠密, 故其體光顯相連若白練然, 卽今所謂天河者, 待此器至中國之日, 而後詳言其妙用也."].

128) 이익은 지리 고증을 통해 鴨綠이 湨水, 淸川이 滻水, 大同이 冽水, 豬灘이 浿水, 漢江이 帶水라고 주장한 바 있다[『星湖全集』 卷30, 「答尹幼章丙子(別紙)」, 36ㄱ~ㄴ(198책, 422쪽). "吾以爲鴨綠爲湨水, 淸川爲滻水, 大同爲冽水, 豬灘爲浿水, 漢江爲帶水, 此則無疑." ; 『星湖全集』 卷29, 「答鄭玄老己卯」, 24ㄱ(199책, 14쪽). "其他淸川爲滻, 大同爲冽, 豬灘爲浿, 漢水爲帶, 已辨識得出耶."]. 그가 이와 같은 견해를 보인 것은 늦어도 영조 32년(1756) 이전이었던 것으로 보인다.

129) 『詩經』, 大雅, 文王之什, 棫樸. "倬彼雲漢, 爲章于天."

130) 『星湖僿說』 卷1, 天地門, 「首艮尾坤」, 45ㄱ~ㄴ(Ⅰ, 25쪽). "天問畧云, 所謂天河者, 小星稠密, 故其體光顯, 相連若白練, 西國有視遠鏡, 能察如此也, 未知然否. 世人謂天河必一道橫亘, 若水勢然也. 據中國觀之, 則其體首艮尾坤. 今中國之水, 皆東注, 黃河則自乾至巽, 然後入海也. 我國大水三, 鴨綠也, 大同也, 漢水也. 鴨綠者湨也, 大同者滻也, 漢水者帶也. 此三水皆首艮尾坤, 上下同符, 詩曰, 倬彼雲漢, 爲章于天, 一隅箕邦, 與天河同章, 亦異矣."

이 '수간미곤'이라는 사실이 매우 기묘하다고 언급한 바 있다. 그런데 위의 인용문에서는 분명히 '수간미곤'의 형태를 띠는 은하가 '중국 하천[中國之水]'의 흐름과는 맞지 않고, 우리나라의 대표적 하천인 압록강·대동강·한강의 흐름과 일치하여 "위아래가 서로 들어맞는다"고 주장하였다. 아울러 그는 『시경』의 「역복(棫樸)」을 거론하면서 천하의 한쪽 모퉁이에 위치한 우리나라가 은하와 같은 문장을 이루고 있다는 사실이 기이하다며 감탄했다.

이와 관련해서 두 가지 문제를 살펴볼 필요가 있을 것이다. 하나는 이익이 '은하'의 문제에 주목하게 된 계기가 무엇인가 하는 점이고, 다른 하나는 그가 우리나라 중심의 '수간미곤'론에 착안하게 된 시점이 언제인가 하는 점이다.

이익은 왜 은하의 문제에 주목하였을까? 이와 관련해서 검토해야 할 글이 『성호사설』의 「운한(雲漢)」이다. 이익이 '관상(觀象)의 학설', 즉 천문점성술에 미진한 부분이 있다고 보았기 때문이다. 하늘의 모든 별과 오행성, 사여성(四餘星) 등과 관련해서는 이미 '관상의 학설'이 갖추어져 있었다. 중국의 『개원점경(開元占經)』이나 우리나라의 『천문유초(天文類抄)』 등을 살펴보면 그와 같은 주장의 근거를 확인할 수 있다. 그런데 은하에 대해서만은 그와 같은 '천인감응(天人感應)의 이치'가 빠져 있었다. 이익은 그것이 옛날에는 있었는데 지금은 실전되었다고 판단했다. 왜냐하면 은하의 형상은 하늘의 절반을 가로질러 동북쪽에서 시작해서 서남쪽에서 그치는, 이른바 '수간미곤'의 형태인데 어찌 여기에 '소당연(所當然)'의 이치가 없겠느냐고 생각했기 때문이다. 이익은 '서국(西國)의 혼천도(渾天圖)'에 의거해서 보면 은하는 상하와 주위가 고리와 같은 모양인데, 이는 중국에서 일찍이 알지 못했던 사실이라고 하였다.[131] 여기에 등장하는 '서국의 혼천도'는 아마도 「방성도」를 가리키는 것으로 보인다.[132]

이익은 위에 있는 하늘과 아래에 있는 땅은 서로 부응(符應)하기 때문에 '분야(分野)의 이치'는 다만 그 보는 바에 따라서 맞추어 말한 것이라고 하였다. 이 대목에서 이익은 다시 『시경』의 「역복」을 거론했다.[133]

倬彼雲漢	밝고 큰 저 은하여
爲章于天	하늘에서 문장을 이루었네
周王壽考	주나라 임금님 만수무강하시니
遐不作人	어찌 사람을 진작하지 않으리
追琢其章	잘 다듬은 그 문장이요
金玉其相	금과 옥 같은 바탕이로다
勉勉我王	힘쓰고 힘쓰시는 우리 임금님
綱紀四方	사방의 강기(綱紀)가 되시네

이익은 이 시가 비유를 든 것이 상세하다고 여겼다. 하늘에서는 문장이 되고, 왕에게는 '강기'가 된다고 하여, 혼천(渾天)의 성문(星文)은 은하가 문장을 이루는 데 속하는 것으로, 사방의 여러 제후는 문왕(文王)의 강기에 속하는 것으로 비유했다는 것이다. 여기에서 이익은 "하늘에서 문장을 이루었네"에 등장하는 '장(章)'자와 "잘 다듬은 그 문장이요"라는

---

131) 『星湖僿說』 卷3, 天地門, 「雲漢」, 32ㄴ(Ⅰ, 87쪽). "觀象之說備矣. 渾天星文·五緯·四餘, 無不與人事感應, 獨雲漢頓闕其理, 何也. 意者古有而今失也. 其形横截半天, 起於東北, 止於西南, 首艮而尾坤, 此豈無所當而然哉. 據〈西國〉渾天圖, 上下周圍如環, 〈中國不知也〉." 이 내용은 『성호사설』과 『성호사설유선』에 약간의 출입이 있다. 위에서 〈 〉 안에 표기한 것은 『성호사설유선』에만 있는 내용이다. 이와 유사한 내용이 『시경질서』에 수록되어 있다[『詩經疾書』 大雅, 棫樸, 7ㄱ(三, 110쪽－영인본 『星湖全書』, 驪江出版社, 1984의 책 번호와 페이지 번호. 이하 같음). "按西國星圖, 雲漢環回不斷."].

132) 『시경질서』에서는 분명히 '방성도'라고 하였기 때문이다[『詩經疾書』, 小雅, 大東, 46ㄴ(三, 91쪽). "按方星圖, 雲漢周回不斷如環, 所謂昭回也."].

133) 『詩經』, 大雅, 文王之什, 棫樸.

대목의 '장'자가 연관이 있다고 보았다. 왜냐하면 "잘 다듬은 그 문장이요 / 금과 옥 같은 바탕이로다"라는 구절은 문왕의 덕이 "힘쓰고 힘써서 강기가 되는" 까닭이라고 보았기 때문이다. 문왕이 사방 열후(列侯)의 강기가 되듯이 성기(星氣)가 모여 있는 은하는 혼천의 '강기'가 된다고 볼 수 있다는 것이다. 따라서 지혜로운 자가 은하를 관찰해 보면 그 머리에서 꼬리 부분까지의 밝고 어두운 사이에 점칠 만한 것이 있으리라고 보았다.134)

그렇다면 은하를 어떻게 관찰할 수 있을까? 이익은 '운한(雲漢)'이라는 용어에 단서가 있다고 보았다. 그것을 '구름으로 점을 친다'는 뜻으로 해석했기 때문이다. 구름이란 '기(氣)'이기 때문에 하늘이 맑고 깨끗한 밤에 '이상한 기의 형색'을 관찰하면 인사와의 부응을 알 수 있다고 하였다.135) 과연 이와 같은 이익의 논리가 정당한 것일까? 그것을 입증할 수 있는 방법은 무엇일까? 이익은 다시 『시경』을 거론했다. 「운한」 시의 수장(首章), "밝고 큰 저 은하여, 밝은 빛이 하늘을 따라 도네[倬彼雲漢, 昭回于天]"136)가 바로 그것이었다. 이익은 이 시가 '가뭄을 근심하는 시'라고 하였다.137) 그렇다면 거기에 등장하는 은하는 단지 가뭄을 해결해 줄 수 있는 물을 상징하는 것일까?

여기에서 이익은 낙서(洛書)와 홍범(洪範)의 관계를 다시금 끄집어냈

---

134) 『星湖僿說』 卷3, 天地門, 「雲漢」, 32ㄴ~33ㄱ(Ⅰ, 87~88쪽). "上天下地互相符應, 故分野之理, 只合就其所見而言也. 棫樸云, 倬彼雲漢, 爲章于天, 周王壽考, 遐不作人. 繼之云, 勉勉我王, 綱紀四方, 詳其取比. 在天爲章, 在王爲綱, 渾天星文, 屬乎雲漢之爲章, 四方列侯, 屬乎文王之綱紀也. 所謂追琢其章, 金玉其相, 文王之德所以爲勉勉綱紀, 而兩章字相帖[貼]也. 然則雲漢者, 卽星氣所聚而渾天之綱紀也. 智者察之, 其首尾明暗之間, 豈無可占者乎." 『성호사설유선』에는 '帖'자가 '貼'으로 기재되어 있다.

135) 『星湖僿說』 卷3, 天地門, 「雲漢」, 33ㄱ(Ⅰ, 88쪽). "何謂雲漢, 意者以雲爲占也. 雲者, 氣也, 晴明之夜, 察其異氣之形色, 知人事之符應也."

136) 『詩經』, 大雅, 蕩之什, 雲漢.

137) 『星湖僿說』 卷3, 天地門, 「雲漢」, 33ㄱ(Ⅰ, 88쪽). "何以明之. 大雅雲漢之首章云, 倬彼雲漢, 昭回于天, 此憫旱之詩也."

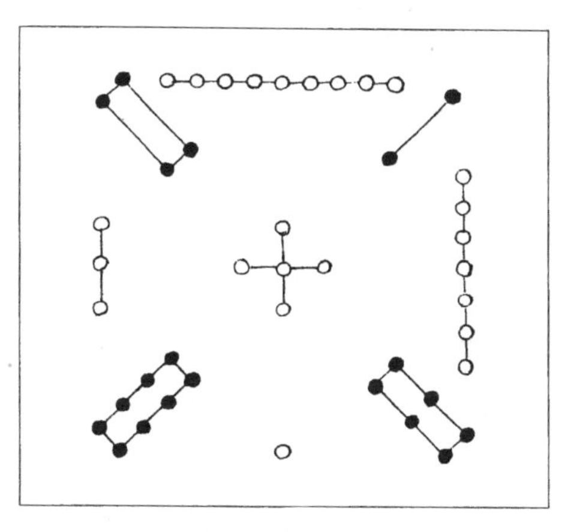

〈그림 6-8〉 낙서(洛書)

[三摺圖]

4	9	8
3	5	7
2	1	6

4	9	8
3	5	7
2	1	6

4	9	2
3	5	7
8	1	6

〈그림 6-9〉 낙서(洛書)의 2와 8의 위치 변경

다. 낙서에 따르면 동북(東北)은 양방(陽方)으로 생수(生數)가 위치하는 곳이다. 1이 북쪽에 위치하고 동쪽을 거쳐 동남쪽에서 그치는 데 좌선(左旋)한다. 서남(西南)은 음방(陰方)으로 성수(成數)가 위치하는 곳으로 6이 서북쪽에 위치하고 서쪽을 거쳐 남쪽에서 그치는 데 우선(右旋)한다. 따라서 그 모양은 1, 2, 3이 아래에 있고, 4, 5, 6이 중간에 있으며, 7, 8, 9가 위에 있어서 삼접도(三摺圖 : 세 번 접은 그림. 세 단계의 그림)가 된다. 그러나 음양이 서로 사귀지 않으면 조화가 이루어질 수 없으므로 2와 8이 서로 자리를 바꿔 2는 서남쪽의 곤위(坤位)에 위치하고, 8은 동북쪽의 간위(艮位)에 위치하였다. 이익은 이와 같이 한 연후에야 2와

7, 3과 8이 같은 부류로서 서로 따르게 되며, 이것이 필연적 이치이고 홍범은 이로부터 말미암아 제작되었다고 보았다.138)

위와 같은 변형된 낙서를 바탕으로 홍범이 제작되었다고 보는 이익의 논리적 근거는 무엇일까? 홍범구주(洪範九疇) 가운데 2는 오사(五事), 8은 서징(庶徵)이다. 이익은 이것이 각각 동북쪽 간위(艮位)와 서남쪽 곤위(坤位)에 위치한다고 보았다. 그는 '오사'인 모(貌)·언(言)·시(視)·청(聽)·사(思)의 용(用)에 해당하는 숙(肅)·예(乂)·철(哲)·모(謀)·성(聖)이 '서징'의 '휴징(休徵)' 항목에서 응험으로 똑같이 등장한다는 점에 주목했다. 이익은 이것이 하후(夏后), 즉 우(禹)임금의 뜻이었고, 이를 기자(箕子)가 주(周) 무왕(武王)에게 전수한 것이라고 하였다. 그는 홍범구주 가운데 오직 이 두 가지가 위아래로 서로 호응하는 것이 '천인감응'의 이치를 반영한 것이라고 보았던 것이다. '오사'로 대변되는 인간 세상의 일들, 즉 "인사(人事)가 하늘에 감통(感通)하고, 하늘이 인사를 거울을 비추듯이 상세히 살펴보면서" 인사의 잘잘못에 대해 '서징'을 보여준다고 여겼던 것이다.139)

이익의 논지는 여기에서 한 걸음 더 나아간다. 자신의 주장을 「문왕팔괘방위지도(文王八卦方位之圖)」를 통해서도 증험할 수 있다고 하였다. 하도(河圖)의 수를 보면 1·6은 북쪽에, 2·7은 남쪽에, 3·8은 동쪽에, 4·9는 서쪽에 위치하고 있다. 그런데 「문왕팔괘방위지도」, 즉 방도(方圖)

---

138) 『星湖僿說』 卷3, 天地門, 「雲漢」, 33ㄱ~ㄴ(Ⅰ, 88쪽). "據洛書, 東北陽方, 生數居之, 一居北, 歷東而止於東南, 左旋也. 西南陰方, 成數居之, 六居西北, 歷西而止於南, 右旋也. 其形一二三在下, 四五六在中, 七八九在上, 爲三摺圖. 陰陽不交, 造化不成, 故二與八相易, 二居西南間坤位也, 八居東北間艮位也. 如此然後, 二七三八, 以類相從, 理之必然也. 此洪範之所由作也."

139) 『星湖僿說』 卷3, 天地門, 「雲漢」, 33ㄴ(Ⅰ, 88쪽). "何以明之. 洪範二直五事, 八直庶徵, 艮坤之位也. 五事之用, 曰肅乂哲謀聖, 庶徵之應, 亦曰肅乂哲謀聖, 此夏后氏之意, 箕子之傳于武王者也. 九疇之中, 惟此二者, 上下呼喚, 若合符節, 豈不是人事之感通于天而天之所以鑑臨于人也."

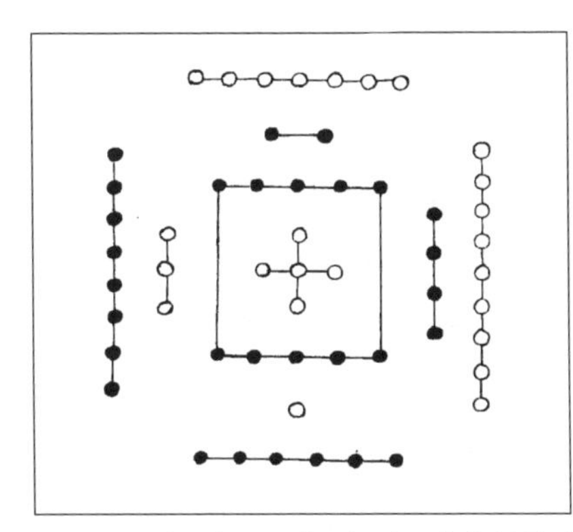
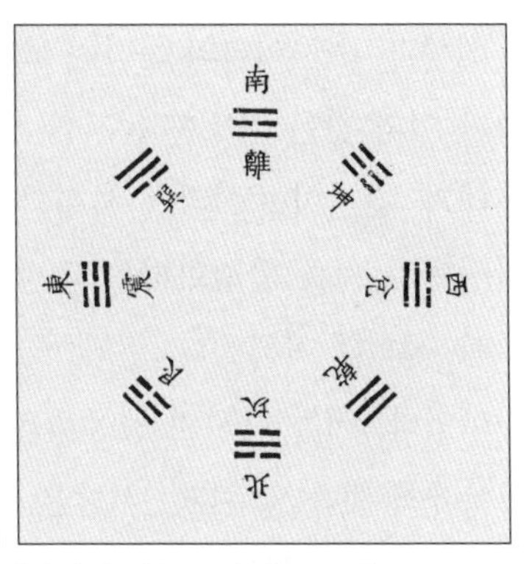

〈그림 6-10〉 하도(河圖)와 문왕팔괘방위지도(文王八卦方位之圖)

를 보면 6에 해당하는 곤괘(坤卦)는 동북쪽에, 7에 해당하는 간괘(艮卦)는 서남쪽에, 8에 해당하는 손괘(巽卦)는 동남쪽에, 9에 해당하는 건괘(乾卦)는 서북쪽에 위치하고 있다. 그렇다면 이는 1, 2, 3, 4의 네 생수(生數)는 움직이지 않고, 6, 7, 8, 9의 네 성수(成數)는 각각 한 방위씩 물러난 것이다[6은 북에서 동북, 7은 남에서 서남, 8은 동에서 동남, 9는 서에서 서북]. 주자는 일찍이 "천일생수(天一生水), 지이생화(地二生火), 천삼생목(天三生木), 지사생금(地四生金), 천오생토(天五生土)"라고 한 바 있다. 이익은 이 과정을 통해 만들어진 것이 각각 감(坎)·리(離)·진(震)·태(兌)의 괘라고 해석하였다. 그런데 음양이 사귀지 않으면 만물이 이루어질 수 없기 때문에 성수 가운데 동북의 6과 서남의 7이 서로 위치를 바꾸었다고 하였다. 이에 따라 9인 노양(老陽)은 건(乾)이 되고, 6인 노음(老陰)은 곤(坤)이 되며, 7인 소양(少陽)은 간(艮)이 되고, 8인 소음(少陰)은 손(巽)이 되었다고 하였다.[140)]

140) 『星湖僿說』 卷3, 天地門, 「雲漢」, 33ㄴ~34ㄱ(Ⅰ, 88쪽). "其在文王卦位, 亦可以驗矣. 河圖之數, 一六居北, 二七居南, 三八居東, 四九居西. 推爲方圖, 則六居東北, 七居西南, 八居東南, 九居西北, 四生數不動, 四成數各退一位也. 天一生水, 地二生火, 天三生木, 地四生金, 爲坎离震兌之卦, 陰陽不交, 萬物不成, 故東北之六, 與西南之七相易, 九老陽爲乾, 而六老陰爲坤, 七少陽爲艮, 八少陰爲巽也."

이상과 같은 이익의 논지는 도대체 '은하'와 어떤 관련이 있는 것일까? 그가 이와 같은 장황한 논지를 전개한 이유는 중국에서 보이는 은하의 형태가 '수간미곤'이라는 사실과 관련이 있다. 이는 이익이 위와 같은 자신의 논지를 합리화하는 과정을 통해 확인할 수 있다. 그는 문왕의 단사(彖辭)를 거론했다. 곤괘(坤卦), 건괘(蹇卦), 해괘(解卦)의 단사가 그것이었다. 이들 단사의 공통점은 그 내용 가운데 "서남에서 벗을 얻고 동북에서 벗을 잃는다", "서남은 이롭고 동북은 불리하다", "서남이 이롭다"라고 하여 서남과 동북이라는 방위가 등장한다는 사실이다.[141] 이익이 곤괘에서 주목한 것은 건(乾)·감(坎)·진(震)은 양붕(陽朋)이고, 손(巽)·리(離)·태(兌)는 음붕(陰朋)이라는 점이다. 건곤을 부모라고 할 때 진(震)은 장남(長男), 감(坎)은 중남(中男), 간(艮)은 소남(少男), 손(巽)은 장녀(長女), 이(離)는 중녀(中女), 태(兌)는 소녀(少女)가 되기 때문이다. 그런데 곤괘의 단사에서 "서남에서 벗을 얻고 동북에서 벗을 잃는다"라고 하였으니, 이를 통해 곤괘가 본래의 동북쪽에서 서남쪽으로 위치를 바꾸었다는 사실을 알 수 있다고 하였다. 건괘(蹇卦)는 감상간하(坎上艮下), 즉 상괘가 '감'이고 하괘가 '간'이다. 이익은 그 단사에서 "서남은 이롭고 동북은 불리하다"고 한 이유가 '감'은 물이고, '간'은 그친다는 뜻이니, 서남에서 감통하면 비가 와서 이롭고, 동북에서 그치면 어렵고 힘들다고 한 것이라고 해석하였다. 해괘는 진상감하(震上坎下), 즉 상괘가 '진'이고 하괘가 '감'이다. 이익은 그 단사에서는 "서남이 이롭다"라고 했지만, 상전(象辭)에서는 "우레 치고 비 내리는 것이 해이다"라고 하였으니, '진'과 '감'이 '간'을 끼고 있으면서 동북의 '간'이 그치는 데 얽매이지 않고, 서남에 감통하면 우레가 치고 비가 내리는 것이라고 하였다.

---

141) 『周易』, 坤卦, 彖辭. "彖曰 …… 西南得朋, 乃與類行, 東北喪朋, 乃終有慶." ; 『周易』, 蹇卦, 彖辭. "彖曰 …… 蹇利西南, 往得中也, 不利東北, 其道窮也." ; 『周易』, 解卦, 彖辭. "彖曰 …… 解利西南, 往得衆也."

이익은 이상에서 거론한 괘들이 모두 동북의 괘인데, 그 단사에서 반드시 서남을 거론한 이유가 있다고 보았다. "위아래가 감통하여 항양(恒暘)과 시우(時雨)의 감응이 있었기" 때문이라고 보았던 것이다.[142] 천인이 감응하여 항상 볕이 나는 나쁜 징조[咎徵]나, 적당할 때 비가 오는 좋은 징조[休徵]가 나타나게 된다는 말이었다. 이익은 이처럼 횡설수설로 보이는 유교 경전의 논의들은 모두 합치되는 것이며, 성인의 마음을 분명하고 투철하게 꿰뚫어 본 것으로 온갖 조화[萬化]의 근원이 될 수 있다고 여겼다.[143]

이익의 창의적 논의는 다시 『시경』의 「운한」으로 회귀한다. 시인은 왜 가뭄을 근심하며 하늘에 하소연하는 시에서 '수간미곤'의 은하를 부르짖었을까? 이익은 그 이유를 『서경』의 「홍범」에서 찾았다. 숙(肅)·예(乂)·철(哲)·모(謀)·성(聖)의 인사에 감응하여 시우(時雨)·시양(時暘)·시욱(時燠)·시한(時寒)·시풍(時風)의 '휴징'이 나타나는 것처럼 그와 반대의 경우에는 항우(恒雨)·항양(恒暘)·항욱(恒燠)·항한(恒寒)·항풍(恒風)의 '구징'이 나타나게 되는 것이었다. 은하는 바로 그와 같은 '천인감응'의 원리하에 인사에 대한 하늘의 응험을 불러내는 경로[路脉]였다. 요컨대 「운한」 시의 작자는 당시 "임금의 행실이 어긋나서 항상 볕만 나는" 현실을 은하를 향해 부르짖으며 하소연했던 것이다.[144]

---

142) 『星湖僿說』 卷3, 天地門, 「雲漢」, 34ㄱ~ㄴ(Ⅰ, 88쪽). "何以明之. 文王之坤象云, 西南得朋, 東北喪朋, 乾坎震爲陽之朋, 巽離兌爲陰之朋, 坤之自東北移居西南可知也. 蹇之象云, 利西南, 不利東北, 坎, 水也, 艮, 止也. 感通於西南, 則雨解而利, 艮止於東北, 則蹇難而不利也. 解之象, 但云利西南, 而象云雷雨作解, 震坎夾艮, 不繫於艮止而感通於西南, 所以雷雨作也. 此皆東北之卦而必擧西南, 豈非上下感通而爲恒暘時雨之應耶."

143) 『星湖僿說』 卷3, 天地門, 「雲漢」, 34ㄴ(Ⅰ, 88쪽). "此橫說竪說皆合, 庶幾灼見聖人之心, 而爲萬化之源也."

144) 『星湖僿說』 卷3, 天地門, 「雲漢」, 34ㄴ(Ⅰ, 88쪽). "不然, 何故憫旱祈天而必號首艮尾坤之雲漢乎. 其故何也. 肅之於時雨, 乂之於時暘, 哲之於時燠, 謀之於時寒, 聖之於時風, 所謂休徵也. 反是則咎徵狂而不肅則恒雨, 僭而不乂則恒暘, 豫而不哲則恒燠, 急而

이익이 보기에 「운한」 시는 하나의 사례에 지나지 않았다. 유교 경전에서 그와 유사한 사례를 다양하게 찾을 수 있다고 보았던 것이다. 그 가운데 하나가 「소민(小旻)」이었다. 「소민」에는 "국론이 비록 정해지지 않았으나 / 성스럽기도 하고, 그렇지 못하기도 하며 / 인민이 비록 많지 않으나 / 명철하기도 하고, 지모가 있기도 하며 / 엄숙하기도 하며, 잘 다스려지는 이도 있으니[國雖靡止, 或聖或否, 民雖靡膴, 或哲或謀, 或肅或艾]"라는 대목이 있다.[145] 이익은 여기에 등장하는 성(聖)·철(哲)·모(謀)·예(艾=乂) 역시 '홍범설(洪範說)'이 분명하다고 보았다. 나아가 그 시에 등장하는 "슬프다 꾀하는 이들이여 / 옛 성현[先民]을 본받지 않고 / 큰 도[大猶]를 떳떳이 따르지 않으며[哀哉爲猶, 匪先民是程, 匪大猶是經]"라는 구절에도 주목하였다. 여기에 등장하는 '선민(先民)'을 '기자(箕子)'로, '대유(大猶)'를 '휴징'과 '구징'으로 보았기 때문이다. 그렇다면 이는 「운한」 시와 마찬가지로 '천인감응'의 이치를 염두에 둔 것이었다. 다만 당시의 상황이 "가뭄으로 인해 항상 볕만 나는" 지경에 이르지 않았으므로 이 시에는 은하가 등장하지 않았다는 것이다. 은하는 '수기(水氣)가 모인 것'이기 때문에 가뭄이 들었을 경우에는 반드시 은하에 하소연했다고 보았다.[146]

요컨대 이익은 기존 '관상의 학설'에서 다루지 않았던 은하와 관련한 '천인감응의 이치'를 밝히고자 했던 것이다. 그가 유교 경전에서 은하와 관련한 논의를 수집하여, 예로부터 은하를 관찰하고 그것과 인간사의

不謀則恒寒, 蒙而不聖則恒風. 雲漢處其間, 爲感召之路脉, 故爲此詩者, 因僭而恒暘, 號而訴之也."

145) 『詩經』, 小雅, 小旻之什, 小旻.

146) 『星湖僿說』 卷3, 天地門, 「雲漢」, 34ㄴ~35ㄱ(Ⅰ, 88~89쪽). "擧一而可包其餘也. 小旻云, 或聖或否, 或哲或謀, 或肅或乂, 此分明是洪範之說. 上文所謂先民者, 箕子也, 大猶者, 休咎之徵也. 其理則同, 但與旱暘不侔, 故不及於雲漢. 漢者, 水也. 凡山野之間, 水必橫徑, 在天亦同. 雲漢者, 水氣之滙, 故於旱必號."

여러 문제를 연관한 논의들이 있었다고 주장했던 이유가 여기에 있었다. “은하는 성기(星氣)가 모인 것으로 혼천의 강기(綱紀)이니, 지혜로운 자가 그것을 관찰해 보면 그 머리에서 꼬리 부분까지의 밝고 어두운 사이에 어찌 점칠 만한 것이 없겠는가?”라는 이익의 언급은 그의 관점을 명확히 보여주는 것이다. 이익이 『시경』의 「역복(棫樸)」과 「운한(雲漢)」, 「소민(小旻)」 등의 시, 하도·낙서와 홍범의 상호 관련성, 『주역』의 곤괘(坤卦), 건괘(蹇卦), 해괘(解卦) 등의 단사(彖辭)와 상사(象辭) 등을 통해 유교 경전 안에 수록된 은하와 관련된 논의의 통일성을 주장했던 것은 이와 같은 그의 목적의식을 보여주는 것이다. 이익은 이상과 같은 자신의 견해를 ‘정대(正大)한 논의’라고 하였다. 예로부터 이와 같은 학설을 이야기한 자가 없었기 때문에 그는 자신의 『시경질서(詩經疾書)』에 이를 이미 기술한 바 있었다.[147] 그럼에도 불구하고 『성호사설』에 이를 다시 기록한 것은 그것이 민멸되어 후세에 전해지지 않을까 염려했기 때문이다.[148] 이익은 이와 같은 자신의 주장에 대해 상당한 애착을 갖고 있었던 것으로 보인다.

(3) ‘수간미곤’론의 정립과 전승

그렇다면 이익이 이상과 같은 득의의 ‘수간미곤’론에 도달하게 된 시점은 언제일까? 『성호사설』에 수록되어 있는 「방성도」와 「성토탁개

---

147) 『詩經疾書』 小雅, 小旻, 34ㄱ~35ㄴ(三, 85~86쪽) ; 『詩經疾書』 小雅, 大東, 45ㄴ~47ㄴ(三, 91~92쪽) ; 『詩經疾書』 大雅, 棫樸, 5ㄱ~6ㄴ(三, 109~110쪽) ; 『詩經疾書』 大雅, 雲漢, 1ㄴ~2ㄴ(三, 130쪽). 李秉休가 지은 「家狀」에 따르면 『시경질서』는 이익의 만년 저술로 보인다[이동욱, 「星湖의 필사본 疾書 11종 異本 연구」, 『泰東古典研究』 30, 翰林大學校 泰東古典研究所, 2013, 3~4쪽 참조].

148) 『星湖僿說』 卷3, 天地門, 「雲漢」, 35ㄱ(Ⅰ, 89). “此大論也. 古未有發者, 余旣著於詩釋, 恐或泯而不傳, 重掇而書之.”

도」, 『성호전집』에 수록되어 있는 「제성토탁개도」 등의 자료에서는 작성 시점과 관련한 내용을 확인할 수 없다. 이 문제와 관련해서 주목되는 자료가 영조 29년(1753)에 이익이 윤동규에게 보낸 편지이다. 여기에서 이익은 먼저 『시경』의 「역복」을 거론했다. 왜 시인은 "밝고 큰 저 은하여, 하늘에서 문장을 이루었네"라고 읊었을까? 이익은 동북쪽은 양방(陽方)이고, 서남쪽은 음방(陰方)인데 은하는 "머리를 동북쪽으로 꼬리를 서남쪽으로 하여[首艮尾坤]" 〈하늘에〉 걸쳐서 가로로 펼쳐져 있으니, 하늘에 가득한 별들의 '강기(綱紀)'와 '문장(文章)'이 되어 조화가 여기에서 나오기 때문에 시인이 이것을 노래한 것이라고 보았다.[149)]

다음으로 이익은 '낙서'와 '홍범'의 상호 관련성에 대해 언급했다. 그는 먼저 낙서에 의거하면 생수(生數)는 양방에 위치하고, 성수(成數)는 음방에 위치해야 하는데 2와 8이 서로 바뀌었다고 주장한다. 위에서 보았듯이 동북쪽은 양방, 서남쪽은 음방이다. 그렇다면 생수인 2는 동북쪽에, 성수인 8은 서남쪽에 위치해야만 한다. 그런데 '낙서'의 2는 서남쪽에, 8은 동북쪽에 있으니 이 둘의 위치가 바뀌었다는 것이다. 이익은 2와 8이 서로 자리를 바꾸었다는 사실을 홍범구주(洪範九疇)의 두 번째인 '오사'와 여덟 번째인 '서징'이 '천인감통(天人感通)'의 관계라는 점에서도 확인하고자 했다. 즉 모(貌)·언(言)·시(視)·청(聽)·사(思)라는 '오사'가 올바르게 발현되면 숙(肅)·예(乂)·철(哲)·모(謀)·성(聖)이라는 도덕적 결과를 산출하듯이, 우(雨)·양(暘)·욱(燠)·한(寒)·풍(風)이 때에 맞게 순조로운 것도 숙·예·철·모·성에 감응하는 것이니, '오사'와 '서징'이 서로 부합한다고 보았던 것이다.[150)]

---

149) 『星湖全集』 卷20, 「答尹幼章癸酉」, 20ㄴ(198책, 414쪽). "詩曰, 倬彼雲漢, 爲章于天. 蓋東北陽方西南陰方, 雲漢首艮尾坤, 跨居橫布, 爲滿天星斗之綱紀文章而造化出焉. 詩人之發詠非偶然也."

150) 『星湖全集』 卷20, 「答尹幼章癸酉」, 20ㄴ~21ㄱ(198책, 415쪽). "據洛書, 生數居陽, 成數居陰, 而二與八相易. 洪範之二五事與八庶徵, 天人感通, 雨暘之時恒, 輒應肅乂哲

이와 같은 논의의 연장선에서 이익은 『시경』 대아(大雅)의 「운한」 시를 거론했다. "밝고 큰 저 은하여, 밝은 빛이 하늘을 따라 도네[倬彼雲漢, 昭回于天]"라는 구절이었다. 널리 알려진 바와 같이 「운한」이라는 시는 주나라 선왕(宣王)이 재해(災害)가 발생하자 두려워하면서 하늘에 하소연하는 내용이었다. 그런데 시의 앞부분에 은하를 노래한 구절이 등장하는 것이다. 이에 대해서 일반적으로는 은하가 밤에 밝게 빛나기 때문에 왕이 하늘에 하소연하는 말을 이와 같이 한 것이라고 해석하였다. 그런데 이익은 은하를 재려(災沴 : 재해)를 주관하는 주체로 파악하고자 했다. 은하가 밝은 빛으로 하늘을 돌면서 재해를 굽어보는 것은 반드시 그 까닭이 있기 때문에 은하를 우러러 하소연했다고 본 것이다.[151]

요컨대 이익이 보기에 은하는 천인감응의 이치를 확인할 수 있는 중요한 대상이었고, '수간미곤'의 형체는 낙서·홍범의 원리와 긴밀한 관계를 갖고 있었다. 이와 같은 이익의 논리대로라면 그가 생각하고 있는 '수간미곤'론의 원형은 낙서와 관련이 있는 우(禹)임금, 홍범을 진술한 기자(箕子)에 뿌리를 두고 있는 것이라 할 수 있다. 이익이 "그 뜻은 하후(夏后)가 발한 것이고 기성(箕聖)이 진술한 것이다"라고 한 이유가 있었던 것이다. 그는 이를 『시경』의 「소민(小旻)」 시의 내용과 연결했다. "슬프다 꾀하는 이들이여, 옛 성현[先民]을 본받지 않으며, 큰 도[大猶]를 떳떳이 따르지 않고, 오직 천근(淺近)한 말만 들으며, 천근한 말을 가지고 다투니, 집을 지으면서 길 가는 사람과 도모함과 같은지라, 이 때문에 일을 이루지 못하는구나"[152]라는 대목이 바로 그것이었다. 이익은 여기에 등장하는 '선민(先民)'과 '대유(大猶)'는 만세토록 받들어야

謀聖, 乃其符驗也."

151) 『星湖全集』 卷20, 「答尹幼章癸酉」, 21ㄱ(198책, 415쪽). "其旱之太甚, 亦曰倬彼雲漢, 昭回于天, 其昭明紆回, 降監灾沴, 必有其故, 所以仰訴必於雲漢也."

152) 『詩經』, 小雅, 小旻之什, 小旻. "哀哉爲猶, 匪先民是程, 匪大猶是經, 維邇言是聽, 維邇言是爭, 如彼築室于道謀, 用是不潰于成."

하는 것이니, 하늘에서 형상을 이루는 것[在天成象][153]으로는 오직 은하가 그 대상이 될 수 있다고 여겼던 것이다.[154]

이상의 내용을 통해서 볼 때 이익이 '수간미곤'론의 얼개를 그린 것은 그의 나이 73세 때인 영조 29년(1753) 무렵이었다고 볼 수 있다. 이익은 윤동규에게 보낸 편지에서 위와 같은 내용을 진술하고 나서 그 말미에 자신이 그윽이 깨달은 바가 있기에 자기와 학문적으로 긴밀한 관계에 있는 윤동규에게 그 내용을 말하지 않을 수 없다고 하였기 때문이다.[155]

이익은 영조 32년(1756)에 안정복에게 보낸 편지에서도 '수간미곤'론을 언급하였다. 이 글에서 주목되는 것은 '수간미곤'과 조선의 관련성을 강조했다는 점이다.

〈기자가 진술한〉 홍범은 바로 낙서(洛書)를 부연해서 만든 것입니다. '낙서'의 위치는 2와 8이 그 자리를 바꾸어 곤(坤)과 간(艮)이 마주 대하고 있으니 위로 천하(天河 : 은하)에 응합니다. 은하는 본래 고리처럼 빙 돌아서 순환하는 것인데, 지금 중화(中華)에서 보이는 것은 다만 수간미곤(首艮尾坤)이며, 동북쪽[艮]은 기수(箕宿)와 미수(尾宿)의 사이에 해당합니다. 지금 압록강 이서(以西)의 물은 모두 간방(艮方)으로부터 곤방(坤方)으로 흐르지 않는 것이 없어서 '홍범'의 글과 합치하니, 그 일이 마치 귀신이 도운 것과 같아 참으로 기이합니다.[156]

---

153) 『周易』, 繫辭上傳, 第1章. "方以類聚, 物以群分, 吉凶生矣, 在天成象, 在地成形, 變化見矣."

154) 『星湖全集』 卷20, 「答尹幼章癸酉」, 21ㄱ(198책, 415쪽). "斯義也夏后發之, 箕聖陳之. 小旻所謂先民大猶, 萬代之承奉, 在天成象, 惟雲漢可鑑也."

155) 『星湖全集』 卷20, 「答尹幼章癸酉」, 21ㄱ(198책, 415쪽). "竊有見得, 不敢不布於相知之深矣." 이익이 윤동규에게 보낸 편지는 안정복의 『순암부부고』에도 수록되어 있다[『順菴覆瓿稿』 卷16, 「墻籬雜錄」(下, 392~393쪽)]. 윤동규와 안정복이 이익의 편지 내용을 공유하고 있었음을 알 수 있다.

156) 『星湖全集』 卷26, 「答安百順丙子」, 4ㄱ(198책, 519쪽). "洪範之陳, 卽演洛書爲之,

이는 앞에서 살펴본 「수간미곤」의 내용과 일맥상통하는 것으로, 우리나라가 '기방(箕邦)', 곧 기자의 나라라는 점을 염두에 둔 발언이었다. 이익이 생각하기에 그곳은 옛날에 백이(伯夷)가 거처했던 지역이고, 공자가 도(道)가 행해지지 않는 것을 한탄하며 뗏목을 타고 가기를 원했던 땅이었다. 기자 이래로 질(質)을 숭상하는 은(殷)나라의 유속(遺俗)을 지키고 있는 나라이니, 거기에는 하늘의 뜻이 깃들어 있으리라고 자부했던 것이다.[157] 우리나라를 '기자의 나라'로, 우리나라 사람들을 '은(殷)의 유민(遺民)'으로 인식하는 이익의 관점[158]을 여실히 읽을 수 있다.

이처럼 이익은 자신이 깨친 '수간미곤'론을 가까운 제자들에게 전파하였다. 윤동규와 안정복은 그 주요 대상이었고, 조카인 이병휴도 그에 해당하였다. 위에서 살펴본 이익이 안정복에게 보낸 편지의 내용은 『동사강목(東史綱目)』에 거의 그대로 수록되었다.[159] 이보다 더 중요한 사실은 『동사강목』에 제사(題辭)의 형식으로 삽입된 이익의 「제동사편면(題東史篇面)」이다.[160] 이는 이익이 서거하기 전해인 영조 38년(1762)

洛書之位二八易位, 坤艮相直, 上應天河. 河本環回, 而今中華之所見者, 亦只首艮尾坤, 艮當箕尾之墟矣. 今鴨綠以西之水, 莫不從艮注坤, 與範文合, 其事似若有神助, 奇乎異哉."

157) 『星湖全集』 卷26, 「答安百順丙子」, 4ㄱ~ㄴ(198책, 519쪽). "故舜肇幽州之後, 伯夷往居, 孔子欲浮海乘桴於東魯, 所指向非箕邦乎. …… 今朝鮮人大冠白衣, 猶守質家遺俗, 往往可驗, 此殆天意有所存耶."

158) 『星湖僿說』 卷25, 經史門, 「商頌」, 7ㄴ~8ㄱ(X, 4쪽). "惟我東邦, 箕子之開迹也. …… 今之人莫非殷之遺民……."

159) 『東史綱目』 附, 卷下, 分野考, (三, 620쪽—朝鮮古書刊行會編 『東史綱目』, 景仁文化社, 1970의 책 번호와 페이지 번호. 이하 같음). "洪範之陳, 卽信洛書爲之, 洛書之位, 二八易位 …… 坤艮相直, 上應天河. 河本環回, 而今中華之所見者, 亦只首艮尾坤, 艮當箕尾之墟矣. 今鴨綠以西[東]之水, 莫不從艮注坤, 與範文合, 其事似若神助." 양자 사이에는 밑줄 친 부분과 같이 글자가 바뀐 것이 있는데, 이익이 편지에서 '鴨綠以西'라고 한 것을 '鴨綠以東'으로 변경한 것이 눈에 띈다.

160) 이익의 문집에는 「洪範說」이라는 제목으로 수록되어 있다[『星湖全集』 卷41, 「洪範說」, 12ㄴ~14ㄴ(199책, 236~237쪽)]. 이에 대한 분석으로는 김문식, 「星湖 李瀷의

에 『동사강목』의 서문을 지어 달라는 안정복의 요청에 따라 작성한 글이었다.[161] 이익은 그 모두에서 "홍수가 범람하던 세상에 요순(堯舜)이 위에 있고, 대우(大禹)가 그 명을 받아 홍수를 다스리자 하늘이 돌보아 '홍범구주'를 내려주었으니, '구주'는 곧 낙서(洛書)"라고 주장했다.[162] 앞에서 여러 차례 살펴보았던 '낙서'와 '홍범'의 상호관련성을 글의 전제로 삼은 것이다. 이병휴는 「제동사편면」의 뒤에 발문 형식으로 붙인 글에서 당시 이익이 "기성(箕聖)의 홍범을 동국 문헌의 근본으로 삼아야 한다"고 한 발언을 적시했다.[163]

이익은 낙서의 1부터 9까지의 아홉 글자가 낙서의 본문이고, 홍범의 '초일왈(初一曰)'부터 '위용육극(威用六極)'에 이르는 도합 65자는 대우(大禹)가 부연한 것으로 그 실상은 하나이며, 홍범구주가 배열된 순서는 낙서에 의거해서 만든 것에 불과하다고 보았다.[164] 그렇다면 '홍범'은 세상 사람들이 생각하듯이 기자에 의해 처음으로 천명된 것이 아니라, 요순시대 이래로 하(夏)나라와 은(殷)나라를 거쳐 시행되어 온 것이었다. 은나라의 도가 쇠퇴해져 천하가 어지러워지자 철인(哲人)과 군자(君子)만이 그것을 지켜 잃지 않았으니 기자는 그 가운데 한 사람이었다.

箕子 인식」, 『退溪學과 韓國文化』 33, 慶北大學校 退溪學硏究所, 2003, 76~79쪽을 참조.

161) 『貞山雜著』 11책, 「敬書洪範說後」(四, 211쪽). "右洪範說, 卽我季父星湖先生, 爲安友百順東史序, 草稿而未就者也. 記昔壬午[1762, 영조 38-인용자 주], 秉休往星中, 侍坐聽誨時, 先生已八十二歲矣. 乃曰, 百順東史成, 要余爲序……." ; 『東史綱目』 首, 「題東史篇面」(一, 3쪽).

162) 『星湖全集』 卷41, 「洪範說」, 12ㄴ~13ㄱ(199책, 236~237쪽). "洪水之世, 堯舜臨上, 大禹受命治之, 皇天眷顧, 錫以洪範九疇, 九疇者洛書也." ; 『東史綱目』 首, 「題東史篇面」(一, 1쪽).

163) 『貞山雜著』 11책, 「敬書洪範說後」(四, 211쪽). "此當以箕聖洪範爲東國文獻之本……." ; 『東史綱目』 首, 「題東史篇面」(一, 3쪽).

164) 『星湖全集』 卷41, 「洪範說」, 12ㄴ~13ㄱ(199책, 236~237쪽). "然則洛書自一至九凡九字, 卽洛書本文, 洪範之自初一日至威用六極合六十五字, 乃大禹演出者, 其實一事也. 範之排列位次, 不過依洛書而爲之." ; 『東史綱目』 首, 「題東史篇面」(一, 1쪽).

그가 무왕에게 홍범을 전수하고, 무왕이 그 요체를 얻어서 시행하기를 하나라 은나라와 같이 했다는 것이다.[165] 요컨대 하은주 삼대(三代)의 성세는 바로 홍범에 기인한 것이라는 주장이었다. 이익은 홍범이 천하에서 끊어지고 동국(東國)에서 행해지기 시작한 것은 기자로부터 시작되었다고 보았다.[166] 그는 그 흔적을 동국의 역사에서 찾고자 했다. 그 대표적 사례로 팔조지교(八條之敎), 평양에 있는 기전(箕田 : 箕子 井田)의 유제(遺制), 백의(白衣)를 입는 풍속 등을 거론했다.[167] 이병휴가 발문에서 이익의 서문 가운데 "홍범의 가르침이 당우(唐虞)·하(夏)의 시대로부터 은(殷)·주(周)를 거쳐 기자에 이르러 동방(東方)에 전해져서 아직도 모두 민멸되지 않은 것이 분명하게 증거가 있다고 한 것은 선배들이 일찍이 발하지 못한 바"[168]라고 높이 평가했던 이유가 바로 여기에 있었다.

---

165) 『星湖全集』 卷41, 「洪範說」, 13ㄱ~ㄴ(199책, 237쪽). "若曰唐虞之際, 洪範無迹, 斷無是理矣. 自玆以降, 夏殷同然, 以其時行, 如飢食渴飮, 而不爲之特著也. 殷道之衰, 天下貿亂, 惟哲人君子守而不失, 苟非箕子之一著, 此道幾乎泯矣. 文武雖有聖質, 西夷草刱, 所傳聞不詳, 如何能一一不忒乎. 及首先訪問, 得其要而服行, 一如夏殷之世也." ; 『東史綱目』 首, 「題東史篇面」(一, 1~2쪽).

166) 『星湖全集』 卷41, 「洪範說」, 13ㄴ~14ㄱ(199책, 237쪽). "洪範之絶於天下, 行於東國, 自箕子始, 箕子豈不能曉其先後之序耶." ; 『東史綱目』 首, 「題東史篇面」(一, 1~2쪽).

167) 이에 대한 상세한 분석은 김문식, 앞의 논문, 2003, 76~79쪽 ; 안승우, 앞의 논문, 2021, 60~62쪽 참조.

168) 『貞山雜著』 11책, 「敬書洪範說後」(四, 211쪽). "然說中所論, 洪範之敎, 自唐虞有夏之世, 歷殷歷周, 至箕子而傳於東方, 尙有未盡泯者, 鑿鑿有徵焉, 此前脩所未曾發者." ; 『東史綱目』 首, 「題東史篇面」(一, 3쪽).

제7장 전통적 자연학에 대한 비판과 새로운 학설의 전개(2)

1. '지리(地理)'에 대한 관심과 담론

1) '지리'에 대한 관심

성호학파의 구성원 가운데 지도(地圖)와 지지(地志)를 포함한 '지리' 분야에 관심을 기울였던 인물로는 이익을 비롯하여 정항령(鄭恒齡, 1700~?), 안정복(安鼎福, 1712~1791), 이가환(李家煥, 1742~1801), 정약용(丁若鏞, 1762~1836) 등을 들 수 있으며, 이들 가운데 일부와 학문적으로 교유했던 신경준(申景濬, 1712~1781)을 주목할 필요가 있다.

이익은 일찍부터 정항령의 부친인 정상기(鄭尙驥, 1678~1752)의 전국 지도에 주목하였다. 이익이 정상기와 학문적 유대 관계를 맺게 된 데는 그와의 인척 관계도 한몫했다. 정상기의 부인은 이만휴(李萬休)의 여식으로, 이익의 증조부인 이상의(李尙毅, 1560~1624)의 5세 손녀였기 때문이다.[1] 정상기의 지도를 "우리나라에 일찍이 없었던 것"이라고 매우

1) 『星湖全集』 卷64, 「農圃子鄭公墓誌銘并序」, 24ㄱ(200책, 99쪽). "配驪興李氏, 咸鏡道都事萬休女, 左贊成尙毅之五世孫." 이만휴의 가계는 李尙毅-志宏-奎鎭-湜-萬

높이 평가했던 이익은 그가 여러 해에 걸쳐 찾고 모아서[訪採] 우리나라의 "넓음과 좁음, 가로로 있거나 비스듬히 있는 것[濶狹橫斜]"을 파악해서 실제 지형에 가까운 지도를 만들었다고 보았다. 이는 정상기가 장기간의 자료 수집과 연구를 통해 지형의 실태를 파악한 다음, 이른바 '백리척(百里尺) 작도법'에 의거하여 도리(道里)의 원근을 실제에 가깝게 구현했다는 사실을 지적한 것이었다.[2)]

정항령은 부친의 유지를 이어서 지리지 편찬을 시도했던 것으로 보인다. 이익이 정항령에게 보낸 편지를 보면 '수경(水經)'의 제작을 독려하는 모습을 확인할 수 있다. 『수경』은 본래 작자 미상의 중국 고대 지리지인데, 북위(北魏)의 역도원(酈道元, 469~527)이 주석을 붙인 『수경주(水經注)』로 널리 알려져 있다. 이익이 말한 '수경'이란 바로 역도원의 그것과 같은 내용을 갖춘 우리나라의 지리지를 뜻하는 것으로 보인다. 이익은 정항령에게 이 책의 완성을 기다리고 있다는 간곡한 뜻을 전하면서 책의 편찬 방식에 대해 언급했다. 그에 따르면 이익은 예로부터 전해 내려오는 묵은 자료를 수습하여 책을 편성하는 방식에 부정적이었다. 구전(舊傳)의 자료들이 대개 보잘것없고 엉성해서 도움이 되지 않는다고 판단했기 때문이다. 그보다는 많은 자료를 널리 수집하여 오류를 변별해서 바로잡는 것이 좋다고 하였다. 이익은 이처럼 어떠한 사실의 시말을 궁구하여 끝까지 파헤치는 방식이 정항령의 부친 정상기의 탐구 방법이었다고 강조하기도 했다.[3)]

休로 이어진다.

2) 『星湖全集』 卷12, 「答鄭汝逸壬申」, 36ㄴ(198책, 273쪽). "八幅地圖, 東方之未始有也, 一覽一歎." ; 『星湖全集』 卷64, 「農圃子鄭公墓誌銘并序」, 23ㄱ~ㄴ(200책, 99쪽). "東土輿圖, 模畫不眞, 無以据實立事, 乃積歲訪採, 得其濶狹橫斜, 然後合爲全圖, 分成八幅, 別作百里尺, 以寸當十里, 上下度起, 不失道里之遠近. 乃寄余一幅, 展開牀案, 可以神遊八方, 了若足躡目覩, 此東方之未始有也."

3) 『星湖全集』 卷29, 「答鄭玄老己卯」, 23ㄱ(199책, 14쪽). "水經之作, 亦涉大業, 老人豈不欲俟其成而奉玩耶. 若只拾舊傳陳迹而編成, 亦無所裨益, 舊傳蓋蔑裂矣. 何不博求旁

이와 같은 편찬 방식은 지도의 경우에도 마찬가지였다. 이익은 정항령에게 지도는 세상에 도움을 주는 것이니 온 마음을 다해서 잘 만들어야 하고 미봉하려는 생각을 가져서는 안 된다고 하였다. 아울러 신경준이나 안정복과 같은 사람들과 함께 서로 도와가며 일을 추진하면 좋겠다고 하였다.[4)]

위에서 살펴본 바와 같이 이익은 혼맥을 통해 정상기-정항령 부자와 학문적으로 연결고리를 갖고 있었다. 신경준 역시 이익의 인척(姻戚)으로서 주목해야 할 인물이다. 이익의 첫 번째 부인은 고령신씨(高靈申氏) 신필청(申必淸, 1647~1710)의 딸이었다. 신필청은 신숙주(申叔舟)의 8대손이고, 신경준은 신말주(申末舟)의 10대손으로 같은 가문에 속한다. 또한 신경준의 고모부인 목천건(睦天健, 1663~1757)이 이익의 둘째 부인의 아버지이기도 하다. 이익이 신경준과 '인인(姻婣)의 연분'이 있다고 한 것은 바로 이와 같은 관계를 가리킨 것이다. 인척으로서의 친분도 있었지만 이익은 무엇보다 신경준의 학문적 역량을 높이 평가했다.[5)] 그가 정항령에게 지속적으로 신경준이나 안정복과 교유할 것을 권유했던 사실에 주목할 필요가 있다. 이들이 모두 지리학 분야에 조예가 깊었기 때문이다. 이익은 이들이 상호 간의 교유를 통해 '서로를 진보하게 하면서 어질게 되도록 도와 주기[相長輔仁]'[6)]를 기대했던 것이다.[7)]

取, 辨訛而歸正耶. 彼酈道元豈數月易辦者乎. 嘿念先丈時往復書尺, 莫不直窮源委, 到底而後已, 至于今響想欽歎."

4) 『星湖全集』 卷29, 「答鄭玄老庚辰」, 26ㄱ(199책, 15쪽). "地圖之功, 卽益于世者, 專心善成, 須勿以彌縫爲心. 今時申舜民外如安百順不無其人, 相與幫助, 豈非好事."

5) 『星湖全集』 卷29, 「答鄭玄老乙亥」, 16ㄴ(199책, 10쪽). "申正字素有姻婣之分, 亦嘗邂逅淸楊, 識其爲人非草草者. 足下與之遊, 必有增益矣."; 『星湖全集』 卷29, 「答鄭玄老乙亥」, 17ㄱ(199책, 11쪽). "舜民或者是南州正字耶. 昔見之甚有才學, 近聞業進譽彰. 足下與之從遊, 必將相長輔仁, 爲之欽仰."

6) 『禮記注疏』 卷第36, 學記 第18, 1226쪽(十三經注疏 整理本 『禮記正義』, 北京 : 北京大學出版社, 2000의 페이지 번호. 이하 같음). "是故學然後知不足, 教然後知困. 知不足, 然後能自反也. 知困, 然後能自强也. 故曰, 教學相長也."; 『論語』, 顔淵. "曾子

이처럼 성호학파의 학자들은 지도와 지지에 많은 관심을 표명했다. 안정복이 영조 32년(1756) 윤동규에게 보낸 편지에서 그 이유를 찾아볼 수 있다.

> 나라를 소유한 자는 반드시 경계(經界)를 획정해야[疆理] 하고, 역사를 기록하는 자는 반드시 지리(地理)를 정돈해야 한다.[8]

이처럼 안정복은 역사학과 지리학의 상호 연관성을 역설하였다. 실제로 성호학파의 역사학과 지리학에 대한 관심을 여실히 보여주는 저술로는 안정복의 『동사강목(東史綱目)』과 그 부록으로 수록된 「지리고(地理考)」를 들 수 있을 것이다. 안정복은 제왕의 학문은 '고금(古今)의 치란(治亂)'과 '법제(法制)의 당부(當否)'를 밝혀서 이를 교훈으로 삼아 실질적인 일에 적용하는 것이 되어야 한다고 보았다. 따라서 그와 같은 교훈을 주기 위한 역사서에서는 사대교린, 인심과 풍속, 지리의 분합(分合), 법제의 연혁 등을 밝혀야 한다고 보았다. 그 가운데 덜어낼 것은 덜어내고 더할 것을 더하면 그것이 후세의 계법(戒法)이 될 수 있다고 여겼기 때문이다.[9] 이는 역사서의 '여례(餘例)'라고 평가되는 지리지의 경우도 마찬가지였다. 인물의 현우(賢愚), 법제의 연혁, 산천의 험이(險易), 도리

曰, 君子, 以文會友, 以友輔仁."

7) 『星湖全集』 卷29, 「答鄭玄老庚辰」, 26ㄱ(199책, 15쪽). "今時申舜民外如安百順不無其人, 相與幫助, 豈非好事."; 같은 글, 27ㄱ~ㄴ(199책, 16쪽). "玄老與舜民意見超凡, 相與講磨, 或有新得, 還以見敎也."; 같은 글, 28ㄴ(199책, 16쪽). "舜民精通, 必有以辨得快."

8) 『順菴集』 卷10, 「東史問答」(丙子○與邵南尹丈書), 23ㄱ(229책, 555쪽). "有國者必疆理經界, 作史者必整頓地理."

9) 『順菴集』 卷9, 「與李仲命書甲午」, 18ㄴ(229책, 528쪽). "而帝王之學, 尤當明于古今之治亂法制之當否, 以爲之鑑戒而要歸實事而已. …… 殊不知事大交鄰, 人心風俗, 地理分合, 法制沿革, 有可以或損或益, 而皆爲後世戒法者也."

(道里)의 원근, 강역의 넓이 등을 상고할 수 있어야만 했다. 조선왕조의 경우에도 『대명일통지(大明一統志)』의 규모에 따라 『동국여지승람(東國輿地勝覽)』을 편찬함으로써 이를 통해 각 군현의 일들을 일목요연하게 살펴볼 수 있게 되었다. 이로부터 모든 고을에 『읍지(邑志)』를 갖추게 되었고 고실(故實 : 지난날의 사실)을 후대에 전해줄 수 있게 되었다. 안정복은 이와 같은 지리지의 편찬이 치도(治道)에 커다란 영향을 미친다고 보았다.[10)]

정조 때 국가적 편찬 사업의 하나로 『해동여지통재(海東輿地通載)』라는 지리지 편찬을 추진하였다. 정조 12년(1788)에 규장각(奎章閣)을 통해 전국의 각 군현에 지리지 편찬에 관한 관문(關文)을 발송하였다. 이 작업에는 규장각 각신(閣臣)들을 비롯하여 당대의 신진기예들이 대거 참여했던 것으로 알려져 있다.[11)] 그 가운데 이가환이 포함되어 있었다. 안정복은 바로 이 무렵에 이가환에게 편지[12)]를 보내서 그와 관련한 몇 가지 문제에 대해 언급했다. 그 내용을 통해 지리지의 체재와 구성에 대한 안정복의 대체적 생각을 유추해 볼 수 있다.

---

10) 『順菴集』 卷18, 「大麓志序己亥」, 16ㄴ~17ㄱ(230책, 163~164쪽). "郡邑之志, 史之餘例也. …… 是以人物之賢愚, 法制之沿革, 山川之險易, 道里之遠近, 疆場之廣輪, 靡得以考焉. …… 本朝因一統志之盛規, 撰輿地勝覽, 一開卷而郡縣之事載若列眉. 自此以後, 列邑各有志, 傳故實而垂後代, 其有關於治道大矣."

11) 『해동여지통재』의 편찬 과정과 그 내용에 대해서는 다음의 논저를 참조. 배우성, 『조선후기 국토관과 천하관의 변화』, 일지사, 1998, 145~160쪽 ; 양진석, 「18세기 말 전국 지리지 『해동여지통재(海東輿地通載)』의 추적」, 『奎章閣』 43, 서울대학교 규장각한국학연구원, 2013 ; 정대영, 「지식인이 바라본 조선후기 관찬지리지 제작－영·정조 연간의 지리지를 중심으로－」, 『奎章閣』 51, 서울대학교 규장각한국학연구원, 2017.

12) 편지는 『순암집』과 『순암부부고』에 모두 수록되어 있는데, 작성 시점이 전자에는 乙酉年(1765, 영조 41), 후자에는 己酉年(1789, 정조 13)으로 기재되어 있다. 편지의 내용을 참조해 볼 때 후자의 기록이 옳다[『順菴集』 卷7, 「與李廷藻家煥書乙酉」, 35ㄴ~38ㄴ(229책, 489~490쪽) ; 『順菴覆瓿稿』 卷14, 「與李庭藻書(己酉七月二十七日)」(下, 287~289쪽)].

안정복은 먼저 우리나라의 여지서(輿地書), 즉 지리지에는 오류가 많다고 보았다. 이를 타개할 수 있는 방법으로는 여러 책을 참고하여 먼저 문제점을 파악하고, 그래도 의심되는 부분이 있으면 해당 고을에 관문을 발송해서 문의해야 한다고 하였다. 문제는 그와 같은 사안에 대해 숙지하고 있는 수령이나 지역민을 만나기 어렵다는 현실이었다.[13]

안정복은 지리지의 편찬 작업이 너무 급박하게 이루어지는 문제점도 거론했다. 그는 영조 대 편찬된 『동국문헌비고(東國文獻備考)』를 그 대표적 사례로 들었다. 왕명을 받들어 편찬하는 책은 대체로 급하게 제작되기 때문에 착오가 많다는 것이었다. 안정복은 그와 다른 사례로 『자치통감(資治通鑑)』을 언급했다. 사마광(司馬光)이 19년에 걸친 작업을 통해 만세토록 세상에 행해질 수 있는 책을 만들었지만, 그럼에도 불구하고 그것이 거칠고 엉성하다고 탄식하는 식자(識者)들이 있다는 것이다.[14] 충분한 시간을 갖고 꼼꼼한 자료적 검토를 거쳐 완성도 높은 지리지를 편찬해야 한다는 안정복의 생각을 엿볼 수 있다.

안정복은 지리지에 수록해야 할 항목에 대해서도 자신의 의견을 피력했다. 그에 따르면 지리지에는 '국가 경영의 방략[經國之謨]'이 수록되어야만 했다. 따라서 그는 전체 분량의 절반이 넘게 시문(詩文)을 수록한 『동국여지승람』의 편찬 방식에 불만을 표시했다. 시문은 국가 경영에 도움이 되지 않는다고 보았던 것이다.[15] 안정복은 지리지에서 인물을 기록하는 것이 가장 어렵다고 했다. 조선후기에는 당쟁의 여파로 인해

13) 『順菴集』 卷7, 「與李廷藻家煥書乙[己]酉」, 36ㄱ(229책, 489쪽). "東方輿地書, 實多訛誤, 此等處, 合諸書參考, 瘡疣自見, 又有所疑, 則發關本邑, 亦可以知之. 但守令解事者難得, 不過委之土民, 而土民解事者亦難得, 是可悶也."

14) 『順菴集』 卷7, 「與李廷藻家煥書乙[己]酉」, 36ㄱ(229책, 489쪽). "大抵奉教修撰之書, 多在忙裏做成, 錯誤甚多, 於文獻備考可鑑矣, 豈不惜哉. …… 司馬公作通鑑, 十九年而成, 爲萬世必可行之書, 而識者猶歎其草率, 況數千年胡亂之地域, 豈可以旬月期乎."

15) 『順菴集』 卷7, 「與李廷藻家煥書乙[己]酉」, 36ㄱ(229책, 489쪽). "地誌盖有經國之謨, 而若勝覽等書, 詩文過半, 詩文果何益於經國乎."

같은 인물에 대한 평가가 상반되는 경우가 많았기 때문이다. 그는 이로 인한 쟁단(爭端)을 차단하기 위한 방법으로 인물평을 단순화할 것을 제안했다. 예컨대 "문장으로 이름이 났다"거나 "경술로 이름이 났다"라고 하여 서너 글자로 단정해야 한다는 것이었다. 국가를 경영하는 도리와 무관한 언행(言行)을 잡다하게 기록할 필요가 없다고 여겼던 것이다.[16)]

지리지에는 당연히 자국 강역 내의 지리적 정보를 수록해야 한다. 안정복은 국내 지역은 마땅히 실지(實地)의 답사를 통해 지리적 정보를 수집해야 하고, 그 이외에도 '변경[邊界]'의 문제에 주의를 기울여서 반드시 상세하게 기록할 필요가 있다고 보았다.[17)] 그가 '변경'의 문제를 거론한 것은 이에 대한 정보를 제대로 숙지하지 않으면 주변국과의 영토 분쟁이 발생했을 때 제대로 대처하기 곤란하다는 점을 역사적 선례를 통해 익히 알고 있었기 때문이다. 안정복은 거란의 제1차 침입 때 적장 소손녕(蕭遜寧)과의 담판을 성공적으로 이끌어 강동육주(江東六州)를 확보할 수 있는 터전을 만든 서희(徐熙, 942~998), 명의 철령위(鐵嶺衛) 설치가 부당하다는 점을 논파한 박의중(朴宜中, 1337~1403) 등을 '변경'의 문제에 잘 대처한 긍정적 사례로,[18)] 숙종 38년(1712) 목극등(穆克登)이 '백두산정계비(白頭山定界碑)'를 세워 조(朝)·청(淸) 양국 간 영토의 경계[地界]로 삼았을 때 당시 당국자들이 이에 제대로 대처하지 못한 것을 부정적 사례로 꼽았다.[19)]

---

16) 『順菴集』 卷7, 「與李廷藻家煥書乙[己]酉」, 36ㄱ~ㄴ(229책, 489쪽). "人物最難, 黨論以後, 意見不同, 必多爭端矣. 至姓名下書字貫, 有文章則但曰以文章名, 有經術則但曰以經術名, 皆以二三字斷之, 雖有言行, 在所當畧, 亦無關於經國之道而然也. 此意未知如何."

17) 『順菴集』 卷7, 「與李廷藻家煥書乙[己]酉」, 36ㄴ(229책, 489쪽). "域中地理, 自當探驗, 至於邊界, 必須詳錄."

18) 『順菴集』 卷7, 「與李廷藻家煥書乙[己]酉」, 36ㄴ(229책, 489쪽). "麗時若無徐熙·朴宜中之善對, 則北土皆失矣."

19) 『順菴集』 卷7, 「與李廷藻家煥書乙[己]酉」, 37ㄱ~ㄴ(229책, 490쪽). "所可恨者, 肅廟壬

'해도(海島)'와 '산천(山川)'의 문제도 안정복이 주목한 주제였다. 그는 숙종 19년(1693)에 안용복(安龍福)이 없었다면 울릉도(鬱陵島)는 왜인들에게 점거되었을 것이라고 보았다. 이는 자국의 변경에 위치한 도서(島嶼)의 관리 문제와 연관이 있다. 안정복이 중국과 조선의 경계에 위치한 해랑도(海浪島)에 관한 내용을 상세히 기술해야 한다고 주장했던 것에서도 '해도'에 대한 그의 관심을 엿볼 수 있다. 그는 울릉도나 해랑도 이외에도 자국의 바다에는 큰 섬과 무인도가 많으니 그에 관한 내용을 상세히 조사해서 기록해야 한다고 생각하였다.[20] 안정복은 삼면이 바다로 둘러싸여 있는 자국의 지리적 특성을 염두에 두고 '해도'가 지니고 있는 지리적 효용성과 함께 군사적·안보적 가치에 유의했던 것이며, 이를 지리지에 수록하여 국가를 경영하는 사람들[謀國者]에게 참고 자료로서 제공해야 한다고 판단했던 것이다.

안정복은 '산천'에 대해서는 반드시 '근본과 말단[源委]'을 자세히 살펴서 그 내력(來歷)을 드러내야 한다고 보았다.[21] 산줄기와 물줄기의 근원을 상세히 기술할 필요가 있다고 여겼던 것이다. 주목할 것은 이와 관련해서 안정복이 두 가지 참고 문헌을 제시했다는 점이다. 하나는 권근(權近, 1352~1409)의 『응제시주(應製詩註)』였고, 다른 하나는 『동국문헌비고』「지리고(地理考)」였다. 『응제시주』는 태조 5년(1396)에 명에 사신으로 파견되었던 권근이 명 태조의 시제(試題)에 따라 지은 '응제시(應製詩)'에 그의 손자인 권람(權擥, 1416~1465)이 주석을 붙인 것이다.[22]

辰, 穆克登來定兩國地界, 立石于白頭山頂以記之, 以分界江爲限, 名以分界, 則果是兩國之界也. 江在豆滿北三百餘里, 其時當事者無遠慮, 公然棄之, 今爲野人遊獵之所, 豈不惜哉."

20) 『順菴集』 卷7, 「與李廷藻家煥書乙[己]酉」, 36ㄴ(229책, 489쪽). "以海島言之, 肅宗癸酉, 若無安龍福, 則鬱陵島必爲倭人所占據矣. 西海中有海浪島, 此亦的實, 當詳錄. 其外大島或無人島亦多云, 詳探記之如何."

21) 『順菴集』 卷7, 「與李廷藻家煥書乙[己]酉」, 37ㄴ(229책, 490쪽). "以山川言之, 必詳其源委, 著其來歷."

안정복이 이 책을 거론한 것은 그 안에 수록되어 있는 지리적 정보에 주목했기 때문일 것이다. 본래 권근의 '응제시'에는 한국의 역사지리에 관한 내용이 많은데, 이에 대한 권람의 주석에는 자연지리적 정보도 많이 수록했기 때문이다. 예컨대 「금강산(金剛山)」이라는 시의 주석에서 백두산으로부터 금강산까지 이어지는 산줄기를 정리하고, 「신라(新羅)」의 주석에서 금강산으로부터 지리산에 이르는 산세를 기술한 것이나, 「신경지리(新京地理)」의 주석에서 한강의 발원과 유역을, 「대동강(大同江)」의 주석에서 대동강의 발원과 유역을 해설한 것이 대표적이다.[23] 안정복은 이와 같은 『응제시주』의 내용을 참고하여 관련 내용을 증험할 필요가 있다고 여겼던 것이다.[24]

『동국문헌비고』 「지리고」란 신경준이 책임을 맡아 편집한 「여지고(輿地考)」를 가리키는 것으로, 그 가운데 권12부터 권15까지가 '산천' 항목이었다.[25] 안정복은 이 책이 "망우(亡友) 신경준이 편찬한 것으로 매우 역량이 있다"고 높이 평가했으며, 이가환에게 관련 내용을 상세히 고찰하여 지리지에 삽입하라고 권유했던 것이다.[26]

이처럼 안정복은 편지에서 이가환에게 참조할 만한 서적을 몇 가지 소개하였다. 앞에서 살펴본 변경 지역의 지리와 관련해서는 중국의 역사책과 자신의 『동사강목』 「지리고」를 제시한 바 있다.[27] 실제로

---

22) 權泰檍, 「≪應製詩註≫ 解題」, 『韓國文化』 3, 서울大學校 韓國文化硏究所, 1982.

23) 박인호, 「조선초기 시가류에 나타난 역사지리인식」, 『韓國史學史學報』 46, 韓國史學史學會, 2022, 323~337쪽 참조.

24) 『順菴集』 卷7, 「與李廷藻家煥書乙[己]酉」, 38ㄱ(229책, 490쪽). "權陽村應製詩註, 亦可參驗."

25) 『東國文獻備考』 卷12~15, 輿地考 7~10(국립중앙도서관 소장본 : M古3-2002-59-1-3[마이크로필름]).

26) 『順菴集』 卷7, 「與李廷藻家煥書乙[己]酉」, 37ㄴ(229책, 490쪽). "備考中地理考, 亡友申承宣舜民所編, 大有力量, 詳細考入, 亦如何."

27) 『順菴集』 卷7, 「與李廷藻家煥書乙[己]酉」, 36ㄴ(229책, 489쪽). "以古初言之, 箕子疆域, 今遼東全地及遼西義州·廣寧以東, 皆係朝鮮疆域, 驗於中國史, 可知矣, 而亦詳於鄙撰

안정복은 자신의 저술인 『동사강목』에 대해 자부심을 갖고 있었다. 이는 자신의 스승인 이익의 "우리나라에 일찍이 없었던 책"이라는 평가에 기인한 것이었다. 특히 그 가운데 부록에 수록되어 있는 「고이(考異=東史考異)」나 「변증(辨證)」, 「지리고」 등에는 취할 만한 내용이 있다고 자부했던 것이다.[28]

『성경통지(盛京通志)』도 참조해야 할 서적으로 거론했다. 안정복은 이 책의 '규모'가 좋다고 평가했다. 한 나라를 소유한 자는 마땅히 자국의 물산(物産)에 대해서 상세히 알아야만 했다. 그런데 기존의 『동국여지승람』은 빠진 것들이 많았다. 이에 비해 『성경통지』는 조수(鳥獸)·충어(蟲魚)·곡채(穀菜)·화과(花果)·초목(草木) 등에 대해 상세한 주석을 달아 그 형태와 산출 시기를 파악할 수 있도록 하였기 때문에 한눈에 그것이 어떤 물건인지 알 수 있다는 것이다.[29] 이와 같은 『성경통지』를 참조하여 자국의 물산을 상세히 기록할 필요가 있다는 지적이었다.

안정복은 역대 자료의 소장처라고 여겨지는 곳을 발굴해 볼 것도 권유했다. 충청도의 부여 지역의 용전역(龍田驛)에 있다는 책암(冊巖)이나 철원 보개산(寶盖山) 안양사(安養寺) 앞에 있는 입석(立石) 등이 그곳이었다. 전자는 백제의 국사가 소장되어 있는 곳으로, 후자는 궁예(弓裔)의

東史地理考中矣."

28) 『順菴集』 卷9, 「答鄭子尙書辛丑」, 14ㄴ~15ㄱ(229책, 526~527쪽). "東史昔日撰成後, 求正于吾黨之長老, 其言曰, 此爲東方未始有之書. 自後自信益篤, 而其中考異·地理考, 不無可取之言." ; 『順菴集』 卷14, 「示弟鼎祿子景曾遺書己卯」, 43ㄴ~44ㄱ(230책, 85쪽). "東史綱目, 最所用力, 而纔及於麗仁宗年間. 地理考及他辨證, 多具隻眼, 或有一得之可取. …… 丈席亦以爲此書東方之未始有也, 期許不淺, 則沒之可惜……."

29) 『順菴集』 卷7, 「與李廷藻家煥書乙[己]酉」, 38ㄱ(229책, 490쪽). "淸人盛京通志凡二十卷, 想在閣中矣. 此書規模亦好, 試閱之如何. 物産亦有土者之所詳知, 而勝覽只錄其俗名, 而亦多遺漏. 魚之美者, 無過於度美魚[倭人名以鯛魚, 又以大口魚爲鱈魚, 皆有一定之字矣], 而勝覽不載, 至如目魚·明太魚·蔑魚[盛京志, 作海靑魚]之屬, 皆沒之何也. 盛京志則鳥獸·蟲魚·穀菜·花果·草木之類, 莫不注其形貌及所出時節, 一見可知其爲某物, 此豈不善哉."

국사가 보관되어 있는 곳으로 이야기되고 있었기 때문이다. 물론 안정복은 이러한 세상의 이야기를 모두 믿지는 않았으나 발굴해서 그 사실을 증험할 필요는 있다고 보았던 것이다.[30] 자료의 중요성에 대한 그의 인식을 엿볼 수 있는 대목이다.

2) 이익과 이중환의 '지리' 담론

이익의 여주이씨 가문에서 지리학 분야에 이름을 남긴 대표적 인물로는 이중환(李重煥, 1690~1756)을 거론할 수 있다. 항렬로 따지면 이중환은 이익에게 손자뻘이지만[31] 나이가 아홉 살밖에 차이가 나지 않고, 정의(情義)가 친근하고 화목하여 평소에 글을 자주 주고받았다고 한다.[32] 그 가운데는 시와 편지와 책이 포함되었던 것으로 보인다. 일찍이 이중환은 자신이 지은 몇 권의 책을 이익에게 보여준 적이 있었다. 이익의 진술에 따르면 당시 이중환이 지은 책은 심신(心身)의 수양과 집안을 다스리는 문제로부터 산천(山川)·토속(土俗)·풍요(風謠)·물산(物産)에 이르기까지 갖추어 기술하지 않은 것이 없었다고 한다. 이익은 이 저술들이 일용(日用)에서 빠뜨릴 수 없는 것이라고 하였다.[33] 이익의

---

30) 『順菴集』卷7, 「與李廷藻家煥書乙[己]酉」, 37ㄴ~38ㄱ(229책, 490쪽). "近又聞好古一士人言, 利仁屬驛龍田驛, 有名冊巖者, 自古相傳百濟國史所藏, 此事問於朴檢書, 可知矣. 又聞鐵原寶盖山安養寺前有立石, 覆以大石, 亦相傳云弓裔國史所藏, 此言雖未可信, 古人慮事甚遠, 兵亂之際, 深藏亦或然矣. 若發而得其信蹟, 則豈不大幸. 此意相議於會中, 掘發驗之如何."

31) 이중환의 가계는 李尙毅(1560~1624)－李志定(1588~1650)－李嵩鎭－李泳(1634~?)－李震休(1657~1710)－李重煥으로 이어진다. 이중환의 조부인 李泳과 이익은 再從兄弟 사이로, 이익에게 이중환은 손자뻘[再從孫]이니 평소에 이익은 이중환을 항상 '族孫'이라 칭했다.

32) 『星湖全集』卷62, 「騎省佐郎李公墓碣銘并序」, 15ㄴ~16ㄱ(200책, 62쪽). "嗚呼. 君之祖考公, 與我爲小功昻弟. 君少我九歲, 情義密化, 簡篇往還, 不以違離有阻也."

33) 『星湖全集』卷55, 「書輝祖卷末」, 41ㄱ(199책, 523쪽). "今投示余所著若干冊, 自治身治家, 以至於山川土俗風謠物産, 無不備述, 要之日用之不可闕也."

간략한 언급을 통해서도 이중환의 저술 가운데 지리지가 포함되어 있었다는 사실을 짐작할 수 있다. 지리(地理)·생리(生利)·인심(人心)·산수(山水)의 중요성에 착목한 『택리지(擇里志)』의 구상이 일찍부터 이루어졌으리라 짐작해 볼 수 있는 대목이다. 이익은 『택리지』의 서문에서[34] 이 책의 요체는 "사대부(士大夫)가 살 만한 곳을 찾으려는 것"이라고 하면서, 그 안에 "산맥(山脈)·수세(水勢)·풍기(風氣)·맹속(氓俗 : 민간의 풍속)과 재부(財賦)의 생산, 화물의 운송[委輸]을 가지런하게 정리하였으니, 나는 일찍이 〈이와 같은 책을〉 보지 못했다"라고 찬탄한 바 있다.[35]

이익은 그의 나이 72세 때인 영조 28년(1752)에 이중환에게 답장을 보냈다. 그 무렵에 이중환은 이익에게 거듭 서신을 보내서 몇 가지 문제를 질의했던 것으로 보인다.[36] 이익의 서신은 그에 대한 답장인데 이중환이 보낸 글을 확인할 수 없어서 양자의 논의 내용을 세밀하게 정리하기는 쉽지 않다. 다만 그 가운데 자연학에 대한 몇 가지 주제가 담겨 있다는 점이 눈에 띈다. 조석설(潮汐說), 서학(西學)에 대한 논의, 지남침(指南針) 등이 그것이다.

첫째, 조석설이다. 이익이 보낸 서신의 앞부분에는 일본의 지맥(地脈)에 대한 설명이 등장한다. "그 땅은 구불구불 길게 이어져 남쪽으로

---

34) 기존의 연구에 따르면 이익의 서문은 영조 27년(1751) 2월에 작성한 것이다. 현존하는 문집에 수록되어 있는 『택리지』 서문에는 작성 일자가 기재되어 있지 않지만 이익이 필사한 『택리지』, 이른바 '星湖手寫本'에 수록한 서문에는 "辛未[1751년(영조 27)]仲春, 星湖書"라는 기록이 있기 때문이다[金約瑟, 「星湖手寫本 「擇里誌」에 對하여」, 『國會圖書館報』 第5卷 第4號, 大韓民國國會圖書館, 1968, 69쪽, 72~73쪽 참조].

35) 『星湖全集』 卷49, 「擇里誌序」, 24ㄱ~ㄴ(199책, 407쪽). "今吾家輝祖纂成一書, 縷縷數千言, 欲得士大夫可居處. 其間山脈·水勢·風氣·氓俗, 財賦之産, 水陸之委輸, 井井有別, 余未曾見也."

36) 『星湖全集』 卷33, 「答族孫輝祖壬申」, 32ㄱ~ㄴ(199책, 93쪽). "前答未達而後問繼至. …… 三種書入把爲幸. 序文諦看, 意廣筆縱, 要非齷齪所企也." 당시 이중환은 이익에게 '세 종류의 책[三種書]'을 보낸 것 같은데 무엇인지 알 수 없다.

내려가다가 다시 서쪽으로 가서 대마도(對馬島) 등의 섬을 둘러싸서 우리나라 영남(嶺南)과 함께 가로막는 관문이 되니, 그 사이는 하나의 큰 호수와 같은 형세를 이루었다"는 것이 바로 그것인데,[37] 이는 일본 열도가 중국의 흑룡강(黑龍江) 바깥쪽의 광활한 곳, 다시 말해 현재의 중국 동북 지역의 연안으로부터 한반도의 남쪽으로 휘어져서 동해를 가로막고 있다는 사실을 언급한 것이다. 이는 우리나라의 동해에 조석 현상이 없는 이유를 논할 때 이익이 즐겨 사용하던 설명 방식이었다. 이익은 우리나라의 동해에 조석이 없는 이유는 일본 열도가 동남쪽에서 올라오는 조수를 차단하고 있기 때문이라고 파악했던 것이다.[38]

이는 이중환에게 보낸 편지에서도 그대로 확인할 수 있다. 그는 "조석이라는 것은 적도 아래에서 가장 왕성하고, 기(氣)를 따라서 서쪽으로 가니 산악(山岳)과 같이 용솟음친다. 지금 중국의 조석은 〈그와 같이 용솟음치는 물의〉 가장자리의 형세가 추동하는[推蕩] 것에 불과하기 때문에 조수가 동남쪽에서 온다고 한 것이다. 〈우리나라의〉 영동(嶺東) 지역의 물은 동남쪽이 막혀 있으니 어찌 조석이 이를 수 있겠는가"[39]라고 하였던 것이다.

이익은 이상과 같이 조석의 원리를 설명한 다음 "무릇 물은 지면에서

---

37) 『星湖全集』 卷33, 「答族孫輝祖壬申」, 32ㄴ(199책, 93쪽). "然白頭之水, 北入黑龍江, 黑龍外亦甚曠遠, 日本地脈恐根連於此, 其地逶迤南下復西, 抱爲對馬諸島, 與我國嶺南爲捍門, 其間便成一大湖."

38) 『星湖全集』 卷43, 「潮汐辨」, 26ㄴ(199책, 283쪽). "我國則不然, 其地勢自東北迤向西南, 末復至於東南, 其東則日本也. 日本之地, 其原與中土相連, 始南而迤西, 或起或伏, 彌亘五六千里, 而末與我國東南角相對, 中間便成三千有餘里之大湖, 其無潮亦與地中海等, 故日本之西亦有潮也." ; 『星湖僿說』 卷3, 天地門, 潮汐, 10ㄴ(Ⅰ, 76쪽). "日本之地, 北接胡地, 遮攔東南海口, 今之東海, 卽成一湖水, 而潮本自東南來, 則其勢不能及固也."

39) 『星湖全集』 卷33, 「答族孫輝祖壬申」, 32ㄴ(199책, 93쪽). "潮汐者最盛於赤道下, 隨氣西走, 湧如山岳. 今中國之潮, 不過旁勢推蕩, 故曰潮自東南來. 嶺東之水障蔽東南, 潮安得至哉."

사방으로 흘러가는데, 또 어찌 거꾸로 매달려서 길게 흘러갈 수 있겠는가. 만약 그렇다면 그 근원이 이미 말라 버린 지 오래일 것이다"40)라고 하였다. 이익이 이와 같은 내용을 서신에 기재한 이유를 정확히 알 수는 없지만, 아마도 이는 이중환의 질문과 관련이 있기 때문일 것이다. 『택리지』의 내용을 통해서 확인할 수 있듯이 이중환은 생리(生利)의 문제와 관련해서 수로(水路)를 이용한 선박의 운행과 물자의 유통에 주목하였다. 이는 조석과 밀접한 연관을 갖는다. 선박의 운행에서 물때는 매우 중요한 요소였기 때문이다. 그가 『택리지』에서 각 지역의 강을 설명할 때마다 조류의 통행[通潮(汐)] 여부를 세심히 기록했던 것은41) 이와 관련이 있기 때문이었다.

이러한 관심사의 차원에서 이중환은 이익에게 조석의 이치에 대해 질문하였을 것이고, 그 가운데 '동해무조석(東海無潮汐)'의 문제도 포함되어 있었을 것으로 보인다. 그런데 이중환은 후자의 문제와 관련해서 이수광(李睟光, 1563~1628)의 『지봉유설(芝峯類說)』에 등장하는 내용을 거론했던 것이 아닐까 한다. 그것은 이수광이 소개한 양만세(楊萬世)라는 사람의 견해였다. 그는 길게 흐르는 물[長流之水]에는 조석이 없다고 주장하였다. 즉 북해(北海)의 물이 북쪽으로부터 흘러와 동해에 이르기를 밤낮으로 그치지 않는데, 그처럼 길게 흐르는 물에 조석이 없는 것은 그 형세가 그러한 것이라는 주장이었다.42) 이와 같은 견해에 대해

---

40) 『星湖全集』 卷33, 「答族孫輝祖壬申」, 32ㄴ(199책, 93쪽). "凡水在地面, 四到涵泳, 又安得倒懸長流, 若然其源之渴涸已久."

41) 『擇里志』, 八道總論, 黃海道, 10~11쪽(朝鮮廣文會本, 『擇里志』, 朝鮮廣文會, 1912의 페이지 번호. 이하 같음) ; 『擇里志』, 八道總論, 江原道, 12쪽, "東海無潮汐, 故水不渾濁, 號爲碧海." ; 『擇里志』, 八道總論, 全羅道, 22쪽 ; 『擇里志』, 卜居總論, 生利, 46~47쪽 ; 『擇里志』, 卜居總論, 山水, 65~66쪽 등 참조.

42) 『芝峯類說』 卷2, 地理部, 海, 12ㄱ(25쪽－영인본 『芝峰類說』, 景仁文化社, 1970의 페이지 번호). "楊生萬世, 乃東海居人, 爲余言北海自北而流下至東海, 晝夜不止, 故雖風靜之日, 波聲遠聞, 長流之水無潮汐, 其勢然矣, 不足怪也云."

서 이익은 "어찌 거꾸로 매달려서 길게 흘러갈 수 있겠는가"라고 부정적 태도를 보였던 것이다.

둘째, 서학에 대한 논의이다. 여기에도 불분명한 부분이 많긴 하지만 양자 사이에는 『직방외기(職方外紀)』를 비롯한 서학서와 그것의 수용 문제에 관한 논의가 있었던 것으로 보인다. 이익은 답장에서 『직방외기』와 같은 책은 인가에 없어서는 안 되는 것이라고 우호적 태도를 보였는데, 당시 이 책을 빌려서 보는 사람은 많았지만 전록(傳錄)하는 이가 하나도 없으니 입으로는 좋아한다고 하면서 마음으로는 믿지 않는다는 것을 알 수 있다고 하였다. 이처럼 이익은 당시 사람들이 서학을 대하는 이중적 자세에 대해 비판적이었다. 그렇다면 이익 자신의 태도는 어떤 것이었을까? 그는 서학의 내용 가운데 종교적 측면, 즉 '천주귀신지설(天主鬼神之說)'을 제거하고 "욕심을 줄이고 선을 좋아하는[寡欲嗜善]" 내용만을 취하고 있다고 하였다. 이는 서양의 윤리설 가운데 일부 수용할 바가 있다고 말한 것인데, 그들이 사물을 인용하여 비유(譬諭)한 것 가운데는 종종 버릴 수 없는 것이 있다고 보았기 때문이다. 이와 같은 서학의 종교·윤리적 측면 이외에 이익이 수용한 것은 천문역산학을 비롯한 자연학 분야였다. 그것이 바로 중국에는 일찍이 없었던 '앙관부찰기수계기지묘(仰觀俯察器數械機之妙)'였다. 이익은 "〈서양인들이〉 대지(大地)를 편력(遍歷)하여 혼개(渾蓋)의 이치를 미루어 밝혔고, '수시(授時)의 법'은 '천년 뒤의 동지(冬至)'를 추보(推步)하는데 누락되거나 잘못된 것이 없어서, 백 년 동안 실행했는데 털끝만큼의 차이가 없었다"라고 단언했다. 여기서 그는 크게 두 가지 사실을 거론했다. 하나는 서양인들의 세계일주를 통해 지구설의 이치를 해명했다는 것이고, 다른 하나는 그들이 제작한 역법, 즉 시헌력의 계산법이 정확해서 지난 백여 년 동안 오차가 전혀 없었다는 것이다. 이 대목의 앞에 "채옹(蔡邕)과 같은 사람은 개천(蓋天)〈의 이치〉을 깨닫지 못했는데 주자가 그것을 취했으니 무슨 까닭인지 모르겠다"고 했던 것도 바로 지구설과 관련이 있는 언급이었다. 이미 앞에서 살펴보았듯이 이익은 '혼개지의(渾蓋之義)'로 표현되는 지구설이 서양인들에 의해 밝혀졌다고 보았고, 주자가 『서집전』의 주석에서 채옹의 견해를 수용한 사실에 대해 비판적이었기 때문이다. 요컨대 이익은 이중환에게 그가 서학을 애완(愛玩)하는 이유가 바로 이와 같은 '앙관부찰기수계기지묘'에 있다고 거듭 강조했던 것이다.[43]

셋째, 지남침[南鍼]과 방위의 설정에 대한 문제였다. 이익의 답장에 따르면 이중환은 일찍이 '남침봉정지동이(南鍼縫正之同異)', 즉 "지남침의 봉침(縫針)과 정침(正針)의 같고 다른 점"에 대해 말한 적이 있다고 하였다. 이익은 "지금 그 책을 살펴보면 서쪽으로 대랑산(大浪山)에 이르면 봉침과 정침이 합일(合一)하고, 이로부터 서쪽으로 가면 〈지남침은〉 차츰 이동하여 오방(午方)과 정방(丁方) 사이로 향하게 되니, 이것이 과연 무슨 의리인가?"라고 이중환에게 물었다.[44] 이는 우르시스(Sabbathinus de Ursis : 熊三拔)의 『간평의설(簡平儀說)』에 기재된 다음과 같은 내용을 근거로 질문한 것이었다.

> 나경(羅經 : 나침반)에 저절로 정침(正針)이 〈가리키는〉 곳이 있으니, 내가 일찍이 대랑산(大浪山)[45]을 지났는데, 중국 서남쪽까지는 거리가

---

43) 『星湖全集』 卷33, 「答族孫輝祖壬申」, 32ㄴ~33ㄱ(199책, 93~94쪽). "如職方紀, 人家不可無此物, 借觀雖衆, 一無傳錄者, 口好而心不信可知. 吾未嘗慳秘, 如論衡君譏之過矣. 如蔡邕者不曉蓋天, 而朱子取之, 未知何故. 吾則汰去天主鬼神之說, 但採寡欲嗜善, 引物譬諭, 往往有不可沒者. 其佗仰觀俯察器數械機之妙, 中國之所未有也. 遍歷大地, 推明渾蓋, 授時之典, 千歲之日至, 推步無遺欠, 行之百年, 不差毫末, 吾所愛玩在此."

44) 『星湖全集』 卷33, 「答族孫輝祖壬申」, 33ㄱ(199책, 94쪽). "君前言南鍼縫正之同異. 今考其書, 西至大浪山, 縫正合一, 自此以西, 鍼漸移向午丁間, 此果何理."

45) 大浪山, 또는 大浪峯은 아프리카 남단의 喜望峰을 가리키는 것이다[『職方外紀』 卷3, 利未亞總說, 3ㄴ~4ㄱ(594책, 317쪽). "其在西南海者, 曰大浪山. 其下海風迅急浪起極大, 商舶至此, 或不能過, 則退歸西洋, 船破敗率在此處, 過之則大喜, 可望登岸矣. 故亦稱喜望峰."]. 이곳은 南極出地가 36도(또는 35도)라서 중국과 위아래로 對待

5만 리가 되었다. 여기서부터 서쪽은 〈정침의〉 바늘 끝[針鋒]이 점점 서쪽으로 향하고, 여기서부터 동쪽은 〈정침의〉 바늘 끝이 점점 동쪽으로 향하게 되며, 각각 도리(道里)에 따라 분수(分數)를 갖추고 있어, 중국에 이르니 〈정침의 바늘 끝이〉 병방(丙方)과 오방(午方)의 사이에 머무르게 되었다.[46)]

위의 논의를 근거로 이익은 대랑산에서는 지남침이 정남쪽을 가리킨다고 한 바 있다.[47)] 이익은 자신이 생각하기로는 지남침은 대지(大地)의 정기(正氣)를 얻은 것이니, 토맥(土脈=地脈)의 중심이 남북으로 곧게 뻗어 있다는 것으로 증거를 삼는 것이 타당하며, 지상의 각 방위도 마땅히 이것으로써 단정해야 한다고 하였다. 다만 그 학설이 다단(多端)하여 졸지에 모두 말할 수는 없다고 하면서 이중환이 이와 같은 학설에 미치지 못했을 것이기 때문에 그 대략을 말한다고 하였다.[48)] 이중환에게 지남침에 관한 서양의 학설에 주목할 것을 권유했던 것으로 볼 수 있다.

이상에서 살펴본 바와 같이 이익은 이중환과 '지리'에 관련된 사안에

가 된다는 사실이 마테오 리치 이래로 서학서에 소개된 바 있다[『乾坤體義』 卷上, 天地渾儀說, 2ㄱ~ㄴ(787책, 757쪽). "且予自太西, 浮海入中國, 至晝夜平線, 已見南北二極皆在平地, 畧無高低, 道轉而南, 過大浪峯, 已見南極出地三十六度, 則大浪峯與中國, 上下相爲對待矣."; 『坤輿圖說』 卷上, 2ㄴ(594책, 731쪽). "且予自大西, 浮海入中國, 至晝夜平線, 已見南北二極皆在平地, 畧無高低, 道轉而南, 過大浪山, 已見南極出地三十五度, 則大浪山與中國, 上下相爲對待矣."].

46) 『簡平儀說』, 用法十三首, 第八, 隨地隨節氣, 求日出入之廣幾何, 18ㄱ~ㄴ(787책, 845쪽). "羅經自有正針處, 身嘗經歷在大浪山, 去中國西南五萬里. 過此以西, 針鋒漸向西, 過此以東, 針鋒漸向東, 各隨道里, 具有分數, 至中國則泊于丙午之間矣. 其所以然自有別論."; 『星湖僿說』 卷4, 萬物門, 「指南針」, 16ㄱ~ㄴ(Ⅱ, 8쪽).

47) 『星湖僿說』 卷2, 天地門, 「分野」, 7ㄴ(Ⅰ, 34쪽). "且以縫針說觀之, 至西方大浪山, 而針指正南."

48) 『星湖全集』 卷33, 「答族孫輝祖壬申」, 33ㄱ(199책, 94쪽). "意者南鍼得大地正氣, 以土脈之心直南北爲證者當矣. 地上各方, 宜以此爲斷, 其說多何可猝旣. 君必未及此, 故略言之."

대해 서로의 의견을 교환하였다. 자료적 한계로 양자 사이의 논의가 어떤 방향으로 귀결되었는지 알 수 없지만, 이익이 새롭게 전래한 서양의 자연지식에 근거하여 자신의 의견을 피력했다는 사실은 분명히 확인할 수 있다. 그는 조석설과 봉침설(縫針說)에 대해 새로운 견해를 제시했고, 『직방외기』를 비롯한 서학서의 효용성에 대해서도 언급하였다. 지리학 분야에 나름의 식견을 갖춘 이중환을 대상으로 한 언급이었다는 점에서 이와 같은 문제가 '지리'와 관련이 있는 주요한 주제였음을 짐작할 수 있다.

2. 지구설(地球說)과 봉침설(縫針說)

1) 지구설과 세계인식

마테오 리치(利瑪竇)에 의해 소개된 서양의 지구설, 5대설(五帶說), 5대주설(五大州說) 등은 조선후기 학계에서 논란의 대상이 되었다. 땅이 공 모양으로 둥글다는 지구설은 "하늘은 둥글고 땅은 모나다[天圓地方]"는 전통적 천지관(天地觀)과 배치되었고, 사해(四海)의 바깥에 또 다른 대륙이 있고 여러 나라가 펼쳐져 있다는 5대주설 역시 중국 중심의 전통적 지리인식과는 거리가 있었다. 또 전통적 우주론인 혼천설(渾天說)과 서양의 지구설은 땅과 바다의 상호 위치에 대한 설명에서도 차이점이 있었다. 혼천설에서는 땅이 물 위에 실려 있다고[地浮水上=地下水載] 했는데 지구설에서는 바다가 땅 위에 있다고[海在地中] 보았기 때문이다. 이상과 같은 문제들은 조선후기 지구설 논쟁에서 주요 논점을 형성하였다.

이익은 서양의 세계지도와 지리서, 천문역법서를 통해 지구설에 접했고, 이를 적극적으로 수용해서 인식론적 전환의 자료로 활용하였다. 이익의 지구설은 내용적으로는 앞선 시기의 그것과 큰 차이가 없었다. 그가 참고한 서학 관련 자료들이 이전 시기의 그것과 크게 다르지 않았기 때문이다. 이익은 지구가 탄환과 같이 둥근 구체이고 그 둘레는 9만 리(里)라고 주장했다.[49] 9만 리라는 수치는 남북으로 250리 이동할 때마다 북극 고도가 1도씩 변화한다는 사실에 근거한 것이었다. 그것은 바로 마테오 리치 이래로 지구설의 논거로 거론되어 온 '위도에 따른 북극 고도의 변화'였다. '250리=1도'설을 따를 경우 지구의 둘레는 9,0000리[250(리/도)×360(도)=9,0000(리)], 지구의 직경은 대략 3,0000리이며, 지표면 위의 사람들은 지구의 중심으로부터 약 1,5000리 떨어진 곳에 위치하고 있게 된다.[50] 이와 같은 이론적 설명과 함께 이익은 지구설의 증거로 서양인들이 항해를 통해 세계를 일주했다는 경험적 사실을 제시하였다.[51]

한편 이익은 자사(子思)의 말에 근거하여 바다가 땅을 싣고 있는 것이

---

49) 『星湖僿說』 卷2, 天地門, 「地厚」, 9ㄴ(Ⅰ, 35쪽). "地如彈丸. 以北極言, 則北走二百五十里, 而極高一度, 南走二百五十里, 而極低一度, 此不可誣也. 從此推之, 天有三百六十度, 故北走南走, 皆九萬里而極還." ; 『星湖僿說』 卷2, 天地門, 「日天之行」, 47ㄴ~48ㄱ(Ⅰ, 54쪽). "地圍何以知九萬里. 以玉衡望北極, 北進二百五十里, 則極高一度, 南退二百五十里, 則極低一度. 自北漠至南溟數萬里之間, 莫不皆然, 則數萬里之外, 亦可知也. 歷四萬五千里, 則已半天易矣. 九萬里而環復, 故不出門而筭如燭照也." ; 『星湖僿說類選』 卷1上, 天地篇上, 天文門, 「談天」(8쪽).

50) 『星湖僿說』 卷2, 天地門, 「日出入」, 20ㄱ(Ⅰ, 40쪽). "地居天中, 天半出地上, 地厚亦三萬里, 則人之所處, 距地心萬五千里也." ; 『星湖僿說』 卷2, 天地門, 「一萬二千峰」, 45ㄴ(Ⅰ, 53쪽). "余考萬國全圖, 大地一周不過九萬里." ; 『星湖僿說』 卷3, 天地門, 「天行健」, 14ㄱ(Ⅰ, 78쪽) ; 『星湖僿說』 卷3, 天地門, 「測天」, 23ㄱ(Ⅰ, 83쪽) ; 『星湖僿說』 卷3, 天地門, 「天半出地」, 43ㄴ(Ⅰ, 93쪽).

51) 『星湖全集』 卷55, 「跋職方外紀」, 24ㄴ~25ㄱ(199책, 514~515쪽). "海之麗也, 如衣帶之被體, 四周而無不通, 故西洋之士, 航海窮西, 畢竟復出東洋. …… 今按艾儒略職方外紀云, 大西洋極大無際涯, 西國亦不曾知洋外有地. 百餘年前有大臣閣龍者, 尋到東洋之地, 又有墨瓦蘭者, 復從東洋, 達於中國大地. 於是一周, 而子思之指, 由此遂明, 西士周流捄世之意, 不可謂無助矣."

아니라 땅이 바다를 싣고 있다고 주장하였다.[52] 지구설은 틀림없이 사리에 맞는 학설인데 성인(聖人)이 그 이치를 몰랐을 리 없으며, 자사의 말은 분명한 '수재지상지설(水在地上之說)'로 지구설의 이치를 담고 있다는 것이었다.[53] '지재수상(地載水上)'으로 대표되는 혼천설의 우주구조론에 대한 비판은 이미 장유(張維, 1587~1637)에 의해 제기된 바 있었는데,[54] 이제 이익은 지구설에 근거하여 그것을 분명하게 극복했던 것이다. 이익은 전통적인 '지재수상지설(地在水上之說)'[55]에 대해서도 다음과 같이 비판하였다.

> 옛날부터 땅이 물 위에 떠 있다는 학설[地在水上之說]이 있었다. 주자(朱子)가 "높은 곳에 올라가 바라보면 산의 형세가 파도를 따르는 모양과 같다"[56]고 했다는데 이는 아마 기록한 사람의 잘못일 것이다. 어찌

---

52) 『星湖全集』 卷27, 「答黃得甫乙卯」, 30ㄱ(198책, 552쪽). "地外皆水之說亦不然矣. 水雖大, 非載地者. 土之克水久矣. …… 子思豈不曰振河海而不洩乎." ; 『星湖全集』 卷55, 「跋職方外紀」, 24ㄱ(199책, 514쪽). "子思子語地曰, 振河海而不泄, 蓋非海之負地, 卽地之載海, 溟渤之外, 水必有底, 底者皆地, 故謂收載而不泄也." 여기서 子思의 말이란 『中庸章句』 26章의 "今夫地一撮土之多, 及其廣厚, 載華嶽而不重, 振河海而不洩, 萬物載焉(지금 저 땅은 한 줌의 흙이 많이 모인 것인데, 그 넓고 두터움에 미쳐서는 높고 큰 산을 싣고 있으면서도 무겁게 여기지 않으며, 강과 바다를 거두어들이고 있으면서도 새지 않으며, 만물이 실려 있다)"을 가리키는 것이다.

53) 『星湖全集』 卷27, 「答安百順」, 14ㄴ(198책, 544쪽). "地毬之說, 千萬是當, 聖人豈昧其理. 子思之言曰, 振河海而不洩, 此分明是水在地上之說."

54) 『谿谷漫筆』 卷1, 17ㄴ~18ㄱ(92책, 570쪽). "古人言地居天內, 天大而地小, 表裏皆水, 地載水上, 隨氣升降, 故有地有四游之說. 東坡詩亦云, 乾坤浮水水浮空. 余獨不謂然, 天職覆地職載, 日月星辰皆繫於天, 山岳海瀆皆著於地, 故中庸曰, 振河海而不洩, 邵子詩曰, 水體以器受. 四海雖大, 水性則同, 以地載水理也, 以水載地豈理也哉. 竊意天包地外地之四際, 與天脗合, 而海水盛於地上, 地之形, 中高而四下, 高處爲山河國土, 人物居焉. 其下者水環之而爲海, 海水雖深, 其底則皆地也, 但人不能測耳. 此雖六合之外, 然其理只在眼前, 可推而知也."

55) 李穡(1328~1396)의 다음과 같은 언급은 '지재주상지설'의 유구한 전통을 보여주는 것이라 할 수 있다. 『牧隱文藁』 卷2, 「枕流亭記」, 6ㄴ(5책, 14쪽). "予嘗聞天地間水爲大, 故地在水上, 爲水所載, 則凡有形色生聚於兩間者, 皆枕乎水矣, 獨人乎哉."

이런 이치가 있겠는가. 자사가 말하기를 "하해(河海)를 거두어들이고 있으면서도 새지 않는다"라고 하였다. 물은 지면에 있는 것이고, 땅을 둘러싸고 〈있는 물이〉 모두 그러하니 땅이 어찌 물 위에 떠 있을 수 있겠는가.57)

이처럼 자사의 말을 지구설의 논거로 삼는 것은 땅이 둥글다고 하는 이방(異邦)의 지식을 유교의 성인들이 이미 알고 있었다고 주장함으로써 학문적 정당성 내지 경전적 근거를 확보하는 작업이기도 했다.

이익의 지구설에서 주목해야 할 것은 그것이 중국의 전통적인 우주론인 혼천설(渾天說)과 개천설(蓋天說)을 통합하였다고 주장했다는 점이다. 물론 이는 이익의 독창적 주장은 아니고 『혼개통헌도설(渾蓋通憲圖說)』의 논리를 수용한 것이다. 이러한 주장은 개천설에 지구설의 이치가 담겨 있다고 보는 것이고, 중국에서는 이미 오래전에 역사의 무대에서 퇴장했던 개천설을 다시 불러들이는 일이었다. 이익은 일찍이 중국에서 혼천설과 개천설의 통합을 주장했던 논자로 북조(北朝)의 최영은(崔靈恩)을 지목했다. 중국에서는 오래전에 '혼개지의(渾蓋之義)'가 실전되었고 오직 최영은만이 그것을 계승했는데, 후대에 채옹(蔡邕) 같은 사람은 개천(蓋天)의 이치를 깨닫지 못하여 이를 취하지 않았고, 주자 역시 『서전(書傳)』의 주석에서 채옹의 견해를 수용했다고 한다. 요컨대 이익은 명(明)의 만력(萬曆) 연간에 마테오 리치를 비롯한 서양 선교사들에 의해 혼천설과 개천설이 통합됨으로써 역법(曆法)이 완비되었다고 보았

---

56) 원문은 『朱子語類』 卷1, 理氣上, 太極天地上, 沈僩錄, 7쪽. "天地始初混沌未分時, 想只有水火二者. 水之滓脚便成地. 今登高而望, 羣山皆爲波浪之狀, 便是水泛如此. 只不知因甚麽時凝了. 初間極軟, 後來方凝得硬."

57) 『星湖全集』 卷24, 「答安百順壬申(別紙)」, 22ㄱ~ㄴ(198책, 491쪽). "古有地在水上之說. 朱子謂登高而望, 山勢如隨波之狀, 此或記者之誤, 寧有是理. 子思曰, 地振河海而不泄, 水者在地面者, 繞地皆然, 地安得浮在水上."

던 것이다.[58] 따라서 '역도(曆道)'를 밝히는 데 매우 중요한 지구설은 그것이 외국에서 온 것이라고 하여 소홀히 여길 수는 없다고 하였다.[59]

지구설은 종래의 '천원지방(天圓地方)'이라는 개념을 부정하는 것이었다. 따라서 지구설을 주장하는 논자들은 이에 대한 적절한 설명을 제시할 필요가 있었다. 이익은 '천원지방'의 개념이 『주역(周易)』에서 유래한 것임을 밝히고, 그것은 지면 위에 있는 사람이 자신의 눈에 보이는 대로 "지면은 평평하고 하늘은 둥글게 덮고 있다"고 보았기 때문에 그와 같은 용어가 등장하게 되었다고 하였다. 이익은 땅의 모양이 실제로는 '지방(地方)'이 아니라는 사실을 『대대례(大戴禮)』의 증자(曾子)와 선거리(單居離)의 문답을 통해 증명하려고 하였다.[60]

땅의 형체가 구형이라고 할 때 일반인의 일상적 경험과 마찰을 일으킬 수 있는 것은 나와 반대편[對蹠地]에 있는 사람이 허공으로 떨어지지 않겠는가 하는 문제였다. 중력의 개념이 정립되지 않았던 당시에는 이것이 지구설이 해명해야 할 난제였다. 이익은 이를 '지심론(地心論)'으로 설명하였다. 그것은 지심(地心)을 향해 상하사방의 모든 힘이 집중되기 때문에 지구 아래쪽에도 사람이 있을 수 있다는 논리였다.[61] 이익의

---

58) 『星湖全集』 卷24, 「答安百順壬申(別紙)」, 22ㄴ(198책, 491쪽). "渾蓋之義, 失之已久, 惟北朝崔靈恩有是說. 如蔡邕不解蓋天, 而朱子取之. 至萬曆間始合渾與蓋爲一, 而曆法乃備."; 『星湖全集』 卷27, 「答安百順」, 14ㄴ(198책, 544쪽). "北朝崔靈恩者超出羣蒙, 嘗爲渾蓋說, 世不尊信, 其言遂泯. 西曆不入, 誰得以開剔得出耶."; 『星湖全集』 卷43, 「璣衡解」, 39ㄴ~40ㄱ(199책, 290쪽). "昔梁崔靈恩合渾蓋爲一, 蓋者蓋天也, 周髀之別名也. 意者深契古人之旨, 而世旣不尙, 術亦泯焉. 及西洋利氏之徒至, 而其說遂行焉."

59) 『星湖全集』 卷26, 「答安百順丁丑」, 19ㄴ(198책, 527쪽). "蓋天之論, 蔡邕非之, 朱子從之. 北朝崔靈恩合渾蓋爲一, 而世儒棄之, 其說無傳. 至通憲出而無所不合, 曆道始明, 豈可以外國而少之哉."

60) 『星湖僿說』 卷2, 天地門, 「天圓地方」, 78ㄴ(Ⅰ, 69쪽). "易曰, 坤道至靜而德方, 於是有天圓地方之說. 方者猶平也, 四面爲四方, 則一面爲一方, 人履地戴天, 地面平而天覆圓, 故有是言也. 昔單居離問於曾子曰, 天圓地方者, 誠有之乎. 曾子曰, 如天圓而地方, 則是四角之不揜也."

'지심론'에서 핵심적 주장은 다음과 같다.

> 무릇 사물 가운데 하늘에 근본을 두는 것은 위와 친하고 땅에 근본을 두는 것은 아래와 친하다. 기(氣)는 하늘에 근본을 두는 것이므로 위로 올라가지 않음이 없고, 질(質)은 땅에 근본을 두는 것이므로 아래로 내려가지 않음이 없다. 이른바 상하(上下)라고 하는 것은 지심(地心)으로써 판단할 수 있다[위와 아래는 지심을 기준으로 판별할 수 있다].[62]

이와 같은 논리에서 보면 형질을 갖춘 모든 사물은 지심을 향해 모여들지 않을 수 없으니 물이 땅 위에 실려 있다는 사실을 의심할 수 없으며,[63] 지구상의 지면(地面)에 거주하는 모든 사람은 하늘을 위로 하고 땅을 아래로 하고 있음을 알 수 있다는 것이다.[64]

이것은 지구를 우주의 중심에 놓고 '천동지정(天動地靜)'의 운동을 상정하고 있는 이익의 우주론적 도식에서 자연스럽게 도출된 생각이었다. 지구가 둥근 하늘의 한가운데 위치하고 있다면 '상하(上下)'가 있을 수 없고, 또 하늘이 하루에 한 바퀴씩 지구 주위를 회전한다면 그 속도가 엄청나게 빠르기 때문에 하늘 안에 있는 모든 물체의 힘은 중앙으로 모이게 된다는 것이었다.[65] 그 힘이 모이는 지점이 바로 우주의 중심으

---

61) 『星湖僿說』 卷2, 天地門, 「地毬」, 53ㄴ(Ⅰ, 57쪽). "此宜以地心論, 從一點地心, 上下四旁都湊向內, 觀地毬之大, 懸在中央, 不少移動, 可以推測也."

62) 『星湖全集』 卷24, 「答安百順壬申(別紙)」, 22ㄴ(198책, 491쪽). "凡物本乎天者親上, 本乎地者親下. 氣本於天, 故無不上, 質本乎地, 故無不下. 所謂上下, 以地心爲斷."

63) 『星湖全集』 卷24, 「答安百順壬申(別紙)」, 22ㄴ~23ㄱ(198책, 491~492쪽). "凡物莫不揍向地心墜下, 水之就下亦然, 只是收載於地者也. 安得先地而有哉."

64) 『星湖全集』 卷27, 「答安百順」, 14ㄴ(198책, 544쪽). "環地面居者莫不以天爲上以地爲下."

65) 『星湖全集』 卷55, 「跋職方外紀」, 24ㄱ~ㄴ(199책, 514쪽). "夫地居天圓之中, 不得上下, 天左旋, 一日一周, 天之圍, 其大幾何, 而能復於十二時之內, 其健若此, 故在天之內者, 其勢莫不輳以向中."

로서의 천심(天心), 곧 지심(地心)이었다. 따라서 지구 위의 모든 지역은 상하사방을 막론하고 모두 땅을 아래로 하고 하늘을 위로 하고 있다는 것이다.[66)]

이익은 이러한 지구설의 연장선에서 중국이 세계의 중심이라는 종래의 믿음에 과학적 비판을 가하였다. "중국은 대지 가운데 한 조각 땅에 불과하다"[67)]는 그의 발언이나 중국 이외의 지역에서 성인이 출현할 것을 기대한다는 그의 언급[68)]은 그가 중국 중심적 사고로부터 벗어나고 있음을 보여주는 단초들이다.

실제로 이익은 지구설에 기초하여 제작된 서양의 세계지도를 통해 많은 지리 정보를 습득하였다. 그가 영조 28년(1752)에 정상기(鄭尙驥, 1678~1752)에게 보낸 편지를 보면 "「만국전도(萬國全圖)」에 의거하면 곤륜(崑崙) 바깥에는 대류사(大流沙)가 있는데 혹은 '한해(瀚海)'라고 한다"고 하였고, 영조 35년(1759)에 안정복에게 보낸 편지의 별지에도 비슷한 내용이 등장한다.[69)] 이익은 「조석변(潮汐辨)」에서 일본의 조석(潮汐) 현상을 설명하면서 「만국전도」에 나타난 일본의 지리적 형세를 언급하기도 했다.[70)] 그가 참조한 세계지도는 『직방외기』에 수록된 「만국전도」였던 것으로 보인다.[71)] 이익은 이와 같은 서양식 세계지도에 대해 적극적 신뢰를 표명했다. 그는 서양인들이 몸소 세계 곳곳을 다니면

---

66) 『星湖全集』 卷55, 「跋職方外紀」, 24ㄴ(199책, 514쪽). "上下四傍, 皆以地爲下天爲上."
67) 『星湖僿說』 卷2, 天地門, 「分野」, 7ㄱ(Ⅰ, 34쪽). "今中國者, 不過大地中一片土."
68) 『星湖全集』 卷27, 「答安百順己卯」, 4ㄱ(198책, 539쪽). "余每謂九州之內, 宜不復生聖人, 所待者惟九州之外."
69) 『星湖全集』 卷12, 「答鄭汝逸壬申」, 37ㄱ(198책, 274쪽). "據萬國全圖, 崑崙以外有大流沙, 或稱瀚海."; 『星湖全集』 卷27, 「答安百順己卯(別紙)」, 5ㄱ~ㄴ(198책, 540쪽). "今考萬國全圖, 崑崙之西有大流沙, 其大無窮, 從東直西, 不生草木."
70) 『星湖全集』 卷43, 「潮汐辨」, 27ㄱ(199책, 284쪽). "余據萬國全圖, 日本之地亦多岐別, 其一角遮蔽東南, 島嶼羅絡於海門."
71) 『星湖全集』 卷55, 「跋職方外紀」, 26ㄱ(199책, 515쪽). "又按萬國全圖, 自中國西藩, 距歐羅巴最東, 不過六十餘度, 則是萬五千里之程."

서 목격한 것을 토대로 지도를 제작했기 때문에 그것을 신뢰할 수 있다고 판단하였던 것이다.[72]

이익은 일찍이 전국을 유람하면서 마음에 느끼는 바가 많았다고 한다. 그런데 뒤에 「화하방여도(華夏方輿圖)」라는 지도를 보고는 중국의 산하가 장대하고 그 면적이 광활한 것을 확인하고, 눈이 휘둥그레지고 마음이 놀라서 멍해졌다고 한다. 중국 동북쪽의 한 모퉁이를 손가락으로 짚어 보니 그 한 점이 삼한(三韓)의 강역[三韓提封]이었고, 이익 자신이 예전에 여행했던 곳은 가시 끝의 까끄라기에 지나지 않아 찾을 수조차 없었다.[73] 이는 이익이 중국의 지도를 통해 자국의 강역에 대한 객관적 인식을 갖게 되는 과정을 보여주는 사례이다. 더욱 극적인 지리적 인식의 전환은 서양의 세계지도를 통해 이루어졌다. 이익은 「만국전도」를 통해 중국의 면적을 세계 전체와 비교해 보면 그 '대소광협(大小廣狹)'의 구분이 동토(東土)를 중국에 비교할 때와 마찬가지라는 사실을 확인했다. 아울러 역대 사전(史傳)에 기록된 기인(畸人)과 일사(逸士)들의 장쾌한 여행담이라고 하는 것도 상대적 관점에서 보면 이익 자신이 조선의 전국을 여행한 것과 다르지 않다는 사실을 깨닫게 되었다.[74] 이처럼 이익은 중국 지도와 세계지도를 통해 다양한 지리적 정보를 축적하였고, 그에 기초해서 세계관의 질적 전환을 모색했던 것이다.

---

72) 『星湖全集』 卷55, 「跋職方外紀」, 25ㄱ~ㄴ(199책, 515쪽). "或曰, 彼西洋輿圖, 其信然乎哉. 余謂有大可驗者. …… 彼西士者若不身歷而目擊, 何從而知其如此乎."

73) 『星湖全集』 卷51, 「送宋德章儒夏序」, 26ㄴ~27ㄱ(199책, 440~441쪽). "余嘗遠遊南北各千里, 東西傅海, 每至佳山水沃壤樂土, 輒有受廛之願, 及歸心焉有得, 把作生世一大事, 而彼兔窟貉丘, 有不足守以終焉. 後得華夏方輿圖, 其山河之壯, 幅員之廣, 便覺瞪乎目駭乎心而嗒焉自喪. 指點于東北一隅, 其一點黑子, 卽我三韓提封, 余向所遊歷, 杳微乎棘端芒角而莫之可尋討也."

74) 『星湖全集』 卷51, 「送宋德章儒夏序」, 27ㄱ(199책, 441쪽). "旣而得西洋人萬國全圖, 就中間卷土, 乃大明一統之區, 其大小廣狹之分, 如東土之於華夏, 而史傳所見畸人逸士大觀而遐矚者, 又不過如余向所遊歷數千里之近. 於是益歎夫所見者小而氣消意怠, 無復遠近優劣之較矣."

2) 봉침설(縫針說)

앞에서 살펴본 이중환에게 보낸 편지(1752)에서 볼 수 있듯이 이익은 '봉침'과 '정침'의 차이에 대해 주목하고 있었다. 이와 같은 사실은 영조 35년(1759)에 정항령에게 보낸 답장에서도 확인할 수 있다. 여기에도 봉침과 정침에 대한 이야기가 등장하는데, 그에 따르면 '봉침'이란 '북쪽의 추축(樞軸)[北樞]', 즉 북극을 정위(正位)로 삼는 것이었다. 이익은 예전에는 추축이 형소(衡簫)[75] 안에 있었는데 지금의 역법에서는 '추위삼도(樞圍三度)'라고 하니, 이는 어떻게 정하는 것이냐고 물었다. 이는 세차 운동에 따라 북극성이 변화했다는 사실을 지적한 것으로 보인다.[76] 아울러 이익은 정침의 바늘은 병방(丙方)과 오방(午方)의 사이를 가리키고, 서쪽으로 4만여 리 떨어지면 바늘 끝이 오방을 가리키며, 여기를 지나면 오방과 정방(丁方)의 사이에 있다고 하니 이것은 무슨 이치냐고

75) '형소'는 璿璣玉衡(=璣衡)의 四遊儀 안에 설치하여 천체를 관측하는 데 사용했던 玉衡을 가리킨다[『星湖全集』 卷43, 「璣衡解」, 38ㄱ(199책, 289쪽). "環本雙立而虛其間, 是有兩面也. 環之內無以挈衡簫, 故又設直距. 直距亦有兩片, 設於環之兩面, 而挾衡簫在內也. 外指兩軸者, 徑直於南北二極, 與天經之軸相當, 兩軸在外, 直距在內, 距挾衡簫, 上下連通, 可以候望也. 軸而直距, 又固結於四遊之環, 環與距同運也."]. 蔡沈의 주석에서도 "衡, 橫也, 謂衡簫也. 以玉爲管, 橫而設之, 所以窺璣而察七政之運行, 猶今之渾天儀也."라고 한 바 있다.

76) 현재의 북극성은 작은곰자리 α성[α UMi]이다. 다음과 같은 沈括(1031~1095)의 논의를 통해서도 천구의 북극과 북극성의 거리 차이를 확인할 수 있다[『宋史』 卷48, 志 第1, 天文 1, 儀象, 958~959쪽. "(熙寧七年七月, 沈括上渾儀·浮漏·景表三議. 渾儀議曰 …… 臣今輯古今之說以求數象, 有不合者十有三事……)其五, 前世皆以極星爲天中, 自祖暅以璣衡窺考天極不動處, 乃在極星之末猶一度有餘. 今銅儀天樞內徑一度有半, 乃謬以衡端之度爲率. 若璣衡端平, 則極星常游天樞之外, 璣衡小偏, 則極星乍出乍入. 令瓚舊法, 天樞乃徑二度有半, 蓋欲使極星游於樞中也. 臣考驗極星更三月, 而後知天中不動處遠極星乃三度有餘, 則祖暅窺考猶爲未審. 今當爲天樞徑七度, 使人目切南樞望之, 星正循北極樞裏周, 常見不隱, 天體方正." ; 『諸家曆象集』 卷3, 儀象, 11ㄴ(286쪽). "(熙寧七年七月十日, 沈括上渾儀議曰 …… 臣今歛古今之說以求數象, 有不合者凡十有三事.……)五曰, 臣考驗極星而後, 知天中不動處遠極星乃三度有餘, 而祖暅窺考猶爲未審. 今當爲天樞徑七度."].

물었다.[77]

이상과 같은 이익의 질문은 여러 가지 함의를 갖고 있지만 여기에서는 일단 봉침과 정침의 문제에 집중하기로 한다. 이익의 논의에서 등장하는 '봉침'은 해그림자를, '정침'은 지남침을 가리킨다. 대개 지상의 방위를 판별할 때는 지남침을 이용한다. 그런데 해그림자, 다시 말해 정오에 해그림자가 가리키는 방향을 기준으로 지남침의 방위를 따져보면 그것은 임방(壬方)과 자방(子方)에서 병방(丙方)과 오방(午方)의 사이를 가리킨다. 정확히 남북을 가리키는 것이 아니라 약간 서쪽으로 치우친 북쪽에서 약간 동쪽으로 치우친 남쪽을 가리키는 것이다. 그러므로 술가(術家)는 해그림자를 '봉침'으로 삼았는데, 이는 하늘과 땅이 봉합(縫合)하는 곳이 여기에 있다는 의미였다.[78] 이익은 예전에는 하늘 위의 자오(子午)를 위주로 하여 봉침(縫針)으로 단정했기 때문에 지금 풍속에서 남침(南針)을 위주로 하는 것과 같지 않다고 보았으며, 봉침과 정침 두 바늘은 20[24의 誤記]방위에서 반(半) 방위쯤[7.5°] 서로 차이가 있다고도 하였다.[79]

이상에서 살펴본 이익의 단편적 언급을 종합해 보면 '봉침'이 가리키는 것은 진북(眞北), '정침'이 가리키는 것은 자북(磁北)이라고 볼 수 있다. 이익의 유명한 논설인 「지남침(指南針)」은 이와 같은 봉침과 정침의 문제를 전면적으로 다룬 글이다.[80] 이익은 그 모두에서 다음과 같이

---

77) 『星湖全集』 卷29, 「答鄭玄老己卯」, 24ㄱ~ㄴ(199책, 14쪽). "縫針者, 以北樞爲正也. 古者樞在衡籥之內, 今曆樞圍三度, 此又何以定. 正針鋒在丙午之間, 而西距四萬餘里則針鋒在午, 過此則鋒在午丁間, 此又何理."

78) 『星湖僿說』 卷28, 詩文門, 「六合」, 6ㄴ(XI, 3쪽). "盖地上方位, 以指南針爲斷, 準於日影, 則針直於壬子丙午之間, 故術家以日影爲縫針, 謂天地之縫合在此."

79) 『星湖僿說』 卷5, 萬物門, 「乾靈龜」, 25ㄴ~26ㄱ(II, 54쪽). "意者, 此時主天上子午, 以縫針爲斷, 不如今俗主南針也. 縫正二針, 於二十位中差半位." 360°를 24방위로 나누면 하나의 방위는 15°에 해당한다. 따라서 한 방위의 절반은 7.5°가 된다.

80) 이에 관한 선행 연구로는 임종태, 『17, 18세기 중국과 조선의 서구 지리학

말했다.

> 술가(術家)가 방위(方位)를 정할 때에는 혹은 정침(正針)을 위주로 하기도 하고, 혹은 봉침(縫針)을 위주로 하기도 하니, 두 가지 모두 근거가 있는 듯하다. 그러나 꼭 하늘 위의 해그림자[日影]로 판단한다면 봉침이 더 근사하다고 하겠다. 정침이라는 것은 남침(南針 : 指南針)만을 따르고, 지남침은 자석(磁石)에서 나오는 것이니, 해그림자와 비교하면 오방(午方)과 병방(丙方)의 사이를 가리킨다. 이것[午丙間]이 땅의 정남(正南)이라서 그런 것인가? 금(金)의 성질이 화(火)를 두려워하여 감히 정오(正午)를 가리키지 못하는 것인가?[81]

인용문의 말미에 금과 화를 언급한 것은 오행상극설(五行相克說)의 '화극금(火克金)'을 염두에 둔 설명이라 할 수 있다. 금의 속성을 지닌 지남침이 정확하게 남방을 가리키지 못하는 현상을 금이 남쪽의 화를 두려워하기 때문이 아닐까라고 의문을 제기했던 것이다. 물론 이것이 이익의 핵심적 질문은 아니었다. 그는 지남침의 문제를 우주론적 차원으로 끌어올려 논의를 전개하였다.

> 대저 땅은 하늘 안에 있고 하늘은 바깥에서 회전하여, 기(氣)가 안에서 둥글게 맺히니 그 모양이 외씨[瓜瓣]와 같다. 그러므로 토맥(土脈=地脈)과 석척(石脊 : 바위의 등마루)은 반드시 북쪽에서 남쪽으로 〈뻗어 나가니〉 그 정기(正氣)를 얻은 것이 자석(磁石)이 된다. 〈자석의〉 바늘이 남쪽을

이해-지구와 다섯 대륙의 우화』, 창비, 2012, 322~327쪽을 참조.

81) 『星湖僿說』 卷4, 萬物門, 「指南針」, 15ㄴ~16ㄱ(Ⅱ, 8쪽). "術家定方位, 或主正針, 或主縫針, 二者皆似有據. 要之斷之以天上日影, 則縫針爲近之矣. 正針者, 只從南針, 南針出磁石, 較之日影, 則指午丙間. 此爲地之正南耶, 金性畏火不敢指正午耶."

> 가리키는 것은 그 이치가 바로 그런 것이다. 그러나 해그림자[日影]와 비교해 보면 그 북쪽은 임방(壬方)과 자방(子方) 〈사이를〉 가리키고, 남쪽은 오방(午方)과 병방(丙方) 〈사이를〉 가리키는 것은 속일 수 없다. 논자들은 간혹 〈지남〉침이 지기(地氣)를 얻었으니 땅의 방위를 정할 때 마땅히 〈지〉남침을 따라야 한다고 여긴다.[82]

바로 이 다음 대목에서 이익은 앞에서 살펴본 『간평의설』의 내용을 인용하였다. 왜냐하면 그것이 지남침이 가리키는 방위가 지역에 따라 달라진다는 사실을 보여주는 예시였기 때문이다. "이에 의거하면 〈지남침〉의 바늘 끝[針鋒]이 가리키는 바도 지역에 따라 같지 않으니 또 장차 어느 곳을 준칙(準則)으로 삼아야 하는가"[83]라는 지적이 바로 그것이었다.

이익은 『간평의설』의 관련 내용을 자기 나름대로 재해석하였다. 그는 먼저 지남침의 바늘 끝이 가리키는 바가 『간평의설』에서 언급한 대로 거리의 동서에 따라 비록 차이가 있지만, 남북으로는 반드시 같을 것이라고 하였다.[84] 이를 지구설에 입각해서 해석한다면 경도(經度)에 따라 지남침이 가리키는 방향에는 차이가 있지만 같은 경도상에 위치한 지역은 위도(緯度)가 다르더라도 지남침이 가리키는 방향에는 차이가 없다고 본 것이다.

다음으로 이익은 대랑산(大浪山)이 중국에서 서남쪽으로 5만 리 떨어

---

82) 『星湖僿說』 卷4, 萬物門, 「指南針」, 16ㄱ(Ⅱ, 8쪽). "大抵地居天內, 天轉於外, 氣團於內, 狀如瓜瓣, 故土脉石脊, 必自北而南, 則得其正氣者成磁石也, 針之指南, 其理卽然. 然較諸日影, 其北直壬子, 南直午丙, 則不可誣也. 論者或以爲針得地氣, 占地方位, 宜從南針."

83) 『星湖僿說』 卷4, 萬物門, 「指南針」, 16ㄴ(Ⅱ, 8쪽). "據此針鋒所指, 亦隨地不同, 又將安所準則哉."

84) 『星湖僿說』 卷4, 萬物門, 「指南針」, 16ㄴ(Ⅱ, 8쪽). "針鋒所指, 距地東西, 雖有此異, 而大槩南北則必同."

져 있다고 하였으니, 만약 가로의 직선거리, 즉 동서의 거리만 계산해 보면 2만여 리에 불과할 것이라고 하였다. 그렇다면 『간평의설』의 내용은 대랑산 동쪽으로 2만여 리를 가면 지남침은 병방(丙方)과 오방(午方)의 사이에 위치하고, 서쪽으로 2만여 리를 가면 지남침은 오방(午方)과 정방(丁方)의 사이에 위치한다는 말이 된다. '병방과 오방 사이'에서 '오방과 정방 사이'까지는 24방위의 1방위에 해당하는 것이니, 4만여 리에 지남침은 한 방위를 변경한다는 뜻이다. 그런데 이익은 여기에서부터 다시 동쪽과 서쪽으로 이동하더라도 지남침이 병방이나 정방을 가리킬 리는 없을 것이라고 하였다. 지남침은 오방과 병방의 사이에서 다시 서쪽으로 이동하거나, 오방과 정방의 사이에서 다시 동쪽으로 이동하여, 반드시 정오(正午)를 가리키게 될 것이니 대랑산과 같은 것이 동양(東洋)에도 있을 것이라고 여겼던 것이다.[85]

이익이 이와 같은 추론을 할 수 있었던 근거 가운데 하나는 지구의 둘레가 9만 리라는 사실이었다. 그렇다면 지남침이 한 방위를 이동하는 4만여 리는 지구 둘레의 절반에 해당하는 거리였다. 이익은 이를 동서의 대칭으로 파악하였다. 그는 지구의 둘레 9만 리 가운데 오직 두 곳이 '솔기[縫]'가 되어 지남침의 '바늘 끝'과 해그림자가 합치되어 바르게 된다고 보았다.[86] 이는 『간평의설』에 등장한 대랑산의 반대편에 그와 마찬가지로 지남침이 남북을 정확히 가리키는 지역이 있으리라고 판단했던 것이다. 이익은 자신의 주관적 견해를 한 걸음 더 밀고 나갔다.

---

85) 『星湖僿說』 卷4, 萬物門, 「指南針」, 16ㄴ(Ⅱ, 8쪽). "大浪山在中國西南五萬里, 若以直線橫度之, 不過二萬有餘里, 從大浪山, 東至二萬有餘里, 而針至午丙之間, 西至二萬有餘里, 而針至午丁之間, 則合四萬有餘里, 而針易一方矣. 從此而益東益西, 必無指丙指丁之理. 其將自午丙間而復西, 自午丁間而復東, 必更有直指正午, 如大浪山者在東洋也."

86) 『星湖僿說』 卷4, 萬物門, 「指南針」, 16ㄴ(Ⅱ, 8쪽). "然則周地九萬里, 而惟兩處爲縫, 要當以針鋒與日影合者爲正耳."

> 나의 뜻으로 그것을 추측해 보면 지구(地毬)가 비록 둥글지만 반드시 음(陰)과 양(陽)으로 나누어지는 경계를 봉합(縫合)한 곳이 있을 것이다. 지금 둥근 외[수박이나 참외]가 땅에 있으면 사방의 둘레가 모두 똑같지만, 또한 반드시 위는 양(陽)이 되고 아래는 음(陰)이 되며, 솔기[縫 : 봉합한 곳]가 양옆에 있다. 양옆으로부터 갈라서 열어[判開] 두 조각으로 만들어 보면, 오직 갈라서 연 곳만 형세가 곧고, 그 나머지 외씨의 결[瓣理 : 수박씨나 참외씨의 결]은 미세하게 기울어지지 않음이 없다. 그 중간의 '둘레가 넓은 곳[圍濶處]'은 더욱 심한데, 두 개의 솔기가 정확히 서로 반대이다. 서쪽 솔기[西縫]의 윗조각은 절반 이북은 점점 왼쪽으로, 절반 이남은 점점 오른쪽으로, 아랫조각은 절반 이북은 점점 오른쪽으로, 절반 이남은 점점 왼쪽으로 향하여 꼭지[蔕]에서 만난다. 그 동쪽 솔기[東縫]는 이와 반대이다. 자침(磁針)은 땅의 기(氣)를 얻은 것이니, 반드시 처한 곳에 따라서 〈가리키는 방향이〉 같지 않게 된다.[87]

이상과 같은 이익의 추론에서 주목해야 할 것은 그가 지구 위에 음양의 경계를 설정하고 있었다는 사실이다. 음양의 경계를 봉합한 곳으로 그는 두 군데의 솔기를 가정하였는데, 그곳은 지남침이 정확히 남쪽을 가리키는 지점이었다. 그 가운데 서쪽 솔기가 바로 『간평의설』에 등장하는 대랑산이라면, 동쪽 솔기는 그 지점과 180° 반대쪽에 있는 동양에 설정할 수 있었다.[88] 이익이 위의 인용문에서 '둥근 외[圓瓜]'를

---

87) 『星湖僿說』 卷4, 萬物門, 「指南針」, 17ㄱ(Ⅱ, 9쪽). "地毬雖圓, 必有陰陽判界之縫合處. 今圓瓜在地, 四周皆同然, 亦必上爲陽·下爲陰, 而縫在乎兩傍也. 從兩傍判開爲二片看, 則惟判開處勢直, 其餘瓣理, 莫不微斜. 其中間圍濶處益甚, 而二縫正相反, 其西縫上片, 自半以北漸左, 自半以南漸右, 下片自半以北漸右, 自半以南漸左, 會于蔕. 其東縫反是. 磁針者, 得地之氣者也, 必將隨處不同."

88) 희망봉(cape point)의 경도는 대략 동경 18° 29′ 정도이다. 그렇다면 경도상으로 이와 180° 떨어진 곳은 서경 162° 정도가 된다. 따라서 이익이 설정한 東縫은 북태평양의 한 지점이 되는 것이다.

비유로 든 것은 그것이 지구와 유사하게 둥근 형태를 지니고 있기 때문이기도 하지만, 비유의 핵심은 앞에서 이야기했던 "땅은 하늘 안에 있고 하늘은 바깥에서 회전하여, 기(氣)가 안에서 둥글게 맺히니 그 모양이 외씨[瓜瓣]와 같다"는 서술과 관련이 있다. 그는 '둥근 외'를 갈랐을 때 그 내부에서 확인할 수 있는 '외씨의 결'이 지구 내부에 맺혀 있는 '기'의 방향을 보여주는 좋은 예라고 판단했던 것이다. 이익이 비유를 들어 설명한 내용을 정확히 이해하기는 쉽지 않지만, 그것이 지남침의 편각(偏角) 현상의 원인이라고 여겨지는 지기(地氣)의 흐름을 보여주고자 했다는 사실은 충분히 짐작할 수 있다. 인용문의 마지막 문장을 통해 그 사실을 확인할 수 있기 때문이다.

> 대랑산은 생각건대 서쪽 솔기[西縫]이다. 대랑산만이 아니라 이곳으로부터 곧바로 북극과 남극에 이르기까지 반드시 똑같을 것이다. '중간의 둘레[中圍]'는 하늘의 적도와 같다. 중국은 적도의 북쪽에 있으며 동서 두 솔기의 사이이니, 곧 〈지구의〉 윗조각의 가장 중앙이다. 대랑산으로부터 점차 동쪽으로 가서 중국에 이르면 〈자침은〉 병방과 오방의 사이에 멈춘다. 이로부터 동양(東洋)에 이르면 다시 점점 오방을 향하고, 동쪽 솔기가 있는 곳[東縫處]을 지나 〈지구의〉 아랫조각의 가장 중앙에 이르면 〈자침은〉 오방과 정방의 사이에 멈춘다. 〈나의〉 발자취가 비록 〈이런 곳들에〉 두루 미치지 못했지만 〈이치로 따져본다면〉 반드시 이와 같을 따름이다.[89]

89) 『星湖僿說』 卷4, 萬物門, 「指南針」, 17ㄱ~ㄴ(Ⅱ, 9쪽). "大浪山, 意者地之西縫也. 不獨大浪也, 從此直走二極, 必將同然矣. 中圍者, 如天之赤道. 中國在赤道之北, 而即東西二縫之間, 乃上片之最中也. 自大浪漸東至中國, 而止午丙間, 自此至東洋, 復漸向午, 過東縫處, 至下片之最中處, 止午丁之間. 迹雖未遍, 必將如是而已也."

위의 인용문에서 알 수 있듯이 '서봉'은 대랑산이라는 특정 지점만을 가리키는 것이 아니다. 대랑산을 통과하는 북극으로부터 남극에 이르는 경도선이 이에 포함된다. 아울러 '둥근 외'의 비유에서 언급한 바 있는 "그 중간의 둘레가 넓은 곳[其中間圍濶處]"은 지구의 적도를 무한히 확장한 '하늘의 적도'와 같다고 하였다. 요컨대 이익은 해그림자(=자오선)와 지남침이 일치하는 서쪽 솔기와 동쪽 솔기를 지나는 경도선을 기준으로 지구를 '상편(上片)'과 '하편(下片)'의 두 조각으로 나누었던 것이다. 상편은 양(陽)의 세계, 하편은 음(陰)의 세계였다. 중국은 양의 세계의 가장 중앙에 위치한 나라로 이곳에서 자침은 병방과 오방의 사이를 가리킨다. 이와 반대편인 음의 세계의 가장 중앙에 위치한 곳에 이르면 자침은 오방과 정방의 사이를 가리키게 될 것이라고 보았다.

그런데 『성호사설유선(星湖僿說類選)』의 「지남침」 항목을 보면, 위의 인용문에 보이는 "(중국은) 윗조각의 가장 중앙이다"라는 언급 다음에 아래와 같은 내용이 첨부되어 있다.

> 저들이 말하기를 "인물(人物)이 처음으로 생겨난 땅이며, 성현(聖賢)이 제일 먼저 나온 곳이다"라고 하였으니 가히 증험할 수 있다. 그 아랫조각의 가장 가운데는 또 구라(歐羅=歐羅巴)이니, 성지(聖知)가 이어서 나오는 나라이다. 이쪽은 양(陽)이고, 저쪽은 음(陰)이다.[90]

이익은 이와 같은 내용을 어디에서 가져온 것일까? 인용문의 앞부분은 『직방외기』에서 확인할 수 있다. 「아세아총설(亞細亞總說)」의 모두에

---

90) 『星湖僿說類選』 卷1上, 天地篇 上, 天文門, 「指南針」(上, 35쪽). "彼云, 人物肇生之地, 聖賢首出之鄉, 可以驗矣. 其下片最中, 又是歐羅也, 聖知繼出之國, 此爲陽而彼爲陰也." 이 내용은 『五洲衍文長箋散稿』에서 인용한 『성호사설』의 내용에도 그대로 등장한다[『五洲衍文長箋散稿』 卷27, 「僿說南針分野辨證說」(上, 783쪽)].

수록된 “아세아는 천하의 제일 큰 대륙이다. 인류가 처음으로 생겨난 땅이며, 성현(聖賢)이 제일 먼저 나온 곳이다”[91]라는 내용이 그것이다. 알레니(Giulio Aleni : 艾儒略)가 이와 같은 내용을 첫머리에 기재한 이유는 중국인을 의식한 것으로 볼 수도 있으나, 실제로는 아시아 대륙의 범주 안에 ‘유대[如德亞]’가 포함되어 있다는 사실을 염두에 둔 것으로 보인다. “이곳은 천주(天主)가 개벽 이후에 처음으로 인류를 탄생시킨 나라이다. …… 그 나라의 건국 초기에 아브라함[亞把剌杭]이라고 하는 위대한 성인(聖人)이 있었다. …… 그 뒤 〈이곳에서〉 나고 자란 성현들이 대를 이어 끊이지 않았다”[92]는 서술이 그 사실을 증명한다.

이익은 일찍이 『성호사설』에서 이 대목을 인용한 바 있다. 그가 알레니의 본래 의도를 간파했는지는 알 수 없다. 다만 그는 이것을 서양인들이 중국 문명의 우월성을 인정했다는 하나의 사례로 독해하였으며, 이것과 ‘봉침설’을 연관시켰다는 사실은 분명히 확인할 수 있다.[93] “이쪽은 양이고, 저쪽은 음이다”라는 말은 여기에서 등장하지만 구라파를 “성지가 이어서 나오는 나라”라고 지목한 사실은 보이지 않는다.

물론 이익의 저술 가운데 “인류가 처음으로 생겨난 땅이며, 성현이 제일 먼저 나온 곳”이라는 내용이 처음 등장하는 것은 아마도 그가 『직방외기』를 읽고 쓴 발문일 것이다. 그는 『직방외기』의 해당 내용을 인용한 다음 “중국은 또 그 정심(正心)에 해당하니, 마치 감여가(堪輿家)의 ‘낙혈(落穴)’과 같다”라는 말을 덧붙였다.[94] 이는 물론 중국이 아시아

91) 『職方外紀』 卷1, 亞細亞總說, 1ㄱ(594책, 292쪽). “亞細亞者, 天下一大州也. 人類肇生之地, 聖賢首出之鄕.”

92) 『職方外紀』 卷1, 如德亞, 11ㄱ~ㄴ(594책, 297쪽). “此天主開闢以後, 肇生人類之邦. …… 其國初有大聖人, 曰亞把剌杭 …… 厥後生育聖賢, 世代不絶…….”

93) 『星湖僿說』 卷2, 天地門, 「分野」, 7ㄱ~ㄴ(Ⅰ, 34쪽). “今中國是人物肇生之地, 聖賢首出之鄕, 似是文明之極盛. 且以縫針說觀之, 至西方大浪山而針指正南, 又從此而推之, 東洋亦必有如此指午者矣. 然則大地分明有上下牉合, 而此爲陽彼爲陰也.”

94) 『星湖全集』 卷55, 「跋職方外紀」, 25ㄴ(199책, 515쪽). “據其說, 亞細亞實爲天下第一

대륙의 동남쪽에 위치한다고 한 알레니의 서술과는 차이가 있다.[95)]

이익의 「발직방외기(跋職方外紀)」는 그의 서학 인식을 살펴볼 수 있는 중요한 자료 가운데 하나이다. 여기에서 우리는 다음과 같은 몇 가지 사실에 주목할 필요가 있다. 첫째, 서양인들이 실제적 경험을 통해 목격한 사실을 『직방외기』에 기록했다고 보았다는 점이다. 이익이 "이로써 미루어 보면 내가 귀로 듣고 눈으로 본 이외의 것 또한 그것이 전혀 터무니없이 억지로 끌어다 붙인 것이 아니라고 단정할 수 있다"고 하면서 그 내용을 신뢰한 이유가 바로 여기에 있었다.[96)]

둘째, 서양인들이 천문역산학에 기초해서 천구와 지구를 구획한 사실을 파악하고 있었다는 점이다. 그에 따르면 하늘과 땅의 둘레는 360도, 하늘의 1도는 땅의 250리에 해당한다.[97)] 따라서 지구의 둘레는 9만 리가 된다. 이 대목에서 이익은 『직방외기』의 내용을 거론했는데, "그 땅[아시아]은 서쪽으로 나다리아(那多理亞 : Anatolia)에서 시작하는데, 복도(福島 : Canarias[Canary] islands)로부터 62도 떨어져 있고, 동쪽으로 아니엄협(亞尼俺峽 : 베링해협)에 이르면 180도 떨어진다"는 것이다.[98)] 이는 당시의 본초자오선(=기준 경선)이 지나는 복도로부터 아니엄협까지의 거리가 180도라는 사실을 말한 것이다. 이익은 이 내용을 근거로 구라파의 서쪽인 복도로부터 아니엄협까지의 거리가 4,5000리로 지구 전체 둘레의 절반이라고 하면서, 땅의 형세[地勢]로 따져 보면 복도와

大州, 人類肇生之地, 聖賢首出之鄕, 而中國又當其正心, 故如堪輿家落穴相似."

95) 『職方外紀』 卷1, 亞細亞總說, 1ㄴ(594책, 292쪽). "中國則居其東南."

96) 『星湖全集』 卷55, 「跋職方外紀」, 25ㄴ(199책, 515쪽). "彼西士者若不身歷而目擊, 何從而知其如此乎. 以此推之, 吾耳目之外, 亦可斷其不全爲鑿空也."

97) 『職方外紀』 卷首, 「五大州總圖界度解」, 2ㄱ(594책, 283쪽). "其周天之度, 經緯各三百六十, 地既在天之中央, 其度悉與天同." ; 같은 책, 4ㄱ(594책, 284쪽). "圖中南北規規相等, 皆以二百五十里爲一度, 赤道之度亦然."

98) 『職方外紀』 卷1, 亞細亞總說, 1ㄱ(594책, 292쪽). "其地西起那多理亞, 離福島六十二度, 東至亞尼俺峽, 離一百八十度."

중국은 위아래로 마주하고 있으니[上下正當] 양자의 동쪽 방향의 거리와 서쪽 방향의 거리가 대략 비슷하다고 보았다. 그럼에도 불구하고 이쪽을 반드시 '중(中)'이라고 하고 저쪽을 반드시 '서(西)'라고 하는 이유가 무엇이냐고 자문했다.[99]

이에 대한 답변으로 등장한 것이 위에서 살펴본 "아세아는 천하의 제일 큰 대륙으로, 인류가 처음으로 생겨난 땅이고, 성현이 제일 먼저 나온 곳이며, 중국이 그 정심(正心)에 해당하니, 마치 감여가의 '낙혈'과 같다"는 주장이었다. 이익은 이에 근거하여 중국으로부터 서쪽으로 땅 밑[地底]까지의 절반은 모두 '서'가 되고, 동쪽으로 땅 밑까지의 절반은 '동'이 되니, 대서양(大西洋)의 한쪽 가장자리는 곧 대동양(大東洋)[100]이라고 하였다.[101] 이는 중국을 중심으로 방위를 설정한 것이라 할 수 있다. 그렇다면 중국이 '정심'이 될 수 있는 이유는 무엇인가?

이익은 『주역』 계사전(繫辭傳)의 한 구절을 인용했다. "천지가 자리를 베풀면 역(易)이 그 가운데 행해진다"[102]는 것이다. 이익은 중국의 땅에서 물이 모두 동쪽으로 흐르는 것에서 상(象)을 취해 송괘(訟卦)를 만들었다고 보았다. "하늘과 물이 어긋나게 감이 송(訟)이니, 군자가 보고서 일을 하되 처음을 잘 도모한다"[103]는 상전(象傳)의 내용을 염두에 둔

---

99) 『星湖全集』 卷55, 「跋職方外紀」, 25ㄴ(199책, 515쪽). "但西國測天, 以三百六十度爲式, 歷地二百五十里, 星文差一度, 則地之周爲九萬里. 自歐羅巴之西福島, 至中國之東亞泥俺峽, 恰爲一百八十度, 則實四萬五千里而地之半周也. 以地勢求之, 福島與中國上下正當, 從東從西, 道里略相近也. 然而此必謂之中, 彼必謂之西者何也."

100) 『職方外紀』 卷5, 四海總說, 2ㄱ(594책, 331쪽). "玆將中國列中央, 則從大東洋至小東洋爲東海, 從小西洋至大西洋爲西海, 近墨瓦蠟尼一帶爲南海, 近北極下爲北海而地中海附焉." 「坤輿萬國全圖」를 비롯한 서양의 세계지도에서는 현재의 태평양 가운데 아메리카 대륙 쪽을 大東洋, 아시아 대륙 쪽을 小東洋이라고 하였다.

101) 『星湖全集』 卷55, 「跋職方外紀」, 25ㄴ~26ㄱ(199책, 515쪽). "據其說, 亞細亞實爲天下第一大州, 人類肇生之地, 聖賢首出之鄕, 而中國又當其正心, 故如堪輿家落穴相似. 自此以西至地底一半皆爲西, 以東至地底一半皆爲東, 而大西洋一邊, 卽大東洋也."

102) 『周易』, 繫辭上傳, 第7章. "天地設位, 而易行乎其中矣, 成性存存, 道義之門."

것이다. 그는 세계 여러 나라들의 물길이 각각 다르지만 상(象)은 변하지 않는 것이니, 이를 통해 중국이 '정중(正中)'이 됨을 알 수 있다고 하였다.[104] 『주역』이 성현의 말씀이라는 사실을 굳게 믿고 그 안의 '천수위행(天水違行)'이라는 구절이 중국의 물줄기와 상통한다는 점을 들어 중국이 동양 세계의 중심, 나아가 세계의 중심이라는 주장을 펼치고자 했던 것이다.

그렇다면 이익은 지구설이라는 새로운 자연 지식에 근거하여 중국 중심의 화이론을 정교하게 구성하고자 했다고 보아야 할까? 기존의 연구에서 지적한 바와 같이 이익의 논설은 "형이상학적·우주론적 구분이 지구상에 존재함"을 보여줌으로써 중국이 중화가 될 수 있는 '필연성'을 드러내기 위한 목적을 지니고 있다고 볼 수 있다.[105] 그럼에도 불구하고 여전히 주목해야 하는 것은 중국과 대비되는 서양과 그 문명에 대한 인식이다. 『성호사설유선』의 「지남침」 항목에 등장하는 "그 아랫조각의 가장 가운데는 또 구라(歐羅=歐羅巴)이니, 성지(聖知)가 이어서 나오는 나라"라는 서술이나 「발직방외기」에서 세계의 '정심'·'정중'이 되는 중국 학자들의 학문적 역량에 대한 비평을 눈여겨볼 필요가 있다는 것이다. 이익은 세계의 중심에 해당하는 중국의 선비들은 당연히 해외 여러 나라의 사람들과 비교해 볼 때 마땅히 매우 출중해야 할 터인데, 도리어 오늘날 서양 선비들의 학문적 포부와 역량[志業力量]을 우러러보며 자신의 초라함을 탄식하고 있으니 부끄럽지 않으냐고 했던 것이다.[106] 이는

---

103) 『周易』, 訟卦, 大象. "象曰, 天與水違行, 訟, 君子以, 作事謀始."

104) 『星湖全集』 卷55, 「跋職方外紀」, 26ㄴ(199책, 515쪽). "何以明之. 孔子曰天地設位, 易行于其中. 易者不特爲中國設地, 以中國方六千里之地, 而水皆東趨, 以是取象曰天水違行, 有訟之卦焉. 其佗百十邦域, 水各異道, 而象則不變, 可見其爲正中也."

105) 임종태, 앞의 책, 2012, 322~327쪽.

106) 『星湖全集』 卷55, 「跋職方外紀」, 26ㄱ(199책, 515쪽). "然則中國之士, 比諸洋外列邦, 固宜大有秀異者, 而今於西士之志業力量, 反有望洋向若之歎, 何如其愧哉."

음의 세계 정중앙에 위치한 구라파에서도 '총명예지(聰明叡智)'의 덕을 갖춘 인물[聖知]들이 출현하고 있으며, 그들의 문명 또한 중국의 선비들이 부러워할 만한 우수성을 지니고 있다는 사실을 긍정한다는 점에서 종래의 서학 인식과 질적 차별성을 보여준다고 할 수 있다.

3. 조석설(潮汐說)과 동해무조석론(東海無潮汐論)

1) 서학의 수용을 통한 새로운 조석설의 전개

조선후기에 본격적으로 도입된 서학은 자연인식의 변화에 많은 영향을 끼쳤으며, 조석설 역시 일정하게 그 영향을 받았다. 서학의 자연지식이 조석설에 미친 영향은 다음과 같은 몇 가지 측면에서 살펴볼 수 있다. 먼저 세계지도와 지리지의 전파를 통해 세계 각국의 자연지리에 대한 다양한 정보를 접하게 됨으로써 종래의 조석설을 세계 여러 나라의 조석 현상과 비교·검토할 수 있는 기회를 갖게 되었다. 특히 '지구설'에 기초하여 제작한 세계지도의 전래는 종래의 천지관(天地觀)에서 탈피하여 세계의 구조를 새롭게 이해할 수 있는 계기를 제공하였다. 지구 위에 분포된 대륙과 대양의 모습을 일목요연하게 정리한 토대 위에서 조석의 문제를 생각할 수 있게 되었던 것이다. 다음으로 우주구조론의 변화를 지적할 수 있다. 혼천설(渾天說)에 의거했던 종래의 우주구조론이 지구설을 중심으로 한 새로운 천지관으로 변모하였고, 그에 따라 종래 땅을 싣고 있는 것으로 간주되었던 바다[水]가 이제는 대지에 부속된 것으로, 다시 말해 바다를 비롯한 일체의 물이 대지[지구] 위에 실려 있는 것으로 새롭게 인식되기에 이르렀다. 마지막으로 중요한 것은 새로운 천문역산학 지식의 전파였다. 태양계 행성의 구조와 각 행성의 운행에 대한 정밀한 자료들은 비록 제한적이기는 하지만 해와 달을 비롯한 천체가 조석에 미치는 영향을 천체역학적 관점에서 생각할 수 있는 계기를 마련해 주었던 것이다.

서학의 수용을 통해 새로운 조석설을 제기한 것은 성호학파의 학자들이었다. 이익(李瀷)의 조석설은 서양의 지구설을 전제로 하고 있다. 그가 「조석변(潮汐辨)」의 첫머리에서 지구설을 설명한 것은 이를 전제하지 않고는 정확한 조석설의 수립이 불가능하다는 판단 때문이었다.[107) 이익의 조석설은 “조수는 하늘을 따라서 돌고, 진퇴는 달을 따르며, 성쇠는 해를 따른다[潮隨天而轉, 進退隨月, 盛衰隨日]”[108)는 말로 요약할 수 있다. 그것은 조수의 진행 방향은 하늘의 운행을 통해, 만조와 간조의 발생은 달과 관련하여, 대조(大潮 : 사리, spring tide)와 소조(小潮 : 조금, neap tide)의 발생은 해와 관련하여 설명하고자 하는 논리였다. 즉 천체역학적 원리에 입각하여 조석 현상을 설명하고자 한 것이었다.

이익은 기본적으로 조석 현상을 달과의 관련 속에서 해명하고자 하였다. 그는 조석의 운행은 지구상의 어느 곳을 막론하고 달을 따라 진행한다고 보았다.[109) 그런데 일월성신(日月星辰)의 운행은 그 자체가 저절로 움직이는 것이 아니었다. 그것은 기(氣)의 운행으로 파악되었다. 따라서 조석의 운행 역시 달의 기가 다다르면 만조가 되고, 기가 물러가면 간조가 되는 것이었다.[110) 그렇다면 조석 현상이 하루에 두 차례씩 발생하는 이유는 무엇인가? 이 질문은 종래의 ‘응월설(應月說)’이 해명하지 못한 난제였다. 이익은 그것을 ‘기의 관통력[氣之貫過]’이라는 개념을

107) 『星湖全集』 卷43, 「潮汐辨」, 24ㄱ(199, 282쪽). “論潮汐而不詳渾蓋則末矣.”

108) 『星湖僿說』 卷3, 天地門, 「潮汐」, 10ㄴ(Ⅰ, 76쪽). “夫潮隨天而轉, 進退隨月, 盛衰隨日, 此不易之論也.”

109) 『星湖全集』 卷43, 「潮汐辨」, 24ㄴ(199, 282쪽). “然而環地上下, 潮之運行, 莫不隨月.”

110) 『星湖全集』 卷43, 「潮汐辨」, 24ㄴ(199, 282쪽). “日月星辰非自運也, 乃氣行如此, 而與氣同運, 故潮之東西, 亦不過氣至則涌, 氣退則息, 息而復涌, 無一刻之停也.”

통해 설명하고자 하였다. 천지의 내부에서 기가 한쪽에서 성하게 되면 반대쪽으로 관통하기 때문에 달이 뜰 때도 만조가 되고, 달이 질 때도 만조가 된다는 것이었다. 이익은 이것을 자석의 자기력을 예로 들어 설명하기도 했다.[111]

그렇다면 조석이 지구상의 위치에 따라, 특히 남북의 지역 차에 따라 다르게 나타나는 이유는 무엇인가? 조석에 대한 천체의 영향, 특히 달의 영향을 중요하게 생각하는 이익은 이 문제가 천체의 운행 궤도와 밀접한 관련을 갖고 있다고 보았다. 일월성신의 운행은 하늘의 운행 방향과 마찬가지로 '좌선(左旋)'이었고, 달을 따라 운행하는 조수의 진행 방향 역시 '좌전(左轉)'이었다.[112] 그런데 일월성신의 궤도는 대체로 천구의 적도(赤道)에 가깝다. 따라서 적도는 '천복(天腹)'으로 여겨졌다. 요컨대 천체의 운행은 적도 부근에서 가장 빠르고 남쪽과 북쪽으로 갈수록 점차로 완화되어 극지방에 이르면 '상정부동(常靜不動)'하게 된다는 것이었다. 이러한 천체운행론에 입각할 때 물의 운행 역시 적도 부근에서 가장 빠르고 극지방에 이르면 움직이지 않는 것으로 간주되었다.[113] 위도에 따른 조석 시간의 차이는 바로 이러한 물의 움직임과 관련하여 설명되었다. 지구상의 물은 적도 아래의 물을 '수종(水宗)'[114]으로 하여 남북으로 퍼져나가는 것이었다.[115] 북해(北海)나 남해(南海)의

---

111) 『星湖全集』卷43, 「潮汐辨」, 25ㄴ~26ㄱ(199, 283쪽). "其一日兩潮何也, 氣之貫過也. 天地之內 氣盛于東則貫過于西, 氣盛于南則貫過于北, 故月臨而潮滿, 月對而汐張, 彼感而此應, 氣之所至, 地不能隔. 今以指南針驗之, 置磁石於鐵套之下, 氣未嘗礙也."

112) 『星湖全集』卷43, 「潮汐辨」, 24ㄴ(199, 282쪽). "然而環地上下, 潮之運行, 莫不隨月, 則其麗地左轉, 亦如日月星辰之與天左旋也."

113) 『星湖全集』卷43, 「潮汐辨」, 24ㄴ(199, 282쪽). "日月之行, 常近赤道, 赤道者, 天腹也. 其行最疾, 漸北漸緩, 以至於極則有常靜不動者矣. 水亦當赤道下者最疾, 北至於戴極之地, 則水亦必不動矣. 從赤道南至於南極, 則其勢同然也."

114) 『星湖僿說』卷3, 天地門, 「水宗」, 15ㄴ(Ⅰ, 79쪽). "赤道之下, 有潮高數十丈, 此水因氣涌爲海之大宗."

115) 『星湖僿說』卷3, 天地門, 「潮汐」, 10ㄴ(Ⅰ, 76쪽). "天腹者, 赤道也. 天腹其勢最疾,

조석은 적도 부근의 조수가 좌우로 퍼져나간 것에 불과할 뿐이었다.[116] 따라서 적도 지방에서 가까운 지역은 조석 시각이 빠르고, 적도 지방에서 먼 지역은 조석 시각이 느리며, 우리나라는 적도로부터 북쪽으로 멀리 떨어져 있는 지역이므로 적도 지역의 조석 시각과 많은 차이를 보인다는 것이다.[117]

한편 조석이 성쇠(盛衰)하는 이유, 즉 대조(大潮)와 소조(小潮)의 차이가 발생하는 이유에 대해서 이익은 태양을 그 주요 원인으로 꼽았다.[118] 삭망의 경우 태양과 달의 힘이 동시에 미치기 때문에 대조가 된다고 하였다. 요컨대 이익의 조석설은 조석의 발생을 달의 운행에 따른 기(氣)의 영향으로 보았고, 그 왕래는 달의 운행에 따라, 그 성쇠는 태양에 따라 일어나는 것으로 파악한 것이었다.

이상과 같은 이익의 조석설은 서학서의 영향을 받은 것이었다. 서학서 가운데 조석 현상에 대해 구체적 논의를 전개한 것은 우르시스(Sabbathinus de Ursis, 1575~1620 : 熊三拔)의 『태서수법(泰西水法)』(1612년 刊)에서부터 비롯된 것으로 보인다. 그런데 『태서수법』의 조석설은 동아시아의 전통적인 조석설인 '응월지설(應月之說)'의 범주를 크게 벗어나는 것이 아니었다.[119] 즉 달은 음정(陰精)으로 물[水]과 동물(同物)로서 물을 주재하기 때문에 달이 있는 곳으로 모든 물이 상승하게 되는 것이

故水在赤道之下者爲水宗, 而從赤道左右者, 皆其迆及者也."

116) 『星湖全集』 卷43, 「潮汐辨」, 25ㄴ(199, 283쪽). "……可見水隨氣涌, 與月左轉, 而北海之潮不過其左右激蕩者也."

117) 『星湖全集』 卷43, 「潮汐辨」, 25ㄱ(199, 283쪽). "水自洋中左右布散, 激蕩之勢, 迤及遠近, 故近者先而遠者後也. 我國之海, 去洋中最遠, 故月在卯而潮滿, 至午而退, 至酉而復滿, 正與洋中之候相反也."

118) 『星湖全集』 卷43, 「潮汐辨」, 26ㄱ(199, 283쪽). "去來由月而盛衰則由日也."

119) 『泰西水法』 卷5, 水法或問, 5ㄱ(1645쪽－영인본 『天學初函』, 亞細亞文化社, 1976의 페이지 번호(臺灣學生書局 刊行 中國史學叢書本). 이하 같음). "問海水潮汐者, 何也. 曰, 察物審時, 窮理極數, 卽應月之說, 無可疑焉."

며, 해조(海潮)가 달에 응하는 것은 바로 이와 같은 원리라는 설명이었다.[120]

조석 현상에 대한 보다 구체적 설명이 수록된 것은 페르비스트(Ferdinand Verbiest, 1623~1688 : 南懷仁)의 『곤여도설(坤輿圖說)』(1674년 刊)이었다.[121] 이 책은 알레니(Giulio Aleni, 1582~1649 : 艾儒略)의 『직방외기(職方外紀)』와 함께 조선후기 지식인들에게 가장 커다란 영향을 끼친 서양 지리서로서 경종(景宗) 원년(1721) 유척기(兪拓基)에 의해 도입된 것으로 추정하고 있다.[122] 페르비스트는 먼저 세계 각지의 조석 현상에 차이가 있음을 실례를 들어 설명하였다. 각 지방의 조석에 차이가 발생하는 원인으로는 먼저 지리적 요소가 거론되었는데, 해안선 지역의 지세 차이와 해저 지형의 차이가 그것이었다.[123] 그러나 조석 현상의 근본적 원인은 역시 달의 운동과 관련해서 생각해 보아야 할 문제였다. 앞에서도 이미 살펴본 바 있듯이 페르비스트는 고금의 여러 논의 가운데 해조의 발생을 월륜(月輪)이 종동천(宗動天)을 따라 운행하는 데서 비롯되는 것으로 설명하는 방식을 정론으로 제시하고,[124] 그 구체적 증거로 다음의 다섯 가지를 거론하였다. ① 만조와 간조의 발생은 달이 뜨고 지고 차고 기우는 형세[顯隱盈虧之勢]와 관련이 있다, ② 조석의 세기는 달의

---

120) 『泰西水法』 卷5, 水法或問, 5ㄱ~6ㄱ(1645~1647쪽). "月爲陰精, 與水同物. 凡寰宇之內, 濕潤陰寒, 皆月主之, 旣其同物, 勢當相就 …… 由此而言, 月爲水主, 月輪所在, 諸水上升, 海潮應月, 斯著明矣."

121) 『坤輿圖說』 卷上, 「海之潮汐」, 17ㄱ~20ㄴ(594책, 739~740쪽).

122) 兪拓基, 『燕行錄』 卷2(서울 基督教博物館 소장) ; 盧禎埴, 「西洋地理學의 東漸－特히 韓國에의 世界地圖 傳來와 그 影響을 中心으로－」, 『大邱教育大學 論文集』 5, 1969, 243쪽 ; 金良善, 「韓國古地圖研究抄－世界地圖」, 『梅山國學散稿』, 崇田大學校 博物館, 1972, 234쪽.

123) 『坤輿圖說』 卷上, 「海之潮汐」, 17ㄱ~ㄴ(594책, 739쪽). "潮汐各方不同 …… 此各方海潮不同之故, 由海濱地有崇卑直曲之勢, 海底海內之洞有多寡大小故也."

124) 『坤輿圖說』 卷上, 「海之潮汐」, 18ㄱ(594책, 739쪽). "嘗推其故而有得于古昔之所論者, 則以海潮由月輪隨宗動天之運也, 古今多宗之."

위상(位相) 변화와 관련이 있다[달과 태양의 상대적 위치의 변화가 조석의 세기를 다르게 한다], ③ 조석의 발생이 매일 조금씩 늦어지는 것은 달의 운행이 늦어지는 것과 관련이 있다, ④ 겨울의 조석이 여름의 조석보다 강렬한 것은 겨울철의 달이 여름철의 달보다 강하기 때문이다, ⑤ 음(陰)에 속하는 모든 사물은 달을 위주로 하는데 해조는 습기(濕氣)에 연유하는 것이므로 달에 의해 주지(主持)된다. 또 달은 빛으로 뿐만 아니라 갖추어진 은덕(隱德)으로도 조석을 발생시키기 때문에 무광(無光)인 삭(朔)의 위치에서도 조석을 일으킨다.[125] 이익의 조석설은 이와 같은 서학의 천문학적 지식을 수용하여 천체역학적 관점에서 조석의 문제를 해명하려고 한 것이었다.

이익의 조석설을 계승한 사람은 정약용(丁若鏞)이었다. 정약용의 조석설 역시 지구설을 바탕으로 하여 전개되고 있다는 점에서 이전의 조석설과 차별성을 지닌다. 그는 18세기 말에서 19세기 초에 걸친 시기에 살면서 당대에 전래된 다양한 서양의 과학기술 서적을 토대로 자기 나름의 자연인식을 구축하였다. 조석설 역시 전통적 조석설의 바탕 위에서 서양과학의 내용을 소화하여 체계화한 것이었다. 정약용의 조석설은 기존의 '응월설'에 의문을 품고 있었던 중형(仲兄) 정약전(丁若銓, 1758~1816)과의 논의를 통해 완성된 것으로,[126] 천문학적 지식을 바탕으로 한 천체역학적 설명을 통해 '응월설'의 문제점을 지양하고자 하였다.

---

125) 『坤輿圖說』 卷上, 「海之潮汐」, 18ㄱ~19ㄱ(594책, 739~740쪽). "其正驗有多端. 一曰, 潮長與退之異勢, 多隨月顯隱盈虧之勢 …… 二曰, 月與日相會相對, 有近遠之異勢, 亦使潮之勢或殊 …… 三曰, 潮之發長, 每日遲四刻, 必由于月每日多用四刻, 以成一週而返原所 …… 四曰, 冬時之月, 多强于夏時之月, 故冬潮槩烈于夏潮 …… 五曰, 凡物屬陰者, 槪以月爲主, 則海潮旣由濕氣之甚, 無不聽月所主持矣 …… 所謂隱德者, 乃可通遠而成功矣. 是月以所借之光, 或所具之德, 致使潮長也."

126) 『與猶堂集』(奎 11894) 24책, 巽菴書牘, 「寄茶山」. "居海旣久, 而潮汐之往來盛衰, 終有解不透者, 君或有測知耶. 月上地面則潮始至, 月午則始退, 月入地底則又至, 旣以月出而至, 復以月沒而至者, 是何故也. 月初生極盛, 至上弦極縮, 月旣望極盛, 至下弦極縮, 月晦復盛, 旣以月盈而盛, 復以月晦而盛者, 又何故也."

정약전이 '응월설'의 문제로 지적한 것은 두 가지였다. 첫째, 조석이 달과 관련된 것이라면 달이 뜨면 조수가 일어나고 달이 지면 조수가 물러가야 하는데, 실제로는 달이 뜰 때와 질 때 조수가 일어나고 달이 중천에 있을 때 조수가 물러가는 이유는 무엇인가 하는 점이다. 정약용은 이 문제를 지구설에 기초하여 설명하였다. 그는 달을 '물의 원정(元精)'으로 파악하였다. 따라서 '원정'이 비추면 물은 감발하여 위로 솟구치게 된다는 것이다. 그런데 물의 깊이가 깊지 않으면 그 감응 역시 깊지 못하게 된다. 달이 뜰 때나 질 때는 달의 위치가 지평선상에 위치하므로 횡으로 바다 수천 리를 비추게 된다. 따라서 물이 깊어 조수가 일어나게 되는 것이다. 반면 달이 중천에 떠서 바다를 비출 때는 비추는 물의 깊이가 수 리에 불과하므로 조수가 물러가게 된다는 설명이었다.[127] 이것은 구형의 지구 위를 동일한 깊이의 물이 덮고 있다고 가정할 때 관측자의 위치를 기준으로 지평선상에서 투과하는 길이와 수직선상에서 투과하는 길이를 비교해 보면 쉽게 알 수 있다.

둘째, 조석이 달과 관련된 것이라면 보름에 대조(大潮)가 되고 그믐에 소조(小潮)가 되는 것이 이치일 텐데, 실제로는 보름과 그믐에 대조가 일어나고 상현과 하현일 때 소조가 발생하는 이유는 무엇인가 하는 점이다. 정약용은 이것을 태양의 운동 때문이라고 설명한다. 태양은 '불의 원정(元精)'이다. 물이 불과 만나면 끓어올라 솟구치게 된다. 초하루에는 태양이 동쪽에, 달은 중앙에, 지구는 서쪽에 위치하며, 보름에는 달이 동쪽에, 지구가 중앙에, 태양이 서쪽에 위치하게 된다. 이처럼 태양과 달과 지구가 일직선상에 위치하게 되면 기조력(起潮力)[映射之力]

127) 『與猶堂全書』 第1集 第11卷, 「海潮論」 1, 25ㄱ(1, 234쪽). "月者, 水之元精也. 其元精之所照, 映水則感之, 渤然上興, 然水之積也不厚, 則其感不深, 故月之方出, 旣到地平之界, 橫照海數千里, 則水之積也極厚, 而潮興焉. 月旣高, 下燭于海, 則水之積也不厚, 而潮衰焉. 海之深不能爲數里也, 月之將沒, 又到地平之界, 橫照海數千里, 則水之積也極厚, 而潮興焉."

이 커져서 대조가 발생하게 되는 것이다. 반면에 상현과 하현일 때는 태양과 달과 지구가 삼각형을 이루게 되어 기조력이 작아져서 소조가 되는 것이다.[128] 이것이 바로 정약전이 바꿀 수 없는 논의라고 평가한 다산(茶山)의 '일월지관주정족지설(日月地貫珠鼎足之說)'[129]이었다.

한편 정약용은 같은 삭망에서도 조석에 대소의 차이가 발생하는 이유를 달의 궤도 변화로 설명했다. 달의 궤도는 천구상에서 북으로는 하지선[북회귀선 : tropic of cancer]에 남으로는 동지선[남회귀선 : tropic of capricorn]에 다다른다. 달의 궤도가 남북으로 이동하면 조석이 운행하는 길도 남북으로 이동하게 된다. 우리나라처럼 북반구에 위치한 나라인 경우에는 조석이 운행하는 길이 남쪽으로 이동하면 그것이 미치는 여파가 멀어지게 되어 그 힘이 약해지게 되며, 그 반대의 경우에는 그 여파가 가까워져서 그 힘이 강해지게 된다. 이것이 바로 같은 삭망에서 조석의 대소 차이가 발생하는 이유였다.[130]

이익과 정약용의 조석설은 각론에서 약간의 차이를 보이고 있지만 핵심적 내용에서는 일치한다. 먼저 양자는 조석을 발생시키는 근본 원인으로 달을 설정하고 있다는 점에서 상통한다. 대조와 소조의 차이가 발생하는 이유를 태양·달·지구의 상호 위상관계를 통해 해명하려고 했다는 점에서도 같다. 또한 조수의 크기가 적도 지역에서 가장 크고, 이것이 남북으로 영향을 미친다고 본 점에서도 일치하며, 만유인력이라는 개념은 보이지 않지만 '기지관과(氣之貫過)'·'영사지력(映射之力)'이란 개념을 통해 기조력의 원인을 규명하려 하였다는 점에서도 동일하다. 무엇보다 양자는 전통적 음양오행설로부터 벗어나 천체역학적 구조

---

128) 『與猶堂全書』 第1集 第11卷, 「海潮論」 2, 25ㄴ~26ㄱ(1, 234쪽).

129) 『與猶堂集』 24책, 巽菴書牘, 「寄茶山」. "海潮之理, 茶山日月地貫珠鼎足之說, 不可易也."

130) 『與猶堂全書』 第1集 第11卷, 「海潮論」 4, 26ㄴ(1, 234쪽).

속에서 조석을 해명하려 하였다는 점에서 이전의 조석설과 질적 차별성을 갖는다. 물론 이익과 정약용도 달과 태양의 영향을 언급하면서 '수(水)'·'화(火)'·'수지원정(水之元精)'·'화지원정(火之元精)'이라는 개념을 사용하였으며, 그것은 전통적 음양오행설을 차용한 것이라고 볼 수 있다. 그러나 이익이나 정약용에게 음양의 개념은 이전과는 다른 의미로 사용되었다. 음양이란 만물을 만들어 내는 근원적 존재로서의 원기를 의미하는 것이 아니라 햇빛이 비치는가 비치지 않는가에 따른 음지와 양지의 의미였다.[131] 조석설에서 사용하고 있는 오행의 개념 역시 달과 태양의 차이를 설명하기 위한 수사적 차원이었다고 생각된다.

일찍이 이익과 정약용은 이기론(理氣論)의 전환을 통해 인간과 사물의 보편적 통일성[一理]을 부정하였다. 그들은 절대적 가치 이념으로서의 이(理)를 부정하고, 자연법칙을 인간 사회의 운영원리와 분리함으로써 과학적 자연인식의 기반을 조성하였다.[132] 이제 그들에게 중요한 것은 개개의 차별성이었고, 이러한 차별성의 탐구를 위해서는 개별 사물에 대한 경험적 탐구 방식이 중시되었다. 조석에 대한 탐구 역시 그 일환으로서 행해진 것이었다.

2) '동해무조석(東海無潮汐)'에 대한 지리적 접근

우리나라의 동해에는 어째서 조석 현상이 없는가라고 하는 '동해무조석'의 문제는 오래전부터 논란거리였다. 조석설의 문제와 마찬가지로 '동해무조석론(東海無潮汐論)' 역시 서학이 본격적으로 도입되는 17세기

131) 朴星來, 「丁若鏞의 科學思想」, 『茶山學報』 1, 1978, 155~158쪽.

132) 이러한 관점에 대한 연구로는 김홍경, 「이익의 자연 인식」, 『실학의 철학』, 예문서원, 1996 ; 金容傑, 「星湖의 自然 認識과 理氣論 體系 變化」, 『韓國實學硏究』 創刊號, 솔, 1999를 참조.

중반 이후 커다란 변화의 계기를 맞게 된다. 세계지도와 지리지 등 서양 지리학의 성과물이 전래됨에 따라 우리나라의 지리적 위치와 세계의 자연·인문지리에 대한 새로운 정보들이 조선 학계에 유입되었다. 이제 이러한 새로운 지식에 기초하여 '동해무조석'의 문제에 새롭게 접근할 수 있는 여지가 생겼던 것이다.

이미 살펴본 바와 같이 이익은 적도(赤道)를 천복(天腹)으로 파악하여 적도 지방의 조세(潮勢)가 가장 크다고 보았다. 이에 따라 적도 밑의 물은 수종(水宗)이 되어 남북으로 퍼져나가게 되며, 적도 위에 있는 북쪽 지방은 물이 동남쪽에서 오게 된다. 왜냐하면 하늘이 좌선(左旋)하기 때문이다.[133] 이것은 두 가지 운동을 합성한 결과였다. 적도를 중심으로 남북으로 움직이는 힘과 달의 공전에 따라 동쪽에서 서쪽으로 움직이는 힘을 단순하게 합성하면 그 힘의 방향은 동남쪽에서 서북쪽을 가리키게 된다. 그런데 이러한 힘은 북쪽으로 올라갈수록 약해져서 가장 북쪽 지방에 이르면 조석은 없어지게 된다고 하였다. 요컨대 이익은 우리나라의 동해에 조석이 없는 것은 동해가 일본열도에 의해 차단되어 하나의 호수와 같은 형상을 하고 있어[134] 동남쪽에서 올라오는 조수가 미치지 못하기 때문이라고 파악했던 것이다.

'동해무조석'에 대한 정약용의 논설은 조석설과 마찬가지로 중형(仲兄) 정약전의 의문에 답한 것이었다. 정약전은 동해는 우리나라와 일본 사이에 위치하여 하나의 호수처럼 되어 있기 때문에 조석이 발생하지 않는다는 이벽(李檗, 1754~1786, 字 德操)의 견해를 소개하면서[135] 그렇

133) 『星湖全集』 卷43, 「潮汐辨」, 26ㄴ(199책, 283쪽). "此皆赤道以北之地 故天腹在南而氣必自東 所以海之東南有潮."

134) 『星湖僿說』 卷3, 天地門, 「潮汐」, 10ㄴ(Ⅰ, 76쪽).

135) 李檗의 號는 曠菴, 字는 德操이다. 李檗과 丁若鏞 형제의 교우관계에 대해서는 金玉姬, 『한국천주교사상사 Ⅰ-曠菴 李檗의 西學思想硏究-』, 圖書出版 殉敎의 脈, 1990을 참조.

다면 발해(渤海)는 우리나라와 중국의 사이에 위치하고 있음에도 불구하고 어째서 조석이 있는가라는 의문을 제기하였다.[136] 이에 대해 정약용은 동해에만 조석이 없는 것이 아니고 북해(北海)와 남해(南海)에도 조석이 없는 것이라고 주장하였다. 그것은 조석을 일으키는 주된 원인인 태양과 달의 궤도 때문이었다. 태양과 달의 궤도는 적도의 좌우로 순환하는데 남으로는 동지선[남회귀선 : tropic of capricorn]에 북으로는 하지선[북회귀선 : tropic of cancer]에 이른다. 동지선과 하지선 사이의 지역은 모두 '천요(天腰=赤道)의 좌우(左右)'라고 할 수 있다. 조석은 태양과 달 때문에 발생하는 것이므로 '천요'의 아래에 위치한 지역에서 조석은 일어나게 된다. 예컨대 조왜(爪哇 : Java, 인도네시아 자바섬), 여송(呂宋 : Luzon, 필리핀 제도의 루손섬), 소문(蘇門=蘇門答剌 : Sumatra), 불제(佛齊=三佛齊 : Palembang) 등이 그런 지역이다. 여기에서 북쪽과 남쪽으로 갈수록 조석은 점점 미약해진다. 북해와 남해에 조석이 없다고 주장하는 이유가 바로 이것이다. 우리나라의 경우 대마도(對馬島)를 거쳐 북쪽으로 미치는 조수는 울진(蔚珍)에 이르기까지는 면면히 이어지지만 실직(悉直 : 강원도 三陟) 이북으로는 사라지게 된다. 발해 지역의 조수가 여순(旅順) 지역까지 이르는 것에 비해 동해의 조석이 더욱 짧은 이유는 지리적인 데 원인이 있다. 아묵(亞墨) 대륙이 동쪽으로 오는 조수를 가로막고 있으며, 다시 일본 열도에 의해 차단되기 때문에 조수가 미치지 못한다는 것이다.[137]

오늘날의 관점에서 보아도 이러한 설명 방식은 어느 정도 설득력을 지니고 있다. 일반적으로 조석을 조정하고 제어하는 요소에는 달과

---

136) 『與猶堂集』(奎 11894) 24책, 巽菴書牘, 「答茶山」. "海潮之理, 前得其說, 令人惺悟, 但東海無潮之理, 終不可知, 或有理會, 書示如何. 昔者李德操曰, 日本及我國東界夾之而中成一湖, 故無潮, 然則余所居渤海, 亦我國中國夾之, 而潮勢愈北愈猛, 是何故也."

137) 『與猶堂全書』 第1集 第11卷, 「海潮論」 3, 26ㄱ~ㄴ(1, 234쪽).

태양의 위치뿐만 아니라 지구의 자전과 육지의 분포·위도 등도 포함된다. 특히 육지의 형태는 조석의 움직임에 복잡한 형태의 영향을 미친다. 일반적으로 조차(潮差 : tidal range)－고저와 저조 사이의 수위차－는 수심이 얕은 나팔 모양의 만에서 특히 증가하는데, 우리나라의 서해안은 이 경우에 해당한다. 서해는 태평양과 연결된 하나의 거대한 만과 유사한 바다로서 수심이 깊은 곳도 80m 내외에 불과하므로 조차가 크다. 이러한 조차는 서해안의 경우 북쪽에서 남쪽으로 갈수록 감소하며, 남해안의 경우 서쪽에서 동쪽으로 갈수록 감소한다. 반면 수심이 깊은 동해안의 경우 조차는 0.2~0.3m에 불과하다. 지중해나 동해처럼 육지로 둘러싸인 바다는 조차가 극히 적은 것이 보통이다.[138] 왜냐하면 조석이란 태양과 달의 인력이 지구에 작용해 바닷물을 끌어당기는 현상이고, 인력에 의해 이동하는 바닷물의 양은 같기 때문에 수심이 얕으면 밀물과 썰물의 차이가 커지고 물이 드나드는 속도도 빨라지게 되는 것이다.

4. 수리론(水利論)

1) 유형원(柳馨遠)의 수리론

'성호학파'의 학문적 계승 관계에 주목할 때 경세론의 측면에서는 누구보다 먼저 유형원(1622~1673)이 고려의 대상이 된다. 이익은 유형원의 학문이 이원진(李元鎭, 1594~1665)으로부터 유래한다고 주장했다. 유형원과 이익이 학문적으로 뿐만 아니라 가계상으로도 연결되고 있음을 엿볼 수 있는 대목이다. 이원진은 이익의 재종숙(再從叔)이며 유형원

---

138) 權赫在, 『自然地理學』, 法文社, 1992(重版), 526~531쪽 참조.

의 외삼촌[伯舅]으로 유형원의 학문 형성에 많은 영향을 끼친 인물이었다.[139] 그는 유형원－이익으로 이어지는 학맥의 형성·발전 과정에서 중요한 역할을 담당하였다.

이익은 유형원을 '호걸지사(豪傑之士)'로 평가하면서 그의 학문은 천인(天人)을 관통하고, 그의 도(道)는 군생(羣生)을 포괄한다고 보았다. 유형원의 처지가 비록 필부(匹夫)에 지나지 않았으나 그는 세상을 구제하고자 하는[拯物] 큰 뜻을 품은 인물이었다는 것이다.[140] 이익이 유형원의 『반계수록(磻溪隨錄)』을 우리나라의 저술 가운데 시무(時務)를 아는 가장 좋은 저술이라고 극찬했던 것은[141] 바로 이러한 평가의 연장선이었다.

그렇다면 이익이 『반계수록』에서 주목했던 내용은 무엇이었을까? 그것은 본말(本末)·대소(大小)·강목(綱目)이 일치하는 정치의 구현, '도기일치(道器一致)'의 실현이었다.[142] '도기일치'를 강조하는 것은 삼대(三代)의 도(道)를 실현하기 위한 수단인 '삼대의 제도'로 복귀하자는 주장으로 연결되고, 이는 현실 모순을 타개하기 위한 개혁의 논리로 기능할 수 있었다. 이익은 우리나라 경장론(更張論)의 계보를 이이(李珥)와 유형원을 중심으로 정리하면서도, 이이의 경장론이 공안(貢案) 개정이라는 부세제도 개혁에 국한된 것에 비해 유형원의 그것은 토지제도의 개혁을 포괄하는 원대한 것이었다고 호평했다.[143] 이상과 같은 학문·사상적

---

139) 『星湖全集』 卷68, 「磻溪柳先生傳」, 10ㄱ(200책, 166쪽). "其舅李監司元鎭, 世所稱太湖先生者也, 博學多聞, 先生從而受業." 이원진은 李尙毅의 맏아들인 李志完(1575~1617)의 장남이고, 유형원의 어머니는 이지완의 딸이었다.

140) 『星湖全集』 卷50, 「磻溪隨錄序」, 21ㄴ~22ㄱ(199책, 423쪽). "先生豪傑之士, 學貫乎天人, 道包乎羣生, 一夫失所, 先生恥之, 故身爲匹夫, 志未嘗不在拯物."

141) 『星湖全集』 卷50, 「磻溪柳先生遺集序」, 11ㄱ(199책, 418쪽). "近世磻溪柳先生有隨錄一編, 爲東方識務之最……."

142) 『星湖全集』 卷68, 「磻溪先生傳」, 11ㄱ(200책, 167쪽). "天下之理, 本末大小, 未始相離, 寸失其當, 尺不得爲尺, 星失其當, 衡不得爲衡, 未有目非其目而綱自爲綱者也."; 『磻溪隨錄』 卷26, 續篇下, 「書隨錄後」, 27ㄴ~28ㄱ(518쪽－영인본 『磻溪隨錄』, 明文堂(重版), 1994의 페이지 번호. 이하 같음).

연관성을 염두에 둘 때 우리는 '근기남인계 성호학파' 수리론(水利論)의 원류로서 유형원의 그것에 주목할 필요가 있다.

널리 알려진 바와 같이 유형원의 토지개혁론은 국가재조론(國家再造論)의 일환으로 제출되었으며, 그것은 종래의 토지사유제(土地私有制)를 해체하고 완전한 국가 관리하의 공전제(公田制)를 실현하고자 하는 방안이었다. 그의 토지개혁론은 전국의 토지를 국가가 통일적·계획적으로 구획·조정하고, 이를 토지생산성(노동력)·신분·사회분업관계를 고려한 새로운 기준에 따라 재분배하는 것이었다. 공전제에 입각한 전국의 토지 구획과 수전(授田)의 방법은 「분전정세절목(分田定稅節目)」에 일목요연하게 정리되어 있다.[144] 그런데 이렇게 전국의 토지를 국가로 귀속하여 새롭게 구획하는데 예외적인 몇 가지 경우가 있었다. 유형원은 그 가운데 하나로 제언(堤堰)을 거론했다.

> 피폐해진 제언(堤堰) 내의 토지를 사사로이 개간하여 민전(民田)이 된 곳은 경(頃)으로 만들어서 나누어주지 말고 수축(修築)하기를 기다릴 것이다.[145]

유형원이 이러한 예외 조항을 두었던 이유는 제언이 수리(水利)와 밀접한 관련을 갖고 있는 곳이기 때문이었다. 그는 "수리는 생민(生民)이 크게 의지하는 것이다",[146] "옛날부터 국가와 민생(民生)이 크게 의지하는 바는 수리만한 것이 없다"[147]라고 하여 수리의 중요성을 강조하였다.

---

143) 『星湖全集』 卷46, 「論更張」, 20ㄱ~ㄴ(199책, 345쪽).

144) 이상의 내용에 대해서는 金駿錫, 「柳馨遠의 公田制理念과 流通經濟育成論」, 『人文科學』 74, 연세대학교 인문과학연구소, 1995, 225~253쪽 참조.

145) 『磻溪隨錄』 卷1, 田制上, 分田定稅節目, 35ㄴ(23쪽). "一, 凡廢堤內冒耕, 因爲民田處, 毋作頃分授, 以待修築."

146) 『磻溪隨錄』 卷1, 田制上, 分田定稅節目, 35ㄴ(23쪽). "水利, 生民之大賴也."

이때 그가 생각하는 수리는 제언을 중심으로 한 것이었으므로 그의 수리론은 제언의 수축과 신축 문제를 중심으로 전개되었다.

그는 먼저 이전의 제언 가운데 황폐화한 것들을 수축해야 한다고 주장했다. 김제(金堤)의 벽골제(碧骨堤), 고부(古阜)의 눌제(訥堤), 익산(益山)·전주(全州) 사이의 황등제(黃登堤)가 대표적이었고,[148] 그 밖에도 부안(扶安)의 백석곶(白石串), 밀양(密陽)의 수산제(守山堤) 등도 모두 수축해야 한다고 생각하였다.[149] 이상과 같은 제언은 매년 봄가을에 수령이 관찰사에게 보고하고 수축하도록 했다.[150] 황폐화한 제언의 수축과 함께 유형원은 새로운 제언의 축조를 주장하였다. 새로운 제언을 축조할 때에는 그것이 백성들에게 이익을 줄 수 있는가, 다시 말해 제언을 설치하는 장소가 백성들의 몽리처(蒙利處)가 될 수 있는가 하는 점이 가장 중요한 고려 대상이었다.[151] 제언을 신축할 경우에는 국왕에게 보고하도록 했다.[152]

제언의 수축과 신축을 막론하고 중요한 것은 필요한 노동력을 어떻게 징발할 것인가 하는 문제였다. 유형원은 두 가지 형태로 노동력의 동원을 구상하고 있었다. 즉 모든 저수지의 개축과 신축에서는 먼저 공사에

---

147) 『磻溪隨錄』 卷3, 田制後錄上, 堤堰, 59ㄱ(81쪽). "自古國家民生之所大賴者, 無如水利."

148) 『磻溪隨錄』 卷1, 田制上, 分田定稅節目, 35ㄴ(23쪽). "如湖南碧骨堤·訥堤·黃登堤, 皆堤陂之大者, 列邑蒙利處, 而今皆廢圮, 因爲豪勢所占, 四方如此者, 何限."; 『磻溪隨錄』 卷3, 田制後錄上, 堤堰, 59ㄴ(81쪽). "今觀金堤之碧骨堤(全羅忠淸之名爲湖南湖西由於此堤), 古阜之訥堤, 益山全州之間黃登堤, 皆是陂堤之巨者, 有大利於一方, 前古極一國之力成築, 今皆廢缺……."

149) 『磻溪隨錄』 卷3, 田制後錄上, 堤堰, 59ㄴ~60ㄱ(81쪽). "此外則扶安之白石串, 光州之□□, 密陽之守山堤, 平壤之□□, 如此之類, 皆當訪問興築."

150) 『磻溪隨錄』 卷3, 田制後錄上, 堤堰, 59ㄱ(81쪽). "堤堰, 守令每歲春秋, 報觀察使修築."

151) 『磻溪隨錄』 卷1, 田制上, 分田定稅節目, 35ㄴ(23쪽). "雖前代所無, 今可建築, 衆民蒙利處, 亦依此例."

152) 『磻溪隨錄』 卷3, 田制後錄上, 堤堰, 59ㄱ(81쪽). "新築處, 啓聞."

필요한 노동력을 산출하여, 평년에는 경(頃)마다 나오는 정부(丁夫)를 조발(調發)해서 수축하고, 흉년에는 진휼곡을 풀어서 기민(飢民)을 모집하여 수축하고자 했던 것이다.[153] 이를 구체적으로 실행하기 위해서는 평상시의 노동력 징발과 흉년의 모민(募民) 대책이 마련되어야 했다.

평상시의 노동력 동원은 「분전정세절목」에 규정되어 있다. 유형원은 전국의 토지를 실적(實積) 기준의 경무법(頃畝法)에 의거해서 새롭게 구획·조정하고자 했는데, 그 기준이 경(頃)이었다. 4경=1전(佃)을 한 단위로 하여 4인의 농부가 1경=1전(田)씩 경작하도록 하고 조세와 부역 역시 이를 기준으로 부과하였다. 그는 옛날에 한 사람의 '정부'에게 부과되는 부역이 1년에 3일이었다는 사실을 전제로,[154] 역역(力役)의 조발은 풍년에는 3일, 평년에는 2일, 무년(無年)에는 1일을 기준으로 하고 흉년이나 기근이 발생한 해에는 면제해야 한다고 보았다.[155] 이러한 원칙에 따라 제언의 수축과 같이 백성들에게 이익을 줄 수 있는 공사에는 경부(頃夫)들을 출역하되 3경마다 1부(夫)씩 내게 하고, 1년에 3일을 넘지 않도록 하였다.[156] 만약 역이 3일을 초과할 것 같으면 그 날짜를 헤아려 4일이면 4경에서 1부를, 8일이면 8경에서 1부를 차출하도록 하였다.[157]

흉년의 노동력 동원은 황정(荒政) 대책의 일환으로 제시되었다. 앞에서 보았듯이 흉년에는 역역의 조발을 면제해주는 것이 원칙이었다.

---

153) 『磻溪隨錄』 卷3, 田制後錄上, 堤堰, 59ㄱ(81쪽). "凡堤堰修築及新築, 量其功役當用幾人, 然後調發頃夫, 以築之, 凶年則發粟募民, 以築之."

154) 『磻溪隨錄』 卷1, 田制上, 分田定稅節目, 52ㄱ(31쪽). "古者, 用民之力, 一夫歲三日."

155) 『磻溪隨錄』 卷1, 田制上, 分田定稅節目, 52ㄱ(31쪽). "凡調民力役, 有年三日, 平年二日, 無年一日, 凶札之歲則免."

156) 『磻溪隨錄』 卷1, 田制上, 分田定稅節目, 51ㄴ~52ㄱ(31쪽). "一, 凡有堤堰民利, 營修公作等事, 役以頃夫, 每田三頃, 出一夫, 歲役三日."

157) 『磻溪隨錄』 卷1, 田制上, 分田定稅節目, 52ㄱ(31쪽). "若役過三日, 則亦量其日數, 併定出夫, 如四日役, 則四頃幷定出一夫, 八日, 則八頃幷定出一夫."

그러나 흉년에 진휼곡을 지급하여 기민을 모으는 것은 예외였다.[158] 유형원은 재해가 발생했을 때는 먼저 고법(古法)에 의거해서 대책을 수립할 것을 제안하였는데, 그것이 바로 산리(散利)·박정(薄征)·완형(緩刑)·이력(弛力)·사금(舍禁)·거기(去幾)·생례(眚禮)·쇄애(殺哀)·번악(蕃樂)·다혼(多昏)·색귀신(索鬼神)·제도적(除盜賊)이라는 『주례(周禮)』에 명시된 '황정십이칙(荒政十二則)'이었다.[159] 그 가운데서도 특히 앞의 두 조항, 즉 국가에 비축되어 있는 재물을 풀어 백성들에게 나누어주고, 아직까지 거두지 않은 백성들의 세금을 가볍게 해주는 '산리'·'박정'이 황정의 핵심이라고 보았다.[160] 이와 함께 유형원이 생각했던 황정 대책이 토목·건설공사였다. 그는 기민을 모집하여 각종 공사를 하는 것이 기근을 구제하는 중요한 방법이라고 주장했다.[161] 그 이유는 다음과 같았다.

> 이것은 국가[公家]에서 재물을 한때 방출하여 영구한 효과를 거둘 수 있을 뿐만 아니라, 백성들도 한때 자기의 힘을 들여 벌어먹기 때문에 훗날 빚을 물어내는 걱정이 없게 되니, 공사(公私)에게 모두 이익이 되는 것으로 이보다 좋은 방법이 없다.[162]

황정책의 일환으로 기민을 모집하여 토목·건설공사를 하게 되면 국가에서는 어차피 지급해야 할 진곡(賑穀)을 보수로 지급하여 국가의 기간

158) 『磻溪隨錄』 卷1, 田制上, 分田定稅節目, 52ㄱ(31쪽). "若凶歲給粟募人, 則不在此例."

159) 『磻溪隨錄』 卷3, 田制後錄上, 荒政, 56ㄴ~57ㄱ(79~80쪽).

160) 『磻溪隨錄』 卷3, 田制後錄上, 荒政, 58ㄱ(79~80쪽). "周禮荒政十二, 首言散利薄征. 散公財之已藏, 薄民租之未輸, 此荒政之大綱也."

161) 『磻溪隨錄』 卷3, 田制後錄上, 荒政, 58ㄱ(80쪽). "又按募飢民興工作, 此是賑饑之要道."

162) 『磻溪隨錄』 卷3, 田制後錄上, 荒政, 58ㄱ(80쪽). "非唯公家散財於一時, 收效於永久, 民之得食者, 亦食力於一時, 無患於追償, 公私俱利, 莫善於此."

시설을 수축할 수 있고, 백성들의 경우에는 진곡을 보수로 받고 노동을 하기 때문에 가을에 진곡을 갚을 필요가 없게 된다는 것이다. 그는 이와 같은 자신의 주장이 기민을 구제하고 동시에 이익을 얻는다는 점에서[救飢興利] '일거양득(一擧兩得)'의 대책이라고 보았고, 선왕(先王)의 훌륭한 법이라고 주장하였다.[163]

유형원은 기민을 모집하여 일으키는 토목·건설공사 중에서는 농업에 필요한 수리사업이 가장 긴요하다고 보았다.[164] 그는 이와 같은 자신의 주장에 대한 논거로 주자(朱子)의 논의를 끌어왔다. 송(宋)나라 효종(孝宗) 때 절강(浙江) 동부 지방에 큰 기근이 들었다. 당시에 주자는 제거(提擧)로 재직하면서 굶주린 백성을 시켜서 수리사업을 진행하자고 요청하였으나 조정에서는 이를 어렵게 여겼다. 이에 주자는 수리사업의 중요성을 재차 강조하였는데,[165] 유형원은 그 주장의 요지를 다음과 같이 정리하였다.

> 해마다 거듭되는 한재(旱災)에 국가에서는 창고를 열어 구휼하고 있습니다. 만약 정해진 수량 이외에 조금만 더 보태어 백성들을 모집해서 역사(役事)를 일으키는 비용으로 삼는다면 한재도 구제하고 이익을 얻게 되니, 이는 한 가지 일로 두 가지 이익을 얻는 것입니다. 신(臣)이 직접 본 무연한 들판들은 모두 쓸쓸하였는데 저수지[陂塘]를 가진 곳만은 곡식이 무성하고 결실이 잘되어 풍년이나 다름없었습니다. 이에 수리시설을 수축하지 않을 수 없음을 더욱 깨닫게 되었습니다. 만일 촌(村)·보(保)마다 각각 저수지의 이익을 얻게 한다면 민간에는 유리(流離)하거나

163) 『磻溪隨錄』 卷3, 田制後錄上, 荒政, 58ㄴ(80쪽). "若發倉儲, 給粟募民, 則救飢興利, 一擧而兩得, 斯乃先王之令典也."

164) 『磻溪隨錄』 卷3, 田制後錄上, 荒政, 58ㄴ(80쪽). "工役之中, 農田小[水의 誤字]利, 尤爲最緊."

165) 『晦庵先生朱文公文集』 卷17, 「奏救荒事宜畫一狀」, 803쪽 참조.

굶어 죽을 걱정이 영원히 없을 것이고, 국가도 또한 조세를 감해 주거나 곡식을 내어 구제해 주는 비용을 영구히 쓰지 않게 될 것입니다.[166]

이상과 같은 유형원의 수리론은 다음과 같은 문장으로 요약할 수 있다.

이전에 있던 제언이 지금 황폐해져서 수축해야 할 곳과 이전에 없었지만 여러 백성들이 몽리(蒙利)할 수 있어서 건축해야 할 곳은 관찰사가 각읍(各邑) 수령(守令)들로 하여금 실지를 답사하여 보고하게 하고, 또 백성들의 요구를 들어주어서 그 이익의 크고 작음과 공역(工役)의 많고 적음을 친히 살핀 이후에 법에 따라 정부(丁夫)를 동원하여 수축하거나, 또는 진휼(賑恤)에 인하여 곡식을 지급하고 기민을 모집하여 수축할 것이다.[167]

2) 이익(李瀷)의 수리론

이익의 수리론은 유형원의 그것을 충실히 계승하면서도 18세기 전반의 시대 상황을 반영하여 기존의 논의를 발전시키는 한편 서학의 적극적 수용을 통해 새로운 수리론의 체계화를 모색하였다. 그는 먼저 이 세상의 이로움 가운데 수리보다 큰 것이 없다고 하여 수리의 중요성을 강조했다.[168] 생민(生民)의 목숨은 의식(衣食)에 달려 있고, 의식은 수재(水災)·

166) 『磻溪隨錄』 卷7, 田制後錄攷說上, 水利, 28ㄱ(141쪽). “連年災旱, 國家發倉廩以賑之, 若於數外微有增加, 以爲募民興役之資, 則救灾興利一擧而兩得之. 臣親見, 所至原野極目蕭條, 唯是有陂塘處, 則其苗之蔚茂秀實, 無異於豊歲. 於是益知水利之不可不修, 若令逐村逐保各有陂塘之利, 則民間永無流離餓殍之患, 國家亦永無蠲減糶濟之費矣.”

167) 『磻溪隨錄』 卷3, 田制後錄上, 堤堰, 59ㄱ(81쪽). “在前堤堰, 今荒廢, 合修復處, 及雖非舊有, 衆民蒙利, 合建築處, 觀察使令各邑守令, 訪檢以報, 又許民狀告, 親審其利益大小, 工役多少, 然後依法發丁夫興築, 或因賑恤, 給粟募民, 築之.”

한재(旱災)와 밀접한 관련을 맺고 있기 때문이었다. 수재나 한재는 자연재해이기 때문에 인간의 힘으로 어찌할 수 없는 측면도 있지만, 인간이 스스로의 힘을 이용하여 그것을 예방하고 극복할 수 있는 방도도 있었다.[169] 수리에 대한 적극적 논의는 바로 그러한 방도의 일종이었다.

이익은 수리의 대상이 되는 물의 종류를 세 가지로 분류했다. 우택지수(雨澤之水)·정천지수(井泉之水)·천계지수(川溪之水)가 바로 그것이었다. 빗물과 우물물, 시냇물이었다. 빗물의 경우에는 그것을 어떻게 모아 둘 것인가 하는 문제가, 우물물은 어떻게 퍼 올릴 것인가 하는 문제가, 시냇물은 아래로 흘러 내려가기 때문에 필요에 따라 그것을 나누어 사용하는 문제가 중요하다.[170] 첫 번째 문제를 해결하기 위해서는 제언(堤堰)을 축조해야 하고, 두 번째 문제를 해결하는 방법은 수차(水車)를 이용하는 것이며, 세 번째 문제를 해결하기 위해서는 보(洑)와 같은 수리시설이 필요하다.

그런데 이익이 보기에 당시 조선의 현실은 이 세 가지 문제를 해결할 수 있는 기초가 마련되어 있지 않았다. 첫 번째 문제 해결의 관건이 되는 제언의 경우 조선 초에 축조한 제언들의 유지가 곳곳에 있었지만 당시에는 이미 메워지고 파괴되었고, 그것을 다시금 보수하지 않아서 호민(豪民)들의 개간지가 되고 말았다.[171] 이른바 제언의 황폐화와 '제언모경(堤堰冒耕)'의 문제였다. 두 번째 문제를 해결하기 위해서는 수차를 이용해야 한다. 17세기 이후 용미차(龍尾車)와 같은 서양의 수차들이

---

168) 『星湖僿說』 卷2, 天地門, 水利, 28ㄱ(Ⅰ, 44쪽). "利莫大於水利."

169) 『星湖僿說』 卷2, 天地門, 水利, 28ㄱ~ㄴ(Ⅰ, 44쪽). "生民之命, 懸於衣食, 衣食繫乎水旱, 天之所爲, 民不能奈何, 其在人力, 猶有可致之道."

170) 『星湖僿說』 卷2, 天地門, 水利, 28ㄴ(Ⅰ, 44~45쪽). "夫有雨澤之水, 有井泉之水, 有川溪之水. 雨澤時溢, 恨不能儲以待也, 井泉恒瀦, 恨不能挈以上也, 川溪流下, 恨不能決以分也."

171) 『星湖僿說』 卷2, 天地門, 水利, 28ㄴ(Ⅰ, 44쪽). "國初築隄儲水, 今遺址處處皆有, 已淤塞廢壞, 不復修治, 悉爲豪民墾畝也."

소개되었고 그를 통해 얻을 수 있는 이익이 매우 컸지만 당시 조선에서는 그 제도를 알지 못하고 있었다.[172] 세 번째 문제를 해결하기 위한 시도는 당시 조선에서도 행해지고 있었다. 보를 설치하여 물을 가두고 물길을 터서 옆으로 흐르게 하여 관개에 이용하는 방식이었다. 사재를 털어 그것을 도모하는 사람들이 종종 있었지만 결국은 파산에 이르고 성공하지 못했다고 보았다.[173]

이익은 이상과 같은 자신의 견해를 「논수리(論水利)」라는 형태로 다시 정리하였다. 여기서 이익은 수리시설의 형태에 초점을 맞추어 수리의 종류를 세 가지로 분류하였다. '피언저수(陂堰貯水)'가 그 하나이고, '천거인수(穿渠引水)'가 그 둘이며, '작계설수(作械挈水)'가 그 셋이었다.[174] 제언을 쌓아 물을 가두거나, 수로(水路 : 渠)를 뚫어 물을 끌어오거나, 기계를 만들어 물을 퍼 올리는 것이었다. 그가 유형원의 수리론을 인용한 것은 첫 번째에 해당하는 경우였다. 당시 조선의 현실에서 두 번째와 세 번째 수리는 활용되지 못하는 것으로 파악하였다. 수로를 뚫는 방법에 대한 이해가 부족하고, 가끔 개인적으로 이것을 시도하는 사람들이 있었지만 십중팔구 실패했다고 한다. 수리를 위한 기계를 만드는 문제 역시 일반 백성들의 지혜가 이에 미치지 못한다고 보았다.[175]

이처럼 조선의 수리시설이 낙후한 상황에서 이익이 지속적으로 수리 문제에 주목하였던 이유는 무엇이었을까? 거기에는 당시의 변화된 농촌

---

172) 『星湖僿說』 卷2, 天地門, 水利, 28ㄴ(I , 44쪽). "挈水之功, 在乎水車. 如龍尾之制, 出自西洋, 其利博大, 我邦未之知也."

173) 『星湖僿說』 卷2, 天地門, 水利, 2ㄴ(I , 44쪽). "決水旁流, 間多行者, 人或以私財圖之, 力盡而止, 率不免産破而功虧也."

174) 『星湖全集』 卷45, 「論水利」, 39ㄴ(199책, 335쪽). "蓋水利有三, 陂堰貯水一也, 穿渠引水二也, 作械挈水三也."

175) 『星湖全集』 卷45, 「論水利」, 39ㄴ~40ㄱ(199책, 335쪽). "貯水之論, 磻溪備矣. 至穿渠則亦國不理會, 往往人出私力, 略成壩閘, 財殫而功敗者十八九. 如挈水之器, 愚氓智不及此, 旱乾爲灾, 固其宜矣."

현실, 농법의 변화가 자리하고 있었다. 이익은 조선후기에 성행하게 된 수전농법(水田農法 : 水耕)이 예로부터 내려오는 전통적 방식은 아니라고 보았다. 그는 수전농업과 육전(陸田)농업을 아울러 할 수 있는 땅의 경우 육전의 소출과 노동력이 수전의 그것에 비해 훨씬 우월하다고 보았다. 그럼에도 불구하고 사람들이 수전농업에 매달리는 이유는 수곡(水穀)을 육곡(陸穀)보다 귀하게 여기기 때문이라고 파악하였다. 국가적 차원에서 본다면 전체 생산량에 감소를 가져오고 한재의 피해를 입는 수전농업은 문제가 있었다. 그러나 귀소(貴少)한 것이 도리어 천다(賤多)한 것을 이기는 현실을 고려할 때 수전농업을 금지하기는 어렵다고 보았다. 그렇다면 어쩔 수 없이 수리 문제에 전념하는 수밖에 도리가 없었다. 이익이 조정에서 마땅히 해당 관사(官司)에 신칙(申飭)하고 중신(重臣)으로 하여금 이 일을 전담하게 하여, 제언과 보를 수리하는데 역역(力役)을 꺼리지 말고, 개인이 그 이익을 가져가게 해서는 안 된다고 강조했던 것은 수리가 '보민유재(補民裕財)'에 커다란 기능을 담당하고 있다는 현실인식 때문이었다.[176] 쓸모없이 버려지는 물을 유용하게 이용한다면 그것은 백성들을 굶주림과 추위로부터 구하는 좋은 방책이었다.[177]

이익은 당시 새롭게 전래된 서양의 수리 기술을 적극적으로 활용하고자 하였다. 서양식 수차에 대한 관심이었다. 그는 물을 끌어대는 기술은 예로부터 전해오는 것이 많지만 서양의 용미차(龍尾車)와 같은 것은 없었다고 평가하면서, 그 이로움이 매우 크기 때문에 제언이나 거(渠)와 함께 운용해야 한다고 주장했다.[178] 이익은 일찍이 중국의 위전(圍田)·

176) 『星湖全集』 卷45, 「論水利」, 40ㄱ~ㄴ(199책, 335쪽). "蓋田以水耕非古也 …… 朝廷宜申飭所司, 使重臣掌之, 修堤穿渠, 不憚力役, 不令私戶專其利, 其補民裕財, 豈淺尠哉."

177) 『星湖僿說』 卷2, 天地門, 「水利」, 28ㄴ(Ⅰ, 44쪽). "苟使無用之物, 歸之有用, 斯民豈有饑寒之患哉."

178) 『星湖全集』 卷45, 「論水利」, 40ㄴ(199책, 335쪽). "惟挈水之術, 古今傳者多般, 未有若

우전(圩田)·궤전(櫃田)의 제도에 주목한 바 있다. 그것은 모두 중국의 양자강(楊子江)과 회수(淮水) 연안 지방의 토지제도였는데, 흙을 쌓아 둑을 만들어서 밖에서 침입하는 물에 대비하는 형태였다.[179] 여기서 이익이 주목한 것은 제방을 쌓아서 외부의 물을 막고, 안에 차오르는 물은 수차를 이용해 퍼내는 방식이었다.[180] 그는 당시 백마강의 범람에 따른 토사의 유입으로 인해 황폐화한 충청도 홍산군(鴻山郡)의 사례를 목도하고, 항승차(恒升車)나 용미차와 같은 기구들이 모두 효과를 발휘할 수 있는 것인데 당시에 아무도 이런 것에 착안하지 않는 현실을 애석하게 여겼다.[181]

그렇다면 이와 같은 이익의 수리론은 어디에서 연유한 것일까? 두말할 필요 없이 용미차와 항승차의 제도를 설명한 서적은 우르시스(熊三拔)의 『태서수법(泰西水法)』이었다. 이익이 일찍이 『태서수법』을 소장하고 있었다는 사실을 확인할 수 있는 자료는 영조 11년(1735) 이익이 황운대(黃運大, ?~1757)[182]에게 보낸 편지다.[183] 이 편지의 말미에는 서로가 주고받은 서적이 기록되어 있다. 이익은 이때 『질서(疾書)』와 『수법(水法)』을 돌려주기를 청하면서 『직방외기(職方外紀)』를 보내준다고 하였다.[184] 여기에 등장하는 『수법』은 바로 『태서수법』이었다.

한편 이익은 강물을 다스리는 방법으로 세 가지를 제시하였다. 소(疏)·준(浚)·색(塞)이 바로 그것이었다.[185] 색(塞)은 강의 상류에 사용하는 방법으로 계곡을 막아 물의 흐름을 차단하는 것이고, 소(疏)는 하류에

西洋之龍尾車者, 其利普洽, 若能營之, 可與堤渠比並, 不可不知."

179) 『星湖僿說』 卷2, 天地門, 「圍圩櫃田」, 16ㄱ~ㄴ(Ⅰ, 38쪽).

180) 『星湖僿說』 卷2, 天地門, 「圍圩櫃田」, 16ㄴ(Ⅰ, 38쪽). "若築隄捍外俾免滲浸, 而內水有積, 則車以挈抒, 便可防患."

181) 『星湖僿說』 卷2, 天地門, 「圍圩櫃田」, 16ㄴ(Ⅰ, 38쪽). "今恒升龍尾之屬, 皆可輪功, 顧人見不到此 惜哉."

182) 『萬姓大同譜』 下, 昌原黃氏, 421~422쪽(영인본 『萬姓大同譜』 下, 明文堂, 1983의 페이지 번호)을 참조하여 黃運大의 家系圖를 정리하면 다음과 같다.

사용하는 방법으로 지류를 나누어 물줄기를 가르는 것이며, 준(浚)은 강의 중간에 사용하는 방법으로 제방을 쌓아 강기슭[河岸]을 공고하게 하는 것이었다.[186] 이익은 이 세 가지 방법 가운데 어느 하나만으로는 치수를 이룩할 수 없으며 세 가지 방법을 병행하되 때에 따라 편리하게 사용하는 것이 좋다고 보았다.[187]

이익 역시 유형원과 마찬가지로 농업의 관개용 수리뿐만 아니라 진휼

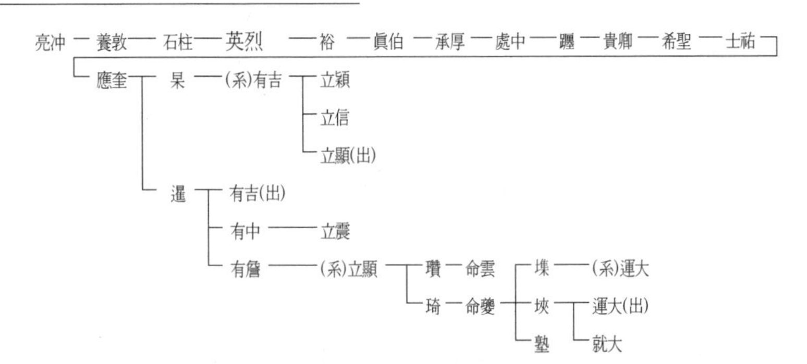

이 집안에서 현달한 사람으로는 大司憲에 오른 황운대의 6대조 黃暹(1544~1616, 號 息庵), 同知敦寧府事에 오른 7대조 黃應奎(1518~1598, 號 松澗), 右贊成·吏曹判書 등을 역임한 8대조 黃士祐(1486~1536, 號 慵軒)와 判書를 역임한 9대조 黃希聖 등이다. 황응규는 李滉의 문인이었다[『典故大方』 卷3, 門人錄, 退溪李滉門人, 9ㄱ(259쪽－영인본 『典故大方』, 明文堂, 1993(重版)의 페이지 번호)].

183) 『星湖全集』 卷27, 「答黃得甫乙卯」, 28ㄴ~29ㄱ(198책, 551~552쪽). 黃運大의 생애에 대한 자세한 기록은 찾아 볼 수 없다. 다만 다음의 기록을 통해 그 삶의 일단을 추정해 볼 수 있다. 『星湖全集』 卷52, 「黃得甫遊山詩序」, 26ㄱ~27ㄱ(199책, 457~458쪽) ; 『星湖全集』 卷57, 「祭黃得甫文」, 10ㄱ~ㄴ(199책, 547쪽) ; 『順菴集』 卷20, 「黃得甫哀詞己卯」, 30ㄱ~32ㄱ(230책, 216~217쪽).

184) 『星湖全集』 卷27, 「答黃得甫乙卯」, 29ㄱ~ㄴ(198책, 552쪽). "良溪易圖謹受, 疾書及水法兩種, 更望從近擲還也. 職方外紀, 依敎付去, 亦乞卒業還鴟焉."

185) 『星湖全集』 卷43, 「治水辨」, 17ㄴ(199책, 279쪽). "蓋治河無上策, 其說不過有三, 曰疏, 曰浚, 曰塞."

186) 『星湖全集』 卷43, 「治水辨」, 17ㄴ(199책, 279쪽). "塞在上流, 堙谷絶流是也. 疏在下流, 分支灑澤是也. 浚在河身, 築堤固岸是也."

187) 『星湖全集』 卷43, 「治水辨」, 17ㄴ(199책, 279쪽). "要之三策並施, 隨時方便, 是爲得計也."

(賑恤) 대책의 하나로서 수리를 생각하고 있었다. 일찍이 노(魯)나라의 장문중(臧文仲)은 한재(旱災)에 대한 대비책을 "성곽을 수리하고, 먹는 것을 줄이고 용도를 절약하며, 농업[稼穡]에 힘쓰고, 나눔을 권장한다"라고 정리하였다.188) 이익은 이 가운데 '성곽을 수리한다'라고 한 내용이 주자가 수리를 강구해야 한다고 주장한 뜻과 같다고 보았다.189) 이는 진휼 대책으로 기민을 동원한 토목공사를 강구해야 한다는 의미였다. 그런데 성곽을 수리하는 것은 토목공사 가운데 대규모이지만 실제로 백성들에게 이익을 주기에는 농업과 같은 것이 없으므로, 제언을 축조해서 물을 저장하고, 도랑[渠·溝]을 만들어 물을 대는 사업을 해야 한다고 주장했다.190) 구체적으로 이익은 당시 곳곳에 파괴된 채 버려져 있는 제언을 수축하면 백성들은 죽음을 면할 수 있고, 그로 인해 얻게 되는 이로움도 클 것이라고 전망하였다.191)

3) 안정복(安鼎福)과 정약용(丁若鏞)의 수리론

안정복(安鼎福, 1712~1791)의 『임관정요(臨官政要)』는 목민관의 지방통치에 대한 지침서라 할 수 있다. 이는 안정복이 그의 저술 가운데 가장 먼저 착수한 것이다. 안정복은 그의 나이 27세 때(1738년, 영조

---

188) 『星湖全集』 卷46, 「論賑恤」, 11ㄱ(199책, 341쪽). "魯臧文仲論旱備曰, 修城郭, 貶食省用, 務穡勸分." 원문은 다음과 같다. 『春秋左氏傳』 卷5, 僖公上, 38ㄴ~40ㄱ(125~126쪽－영인본 『春秋』, 成均館大學校 大東文化硏究院, 1992(再版)의 페이지 번호). "(二十有一年)夏大旱 …… 臧文仲曰, 非旱備也, 脩城郭(脩築城郭, 則飢民得就食), 貶食省用, 務穡勸分(勸分, 有無相濟), 此其務也."

189) 『星湖全集』 卷46, 「論賑恤」, 11ㄱ(199책, 341쪽). "所謂修城郭, 與朱子講求水利同意."

190) 『星湖全集』 卷46, 「論賑恤」, 11ㄱ(199책, 341쪽). "城郭固興作之大者, 而利民莫如農, 故堤堰蓄泄, 渠溝導派之類, 不可不經理."

191) 『星湖全集』 卷46, 「論賑恤」, 11ㄱ~ㄴ(199책, 341쪽). "前世瀦水之政極備, 今其遺迹, 處處尙在, 廢堙殆盡, 若因以堤築, 則民得免死, 而獲利亦長矣."

14) 『임관정요』의 초고를 작성하였고, 그로부터 19년 뒤인 46세 때(1757년, 영조 33) 자서(自序)를 붙여 완성했다.[192] 이 책은 크게 세 편으로 구성되어 있는데 「정어(政語)」·「정적(政蹟)」·「시조(時措)」가 그것이다. 「정어」에는 목민관의 지방통치에 도움을 줄 수 있는 옛 성현들의 가르침을 수록하였고, 「정적」에는 예전에 실제로 행해진 지방통치의 치적을 소개했으며, 「시조」에서는 목민관의 지방통치에 관한 안정복 자신의 견해를 제시하였다.[193] 따라서 우리는 「시조편(時措篇)」의 논설을 통해 안정복의 향촌 사회 운영론[鄕政論], 경세론(經世論)의 일단에 접근할 수 있다.[194]

『임관정요』 「시조편」은 '위정장(爲政章)' 이하 21장(章)으로 구성되어 있다. 그 가운데 안정복의 수리론을 엿볼 수 있는 부분은 '농상장(農桑章)'과 '진휼장(賑恤章)'이다. 이는 그의 수리론이 유형원 이래 근기남인계의 학문적 전통을 충실히 계승하고 있었음을 보여준다. 안정복은 먼저 '농상장'에서 수리와 관련한 수차의 문제에 대해 다음과 같이 주목할 만한 언급을 하였다.

> 수리를 진흥시키고자 한다면 수차보다 나은 것이 없다. 수차〈의 제도〉는 『태서수법』보다 우수한 것이 없다. 그 법은 간단해서 쉽게 시행할 수 있으니, 마땅히 솜씨 있고 식견이 있는 자로 하여금 강구해서

---

192) 『順菴集』 年譜, 18ㄱ~ㄴ(230책, 372쪽). "(英宗大王三十三年丁丑, 先生四十六世)臨官政要成. 自戊午歲(1738년, 英祖 14－인용자 주)始草, 初名治縣譜, 至是更加增刪, 改名政要, 有自撰序文……."

193) 『臨官政要』, 「臨官政要序」(42쪽－영인본 『順庵全集』 三, 驪江出版社, 1984의 페이지 번호. 이하 같음). "書凡三篇, 曰政語, 聖賢之訓也, 曰政蹟, 已行之效也, 曰時措, 瞽說之酌時而斟之者也."

194) 『臨官政要』에 대한 기존의 분석으로는 강세구, 『순암 안정복의 학문과 사상 연구』, 혜안, 1996의 제2장 「안정복의 실학사상 형성과 『임관정요』 저술」을 참조.

> 그것을 시행하도록 해야 한다. 만약 물길[水道]이 낮고 논밭이 있는 들[田野]이 높은 곳이라면, 수차를 수구(水口)에 설치하고 수차 곁에는 민호(民戶)를 헤아려 정한 다음, 그들로 하여금 운전해서 물을 푸게 해야 한다.[195]

안정복은 『태서수법』의 저자와 내용에 대해서 정확하게 이해하고 있었다. 다음의 설명은 그러한 사실을 분명히 보여준다.

> 만력(萬曆) 연간에 서양인 웅삼발(熊三拔)이 수차에 대한 다섯 가지 법[水車五法]을 찬술했다. 첫째는 용미차(龍尾車)로 강하(江河)의 물을 끌어오는 것인데, 작은 것은 전지(田地)에 관개할 수 있고, 큰 것은 성(城)에 관개할 수 있다. 둘째는 옥형차(玉衡車)로 정천(井泉)의 물을 끌어오는 것이다. 셋째는 항승차(恒升車), 넷째는 쌍승차(双升車)로 옥형차와 같으나 그 용도가 더욱 빠르다. 다섯째는 수고(水庫)로 비록 높은 봉우리에 있는 산성(山城)이라도 곡식을 쌓듯이 물을 저장할 수 있는 것이다. 이미 설명이 있고 그림도 그려져 있는데, 그 책의 이름을 『태서수법』이라 하였다. 그 용법이 지극히 간단해서 시행하기 쉬우니, 참으로 백성을 이롭게 하는 보기(寶器)이다. 글이 많아서 갖추어 기재할 수 없다. 근세에 덕산(德山) 사인(士人) 이철환(李嘉煥)이 비로소 용미차를 제작하였고, 안산(安山) 이조환(李祖煥)이 그 제도를 전했다 한다.[196]

---

195) 『臨官政要』 續編, 時措, 農桑章(293쪽). "盖欲興水利, 莫先於水車, 水車(之制), 莫先於泰西水法. 其法簡而易行, 當令有巧識者, 講求而行之. 若水道低而田野高, 則置車于水口, 車傍, 量定民戶, 使之運激."

196) 『臨官政要』 續編, 時措, 農桑章(293쪽). "萬曆間, 西洋人熊三拔, 撰水車五法. 一曰龍尾車, 引江河之水, 小則漑田, 大則灌城. 二曰玉衡車, 引井泉之水. 三曰恒升車, 四曰双升車, 與玉衡同而其用尤速. 五曰水庫, 雖高峯山城, 積水如積穀. 旣爲之說, 又爲之圖, 名其書曰泰西水法. 其用至簡而易行, 誠利民之寶器也. 文多不能備載焉. 近有德山士人李嘉煥, 始製龍尾車, 安山李祖煥, 傳其制云."

그렇다면 안정복이 이와 같은 견해를 갖게 된 것은 언제쯤일까? 널리 알려진 바와 같이 『임관정요』는 판본이 여러 가지고 내용의 출입도 복잡하다.[197] 그런데 그 가운데 안정복의 친필 초고로 여겨지는 『백리경(百里鏡)』에는 위와 같은 내용의 수리론은 보이지 않는다. 다만 다음과 같은 간단한 언급만이 눈에 띌 따름이다.

> 한재(旱災)를 구하는 방법은 수리보다 앞서는 것이 없다. 매년 2월에 제언 가운데 수축해야 할 곳, 천택(川澤) 가운데 막아야 할 곳은 일일이 잘 다스려 시행하도록 하고, 다음 달에 그 사유를 보고토록 하라고 각면(各面)에 알려준다.[198]

이렇게 볼 때 서양식 수차에 대한 안정복의 언급은 『임관정요』의 초고 단계에서는 나타나지 않았으며, 그 이후 어느 시기에 증보한 것이라 할 수 있다. 그 시기는 초고를 완성한 1738년부터 『임관정요』를 완성한 1757년 사이일 것이며, 아마도 안정복이 그의 나이 35세 때(1746년, 영조 22) 안산으로 이익을 방문하여 그의 문인이 된 이후가 아닐까 짐작된다.[199] 그 2년 전인 영조 20년(1744)에 안정복은 유형원의 증손인 유발(柳發, 1683~1775, 號 秀村)로부터 『반계수록』을 입수하여 보았다.[200] 따라서 안정복이 유형원과 이익의 수리론을 적극적으로 수용하

---

197) 金東柱, 「해제」, 『臨官政要』, 乙酉文化社, 1974, 9~10쪽 참조.

198) 『百里鏡』(중앙도서관 장본 : 한 古朝31-72), 19張. "救旱之術, 莫先於水利. 每歲二月知委于各面, 堤堰之合築處, 川澤之合防者, 一一修擧施行, 後朔報告由."

199) 『順菴集』 年譜, 4ㄴ~5ㄱ(230책, 365~366쪽). "(英宗大王)二十二年丙寅, 先生三十五歲. ○十月, 往謁星湖李先生(李先生諱瀷). 李先生在安山(圻內郡名)星村, 先生慕其德義, 往拜而師事之."

200) 『順菴集』 卷18, 「磻溪年譜跋乙未」, 37ㄱ(230책, 174쪽). "甲子歲(1744년－인용자 주), 謁秀村公於京師之桃楮洞, 公卽先生之曾孫也, 爲鼎福道先生事甚悉, 至借以先生所著隨錄, 歸來讀之……."

여 자신의 논의를 발전시키고, 특히 『성호사설』에 수록되어 있는 서양식 수차에 대한 견해를 채용한 것은 1746년 이후였으리라 판단된다.

『임관정요』「시조편」'농상장'의 수리론에서 또 하나 주목해야 할 사실은 당시 덕산(德山)의 이철환이 용미차를 제작하였고, 안산(安山)의 이조환이 그 제도를 전했다고 하는 전언이다. 이철환(李嘉煥, 1722~1779, 號 例軒)은 이익의 계부(季父) 이명진(李明鎭)의 손자이며 이광휴(李廣休, 1693~1761, 號 竹坡)의 아들이다. 일찍이 안산에서 예산(禮山)으로 내려가 은거하였다. 덕산은 충청도(忠淸道) 예산군(禮山郡)의 덕산(德山 : 古德)을 말한다.[201] 이철환이 그의 막내 아우 이삼환(李森煥)과 함께 이익의 문하에서 수학했으며, 일찍이 산학(算學)에 관심을 기울였고, 『물보(物譜)』라는 저술을 남겼다는 사실에 유의할 필요가 있다. 그가 수차를 제작한 것 역시 이러한 학문적 경향성과 관련이 있다고 여겨지기 때문이다.

한편 안정복은 '농상장'에서 수차에 대한 논의와 함께 '제민산(制民産)'의 차원에서 개간[起墾]과 제언 수축을 거론했다.[202] 그는 우리나라의 지형 조건상 평평한 육지가 바다와 연결되어 조수(潮水)의 영향으로 인해 강물이 소금기를 머금게 되는 호남(湖南) 우도(右道) 일대가 제언이 가장 필요한 곳이라고 보았다. 제언 수축에 관한 유형원의 논의를 인용하고 있는 곳이 바로 이 부분이었다.[203] 그런데 그 말미에는 다음과 같은

---

201) 이철환의 저술로는 驪州李氏 일족과 知己들의 교유 및 문학활동을 편집한 『剡社編』과 어휘자료집의 일종인 『物譜』가 남아있다. 일찍이 『隷首遺術』이라는 算學 관련 서적을 저술하였다고 하는데 지금은 전하지 않아 그 상세한 내용을 알 수 없다(李家源, 「物譜와 實學思想」, 『人文科學』 5, 延世大學校 文科大學, 1960 ; 강경훈·박용만, 「剡社編」, 『近畿實學淵源諸賢集』 二, 成均館大學校 大東文化硏究院, 2002, 50~61쪽 ; 이종묵, 「物譜」, 『近畿實學淵源諸賢集』 六, 成均館大學校 大東文化硏究院, 2002, 19~20쪽).

202) 『臨官政要』 續編, 時措, 農桑章(295~296쪽). "境內如有起墾, 或堤堰灌漑處, 當訪問看審, 及時爲之, 以利民爲意, 後世制民産一節, 難以遽言, 惟此二事, 可以興行."

203) 『臨官政要』 續編, 時措, 農桑章(296쪽). "惟湖南右道一帶, 平陸連海, 而川流受潮醎, 不得潤田, 所以堤堰獨多於湖南也. 柳磻溪曰……."

언급이 부기되어 있다.

> 일찍이 이런 뜻으로 감사(監司)에게 아뢰기를, "이제 흉년을 당했으니 진휼곡을 주어 기민(飢民)을 모집한다면, 반드시 정부(丁夫)를 조발(調發)하지 않고도 재해를 구제하고 이익을 가져오게 할 수 있으니 일거양득(一擧兩得)입니다"라고 했으나 감사는 써주지 않았다. 남쪽 사람들이 오늘날에 이르러서도 한탄스럽게 여기고 있다.[204]

이는 문장 구조상 유형원의 말인 것처럼 되어 있으나 『반계수록』에는 보이지 않는 내용이다. 그렇다면 안정복이 지방관으로 재직할 당시 유형원의 견해에 따라 관찰사에게 기민을 모집하여 제언의 수축과 같은 수리사업을 실시할 것을 건의했으나 받아들여지지 않았다는 의미로 해석된다. 실제로 안정복은 '진휼장'에서 기민을 모집하여 토목·건설공사를 하는 것이 기민을 진휼하는 중요한 방법이라고 주장하고 있었기 때문이다.[205] 물론 그 논리적 구조는 유형원의 그것과 동일하였다.

이처럼 안정복은 유형원과 이익의 수리론을 발전적으로 계승하였다. 그는 관개용 수리시설인 제언을 수축할 필요성을 인식하였고, 거기에 필요한 노동력을 확보하기 위한 구체적 방안으로 황정책과 수리론을 연결하였으며, 서양식 수차의 적극적 활용을 주장했다. 안정복은 수리론을 향정론(鄕政論)이라는 커다란 구도 속에 편입함으로써 이후 수리론이 향정론의 한 부분으로 자리를 잡게 되는 계기를 만들었다.

이상과 같은 안정복의 수리론은 다음 세대의 정약용(丁若鏞, 1762~

---

204) 『臨官政要』 續編, 時措, 農桑章(296쪽). "嘗以此語于監司曰, 今値凶年, 當給粟募民, 不必調發丁夫, 救灾興利, 一擧兩得, 監司不能用, 南人至今爲恨云."

205) 『臨官政要』 續編, 時措, 賑恤章(349쪽). "募飢民興工作, 亦是賑飢之要術, 朱子亦曰, 募飢民興水利, 一擧兩得."

1836)에게 계승되었다. 정약용의 『목민심서(牧民心書)』는 안정복의 『임관정요』에 직·간접적으로 많은 영향을 받았다.206) 『목민심서』에 나타난 정약용의 수리론은 멀리는 유형원과 이익, 가깝게는 안정복의 그것을 수렴하여 종합적으로 계승·발전시킨 것이었다. 『목민심서』, 「공전(工典)」, 천택조(川澤條)에 종합적으로 정리되어 있는 정약용의 수리론은 이미 기존의 연구에서 상세히 분석한 바 있다.207) 따라서 여기에서는 이에 대한 구체적 언급은 생략하고 정약용의 수리론이 근기남인계의 학문적 전통을 계승한 부분에 대해서만 간략히 살펴보도록 하겠다.

정약용은 『목민심서』 「호전(戶典)」, 권농조(勸農條)에서 『임관정요』의 한 구절을 인용하여 서양식 수차의 중요성을 언급했다.208) 정약용이 수차에 대해 관심을 기울인 것은 농기(農器)를 만들어 민용(民用)을 편리하게 하고 민생(民生)을 넉넉하게 하기 위한 방편의 일환이었다.209) 그는 서광계(徐光啓)의 『농정전서(農政全書)』에 수록되어 있는 「농기도보(農器圖譜)」에 열거된 농기구들을 참조하여 각종 기구를 만들어 농민들에게 나누어 주어야 한다고 주장했다.210) 여기에서 알 수 있듯이 정약용은 서광계의 『농정전서』를 통해 수차의 제도를 인지하고 있었다. 이는 널리 알려진 바와 같이 우르시스의 『태서수법』을 전재한 것이었다.

그럼에도 불구하고 정약용은 서양식 수차의 실제적 활용에 대해서는

206) 양자의 밀접한 연관성에 대해서는 강세구, 앞의 책, 1996, 89~95쪽 참조.

207) 이에 대한 분석으로는 문중양, 『조선후기 水利學과 水利담론』, 集文堂, 2000, 179~189쪽을 참조.

208) 『與猶堂全書』 第5集 第22卷, 政法集 2, 牧民心書, 卷7, 戶典六條, 勸農, 9ㄱ(285책, 449쪽).

209) 『與猶堂全書』 第5集 第22卷, 政法集 2, 牧民心書, 卷7, 戶典六條, 勸農, 8ㄱ(285책, 448쪽). "作爲農器織器, 以利民用, 以厚民生, 亦民牧之攸務也."

210) 『與猶堂全書』 第5集 第22卷, 政法集 2, 牧民心書, 卷7, 戶典六條, 勸農, 9ㄱ(285책, 449쪽). "徐玄扈農器圖譜, 所列農器, 皆質朴易造, 別無機牙刻鏤之巧, 而吾東之人, 猶不講行 …… 牧宜按圖作器, 以授民用."

미온적이었다. 이러한 태도는 용미차·옥형차 등 서양식 수차의 제도는 매우 좋은 것이지만, 당시 우리나라의 제철 기술이 정밀하지 못하고 제작 방법이 미숙해서 별로 효과를 보지 못하고 있다는 현실인식에 근거하고 있었다. 따라서 수차의 활용은 백공기예(百工技藝)가 정밀해진 다음에라야 논의할 수 있는 문제라고 보았다.[211]

수차를 이용한 수리를 배제한다면 생각할 수 있는 수리시설은 전통적인 보(洑)나 제언이었다. 그런데 당시 보의 경우에는 하천 수위와 논의 높이에 큰 차이가 있다는 점[水深野高]과 물살이 빠르면 쉽게 무너진다는[水駛易潰] 난점이 있었다.[212] 정약용은 이 문제를 해결하기 위해서는 오랜 시간 노력을 기울여야 한다고 보았다. 오랜 세월 지속적으로 하천에 돌을 쌓아 구덩이를 메워 차츰차츰 하천의 흐름을 막으면, 모래와 흙이 침전되어 물길이 점차 높아질 것이고, 거기에 맞춰 보를 증축하면 관개할 수 없는 이치가 없다고 하였다.[213]

조선후기 제언의 실상에 대해서 정약용은 "우리나라의 유명한 저수지[湖]는 겨우 7, 8개가 있다. 나머지는 모두 좁고 작다. 그러나 또한 잡초가 우거지고 수축되지 않았다"[214]고 진단하였다. 이미 『속대전(續大典)』에 '제언모경(堤堰冒耕)'을 금지하고 제언의 신축과 수축을 장려하는 엄격한 조항이 있었지만,[215] 당시 조선의 제언들은 모두 폐기된 상태였다는

---

211) 『與猶堂全書』 第5集 第26卷, 政法集 2, 牧民心書, 卷11, 工典六條, 川澤, 31ㄱ~ㄴ(285책, 563쪽). "龍尾玉衡, 凡水車之制, 最是良法, 然鍊鐵未精, 製法未熟 …… 近世博聞之士, 亦屢試不驗, 必使百工技藝, 精鍊入妙而後, 此事可議, 今姑略之."

212) 『與猶堂全書』 第5集 第26卷, 政法集 2, 牧民心書, 卷11, 工典六條, 川澤, 31ㄴ(285책, 563쪽). "今壅水漑田者, 恒患水深野高, 或水駛易潰."

213) 『與猶堂全書』 第5集 第26卷, 政法集 2, 牧民心書, 卷11, 工典六條, 川澤, 31ㄴ(285책, 563쪽). "此皆不費力之患也, 水從山下, 其源必高, 久則鑿開而勢低矣. 若積以歲月, 累石塡坑, 以漸遏流, 則沙土澱淤, 水道亦將隨而漸高, 隨高增築, 豈有不可灌之理."

214) 『與猶堂全書』 第5集 第26卷, 政法集 2, 牧民心書, 卷11, 工典六條, 川澤, 36ㄱ(285책, 563쪽). "東土名湖, 僅有七八, 餘皆窄小, 然且葑合而不修矣."

215) 『續大典』 卷2, 戶典, 田宅, 7ㄴ(144쪽 – 영인본 『續大典』, 亞細亞文化社, 1983의

것이다.[216] 정약용은 이를 해결하기 위해서는 매년 계춘(季春)에 각도의 관찰사에게 명해 제언을 수축하게 하고 그 결과를 즉각 보고하게 해야 한다고 주장했다.[217]

다음으로 정약용은 그의 선배들과 마찬가지로 구재(救災)·진황(賑荒)과 수리의 문제를 연결해서 사고하였다. 그는 『목민심서』를 저술하면서 『주례(周禮)』 대사도(大司徒)의 '보식육정(保息六政)'을 본떠서 '애민육조(愛民六條)'를 만들었는데,[218] 그 마지막 조항이 '구재(救災)'였다. 여기서 정약용은 "둑을 쌓고 방죽을 만들어 수재를 막고 수리를 일으키는 것은 두 가지 이익이 있는 방법이다"[219]라고 하여 제언의 수축을 통한 수리의 진흥을 강조하였다. 그것이 '양리지술(兩利之術)'이 되는 이유는 앞에서 여러 번 살펴보았듯이 진휼곡으로 기민을 모집해서 수리 공사를 시행하기 때문이었다. 이에 대한 부연 설명은 「진황(賑荒)」에 자세하게 나온다.

> 봄날이 길어지면 공역(工役)을 일으킬 만하니, 공해(公廨)가 허물어져서 모름지기 영선(營繕)해야 할 일이 있거든 마땅히 이때에 수리해야 한다.[220]

정약용은 이 조항에서 표면상 '공해'의 공역만을 말하고 있는 듯하지

페이지 번호) 참조.

216) 『與猶堂全書』第5集 第26卷, 政法集 2, 牧民心書, 卷11, 工典六條, 川澤, 36ㄴ(285책, 565쪽). "按法非不具, 而今國中陂池, 無一不廢棄也."

217) 『與猶堂全書』第5集 第26卷, 政法集 2, 牧民心書, 卷11, 工典六條, 川澤, 37ㄴ(285책, 566쪽). "每歲季春, 令諸路監司之臣, 董修堤防, 卽行奏聞, 庶不至荒廢不治也."

218) 『與猶堂全書』第5集 第18卷, 政法集 2, 牧民心書, 卷3, 愛民六條, 33ㄱ(285책, 358쪽). "周禮大司徒保息六政, 誠牧民之首務, 今檃栝其意, 爲愛民六條."

219) 『與猶堂全書』第5集 第18卷, 政法集 2, 牧民心書, 卷3, 愛民六條, 救災, 51ㄴ(285책, 367쪽). "若夫築堤設堰, 以捍水災, 以興水利者, 兩利之術也."

220) 『與猶堂全書』第5集 第29卷, 政法集 2, 牧民心書, 卷14, 賑荒六條, 補力, 2ㄱ(285책, 607쪽). "春日旣長, 可興工役, 公廨頹圮, 須修營者, 宜於此時補葺."

만, 그 아래 『임관정요』의 한 대목을 인용하고 있는 부분에서 알 수 있는 바와 같이 여기에는 농전(農田)의 수리, 제방의 토목공사 등이 포함되는 것이었다.[221]

---

221) 『與猶堂全書』 第5集 第29卷, 政法集 2, 牧民心書, 卷14, 賑荒六條, 補力, 2ㄴ(285책, 607쪽). "政要云, 宋法諸災傷地分, 有興工役, 可以募人者, 如農田水利, 及城隍·道路·堤岸土功, 種植林木之類, 監司預行檢計工料錢穀之數, 利客[害의 誤字-인용자 주]具奏聞……." 원문은 『臨官政要』 上編, 政語, 賑濟章(110~111쪽) 참조.

제8장 성호학파 자연학의 특징과 학문적 지향

1. 유자(儒者)의 실학(實學) : 자연학에 대한 인식의 전환

『벽위편(闢衛編)』(兩水本)의 저자로 유명한 이기경(李基慶, 1756~1819)은 그의 나이 14~15세 때인 1769~1770년경 이철환(李嘉煥, 1722~1779)을 뵈었을 때, 그가 책 한 권을 주면서 말하기를 "이는 만물(萬物)의 명칭을 기록한 것이다. 이 또한 '유자(儒者)의 일'이니 불가불 알아야 한다"고 하였다고 회상했다.[1] 그 책은 바로 이철환이 저술한 『물보(物譜)』였다. 이는 '명물도수지학(名物度數之學)'을 유자의 필수적 학문으로 파악했던 이철환의 관점을 보여주는 것이다. 이기경이 이철환에게 그 책을 받아서 보았을 때에는 아직 제목이 확정되지 않은 상태였다. 그는 이 책을 필사해서 보관하였다.[2]

그로부터 40여 년이 경과한 1810년 무렵에 이기경은 호서(湖西) 지역

1) 『物譜』, 「物譜跋」(六, 260쪽－영인본 『近畿實學淵源諸賢集』, 成均館大學校 大東文化研究院, 2002의 책 번호와 페이지 번호. 이하 같음). "基慶年十四五, 先生以一卷書授之曰, 此萬物之名錄也. 是亦儒者事, 不可不知也."

2) 『物譜』, 「物譜跋」(六, 260쪽). "基慶, 手寫而藏之, 四十有餘年."

을 방문해서 이철환의 아들 이재위(李載威, 1745~1826)와 교유하였다. 이때 양자는 경사(經史)와 고금(古今)의 여러 문제에 대해 담론했는데, 하루는 이재위가 『물보』라는 책을 이기경에게 보여주었다. 그것은 일찍이 이철환이 이기경에게 보여주었던 바로 그 책이었다. 그런데 그 내용 구성은 이철환의 그것과 달라져 있었고, '물보'라는 제목도 붙어 있었다. 이는 모두 이재위의 작업 결과였다.[3]

본래 『물보』는 이기경이 "선생의 수필만기(隨筆謾記)"라고 하였듯이[4] 이철환이 생각나는 대로 그때그때 수록(收錄)한 글이었다. 때문에 이재위는 그 내용이 책[卷帙] 사이에 산견잡출(散見雜出)하고 문류(門類)도 구비되지 않았다고 했던 것이다. 동일한 종류의 내용들이 여기저기 흩어져서 잡다하게 나오고, 그 종류도 갖추어지지 않았다는 지적이었다. 그래서 이재위는 같은 종류의 내용들을 한데 모으고, 다른 종류와 구분함으로써 조리가 정연해지도록 편집 작업을 하였다.[5] 아울러 그 제목도 '물보'라고 지었다. 옛사람들의 저술 가운데는 이미 화보(禾譜)·기보(器譜)·화보(花譜)·국보(菊譜) 등의 이름을 지닌 책이 있었는데, 이철환의 저술은 이 모두를 포괄하는 것이라고 판단하여 총괄적 명칭으로 '물보'라고 했던 것이다.[6]

요컨대 『물보』는 1770년 이전에 이철환에 의해 그 초고가 완성되었고, 그 이후 이재위에 의해 항목별로 분류·편집되어 '물보'라는 서명을 갖추게 되었던 것이다. 이재위가 서문을 작성한 시점이 "임술(壬戌) 중동(仲

---

3) 『物譜』, 「物譜跋」(六, 260쪽). "今年春, 在湖西, 與先生子載威虞成, 數從遊, 談經史, 論古今, 證嚮聞見, 窮搜篋笥. 一日, 虞成出所謂物譜者, 示之. 乃先生所嘗授基慶者, 而其州次部屋, 各以類從, 虞成所自編也. 目以物譜, 亦虞成所自名也."

4) 『物譜』, 「物譜跋」(六, 260쪽). "如此編者, 直先生隨筆謾記, 以便蒙士之攷據者……."

5) 『物譜』, 「物譜序」(六, 243쪽). "故我先人蘀圃先生, 病東人之踈於物名, 輒有收錄, 然卷袠之間, 散見雜出, 門類不備, 故余竊類聚羣分, 畧成條貫……."

6) 『物譜』, 「物譜序」(六, 243쪽). "古人有禾譜·器譜·花譜·菊譜等, 故此則總名之曰, 物譜云爾."

冬)"이라고 하니[7] 늦어도 순조 2년(1802) 11월 무렵에는 편집이 완료되었던 것으로 보인다.

그렇다면 만물의 총명을 기록한 『물보』의 구성은 어떠했을까? 이기경이 처음에 이철환으로부터 이 책을 받아서 열람해 보니 "사람의 지체(肢體), 사위(事爲), 복식(服食), 기용(器用)과 비복동식(飛伏動植), 연연초교(蜎蝡肖翹)의 품물(品物)을 함께 나란히 적고 잡다하게 썼으며[並記雜書], 우리나라의 언서(諺書)를 그 아래에 써서 사람들로 하여금 미혹하지 않도록 하였다"[8]고 한다. 사람의 신체를 비롯하여 백공(百工)의 기예(技藝)[事爲], 의복과 음식, 기물과 용구(用具), 그리고 금수와 같은 동식물, 날아다니는 곤충과 기어다니는 곤충에 이르기까지 각종 사물의 명칭을 기록하고, 각각의 사물 아래에 훈민정음으로 그 이름을 적었다는 것이다. "병기잡서(並記雜書)"라는 언급으로 보아 당시까지는 일정한 분류 체계가 갖추어지지 않았음을 알 수 있다.

이와 같은 『물보』의 체재는 이재위에 의해 일정한 분류 항목을 지닌 모습으로 변모하게 된다. 그는 먼저 전체 체재를 품물(品物)과 인위(人爲)의 두 가지로 구분하였다. 그것은 만물(萬物)과 만사(萬事)를 나눈 것이었다. 현존하는 『물보』는 상편(上篇)과 하편(下篇)으로 편목이 구성되어 있는데, 각각의 제목이 '천생만물(天生萬物)'과 '인위만사(人爲萬事)'인 것은 바로 이러한 구분 방식을 보여준다. 이재위는 그 세부적 내용 구성을 다음과 같이 설명했다.

> 그런 연후에 품물(品物 : 萬物)은 초목(草木)의 화곡(禾穀), 소채(蔬菜), 과과(果瓜 : 木果와 草果), 화약(花藥 : 花卉와 藥草), 수족(水族)의 물고기

---

7) 『物譜』, 「物譜序」(六, 243쪽). "壬戌仲冬, 驪州後人, 李載威書."

8) 『物譜』, 「物譜跋」(六, 260쪽). "基慶, 敬授[受]而閱之, 凡人之肢體事爲, 服食器用, 與夫飛伏動植, 蜎蝡肖翹之品, 並記雜書, 以我國諺書, 書其下, 使人不迷."

[鱗鬐][9]와 매물(貍物)·호물(互物)[貍互],[10] 충치(虫豸)[11]의 날아다니는 곤충과 기어다니는 곤충[蜎飛蠉動],[12] 조수(鳥獸)의 나무 위에 집을 짓고 사는 것과 물에서 서식하는 것[木棲水宿], 풀 속에 엎드려 있는 것과 굴에서 숨어 사는 것[草伏窟藏]으로 나열하였다. 인위(人爲)는 의복(衣服), 음식(飮食), 궁실(宮室), 주거(舟車), 경농(耕農), 잠적(蠶績), 공장(工匠), 어조(漁釣), 복식(服飾), 기명(器皿)의 종류로 갖추었다. 무릇 하늘과 땅 사이의 만물(萬物)과 만사(萬事)가 대략 갖추어졌으니, 요컨대 인위(人爲)의 일은 '품물'의 쓰임에서 나오지 않은 것이 없다.[13]

이는 만물의 경우 초목(草木), 수족(水族), 충치(虫豸), 조수(鳥獸) 등으로 부문을 나누고 그 안에 세부 조목을 설정하였으며, 만사의 경우에는 의복(衣服), 음식(飮食), 궁실(宮室), 주거(舟車), 경농(耕農), 잠적(蠶績), 공장(工匠), 어조(漁釣), 복식(服飾), 기명(器皿) 등으로 세부 조목을 설정했다는 사실을 말하고 있는 것이다. 현존하는 『물보』의 편목 구성을 정리하면 아래의 〈표〉와 같다. 상편에는 초목부(草木部), 충어부(虫魚部), 충치부(虫豸部), 조수부(鳥獸部) 등 4개의 부가, 하편에는 신체부(身體部), 인도부(人道部), 기계부(器械部), 기용부(器用部) 등 4개의 부가 편제되어

---

9) 鱗鬐(인기) : 물고기의 비늘과 등지느러미.

10) 貍物은 개흙 속에서 사는 물고기, 互物은 거북, 자라, 조개 등의 갑각류를 가리킨다. 『周禮注疏』 卷4, 天官冢宰 第1, 鼈人[鱉人], 123쪽. "鱉人掌取互物, 以時簎魚鱉龜蜃, 凡貍物."의 주석 참조.

11) 벌레의 총칭. 『爾雅注疏』 卷第9, 釋蟲 第15, 326쪽. "有足謂之蟲, 無足謂之豸."

12) 蜎飛蠉動=蜎飛蠕動(연비연동) : 벌레가 날거나 꿈틀대거나 기어감. 날거나 기어다니는 곤충을 두루 이르는 말. → 蜎飛=蜎蜚(연비) : 날아다니는 곤충 / 蠉動=蠕動(연동) : 기어다니는 곤충

13) 『物譜』, 「物譜序」(六, 243쪽). "然後以品物, 則草木之禾穀蔬菜, 果瓜花藥, 水族之鱗鬐貍互, 虫豸之蜎飛蠉動, 鳥獸之木棲水宿, 草伏窟藏者, 列焉. 以人爲, 則凡衣服飮食, 宮室舟車, 耕農蠶績, 工匠漁釣, 服飾器皿之類, 具焉. 凡天壤之間, 萬物萬事, 蓋畧備, 而要之人爲之事, 莫不出於品物之用矣."

있고, 세부 조목은 49개의 항으로 나누어져 있다. 이것을 위의 인용문과 비교해 보면 그 내용이 상통함을 확인할 수 있다.

〈표 8-1〉『물보(物譜)』의 편목(篇目) 구성

篇	部	세부 條目	조목의 수	조목별 수록 어휘의 수	
				漢字	한글
上篇 天生萬物	草木部	禾穀	12	54	32
		蔬菜 一, 二, 三		44/45/28	24/26/23
		木果		24	30
		草果		50	24
		花卉 一, 二		30/22	23/16
		藥草 一, 二		52/40	31/28
		雜草		46	25
		雜木		39	33
	虫魚部	鱗虫	3	39	31
		介虫		44	20
		水族		32	20
	虫豸部	走虫	2	53	30
		飛虫		42	26
	鳥獸部	羽虫(陸禽)	4	50	30
		羽虫(水鳥)		31	20
		毛虫(草宿)		26	21
		毛虫(窟居)		24	14
下篇 人爲萬事	身體部	形體	2	16	10
		氣血		29	21
	人道部	族姻(僧道附)	14	16	6
		衣服(冠服)		30	19
		衣服(服飾)		25	16
		飮食(米穀)		32	30
		飮食(魚肉)		29	14
		博戲		33	22
		第宅(椽桷)		21	12
		第宅(窓戶)		23	16
		舟車(舟橋)		27	17
		舟車(車輿)		21	12
		牛馬		29	22
		文士		7	4
		商賈		8	6
		雜部		7	5

	器械部	耕農	6	24	23
		耕農		26	21
		蠶績		26	23
		蠶績		35	14
		工匠		24	23
		佃漁		16	17
	器用部	酒食	6	27	21
		服飾		21	16
		鼎鐺		24	19
		筐筥		30	24
		几案		30	21
		兵仗		18	17
전체	8	49	49	1469	999

이재위에 의해서 이상과 같은 구성을 지니게 된 『물보』는 그 편찬 목적이 무엇이었을까? 그것은 다음과 같은 몇 가지 측면에서 생각해 볼 수 있다. 첫째, 유자의 기본 소양인 소학(小學)으로서의 가치였다. 소학은 문자학(文字學), 훈고학(訓詁學), 음운학(音韻學) 등을 포괄하는 개념이다. 사물의 명칭에 대한 탐구는 글자의 유래와 원리, 음훈(音訓) 등을 연구하는 '자학(字學)'과 관련이 깊다. 이재위가 『물보』의 서문에서 『이아(爾雅)』를 언급했던 것은 바로 그러한 이유에서였다. 13경의 하나인 『이아』는 문자의 뜻을 고증하고 설명하는 사전적 성격을 지닌 저술이기 때문이다.

둘째, 명물학(名物學)이 지니고 있는 현실적 실용성이었다. 이재위는 하늘이 만물을 낳았는데 그 가운데 인간이 가장 귀하기 때문에 여타의 '품물'은 인간의 필요에 소용되는 것이라고 보았다. 하늘이 인간으로 하여금 자연물을 활용해서 삶을 영위하게 해 주었다는 설명이다.[14] 이와 같은 논리에 따르면 식물과 동물을 비롯한 일체의 자연물은 의식주

14) 『物譜』, 「物譜序」(六, 243쪽). "夫天生萬彙, 人爲最貴, 故品物之性, 盡入於用. 凡花葉果瓜, 鱗介羽毛之類, 羅生繁殖於山澤原野之間, 以爲蔬果酒飯, 魚肉藥餌, 及器物服用之資, 以供人生耳目口鼻身體之養."

(衣食住)의 자료가 되어 인간의 삶에 이바지하는 존재였다. 따라서 인간이 자신의 삶을 온전히 꾸려 나가기 위해서는 자연물에 대한 지식과 정보를 습득해야만 했다. 물명(物名)을 숙지하는 것은 가장 기초적인 일이었다. 이재위는 유종원(柳宗元, 773~819)과 채모(蔡謨, 281~356)의 사례를 인용하여 약물(藥物)을 오용하거나 음식물을 잘못 먹었을 때 벌어질 수 있는 문제점에 대해 언급하였다. 인간의 삶에 도움을 주는 자료들을 잘못 사용하게 되었을 때 그것이 도리어 인간의 생명을 해칠 수 있다는 경고였다.[15] 이는 물명에 어두운 인간 자신으로 인해 파생되는 문제였다. 따라서 이를 방지하기 위해서는 사물의 명칭과 용도에 대한 정확한 이해가 필요했다. 그 기초가 바로 '명물학'이었던 것이다.

셋째, 예(禮)의 실천과 관련해서 물명에 대한 이해가 필요하다는 점이다. 이재위는 특히 '길흉(吉凶)의 예'를 거론하면서 명물의 중요성을 언급하였다.

> 무릇 길흉(吉凶)의 예(禮)에서 산 사람을 봉양하고 죽은 이를 장사지내 보내는[奉生送死] 때는 또한 관혼연향(冠昏燕饗 : 冠禮·昏禮와 잔치), 염습(殮襲)과 제사(祭祀)[襲殮祭奠 : 喪禮·祭禮]의 사이에서 벗어나지 않으니, 술 단지와 발이 달린 술잔[罍爵], 술안주[殽羞], 관복(冠服)과 당실(堂室)의 제도를 강구하지 않으면 예(禮)를 조치할 바가 없다.[16]

15) 『物譜』, 「物譜序」(六, 243쪽). "苟名物之不明, 則不獨致金根·杕杜之羞, 貽笑萬代. 或錯餌伏神, 誤食蟛蜞者, 有焉. 所以資生者, 反以賤[殘]生, 可不懼歟." 여기에서 '錯餌伏神'은 유종원이 시장에서 약을 파는 사람에게 속아서 구입한 토란[老芋]을 茯苓으로 알고 복용했다가 병이 더 심해진 사례를, '誤食蟛蜞'는 채모가 방게를 삶아 먹고 모두 토하고 나서 먹는 것이 아닌 줄 알았다는 고사를 가리킨다.

16) 『物譜』, 「物譜序」(六, 243쪽). "故凡吉凶之禮, 奉生送死之際, 亦不出冠昏燕饗, 襲殮祭奠之間, 苟不講於罍爵殽羞, 冠服堂室之際, 則禮無所措矣."

관혼상제(冠婚喪祭)의 사례(四禮)를 시행하기 위해서는 그에 필요한 각종 의복과 기용(器用), 제수(祭羞)가 필요했다. 그 각각의 제도를 숙지하지 않으면 막상 예를 치르는 과정에서 혼란을 겪을 수밖에 없다. 이재위는 바로 이러한 점을 지적하면서 사람들이 『물보』를 살펴보면 양생(養生)과 송사(送死)의 과정에서 사물의 명칭을 혼동하지 않을 것이라고 하였다.[17)]

넷째, 『시경(詩經)』을 비롯한 유교 경전을 제대로 이해하기 위해서는 반드시 물명에 대한 지식이 필요하다는 점이다. 경학(經學)의 도구로서 명물학의 가치를 논한 것이다. 이재위는 서문의 첫머리에 "〈시(詩)를 배우면〉 조수(鳥獸)와 초목(草木)의 이름을 많이 알게 된다"라는 공자의 말을 인용하면서 물명을 강구해야 한다고 강조했다.[18)] 『모시(毛詩)』의 서문에 따르면 시에는 육의(六義)가 있다고 하였다.[19)] 풍(風)·부(賦)·비(比)·흥(興)·아(雅)·송(頌)이 그것이다. 그 의미와 내용에 대해서는 다양한 학설이 있으나 풍·아·송은 시의 체제를, 부·비·흥은 시의 표현 방식을 의미하는 것으로 이해되고 있다. 공영달(孔穎達)이 "풍·아·송은 시편(詩篇)의 다른 문체이고, 부·비·흥은 시문(詩文)의 다른 수사법이니, 대소(大小)가 같지 않은데도 아울러 육의가 되는 것은 부·비·흥은 시의 소용(所用)이고, 풍·아·송은 시의 성형(成形)이다"[20)]라고 언급한 것이 그 대표적

---

17) 『物譜』, 「物譜序」(六, 243쪽). "苟察此書, 則養生送死者, 庶不混於名物……."

18) 『物譜』, 「物譜序」(六, 243쪽). "子曰, 多識於鳥獸草木之名. 蓋物名, 亦在所講也." 공자의 말은 『論語』「陽貨」편에서 확인할 수 있다[『論語』, 陽貨. "子曰, 小子何莫學夫詩. 詩, 可以興, 可以觀, 可以羣, 可以怨. 邇之事父, 遠之事君, 多識於鳥獸草木之名."].

19) 『毛詩注疏』 卷第1, 周南關雎詁訓傳 第1, 序, 13쪽(十三經注疏 整理本 『毛詩正義』, 北京 : 北京大學出版社, 2000의 페이지 번호. 이하 같음). "故詩有六義焉, 一曰風, 二曰賦, 三曰比, 四曰興, 五曰雅, 六曰頌."

20) 『毛詩注疏』 卷第1, 周南關雎詁訓傳 第1, 序, 14~15쪽. "然則風·雅·頌者, 詩篇之異體, 賦·比·興者, 詩文之異辭耳, 大小不同, 而得並爲六義者, 賦·比·興, 是詩之所用, 風·雅·頌, 是詩之成形, 用彼三事, 成此三事, 是故同稱爲義, 非別有篇卷也."

예이다. 이 가운데 부는 사실을 상세히 서술하는 것, 비는 사물을 들어 비유하는 것, 흥은 사물을 빌어 감흥을 일으키게 하는 것이다.[21] 이재위는 바로 이 점에 주목했다. 그는 "『시경』의 〈육체(六體=六義) 가운데〉 비(比)와 흥(興)의 체(體)는 매양 사물에 의탁하여 뜻을 깃들이니, 진실로 비주동식(飛走動植 : 날짐승과 길짐승[飛禽走獸], 동물과 식물)의 정(情)을 살피지 않으면 사물을 감상하여 노래로 읊어[玩物諷詠] 옛사람의 뜻을 발명할 수 없다"[22]고 단언했다.

이상에서 살펴본 바와 같은 구성과 목적을 지니고 있는 『물보』의 역사적 의미는 무엇일까? 이기경은 『물보』의 발문에서 이 저술이 지니고 있는 의미를 나름대로 평가하였다. 그것은 크게 두 가지 측면에서 정리할 수 있다. 하나는 사물의 명칭에 대한 연구가 유교적 가치와 어떻게 부합하는가의 문제였고, 다른 하나는 명물도수지학(名物度數之學)에 대한 당시의 인식과 관련된 문제였다.

먼저 이기경은 사물의 이치에 대한 탐구가 지니고 있는 가치에 주목하였다. 그는 학문에는 본말(本末)이 있다고 보았다. 이런 관점에서 보면 인간의 심신(心身)에 대한 탐구가 근본이고, 사물에 대한 학습은 부차적이었다. 그럼에도 불구하고 이기경은 '사물의 이치[事物之理]'를 강구해야 한다고 보았다. 이치[理]를 밝히지 않고서는 심신을 다스릴 수 없는데, 사물의 이치도 그에 포함되기 때문이었다.[23] 이는 천인일리(天人一理)에서 더 나아가 인물일리(人物一理)의 관점에서 말한 것이다. 이기경은

---

21) 『毛詩注疏』 卷第1, 周南關雎詁訓傳 第1, 序, 14쪽. "鄭司農云, 比者, 比方於物. 諸言如者, 皆比辭也. 司農又云, 興者, 託事於物, 則興者, 起也. 取譬引類, 起發己心, 詩文時擧草木鳥獸以見意者, 皆興辭也."

22) 『物譜』, 「物譜序」(六, 243쪽). "且詩經比興之體, 每託物寓義, 苟不審於飛走動植之情, 則無以玩物諷詠, 而發古人之意矣."

23) 『物譜』, 「物譜跋」(六, 260쪽). "學有本有末, 心身本也, 事物末也. 然治心身者, 必講乎事物之理. 蓋以不明乎理, 不可以治身, 故雖事物之微, 有不可闕焉."

"사람은 하늘에 근본을 두고 있고, 초목은 땅에 근본을 두고 있으며, 금수는 〈하늘과 땅〉 둘 사이에 근본을 두고 있으니, 그 근본을 가로지르는 것은 모두 이(理)"라고 단언했다. 사람과 사물을 관통하는 것이 하나의 이치라면, 사람됨의 이치를 밝히고자 할 때 사물의 이치를 빠뜨릴 수 없는 것이었다.[24)]

요컨대 이기경은 심신 수양으로 대표되는 유교적 인간학을 완성하기 위해서는 외부의 사물에 대한 탐구를 통해 획득한 지식을 인간 내부의 심신 수양에 반추하고, 지식[知]에 기초하여 실천[行]으로 나가야 한다고 보았던 것이다. 그가 사물의 이치를 소홀히 여겨 강구하지 않으면 학문의 본말이 갖추어지지 않게 되고, 사물의 이치를 강구하고도 그 요체를 알지 못하면 자신의 심신 수양에 하등의 도움이 되지 않는다고 설파했던 이유가 여기에 있었다.[25)] 사물에 대한 탐구는 유교의 궁극적 가치를 추구하는 기초적 작업이었으니, 『물보』의 가치는 바로 여기에 있었다.

다음으로 이기경은 『물보』가 지니고 있는 '명물도수지학'으로서의 가치를 중시했다. 그는 "〈세상의 학자들이〉 모두 지금으로부터 천년(千年) 이하의 학설에 어지럽고 혼란스러워 하는데[紛紜膠擾] 선생은 홀로 초연(超然)하게 양한(兩漢) 이전의 학문에 말없이 뜻이 서로 맞았다[玄契]"고 하여 이철환의 학문이 당시 학자들의 추구하는 바와 차이가 있었음을 언급했다.[26)] '천년 이하의 학설'이란 당대(唐代) 이후의 학문, 특히 송학(宋學)을 뜻하는 것으로, '양한 이전의 학문'이란 선진(先秦)유학을 포괄하는 한학(漢學)을 뜻하는 것으로 보인다. 그가 이철환이 『물보』를 저술

---

24) 『物譜』, 「物譜跋」(六, 260쪽). "夫人之本乎天, 草木之本乎地, 禽獸之本乎兩間, 而橫其本者, 皆理也. 人與物, 旣一理, 欲明爲人之理者, 宜其不違乎物之理也."

25) 『物譜』, 「物譜跋」(六, 260쪽). "忽而不知究, 則於學不備, 究而不知要, 則於身無補, 其失均也. 如能得乎外而反乎內, 由乎知而施乎行, 則豈可以事物而少之也."

26) 『物譜』, 「物譜跋」(六, 260쪽). "嗚乎, 世之學者, 惡能知先生也. 彼皆紛紜膠擾於距今千載以下之說, 而先生獨超然玄契於兩漢以前之學, 無怪逕庭而不相合也."

한 목적을 "몽매한 선비[蒙士]들의 고거(攷據)를 편리하게 하고자 한 것"[27] 이라고 한 데서도 그 사실을 확인할 수 있다. 이른바 '고거지학(考據之學)'으로서의 방법론적 장점을 지니고 있는 것이 한학이었기 때문이다. 이와 관련해서 18세기 후반 이후 조선 학계에서 성리학[宋學]과 고증학[漢學]의 우열을 둘러싼 '한송(漢宋) 논쟁'이 벌어졌다는 사실에 유의할 필요가 있다.[28] 당시 명물과 고증에 장점을 지니고 있는 한학의 학문방법론에 주목하는 학자들이 등장하고 있었던 것이 그 배경이었다. 이철환도 그 가운데 한 사람이었던 것이다.

요컨대 이기경은 『물보』가 한학의 전통에 토대를 둔 명물도수지학의 일환으로서 '고거'의 장점을 지니고 있다고 보았던 것이다. 그런데 당시 조선 학계의 대다수 사람들은 명물도수지학이 '이치를 밝히는 학문'과 관계가 없다고 여기고 있었다. 이에 이기경은 앞에서 살펴본 인물일리(人物一理)의 관점에서 반론을 제기했다. 그는 "〈사물의〉 이름을 알지 못하면 그 이치를 알 수가 없고, 그 이치를 안 연후에야 가히 몸에 반추할 수 있으니, 이것이 학문의 순서"라고 일갈했다.[29] 사물의 이치를 탐구하는 것이 심신의 수양이라는 유학의 본래 목적에 부합한다고 보는 이기경의 일관된 자세를 여기에서 엿볼 수 있다. 그는 명물도수지학을 유자의 필수적 학문으로 자리매김했던 것이다.

---

27) 『物譜』, 「物譜跋」(六, 260쪽). "如此編者, 直先生隨筆謏記, 以便蒙士之攷據者, 然其意亦可見矣."

28) 이에 대해서는 金文植, 『朝鮮後期經學思想硏究－正祖와 京畿學人을 중심으로－』, 一潮閣, 1996을 참조.

29) 『物譜』, 「物譜跋」(六, 260쪽). "或疑所錄者, 物之名也, 無所關於明理之學, 而不知名, 無以知其理, 知其理然後, 可以反乎身, 此學之序也."

2. 물리(物理)에 대한 관심과 박학(博學)

주자학에서 '자연(自然)'이라는 단어는 오늘날의 일반적 용례와 같이 객관적 대상물로서의 실체적 자연을 의미하는 것이 아니었다. 대부분의 경우 그것은 사물의 본연의 상태를 형용하는 말로, 이(理=天理)라는 말에 부수되어 그 존재 양태를 나타내는 데 사용되었다.[30] 인간과 사회와 자연을 통일적으로 이해하고자 하는 주자학에서 인간사회의 운영원리인 도리(道理)와 자연법칙인 물리(物理)는 일관된 것이었으며, 그것은 천(天)=리(理)라는 개념으로 형상화되었다. 바로 이와 같은 '천=리(天=理)'관(觀)에서 '자연'이란 용어는 인간의 도덕적 선천성을 가리키는 것이었다. 인간의 도덕성을 본성의 '자연'으로 이해하고, 그 안에 객관세계의 자연법칙까지 포섭하고자 하였다는 점에 주자학적 자연학의 특징이 있었다. 다음과 같은 주희(朱熹)의 언급은 그러한 특징을 잘 보여준다.

> 무릇 하늘이 여러 백성을 내시니 사물이 있음에 법칙이 있다. 군신(君臣) 간의 의리(義理)는 정성(情性=性情)의 '자연'스러움에 근거하는 것으로 사람이 인위적으로 할 수 있는 바가 아니다. 그러므로 군주라면 반드시 그 백성들을 어루만질 줄 알고, 백성이라면 반드시 그 군주를 섬길 줄 안다고 한다. 부부가 서로 합하고, 벗들이 서로 구하는 것은 이미 화합해서 친숙해진 것[比]으로, 그 위치(位置)와 명호(名號)가 저절로 서로 감응(感應)하고 서로 부지(扶持)하기에 충분하니, 그 친하지

---

30) 『河南程氏遺書』卷11, 明道先生語 1, 師訓, 劉絢質夫錄, 125쪽. "言天之自然者, 謂之天道. 言天之付與萬物者, 謂之天命." ; 『河南程氏遺書』卷24, 伊川先生語 10, 鄒德久本, 313쪽. "曰天者, 自然之理也." ; 『河南程氏遺書』卷25, 伊川先生語 11, 暢潛道錄, 318쪽. "性之本謂之命, 性之自然者謂之天, 自性之有形者謂之心, 自性之有動者謂之情, 凡此數者皆一也." ; 『晦庵先生朱文公文集』卷第72, 「張無垢中庸解」, 3486쪽. "愚謂明乎善則身自誠, 乃理之自然." ; 溝口雄三·丸山松幸·池田知久 編, 『中國思想文化事典』, 東京大學出版會, 2001, 43쪽 참조.

않음을 염려할 필요가 없다.[31]

여기서 우리는 군신 간의 의리를 비롯한 삼강오륜(三綱五倫), 즉 인간 사회의 운영 원리를 '자연'적인 것으로 이해하는 주자학의 관점을 엿볼 수 있다. 이러한 입장에서 전개되는 자연에 대한 탐구는 일정한 한계를 지닐 수밖에 없었다.

한편 주자학의 격물치지론(格物致知論)에 등장하는 '물리'의 의미도 오늘날 우리가 생각하는 자연의 법칙과는 일정한 차이가 있었다. 거기에는 자연물의 속성, 각종 기술의 원리, 나아가 자연계의 운행 원리라는 의미가 내포되어 있기도 하지만 대부분의 경우에는 사리(事理)와 같은 의미로 사용되었다. 일찍이 주희는 격물(格物)의 의미를 "사물의 이치를 궁구하여 그 지극한 곳에 이르지 않음이 없고자 하는 것[窮至事物之理, 欲其極處無不到也]"이라고 해석하면서 물(物)을 사(事)와 같은 뜻으로 해석하였다.[32] 따라서 격물(格物)의 목표인 '물리'는 '사물의 이치'로서 인간사회의 원리와 자연세계의 법칙을 두루 포괄하는 것이었다.

이와 같은 주자학의 격물치지론은 중세적 합리주의를 뒷받침하는 인식론으로서 중요한 기능을 담당했으며, 사사물물(事事物物)에 대한 탐구를 중시했다는 점에서 종종 과학적 방법론으로 평가되기도 한다. 그런데 이미 선행 연구에서 지적한 바와 같이 격물의 '물'은 자연 그 자체만이 아니라 관념적인 천(天)의 의지이기도 했으며, 치지(致知)의 지(知)는 과학적 지식만이 아니라 윤리적 규범을 의미하기도 했다. 『대학(大學)』의 8조목(條目)이 뜻하는 바가 바로 이것이었다. 요컨대 자연법칙

---

31) 『晦庵先生朱文公文集』 卷第72, 「古史餘論」, 3504쪽. "夫天生蒸民, 有物有則, 君臣之義, 根於情性之自然, 非人之所能爲也. 故謂之君, 則必知撫其民, 謂之民, 則必知戴其君. 如夫婦之相合·朋友之相求, 旣已聯而比之, 則其位置名號, 自足以相感而相持, 不慮其不親也."

32) 『大學章句』 經1章의 註 참조.

과 도덕규범을 연결하여 자연의 물리와 인간의 도리를 통일적으로 파악했던 것이며, 이에 따라 천지상하(天地上下)의 자연 질서와 인간세상의 상하관계적 신분질서를 유비하였던 것이다.[33]

물론 주자학의 자연학은 이전 시기의 그것에 비해 일보 진전된 모습을 보이는 것이 사실이다.[34] 그럼에도 불구하고 그 한계를 말하는 것은 자연학과 인간학의 통일, 인간학에 의한 자연학의 포섭이 주자학적 자연학의 본질적 성격을 규정한다고 보기 때문이다. 격물치지론은 근본적으로 사물에 대한 탐구가 아니라 인간의 도리에 대한 탐구이며, 그 대상 역시 객관적 자연물이 아니라 성경현전(聖經賢傳)이었다는 사실이 그것을 증명한다.[35]

따라서 이와 같은 주자학적 자연학의 한계를 뛰어넘기 위해서는 도리로부터 물리의 분리, 인간학으로부터 자연학의 자립이 선행되어야만 했다. 조선후기 자연인식의 변화는 바로 이 점에서 그 역사적 의미를 지니고 있다. 일찍이 소론계(少論系) 양명학파(陽明學派)의 중심 인물인 정제두(鄭齊斗, 1649~1736)는 도리와 물리의 관계에 대해서 다음과 같이 주목할 만한 발언을 했다.

> 임금의 어짐과 아버지의 자애로움은 '소당연지칙(所當然之則)'으로 마음이 당연하게 되는 바의 이치인 것이니, 이것은 천지만물(天地萬物)

33) 金泳鎬, 「韓國의 傳統的 科學技術思想의 변모」, 『人文科學』 2, 成均館大學校 人文科學研究所, 1972, 122~124쪽 참조.

34) 朱熹의 自然學에 대한 기존의 연구로는 야마다 케이지(김석근 옮김), 『朱子의 自然學』, 통나무, 1991 ; Yung Sik Kim, *The Natural Philosophy of Chu Hsi 1130-1200*, American Philosophical Society, 2000 ; 김영식, 『주희의 자연철학』, 예문서원, 2005 등을 참조.

35) 이상에서 논의한 朱子學的 自然認識의 구체적 내용에 대해서는 구만옥, 「朝鮮後期 實學的 自然認識의 擡頭와 展開」, 『韓國實學思想硏究 4(科學技術篇)』, 혜안, 2005, 103~111쪽 참조.

이 하나가 되는 것이고, 의리로서 나면서부터 아는 것이다. 하늘이 높고 땅이 두터운 것은 '소이연지리(所以然之理)'로서 사물이 당연하게 되는 바의 이치인 것이니, 이것은 지식(知識)과 기능(技能)·기예(技藝)에서 나오는 것이다.[36]

여기에서 정제두는 인간사회의 운영원리로서의 '소당연지칙'과 자연법칙으로서의 '소이연지리'를 구분하고, 전자가 인간의 마음속에 본래부터 존재하는 것으로 '생이지지(生而知之)'할 수 있는 반면에 후자는 지식과 기예를 통해 탐구해야 하는 것이라고 명시했다. 이것은 '생이지지'로 간주되는 성인(聖人)의 학문 범위가 인간사회의 '소당연지칙'에 국한된다는 의미로 해석할 수 있다. "명물도수(名物度數)·율력(律曆)·상수(象數)는 반드시 배운 다음에 알 수 있는 것으로 성인도 또한 반드시 이것에 능하지는 못했다"[37]는 정제두의 언급이 그와 같은 사실을 증명한다. 요컨대 인간사회의 운영원리와 자연법칙은 각각 '생이지지'라는 선천적 지식과 '학이지지(學而知之)'라는 후천적 지식으로 구분되었으며, 양자 사이의 직접적 관련성은 부인되었던 것이다.

이처럼 학문의 대상 범위를 자연세계로 확장하기 위해서는 먼저 도리와 물리의 관계를 재정립해야 한다. 전통적인 유기체적 자연관의 구도를 해체하여 도리와 물리를 분리함으로써 자연학의 개별성·개체성을 확립하는 것도 하나의 방법이 될 수 있고, 도리와 물리를 가치론적으로 대등하게 파악함으로써 자연 탐구의 길을 개척할 수도 있다. 어느 경우이든 이기론과 격물치지론으로 대표되는 주자학적 세계관과 인식론의

36) 『霞谷集』 卷9, 「存言中」(160책, 256쪽ㄷ~ㄹ). "君之仁父之慈, 所當然之則, 心所以當然之理, 是天地萬物一體者, 義理生而知之者. 天之高地之厚, 所以然之理, 物所以當然之理, 是知識技能藝之出者."

37) 『霞谷集』 卷9, 「存言中」(160책, 256쪽ㄹ). "名物度數, 律曆象數, 必學而后知, 聖人亦未必能之."

근본적 변화가 불가피했다.

조선후기 물리에 대한 새로운 인식은 기존의 세계관과 인식론의 변화에 따른 결과물이었다. 나아가 그것은 공부의 대상과 방법에도 일정한 변화를 초래했다. 격물치지론의 재해석에 따라 자연법칙으로서의 물리에 대한 탐구가 적극적으로 모색되었고, 격물의 대상 역시 '성경현전'에서 벗어나 자연물로 확장되었다. 그것은 천지만물을 학문의 대상으로 포괄하는 박학적(博學的) 성격을 띠게 되었다.

주자학에서도 박학(博學)을 말하지만 그것은 우리가 일반적으로 예상하는 그것과는 커다란 차이가 있었다. "반드시 [그]천지·초목·귀신·인사에 대해 모르는 것이 없는 것[과] 같을 필요는 없다. 대요(大要)는 사람된 도리를 알면 되는 것이다"[38]라는 주희의 언급을 통해 그러한 사실을 추측할 수 있다. 그렇다면 조선후기 주자학자들이 생각하는 '박학'이란 어떤 것이었을까? 최한기(崔漢綺, 1803~1877)는 그것을 다음과 같이 증언하고 있다. "세속의 박학이란 훈고(訓詁)를 자랑하여 장구(章句)를 들추어내며, 일을 논할 때는 반드시 옛 문적(文蹟)을 일컬어 많이 인용하고, 저술에서도 반드시 출처를 따져서 논평한다."[39] 이는 세밀한 경전 주석을 박학으로 이해하는 일련의 경향성을 지적한 것이다. 실제로 송시열(宋時烈, 1607~1689)은 박학의 의미를 "여러 경전에 모두 통달해서 한 글자도 빠뜨리지 않고, 의리(義理)에 침잠하고 장구(章句)를 반복해서 두루 관통하는 것"[40]이라고 정의했다. 이는 이른바 '경학적(經學的) 박학'

---

38) 『朱子語類』 卷26, 論語 8, 里仁篇 上, 朝聞道章, 李壯祖錄, 660~661쪽. "曰, 所謂聞者, 莫是大而天地, 微而草木, 幽而鬼神, 顯而人事, 無不知否. 曰, 亦不必如此, 大要知得爲人底道理則可矣. 其多與少, 又在人學力也."

39) 『仁政』 卷11, 敎人門 4, 博學, 41ㄴ(三, 225쪽-영인본 『增補 明南樓叢書』, 成均館大學校 大東文化硏究院, 2002의 책 번호와 페이지 번호). "世俗之博學, 矜於訓詁, 摘其章句, 論事必稱古文蹟之多援, 著述則必考出處而論評."

40) 『宋子大全』 卷106, 「答朴大叔」, 21ㄴ(111책, 512쪽). "夫所謂博者, 盡通諸經, 不遺一字, 沈潛乎義理, 反復乎章句, 浹洽貫通者, 是博也." 송시열은 이런 관점에서 당대의

을 의미한다고 볼 수 있다.

이와는 달리 조선후기의 일부 학자들이 추구했던 '박학'의 범위 안에는 인간사회의 제도규식(制度規式)과 함께 자연현상이 포함되어 있었다. 일찍이 유형원(柳馨遠, 1622~1673)은 자신이 제도규식의 연구에 몰두하는 이유를 다음과 같이 설명하였다.

> 천지의 이치는 만물(萬物)에 부착되어 있어 만물이 아니면 이(理)는 부착할 곳이 없다. 성인(聖人)의 도(道)는 만사(萬事)에서 행해지기 때문에 만사가 아니면 도를 행할 바가 없다.[41]

그는 역대의 '성경현전'은 이 세상을 다스리는 근원에 대해서는 자세히 논하고 있지만 왕도(王道)를 실행했던 제도(制度)와 규식(規式)에 대해서는 자세하지 못하며, 진(秦)나라의 멸망 이래로 전장제도(典章制度)가 모두 사라졌기 때문에 성인이 왕정을 시행했던 세부적 절목(節目)을 찾기 어렵다고 보았다.[42] 따라서 성인의 정치를 실현하기 위해서는 그와 불가분의 관계에 있는 전장제도의 세부 절목에 대한 연구가 필수적이라고 생각했다. 그것은 만물(萬物)로 하여금 그 적당한 쓰임새를 찾게 만드는 작업이었기 때문에[43] 학문의 연구 대상은 만물·만사로 확장되었다.

박학자로 朴世采를 거론하였다[『宋子大全』 卷62, 「答閔持叔癸丑八月」, 21ㄴ(110책, 184쪽).“前頭凡百, 顧此謏聞, 難以臆斷, 須疾速作書, 走聞於朴和叔如何. 今世博學, 無如此友, 故此意亦及於右相書矣.”].

41) 『磻溪隨錄』 卷26, 續篇下, 「書隨錄後」, 27ㄱ(518쪽). “天地之理, 著於萬物, 非物, 理無所著. 聖人之道, 行於萬事, 非事, 道無所行.”

42) 『磻溪隨錄』 卷26, 續篇下, 「書隨錄後」, 27ㄱ(518쪽). “周衰雖王道不行, 而其制度規式之在天下者, 猶在也. 是以, 聖賢經傳, 唯論出治之原, 以傳於學者, 而其制度之間, 則無所事於曲解也. 亡秦以來, 并與其典章制度而蕩滅之. 凡古聖人行政布敎之節, 一無存於世者…….”

43) 『磻溪隨錄』 卷26, 續篇下, 「書隨錄後」, 27ㄴ(518쪽). “三代之制, 皆是循天理·順人道, 而爲之制度者, 其要使萬物, 無不得其所, 而四靈畢至…….”

이익(李瀷)이 '실학'을 하고자 한다면 '사무(事務)'에 마음을 두어야 한다[留心事務]고 말한 것도 같은 맥락에서 이해할 수 있다. 그는 당시 실무와 치용(致用)에 능하지 못하면서 팔짱을 끼고 눈을 내리깔면서 본원(本原)의 탐구에 힘을 쏟는다고 말하는 유자들을 '아양승(啞羊僧 : 지극히 어리석어 깨달을 줄 모르는 중)'에 비유하며 경계했다.[44] '천인분이(天人分二)'의 관점에 입각하여 전개되는 이익의 자연 탐구는 철저한 궁리(窮理) 공부였다. 그것은 개개의 이치를 탐구하는 작업이었고, 때문에 박학(博學)이 될 수밖에 없었다. 『성호사설(星湖僿說)』의 전편에 흐르는 다양한 문제에 대한 관심과 실증적 연구는 바로 개개 사물의 각각의 이치를 탐구해 가는 박학의 산물이었다.

그런데 이와 같은 학문 방식은 당시 주자학자들이 보기에 여러모로 의심스러운 것이었다. 앞에서도 지적한 바와 같이 안정복(安鼎福)의 증언에 따르면 당시 이익의 학문을 비방하는 자들은 『성호사설』에 초점을 맞추고 있었다.[45] 아마도 그것은 이익이 서학(西學)을 했다고 매도하던 일련의 흐름과 관련이 있었을 것으로 추정된다. 안정복도 인정하고 있듯이 서학은 건문추보(乾文推步)·주수종률(籌數鍾律)·제조기명(制造器皿) 등 '물리'에 밝았고, 『성호사설』에는 물리와 관련하여 서학의 내용을 인용한 부분이 많았기 때문이다.[46]

이처럼 조선후기 일부 학자들의 박학은 자연계를 그 학문적 범위 안에

---

44) 『星湖全集』 卷37, 「答秉休甲戌」, 33ㄴ~34ㄱ(199책, 164쪽). "汝旣實學, 須留心事務, 不爲鑿空之歸也. 子曰, 誦詩三百, 授之以政, 不達, 使於四方, 不能專對, 雖多亦奚以爲. 如近世叉手低眉, 謂致力于本原者, 何異啞羊僧, 愼之."

45) 『順菴集』 卷8, 「答黃莘叟書戊申」, 29ㄴ(229책, 510쪽). "傳聞某人之誚毁, 專在於僿說云, 執此說而斷人之平生, 厚加誣辱則妄矣."

46) 『順菴集』 卷8, 「答黃莘叟書戊申」, 30ㄱ~ㄴ(229책, 510쪽). "某人斥之以西學云, 不覺一笑. 余於天學考, 已辨之, 君未曾見否. 玆不復言, 有若呶呶爲分解計也. 大抵西學明於物理, 至若乾文推步·籌數鍾律·制造器皿之類, 有非中國人所可及者. 是以朱子亦以此等事, 多歸重於西僧, 然則朱子亦爲西學而云然耶."

포괄하고 있었다. 홍대용(洪大容, 1731~1783)은 다음과 같이 말했다.

> 정심(正心)·성의(誠意)가 진실로 학(學)과 행(行)의 체(體)라면, 개물성무(開物成務)는 학과 행의 용(用)이 아니겠습니까? 읍양승강(揖讓升降)이 진실로 개물성무의 급무(急務)라면, 율력(律曆)·산수(筭數)·전곡(錢穀)·갑병(甲兵)은 어찌 개물성무의 대단(大端)이 아니겠습니까?[47]

여기서 홍대용은 자신이 추구하는 학문을 체(體)와 용(用)으로 구분하고 있는데, 정심·성의로 대변되는 개인의 도덕적 수양의 중요성과 함께 '개물성무'로 표현되는 사회적 실천을 중시하였다. 주목할 것은 개물성무 안에는 '읍양승강'이라는 도덕적 실천 영역과 함께 율력·산수·전곡·갑병이라는 실용적 영역이 포함되어 있었다는 사실이다. 이는 그의 주변 인물들이 증언하고 있는 바와 같이 홍대용의 주된 관심사가 상수(象數)·명물(名物)·천문전차(天文躔次)·일월왕래(日月往來) 등 자연학이었으며,[48] 그의 궁리·격물의 공부가 바로 이와 같은 자연물을 대상으로 한 것이었다는 사실을 보여주는 것이다.[49]

이와 같은 학문 경향의 변화 속에서 눈여겨보아야 할 것은 종래 경전 주석학의 일종으로 '물리'를 논했던 상수학(象數學)과 명물도수지학(名物度數之學)의 내용에 변화가 일어났다는 사실이다. "『시경(詩經)』은 인정(人情)에 근본하고 물리를 갖추었다"[50]라든지, "『역전(易傳)』은 괘상

---

47) 『湛軒書』 內集, 卷3, 「與人書二首」, 22ㄴ(248책, 70쪽). "正心誠意, 固學與行之體也, 開物成務, 非學與行之用乎. 揖讓升降, 固開物成務之急務, 律曆算數錢穀甲兵, 豈非開物成務之大端乎."

48) 李淞, 「湛軒洪德保墓表」, 『湛軒書』 附錄, 2ㄱ(248책, 321쪽). "德保獨有志於古六藝之學, 象數名物, 音樂正變, 硏窮覃思, 妙契神解. 天文躔次, 日月往來, 象形制器, 占時測候, 不爽毫釐."

49) 洪大應, 「從兄湛軒先生遺事」, 『湛軒書』 附錄, 5ㄴ(248책, 323쪽). "每於枕上, 加窮格之工, 至象數肯綮難解處, 往往徹曉失眠."

(卦象)으로 천하의 물리를 미루어 밝힌다"[51]라고 하는 언급은 전통적 상수학·명물도수지학의 기능과 의미를 논한 것이었다. 전통적 상수학에서 역학(易學)과 천문역산학은 통합적으로 인식되었다. 역(易)과 역리(曆理)를 통일적으로 이해하고자 했던 것이다. 그런데 조선후기에는 전통적 상수학에서 역학(易學)과 관련된 논의를 탈각하고, 그것을 오로지 서양에서 전래한 수학·기하학 등 수리과학으로 이해하려는 경향이 나타나고 있었다. 이는 역리(易理)라는 선험적 진리를 전제로 하여 자연현상을 연역적으로 이해하는 방식에서 수학적 방법에 기초하여 정량적(定量的)으로 자연을 분석할 수 있는 길을 열었다는 점에서 그 의미를 찾을 수 있다.[52]

'명물도수(名物度數)'의 학문적 가치에 대한 입장은 논자에 따라 많은 편차를 보인다. 그러나 긍정적이든 부정적이든 명물도수지학은 그 이치가 깊고 범위가 넓어서 비록 성인이라도 모두 알 수 없다는 점에 대해서는 대체로 동의하고 있었다.[53] 따라서 자연학을 포함한 명물도수지학은 개별적 탐구를 통해서 그 이치를 터득해 가야만 하는 것이었다. 앞에서도 살펴보았듯이 이용휴(李用休)가 '명물도수'와 관련되는 문제는 반드시 질문한 다음에야 알 수 있다고 했던 것도 이러한 맥락에서였다.[54]

---

50) 『宣祖實錄』 卷10, 宣祖 9년 9월 9일(戊戌), 15ㄱ(21책, 343쪽). "上問, 經書中, 書與詩熟好. 對曰, 書載帝王之事, 固爲治之大法, 詩本人情該物理, 所關尤切."

51) 『宣祖實錄』 卷152, 宣祖 35년 7월 22일(辛巳), 13ㄴ(24책, 400쪽). "李德馨曰, 易傳, 以卦象, 推明天下之物理. 其象雖似難曉, 其義則無非眞實之理. 至於天地感而萬物化生, 聖人感人心, 而天下和平之句, 乃極言天地之化·聖人之聖."

52) 易이 曆法을 본뜨고 있다[以易象曆]는 입장에서 曆法과 易의 상관성[以曆象易]을 비판했던 丁若鏞의 견해를 참조할 수 있다. 『與猶堂全書』 第1集 第20卷, 詩文集, 答申在中己卯十一月日, 6ㄴ(281책, 430쪽) ; 『與猶堂全書』 第2集 第46卷, 經集 10, 易學緖言, 卷2, 唐書卦氣論, 13ㄴ~14ㄱ(283책, 583쪽).

53) 『耳溪集』 卷15, 「與紀尙書書(別幅)」, 29ㄴ(241책, 268쪽). "名物度數之至賾至廣者, 聖人亦有所不及知者, 置之六合之外, 存而不論可也."

54) 『歎數集』, 「好問說」(223책, 42쪽). "若名物度數則必待問而後知, 故舜好問, 宣尼問禮

이상에서 살펴본 몇몇 학자들의 학문 대상과 내용은 기존의 그것과 비교할 때 일정한 차별성을 보여주고 있다. 박학적 학문 경향과 자연세계에 대한 관심의 증대는 그 하나의 예이다. 이른바 '실학(實學)' 역시 넓은 의미에서 유학의 범위 안에 포함된다고 할 때 그 안에는 경학(經學), 윤리학·도덕학, 경세학(經世學) 등의 여러 분야가 있다. 여기서 경학과 경세학, 윤리·도덕학의 상호 관련성과 학문적 위계를 어떻게 설정할 것인가 하는 문제가 중요하다. 앞서 보았듯이 성호학파의 학문체계 내에서 자연학은 점차 독립적 분야로서 자리를 확보해 가고 있었다. 그것은 아직 경학이나 윤리·도덕학과 같은 위상을 확립하지는 못했지만 그 나름의 학문적 가치를 인정받고 있었다. 하학(下學)과 박학(博學)의 강조는 그러한 변화를 가늠할 수 있는 지표로서 주목된다.

3. 수학(數學)과 실측(實測)의 강조

전통적 학문방법론은 '격물치지론(格物致知論)'으로 대표된다. 격물치지론은 흔히 인식론으로 이해되기도 하지만 주자학의 체계 속에서 인식론보다는 수양론적 성격이 강한 것이었다. 이른바 조선후기 '실학자'들에게서 보이는 특징은 바로 이와 같은 격물치지의 수양론적 성격을 인식론상의 객관주의적 태도로 치환하였다는 점이다. 따라서 격물치지의 대상과 방법은 그 용어의 동일함에도 불구하고 내용에서는 큰 변화를 겪게 되었다. 주관과 선험보다 객관적 감각과 경험을 중시하는 쪽으로 중심 이동이 이루어지고 있었던 것이다.[55] 그 과정에서 주목되는 현상이 수학(數學)과 실측(實測)의 중요성에 대한 새로운 인식의 확산이었다.

問官, 矧下此者乎."

55) 김문용, 『홍대용의 실학과 18세기 북학사상』, 예문서원, 2005, 200~201쪽 참조.

조선후기에 서학을 적극적으로 수용했던 학자들은 서양과학의 우수성을 '수학과 실측의 전통'에서 찾고자 했다. 홍대용은 서양의 수학[算術]과 천문의기[儀象]를 높이 평가하였고,[56] 그 연장선에서 우주론[論天]과 역법에서 서양의 천문역산학이 '전인미발(前人未發)'의 경지에 도달했다고 보았다.[57] 그는 서양의 법(法)이 산수(算數)로써 근본을 삼고 의기(儀器)로써 참작하여 모든 형상을 관측하므로, 무릇 천하의 원근(遠近)·고심(高深)·거세(巨細)·경중(輕重)을 모두 눈앞에 집중시켜 마치 손바닥을 보는 것처럼 하니 한당(漢唐) 이후 없었던 것이라 해도 망령된 말이 아니라고 했다.[58] 이와 같은 홍대용의 서양과학에 대한 평가가 내재화되어 출현한 것이 그의 노작 『주해수용(籌解需用)』이었다. 수학과 의기의 중요성을 누구보다 절감했던 홍대용의 서학에 대한 태도가 『주해수용』을 낳게 한 원동력이었다.[59] 그것은 앞부분에 산수(算數)와 관련한 논의를, 뒷부분에는 의기(儀器)에 관한 논의를 배치한 이 책의 구성을 통해서도 알 수 있다. 실제로 홍대용은 이 저술에서도 "서법(西法)이 출현한 이후로 기술(機術)의 교묘함이 당우(唐虞)의 유결(遺訣)을 깊이 얻었고, 의기로써 관측하고 산수로써 헤아리니, 천지(天地)의 만상(萬象)이 감추어진 것이 없게 되었다"[60]라고 하여 서양과학의 우수성을 의기와 산수를 중심으로 설명하였다.

56) 『湛軒書』 外集, 卷1, 杭傳尺牘, 「與孫蓉洲書」, 47ㄴ(248책, 126쪽). "泰西人之學 …… 若其算術儀象之巧, 實是中國之所未發."

57) 『湛軒書』 外集, 卷2, 杭傳尺牘, 「乾淨衕筆談」, 41ㄱ(248책, 149쪽). "余曰, 論天及曆法, 西法甚高, 可謂發前未發."

58) 『湛軒書』 外集, 卷7, 燕記, 「劉鮑問答」, 9ㄴ(248책, 247쪽). "今泰西之法, 本之以算數, 參之以儀器, 度萬形窺萬象, 凡天下之遠近高深巨細輕重, 擧集目前, 如指諸掌, 則謂漢唐所未有者, 非妄也."

59) 『籌解需用』에 담긴 서양 기하학의 내용에 대해서는 韓永浩, 「서양 기하학의 조선 전래와 홍대용의 ≪주해수용≫」, 『歷史學報』 170, 歷史學會, 2001 참조.

60) 『湛軒書』 外集, 卷6, 籌解需用外編下, 「測管儀」, 24ㄱ(248책, 234쪽). "盖自西法之出, 而機術之妙, 深得唐虞遺訣, 儀器以瞡之, 算數以度之, 天地之萬象, 無餘蘊矣."

서호수(徐浩修, 1736~1799)는 일찍이 서양의 수학서인 『수리정온(數理精蘊)』의 이론을 보충·설명한 『수리정온보해(數理精蘊補解)』[서울대학교 규장각한국학연구원 소장본 : 古7090-5]를 저술했는데, 이 책의 서문인 「수리정온보해서(數理精蘊補解序)」를 통해 수학을 경제학의 본질로, 수학서를 세상을 다스리는 도구로 높이 평가한 그의 인식을 엿볼 수 있다.[61] 서호수의 장남이자 서유구(徐有榘, 1764~1845)의 친형인 서유본(徐有本, 1762~1822) 역시 『기하몽구(幾何蒙求)』라는 수학책을 편찬하였고,[62] 기수(氣數)를 통한 이치[理]의 발명－수(數)에 말미암아 기(氣)를 파악하고, 기에 말미암아 이치를 밝힌다－이라는 차원에서 상수학(象數學)·도수지학(度數之學)을 중시했으며,[63] 그 연장선에서 '측험(測驗)'을 강조하였다. 그는 하늘을 관측하는 기구에는 의(儀)와 상(象)이 있는데, '상'은 하늘의 형체를, '의'는 하늘의 운행을 본뜬 것으로, 전통적인 선기옥형(璿璣玉衡)은 바로 '의'와 '상'을 겸해서 하나의 기구로 만든 것이라고 주장하였다.[64] 그런데 후세로 내려오면서 유자(儒者)들은 이 기구를 통해 천체의 형상만 파악하려 하고 '측험(測驗)'을 통해 천체의 운행을 살피려 하지 않았다. 서유본은 이것이 바로 유자들이 '도수지학'에 정밀하지 못하게 된 원인이라고 지적하였다.[65]

---

61) 『私稿』, 「數理精蘊補解序」. 이에 대한 분석으로는 문중양, 「18세기말 천문역산 전문가의 과학활동과 담론의 역사적 성격－徐浩修와 李家煥을 중심으로－」, 『東方學志』 121, 延世大學校 國學研究院, 2003, 59쪽을 참조.

62) 『左蘇山人文集』 卷第7, 「題幾何蒙求」, 7ㄴ~8ㄴ(續106책, 127쪽). 전용훈, 「19세기 조선 수학의 지적 풍토 : 홍길주(1786~1841)의 수학과 그 연원」, 『한국과학사학회지』 제26권 제2호, 韓國科學史學會, 2004, 301~302쪽 참조.

63) 『左蘇山人文集』 卷第5, 「曆數說」, 16ㄱ(續106책, 90쪽). "數出於氣, 氣命於理, 故君子之學, 必貴窮理, 然理有常有變, 理有不明, 則不得不因氣數而明之也." ; 『左蘇山人文集』 卷第5, 「曆數說」, 18ㄱ(續106책, 91쪽). "由數以知氣, 由氣以明理, 則雖千百歲之遠, 消長進退之故, 可以瞭如指掌矣."

64) 『左蘇山人文集』 卷第7, 「璿璣玉衡記」, 6ㄴ(續106책, 126쪽). "觀天之器, 有儀有象, 象以肖天體, 儀以則天運也. 蔡傳所載璿璣玉衡之制, 兼儀象而爲一器."

성호학파의 일원인 이가환(李家煥, 1742~1801) 또한 일찍부터 '도수지학'의 중요성을 역설하였다. 그는 「천문책(天文策)」에서 당시 조선의 천문역산학[曆象]을 개혁할 수 있는 대책으로 '정역상지본(正曆象之本)', '수역상지기(修曆象之器)', '양역상지재(養曆象之才)'라는 세 가지 방안을 제시하였다.[66] 그런데 이상과 같이 '역상' 개혁의 대요를 정리한 이가환은 이를 수행하기 위해서는 '도수지학'이라는 본원을 먼저 밝혀야만 한다고 강조하였다.[67] 이가환이 말하는 '도수지학'은 이전의 그것, 예컨대 경방(京房)·이순풍(李淳風) 등의 점술과는 다른 '물체(物體)의 분한(分限)'을 관찰하는 학문이었다. 여기서 분(分)이란 분할해서 수(數)가 되면 물체의 다소를 드러내는 것이고, 완전하게 해서 도(度)가 되면 사물의 크기를 가리키는 것이었다. 또 수(數)란 가감승제(加減乘除)가 기원하는 바이고, 도(度)란 사물의 높이, 깊이, 너비, 거리[高深廣遠]를 측정할 수 있는 근거였다.[68]

이가환은 정교(政敎)·문장(文章)과 달리 명물도수지학(名物度數之學)은 세대가 내려오면서 더욱 발전하게 된다는 역사적 인식을 지니고 있었다. 따라서 당시 일반적이었던 상고주의[是古而非今]는 변통에 적합한 논리가 아니라고 파악하였다.[69] 도수지학에 종사하는 사람은 마땅히

---

65) 『左蘓山人文集』 卷第5, 「璿璣玉衡測驗說」, 9ㄴ~10ㄱ(續106책, 87쪽). "後世尙古之士, 或按圖制器, 僅以倣像天形而已, 鮮有及於測驗之方, 得其象而遺其法, 有其體而無其用, 盖以儒者之學, 每患不精於度數故也."

66) 『錦帶殿策』, 「天文策」, 546쪽ㄴ(영인본 『近畿實學淵源諸賢集』 二, 成均館大學校大東文化硏究院, 2002의 페이지 번호. 'ㄱ'과 'ㄴ'은 해당 면 상단의 우측면과 좌측면을, 'ㄷ'과 'ㄹ'은 해당 면 하단의 우측면과 좌측면을 가리킴. 이하 같음). "如上所陳, 皆不過逐端條列, 未盡指歸. 臣請得更氣其大要而言之, 一則曰, 正曆象之本也, 二則曰, 修曆象之器也, 三則曰, 養曆象之才也."

67) 『錦帶殿策』, 「天文策」, 546쪽ㄹ. "雖然爲是三者, 有本有原, 必先明於度數之學, 是也."

68) 『錦帶殿策』, 「天文策」, 546쪽ㄹ~547쪽ㄱ. "夫所謂度數之學者, 非如京房·李淳風等牽合占驗之謂也, 卽專察物體之分限者也. 其分者, 若截以爲數, 則所以顯物之多少也, 完以爲度, 則指物之大小也. 數者, 乘除加減之所由起也, 度者, 高深廣遠之所由測也."

'신법(新法)'을 채택해서 방원평직(方圓平直)의 사정을 궁구하고, 규구준승(規矩準繩)의 용법을 익혀야 한다고 보았다. 그래야만 사계절의 기후와 일월의 출입을 측량함으로써 방위(方位)를 확정하고 윤여(閏餘)를 정확하게 하며, 중천(重天)의 후박(厚薄)과 각 천체의 지구로부터의 거리와 각각의 크기를 측량할 수 있고, 의기(儀器)를 만들어 천지를 헤아리고 칠정(七政)의 운행을 살필 수 있다고 보았던 것이다.[70] 이러한 작업을 꾸준히 수행하여 익숙해지면 깨달음을 얻을 수 있고, 이는 결국 '역상'의 문제에 국한되지 않고 악가(樂家)가 음악을 정리하고, 공장(工匠 : 工師)이 각종 물품을 제작하고, 농가(農家)가 수리(水利)를 진흥하고, 병가(兵家)가 공수(攻守)의 방책을 세우는 데 크게 기여할 수 있을 것으로 보았다. 왜냐하면 그러한 작업들이 모두 수치를 계산하고 형체를 만들어야 하는 것이었기 때문이다.[71] 이것이 바로 이가환이 생각하는 명물도수지학의 실체이며 효과였다. 따라서 이가환은 명물도수지학이 밝혀져야만 위에서 자신이 지적한 '역상' 개혁을 위한 세 가지 방안을 실현할 수 있다고 생각하였다.[72]

이상에서 살펴본 바와 같이 조선후기의 일부 학자들은 서양과학의 우수성을 수학과 실측에서 찾았고, 당시 천문역산학의 문제를 개혁하기 위한 방안으로 수학의 필요성과 함께 실측의 중요성을 강조했으며,

---

69) 『錦帶殿策』, 「天文策」, 547쪽ㄱ. "然臣當以爲政敎文章, 世□適[遞]降, 而淳風日斲名物度數, 年代愈近而靈竅日開, 欲一切是古而非今者, 非通變之論也."

70) 『錦帶殿策』, 「天文策」, 547쪽ㄱ. "欲從事度數之學者, 亦宜兼採新法, 窮方圓平直之情, 盡規矩準繩之用, 或測量以明四時之氣候, 二曜之出入, 以定方位, 以正閏餘, 或量各重天之厚薄, 日月星體, 去地遠近幾許, 大小幾倍, 或造器以儀天地, 以審七政次舍."

71) 『錦帶殿策』, 「天文策」, 547쪽ㄱ. "習熟旣久, 悟解漸生, 則不但治曆尙象, 必資於是, 樂家之造律呂, 工師之制器用, 農家之興水利, 兵家之策攻守, 莫不有賴, 推而至於諸家衆技, 凡屬有數可計, 有形可摸者, 咸來取法, 靡適不當. 臣本顓蒙, 固無以畧涉涯涘, 而若其實理之難誣, 功效之必至, 則有如是矣."

72) 『錦帶殿策』, 「天文策」, 547쪽ㄱ. "臣以爲必先務乎此, 然後上所陳三者, 始可有源而有委矣."

그 연장선에서 실측을 위한 기구로서 천문의기에 대해 많은 관심을 기울였다. 바로 이러한 인식의 전환을 통해 기존의 주자학적 자연학의 논리적 문제점을 '실측'과 '실증(實證)'의 차원에서 지적하였고, 그와는 다른 새로운 자연학을 모색하게 되었다.

이와 관련해서 성호학파의 산학 인식을 살펴볼 필요가 있다. 널리 알려진 바와 같이 이익(李瀷)은 산학(算學)에 밝았다. 그는 자신이 산가(算家)를 대략 섭렵하여 구수(九數)에 관한 학설이 방원(方圓)과 구고(句股)의 적멱(積冪)에서 벗어나지 않는다는 것을 안다고 하였다.[73] 이익은 유가(儒家)가 마땅히 강구해야 할 것은 보천(步天)과 악률(樂律) 두 가지 일이라고 하면서 그 이외의 것은 인승(因乘)과 상제(商除)로 모두 통할 수 있다고 하였으며, 영뉵(盈朒=盈不足)이나 정부(正負)와 같은 것은 '잡가(雜家)의 소수(小數)'로 무용하다고 여겼다.[74] 여기서 이익이 말하고 있는 적멱(積冪)－면적(面積)·체적(體積)과 개평방(開平方)·개입방(開立方)－, 인법(因法), 승법(乘法), 상제법(商除法), 영뉵(盈朒), 정부(正負) 등은 산학의 용어와 산술(算術)을 가리킨다. 그가 산학에 일정한 관심을 두었음을 이것으로도 짐작할 수 있다.

일찍이 이익은 주희의 『의례경전통해(儀禮經傳通解)』를 살펴보면서 산수(筭數) 1편이 누락된 것을 보았다.[75] 후세의 논자들은 산수의 경우

---

73) 九數에 관한 개략적 설명은 『小學』에 수록되어 있기 때문에 일반 儒者들도 쉽게 접할 수 있었다[『小學集註』, 立敎 第1, "三曰六藝, 禮樂射御書數"의 集解. "數凡有九, 一曰方田, 以御田疇界域, 二曰粟布, 以御交貿變易, 三曰衰分, 以御貴賤廩稅, 四曰少廣, 以御積冪方圓, 五曰商功, 以御功程積實, 六曰均輸, 以御遠近勞費, 七曰盈朒, 以御隱雜互見, 八曰方程, 以御錯揉正負, 九曰句股, 以御高深廣遠也."]. 이는 물론 『九章算術』의 내용을 축약한 것으로 趙泰耉(1660~1723)가 편찬한 『籌書管見』의 「九章問答」에서도 확인할 수 있는 내용이다.

74) 『星湖僿說』 卷19, 經史門, 「射御數」, 27ㄴ(Ⅶ, 60쪽). "九數則余略涉筭家, 知其說不外於方圓勾股之積冪而已. 凡儒家所當究者, 只是步天·樂律二事, 其他亦不過因乘·商除而無不通. 至於盈朒·正負之類, 卽雜家之小數, 畢竟無用." ; 『星湖僿說類選』 卷6下, 經史篇, 經書門 2, 「射御數」(下, 70쪽).

『구장산술(九章算術)』로 조종을 삼은 것이라고 여겼는데, 이익은 그 전서를 보지 못했고, 주각(註脚)에서 본 것은 구고(句股)·쇠분(衰分) 등에 불과했다고 한다.[76] 여기에서도 그는 앞서 살펴본 바와 마찬가지로 유가에게 필요한 것은 율려(律呂)와 보천(步天)에 그치는 것이기 때문에 구고(句股)·방원(方圓)·승제(乘除)면 족하다고 하였으며, 반면에 영뉵(盈朒)이나 정부(正負)와 같은 것은 실용적 측면에서 크게 도움되는 바가 없을뿐더러 도리어 정신을 피폐하게 만든다고 하였다.[77]

『구장산술』에 대한 현대의 연구에서는 '영뉵'을 가정의 방식을 이용해서 비교적 풀기 어려운 문제를 해결하는 산법으로, '정부'를 연립 1차 방정식의 해법을 구하기 위해 양수[正]와 음수[負]의 덧셈과 뺄셈에 대한 계산 법칙을 설명한 것으로 이해하고 있으며, 양자는 각각 『구장산술』이 이룩한 산술 방면과 대수학 방면의 뛰어난 성과로 평가되고 있다.[78] 따라서 이익의 견해는 현대 수학사의 평가와는 상반된 것이었다.

이익은 전통 산학의 토대 위에서 서양 수학을 수용했다. 그의 수학적 재능이 어떠했는지를 보여주는 몇 가지 사례가 있다. 완남부원군(完南府院君) 이후원(李厚源, 1598~1660)의 후손인 이현직(李顯直, 1735~1773)은 오랫동안 산학에 뜻을 두고 연구를 거듭했던 인물이다. 그는 관상감원 이태창(李泰昌)의 도움으로 천원술(天元術)을 깨우칠 수 있었는데, 이태

---

75) 『儀禮經傳通解』의 學禮 9편에 해당하는 '書數'篇이 闕文임을 가리킨다[『儀禮經傳通解』 卷15, 書數 第26, 學禮 9, 535쪽(『朱子全書』, 上海古籍出版社·安徽教育出版社, 2002 所收 『儀禮經傳通解』의 페이지 번호)]. 鄭景姬, 「朱子禮學의 변화와 ≪儀禮經傳通解≫」, 『震檀學報』 86, 震檀學會, 1998, 221~222쪽의 〈표2〉 「≪儀禮經傳通解≫의 목차」 참조.

76) 『星湖僿說』 卷15, 人事門, 「九章筭經」, 16ㄱ(Ⅵ, 8쪽). "按儀禮經傳, 筭數一篇缺, 後世之論者, 皆以九章爲祖, 余未得見其全書, 而見於註脚者, 不過勾股衰分之類也."

77) 『星湖僿說』 卷15, 人事門, 「九章筭經」, 16ㄴ(Ⅵ, 8쪽). "余謂儒家所用, 卽律呂·步天而止耳, 句股·方圓·乘除足矣. 彼盈朒·正負之類, 無所用而徒弊精神, 聖人必不屑於此也."

78) 李儼·杜石然, 안대옥 옮김, 『중국수학사』, 예문서원, 2019, 61~84쪽 참조.

창의 산학이 이익으로부터 연원한 것이라고 여기고 있었다.[79] 이규경(李圭景, 1788~1856?)은 이익이 '중서산학(中西算學)'을 겸통(兼通)했으며, 『산학계몽(算學啓蒙)』의 개방법(開方法)을 이해해서 산술(算術)을 수립했고, 「기삼백주해도설(朞三百注解圖說)」을 저술했다고 하면서 그의 산학을 높이 평가했다.[80] 실제로 이익은 『산학계몽』을 공부했는데, 이 책이 그 이름과는 달리 초학자가 쉽게 이해할 수 있는 계몽서가 아니라고 했다. 그는 제곱근을 구하는 개평방법(開平方法)을 이해하기 위해 많은 노력을 기울였으나 명백하게 해득할 수 없었고, 이에 자기 나름의 '법술(法術)'을 만들어 계산하는 데 성공했다고 한다. 그는 이 방법이 매우 편리하고 쉬워서 산서(算書)의 어려움에 비할 바가 아니라고 자부했다.[81]

한편 이익은 「기삼백주해(朞三百註解)」에서 『서전』 기삼백의 상세한 분수 계산법을 정리하였다.[82] 그는 매번 어린이들을 가르칠 때 '기삼백주설(朞三百註說)'을 이용했는데 그 효과가 독송(讀誦)을 하는 것과 같다고 하면서 당시 사람들이 산학을 '기수(技數)'라고 여겨 천시하는 것에 대해 비판적이었다.[83] 이처럼 이익은 전통 산학 분야에 조예가 깊었다. 그리고 그 연장선에서 서양 수학에도 관심을 기울이게 되었던 것으로 보인다.

---

79) 『頤齋亂藁』 卷14, 庚寅(1770년) 4월 13일(三, 142쪽). "平日嘗聞渠算學, 亦自有源流否. 泰昌但云, 天元一則, 學于一士人, 不言其姓名. 自今思之, 必是李瀷, 而未可必耳."

80) 『五洲衍文長箋散稿』 卷44, 「數原辨證說」(下, 424쪽). "星湖李瀷兼通中西算學, 跋算學啓蒙, 悟開方法, 立算術一篇, 又著朞三百注解圖說."

81) 『星湖全集』 卷55, 「跋數學啓蒙」, 21ㄴ(199책, 513쪽). "筭學啓蒙書, 初學驟看, 有不可易解, 其實非啓蒙也. 余素不曉筭家, 一日偶尋到平方法, 頗費心力, 亦不能看透, 遂意造法術以之計, 數無不合, 極似便易, 不比筭書之爲艱難也."

82) 『星湖全集』 卷43, 「朞三百註解日月日退遲速圖附」, 40ㄱ~45ㄴ(199책, 290~293쪽).

83) 『星湖僿說』 卷15, 人事門, 「九章筭經」, 16ㄴ(Ⅵ, 8쪽) ; 『星湖僿說類選』 卷5下, 人事篇 8, 技藝門, 「算學」(上, 443쪽). "余每教小兒朞三百註說, 其功與讀誦等焉. …… 今人每以技數而賤之, 奚可哉."

일찍이 서광계(徐光啓, 1562~1633)는 『기하원본(幾何原本)』이 하학공부(下學工夫)에 크게 도움이 된다고 하면서 "이 책은 이치를 배우는 사람으로 하여금 부기(浮氣)를 제거하고 정심(精心)을 연마할 수 있게 한다"라고 했다.[84] 이익은 이 대목을 인용하면서 산학이 심사(心思)를 세밀하게 한다는 서광계의 주장이 매우 옳다고 말한 바 있으며,[85] 거친 마음을 고쳐 정밀하게 만드는 데 산술만한 것이 없다고 하면서 그 대표적인 예로 기삼백(朞三百)을 거론하기도 했다.[86] 유학에서 중시하는 심성 수양을 위한 실천적 방법으로서 산학의 유용성에 주목했던 것이다.

성호학파의 산학에 대한 태도를 보여주는 저술 가운데 하나가 이철환(李嘉煥, 1722~1779)이 수록(手錄)한 『예수유술(隷首遺術)』이다. 예수(隷首)는 황제(黃帝) 때의 사관(史官)인데 처음으로 산수(算數)를 만들었다고 전해진다.[87] 따라서 '예수유술'이라는 제목은 '예수가 남긴 산술'이라는 뜻이니 일종의 산학 관련 저술이라고 할 수 있다. 현재 이 저작은 전하지 않지만 이병휴가 지은 서문이 남아 있다.

이병휴는 서문의 첫머리에서 이익이 문인(門人)과 자제(子弟)들을 교육할 때 '시서집례(詩書執禮)'를 기본으로 삼아 육예(六藝)에까지 미쳤다

---

84) 『幾何原本』, 「幾何原本雜議(徐光啓)」(305쪽－朱維錚 主編, 『利瑪竇中文著譯集』, 上海：復旦大學出版社, 2001의 페이지 번호). "下學工夫, 有理有事, 此書爲益, 能令學理者祛其浮氣, 練其精心, 學事者資其定法, 發其巧思, 故擧世無一人不當學."

85) 『星湖僿說類選』 卷5下, 人事篇8, 技藝門, 「算學」(上, 443쪽). "光啓有言曰, 算學能令學理者祛其浮氣, 練其精心, 學事者資其定法, 發其巧思, 盖欲其心思細密而已, 此說極是."

86) 『星湖僿說』 卷15, 人事門, 「九章筭經」, 16ㄴ(Ⅵ, 8쪽). "凡學者只患心麄[麤], 變麄爲細, 無逾於筭術. 余每敎小兒期三百註說, 其功與讀誦等焉."

87) 『後漢書』 志 第1, 律曆上, 律準 候氣, 2999쪽(點校本 『後漢書』, 北京：中華書局, 1996의 페이지 번호. 이하 같음). "隷首作數(博物記曰, 隷首, 黃帝之臣. 一說, 隷首, 善算者也)." ; 『晉書』 卷17, 志 第7, 律曆中, 497쪽(點校本 『晉書』, 北京：中華書局, 1996의 페이지 번호). "逮乎炎帝, 分八節以始農功, 軒轅紀三綱而闡書契, 乃使羲和占日, 常儀占月, 臾區占星氣, 伶倫造律呂, 大撓造甲子, 隷首作算數. 容成綜斯六術, 考定氣象, 建五行, 察發斂, 起消息, 正閏餘, 述而著焉, 謂之調曆."

고 하였다. 육예란 예(禮)·악(樂)·사(射)·어(御)·서(書)·수(數)를 가리킨다. 이익은 기본적으로 육예가 사군자(士君子)가 마땅히 익혀야 할 바라고 생각하였다. 그러나 육예 가운데 사어(射御)와 같은 기예는 당시로서는 소용이 없는 것이 되었다. 오직 수(數)는 일용에 필수적 기예일 뿐만 아니라 사람의 심의(心意)에서 거친 것을 제거하고 세밀하게 만드는 데 효과가 있으므로 초학자들의 필수 과목으로 여겼다. "어찌 여력(餘力)을 보아 구하지 않을 수 있겠는가? 그렇게 하지 않으면 혹 기예에 그칠 뿐이다"라는 것이 이익의 핵심적 가르침이었다.[88)]

이병휴 역시 집안의 여러 자제들과 함께 이익의 문하에서 산학을 학습하였다. 그는 배우고 물러나서는 다시 배운 것을 직접 시행해 보고 눈에 익혔다. 종이에 그림을 그리면서 그 법칙을 찾고자 했다. 그는 부지런히 노력했고 그 사이에 수년이 경과했다. 처음에는 법(法)을 연구하여 이(理)에 통하고자 하였는데 마침내 이가 드러나자 법은 버리게 되었다. 예전에는 잡다하고 무질서하며 분분하고 혼란하여 번갈아 꺾이고 구부러지며 변해서[龐雜棼錯紆互折變] 종일토록 궁구해도 다할 겨를이 없었는데, 지금은 가지런히 정돈되어서 자신의 심목(心目)을 서서히 운용하면 자유자재하지 않음이 없게 되었고, 간혹 조금도 어긋남이 없다고 스스로 자부할 수 있게 되었다. 이병휴는 이러한 경지에 도달한 다음에 산학이라는 것이 지식과 식견이 얕고 성정이 조급한 사람이 추구할 수 있는 바가 아님을 알게 되었다고 토로하였다.[89)]

---

88) 『貞山雜著』 1冊, 「隸首遺術序」(三, 99쪽). "季父星湖先生, 以詩書執禮, 教授門人子弟, 旁及六藝, 則謂是孰非士君子所宜隸. 戴經所傳大射礼射義諸篇, 周官齊右·馭夫之職, 其義燦如, 倣而行之, 豈不婾快也. 然於今无所用, 惟數者, 日用之所必須, 且令人心意, 汰麤粗, 就縝細, 初學者所必知, 盍亦視餘力以求之, 不爾, 或藝而止耳. 是以挾經卷稱學子, 而未有不造其門, 造其門而未有不會筭云."

89) 『貞山雜著』 1冊, 「隸首遺術序」(三, 99쪽). "予亦從諸子弟後而窃嘗染指焉, 退復手行而目熟之, 紙爲啚而審厥則, 物瞻方圓而參剸兩(而?)解, 以研其會, 孶孶焉. 其間者有年, 所始焉玩法而透理, 終則理見而法遺, 向也, 龐雜棼錯, 紆互折變, 終日窮而不暇盡

당시에 어떤 사람들은 '산가지로 계산하는 하찮은 기능'은 사군자(士君子)가 익힐 바가 아니라고 주장하였다. 계산법을 익히느라 심신(心神)을 고통스럽게 하기를 관청에서 문서를 맡은 하급 관리들처럼 할 필요가 있느냐는 것이었다. 이병휴는 이러한 주장을 '사리에 어긋난 말[卮語]'로 치부하였다. 무릇 육예(六藝)란 선왕(先王)이 이를 사용해서 사람을 슬기롭게 한 것으로 사군자가 마땅히 익혀야 하는 것이고, 사람의 심의(心意)에서 거친 것을 제거하고 세밀하게 만들어 장차 기질(氣質)을 교정하여 본성(本性)에 도움이 되는 것이니 어찌 심신(心神)을 고통스럽게 하는 바가 있느냐는 반론이었다.[90] 여기에서 한 걸음 더 나아가 이병휴는 산학의 실용성을 강조했다. 천체 운행의 계산, 토지의 구획, 예악의 정비 등 다양한 분야에서 산학이 필수적이라는 것이었다.[91]

반면에 어떤 사람들은 산학을 선망하였다. 그들은 산술이 지극히 요약하면서도 큰 것을 포괄하고, 지극히 현저하면서도 귀신과 같은 신비함이 있어서 먼지와 모래를 헤아릴 수 있고 수풀의 나뭇가지를 셀 수 있다고 여겼다. 아직 발생하지 않은 조짐에 통하는 것, 예컨대 국청사(國淸寺)의 승려가 제자가 술법을 구한다는 것을 미리 알았다거나, 숭진(嵩眞)이 스스로 모월(某月) 모일(某日)에 죽을 것이라고 예측했다는 것은[92] 모두 산술로써 한 것이니 그 말이 어찌 모두 거짓이겠느냐고

者, 今皆井井然呈列, 我心目徐而運之, 无不裕如也, 而或自命之而亡絲忽爽, 然後知不可以淺智躁情求也."

90) 『貞山雜著』 1冊, 「隷首遺術序」(三, 99~100쪽). "人或云, 執籌薄技, 非士君子所宜肄, 奚爲是首涔涔, 口不斷九九, 劌心害神, 如計簿吏者. 是卮語也. 孰謂六藝先王之所用以慧人者, 而非士君子所宜肄, 汰麤粗, 就縝細, 將以矯質而埤性焉爾, 何劌心害神之有."

91) 『貞山雜著』 1冊, 「隷首遺術序」(三, 100쪽). "矧又上而星文躔度之運, 下而井地溝洫之變, 樂焉而律管之長短相除, 禮焉而經帶之大小轉殺, 經世所載元會運世十二萬九千六百之遙, 載師·泉府所掌賦租紋布之畸殘零細, 旁至望島測海窺穴叅表者之弔異玄巧, 咸藉九章, 舍是而能, 无是理也. 而猶曰是不足屑, 則寧伏人乎."

92) 『西京雜記』 卷4, 1ㄱ~ㄴ. "安定皇甫嵩眞, 玄菟曹元理, 並明算術, 皆成帝時人. 眞嘗自算其年, 壽七十三, 眞綏和元年正月二十五日晡死, 書其壁以記之, 至二十四日晡時死.

하였다. 이병휴는 이와 같은 사람들의 논의를 '허무맹랑한 말[讆言 : 거짓말]'로 치부하였다.93)

이상에서 살펴본 바와 같이 이병휴는 당대인들의 산학에 대한 두 가지 편향을 비판했다. 하나는 산학이 '사군자'의 학습 대상이 아니라고 폄하하는 경향이었고, 다른 하나는 산학을 맹목적으로 선망하는 경향이었다. 전자에 대해 이병휴는 이익의 논지에 따라 산학이 심성 수양에 도움이 되며, 현실적 실용성이 있다는 점을 들어 비판했고, 후자에 대해서는 그 술수적 측면의 문제점을 지적하였던 것이다. 그렇다면 이와 같은 비판의 연장선에서 이병휴가 추구하는 산학은 무엇이었을까?

이병휴는 수(數)가 정해지면 맹자가 말한 바와 같이 "천년 후의 동지(冬至)도 가만히 앉아서 알 수 있"으며,94) 수가 정해지지 않으면 행랑의 기둥도 심장(尋丈)의 사이에서 미혹될 수 있다고 하였다.95) 그러므로 "잡다하고 무질서하며, 분분하고 혼란하여, 번갈아 꺾이고 구부러지며 변하는 형태"가 있어도 이치가 어지럽지 않은 것은 가히 산술로써 구할 수 있다고 보았다.96) 이병휴는 결론적으로 다음과 같이 말했다.

其妻曰, 見眞算時, 長下一算, 欲以告之, 慮脫眞㫖[旨], 故不敢言, 今果較一日. 眞又曰, 北邙靑隴上, 孤檟之西, 四丈所, 鑿之入七尺, 吾欲葬此地. 及眞死依言往掘, 得古時空槨, 卽以葬焉."

93) 『貞山雜著』 1冊, 「隸首遺術序」(三, 100쪽). "或艶之謂筭之爲術, 至約而挈大, 至顯而疑神, 可以槩塵沙·數林條, 至有通未然之兆, 如國淸寺僧預知有弟子求術, 嵩眞自道某月日當死, 皆以筭術, 豈其言之盡誣焉, 是讆言也."

94) 『孟子』, 離婁下. "天之高也, 星辰之遠也, 苟求其故, 千歲之日至, 可坐而致也."

95) 廊柱, 즉 행랑 기둥의 고사는 『近思錄』에서 확인할 수 있다[『近思錄』 卷4(存養), 6ㄱ(207쪽). "伯淳, 昔在長安倉中閑坐, 見長廊柱, 以意數之, 已尙不疑, 再數之, 不合, 不免令人一一聲言數之, 乃與初數者無差, 則知越著心把捉, 越不定(著意把捉, 則心已爲之動, 故愈差)."].

96) 『貞山雜著』 1冊, 「隸首遺術序」(三, 100쪽). "數定則千歲之日至可坐而致, 不定則廊柱或迷於尋丈之間, 故雖有龐雜棼錯紆互折變之形, 而理不亂者, 可以筭術求."

> 비스듬한 공중의 티끌(=먼지), 바다를 둘러싼 자갈밭, 텃밭 나무의 조밀한 줄기와 쌓인 잎은 수(數)가 정해지지 않으면 이(理)가 따라서 문란해진다. 조화(造化)는 한정할 수 없는 바이고, 귀신(鬼神)은 기록할 수 없는 바이니 산술로써 구할 수 있겠는가? 그 밖의 문객(門客)에게 물어 신선으로 변화하는 시기[化期=死期 : 목숨이 다하는 때]를 징험하는 것과 같은 것은 오음(五音)으로 사방의 바람을 점쳐서 길흉을 판단하는 방법이나[97] 별의 위치와 운행을 살펴서 사람의 운수를 점치는 방법에 가탁하여 그 기예를 신비화하고자 하는 것이니 내가 이른바 '산술'이 아니다. 그렇지 않다면 공자가 진(陳)나라에 있을 때 노(魯)나라에 불이 났다는 말을 듣고 불이 난 곳이 환궁(桓宮)과 희궁(僖宮)임을 안 것이나,[98] 한(漢) 고조(高祖)가 그의 조카인 오왕(吳王) 유비(劉濞)가 50년 후에 반란을 일으킬 것을 알았던 것[99]과 같은 부류도 또한 모두 산가지를 벌여 놓고 계산해서 알 수 있는 것이겠는가? 그러므로 나는 산술로 알 수 있는 것은 오직 '수가 정해진 것[數之有定者]'뿐이라고 생각한다.[100]

요컨대 이병휴는 산술의 대상이 되는 것을 '수가 정해져 있는 것'에

---

97) 『後漢書』 卷30下, 郎顗襄楷列傳 第20下, 郎顗傳, 1053쪽. "父宗, 字仲綏, 學京氏易, 善風角·星筭·六日七分(京氏, 京房也, 作易傳. 風角謂候四方四隅之風, 以占吉凶也. …), 能望氣占候吉凶, 常賣卜自奉."

98) 『春秋左氏傳』 卷26, 哀公上. 8ㄴ~9ㄱ(438~439쪽 — 영인본 『春秋』, 成均館大學校出版部, 1992(再版)의 페이지 번호). "(三年)五月辛卯, 桓宮僖宮災(…… 孔子在陳, 聞火, 曰, 其桓僖乎)."

99) 『史記』 卷106, 吳王濞列傳 卷46, 2821쪽(點校本 『史記』, 北京 : 中華書局, 1982의 페이지 번호수). "已拜受印, 高祖召濞相之, 謂曰, 若狀有反相. 心獨悔, 業已拜, 因拊其背, 告曰, 漢後五十年東南有亂者, 豈若邪."

100) 『貞山雜著』 1冊, 「隸首遺術序」(三, 100~101쪽). "若夫癚[噼]空之埃, 環海之磧, 暨圃樹之密柯累葉, 數之靡定, 理從而紊, 造化之所不能限, 神鬼之所不能紀, 獨可以算術求乎. 其他若候門客徵化期, 是假風角星命之法, 欲神其藝, 非予所云算術也. 不然仲尼在陳, 聞火而知其桓僖, 漢高料濞, 反在五十年后, 此類亦皆布筭知乎. 予故謂筭術所知, 惟數之有定者耳."

한정했고, 그 이외의 술수적 논의는 일체 배격했던 것이다. 그는 이와 같은 논의는 아는 사람과 더불어 해야 하는 것이지 모르는 사람과는 말할 수 있는 바가 아니라고 했다. 이병휴는 평소에 산술에 대해 깨달은 바가 있어 마음에 갑자기 어떤 견해를 얻고는 했는데, 자신의 뜻이 나태하고 쇠약해지면서 모두 잊어버렸다고 회고하였다.[101] 이러한 상황에서 이병휴는 이철환이 수록(手錄)한 『예수유술』을 보고 "나를 일깨운 자가 너구나! 나를 일깨운 자가 너구나!"[102]라고 찬탄하였다. 그러면서도 이병휴는 이철환이 산학에만 전념하고 다른 것을 버려둘까 싶어 염려하였다. 여력을 보아 가면서 산학을 추구하는 것이 좋다는 생각에서였다. 만약 그것이 한갓 기예에 그치는 것이라면 성호 선생이 교수(教授)한 문로(門路)가 아니라고 여겼기 때문이다.[103] 이를 통해 유자가 마땅히 추구해야 할 학문의 범주 내에 필수적 교양인 산학의 위상을 확고하게 정립하는 한편, 그것이 단순한 기예나 술수로 전락하는 것을 경계하고자 했던 성호학파의 산학 인식을 엿볼 수 있다.

---

101) 『貞山雜著』 1冊, 「隸首遺術序」(三, 101쪽). "然此可與知者道, 難與不知者言. 余平日詷悟, 自心咋有見得已, 且志移怠衰, 則都忘之矣."

102) 이는 孔子와 子夏의 詩에 대한 대화를 원용한 것이다. 『論語』, 八佾. "(子夏)曰, 禮後乎. 子曰, 起予者商也. 始可與言詩已矣."

103) 『貞山雜著』 1冊, 「隸首遺術序」(三, 101쪽). "今見從子嘉煥所手錄隸首遺術卷, 起予者汝乎, 起予者汝乎. 然予懼汝之專乎此而遺乎彼, 盍亦視餘力以求之, 若藝而止, 則非先生教授之門路云爾."

제9장 성호학파 자연학의 계승과 굴절(屈折)

1. 성호학파의 분기(分岐)와 보수화(保守化)

1) 성호학파의 분기

성호학파의 학문적 종사(宗師)인 이익이 1763년에 서거하고 10년이 흘러 그의 고제였던 윤동규와 이병휴가 각각 1773년과 1776년에 세상을 떠났다. 성호학파 내의 내분을 수습하고자 동분서주하던 안정복마저 1791년에 타계하자 성호학파는 그야말로 사분오열의 상황에 직면하게 되었다. 정조 19년(1795)에 이삼환(李森煥, 1729~1813)은 당시 이익의 유고를 정리하지 못하는 상황에 대해 다음과 같이 말했다.

> 당시 〈성호 선생의〉 문하에서 수학했던 재능이 뛰어난 여러분들은 이미 모두 세상을 떠났고, 학식이 얕은 후배들은 마침내 그 책임을 감당할 수 없었다.[1)]

---

1) 『少眉山房藏』 卷2, 「石巖寺述志十韻幷記」, 29ㄱ(續92책, 44쪽). "蓋當時及門高足諸公, 已盡凋喪, 後輩淺學, 卒無能任其責者." ; 『與猶堂全書』 第1集 第21卷, 詩文集,

이는 일차적으로 이익의 유고를 정리하지 못하는 상황을 탄식한 것이지만 그 배후에는 이익의 사후에 그의 직제자라 할 수 있는 윤동규, 이병휴, 안정복이 세상을 떠나 성호학파의 중심이 잡히지 않는 난감한 상황을 피력한 것이라고 볼 수도 있다.

사실 성호학파의 여러 사람들은 2세대 제자, 즉 후진(後進) 가운데 권철신(權哲身, 1736~1801)이나 이기양(李基讓, 1744~1802) 같은 인물에게 기대를 걸고 있었다. 당시 학통의 계승에 대한 이병휴의 문제의식은 그가 1774년에 작성한 「자서(自序)」에 잘 드러나 있다.

> 당시 문하에서 수학했던 선비로서 용호(龍湖) 윤유장(尹幼章=尹東奎) 씨는 나의 사표(師表)이고, 하빈(河濱) 신이로(愼耳老=愼後聃)와 한산(漢山) 안백순(安百順=安鼎福)은 모두 나의 외우(畏友)이다. 그러나 어떤 이는 죽었고 어떤 이는 살아 있지만, 살아 있는 이도 늙었고, 나도 늙어서 죽을 때가 다 되었다. 오직 후진(後進) 가운데 권기명(權旣明=權哲身) 군은 그래도 문하에 나아가 직접 배웠고, 이사흥(李士興=李基讓) 군도 사숙(私淑)하여 선생의 학문을 들었다[與聞]. 이 두 사람은 모두 나이가 젊고 뜻이 굳건하니, 만약 능히 선생이 남긴 법도를 받들어 따르고 시종 게을리하지 않아서 선생의 정학(正學)의 통서(統緖)를 잘 이어간다면 그것이 나의 바람이고, 나의 바람이다.[2]

이병휴가 이 글을 작성할 당시에 신후담과 윤동규는 이미 세상을 떠난 상황이었고, 이병휴 자신은 65세로 노경(老境)에 접어들어 있었다.

「西巖講學記」, 28ㄴ(281책, 462쪽).

2) 『貞山雜著』 11책, 「自序」(四, 219~220쪽). "當時及門之士, 如龍湖尹丈幼章氏, 余所師表也, 河濱愼耳老, 漢山安百順, 皆余所畏友也. 然或亡或存, 存者亦老, 余亦老將死矣. 惟後進中, 如權君旣明, 猶及門親炙, 李君士興, 亦私淑與聞, 是二君者, 皆年富志健, 若能奉遵遺矩, 始終不懈, 克紹先生正學之統, 則余之願也, 余之願也."

그는 후진들 가운데 이익의 학문을 계승할 사람으로 이익의 만년 제자인 권철신과 사숙 제자인 이기양을 거론했던 것이다.

그러나 권철신과 이기양은 천주교 신앙 문제에 발목이 잡혀 이와 같은 선진들의 기대에 부응하지 못했다. 권철신의 죽음에 따른 성호학파의 조락(凋落)을 정약용은 다음과 같이 묘사했다.

> 〈성호 선생이〉 만년에 이르러 한 제자를 얻었으니 그가 바로 녹암(鹿菴) 권공(權公=權哲身)이다. 〈공은〉 영민하고 지혜로우며 어질고 화순(和順)하여 재덕(才德)을 겸비했으므로 선생이 매우 사랑하여 문학(文學)은 자하(子夏)와 같을 것이라고 믿고, 포양(布揚)은 자공(子貢)과 같을 것이라 생각하셨는데, 선생이 돌아가시자 재주 있고 준수한 후배(後輩)들이 모두 녹암(鹿菴)을 귀의처로 삼았다[녹암에게 모여들었다]. 서서(西書=西學書)가 출현함에 이르러 녹암의 동생 일신(日身)이 처음으로 형화(刑禍)에 걸려 임자년(壬子年 : 1792, 정조 16) 봄에 죽었고 온 집안이 모두 〈西敎를 믿는다는〉 지목(指目)을 당했으나 녹암이 능히 금하지 못하였고, 그 또한 신유년(辛酉年 : 1801, 순조 1) 봄에 죽으니 드디어 학맥(學脈)이 단절되어 성호의 문하에 다시 그 아름다움을 이을 만한 이가 없게 되었으니, 이 세운(世運)은 다만 한 집안의 슬픔이 아니었다.[3]

권철신의 죽음으로 인해 성호의 학맥이 단절되었다는 정약용의 평가는 성호학파 내에서 권철신이 차지하는 위상을 보여주는 것임과 동시에 그의 죽음으로 인해 성호학파에 학문적 위기가 초래하였음을 보여주는

3) 『與猶堂全書』 第1集 第15卷, 詩文集, 「鹿菴權哲身墓誌銘」, 33ㄱ~ㄴ(281책, 334쪽). “及其晩慕, 得一弟子曰鹿菴權公, 穎慧慈和, 才德兩備, 先生絶愛之, 恃文學如子夏, 意布揚如子貢. 先生旣沒, 後生才俊之輩, 咸以鹿菴爲歸, 及西書之出, 鹿菴之弟日身, 首離刑禍, 死於壬子之春, 盡室皆被指目, 鹿菴不能禁, 亦死於辛酉之春. 遂使學脈斷絶, 而星湖之門, 無復能紹厥美者, 此世運非直爲一家悲也.”

것이다. 권철신의 죽음이 그 집안의 비운일 뿐만 아니라 성호학파를 포함한 '일세(一世)의 비운'이라는 정약용의 탄식은 그 나름의 이유가 있었다.

안정복은 이른바 '천주학'의 문제가 본격적으로 대두하기 이전에 그것이 몰고 올 파장을 예민하게 감지하고 있었다. 그는 윤동규가 서거한 지 10여 년이 지난 정조 9년(1785)에 윤동규의 행장을 작성하였다. 그 가운데는 다음과 같이 성호학파의 장래를 걱정한 대목이 있다.

> 동량(棟樑)이 무너진 이후 선비들의 학문이 날로 분열되었고, 선생이 별세하신 지 지금 또 13년이 지나서 대의(大義)가 어그러지고 미언(微言)이 끊어졌다. 이른바 '천주학(天主學)'이란 것이 실로 불씨(佛氏)의 하승(下乘) 〈가운데서〉 가장 졸렬한 것인데도 지금 세상의 재주와 학식이 있다고 자부하는 사람들이 대다수 그 가운데 빠져들어 서토(西土 : 서양)를 중국보다 우러러보고 마두(瑪竇=利瑪竇)가 중니(仲尼=孔子)보다 현명하다 여기면서 "진정한 학문[眞學]이 여기에 있다"고 한다. 선비들의 추향(趨向)이 올바름을 잃고 사람들의 마음이 〈나쁜 곳에〉 빠져들어, 한결같이 이런 지경에 이르렀으니 구제하여 바로잡을 수 없게 되었다. 이에 나는 선생의 덕을 더욱 사모하게 되었고, 또한 우리 사문(師門)이 전수한 공자, 맹자, 정자(程子), 주자(朱子)의 올바른 가르침을 저버릴까 두렵다.[4)]

위의 인용문을 통해 성호학파 내부의 서학을 둘러싼 갈등과 학파의

---

4) 『順菴集』 卷26, 「邵南先生尹公行狀乙巳」, 15ㄱ~ㄴ(230책, 326쪽). "樑頹以後, 士學日歧, 而先生之歿, 今又十三歲矣, 大義乖而微言絶, 有所謂天學者, 實佛氏之下乘最劣者, 而今世之以才學自許者, 多入其中, 使西土尊於華夏, 瑪竇賢於仲尼, 謂眞學在是, 士趨之失正, 人心之陷溺, 一至於此, 而不能救而正之. 鼎福於此益慕先生之德, 而亦恐負我師門傳授孔孟程朱之正訓耳."

분기에 대한 안정복의 깊은 우려를 엿볼 수 있다. 안정복의 「연보(年譜)」에 따르면 그가 윤동규의 행장을 지은 것은 정조 9년 2월이었고, 3월에는 「천학고(天學考)」와 「천학문답(天學問答)」을 지었다.[5] 바로 이 무렵에 이른바 '을사추조적발사건(乙巳秋曹摘發事件)'이 발생하였다.[6] "우리 사문(師門)이 전수한 공자·맹자·정자·주자의 올바른 가르침을 저버릴까 두렵다"는 안정복의 우려는 기우가 아니었던 것이다.

그러나 성호학파의 분기는 단지 서학을 둘러싼 갈등 때문만이 아니었다. 그 배후에는 학문관의 차이가 자리하고 있었다. 치의(致疑)·자득(自得)을 중시하는 학문 경향과 "선유의 가르침을 준수하는[守先儒之訓]" 경향의 차이였다. 전자를 대표하는 인물이 이병휴·권철신·이기양이라면 후자를 대표하는 인물은 윤동규·안정복이었던 것이다. 이와 같은 견해의 차이는 이미 이익의 사후 5~6년 후인 영조 44년(1768)에서 영조 45년(1769) 무렵부터 불거지고 있었다.

영조 44년 12월에 안정복은 권철신에게 편지를 보내 그의 학문 태도를 비판했다. 자기의 주장을 적극적으로 내세우면서 "깊고 높은 것을 추구하는" 권철신의 자세에 대해 우려를 표명했던 것이다. 권철신은 매번 『대학(大學)』은 고본(古本)이 좋으니 개정할 필요가 없고, 격치장(格致章)이 있으니 보망장(補亡章)은 필요가 없으며, 청송장(聽訟章)은 착락(着落 : 귀착점)이 없는 것 같다는 견해를 피력했는데, 안정복은 이를 문제 삼았다. 그가 보기에 권철신의 주장은 '자득지견(自得之見)'이 아니었고, 이미 선유들이 충분히 논의한 것에 지나지 않았다. 오랜 기간에 걸쳐 쌓아 올린 공부도 없이 경솔하게 이것이 옳고 저것이 그르다고 하는

5) 『順菴集』 年譜, 55ㄴ(230책, 391쪽). "(正宗大王)九年乙巳, 先生七十四歲. ○二月, 撰邵南尹公行狀. ○三月, 作天學考·天學問答."

6) 『闢衛編』 卷2, 乙巳秋曹摘發, 1ㄱ~2ㄱ. 여기에서는 '추조적발사건'의 발생 시점을 "乙巳春"이라고 하였으며, 進士 李龍舒 등이 올린 通文의 끄트머리에 "乙巳三月"이라고 하였다.

것은 학업을 진전하는 공부[進學工夫]에 도움이 되지 않는다고 보았기 때문이다.[7]

이듬해(1769) 3월에 안정복은 이기양에게 답서를 보내면서 『중용』에 대한 그의 새로운 해석을 비판하였다. 그는 정주(程朱)는 후세의 성인인데 그들의 견해를 따르지 않는다면 장차 누구를 따를 것이냐고 질책했던 것이다. 그와 같은 학문 자세는 아무런 거리낌이 없는 소인으로 전락하게 만들 폐단이 있다고 여겼기 때문이다.[8]

비슷한 시기에 안정복은 이병휴에게 편지를 보내 권철신과 이기양에 대한 '억양(抑揚)의 책임[抑揚之權]'을 당부하기도 했다. 그가 보기에 권철신과 이기양은 '젊은 친구들[少友輩]' 가운데 '지금 세상의 기이한 재주를 지니고 있는 인물'이라 할 수 있었다. 그러나 덕(德)을 닦아 인격을 이룩하고, 커다란 사업을 성취하기[成德大業] 위해서는 재주만으로는 부족했고, 반드시 "평실(平實)·온중(穩重)·관후(寬厚)·정대(正大)"한 기상을 갖추어야만 했다. 안정복은 권철신과 이기양이 그와 같은 기상을 갖추어 이익의 유업을 계승할 수 있도록 지도 편달해 달라고 당부했던 것이다.[9]

안정복이 이병휴에게 이와 같은 부탁을 했던 이유는 권철신과 이기양의 학문적 성향을 이병휴가 조장하고 있다고 보았기 때문이다. 이병휴는

---

7) 『順菴集』 卷6, 「答權既明書戊子」, 14ㄱ~17ㄱ(229책, 455~457쪽) ; 『順菴集』 年譜, 28ㄱ~ㄴ(230책, 377쪽).

8) 『順菴集』 卷8, 「答李士興書己丑」, 8ㄱ(229책, 499쪽). "示諭中庸首章未發之義, 此所創聞, 不敢仰對. 凡章句訓詁間小小疑晦處, 此亦有一二致疑者, 而至若此等處, 爲義理大頭腦, 此爲錯解, 將無所不錯矣. 程朱是後來聖人, 此而不從, 將誰從乎. 若此不已, 其流之弊, 將流于小人之無忌憚." ; 『順菴集』 年譜, 28ㄴ~29ㄴ(230책, 377~378쪽).

9) 『順菴集』 卷4, 「答李景協書己丑」, 16ㄴ~17ㄱ(229책, 413~414쪽). "樑摧以後, 此學日孤, 幸吾尊兄趾美承業, 整修遺集, 發揮微意, 是果天意有在也. 少友輩不無其人, 而既明·士興, 誠爲當世奇才, 夫成德大業, 不可徒才而止, 必有平實穩重寬厚正大氣象然後, 可以有爲, 抑揚之權, 實有望于兄矣."

그 무렵에 안정복에게 편지를 보내 “무릇 사람을 논하는 것은 마땅히 그 말의 득실을 살펴볼 뿐입니다. 만약 단지 선유의 학설과 다르다는 이유로 한결같이 배척한다면 이것이 어찌 덕을 닦은 전대(前代)의 어진 군자들[前脩]이 후인(後人)에게 바라는 바이겠습니까”라는 의견을 개진하였다.[10] 물론 이것은 영남남인의 대표격인 이상정(李象靖)에 대한 비판이었지만 그와 유사한 자세를 견지하고 있던 안정복의 학문관에 대한 지적으로 읽힐 수도 있었다. 이와 같은 이병휴의 견해는 “학문이란 자득이 귀한 것이다[學貴自得]”라는 이익의 학문관을 계승한 것이었다. 이익은 반드시 이 일이 귀하다는 것을 알고 마음에 자득해야만 억지로 하거나 가식적으로 하는 버릇[勉强矯僞之習]이 없어져서 날로 진정한 영역으로 나아가게 된다고 여겼던 것이다.[11]

이병휴의 주장에 대해 안정복은 후생이 자득을 위해 자기 주견[主意]부터 세우는 폐단에 대해 언급하였다. 궁리와 격물도 제대로 못하고 지기(志氣)와 사려(思慮)도 확고하지 못한 젊은 후생들이 자신의 주장만을 내세우는 것이 습성이 되면 경망스럽고 조급한 기상만 길러져서 결국은 덕을 쌓는 데 도움이 되지 않는다는 비판이었다.[12] 이와 같은 관점에서 안정복은 당시 이기양이나 권철신과 같은 성호학파 신진들의 거침없는 태도[氣習]를 우려했던 것이다.[13]

---

10) 『貞山雜著』 9冊, 「答百順書」(四, 5쪽). “凡論人者, 當察其言之得失而已, 若但以異於先儒之說, 而一例揮斥, 則是豈前脩所望於後人者耶.” ; 『順菴集』 卷4, 「答李景協書己丑」, 17ㄱ~ㄴ(229책, 414쪽). “示諭但以異於先儒之言, 而一例揮斥, 是豈前脩之所望於後人者耶.”

11) 『順菴集』 卷16, 「函丈錄」, 8ㄴ(230책, 117쪽). “然學貴自得, 必也眞知此事之貴而自得于心, 然後無勉强矯僞之習, 而日趨眞正之域.”

12) 『順菴集』 卷4, 「答李景協書己丑」, 17ㄴ(229책, 414쪽). “愚起而對曰, 下敎誠然. 但恐專以自得, 先立主意, 則未免私意橫生, 流弊不少. 若後生少年窮格未到, 志慮未定, 畧有所見, 卽自執己意曰, 古人之所不知者, 此習漸長, 則徒益其輕浮躁淺之氣, 而無益於進德之業. 先生笑而答曰, 此語誠是.”

13) 『順菴集』 卷4, 「答李景協書己丑」, 18ㄱ(229책, 414쪽). “向來士興有書, 論中庸首章未

2) 성호학파의 학풍과 서학(西學) 인식에 대한 비판

(1) 남인(南人) 계열의 서학 비판론

조덕린(趙德鄰, 1658~1737)의 손자인 조술도(趙述道, 1729~1803)는 천주교 신앙 문제가 본격적으로 대두하기 이전인 정조 8년(1784) 12월에 「운교문답(雲橋問答)」을 지어 천주교 교리를 비판하였다. 그는 집안일로 서울에 올라왔다가 천주교에 호의적인 '혹자(或者)'를 만나 그에 관한 문답을 나누었고, 숙소로 돌아온 이후 문답한 내용을 기록하여 스스로를 경계하는 자료로 삼았다고 한다.[14] 그 당시는 아직 '추조적발사건'이 벌어지기 전이었다. 조술도는 '추조적발사건' 이후인 정조 9년(1785) 11월 「운교문답」의 말미에 간략한 소회를 첨부하였다.[15]

조술도의 대화 상대였던 '혹자'는 천주학뿐만 아니라 모기령(毛奇齡, 1623~1716)의 학문에 대해서도 호의적인 인물이었다. 그는 모기령의 글을 원용하면서 한유(漢儒)들의 학문적 가치를 긍정하였고, 한유의 논의를 모두 틀린 것[非]으로, 정주(程朱)의 논의를 모두 옳은 것[是]으로 대비하여 이해하는 방식에 반론을 제기하며 "지금 정주를 고치는 것 또한 불가할 것이 없다"고 보는 사람이었다.[16] 그에 비해 조술도는

發之義, 太狼藉, 一反舊說. 此義理大頭腦, 程朱豈覷不得耶. 於此不信從, 則其弊當如何. 觀此書以後, 心氣不安, 殆累日未定也. 士興亦云, 聖人無靜工夫, 敬近禪學, 朱子格致之訓, 又爲口耳之弊, 旣明從而和之. 此等氣習, 豈非大可憂憫者乎."

14) 『晩谷集』 卷8, 「雲橋問答」, 7ㄱ(續92책, 294쪽). "遂歸伏私舘, 錄其問答之語, 以爲自警之資云. 歲甲辰季冬下浣, 書于東泮村舍." 당시 조술도의 숙소는 '東泮村'에 있었던 것으로 보이며, 아마도 그 근처에 있던 雲橋[청계천의 지류인 玉流洞川 상류에 있던 다리]의 명칭을 따서 글의 제목을 「운교문답」으로 했으리라 추측된다.

15) 『晩谷集』 卷8, 「雲橋問答」, 7ㄴ~8ㄱ(續92책, 294쪽). "今年春, 金尙書華鎭判秋曹時, 白上以西學亂道, 拘致象胥輩爲此學者四五人, 下之刑獄. 其中士大夫子弟或自首願與之同罪, 尙書置而不問, 遂勘結此輩拘囚者, 布告五部, 張掛榜文, 使各焚其書禁其學, 尙書之功大矣, 而然問其枝葉而不盡根株, 安有痛斷之理乎. …… 歲乙巳仲冬書."

철저하게 정주학(程朱學)의 입장에서 이단의 학문을 비판하는 인물이었다. 그는 '혹자'가 들려준 천주교의 교리에 대해 "이는 일종의 도깨비 같은 무리들이 경솔하게 스스로 잘난 체하면서 신기(神奇)함에 힘써서 일상생활의 윤리[日用彝倫] 이외에 별도의 한 방법을 끌어내서[剔出] 제멋대로 어지럽게 하면서 요란스럽고 장황하게 하여 비속한 사람[愚俗]을 속여서 유혹하려는 계책으로 삼은 것에 불과할 뿐"[17]이라고 단정하였다.

이와 같은 조술도의 단호한 태도에 대해 '혹자'는 다음과 같이 반론을 제기했다.

> 지금 서학(西學)과 모학(毛學)은 많은 사람들[衆流]이 높이 받드는 바가 되어, 한세상[一世]이 차츰차츰 스스로 깨닫지 못하고 있는데, 그 가운데 어찌 뛰어난 견해와 고명한 식견[卓見高識]을 갖추어 상투적인 것과 크게 다른 사람이 없겠는가. 그대는 어떤 사람이기에 그 책을 볼 겨를도 없이 그 영향을 들추어내고 그 결점[疵纇]을 찾아내니, 겸손하고 후덕한 뜻이 조금도 없어서 또한 군자가 말하고 침묵하는 중절(中節)을 잃었으니, 그대는 그만두게나.[18]

조술도는 오늘날의 학자들을 '장차 정주와 동일해지기를 추구하는 옳은 자'인가, 아니면 '정주와 달라지기에 힘쓰는 그릇된 자'인가로 구분

---

16) 『晩谷集』 卷8, 「雲橋問答」, 5ㄴ(續92책, 293쪽). "曰, 毛氏之書, 亦嘗言漢儒近古且博, 且多專門, 何必皆非, 而程朱則一向以漢儒之註爲可改, 漢儒何必皆非, 程朱何必皆是, 今之追改程朱, 亦無不可."

17) 『晩谷集』 卷8, 「雲橋問答」, 3ㄱ~ㄴ(續92책, 292쪽). "此不過一種怪鬼輩輕自大而騖神奇, 於日用彝倫之外, 剔出別一法, 搖蕩恣睢, 震耀張皇, 以爲誑誘愚俗之計爾."

18) 『晩谷集』 卷8, 「雲橋問答」, 6ㄴ(續92책, 293쪽). "曰, 方今西學與毛學, 爲衆流之宗, 擧一世浸浸然不自覺知, 其中豈無卓見高識曠絶常臼, 而吾子以何人, 未暇見其書而摘其影響, 尋其疵纇, 殊無謙遜長厚之意, 亦失君子語默之中, 吾子且休矣."

하였다. 그는 학문과 의리에서 피차의 시비를 결단해야 하는 중요한 사안에 대해서는 일도양단(一刀兩斷 : 一劒兩段)의 자세가 필요하다고 보았던 것이다.[19] 이처럼 조술도의 이단에 대한 태도는 자못 강경한 것이었다. 그럼에도 불구하고 같은 영남계열인 김도행(金度行, 1728~1812) 같은 학자는 유도원(柳道源, 1721~1791)에게 보낸 편지에서 그의 저술이 천주학의 '진장(眞臟)'을 집어내어 통쾌하게 설파하지 못하고 외피(外皮)만 대략 점검했을 뿐이라고 불만을 피력하기도 하였다.[20]

이헌경(李獻慶, 1719~1791)이 「천학문답(天學問答)」을 언제 저술했는지는 정확하게 알 수 없다. 다만 몇 가지 자료를 통해 그 저술 시기를 추정할 수는 있다. 첫째, 신체인(申體仁)의 「천학종지도변(天學宗旨圖辨)」을 들 수 있다. 이 글은 안정복, 이헌경, 조술도의 천학(天學) 비판 논설을 읽고 그에 대한 보충을 목적으로 저술한 것으로, 그 저술 시점을 "신해맹추(辛亥孟秋)"라고 밝혔다. 그것은 정조 15년(1791)을 가리킨다. 따라서 이헌경의 「천학문답」은 1791년 이전에 저술된 것임을 알 수 있다.

둘째, 안정복과 이헌경이 주고받은 편지가 있다. 안정복은 정조 11년(1787) 8월에 이헌경에게 편지를 보내면서 이헌경이 천학을 배척하는 논설을 지었는지 묻고 자신에게도 보여달라고 했고,[21] 이에 이헌경이 자신이 지은 「천학문답」과 「송홍시랑양호연사지행서(送洪侍郎良浩燕槎之行序)」(1782)를 별지로 써서 보내면서 가르침을 청했으며,[22] 이에 대해

---

19) 『晩谷集』 卷8, 「雲橋問答」, 6ㄴ~7ㄱ(續92책, 293~294쪽). "今之學者, 將求其同於程朱而是者乎, 務其異於程朱而非者乎. …… 僕謝曰, 吾子之戒僕者摯矣, 而至於於學問大決案處, 義理大頭段處, 僕之素定於胸中者, 固已一劒兩段矣."

20) 『雨皐集』 卷2, 「與柳叔文」, 2ㄴ(續91책, 156쪽). "近見趙聖紹雲橋問答, 蓋辨破天主學也. 當詖淫間行之日, 如此正論, 誠不易得. 然但其爲說, 不能執得彼之眞臟, 痛快說破, 只是皮外略綽點檢而已. 執事曾見此錄, 爲如何也."

21) 『順菴覆瓿稿』 卷13, 「答李艮翁獻慶字夢端[瑞](丁未八月)」(下, 191쪽). "不幸近者少輩有天學之譏, 聞台立說而斥云, 其果然否. …… 或從便示及, 幸甚幸甚."

22) 『艮翁集』 卷13, 「寄安順菴鼎福書」, 36ㄴ~38ㄴ(234책, 283~284쪽). "俯索天學問答,

안정복은 정조 13년(1789)에 이헌경에게 편지를 보내 자신의 의견을 피력했다.[23] 따라서 이헌경의 「천학문답」은 1787년 8월 이전에 이미 저술된 것이라고 할 수 있다.

셋째, 이헌경이 안정복에게 보낸 편지에서 "천주학 서적이 우리 동방에 전해진 것이 지금으로부터 불과 5~6년밖에 지나지 않았다"라고 한 대목이다.[24] 만약 이헌경이 안정복의 편지를 받고 바로 「천학문답」을 보냈다면 천주학 서적의 전래 시기는 1781~1782년쯤이 된다. 주목할 것은 이헌경이 「송홍시랑양호연사지행서」를 작성한 시점이 1782년이라는 점이다. 그렇다면 「천학문답」의 첫머리에서 "몇 해 전에[頃年] 홍상서(洪尙書) 한사(漢師 : 洪良浩의 字－인용자 주)가 연경(燕京)에 사신으로 갈 때 그대가 서(序)를 지어 전송하면서 천주학(天主學)을 강하게 배척했다고 들었다"[25]라고 한 경년(頃年)의 의미를 파악할 수 있다. 『천학문답』의 저술이 1782년으로부터 머지않은 시점에 이루어졌음을 짐작할 수 있다.

넷째, "천주학 서적이 나온 이후로 대각(臺閣)이 그를 배척하고 사구(司寇)가 그를 금하고 있다"는 「천학문답」의 서술이다.[26] 이는 정조 9년(1785) 3월, 이른바 '추조적발사건' 이후의 사회 상황을 언급한 것으로 보인다. 이상과 같은 사실을 종합해 볼 때 이헌경의 『천학문답』은 1785년 3월 이후부터 1787년 8월 이전의 어느 시점에 작성된 것으로 추정할

果嘗有所論著 …… 嚮所謂天學問答及送別燕使序別紙錄呈, 俯賜詳覽, 回敎其可不可也."

23) 『順菴集』 卷5, 「答艮翁李參判夢瑞獻慶書己酉」, 36ㄱ~37ㄴ(229책, 443~444쪽).

24) 『艮翁集』 卷13, 「寄安順菴鼎福書」, 37ㄱ(234책, 284쪽). "天主之書來我東, 不過五六季于玆……."

25) 『艮翁集』 卷23, 「天學問答」, 39ㄱ(234책, 491쪽). "客有問於爾雅軒主人曰, 頃年洪尙書漢師之聘於燕也, 聞子作序送之, 盛斥天主之學."

26) 『艮翁集』 卷23, 「天學問答」, 42ㄴ(234책, 492쪽). "天主書出來之後, 臺閣斥之, 司寇禁之……."

수 있다.

이헌경의 서학 인식의 특징 가운데 하나는 서학의 과학적 우수성을 전혀 인정하지 않는다는 점이다. 이헌경은 약관(弱冠) 무렵부터 이미 서학의 문제점에 대해 우려했다고 한다.[27] 그렇다면 1740년을 전후한 시점부터 서학에 대해 비판적 태도를 갖기 시작했다는 말이 된다. 그의 이러한 태도는 홍양호가 정조 6년(1782) 동지사의 부사로 청(淸)에 갈 때 지어준 글에서도 잘 나타난다.

이헌경은 천주학은 물론 서양의 과학기술에 대해서도 부정적 태도를 보였다. 그는 서양인들이 역상(曆象)의 추보(推步)에 뛰어나고, 규얼(圭臬) 등의 기구를 제작하는데 세밀하고 정교해서 조금도 오차가 없다고 하였으며, 마테오 리치는 서양인 가운데서도 더욱 '기이한 인물[詼詭瑰奇人]'이라서 중국인들이 그에게 빠진 것이라고 보았다.[28] 그런데 이헌경이 보기에 외이(外夷)의 여러 나라들은 그 땅이 한쪽에 치우쳐 있어서 풍기(風氣)가 분산되고 흩어져서[疏散] 그 인민들에게 기교(奇巧)와 음기(淫技=淫伎 : 쓸모없는 기예)가 많았던 것이다. 서양의 경우는 중국으로부터 해도(海道)로 수만 리나 떨어져 있어서 말을 알아들을 수 없는 것[鴂舌]이[29] 더욱 심하니 그들과 더불어 대도(大道)를 논할 수 없고, 서양인들이 밝은 바는 '한쪽으로 치우친 것[偏曲]'일 따름이며, 그들이 추보에 능한 것 또한 '한쪽으로 치우친 지혜[偏曲之知]'일 뿐이었다.[30]

---

27) 『艮翁集』 卷23, 「天學問答」, 40ㄴ(234책, 491쪽). "余自弱冠之歲, 已憂此事." ; 『艮翁集』 卷24, 附錄, 「家庭聞見錄(李升鎭)」, 16ㄴ(234책, 507쪽). "府君自弱冠時, 已憂西學之誤蒼生, 每嘗憂歎."

28) 『艮翁集』 卷19, 「送洪侍郎良浩燕槎之行序」, 26ㄴ(234책, 407쪽). "西洋人工於推步曆象, 圭臬等器, 制作纖巧, 絲毫不差, 利瑪竇尤其詼詭瑰奇人也. 中州之人驟聞而創見之, 無不嗟異酷信."

29) 『孟子』, 滕文公 上, "今也, 南蠻鴂舌之人, 非先王之道, 子倍子之師而學之, 亦異於曾子矣."

30) 『艮翁集』 卷19, 「送洪侍郎良浩燕槎之行序」, 27ㄱ(234책, 408쪽). "蓋嘗論之, 外夷諸

이상과 같은 이헌경의 관점은 「천학문답」에서도 그대로 드러난다. 그는 마테오 리치를 '조수어별지민(鳥獸魚鼈之民)'이라고 불렀고, 그가 주장한 여러 학설은 불가나 유교의 경전을 표절한 것으로 보았다. 특히 '12중천설(十二重天說)', '5대주설(五大州說)' 등 서양인의 창견으로 평가되는 학설을 평가절하했다. 이헌경은 마테오 리치 이래의 '성력추보지학(星曆推步之學)'이 유가(儒家)의 '선형(璇衡)', 즉 '선기옥형(璇璣玉衡=璿璣玉衡)'으로 대변되는 천문역산학을 추연(推演)한 것인데, 사람들이 잘 알고 있는 것을 말하면 사람들이 경이롭게 여기지 않을 것이기 때문에 "하늘에 12중천이 있다"고 말한 것이고, 사람들이 쉽게 볼 수 있는 것을 말하면 사람들이 속지 않을 것이기 때문에 "육합(六合)의 안에는 무릇 오대주(五大州)가 있다"고 말했다는 것이다.[31]

그런데 당시 서양 '추보지학(推步之學)'의 오묘함은 모든 역가(曆家)들이 그 방법을 사용할 정도로 공인받고 있었다.[32] 이 곤란한 현실을 이헌경은 어떻게 설명하고자 했을까? 먼저 이헌경은 서양의 '추보지학'이 우수하다 하더라도 그것은 '희황요순(羲黃堯舜)'으로 대표되는 중국의 전통 천문역산학의 범주에서 벗어나지 않는 것이라고 강변했다. 서양의 천문역산학은 중국 천문역산학의 '구법(舊法)'을 부연해서 학설을 만들고, '황당무계하고 요사스러운 논변[誕妄妖幻之辯]'을 뒤섞은 것일 따름이었다. 이헌경이 보기에는 만약 희화(羲和)의 윤법(閏法)과 순임금의 선기옥형(璇璣玉衡)이 없다면 서양인들은 천지를 범위(範圍)하고 일월(日月)

國, 其壤地偏側, 風氣踈散, 故其民多奇巧淫技 …… 西洋去中國海道數萬里, 又其鴃舌之尤者, 非可與論於大道, 而所能明者, 偏曲而已. …… 明於推步, 亦偏曲之知也."

31) 『艮翁集』 卷23, 「天學問答」, 41ㄴ(234책, 492쪽). "利瑪竇以鳥獸魚鼈之民 …… 星曆推步之學, 推演於璇衡, 而談人所易知則人必不驚異, 故乃曰天有十二重天, 語人所易見則人必不誑惑, 故迺曰六合之內, 凡有五大州."

32) 『艮翁集』 卷23, 「天學問答」, 43ㄱ(234책, 493쪽). "客曰, 西洋推步之學妙, 天下曆家皆用其法, 此等處其將盡斥之乎."

을 역상(曆象)할 수 없었을 것이다.[33]

이헌경은 서양인과 교통하지 않더라도 천문역산학 분야에 문제가 없을 것이라고 자신했다. 왜냐하면 중국의 역법사(曆法史)를 고찰해 보건대 서양이 중국과 통교하기 이전에도 자체적으로 역법을 제작하고 반사(頒賜)한 오랜 경험이 있었기 때문이다.[34] 아울러 그는 서양 '추보지학'의 우수성을 폄하했다. 그는 외국의 오랑캐들은 풍기가 편벽해서 대도(大道)에는 어둡지만 기교(奇巧)와 음기(淫技)에 능하다고 보았다. 따라서 외국 오랑캐들이 만약 한 가지 일[一曲]에 밝다면 그것은 휴류(鵂鶹)·아작(鴉鵲)·호리(狐狸)와 같은 금수가 특별한 능력을 지니고 있는 것과 다를 바 없다고 여겼던 것이다.[35]

요컨대 이헌경은 서양의 '추보지학'이 중국보다 우수하다고 하더라도 그것은 겨우 일곡(一曲)을 밝힌 것에 불과할 뿐이니 귀하게 여길 필요가 없으며, 서양의 '추보지학'은 본래 결국 중국 역법의 범위를 벗어나지 않는다고 보았던 것이다.[36]

이헌경의 이와 같은 자세는 오희상(吳熙常, 1763~1833)과 같은 학자에게는 매우 높이 평가되었다. 오희상은 역사적으로 볼 때 모든 이단은 '주기(主氣)'에서 차이가 발생하는 것이라고 보았다. 근래의 '양학(洋學)' 역시 '주기'의 문제를 안고 있는데, 그것은 후세에 출현한 이단으로서

33) 『艮翁集』 卷23, 「天學問答」, 43ㄱ~ㄴ(234책, 493쪽). "西洋人雖善推步, 不過因羲黃堯舜之舊法, 敷衍爲說, 雜之以誕妄妖幻之辯而已. 若無羲和閏法, 帝舜璇衡, 則渠安能範圍天地, 曆象日月乎."

34) 『艮翁集』 卷23, 「天學問答」, 43ㄴ(234책, 493쪽). "西洋未通中國之前, 司馬遷·壺遂等作大初曆, 唐一行立歲差法, 其後屢百年, 皆能造曆頒朔. 曾謂不通西洋則曆家更不得措手, 天子更不得頒朔乎. 厭雞愛鶩, 良亦可笑."

35) 『艮翁集』 卷23, 「天學問答」, 43ㄴ~44ㄱ(234책, 493쪽). "且蠻夷外國, 風氣偏僻, 暗於大道, 而或能奇巧淫技. …… 外夷之人或明於一曲, 亦鵂鶹·鴉鵲·狐狸之類而已."

36) 『艮翁集』 卷23, 「天學問答」, 44ㄱ(234책, 493쪽). "設使西洋推步之學, 賢於中國, 僅明一曲, 固不足貴, 況其學本不出於中國曆法之外乎."

더욱 참람한 것[後出愈僭]이었다.[37] 오희상은 이헌경의 「천학문답」이 '양학'을 공파(攻破)한 것으로 그 근거가 특히 볼만한데, 마테오 리치를 논하면서 그의 '추보지설'을 아울러 배격한 것이 매우 의미가 있다고 높이 평가했다.[38]

순조 33년(1833)에 편찬된 유건휴(柳健休, 1768~1834)의 『이학집변(異學集辨)』은 일체의 이단(異端)·사설(邪說)에 대한 비판을 모은 19세기 영남남인 계열의 대표적 척사론 서적이라 할 수 있다. 이 가운데 비판의 초점은 권6의 '천주학'에 맞추어져 있다.[39] 유건휴는 이른바 '천학'이 불교와 도교의 찌꺼기를 거두어 모은 것으로 지극히 비루하다고 보았다. 그럼에도 불구하고 그것이 유행하게 된 이유는 크게 두 가지로 보았다. 하나는 '성력지교(星曆之巧)'이고, 다른 하나는 '남녀지욕(男女之慾)'이었다. 천문역산학의 정교함으로 재주와 슬기가 있는 사람들을 현혹하고, 남녀의 욕망을 부추겨 우매하고 비속한 사람[愚俗]을 얽어매고 있다는[拘牽] 지적이었다.[40]

유건휴는 『이학집변』에서 다양한 항목을 설정해서 천주학을 비판했는데, 그 가운데는 천주교의 교리적 측면에 대한 비판과 함께 중국과 우리나라[東國]에 서학이 전파된 과정, 그리고 서양의 지리적 위치와

---

37) 『老洲集』 卷25, 「雜識」 3, 15ㄴ(280책, 531쪽). "從古異端, 無一非主氣而差者, 至若近日所謂洋學, 竟亦只是主氣, 而後出者愈僭, 有眼者當知之矣."

38) 『老洲集』 卷25, 「雜識」 3, 15ㄴ(280책, 531쪽). "嘗見李獻慶艮翁集, 有天學問答, 卽攻破洋學文字, 殊根據可觀, 而其論利瑪竇, 并與其推步之術而排之者, 極有意思矣."

39) 이에 대한 연구로는 김순미, 「大埜 柳健休의 《異學集辨》에 나타난 천주학 비판에 관한 연구」, 『敎會史硏究』 45, 한국교회사연구소, 2014 ; 김선희, 「19세기 영남 남인의 서학 비판과 지식 권력 : 류건휴의 『이학집변』을 중심으로」, 『韓國思想史學』 51, 韓國思想史學會, 2015를 참조.

40) 『異學集辨』, 「異學集辨序」, 2ㄱ(15쪽-영인본 『異學集辨』, 韓國國學振興院, 2004의 페이지 번호. 이하 같음). "於元明之際, 又有所謂天學者出焉. 其術, 掇拾釋老之糟粕, 至卑極陋, 不足以欺人. 然方今胡羯竊據, 天地閉塞, 彼又以聖曆之巧, 眩惑才智, 男女之慾, 拘牽愚俗, 安保其不至於胥溺乎."

과학기술에 대한 내용이 포함되어 있다. 그런데 핵심적 내용에 대한 비판에서는 자신의 주장을 제시한 것이 아니라 대체로 남한조(南漢朝, 1744~1809)의 견해를 차용하였다. 그것은 바로 「안순암천학혹문변의(安順庵天學或問辨疑)」에 수록된 내용이었다.

남한조는 임인년(壬寅年 : 1782)에서 계묘년(癸卯年 : 1783) 사이에 과거시험을 보러 서울을 왕래하는 과정에서 안정복의 문하에 출입하게 되었다. 당시 안정복은 자파 학인들의 천주교 신앙 문제를 염려하여 「천학혹문(天學或問)」이라는 글을 작성했는데, 남한조에게 교정[訂正]을 부탁하였다. 남한조는 자신이 감당할 수 있는 일이 아니라고 하면서 사양하였는데, 이후에 안정복은 다른 사람을 통해 이 책자를 남한조에게 보냈다. 이에 남한조가 그것을 축조적으로 변론한 글이 「안순암천학혹문변의」였다.[41]

일찍이 안정복은 「천학문답」에서 다음과 같은 혹자의 질문을 가정한 바 있다.

> 저 서사(西士)가 동정(童貞)의 몸으로 수행을 하는 것[童身制行]은 행실이 독실한 중국의 선비도 능히 미칠 수 있는 바가 아니다. 또 총명함이 남보다 훨씬 뛰어나서[知解絶人] 천도(天度)의 추보(推步), 역법(曆法)의 계산[籌數], 기명(器皿)의 제조에 이르러서는 아홉 겹의 하늘[九重之天]을 통관(洞貫)하고, 80리〈를 날아가는〉 화포(火砲)〈를 만든 것〉와 같은 것은 어찌 신이(神異)하지 않은가【우리나라 인조조(仁祖朝)에 사신 정두원(鄭斗元)이 장계하기를, "서양인 육약한(陸若漢)이 화기(火器)를 만들

41) 『損齋集』 卷12, 「安順庵天學或問辨疑」, 23ㄱ(續99책, 651쪽). "壬寅癸卯年間, 余因科行, 往來順庵安丈門下. 安丈語及邪學之懷襄, 聰明才辨之士, 尤多浸沒於其中, 將必禍人家國而後已, 爲之深憂永歎. 因曰, 我有闢邪一文字, 子其爲我訂正之, 余謝不敢當. 其後因人投示一小冊, 乃所謂天學或問也. 余敬受而閱之, 則其逐條辨論……."

> 었는데, 80리〈를 날아가는〉 화포(火炮)를 만들 수 있었다"고 하였다. 육약한은 바로 이마두(利瑪竇)의 친구이다】. 그 나라 사람들은 또 능히 대지를 두루 다니는데, 어느 나라에 들어가면 얼마 안 되어서 능히 그 나라의 언어와 문자를 통달하고, 하늘의 도수를 측량하면 일일이 부합하니, 이는 실로 신성(神聖)한 사람들이다. 이미 신성하다면 어찌 믿을 수 없겠는가?[42]

위의 내용은 엄밀히 말하면 안정복 자신의 발언은 아니다. 당시 사람들 가운데 서학의 학문적 가치를 긍정하는 이들의 일반적 논리를 가설한 것이다. 그런데 남한조는 위 인용문의 혹자의 발언 가운데 '지해절인(知解絶人)'이라는 대목에 주목하였다. 서양인들의 지해(知解), 다시 말해 지적·학문적 능력이 뛰어나다는 사실을 변파(辨破)하고자 했던 것이다.

남한조는 서양인들이 우매하고 비속한 사람들에게 자랑하면서 뽐내는[夸耀] 이유와 우매하고 비속한 사람들이 그들의 학문에 현혹되는 까닭이 '지해절인'과 '기예정교(技藝精巧)'와 같은 요소 때문이라고 보았다. 남한조가 보기에 서양인들의 앎[知解=識解]과 지혜[通慧 : 지혜를 바탕으로 한 신통력]는 종종 사람들을 놀라게 하는 곳이 있으나 그것은 대체로 부회하거나 과장되고 허황한[夸誕] 말을 더한 것일 뿐이었다. 또 기예가 정교하다는 것도 신령스럽고 지혜로운 지식을 전일한 업[專一之業]에 더하여 이루게 된 것으로, 일본(日本)이나 안남(安南)의 공기(工技)가 매우 정교해서 우리나라가 미칠 수 없는 바와 같은 것이니 또한 그 정교함을 괴이하게 여길 필요가 없었다. 요컨대 서양인의 총명함[知

42) 『順菴集』 卷17, 「天學問答」, 8ㄴ(230책, 141쪽). "或曰, 彼西士之童身制行, 非中國篤行之士所能及也. 且其知解絶人, 至於天度推步, 曆法籌數, 制造器皿, 若洞貫九重之天, 八十里火炮之類, 豈不神異【我仁祖朝, 使臣鄭斗元狀啓, 西洋人陸若漢制火器, 能作八十里之火炮, 若漢, 卽利瑪竇之友】. 其國之人, 又能周行大地, 入其國則未幾而能通其言語文字, 測量天度, 一一符合, 此實神聖之人也. 旣爲神聖, 則烏不可信乎."

解]이 비록 우리와 다르다고 해도 그것은 도불(道佛)과 같은 것에 불과할 따름이고, 기예가 비록 정교하다고 해도 일본이나 안남의 기술[工技]에 불과할 따름이라는 것이었다. 따라서 그러한 요소에 외람되게 '신성'이라는 이름을 붙여 그들의 현혹하는 기술[眩耀之術]을 도와줄 필요는 없는 노릇이었다.[43] 이처럼 남한조는 총명함과 기예의 차원에서 보아도 서양인들은 대단한 것이 없고, 따라서 그들의 학문과 기예에 '신성'이라는 이름을 붙일 수 없다고 보았다.

그런데 남한조의 비판에서 짐작할 수 있듯이 안정복은 「천학문답」에서 서양인들의 총명함을 신성함으로 연결한 혹자의 질문을 적극적으로 배척하지 않았다. 그는 다음과 같이 말했다.

> 이는 과연 그렇다. 그러나 천지의 대세(大勢)를 가지고 말한다면, 서역(西域)은 곤륜(崑崙)〈山〉의 아래에 의거하여 천하의 가운데가 된다. 이 때문에 풍기(風氣)가 돈후(敦厚)하고 인물(人物)이 특별히 뛰어나며 보물[寶藏]이 흥성하다[진기한 보물들이 생산된다]. 이는 사람의 배[腹臟]에 혈맥이 모여 있고 음식이 귀속(歸屬)하여 사람을 살게 하는 근본이 되는 것과 같다. 그런데 중국으로 말하면, 천하의 동남쪽에 위치하여 양명(陽明)함이 모여드는 곳이다. 이 때문에 이런 기운을 받고 태어난 자는 과연 신성(神聖)한 사람이니, 요(堯)·순(舜)·우(禹)·탕(湯)·문(文)·무(武)·주공(周公)·공자(孔子)가 이들이다. 이는 사람의 심장(心臟)이 가슴 속에 있으면서 신명(神明)의 집이 되어 온갖 조화가 거기서 나오는

43) 『損齋集』 卷12, 「安順庵天學或問辨疑」, 12ㄱ~ㄴ(續99책, 645쪽). "彼之所以夸耀愚俗, 愚俗之所以眩惑彼學, 大抵以知解絶人·技藝精巧之類耳. 竊意其識解通慧, 往往有驚人處(如今道佛者流, 亦多靈異事), 而益之以傅會夸誕之言耳. 其技藝之精巧, 則又以靈慧之識, 加專一之業而致之, 如今日本·安南之工技絶巧, 非我國所及, 則亦無怪其精巧也. 然則知解雖異, 而不過道佛之類而已, 技藝雖精, 而不過日本·安南之工技而已. 烏可以是而猥加神聖之名, 反助其眩耀之術乎."

것과 같다. 이로써 말한다면 중국의 성학(聖學)은 올바른 것이며, 서국(西國)의 천학(天學)은 비록 그 사람들이 이른바 진도(眞道)·성교(聖敎)일지는 몰라도 우리가 이른바 성학은 아니다.[44]

위의 인용문에서 볼 수 있듯이 안정복은 서양 학술의 우수함을 일부 긍정하면서 그 요인으로 서역의 지리적 위치를 거론하였다. 서역이 천하의 가운데에 위치하고 있기 때문에 "풍기가 돈후하고 인물이 특별히 뛰어나며[奇偉] 보물[寶藏]이 흥성하다"는 설명이 바로 그것이다. 안정복이 보기에 사람의 몸에 비유하자면 서양은 복장(腹臟 : 배)이고 중국은 심장이었다. 실제로 안정복은 추연(鄒衍)의 담천(談天)과 서학을 비교하면서 추연의 논의는 아득하여 헤아리기 어렵고 귀착되는 바가 없어서 서사(西士)들의 천도(天度)와 지구(地毬)에 대한 논의가 확실하게 부합하는 것과는 같지 않다고 하면서 서학의 학문적 가치를 긍정한 바 있다.[45]

그런데 남한조는 이와 같은 안정복의 논의가 마음에 들지 않았다. 특히 서역이 중앙에, 중국이 동쪽에 위치한다는 논의를 부정하였다. 그는 주희의 논의에서 전거를 가져왔다. 일찍이 주희는 "곤륜은 천하의 가운데로 마치 만두의 뾰족한 부분과 같다"고 하였다.[46] 따라서 천하의 가운데인 곤륜에 의거하고 있는 것으로 보면 중국은 전면의 복장이고

44) 『順菴集』 卷17, 「天學問答」, 8ㄴ~9ㄱ(230책, 141~142쪽). "曰, 是果然矣. 然以天地之大勢言之, 西域據崑崙之下而爲天下中, 是以風氣敦厚, 人物奇偉, 寶藏興焉. 猶人之腹臟, 血脉聚而飮食歸, 爲生人之本. 若中國則據天下之東南而陽明聚之, 是以稟是氣而生者, 果是神聖之人, 若堯舜禹湯文武周孔是也. 猶人之心臟居胸中, 而爲神明之舍, 萬化出焉. 以是言之, 則中國之聖學其正也, 西國之天學, 雖其人所謂眞道聖敎, 而非吾所謂聖學也."

45) 『順菴集』 卷17, 「天學問答」, 11ㄱ(230책, 143쪽). "鄒衍談天, 滉洋難測, 無所歸宿, 不如西士之論天度地毬, 鑿鑿符合."

46) 『朱子語類』 卷86, 禮 3, 周禮, 地官, 沈僩錄, 2212쪽. "大抵地之形如饅頭, 其撚尖處則崑崙也."

서국은 배후(背後)이니 복장이 될 수 없다는 주장이었다. 또 복장과 심장을 별도의 장소로 나누어 분류하고 이를 동서에 배속하는 논리도 온당치 않다고 보았다. 남한조는 이와 같은 논리로는 서학을 배척하는 증거로 삼기 어렵다고 보았고, 안정복에게 이를 삭제하라고 권유하였다.[47)]

남한조는 「안순암천학혹문변의」의 말미에서 김시진(金始振, 1618~1667)과 남극관(南克寬, 1689~1714)의 말을 인용하면서 천학(天學)에 대처하는 방법을 논하였다.

> 예전에 참판 김시진이 「역법변(曆法辨)」을 지었는데, 중국이 복희씨(伏羲氏)·헌원씨(軒轅氏=黃帝)·요(堯)·순(舜)[羲軒堯舜]의 옛 〈역법〉을 폐지하고 이마두(利瑪竇)·탕약망(湯若望)의 〈역〉법을 사용하는 것을 보고 식자들이 이것으로써 중국이 북방 오랑캐[氈裘][48)]가 될 것이라고 점쳤다고 하였다. 몽예(夢囈) 남극관이 이것을 변론하기를[49)] 이적(夷狄)의 하나의 좋은 기예를 취하지 못할 이치가 없다고 하였다. 만약 중국의 도술(道術)이 크게 밝혀져 선비들이 이론(異論)이 없다면 남극관의 말도 또한 불가할 것이 없으나 명나라 말기에 도술이 분열되고 이설(異說)이 제멋대로 유행하였으니 김공(金公)의 말이 비록 지나친 것 같지만 그 이치가 없다고 여길 수는 없다.[50)]

---

47) 『損齋集』 卷12, 「安順庵天學或問辨疑」, 12ㄴ~13ㄱ(續99책, 645~646쪽). "朱子曰, 崐崙爲天下之中, 如饅頭之有撚尖. 據此則中國乃前面腹臟, 而西國卽背後也, 安得爲腹臟乎. 且腹臟心臟, 豈別有方所, 可分屬於東西, 而如是云云, 尤不可曉也. 雖然, 此等說, 皆涉術家渺茫之言, 不足爲斥彼之證, 刪之如何."

48) 氈裘(=氈裘=旃裘)는 북방 유목민이 입던 모직물로 만든 의복을 뜻하며, 북방 오랑캐나 異民族을 두루 일컫는 말로 사용되었다.

49) 『夢囈集』 乾, 「金參判曆法辨辨」, 16ㄴ~24ㄱ(209책, 298~302쪽).

50) 『損齋集』 卷12, 「安順庵天學或問辨疑」, 21ㄴ~22ㄱ(續99책, 645쪽). "昔金參判伯玉, 作曆法辨, 以中國廢羲軒堯舜之舊而用瑪竇湯望之法, 識者以此卜中國之爲氈裘. 夢囈南伯居辨之, 以爲夷狄一藝之善, 無不可取之理. 若使中國道術大明, 士無異論, 伯居之言, 亦未爲不可, 而皇明之末, 道術分裂, 異說肆行, 金公之言, 雖若太過, 而不可謂無其

남한조는 '도술(道術)의 분열'과 '이설(異說)의 횡행'이라는 명말(明末) 이후의 시대 상황 속에서 남극관의 서양 기예 수용론보다는 김시진의 서양 역법 비판론이 더 설득력이 있다고 판단했던 것이다. 실제로 남한조는 당시의 '고명한 선비들[高名之士]'이 서학[西國之學]에 빠져드는 현상을 괴이하게 생각하고 있었고, '천학'의 학설이 학문과 위선(爲善)의 명목에 가탁하고 있으나 실제로는 그들의 도(道)로써 천하를 바꾸고자 한다고 여겼다. 따라서 그들이 사람의 이목을 오도하고, 사람의 심술을 파괴하는 것은 단순히 하나의 기예나 기술을 버리거나 취해서 그것을 믿거나 의혹하는 차원의 문제가 아니었다. 이에 심한 경우에는 명의(名義)를 돌아보지 않고, 형법[刑憲]을 두려워하지 않으며 죽음을 보기를 자기 집에 돌아가는 것처럼 여기게 되었다[視死如歸]. 남한조가 보기에 이것은 실로 인심을 병들게 하고 세도(世道)에 화를 끼치는 핵심적 관건[大關棙]이기 때문에 털끝만큼도 사정을 보아줄 수 없고 엄한 말로 통렬히 변론한 이후에 그쳐야 할 일이었다.[51]

신체인(申體仁, 1731~1812)은 사우(士友)들을 통해 당시 서울에서 '천주지학(天主之學)'이라는 새로운 이단이 출현하여 서울의 총명한 학사대부(學士大夫)들이 거기에 물들고 있다는 소식을 전해 들었다. 그러나 그는 '천주지학'의 요체를 확인할 수 없었다.[52] 후에 신체인은 안정복의

理也."

51) 『損齋集』卷12, 「安順庵天學或問辨疑」, 21ㄴ~22ㄱ(續99책, 650쪽). "大抵西國之學, 與佛氏大同, 而但得佛氏之糟粕, 其膚淺鄙陋, 不能如佛氏之近理亂眞, 而今世高明之士, 往往爲其所迷溺, 誠可怪也. …… 況今天學之說, 託於學問爲善之名, 而思以其道易天下, 則其誤人耳目, 壞人心術, 已非一藝術之可以去取而信惑之. 甚者乃有不顧名義, 不畏刑憲而視死如歸, 此實痼人心禍世道之大關棙, 不可以毫髮假借而嚴辭痛辨而後已也."

52) 『晦屛集』卷6, 「天學宗旨圖辨」, 3ㄱ~ㄴ(續93책, 262쪽). "衰病索居中, 因士友來往, 聞近日京洛異端新起, 所謂天主之學, 來自中州, 都下學士大夫有聰明者, 多中其毒. …… 恨無緣究其詳而得其要也."

「천학설문(天學設問)」 10조, 이헌경의 「천학문답」 1편, 조술도의 「운교문답」 1통을 구해볼 수 있었다. 신체인은 세 가지 논설이 모두 천학을 변척한 것으로 문답을 설정하여 그 본말[源委]을 궁구하는데 힘을 다했다고 보았다. 비록 그 문장에는 높고 낮은 차이가 있고, 기상(氣象)에는 강약의 구별이 있지만 대략 정도(正道)를 보존하여 사설(邪說)을 물리치며, 시속(時俗)을 근심하고 도탄에 빠진 현실을 안타깝게 여겨 개연히 아래로 흐르는 물살[頹波 : 쇠퇴하는 세상의 풍조]의 가운데에 스스로 서서 혼자의 힘[隻手]으로 무너지는 내를 막으려고 했으니, 세 사람의 말은 한 입에서 나온 것과 같아서 "깊이 근심하고 앞날을 헤아려[深憂遠慮] 용감하게 몸을 일으켜 분발하여[挺身奮發] 반드시 엄히 분변하고 준엄히 배척하고자[嚴辨痛斥] 한 것"이라고 긍정적으로 평가하였다.[53)]

이와 같은 평가에도 불구하고 신체인은 세 사람의 논설에는 각각 문제가 있다고 보았다. 그의 「천학종지도변(天學宗旨圖辨)」(1791년, 孟秋)은 바로 이와 같은 세 가지 논설의 결함을 보충하기 위한 목적에서 작성한 것이었다. 신체인은 특히 안정복의 논설에 비판적이었다. 그가 보기에 안정복의 논설은 참고하여 근거로 삼은 것[攷据]이 매우 넓고, 증명이 확실하여 대체가 바름을 얻었다고 할 수 있지만 그의 주장에는 병통이 있었다. 예컨대 성인이 가르친 바가 모두 천주의 가르침이라거나, 서사(西士)의 학문이 말마다 모두 진실하고, 일마다 모두 확실하여 노불(老佛)의 공적(空寂)에 비하면 차이가 있으며, 다만 그 언어(言語), 모양(貌樣), 거조(擧措)가 마침내 이단이라고 한 것은[54)] 그 표면만 배척한

53) 『晦屛集』 卷6, 「天學宗旨圖辨」, 3ㄴ~4ㄱ(續93책, 262쪽). "其後乃得見順菴安公所爲天學設問十條, 李爾雅齋獻慶所爲天學問答一篇, 吾友晩谷趙聖紹所爲雲橋問答一通, 皆所以辨斥天學, 設爲答問, 究極源委, 不遺餘力. 雖其文章有高下之殊, 氣象有彊弱之別, 然而大率扶正道闢邪說, 憫時俗病焚溺, 慨然自立於頹波之中, 而欲以隻手障川潰者, 三君子之言, 如出一口, 非所謂深憂遠慮挺身奮發, 欲必嚴辨而痛斥之者耶."

54) 『順菴覆瓿稿』 卷10, 「天學設問(贈沈士潤 士潤前有所問 故書此答之)」(下, 61쪽). "今

것이고 그 이면은 허여한 것이라고 보았다. 또한 세간의 관장(官長)에 부관[長貳]이 있어서 그로 하여금 서토(西土)를 교화하게 한 것이 아닐까 라고 한 대목은[55] 그 말이 의심스럽다고 보았다.[56]

위에서 신체인이 지적한 것은 『순암집』에 수록된 「천학문답」에는 없는 내용이다. 그것은 『부부고(覆瓿稿)』의 「천학설문(天學設問)」에 나오는데, 이는 기존의 연구에서 밝혀진 바와 같이 심유(沈濰)의 천주교에 대한 질문에 대해 답변한 것이고, 그 내용은 이후 수정·증보되어 「천학고」와 「천학문답」으로 분리되었다.[57] 따라서 신체인의 비판은 현존하는 「천학문답」에 대한 것은 아니었지만 그 비판의 강도는 이헌경이나 조술도의 그것에 비해 높았다고 할 수 있다.

(2) 위정척사(衛正斥邪) 계열의 벽사론(闢邪論)

이항로(李恒老, 1792~1868)의 문인으로 19세기 위정척사운동의 중심 인물 가운데 한 사람인 김평묵(金平默, 1819~1891)은 헌종 13년(1847)에 홍직필(洪直弼, 1776~1852)에게 보낸 편지에서 이익(李瀷)을 비롯한 성호학파의 서학 인식을 신랄하게 비판했다. 비판의 초점은 그들이 서학의

觀西士之學, 言言皆實(以人性皆善之類), 事事皆實(製造器用, 明於事物之類). 比諸老佛虛無寥寂有間, 其言語模像工夫擧措, 終是異端……."

55) 『順菴覆瓿稿』 卷10, 「天學設問(贈沈士潤 士潤前有所問 故書此答之)」(下, 63쪽). "其或有世間官長之有長貳, 使之弘化西土耶." 이는 天主가 降生하여 西土를 교화하였다고 한 대목을 설명하면서 천주를 昊天上帝의 부관에 비유한 것이었다.

56) 『晦屛集』 卷6, 「天學宗旨圖辨」, 5ㄱ~ㄴ(續93책, 263쪽). "蓋順菴之說, 其攷据甚博, 證明端的, 大體可謂得正, 而其說亦未免有病. 若所謂聖人所訓, 皆天主之敎, 又謂西士之學, 言言皆實, 事事皆實, 比諸老佛, 空寂有間, 而特其言語貌樣擧措, 終是異端云者, 卻似斥其表而許其裏. 又謂或如世間官長之有長貳, 使之宣化西土者, 其說可疑, 未知此翁嘗何以看認, 而卻稱說如是耶."

57) 서종태, 「順菴 安鼎福의 〈天學設問〉과 〈天學考〉·〈天學問答〉에 관한 연구」, 『敎會史研究』 41, 한국교회사연구소, 2013.

칠극(七克)·삼서(三誓)[58]를 유학의 '극기지설(克己之說)'·'무망지의(無妄之意)'로 해석함으로써 도교·불교와 마찬가지로 '이치에 가까운 듯하여 진리를 어지럽히는[近理亂眞]' 폐해를 유발했다는 데 맞춰졌다.[59] 아울러 김평묵은 이익이 처음에는 칠극을 사물(四勿)에 비유하고 마침내는 마테오 리치를 성인(聖人)으로 여기게 된 것은 재주가 높고 밝은 지혜를 갖춘 자들이 유가(儒家)의 화두(話頭)를 논증의 근거로 끌어들이는 이단(異端)의 학설에 현혹되어 거기에 동화된 결과라고 혹평했다.[60] 이에 대한 답장에서 홍직필은 이러한 폐단이 이익의 '새로운 것에 힘쓰고 신기한 것을 숭상하는 뜻[務新尙奇之意]'에 연유한 것이라고 동조하였다.[61]

이와 같은 20대 후반의 김평묵의 태도는 그의 노년에 이르기까지 변화가 없었다. 그는 고종 12년(1875)에 김기헌(金基憲)에게 보낸 편지와 고종 24년(1887) 양두환(梁斗煥)에게 보낸 편지에서 다음과 같이 말했다.

> 이익이 지은 『성호사설』 가운데 기재되어 있는 것은 남몰래 서양의 학설을 주장하지 않은 것이 없다. 『천주실의(天主實義)』의 서문에서는 궁구하지 않은 어둠이 없고 통하지 않은 이치가 없다고 하여 이마두(利瑪竇)를 높이 받들어 칭찬하였고, 또 오랑캐 이마두를 아름답게 일컬어

---

58) '삼서'란 毋妄念·毋妄言·毋妄行의 세 가지 맹서를 가리키는 말이다. 『順菴集』 卷17, 「天學問答」, 19ㄴ(230책, 147쪽). "次祈今日祐我, 必踐三誓, 毋妄念·毋妄言·毋妄行."

59) 『重菴集』 卷5, 「上梅山洪先生丁未九月九日」, 23ㄴ(319책, 113쪽). "小子歸竊思之, 西洋所謂七克三誓者, 驟而觀之, 則七克, 恰似克己之說, 而三誓, 彌近無妄之意. 如星湖李瀷之流, 於南人稱爲鉅儒, 而猶且云然, 則是其說恐不下老佛之近理亂眞, 而懷襄之禍, 又恐過之矣, 似不可不極力而辨斥之也."

60) 『重菴集』 卷5, 「上梅山洪先生丁未九月九日」, 24ㄱ~ㄴ(319책, 113쪽). "蓋異端之惑世誣民, 充塞仁義者, 莫不陰竊儒家話頭, 以爲證援. 故雖高才明智者, 驟而聽之, 欣然而不之倦, 遂日往月來, 與之俱化矣. 如星湖之倫, 始以七克比四勿, 終以利瑪竇爲聖人, 是也."

61) 『梅山集』 卷25, 「答金平默丁未臘月」, 35ㄴ(295책, 599쪽). "李瀷驟見其書, 稱利瑪竇爲聖人者, 卽出於務新尙奇之意, 亦未料流弊之至於斯極也."

성인이라고 하였으며, 『칠극』이라는 책을 논하여 사물(四勿)의 주각(註脚)이라고 일컬었으며, 서양의 역법을 추존(推尊)하여 요(堯)임금의 역법이 미치지 못할 바라고 하였다. …… 그 무리들이 서로 전해가면서 이어서 서술하기를 일식(日食)은 본래 상도(常度)가 있는 것인데 공자(孔子)가 천도(天道)를 알지 못한 까닭에 『춘추(春秋)』와 〈『시경(詩經)』의〉 「소아(小雅)」에서 일식이 재변이라고 잘못 기록했다고 하였다.[62]

또 이마두를 추존하여 성인이라 했고, 그 역법은 요임금의 역법에 비교할 바가 아니라고 했으며, '삼물망(三勿妄 : 勿妄念·勿妄言·勿妄動)'[63]을 공자와 안연(顔淵)의 '사물'의 주각이라고 하였으니 그 사악함[陰邪]이 해괴하기가 이와 같았다.[64]

김평묵이 『성호사설』에서 '음주서양지설(陰主西洋之說)'을 했다고 한 것은 이익이 「천지문(天地門)」을 비롯한 여러 부분에서 서양의 여러 학설을 인용하여 논의를 전개한 사실을 지적한 것이다. 또 이익이 『천주실의』의 서문에서 "궁구하지 않은 어둠이 없고 통하지 않은 이치가 없다"고 했다는 것은 「발천주실의(跋天主實義)」의 끄트머리에 "저 서양 선비가 궁구하지 않은 이치가 없고, 통하지 않은 어둠이 없는데도 오히려 교칠분(膠漆盆)에서 벗어나지 못했으니 애석하다"[65]라는 구절을 지목한

62) 『重菴集』 卷8, 「答章叔乙亥」, 10ㄴ~11ㄱ(319책, 171~172쪽). "如李瀷作僿說書中所載, 無非陰主西洋之說. 其序天主實義, 以無幽不窮, 無理不通, 推予利瑪竇, 又雅稱利胡爲聖人. 論七克之書, 謂四勿之註脚, 推尊洋曆, 謂非堯曆所及. …… 其徒轉相紹述, 謂日食, 本有常度, 而孔子不識天道, 故春秋小雅, 誤以日食爲變."

63) 『華西集』 卷25, 「闢邪錄辨」, 13ㄱ~ㄴ(305책, 160쪽). "三勿妄與四勿相反辨. …… 洋人所謂勿妄念·勿妄言·勿妄動三者……."

64) 『重菴集』 卷26, 「答梁景七丁亥」, 26ㄱ(319책, 531쪽). "又尊利瑪竇爲聖人, 以其曆法爲非堯曆之比, 以三勿妄, 爲孔顔四勿之註脚, 其淫邪可駭, 有如是矣."

65) 『星湖全集』 卷55, 「跋天主實義」, 30ㄱ(199책, 517쪽). "彼西士之無理不窮, 無幽不通,

것이다. 『칠극』을 논하면서 '사물지주각(四勿之註脚)'이라고 했다는 것은 『성호사설』의 '칠극'[66]을 직접 거론한 것이 아니라 안정복(安鼎福)이 스승과 문답한 내용을 인용한 것이며,[67] 서양 역법의 우수성에 대한 이익의 언급은 『성호사설』의 여러 곳에서 확인할 수 있는데,[68] 김평묵이 지적한 부분은 안정복의 「천학문답(天學問答)」에 보인다.[69]

그러나 이상과 같은 김평묵의 비판이 모두 온당한 것은 아니었다. 예컨대 이익이 마테오 리치를 일컬어 성인이라고 했다는 것은 정확한 지적이 아니다. 이익이 마테오 리치를 성인이라고 불렀다는 사실은 이익의 저술 내에서는 확인할 수 없다. 이익은 「발천주실의(跋天主實義)」에서 "그[마테오 리치]가 멀리 떨어져 있는 나라의 신하로서 큰 바다를 건너와 학사대부(學士大夫)들과 교유했는데 학사대부들이 옷섶을 여미며 높이 받들어 선생으로 부르면서 감히 대항하지 않았으니 그 또한 호걸스러운 선비[豪傑之士]이다"[70]라고 말한 바는 있지만 직접적으로 성인이라고 칭하지는 않았다. 그런데 신후담(愼後聃, 1702~1761)의 기록에서는 이와 다른 표현이 확인된다. 신후담은 1724년 아현우사(鵞峴寓舍)로 이익을 방문하여 서학에 대해 논했는데 그가 마테오 리치가 어떤 사람이냐고 묻자 이익은 다음과 같이 답하였다.

而尚不離於膠漆盆, 惜哉."

66) 『星湖僿說』 卷11, 人事門, 七克, 2ㄱ~ㄴ(Ⅳ, 83쪽).

67) 『順菴集』 卷17, 「天學問答－附錄」, 26ㄴ~27ㄱ(230책, 150~151쪽). "又曰, 七克之書, 是四勿之註脚. 其言盖多刺骨之語, 是不過如文人之才談, 小兒之警語, 然而削其荒誕之語而節略警語, 於吾儒克己之功, 未必無少補. 異端之書, 其言是則取之而已."

68) 『星湖僿說』 卷1, 天地門, 中西曆三元, 46ㄴ~47ㄴ(Ⅰ, 25~26쪽) ; 『星湖僿說』 卷2, 天地門, 曆象, 43ㄱ~ㄴ(Ⅰ, 52쪽).

69) 『順菴集』 卷17, 「天學問答－附錄」, 26ㄴ(230책, 150쪽). "今時憲曆法, 可謂百代無弊. 曆家之歲久差忒, 專由歲差法之不得其要而然也. 吾常謂西國曆法, 非堯時曆之可比也. 以是人或毁之者, 以余爲西洋之學, 豈不可笑乎."

70) 『星湖全集』 卷55, 「跋天主實義」, 28ㄱ(199책, 516쪽). "彼絶域外臣, 越溟海, 而與學士大夫遊, 學士大夫莫不斂衽崇奉稱先生而不敢抗, 其亦豪傑之士也."

> 이 사람의 학문은 소홀히 보아 넘길 수 없다[不可歇看]. 지금 『천주실의』·『천학정종(天學正宗)』 등의 여러 책과 같은 그가 저술한 문자를 가지고 보면 비록 그 도(道)가 우리 유학과 반드시 합치하는지는 모르겠으나 그 도에 나아가 그 도달한 바를 논한다면[就其道而論其所至] 또한 가히 성인(聖人)이라 일컬을 수 있다.[71]

여기서 이익은 천주교의 입장에서 보면 마테오 리치를 성인이라 할 수 있다고 말한 것이지 김평묵의 비판처럼 마테오 리치를 유학의 성인과 동등하게 보고 있었던 것은 아니다. 그렇지만 이익이 마테오 리치를 성인으로 일컬었다는 소문은 당시에 널리 떠돌고 있었던 것으로 보인다.[72] 안정복이 「천학문답」에서 이에 대해 극구 변명했던 것은 이런 사정을 반영한 것이었다.[73]

김평묵도 안정복의 「천학문답」 내용을 알고 있었지만 그는 안정복이 마테오 리치를 '서사(西士)'라고 호칭한 것에 대해서도 불만을 나타내면서 마테오 리치는 "이적(夷狄) 가운데 교활한 자[夷狄之稍黠者]"에 불과하다고 단언했다.[74] 그는 이익이 서양 역법이 요임금의 역법보다 뛰어났다

---

71) 『遯窩西學辨』, 紀聞編, 甲辰春見李星湖紀聞(名瀷, 居安山), 3쪽(영인본 『河濱先生全集』 卷7(遯窩西學辨·河濱雜著 I), 아세아문화사, 2006의 페이지 번호). "星湖曰, 此人之學, 不可歇看. 今以其所著文字, 如天主實義天學正宗等諸書觀之, 雖未知其道之必合於吾儒, 而就其道而論其所至, 則亦可謂聖人矣."

72) 이미 앞에서 살펴보았듯이 黃德壹의 증언에 따르면 1780년대 후반에 徐祖修 같은 사람은 柳謦遠·李瀷 등을 '마테오 리치의 무리[利氏之徒]'로 지목하고 있었다. 이에 대해서는 본서 제3장의 88쪽 각주 24)와 112쪽 각주 93)을 참조.

73) 『順菴集』 卷17, 「天學問答－附錄」, 27ㄴ(230책, 151쪽). "或又問曰, 星湖先生嘗謂利瑪竇聖人也, 此輩之藉此爲言者多, 其信然乎. 余聞之, 不覺失笑曰, 聖有多般, 有夫子之聖, 有三聖之聖, 不可以一槩言也. 古人釋聖字曰通明之謂聖, 與大而化之之聖, 不同矣. 先生此言, 余未有知, 或有之而余或忘之耶. 假有是言, 其言不過西士才識, 可謂通明矣, 豈以吾堯舜周孔之聖, 許之者乎."

74) 『重菴集』 別集, 卷5, 「闢邪辨證記疑」, 16ㄱ(320책, 552쪽). "利瑪竇, 夷狄之稍黠者而已, 順庵開口便稱士, 何也."

고 말한 사실과 「발천주실의(跋天主實義)」의 언급이 마테오 리치를 "만 가지 이치를 모두 밝혀 하나로 꿰뚫은 성인[萬理明盡一以貫之之聖人]"으로 인정한 것이라고 주장하였다.[75] 요컨대 공맹정주(孔孟程朱)로 대변되는 유교의 성인들은 궁구하지 않은 미묘함이 없고 통하지 않은 어둠이 없으니 군자가 상달(上達)한 것인 반면 이마두·애유략(艾儒略)과 같은 서양 선교사들이 미묘함을 궁구하고 어둠에 통한 것은 소인이 하달(下達)한 것으로 서양 선교사들이 통한 것은 성현들이 알고자 하지 않는 바이며, 성현들이 통한 것은 서양 선교사들이 능히 참여할 수 없는 바인데 이익이 이러한 구분을 분명히 하지 못한 것은 성현들이 서로 전수한 심법(心法)이 어떤 것인지 알지 못했기 때문이라고 보았다.[76]

그러나 18세기에 서양 선교사를 '서사'라고 호칭한 것은 안정복만이 아니었다. 이미 최석정(崔錫鼎, 1646~1715)이 '서사'라는 호칭을 사용했으며,[77] 이재(李縡, 1680~1746)의 문인으로 지구설에 비판적이었던 송명흠(宋明欽, 1705~1768)이나 임성주(任聖周, 1711~1788)도 '서사'라는 표현을 썼다.[78] 홍양호(洪良浩, 1724~1802)의 동생은 중국에 사신으로 다녀온 후 서사(西士)의 말을 인용해 천하에 비하면 중국은 손바닥 위의 하나의 손금에 불과하다고 하였고,[79] 영남남인인 이만운(李萬運, 1736~1820)도

---

75) 『重菴集』 別集, 卷5, 「闢邪辨證記疑」, 17ㄱ(320책, 553쪽). "星湖既盛稱利胡之曆, 謂非堯曆之比, 則此非賢於堯舜之說而何也. 曆法之久而差忒, 漢唐以來曆家之失也. 星湖不此之察, 而歸咎於堯曆, 何也. 且星湖跋天主實義, 以無理不窮, 無幽不通, 許西胡, 則是萬理明盡一以貫之之聖人也."

76) 『重菴集』 卷36, 「大谷問答丙寅八月」, 6ㄱ~ㄴ(320책, 22쪽). "孔孟程朱, 無微不窮, 無幽不通, 君子所以上達也. 利瑪竇艾儒略, 能窮微通幽, 小人所以下達也. 艾利所通, 聖賢之所不欲知也, 聖賢所通, 艾利之所不能與也. 星湖於此, 混而無分, 由不知千聖相傳之心法, 爲安在也."

77) 『明谷集』 卷8, 「西洋乾象坤輿圖二屛總序」, 33ㄱ(153책, 585쪽). "今西士爲二圓圈, 平分天體 …… 今西士之說, 以地球爲主……."

78) 『櫟泉集』 卷12, 「看書散錄」, 29ㄴ(221책, 249쪽) ; 『鹿門集』 卷19, 「散錄自戊申至甲辰」, 36ㄴ(228책, 400쪽). "按此數語, 足以破西士地下有人, 東西反易之說矣."

「책제(策題)」에서 "서사들이 출현함에 이르러 역법은 옛날에 발명하지 못한 바를 발명했다고 일컬어진다"[80]고 한 바 있다.

김평묵의 논의에서 주목되는 점은 이익과 성호학파에 대한 그의 비판이 몇 가지 주제에 집중하고 있다는 사실이다. 마테오 리치를 비롯한 서양 선교사들을 어떻게 평가할 것인가, 그들이 전파한 천주교 교리의 내용과 유교 윤리의 상호 관련성을 어떻게 볼 것인가, 그리고 수준 높은 것으로 정평이 난 서양의 과학기술을 어떻게 자리매김할 것인가 하는 문제가 바로 그것이었다. 김평묵을 비롯한 19세기의 위정척사파들이 현실적 위기감 속에서 서학에 대해 끊임없이 제기했던 비판은 바로 이런 점들에 초점을 맞추고 있었다.

2. 성호학파 자연학의 계승 : 정약용(丁若鏞)의 경우

1) 자연천에 대한 객관적 이해

(1) 천체관(天體觀)과 우주생성론

정약용의 자연천에 대한 인식을 구체화하기 위해서는 먼저 일월성신(日月星辰)으로 대표되는 천체에 대한 그의 생각이 어떠했는지 살펴볼 필요가 있다. 전통적으로 '일월성신'에서 '성신(星辰)'이 의미하는 바가 무엇인가 하는 문제는 논란거리였다. 일찍이 『서전(書傳)』의 주석에서는

---

79) 『耳溪集』 卷11, 「送趙學士士受鼎鎭赴燕序」, 11ㄱ~ㄴ(241책, 197쪽). "曩也, 吾弟使於燕, 歸謂余曰, 嘗聞西士之言, 中國在天下, 如掌上一紋……."

80) 『默軒集』 卷6, 「策題」, 32ㄴ(251책, 324쪽). "及至西士之出而曆法自謂發前古所未發……."

성(星)을 경성(經星 : 28수와 衆星)과 위성(緯星 : 五星)으로, 신(辰)을 '일월소회(日月所會)'로써 주천도수를 나누어 12차(十二次)를 만든 것이라고 해설하였다.81) 그런데 '신'의 의미에 대해서는 여러 가지 해석이 병존하고 있었다. 『서전』의 주석처럼 12차를 '신'으로 보기도 했고, 또는 12시를 '신'이라 하기도 했으며, 대화(大火)의 심성(心星)을 '신'으로 보기도 했고, 수성(水星)을 '신'이라고 하기도 했다. 정약용은 각각의 경우를 검토한 끝에 '신'이란 '오성지총명(五星之總名)'이라는 결론에 도달했다.82) 정약용은 성신의 성(星)을 열수(列宿)·경성(經星), 신(辰)을 위성(緯星)의 의미로 정리했고,83) 각종 경전에 등장하는 '일월성신'·'오신(五辰)' 등의 '신'의 의미도 일관되게 '오위지대성(五緯之大星)'으로 해석하였다.84) 그는 한(漢)·위(魏) 이래로 오위(五緯) 가운데 수성을 신성(辰星)이라고 불렀던 것은 옛날부터 전해 내려온 유문(遺文)이며, 실제로는 '오위'가 모두 '신성'이라고 보았다.85) 정약용은 『서전』의 주석처럼 '신'을 '일월소회(日

81) 『書傳』, 虞書, 堯典, '曆象日月星辰'의 주. "星, 二十八宿衆星爲經, 金木水火土五星爲緯, 皆是也. 辰, 以日月所會, 分周天之度, 爲十二次也."

82) 『與猶堂全書』 第2集 第22卷, 經集 6, 尙書古訓 卷1, 堯典, 7ㄴ(283책, 32쪽). "辰者何物. 或以十二次爲辰, 或以十二時爲辰, 或以大火心星爲辰, 或以五緯水星爲辰(号曰辰星), 辰竟是何物. 若以十二次爲辰, 則舜之作服, 欲以日月星辰作繪, 十二次豈可繪之物耶. 太宗伯以實柴祀日月星辰, 十二次是人所指目, 非有天神司之, 豈可祀者耶. 竊嘗疑辰者, 五星之總名, 不但水星之專名也. 五緯之曜, 非月非星, 宜有本字, 因六書假借之法, 漸失原義耳."

83) 『與猶堂全書』 第2集 第23卷, 經集 6, 尙書古訓 卷2, 皐陶謨, 35ㄱ(283책, 65쪽). "星者, 列宿也, 辰者, 五緯也."; 『與猶堂全書』 第2集 第25卷, 經集 6, 尙書古訓 卷4, 洪範, 35ㄱ(283책, 113쪽). "案星者, 經星也, 辰者, 緯星也."

84) 『與猶堂全書』 第2集 第23卷, 經集 6, 尙書古訓 卷2, 皐陶謨, 35ㄱ(283책, 65쪽). "竊謂五辰者, 五緯之大星也."; 『與猶堂全書』 第2集 第23卷, 經集 6, 尙書古訓 卷2, 皐陶謨, 42ㄴ(283책, 68쪽). "辰者, 五緯之大星, 古以火星爲大辰, 其實五緯皆大辰也."; 『與猶堂全書』 第2集 第30卷, 經集 7, 梅氏書平 4, 胤征, 33ㄴ(283책, 227쪽). "竊謂辰者, 五緯之大星也."

85) 『與猶堂全書』 第2集 第30卷, 經集 7, 梅氏書平 4, 胤征, 34ㄴ(283책, 227쪽). "漢魏以降, 五緯中其水星名曰辰星, 此必古來相傳之遺文, 其實五緯皆稱辰星, 非獨火星水星

月所會)'로 해석하는 것보다는 이런 이해 방식이 낫다고 평가했다.[86)]

정약용이 '신'을 '일월소회'로 설명한 전통적 방식을 거부한 논거는 역시 경전이었다. 이른바 '이경증경(以經證經)'의 방법이었다. 『서경(書經)』「익직(益稷)」에는 "내가 옛사람의 법상(法象)을 보이기 위하여 일월성신과 산룡화충(山龍華蟲)을 다섯 가지 채색으로 그림을 그리고[予欲觀古人之象, 日月星辰, 山龍華蟲作會]"라는 구절이 있다. 순(舜)임금이 옛사람의 상(象)을 관찰하여 일월성신과 산룡화충을 그림으로 그려 옷을 만들었다는 대목이다. 정약용이 제기한 의문은 만약 '신'을 12차로 본다면 그것은 특정한 사물을 가리키는 것이 아닌데 어떻게 그림으로 그릴 수 있겠느냐는 것이었다.[87)] 또 하나는 『주례(周禮)』 대종백(大宗伯)의 "실시(實柴)로 일월성신에 제사 지낸다[實柴祀日月星辰]"라는 구절이었다. 정약용이 생각하기에 일월성신이 제사의 대상이 되기 위해서는 구체적인 실체가 있고, 그것을 주관하는 천신(天神)이 있어야만 했다. 그런데 '신'을 12차로 해석할 경우 그것은 실체가 없기 때문에 제사의 대상이 될 수 없다고 보았던 것이다.[88)]

이와 관련하여 정약용은 12차를 태양의 궤도를 파악하기 위한 표지[日

然也."

86) 『與猶堂全書』第2集 第33卷, 經集 8, 春秋考徵 1, 吉禮, 郊5, 24ㄱ(283책, 306쪽). "書註日月所會謂之辰, 或曰, 星者經星也, 辰者五緯也, 其說爲長."

87) 『與猶堂全書』第2集 第22卷, 經集 6, 尙書古訓 卷1, 堯典, 7ㄴ(283책, 32쪽). "若以十二次爲辰, 則舜之作服, 欲以日月星辰作繪, 十二次豈可繪之物耶." ; 『與猶堂全書』第2集 第23卷, 經集 6, 尙書古訓 卷2, 皐陶謨, 42ㄴ(283책, 68쪽). "春秋傳以日月所會謂之辰, 故漢儒皆從而謂之十二次. 然十二次不可繪畫, 則辰者大星也. 大小雖殊, 星則一也." ; 『與猶堂全書』第2集 第30卷, 經集 7, 梅氏書平 4, 胤征, 34ㄴ(283책, 227쪽). "帝舜作服, 日月星辰作繪, 十二次本無形象, 何以繪矣, 辰者五緯也."

88) 『與猶堂全書』第2集 第22卷, 經集 6, 尙書古訓 卷1, 堯典, 7ㄴ(283책, 32쪽). "太宗伯以實柴祀日月星辰, 十二次是人所指目, 非有天神司之, 豈可祀者耶." ; 『與猶堂全書』第2集 第30卷, 經集 7, 梅氏書平 4, 胤征, 34ㄴ(283책, 227쪽). "大宗伯以實柴祀日月星辰, 十二次是人立之名, 本無司運之神, 何以祀矣, 辰者五緯也."

躔之所舍·日躔之表識]라고 정의했다.[89] 본래 12차는 태양과 달과 오행성의 위치를 관측하기 위해 적도대를 서쪽에서 동쪽으로 12등분한 것이다. 하늘을 12개로 나눈 것은 목성[歲星]의 공전 주기가 대략 12년(11.86년)에 해당한다는 사실을 고려하여, 목성이 천구상에서 해마다 다른 위치에 나타나는 현상을 표시하기 위한 구획이었다.

정약용은 북신(北辰)과 북극(北極)을 같은 뜻으로 이해하였다. 그는 '극(極)'이란 글자가 본래 '옥극(屋極)'에서 유래한다고 보았다. 옛날에는 집을 삿갓 모양으로 지었는데 그 중앙의 튀어나온 부분을 '옥극'이라고 했다는 것이다. 마찬가지로 북극은 하늘의 축[天樞]으로 하늘의 중심이 되기 때문에 '옥극'과 같은 뜻으로 북극이라 명명했다고 보았다.[90] 북극과 같은 뜻인 북신은 하늘의 축인데 그곳에는 특별한 별이 없기 때문에 '신'이라고 불렀다는 것이다.[91] 이는 일찍이 소옹이 "땅에 돌이 없는 곳은 모두 흙이다. 하늘에 별이 없는 곳은 모두 신(辰)이다"[92]라고 한 말을 원용한 것이다.[93] 이와 같은 북신에 대한 개념 정의를 토대로 정약용은 "북신이 제자리에 있으면 뭇별들이 그것을 향하여 에워싸고 있다[北辰居其所, 而衆星共之]"라는 『논어(論語)』 위정편(爲政篇)의 구절을

---

89) 『與猶堂全書』第1集 第25卷, 附雜纂集 3, 小學珠串, 十二之類, 35ㄴ(281책, 559쪽). "十二次者, 日躔之所舍也." ; 『與猶堂全書』第2集 第22卷, 經集 6, 尙書古訓 卷4, 洪範, 35ㄱ(283책, 113쪽). "十二次, 不過日躔之表識."

90) 『與猶堂全書』第2集 第22卷, 經集 6, 尙書古訓 卷4, 洪範, 35ㄴ(283책, 113쪽). "鏞按極之爲字, 本起於屋極, 太古之時, 屋如笠形, 其中央突起者, 謂之屋極. 北極者, 天樞也, 爲天之中心, 故名曰北極, 亦屋極之義也."

91) 『與猶堂全書』第2集 第7卷, 經集 4, 論語古今注 卷1, 爲政 第2, 19ㄴ(282책, 164쪽). "補曰, 北辰, 卽北極, 天之樞也, 以無星點, 故謂之辰也."

92) 『與猶堂全書』第2集 第7卷, 經集 4, 論語古今注 卷1, 爲政 第2, 20ㄴ(282책, 164쪽). "邵康節云, 地無石之處, 皆土也, 天無星之處, 皆辰也."

93) 『性理大全』卷9, 皇極經世書 3, 觀物內篇 1, 5ㄱ~ㄴ(669쪽). "在天成象, 辰也. 在地成形, 土也. 自日月星之外高而蒼蒼者, 皆辰也. 自水火石之外廣而厚者, 皆土也. 辰與土, 本乎一體也." 이는 邵雍의 "水火土石交而地之體盡之矣"에 대한 邵伯溫의 해설 가운데 일부이다.

새롭게 해석했다. 그에 따르면 '북신거기소(北辰居其所)'의 의미는 북극한 점이 자오선(子午線)상의 진북(眞北)에 정확하게 위치하는 것이며, '중성공지(衆星共之)'란 하늘의 축인 북극이 회전함에 따라 뭇별들이 따라서 돌아 "북극과 함께 운행한다"는 뜻이었다.94)

정약용은 28수(二十八宿)를 '열요지계별(列曜之界別)', 또는 '황도지계분(黃道之界分)'이라고 정의하였다.95) 이는 전통 별자리로 중시되었던 3원(垣) 28수(宿) 가운데 28수의 의미를 새롭게 해석한 것이다. 정약용이 생각하기에 이십팔수는 여러 별들의 강령(綱領)이 될 수 없었고, 사방을 구별할 수 있는 표지(標識)도 아니었다. 이보다 크고 넓은 것으로 북두칠성(北斗七星)이나 헌원성(軒轅星)이 있었기 때문이다. 다만 적도의 둘레가 360도의 허공으로 구획이나 경계[界限]가 없어 '지망(指望)'에 어려움이 있어서 황도 좌우의 28개 별자리를 황도[日躔] 몇 도의 표지로 삼았던 것이라고 보았다.96) 따라서 그것을 동서남북으로 구분하여 각각 7개의 별자리씩 배분하는 전통적 방식은 문제가 있었다. 왜냐하면 그것은 다만 역가(曆家)의 편의에 따른 구획이었고, 하늘 위에서 동서남북을 구분하는 것은 의미가 없었기 때문이다.97)

---

94) 『與猶堂全書』第2集 第7卷, 經集 4, 論語古今注 卷1, 爲政 第2, 19ㄴ~20ㄱ(282책, 164쪽). "居其所, 謂北極一點, 正當子午線眞南北之位也. ○補曰, 共者同也. 北辰居正, 斡旋天樞, 而衆星隨轉, 與北辰同運, 故曰共之也." ; 같은 글, 21ㄱ(282책, 165쪽). "居其所者, 正子午之線也. 北極正子午之線, 斡旋天樞, 而滿天諸星, 與之同轉, 無一星之敢逆, 無一星之或後, 此所謂衆星共之也."

95) 『與猶堂全書』第1集 第25卷, 附雜纂集 3, 小學珠串, 十一十三至二十八, 39ㄴ(281책, 561쪽). "二十八宿者, 列曜之界別也." ; 『與猶堂全書』第2集 第22卷, 經集 6, 尙書古訓 卷4, 洪範, 35ㄱ(283책, 113쪽). "二十八宿, 不過黃道之界分."

96) 『與猶堂全書』第2集 第22卷, 經集 6, 尙書古訓 卷1, 堯典, 7ㄱ(283책, 32쪽). "鏞案二十八宿, 非必爲諸星之綱領, 亦不是四方之標識, 大於此者有北斗, 闊於者此[此者]有軒轅. 特以赤道周天三百六十度(今法也), 曠無界限, 無以指望, 故取黃道左右之二十八星, 以爲日躔幾度之標識."

97) 『與猶堂全書』第2集 第22卷, 經集 6, 尙書古訓 卷1, 堯典, 14ㄱ(283책, 35쪽). "鏞案二十八宿, 本不當分配四方, 是不過治曆之家, 取黃道左右跨據之星, 以之爲躔度之標識

나아가 정약용은 『서경』의 "별에는 바람을 좋아하는 별이 있고, 비를 좋아하는 별이 있다[星有好風, 星有好雨]"라는 구절에 대한 해석에서도 다른 견해를 제시하였다. 『서전』의 주석에서는 "바람을 좋아하는 것은 기성(箕星)이고, 비를 좋아하는 것은 필성(畢星)이다. …… 생각하건대 별은 모두 좋아하는 것이 있다"고 하였다.[98] 이는 대체로 음양오행설에 기초한 설명 방식이었다. 정약용은 이러한 해석의 문제점을 28수의 개념 규정과 관련하여 변설하였다. 앞서 살펴본 바와 같이 28수에는 동서남북의 방위를 배정할 수 없고, 따라서 이를 오행(五行)에 분배할 수 없으며, 상극(相克)으로 그 원리를 설명할 수 없다는 지적이었다. 그는 이와 같은 설명 방식이 천도(天道)를 속이고 사람들을 우롱하는 극치라고 비판하였다.[99]

28수에 대한 이와 같은 관점은 분야설(分野說)에 대한 비판으로 연결되었다. 분야설의 핵심은 하늘을 12분야로 나누고 각각에 중국의 구주(九州)를 배당하여 천문(天文)과 인사(人事)의 상호 연관성을 설명하는 것이었다. 그런데 여기서 12분야를 나누는 기준은 별자리였다. 정약용의 비판은 하늘의 별자리에는 고정된 방위를 설정하는 것이 불가능하다는 지적으로부터 시작한다. 위에서 보았듯이 28수는 역산가들이 황도 주변에 걸쳐 있는 주요한 별자리를 취해서 '전도(躔度)의 표지(標識)'로 삼은 것에 불과할 뿐이었다. 정약용은 28수가 하늘을 따라 회전하면서 끝없이 순환하는 것이니 동서가 있을 수 없고, 황도를 중심으로 배치되어 남북

而已. 角亢非必爲東星, 奎婁非必爲西星, 隨天旋轉, 循環無端, 夫焉有東西, 橫布天腰, 遠於二極, 夫焉有南北. 靑龍白虎, 朱雀玄武, 何爲而分排乎. 分野之說, 尤無理義. 二十八宿, 隨天環轉, 不膠於一方, 九州百國, 又何以歷歷分配, 以占其災祥乎. 斯皆尙書之蔀障也."

98) 『書傳』, 周書, 洪範, "庶民惟星, 星有好風, 星有好雨"에 대한 註. "民之麗乎土, 猶星之麗乎天也. 好風者, 箕星, 好雨者, 畢星, 漢志言, 軫星亦好雨, 意者星宿皆有所好也."

99) 『與猶堂全書』 第2集 第22卷, 經集 6, 尙書古訓 卷4, 洪範, 47ㄱ~ㄴ(283책, 119쪽).

양극으로부터 멀리 떨어져 있으니 남북이 있을 수 없는데, 어떻게 이 별자리들을 청룡·백호·주작·현무라고 하여 동서남북으로 분배할 수 있느냐고 반문하였다.[100] 분야설은 이치에 맞지 않는 것이고, 28수는 어느 한 방위에 고정되어 있는 것이 아닌데, 구주의 여러 나라를 각각의 별자리에 맞추고 이로써 재상(災祥)을 점칠 수 있겠느냐는 지적이었다.[101]

정약용은 구주설(九州說)의 이론적 문제점도 지적하였다. 구주설은 추연(鄒衍)으로부터 시작되었으나 공(邛)·엄(弇)·융(戎)·기주(冀州) 등은[102] 경험적으로 증명할 수 없으니, 아홉 구역의 구체적 경계는 상세하게 알 수 없다는 것이었다.[103] 또 우공(禹貢)의 구주는 대지 전체로 보면 100분의 1도 되지 않는 것이니 오악(五嶽)을 대지 전체의 진산(鎭山)으로 삼으려는 것도 어렵다고 보았다.[104] 요컨대 28수로 대표되는 12분야는 전체 하늘을 대상으로 한 것으로서 중국만이 관계를 가질 수 있는 것이 아니니 분야설은 근본적으로 불합리한 학설이라는 주장이었다.[105]

그렇다면 이와 같은 천체를 포함한 천지만물의 생성 과정에 대해 정약용은 어떻게 생각하였을까? 자연학의 차원에서 이에 대한 명확한 논의를 찾아보기는 어렵지만 몇 가지 단서를 통해 추론해 볼 수 있다. 먼저 「태극도(太極圖)」의 우주생성론에 대한 정약용의 견해이다. 전통적

---

100) 각주 97) 참조.

101) 『與猶堂全書』 第2集 第22卷, 經集6, 尙書古訓 卷1, 堯典, 14ㄱ(283책, 35쪽). "分野之說, 尤無理義, 二十八宿, 隨天環轉, 不膠於一方, 九州百國, 又何以歷歷分配, 以占其災祥乎."

102) 正祖의 策問에서는 邛·戎·弇·冀·柱·玄·咸·陽·神州를 九州라고 말하고 있다[『弘齋全書』 卷50, 策問 3, 「墜勢抄啓文臣親試○己酉」, 19ㄴ(263책, 269쪽)].

103) 『與猶堂全書』 第1集 第8卷, 詩文集, 對策, 地理策, 3ㄱ(281책, 161쪽). "九州之說, 昉於鄒衍, 而邛弇戎冀, 未有實驗之可證, 則九域之疆界, 不可詳也."

104) 『與猶堂全書』 第2集 第36卷, 經集 8, 春秋考徵 4, 先儒論辨之異, 21ㄱ(283책, 365쪽). "禹貢九州, 其在大地全體, 不能爲百分之一, 欲以五嶽全鎭大地, 亦難矣."

105) 『與猶堂全書』 第1集 第8卷, 詩文集, 對策, 「地理策」, 3ㄱ(281책, 161쪽). "至於二十八宿之各有分野者, 全天宿度, 非中國之所得專, 則其說本不合理也."

으로 성리학자들은 「태극도」에 제시된 '태극(太極) → 양의(兩儀) → 사상(四象) → 팔괘(八卦)'를 만물생성의 차서(次序)로 이해했다. 그런데 정약용은 여기에서 사상(四象)을 천(天)·지(地)·수(水)·화(火)로 해석함으로써 그 나름의 독창적 견해를 보여주었다. 이는 '화(火)·기(氣)·수(水)·토(土)'의 사행설(四行說)을 주장한 서학의 영향을 받은 것으로 보인다. 그는 천·지·수·화 네 가지가 다른 사물과 섞이지 않고 스스로 형상을 만드는 물체라고 간주하였다. 팔괘는 이와 같은 사상의 상호 작용에 의해서 생성되는 것이었다. 예컨대 하늘이 불을 밀면 바람이 되고, 불이 하늘을 가르면 우레가 되며, 물이 땅을 깎으면 산이 되고, 땅이 물을 두르면 못이 되는 것과 같은 이치였다.[106] 천·지·수·화의 상호 작용으로 풍(風)·뇌(雷)·산(山)·택(澤)이 만들어지는 과정, 이것이 바로 사상으로부터 팔괘가 만들어지는 경로였다.

이렇듯 정약용은 양의(兩儀)를 천지(天地)로 간주했으며, 하늘은 불과 합쳐져서 하늘이 되고, 땅은 물과 더불어 땅이 된다고 보았다. 하늘에서 유성이나 혜성이 나타나는 것은 불의 증거이고, 땅에 습기가 섞여 있는 것은 물이 충만해 있기 때문이었다.[107] 요컨대 선천(先天)의 기원[胚膜]이라 할 수 있는 태극이 갈라져 천지가 되고, 천지가 펼쳐져 천지수화(天地水火)가 되며, 천화(天火)가 교섭해서 풍뢰(風雷)가 되고, 지수(地水)가 결합하여 산택(山澤)이 되는 것이다. 이것이 『주역』에서 말하는 '사상생팔괘(四象生八卦)'의 의미였다.[108] 요컨대 태극이란 천지수화의 모태[胚胎]이

106) 『與猶堂全書』 第1集 第21卷, 詩文集, 書, 「示兩兒」, 19ㄱ(281책, 458쪽). "四象之所象者, 天地水火也. 天地水火者, 特自成象, 不雜他物者也. 於是天托火而爲風[推托也], 火決天而爲雷[奮決也], 水削地而爲山[山不自成, 待汰削而立], 地囿水而爲澤[壅以止之], 四生八也[天者一氣也]."

107) 『與猶堂全書』 第1集 第21卷, 詩文集, 書, 「示兩兒」, 19ㄱ(281책, 458쪽). "兩儀者, 天地也. 合天與火而有天之名, 合地與水而有地之名. 流孛之生, 火之驗也, 濕潤之拌, 水之充也."

108) 『與猶堂全書』 第1集 第21卷, 詩文集, 書, 「示兩兒」, 19ㄱ(281책, 458쪽). "太極者,

며,[109] 일월성신이나 초목금수와 같이 하늘과 땅 사이에 존재하는 모든 형상(形象)들은 변화[變敓]의 결과라는 것이었다.[110]

반면에 주희가 『중용장구(中庸章句)』에서 "하늘이 음양(陰陽)·오행(五行)으로 만물(萬物)을 화생(化生)함에 기(氣)로써 형체를 이루고 이(理) 또한 부여하였다"[111]라고 한 설명 방식에 대해서는 부정적이었다. 왜냐하면 음양이란 본래 체질(體質)이 없고 다만 명암(明闇)이 있을 뿐이니 만물의 부모가 될 수 없으며,[112] 오행이란 만물 가운데 다섯 개의 사물에 불과한데 다섯 개로 만물을 생성하기는 어렵다고 보았기 때문이었다.[113]

한편 정약용은 『주역』의 태극을 북신(北辰)으로 해석하는 마융(馬融)의 견해에 찬성하기도 하였다. 고경(古經)에서는 극(極)을 '혼륜명재지기(混淪溟滓之氣)'나 '충막현묘지리(沖漠玄妙之理)'로 명명한 적이 없으며, 그것은 '옥극(屋極)'과 마찬가지로 중간이 융기되어 사방을 끌어모은다는 뜻이라고 보았다. 정약용은 사물을 생성하는 방법은 무수하지만 그 실상은 오직 하나라고 생각했다. 수박[西瓜]이 처음에 만들어질 때 그 크기가 조[粟]와 같이 작은데 그것이 성장하는 과정을 살펴보면 먼저 꼭지[蒂]로부터 시작해서 조금씩 늘어나 원형을 이루고, 다시 수렴되어

先天之胚膜也. 太極之判而爲天地, 天地之叙而爲天地水火, 天火之交而爲風雷, 地水之與而爲山澤, 故曰, 四象生八卦也."

109) 『與猶堂全書』 第2集 第14卷, 經集 9, 周易四箋 卷8, 蓍卦傳, 15ㄴ(283책, 541쪽). "曰太極者, 天地水火之胚[胚]胎也. 天地水火, 於是乎包含無漏矣."

110) 『與猶堂全書』 第2集 第14卷, 經集 9, 周易四箋 卷8, 繫辭上傳, 2ㄱ(283책, 534쪽). "天地水火, 其質精者在上, 其質粗者在下. 精者成象而及其變化則雷風以生(合二者而生二物), 粗者成形而及其變化則山澤以成(水削土爲山, 土壅水爲澤). 以至日月星辰之象, 草木禽獸[獸]之形, 凡在天地之間者, 莫不變敓, 此易之所以主乎變者也."

111) 『中庸章句』, 1章의 註. "天以陰陽五行, 化生萬物, 氣以成形而理亦賦焉."

112) 『與猶堂全書』 第2集 第4卷, 經集 2, 中庸講義補 卷1, 天命之謂性節, 1ㄴ~2ㄱ(282책, 63쪽). "今案陰陽之名, 起於日光之照掩, 日所隱曰陰, 日所映曰陽, 本無體質, 只有明闇, 原不可以爲萬物之父母."

113) 『與猶堂全書』 第2集 第4卷, 經集 2, 中庸講義補 卷1, 天命之謂性節, 3ㄱ(282책, 64쪽). "况五行不過萬物中五物, 則同是物也, 而以五生萬, 不亦難乎."

서 화제(花臍 : 꼭지 반대쪽의 오목한 곳)가 되며, 실하고 팽팽해져 커다란 수박[大瓜]이 되는 현상과 같다는 것이었다. 정약용은 천지가 창조되는 과정도 이와 유사하다고 보았다. 북신은 수박의 꼭지와 같은 것으로 점차 펴져서 원형이 되었다 수렴되어 남극이 된다는 것이다.[114]

(2) 좌선설(左旋說)의 지지와 우행설(右行說) 비판

정약용은 "천체는 지극히 둥근데 좌선(左旋)하여 그치지 않고, 땅의 형체는 둥글어서[渾圓] 주위를 돌면 다시 돌아온다"[115]고 하였다. 이는 물론 천체운행론에 초점을 둔 이야기는 아니었고, 하늘과 땅에는 동서(東西)의 구별이 없으며 따라서 오행(五行)을 방위에 배당하는 것이 이치에 맞지 않음을 강조하기 위한 발언이었다. 그렇지만 여기에서 정약용이 하늘은 좌선한다고 생각했음을 알 수 있다. 문제는 하늘 위에서 운행하는 각종 천체들의 운동 방향을 어떻게 보았느냐 하는 점이었다.

이에 대한 정약용의 논의는 「시경강의(詩經講義)」에서 정조의 질문에 대한 답변 형식으로 제출되었다. 정조의 질문은 전통적인 좌선설(左旋說)과 우행설(右行說)의 문제를 제기한 것이었으며, 주희가 『시전(詩傳)』의 주석에서 역가(曆家)의 우행설을 채택한 이유를 묻는 형식이었다. 정약용은 먼저 자기 자신이 우행설의 경우 고법(古法)과 금법(今法)을 물론하고 의심한다고 고백했다.[116] 이는 주희가 『시전』의 주석에서 우행설을

114) 『與猶堂全書』 第2集 第48卷, 經集 10, 易學緖言 卷4, 陸德明釋文鈔, 6ㄴ~7ㄱ(283책, 620~621쪽).

115) 『與猶堂全書』 第2集 第36卷, 經集 8, 春秋考徵 4, 先儒論辨之異, 17ㄴ(283책, 363쪽). "鏞案天體至圓, 左旋無端, 地體渾圓, 繞行而復, 夫豈有東西乎. 本無東西, 又安有木東金西之理, 既無木金之定方, 又安有木德金德."

116) 『與猶堂全書』 第2集, 第18卷, 經集 5, 詩經講義 2, 小雅, 祈父之什, 十月之交, 43ㄱ(282책, 430쪽). "臣對曰, 月掩日爲日食, 地隔日爲月食, 此固正理, 而日月右行之說, 無論古法今法, 臣實疑之矣."

채택한 것에 대한 간접적 비판이면서 당시 통용되고 있던 시헌력의 우행설에 대한 직접적 비판이었다.

시헌력의 우행설은 일월오성천(日月五星天)이 모두 우행(右行)하는데, 종동천(宗動天)이 '혼호지기(渾灝之氣)'로 이들을 끌고 서쪽으로 움직이기 때문에 좌선(左旋)하는 것처럼 보인다는 내용이었다. 이것이 이른바 '이향이대동(異嚮而帶動)'이었다.[117] 정약용은 천하의 사물은 상리(常理)에서 벗어나지 않는다는 것과 사물은 다른 종류라도 같은 정(情)을 가질 수 있으므로 다른 사물과의 비유를 통해 이치를 설명할 수 있다는 점은 인정하였다.[118] 그런데 당시 우행설을 입증하기 위해 동원된 것은 '맷돌과 개미[磨蟻]', '배와 사람[舟人]'의 비유였다. 정약용의 설명에 따르면 개미와 사람의 경우 전족(前足)과 후족(後足), 좌족(左足)과 우족(右足)이 있기 때문에 어느 한쪽이 맷돌이나 배에 붙었다 떨어졌다 할 수 있어서 다른 곳을 향하면서도 맷돌이나 배와 함께 움직일 수 있었다[異嚮而帶動]. 그러나 일월오성천의 경우에는 종동천과 붙었다 떨어졌다 할 수 있는 장치가 없으므로 '이향이대동'할 수 없다고 보았다. 나아가 물레[紡車]의 비유에 대해서도 적합성의 문제를 거론하면서 비판했다.[119] 요컨대 정약용은 종동천의 존재를 부정하고, 일월오성천은 모두 그 본래의 운동이 동쪽에서 서쪽으로 움직이는 것[左旋]이라고 보았으며, 빠르고 느림으로 인해 발생하는 진퇴의 차이는 처리할 수 있는 방법이 있으리라 판단하였다.[120]

---

117) 『與猶堂全書』 第2集, 第18卷, 經集 5, 詩經講義 2, 小雅, 祈父之什, 十月之交, 43ㄱ(282책, 430쪽). "今法最稱精密, 其而說以爲日月五星之天皆右行, 而宗動天以渾灝之氣, 挈之而西, 此所謂異嚮而帶動也."

118) 『與猶堂全書』 第2集, 第18卷, 經集 5, 詩經講義 2, 小雅, 祈父之什, 十月之交, 43ㄱ(282책, 430쪽). "臣以爲天下之物, 不出常理, 物固有異類而同情者也, 故援彼較此, 必有其證."

119) 『與猶堂全書』 第2集, 第18卷, 經集 5, 詩經講義 2, 小雅, 祈父之什, 十月之交, 43ㄱ~ㄴ(282책, 430쪽).

120) 『與猶堂全書』 第2集, 第18卷, 經集 5, 詩經講義 2, 小雅, 祈父之什, 十月之交, 43ㄴ(282

이와 같은 정약용의 논의는 「종동천변(宗動天辨)」이라는 논설을 통해 구체화되었다. 그런데 「시경강의」보다 뒤에 작성된 것으로 보이는[121] 이 논설에서는 좌선과 우선이라는 용어가 혼동되어 있다.[122] 그러나 전체적 논지는 앞서 살펴본 내용과 큰 차이가 없다. 정약용은 종동천이란 전통적인 중국의 천문이론에 비추어 볼 때 '태허(太虛)'를 의미한다고 보았으나[123] 그 실체는 부정하였다. 그는 물레[軒車]의 비유로 종동천의 존재를 설명하려는 논의에 대해 그것이 불가능한 이유로 몇 가지 문제점을 들었다. 앞의 「시경강의」 내용과 비교해 볼 때 추가된 것은 종동천의 운행 속도 문제였다. 정약용은 태양의 운행 속도는 총탄보다 수만 배 빠른데, 종동천의 높이와 크기는 태양천에 비할 바가 아니라는 점을 지적하였다. 만약 종동천이 존재한다면 그 운행 속도는 상상할 수 없을 정도로 빠를 것인데, 형체가 있는 사물 가운데 이러한 이치는 있을 수 없다고 보았다.[124] 요컨대 정약용은 종동천이란 없으며 칠요천(七曜天)은 본래 좌선한다고 보았던 것이다.[125]

책, 430쪽). "卽宗動天無有者也. 日月五星之天, 並其本行, 自東而西者也. 卽其遲疾進退之差, 必有所以處之也."

121) 趙誠乙은 「詩經講義序」는 정약용이 규장각 초계문신 시절인 1791년(정조 15) 겨울에 지은 것으로, 「宗動天辨」의 작성 시기는 1796년(정조 20) 겨울 이후로 추정하였다. 趙誠乙, 『與猶堂集의 文獻學的 研究-詩律 및 雜文의 年代考證을 中心으로-』, 혜안, 2004, 262~263쪽, 268~270쪽 참조.

122) 『與猶堂全書』 第1集 第12卷, 詩文集, 辨, 「宗動天辨」, 15ㄱ(281책, 257쪽). "時憲曆之法曰, 七曜之天, 皆左旋, 宗動天, 居其上, 以渾灝之氣, 挈之而西, 故爲右旋." 이 구절은 "七曜之天, 皆右旋, 宗動天, 居其上, 以渾灝之氣, 挈之而西, 故爲左旋."이 되어야 옳다.

123) 『與猶堂全書』 第1集 第12卷, 詩文集, 辨, 「宗動天辨」, 15ㄱ(281책, 257쪽). "前此沈存中論七曜之運曰, 須以太虛爲之主, 朱子取其說, 其云太虛者, 卽宗動天之意也."

124) 『與猶堂全書』 第1集 第12卷, 詩文集, 辨, 「宗動天辨」, 15ㄴ(281책, 257쪽). "且計太陽之行, 較之銃丸, 其疾已累萬倍矣, 而宗動天之高且大, 又非太陽之比, 則其運行之疾, 將不可思議也. 是亦有形之物, 安有此理."

125) 『與猶堂全書』 第1集 第12卷, 詩文集, 辨, 「宗動天辨」, 15ㄴ~16ㄱ(281책, 257쪽). "曰, 宗動天者, 無有者也. 七曜之天, 本皆右[左]旋者也."

(3) 일월식론(日月蝕論)

정약용은 여러 곳에서 일월식의 기본 원리에 대해 언급하였다. "달이 해를 가리면 일식이 되고, 땅이 해를 가리면 월식이 된다",[126] "달이 해를 가리면 일식이 되고, 땅이 태양을 중간에서 막으면 월식이 된다",[127] "달이 해를 가리면 일식이 되고[일식은 합삭(合朔) 때 발생한다], 땅이 해를 막으면 월식이 된다[월식은 보름 때 발생한다]"[128]는 등의 발언이 그것이다. 이는 이익(李瀷) 이래 성호학파의 일월식론을 계승한 것으로 그 이론적 배경은 서양의 일월식론이었다. 다음과 같은 정약용의 설명은 그러한 사실을 입증해 준다.

> 달이 해를 가리면 일식(日食)이 된다. 대개 일천(日天)은 위에 있고 월천(月天)은 아래에 있는데 합삭(合朔) 때에 해와 달이 교회(交會)하여 동서(東西)의 도수가 같고 남북(南北)의 도수가 같게 되면[남북동도(南北同道)의 오기(誤記)—인용자] 달이 해를 가린다. 그러나 반드시 해와 달과 사람의 눈이 일직선상에 있어야 그 식(〈日〉食)을 볼 수 있다. 땅이 중간에서 해를 가리면 월식(月食)이 된다. 대개 달은 본래 빛이 없고 햇빛을 받아 빛나게 된다. 보름 때 달과 땅과 해가 일직선상에 위치하여 땅이 햇빛을 가리면 사람은 땅과 해를 등지고 월식(月食)을 볼 수 있다.[129]

---

126) 『與猶堂全書』 第1集 第10卷, 詩文集, 說, 「碗浮靑說」, 8ㄱ(281책, 215쪽). "月揜日爲日食, 地揜日爲月食, 吾旣得而聞之矣."

127) 『與猶堂全書』 第2集, 第18卷, 經集 5, 詩經講義 2, 小雅, 祈父之什, 十月之交, 43ㄱ(282책, 430쪽). "月掩日爲日食, 地隔日爲月食, 此固正理."

128) 『與猶堂全書』 第2集 第36卷, 經集 8, 春秋考徵 4, 雜禮, 災異, 35ㄱ(283책, 372쪽). "鏞案月掩日則日食[日食於合朔], 地障日則月食[月食於正望]."

129) 『與猶堂全書』 第2集 第16卷, 經集 4, 論語古今註 卷10, 子張 第19, 29ㄱ(282책, 369쪽). "補曰, 月掩日爲日食, 蓋日天在上, 月天在下, 合朔之時, 日月交會, 東西同度,

정약용은 해와 달이 모두 지평선 위에 있는데도 월식이 발생하는 경우를 들어 위와 같은 월식론에 이의를 제기하는 논의에 대해 이때 지평선 위에 보이는 달은 실제의 달이 아니라 지평선 아래에 있는 달이 적기(積氣)에 비춰서 떠오른 것이라고 설명하기도 했다.[130]

『춘추(春秋)』에 보면 노(魯) 은공(隱公) 3년에 "을사(己巳), 일유식지(日有食之)"라는 기사가 실려 있는데, 공양전(公羊傳)에서는 이것을 재이와 관련하여 해석하면서 날짜만 기록하고 초하루라고 하지 않은 것은 초하루가 아닌 다른 날에 일식이 일어났기 때문이라고 보았다.[131] 이처럼 예전 학자들 가운데는 합삭 때가 아니라 초2일이나 그믐에 일식이 일어나기도 한다고 보고, 이를 군주의 행위가 폭급(暴急)한가 나약(懦弱)한가와 관련 있다고 생각하는 이가 있었다. 이는 일식을 군주와 관련이 있는 재이로 여기는 전통적 입장에서 제기된 논의였는데, 하휴(何休, 129~182)는 그와 같은 담론의 대표자였다.[132] 정약용은 이른바 '이일식(二日食)'이나 '회일식(晦日食)'과 같은 현상은 모두 역법의 오류로 인해 발생한 문제라고 보았다.[133]

南北同度, 則月掩日, 然必日月眼參直, 乃見其食(眼者, 人目也). 地隔日爲月食, 蓋月本無光, 得日光以爲明, 正望之時, 月地日參直, 地遮日光, 則人負地與日, 乃見月食也." 이와 같은 관점의 日食論은 『與猶堂全書』 第2集 第21卷, 經集 6, 尙書古訓序例, 尙書序, 10ㄴ(283책, 7쪽) ; 『與猶堂全書』 第2集 第30卷, 經集 7, 梅氏書平 4, 胤征, 33ㄴ(283책, 227쪽) ; 『與猶堂全書』 第2集 第32卷, 經集 7, 梅氏書平 10, 閻氏古文疏證鈔 2, 34ㄴ(283책, 280쪽) 등에서도 찾아볼 수 있다.

130) 『與猶堂全書』 第1集 第10卷, 詩文集, 說, 「碗浮靑說」, 8ㄱ(281책, 215쪽). "日月俱在地平之上, 而猶有月食, 安在其地揜日爲月食也. 曰, 此積氣之所映浮, 非眞月也, 月食於地平之下, 而其形上浮."

131) 『春秋三傳』, 上海 : 上海古籍出版社, 1987, 43쪽. "何以書, 記異也. 日食, 則曷爲或日, 或不日, 或言朔, 或不言朔. 曰某月某日朔日有食之者, 食正朔也, 其或日或不日, 或失之前, 或失之後. 失之前者, 朔在前也, 失之後者, 朔在後也."

132) 『與猶堂全書』 第2集 第36卷, 經集 8, 春秋考徵 4, 雜禮, 災異, 34ㄴ(283책, 371쪽). "先儒以爲君行暴急則日行疾, 故二日食, 君行懦弱則日行遲, 故晦日食(何休云)."

133) 『與猶堂全書』 第2集 第36卷, 經集 8, 春秋考徵 4, 雜禮, 災異, 34ㄴ(283책, 371쪽). "鏞案二日食·晦日食, 皆由曆法疏舛也."

이처럼 정약용은 일식이 결코 재이[灾變]가 아니라는 점을 강조했다. 일월식은 그것이 발생하는 원리가 분명하며,[134] 발생 시각도 미리 예측할 수 있기 때문에 재변이 아니라는 입장이었다.[135] 따라서 그것은 요(堯)임금이 다스리는 때라고 해서 줄어들거나 걸(桀)임금이 다스리는 때라고 해서 늘어나는 것이 아니며, 옛날의 성현들은 이것을 보고 놀라거나 시정(時政)을 허물하지 않았다고 한다.[136] 다만 옛날에는 역법이 상세하지 못해 이것을 미리 예측할 수 없었기 때문에 일식이나 월식이 발생하면 사람들이 놀라서 천변이라 여기고 당시의 정치에 허물을 돌렸다는 것이다.[137] 이처럼 정약용은 일식과 월식이 본래 전도(躔度)가 있어 그 발생 시각을 미리 알 수 있으므로 재변(災變)이 아니라는 점을 거듭 강조하였다.[138] 그럼에도 불구하고 그는 구식(救食)의 의례만은 장엄하게 해야 한다고 주장했다.[139] 그것은 '외천(畏天)'·'사천(事天)'의 일종이었기 때문이다.

정약용은 일식과 월식을 재이로 생각하는, 이른바 '음양구기지설(陰陽

---

134) 『與猶堂全書』 第1集 第20卷, 詩文集, 「答仲氏」, 24ㄴ(281책, 439쪽). "日月交食, 明有躔次, 此非災也."

135) 『與猶堂全書』 第2集 第4卷, 經集 2, 中庸講義補 卷1, 鬼神之爲德節, 23ㄱ(282책, 74쪽). "或以日月之食, 勉戒於君上, 夫名曰災異, 而預知時刻, 不差毫髮, 有是理乎." ; 『與猶堂集』, 餛飩錄, 「楊惲死於日食」(120쪽－『與猶堂全書補遺』 二, 景仁文化社, 1974의 페이지 번호). "日食, 本非灾變, 豈有灾變可豫定時刻而布告中外者."

136) 『與猶堂全書』 第2集 第20卷, 經集 5, 詩經講義補遺, 小雅, 祈父之什, 十月之交, 19ㄱ(282책, 472쪽). "補曰, 日月交食, 皆有躔次, 不以堯減, 不以桀增. 古之賢聖, 未必見之驚愕, 以咎時政, 如漢儒也."

137) 尹廷琦, 『詩經講義續集』 卷6, 祈父之什, 十月之交(五, 505쪽－영인본 『與猶堂全書補遺』, 景仁文化社, 1982의 책 번호와 페이지 번호). "歷代以降, 曆法漸詳, 日月交食, 皆有躔次, 故推測而預知, 則躔次之預知者, 未必爲變也. 若於上世, 則曆法未能周詳, 未曾預知, 故見之驚愕, 以爲天變, 歸咎時政. …… 則古人皆以日食爲大變也."

138) 『與猶堂全書』 第5集 第22卷, 政法集 2, 牧民心書 卷7, 禮典六條, 祭祀, 26ㄴ(285책, 453쪽). "日月交食, 本有躔度, 預知時刻, 本非災變."

139) 『與猶堂全書』 第5集 第22卷, 政法集 2, 牧民心書 卷7, 禮典六條, 祭祀, 26ㄴ(285책, 457쪽). "日食月食, 其救食之禮, 亦宜莊嚴, 無敢戱慢."

拘忌之說)'에 바탕을 둔 전통적 재이론에 대해서는 부정적 태도를 취했다.[140] 그는 천인분이(天人分二)의 철학적 기초 위에서 과학적 인식과는 별개로 정치사상적 의미에서만 일월식의 가치를 논의하고자 했던 것이다. 이러한 그의 입장은 이수광(李睟光, 1563~1682) → 허목(許穆, 1595~1682)·윤휴(尹鑴, 1617~1680) → 이익(李瀷)으로 이어지는 근기남인계(近畿南人系)의 학문적 전통과 깊은 관련이 있다. 도리(道理)와 물리(物理)의 분리, 인격천(人格天=上帝天)과 자연천(自然天)의 분리,[141] 나아가 인간학(人間學)과 자연학(自然學)의 분리라는 사상적 함의가 내포되어 있는 것이다.

2) 실용주의적(實用主義的) 역법관(曆法論)

(1) 기삼백(朞三百)·선기옥형론(璿璣玉衡論)

일반 유자(儒者)들이 전통 천문역산학을 공부할 때 가장 먼저 접하게 되는 개념은 기삼백(朞三百)과 선기옥형(璿璣玉衡)이라 할 수 있다. 이는 요순(堯舜)으로 대표되는 역대 성왕(聖王)의 천문역산학[曆象]을 이해하는 핵심으로 간주되었다. 그것은 유교 정치사상의 핵심이기도 했다. 따라서 이에 대한 정약용의 관점을 살피는 것은 여러모로 중요한 의미가 있다.

정약용은 기삼백의 문장을 '기윤지리(朞閏之理)'를 논한 것으로 이해했다. 그것은 1년 사계절의 길이와 치윤법(置閏法)을 뜻한다. 정약용은

140) 『與猶堂全書』第5集 第1卷, 政法集, 經世遺表 卷1, 天官吏曹 第一, 觀象監, 7ㄱ(285책, 9쪽). "夫陰陽拘忌之說, 妨功害事, 爲害甚鉅."

141) '蒼蒼有形之天'과 '靈明主宰之天'의 구분이 바로 그것이다. 박학래, 「天人之際-인간 삶의 지표와 이상」, 『조선유학의 개념들』, 예문서원, 2002, 161~164쪽 참조.

고법(古法)은 '파분석리(破分析釐)'해서 어리석은 자가 깨닫기 어려운 반면 금법(今法)은 간명(簡明)해서 1/4일의 의미를 쉽게 파악할 수 있다고 하였다. 1일=96각(刻)의 시헌력(時憲曆) 체제에서 1각을 15분(分), 1분을 100초(秒)로 분할함으로써 계산의 편리함을 추구했다는 뜻이다.[142] 정약용은 동서양 치윤법의 차이에 대해서도 이해하고 있었다. 중국의 치윤법이 태음태양력 체제하에서 전통적으로 '오세재윤(五歲再閏)'의 방식을 취한 반면, 서양은 태양력 체제로 윤달을 두는 방식이 아니라 4년에 한 번씩 윤일(閏日)을 넣는 방법을 사용하고 있다고 하였다.[143] 그는 서양의 역법에서는 우수(雨水) 후 5일경에 윤일을 둔다고 하면서 오랜 시간이 흐르면 또 하루의 차이가 발생한다고도 했다.[144] 대체로 양력에서 우수는 2월 19일경이므로, 정약용의 언급은 태양력에서 2월 말에 윤일을 두는 방식을 말한 것으로 이해할 수 있다.

중요한 것은 정약용이 이러한 동서양 '기윤지법(朞閏之法)'의 차이에도 불과하고 그 이치가 동일하다고 보았다는 점이다. 사람들이 추산하는 방법은 각각 다르지만 자연의 정해진 수치는 똑같기 때문이었다.[145] 이와 같은 정약용의 관점은 비록 방법론상의 차이가 있다고 하더라도 동일한 자연현상을 대상으로 관측을 통해 계산해내는 수치와 그를 바탕으로 제작하는 역법의 원리는 근본적으로 동일하다는 사실을 지적했다

---

142) 『與猶堂全書』 第2集 第22卷, 經集 6, 尙書古訓 卷1, 堯典, 14ㄴ~15ㄱ(283책, 35~36쪽). "鏞案朞閏之理, 具詳於孔疏蔡註, 可按而知. 但舊法破分析釐, 蒙學難通, 今法一日十二時, 一時八刻, 一刻十五分, 一分之暫, 又析爲百秒, 則所謂四分日之一, 其有缺欠之數, 簡明易知也."

143) 『與猶堂全書』 第2集 第22卷, 經集 6, 尙書古訓 卷1, 堯典, 15ㄱ(283책, 36쪽). "中邦之法, 自堯以來, 五歲再閏, 而西土之法, 唯以一朞分之爲十二節, 而不置閏, 唯子辰申年一置閏日."

144) 『與猶堂全書』 第2集 第22卷, 經集 6, 尙書古訓 卷1, 堯典, 15ㄱ(283책, 36쪽). "每在雨水後五日, 久則更差一日."

145) 『與猶堂全書』 第2集 第22卷, 經集 6, 尙書古訓 卷1, 堯典, 15ㄱ(283책, 36쪽). "蓋人推算之法, 有不同, 而天定朞閏之數, 無不同故也."

는 점에서 의미를 갖는다.

정약용은 『신법역서(新法曆書 : 西洋新法曆書=新法算書)』를 인용하여 서양의 치윤법을 설명했다. 『신법산서』에서는 "서법(西法)에서 1년은 365 1/4일이므로 매 4년마다 나머지[小餘]가 하루를 이룬다. 이에 인하여 윤일을 두니 100년 가운데 평년[整年]이 75번이고, 윤년이 25번이다. 모두 3,6525일[365.25×100=3,6525]이다"[146]라고 하였다. 정약용은 이것이 『주비산경(周髀算經)』에서 365일을 경세(經歲)라 하고, 1/4일이 4년 동안 쌓여 하루가 증가한다고 한 것과 같다고 보았다.[147]

또 만력(萬曆) 16년(1588)에 제곡(第谷, Tycho Brahe)이 측정한 춘분시각과 그 이전인 홍치(弘治) 원년(1488)에 서역(西域)의 백이나와(白耳那瓦)가 측정한 값을 서로 비교하여 세실을 정했는데 그 값이 365일 23각 3분 45초였다는 사실,[148] 그것을 회회력(回回曆)과 비교해 보면 소여(小餘)가 분초도 어긋나지 않았다는 사실을 소개했다. 회회력법의 '분초지수(分秒之數)'가 서법(西法)과 같지는 않지만 그 세실(歲實)은 반드시 합치한다고도 했다.[149] 아울러 서양의 의파곡(依巴谷, Hipparchus, 100~170 B.C.)이 관측한 수치가[150] 원대(元代) 곽수경(郭守敬, 1231~1316)이 수시

146) 『新法算書』 卷24, 日躔曆指, 太陽平行及寔行 第6, 27ㄱ(788책, 379쪽－영인본 『文淵閣四庫全書』, 臺灣商務印書館의 책 번호와 페이지 번호. 이하 같음). "西法歲三百六十五日四分日之一, 每四歲之小餘成一日, 因而置閏, 則百年中爲整年七十五, 閏年二十五, 共爲三萬六千五百二十五日."

147) 『與猶堂全書』 第2集 第22卷, 經集 6, 尙書古訓 卷1, 堯典, 15ㄱ(283책, 36쪽). "此卽周髀算經三百六十五日, 謂之經歲, 餘四分日之一, 積四年而增一日也." 실제로 『주비산경』에서는 이와 일치하는 구절을 찾아볼 수 없다.

148) 『新法算書』 卷24, 日躔曆指, 太陽平行及寔行 第6, 26ㄴ~27ㄴ(788책, 379쪽).

149) 『與猶堂全書』 第2集 第22卷, 經集 6, 尙書古訓 卷1, 堯典, 15ㄱ(283책, 36쪽). "新法曆書又云, 當萬曆十六年戊子, 第谷測春分時刻, 與前弘治元年戊申, 西域白耳瓦所測相較, 定歲實三百六十五日二十三刻三分四十五秒. 考其與回回曆異同, 其小餘不差分秒(回法分秒之數, 與西法不同, 而其歲實畢竟相合)."

150) 『新法算書』 卷28, 月離曆指, 卷1, 12ㄱ~18ㄱ(788책, 489~492쪽) 참조.

력(授時曆)에서 제시한 삭책(朔策 : 朔望月의 길이)인 29일 5305분 93초와 분초도 다르지 않다는 사실도 소개하였다.[151]

이와 같은 내용을 설명한 다음 정약용은 '몽학지사(蒙學之士)'라도 세실(歲實)의 일각분초(日刻分秒)의 수치를 알고 이것을 가지고 계산을 미루어 가면 2년 반마다 윤월을 계산해 넣거나, 또는 4년마다 윤일을 배치하는 데 번거로움이나 의혹이 없을 것이며, 난해한 부분에 애쓸 필요도 없을 것이라고 단언하였다. 이는 세실값만 정확히 알고 있으면 한 달의 크기는 역법 계산에서 문제될 것이 없다는 주장이었다. 그는 「요전」에서 1년의 날짜 수만을 말하고 한 달의 날짜 수를 제시하지 않은 것은 바로 이런 이유 때문이라고 보았다.[152]

그런데 주의할 것은 위에서 정약용이 인용한 『신법산서』의 내용과 그에 대한 평가는 청(淸)의 학자 진혜전(秦蕙田, 1702~1764)이 『오례통고(五禮通考)』에서 제시한 견해였다는 사실이다.[153] 예컨대 서법의 세실을 『주비산경』의 내용이나 회회력과 비교한 것은 진혜전의 견해였다. 그는 서양의 천문역산학이 본래 『주비산경』의 영향을 받았고, 뒤에는 회회력

---

151) 『與猶堂全書』 第2集 第22卷, 經集 6, 尙書古訓 卷1, 堯典, 15ㄱ~ㄴ(283책, 36쪽). "亦云, 西史依巴谷考驗所得, 於元郭守敬授時曆之朔策二十九日五千三百五分九十三秒, 不差分秒."

152) 『與猶堂全書』 第2集 第22卷, 經集 6, 尙書古訓 卷1, 堯典, 15ㄴ(283책, 36쪽). "蒙學之士, 但知歲實之爲幾日幾刻幾分幾秒, 則以之算積, 或於二朞有半, 計置閏月, 或於四朞之春, 計置閏日, 俱無煩惑, 不必從艱險處費力也. 算積用此法則月之大小, 有不必問. 帝堯但言一朞之日數, 何嘗言一月之日數耶."

153) 『五禮通考』 卷186, 嘉禮 59, 觀象授時, 20ㄱ~ㄴ(139책, 505쪽－영인본 『文淵閣四庫全書』, 臺灣商務印書館의 책 번호와 페이지 번호. 이하 같음). "蕙田案此西人舊法, 卽古法三百六十五日四分日之一也. 周髀算經以三百六十五日, 謂之經歲, 餘四分日之一, 故四年而閏一日. 西法之初, 蓋本乎周髀, 其言地圓也, 亦周髀之緖餘, 洵乎西法原出自中土, 故列之以誌其所起." ; 같은 글, 21ㄱ(139책, 505쪽). "神宗十六年戊子, 第谷測春分時刻, 與前弘治元年戊申, 西域白耳那瓦所測相較, 定歲實三百六十五日二十三刻三分四十五秒." ; 『五禮通考』 卷189, 嘉禮 62, 觀象授時, 20ㄱ(139책, 576쪽). "新法書西史依巴谷考驗一十二萬六千七日四刻, 實兩交食各率齊同之距也. 凡爲交會者, 四千二百六十七爲法而一得會望策, 二十九日五十刻一十四分三秒."

에 근본을 두었으며, 그들 스스로는 측험(測驗)을 통해 얻은 것이라고 하지만 그 학문의 요체는 근원한 바가 있는 것이고, 다만 뒤에 측험했을 뿐이라고 보는 입장에 서 있었다.[154] 정약용은 일찍부터 서건학(徐乾學, 1631~1694)의 『독례통고(讀禮通考)』와 그것을 계승한 진혜전의 『오례통고』 등의 책을 참조하고 있었다.[155] 기삼백의 문제와 관련해서도 정약용은 진혜전의 견해를 적극적으로 활용했던 것이다.

정약용은 세차(歲差)에 대해서도 언급하였다. 그는 진(晉)의 우희(虞喜)가 세차법을 수립했는데,[156] 대략 70여 년이면 1도의 차이가 나고, 2천 백여 년이 경과하면 30도에 이르러 달이 바뀐다고 하였다. 이는 중성(中星)의 변화와 연관되는 문제였는데, 태양의 궤도가 위치하는 별자리를 관찰해보면 해마다 조금씩 차이가 있는 것을 알 수 있으며, 경성의 움직임은 매우 미세하지만 세월이 오래되면 그 오차가 쌓여 별자리의 변화로 나타나게 된다는 것이다.[157] 앞에서 살펴보았듯이 정약용이 28수로 대표되는 경성 역시 준거로 삼을 수 없다고 했던 이유가 바로 이 때문이었다.[158]

정약용은 『서경』 선기옥형장(璿璣玉衡章)의 "재선기옥형(在璿璣玉衡),

---

154) 『五禮通考』 卷186, 嘉禮 59, 觀象授時, 21ㄱ~ㄴ(139책, 505쪽). "蕙田案西洋前法本之周髀, 後則本之回回, 雖以爲自測驗得之, 要亦有所本, 而後加以測驗耳."

155) 『與猶堂全書』 第1集 第20卷, 詩文集, 「答仲氏」, 27ㄴ(281책, 441쪽).

156) 『與猶堂全書』 第1集 第11卷, 詩文集, 論, 「甲乙論二」, 29ㄴ(281책, 246쪽). "晉虞喜立歲差法."

157) 『與猶堂全書』 第2集 第18卷, 經集 2, 詩經講義 卷2, 國風, 唐, 綢繆, 7ㄱ(282책, 412쪽). "天有歲差, 積七十有餘年而差一度, 積二千有餘年而月易矣."; 『與猶堂全書』 第2集 第22卷, 經集6, 尙書古訓, 卷1, 堯典, 11ㄴ(283책, 34쪽). "鏞案星之伏見昏朝, 古今不同, 由於日躔所在之宿, 驗諸分至, 歲有差移, 大約七十年幾差一度, 踰二千年差至一宮(三十度)."; 같은 글, 12ㄴ(283책, 34쪽). "鏞案經星之徙, 雖若甚微, 宿度之差, 久則彌遠. 堯距秦末, 二千一百有餘年, 宿度之差, 將至三十度."

158) 『與猶堂全書』 第2集, 第22卷, 經集6, 尙書古訓 卷1, 堯典, 7ㄱ(283책, 32쪽). "但經星亦非恒定不動, 歲久則差, 不可準也."

이제칠정(以齊七政)"이란 구절에 대해 전면적 재해석을 시도하였다. 종래 선기옥형을 혼천의(渾天儀)로, 칠정(七政)을 일월오행성(日月五行星)으로 해석하던 틀에서 벗어나, 자신의 독자적 견해를 제시했던 것이다. 정약용의 선기옥형론은 "선기옥형은 하늘을 본뜬 천문의기가 아니고, 칠정은 일월오성이 아니며, 칠요(七曜 : 일월오행성)는 가지런하게 할 수 있는 물건이 아니다"159)라는 주장으로 요약할 수 있다. 그는 선기(璿璣)를 자[尺度]로, 옥형(玉衡)을 저울[權秤]로, 정(政)을 바르게 한다[正]는 의미로, 칠정(七政)을 「홍범(洪範)」의 팔정(八政)과 같은 종류로 파악했다. 요컨대 성왕의 정치에서 가장 중요한 것은 정사를 가지런하게 하는 것이며, 따라서 '동률도량형(同律度量衡)'과 같은 사업이 가장 급선무가 된다고 보았던 것이다.160)

선기옥형에 대한 정약용의 새로운 견해는 "협시월정일(協時月正日)"161)에 대한 해석과도 관련이 있었다. "재선기옥형(在璿璣玉衡), 이제칠정(以齊七政)"의 '제(齊)'자와 마찬가지로 기존 해석에서는 '협(協)'과 '정(正)'의 의미 또한 바로잡는다는 뜻으로 보았다. 즉 "사계절과 달을 맞추어 날짜를 바로잡는다"고 해석하여 군주가 제후들의 잘못된 역법을 고쳐준다는 의미로 이해했던 것이다. 그런데 정약용은 이러한 설명에 반대하였다. 그가 보기에 이 세상에서 가지런하게 하기 가장 어려운 것이 바로 세(歲)·일(日)·월(月)이었기 때문이다.162) 그렇다면 정약용에게 "협시월

159) 『與猶堂雜考』, 讀尙書補傳, 舜典(二, 222쪽－영인본 『與猶堂全書補遺』, 景仁文化社, 1974의 책 번호와 페이지 번호). "璿璣玉衡, 必非象天之儀器, 七政, 必非日月五星, 七曜, 非可齊之物."

160) 丁若鏞의 璿璣玉衡論에 대한 자세한 논의는 구만옥, 「조선후기 '선기옥형'에 대한 인식의 변화」, 『한국과학사학회지』 제26권 제2호, 韓國科學史學會, 2004, 268~271쪽 참조.

161) 『書經』, 虞書, 舜典. "歲二月, 東巡守至于岱宗, 柴, 望秩于山川, 肆覲東后, 協時月正日, 同律度量衡, 修五禮, 五玉, 三帛, 二生, 一死, 贄, 如五器, 卒乃復."

162) 『與猶堂全書』 第2集 第22卷, 經集6, 尙書古訓 卷1, 堯典, 34ㄱ(283책, 45쪽). "訂曰,

정일"의 의미는 무엇이었을까? 그것은 지구설의 원리에 입각해 남북의 위도에 따른 절기시각의 차이와 동서의 경도에 따른 일출·일몰 시각의 차이를 교정해 주는 일이었다. 즉 순(舜)임금이 "협시월정일"했던 이유는 사방의 절기의 조만과 일출입 시각에 차이가 있으므로 이것을 살펴 역법의 지역적 차이를 개정하고자 했다는 것이다.[163]

(2) 역법관(曆法觀)과 역상개혁론(曆象改革論)

정약용은 '치력명시(治曆明時)'라는 개념으로 표현되는 역법을 '신성지소무(神聖之所務)'로 정의하였다.[164] 그것은 『논어(論語)』「요왈(堯曰)」의 '역수(曆數)'에 대한 해석에서도 확인할 수 있다. 일찍이 주희는 "하늘의 역수가 네 몸에 있다[天之曆數在爾躬]"라는 구절에 대해 '역수'란 제왕이 서로 계승하는 차례로서 이것이 세시(歲時)와 절기(節氣)의 선후와 같기 때문에 이렇게 표현한다고 해석하였다.[165] 정약용은 이러한 주희류의 해석을 비판하면서 '역수'란 그야말로 역상수시(曆象授時)의 뜻으로 보아야 한다고 주장했다. 상고시대에는 오직 신성(神聖)한 자만이 역상(曆象)을 다스렸고, '역수'를 관장한 사람이 제위에 올랐기 때문에 "역수의 직책이 네 몸에 있다"고 말했다는 것이다.[166] 다시 말해 혼돈했던 옛날에

天下之不可齊一者, 時月日也."

163) 『與猶堂全書』第2集 第22卷, 經集6, 尙書古訓 卷1, 堯典, 34ㄱ(283책, 45쪽). "北極出地千里差四度, 則節氣時刻, 各國不同, 不可齊一也. 日出入時刻, 千里差一刻有奇, 則日月交會, 各國不同, 不可齊一也. 舜之所以協時月正日者, 正欲考四方節氣早晩及日出入時刻, 以驗曆法之差合, 而改之正之."

164) 『與猶堂全書』第5集 第1卷, 政法集, 經世遺表 卷1, 天官吏曹 第一, 觀象監, 6ㄱ(285책, 8쪽). "臣又按, 治曆明時, 神聖之所務也."

165) 『論語』,「堯曰」. "堯曰, 咨爾舜, 天之曆數在爾躬, 允執其中, 四海困窮, 天祿永終"의 주. "曆數, 帝王相繼之次第, 猶歲時氣節之先後也."

166) 『與猶堂全書』第2集 第16卷, 經集 4, 論語古今註 卷10, 堯曰 第20, 31ㄴ~32ㄱ(282책, 369쪽). "補曰, 上古唯神聖乃治曆象, 故掌曆數者, 終陟帝位, 言今曆數之職在爾躬."

는 역법[曆紀]이 밝혀지지 않았고, 신성의 커다란 지혜가 아니면 그 직책을 담당할 수 없었기 때문에 이 직무를 맡았던 자가 대통(大統)을 계승했다는 주장이다.[167] 정약용이 이와 같은 판단을 내린 근거는 역시 경전이었다. 그에 따르면 '역수'란 표현은 『서경』 「홍범(洪範)」에 등장하는데 이때의 '역수'는 분명히 '치력명시지정(治曆明時之政)'을 가리키기 때문에 달리 해석할 여지가 없다고 보았던 것이다.[168]

정약용은 지리(地理)와 비교해 볼 때 천문역법은 그 대강이 밝혀졌다고 생각하였다. 왜냐하면 천문역법의 대상이 되는 천체의 경우 사람이 직접 관측할 수 있었기 때문이다. 즉 하늘은 매우 높고 범위가 광대하며 형체도 아득하게 멀어서 지교(智巧)로써 예측할 수 있는 것은 아니지만, 한 번 눈을 들어 보면 천체의 절반가량을 볼 수 있기 때문에 여러 별들의 위치와 궤도를 확실히 알 수 있다는 것이다.[169] 정약용이 점성술을 부정하고 역대의 「천문지(天文志)」와 「오행지(五行志)」에 수록된 각종 재이 기록에 대해서 증험된 바가 전혀 없는 것이라고 비판했던 이유는 천체의 운행에는 일정한 도수가 있어 혼란스럽지 않다고 보았기 때문이다.[170]

---

167) 『與猶堂全書』 第2集 第16卷, 經集 4, 論語古今註 卷10, 堯曰 第20, 32ㄱ(282책, 369쪽). "蓋此曆數之官, 欽若昊天, 敬授人時, 而鴻厖之時, 曆紀不明, 非神聖大智, 不能典職, 故能典是職者, 卽承大統."; 『與猶堂全書』 第2集 第30卷, 經集 7, 梅氏書平 5, 大禹謨, 22ㄱ(283책, 221쪽).

168) 『與猶堂全書』 第2集 第30卷, 經集 7, 梅氏書平 5, 大禹謨, 21ㄴ(283책, 221쪽). "然洪範五紀五曰曆數者, 直是治曆明時之政, 旣名曆數, 不得異釋."

169) 『與猶堂全書』 第1集 第8卷, 詩文集, 對策, 「地理策」, 1ㄱ~ㄴ(281책, 160쪽). "臣竊以爲天下之不可窮者地理, 而天下之所不可不明者, 又莫如地理也. 何則, 臣嘗觀天文曆法, 自璿璣周髀而下, 無慮數百餘家, 其論日月五緯諸星之躔次度數甚詳, 其間雖不無抵捂差錯之論, 若其樞斡運動之妙, 交食伏見之序, 槪亦有不可紊者. 噫. 莫高者天, 範圍之廣大, 形體之窅遠, 有非智巧所可測者, 而一擧目之頃, 輒得其一圜之半, 則列曜之麗附, 諸躔之位置, 燦然可觀, 此曆法家所資而明之者也."

170) 『與猶堂全書』 第1集 第11卷, 詩文集, 論, 「五學論五」, 23ㄱ~ㄴ(281책, 243쪽). "術數之學, 非學也惑也. …… 天文五行之志, 歷世傳會, 無一驗者, 星行咸有定度, 不可相亂, 又何惑焉."

이와 같은 관점에서 볼 때 한(漢)·진(晉) 이래로 역(易)을 역법(曆法)으로 해설하려는 경향, 다시 말해 역(曆)과 역(易)을 동일한 것으로 간주하고, 역법의 원리가 역(易)에 있다고 보는 견해는 문제가 있었다. 정약용이 보기에 역도(易道)는 '상(象)'일 따름이었다. 예컨대 12벽괘(辟卦)가 사시(四時)를, 중부(中孚)·소과(小過)괘가 양윤(兩閏)을 상징하며, 건(乾)·곤(坤) 두 괘가 천지를 상징하고 나머지 62괘가 '오세재윤(五歲再閏)'[5×12+2=62]의 원리를 상징하는 것이었다. 이처럼 정약용은 역(易)이 역법을 본떴다고 하면[以易象曆] 말이 되지만, 거꾸로 역법이 역(易)을 본떴다고 하면[以曆象易] 이치에 맞지 않는다고 보았다.[171] 그는 역법이란 해와 달과 오행성의 기록이니, 조금이라도 오차가 있으면 사시가 어그러지게 되는데 어찌 역을 본떠서 역법을 만들 겨를이 있겠느냐고 반문했다.[172]

정약용은 역대 개력(改曆)의 역사를 충분히 인지하고 있었다. 헌원(軒轅)과 제곡(帝嚳) 이래로 역법은 여러 차례 변경되었으니, 한대(漢代) 이전은 말할 것도 없고 그 이후에도 헤아릴 수 없을 정도로 많은 역법이 만들어졌다고 한다.[173] 정약용은 그 원인을 세차(歲差)와 세실(歲實)의 문제에서 찾았다. 세차로 인해 일월성신의 도수에 변화가 일어나고, 역법에서 설정한 세실과 실제 1회귀년 사이에도 미세한 차이가 있어 이것이 쌓이면 오차가 발생하게 된다.[174] 역법이 아무리 정밀해진다고

---

171) 『與猶堂全書』 第1集 第20卷, 詩文集, 「答申在中己卯十一月日」, 6ㄴ(281책, 430쪽). "大抵易之爲道, 象而已, 故十二辟卦, 以象四時, 中孚小過, 以象兩閏, 於是乾坤二卦, 以象天地, 餘六十二卦, 以象五歲再閏六十二月之數. 聖人於此, 亦取其髣髴之似而已. 分卦直日, 豈有經證耶, 以易象曆可也. 漢晉以降, 以曆象易, 皆似渺芒, 不可究詰, 未知如何."; 『與猶堂全書』 第2集 第46卷, 經集 10, 易學緖言, 卷2, 唐書卦氣論, 13ㄴ~14ㄱ(283책, 583쪽).

172) 『與猶堂全書』 第2集 第46卷, 經集 10, 易學緖言 卷2, 唐書卦氣論, 14ㄱ(283책, 583쪽). "曆也者, 日月五星之紀也. 毫髮有差, 四時乖舛, 奚暇象易而爲之哉."

173) 『與猶堂全書』 第1集 第11卷, 詩文集, 論, 「甲乙論二」, 29ㄴ~30ㄱ(281책, 246쪽). "余惟軒嚳以來, 曆法屢變, 自漢以上勿論 …… 又不可勝數."

174) 『與猶堂全書』 第2集, 第22卷, 經集6, 尙書古訓 卷1, 堯典, 28ㄴ(283책, 42쪽). "然且天

하더라도 이와 같은 오차의 발생은 필연적이고, 이에 따라 역법은 개정될 수밖에 없다고 본 것이다. 주목해야 할 것은 이러한 개력의 방향성을 어떻게 이해할 것인가 하는 문제였다. 정약용은 기예(技藝)의 역사적 진보를 이야기했던 것과 마찬가지로 역법 역시 시대의 경과와 더불어 발전해 온 것으로 이해하였다.175)

그렇다면 정약용은 우리나라 역대 역법의 변천에 대해서는 어떻게 생각하고 있었을까? 정조는 재위 23년(1799)에 『동문휘고(同文彙考)』와 『통문관지(通文館志)』를 추려 따로 한 질의 책을 만들고자 하였다. 이 계획은 이듬해 그의 서거로 실행에 옮기지 못하다가 순조 연간에 『사대고례(事大考例)』라는 이름으로 다시 추진되었다. 이 책의 편찬을 주관한 사람이 바로 정약용의 제자 이청(李晴)이었다. 그런데 정약용의 증언에 따르면 이 책의 범례(凡例)·제서(題敍)·비표(比表)·안설(案說) 등은 모두 그 자신이 작성한 것이며, 『동문휘고』와 『통문관지』를 산삭하고 보완하는 것도 그의 자문에 따라 결정했다고 한다.176) 『사대고례』에는 「역일고(曆日考)」가 포함되어 있었는데, 그 서문을 통해 우리나라의 역대 역법에 대한 정약용의 인식을 간략하게 살펴볼 수 있다.

> 삼가 생각건대 우리나라의 역일(曆日)은 예로부터 중국의 역법을 사용했다. 백제는 송의 원가력(元嘉曆)을 사용했고, 신라는 문무왕 때 대나마(大奈麻) 덕복(德福)이 당에 들어가 인덕력법(麟德曆法)을 얻어와 시행하였다. 고려 초에는 당의 선명력(宣明曆)을 사용하다가 충선왕 때 원의 수시력

下之最不可齊者, 卽日月五星之躔次度數也, 故曆法彌精彌不得齊, 天有歲差, 朞有積分, 離合交食, 振古不齊."

175) 『與猶堂全書』 第2集 第22卷, 經集6, 尙書古訓 卷1, 堯典, 5ㄴ~6ㄱ(283책, 31쪽).

176) 『與猶堂全書』 第1集 第15卷, 詩文集, 「事大考例題敍」, 1ㄱ~ㄴ(281책, 318쪽). "……斯役也, 李晴實主編摩, 其弟[第]次刪補, 咸決於余, 凡例題敍及比表案說, 余所爲也. 玆錄其草本, 俾不沒實於他日也."

(授時曆)으로 바꾸어 사용했다. 본조(本朝)에 이르러 홍무(洪武) 연간 이후로 대통력(大統曆)을 사용하다가 순치(順治) 연간에 시헌력(時憲曆)으로 바꾸어 시행하였으니, 지금 사용하는 것이 바로 이것이다.177)

그런데 정약용은 이와 같은 변천 과정을 거쳐온 당시 조선의 역법에 문제가 있다고 보았다. 전욱(顓頊)·제곡(帝嚳)·요(堯)·순(舜)으로 대변되는 중국의 역대 성왕들은 모두 역법에 밝았는데 조선의 양반 사대부들[貴族]은 이것을 비루한 일이라 여기고 있으며, 오직 하급 관료의 족속들[官師諸族]만이 이 기예를 익히고 있으니 나쁜 습속이라고 지적하였다.178) 이는 천문역법을 주관하는 관상감의 주요 업무가 중인 계층의 하급 관료들에 의해 전담되고 있던 현실을 비판한 것이었다.

이러한 현실 문제를 타개하기 위한 방안으로 정약용이 제시한 것은 크게 두 가지였다. 하나는 양반 사대부들이 천문역법에 관심을 가질 수 있는 구체적 방도를 마련하자는 것이었다.

문신 가운데 나이가 젊은 사람들로 하여금 역법을 다스리는 여러 책을 익히게 하고, 칠정(七政)의 교식(交食)과 능범(淩犯)의 수치를 능히 계산할 수 있는 자는 관상감(觀象監) 도정(都正)으로 삼도록 허용하며, 한번 이 직책에 제수된 자는 모든 청요직(淸要職)에 〈진출하는데〉 장애가 없도록 한다면, 10년이 지나지 않아서 진신대부(縉紳大夫) 가운데

177) 『與猶堂全書』第1集 第15卷, 詩文集, 「曆日考敍」, 7ㄱ(281책, 321쪽). "臣伏惟我邦曆日, 自古用中國之法. 百濟行宋元嘉曆, 新羅文武王時, 大奈麻德福入唐, 得麟德曆法行之, 高麗初, 用唐宣明曆, 忠宣王時, 改用元授時曆, 及我本朝, 自洪武以後, 用大統曆, 順治之時, 改用時憲曆, 今所行是也."

178) 『與猶堂全書』第5集 第1卷, 政法集, 經世遺表 卷1, 天官吏曹 第一, 觀象監, 6ㄱ~ㄴ(285책, 8쪽). "古者, 顓嚳堯舜, 皆明此術, 我邦貴族, 視爲鄙事, 唯官師諸族, 乃習此藝, 亦弊俗也."

능히 역법을 다스릴 수 있는 자가 나올 것이다.[179]

다른 하나는 관상감의 전문 기술자를 북경에 보내 서양의 천문역법 기술을 배워오게 하자는 것이었다. 관상감에서 2인, 사역원(司譯院)에서 2인을 선발하여 이용감(利用監)의 학관(學官)으로 삼고, 이들을 북경에 보내 공부하게 하고 그 실적을 정조(政曹 : 吏曹와 兵曹)에 보고하여 동반(東班)의 정직(正職)에 임명될 수 있는 자격을 부여하자는 주장이었다.[180]

한편 정약용은 『경세유표(經世遺表)』에서 관상감의 직무를 정리하면서 풍수지리와 관련하여 전통적으로 중시되었던 지리학(地理學)·명과학(命課學)을 폐지해야 한다고 주장하고,[181] 역서(曆書)에 그와 관련된 내용 대신에 절기 시각, 일월식 시각, 일출·일몰 시각 등을 기재해야 한다고 건의하였다.[182] 당시 역서에는 날짜에 따라 제사(祭祀)·혼인(婚姻)·출행(出行)·침자(針刺) 등 일상생활의 길흉을 점치는 내용이 기재되어 있었다. 정약용은 이와 같은 일체의 내용을 삭제하고 그 대신 「하소정(夏小正)」과 「월령(月令)」에서 왕정(王政)의 좋은 내용을 뽑아 절기에 따라 편입하고, 아울러 고금의 각종 농서와 의서를 참조하여 구곡(九穀)·백과(百果)·제

179) 『與猶堂全書』 第5集 第1卷, 政法集, 經世遺表 卷1, 天官吏曹 第一, 觀象監, 6ㄴ(285책, 8쪽). "臣謂文臣年少者, 令習治曆諸書, 能算七改[政]交食凌犯之數者, 許爲觀象監都正, 一授此職, 凡淸要無礙, 則不出十年, 縉紳大夫, 必有能治曆者矣."

180) 『與猶堂全書』 第5集 第3卷, 政法集, 經世遺表 卷3, 天官修制, 三班官制, 19ㄱ(285책, 54쪽). ""觀象監二人, 司譯院二人, 若爲利用監學官(學官本四員), 北學燕京, 厥有實績, 則直以其績, 報于政曹, 不待試才, 直入十二人之額.""

181) 『與猶堂全書』 第5集 第1卷, 政法集, 經世遺表 卷1, 天官吏曹 第一, 觀象監, 6ㄴ(285책, 8쪽). "臣謂地理學命課學, 自今停罷, 不復還取."

182) 『與猶堂全書』 第5集 第1卷, 政法集, 經世遺表 卷1, 天官吏曹 第一, 觀象監, 7ㄱ(285책, 9쪽). "今曆書第二張, 有所謂年神方位之圖, 篇末有天恩天赦一張, 皆邪說也. 臣謂去此二張, 代補二張, 開列八道布政司, 節氣時刻, 日月交食時刻, 日出入時刻, 使遐外之民, 咸知正時, 亦王政之大者也."

약(諸藥)의 파종·모종·채취에 관한 내용을 절기와 지역의 차이를 고려해서 기재하는 것이 '대천리물(代天理物)', '경수인시(敬授人時)'의 가장 중요한 내용이라고 강조했다.[183] 현재 『여유당전서보유(與猶堂全書補遺)』에 수록되어 있는 「임자세제도태양출입주야시각(壬子歲諸道太陽出入晝夜時刻)」과 「임자세제도절기시각(壬子歲諸道節氣時刻)」은 이러한 관점에서 정조 16년(1792) 각도의 일출·일몰 시각과 밤낮의 길이 및 각도의 24절기 시각을 도표화해 정리한 것이다.[184]

일찍부터 정약용은 실용주의적 관점에서 천문역법의 문제에 접근하였다. 그는 명대(明代) 모원의(茅元儀)가 주창한 점운(占雲)·점기(占氣)의 방법을 비판하면서 천문역법을 공부하는 주된 목적 가운데 하나가 천체 관측을 통해 기후 변화를 예측하기 위한 것이라고 주장했다. 그가 농업을 진흥하기 위한 방도의 하나로 "천체 관측을 통해 천재(天災)에 대비해야 한다"고 했던 이유가 바로 이것이었다.[185] 사실 태양을 제외하면 천체 현상과 기후 변화를 직접적으로 대응시키기에는 무리가 따른다. 그렇지만 이러한 정약용의 관점은 재이설(災異說)에 입각해 천문 현상에 주목했던 종래의 방식과는 일정한 거리를 갖는다는 점에서 그 의미를 찾을

---

183) 『與猶堂全書』 第5集 第1集, 政法集, 經世遺表 卷1, 天官吏曹 第一, 觀象監, 6ㄴ(285책, 8쪽). "其曆書之內, 凡所謂宜祭祀·宜婚姻·不宜出行·不宜針刺, 諸文並行汰削, 乃取夏小正·月令, 選其王政之善者, 按節編入, 又取古今農書·本草, 凡九穀·百果·諸藥, 宜種·宜蒔·宜採之說, 考其節氣, 別其南北, 詳注於本日之下, 如今之宜忌諸文, 則代天理物·敬授人時, 無以踰於是矣."

184) 『與猶堂全書補遺』 四, 景仁文化社, 1982, 771~778쪽 참조. 『經世遺表』에 따르면 丁若鏞의 아들 學淵이 정조 때 이미 간행·배포한 것이 있다고 했는데 아마도 이를 가리키는 것으로 짐작된다[『與猶堂全書』 第5集 第1集, 政法集, 經世遺表 卷1, 天官吏曹 第一, 觀象監, 7ㄱ(285책, 9쪽). "男學淵, 按正廟朝已有刊布."].

185) 『與猶堂全書』 第1集 第9卷, 詩文集, 策問, 「農策」, 16ㄱ(281책, 188쪽). "書曰, 星有好風, 星有好雨, 詩云, 月離于畢, 俾滂沱矣. 臣嘗觀星曆之書, 以爲諸星之隱德, 並有招攝, 故風雨旱澇, 俱可預度, 推某星之離于某躔, 卽知風雨之起于何方, 此與占度載所稱占雲占氣之法, 邪正判異. 今宜令雲觀諸生, 肄習精學, 察其躔離, 預備水旱, 臣所謂步星躔, 以備天災者此也."

수 있다.

3. 허전(許傳)의 천지관(天地觀)과 재이설(災異說)

허전(許傳, 1797~1886)은 이익(李瀷) → 안정복(安鼎福) → 황덕길(黃德吉)로 이어지는 성호학파의 학맥을 계승한 19세기의 학자이다.[186] 허전의 문인 가운데 박치복(朴致馥, 1824~1894)이 있다. 그는 영남남인 계열의 대표적 인물 가운데 한 사람인 유치명(柳致明, 1777~1861)의 문인으로, 고종 원년(1864)에 허전이 김해부사(金海府使)로 부임했을 때 그를 스승으로 섬겼으며, 19세기 말 경상우도를 대표하는 학자라 할 수 있다. 조긍섭은 박치복이 "통달하고 박식한 것[通博]을 주로 한 것이 많아서 대개는 기학(畿學)의 규범에 가깝지만, 이[이진상(李震相)의 심즉리(心卽理)설을 비판한 것]에 이르러서는 그 정약(精約)한 취지[歸趣]가 단연코 영남학파가 대대로 지켜온 것[嶺中之世守]을 잃지 않았다고 할 수 있을 것"[187]이라고 그의 학문을 평가한 바 있다. 앞에서도 보았듯이 '기학'이란 '근기남인(近畿南人)의 학문'을, '영학'이란 '영남남인(嶺南南人)의 학문'

---

186) 許傳의 생애와 학문적 성향에 대해서는 다음의 글을 참조. 金喆凡, 「性齋 許傳의 生涯와 學問淵源」, 『文化傳統論集』 5, 慶星大學校 韓國學硏究所, 1997 ; 金康植, 「性齋 許傳의 學風과 歷史的 位相」, 『文化傳統論集』 7, 慶星大學校 韓國學硏究所, 1999 ; 姜世求, 「星湖死後 順菴 安鼎福系列 星湖學統의 전개」, 『實學思想硏究』 10·11, 毋岳實學會, 1999 ; 姜世求, 「性齋 許傳의 星湖學統 繼承」, 『實學思想硏究』 13, 毋岳實學會, 1999 ; 강세구, 「許傳의 성호학통 계승과 그 후학들」, 『성호학통 연구』, 혜안, 1999 ; 琴章泰, 「性齋 許傳의 性理說과 禮學」, 『退溪學派의 思想』 Ⅱ, 集文堂, 2001 ; 정경주, 「性齋 許傳의 학문 사상과 그 학술사적 위상」, 『南溟學硏究』 31, 慶尙大學校 南冥學硏究所, 2011 ; 정경주·김철범, 『성재 허전, 조선말 근기실학의 종장』, 景仁文化社, 2013.

187) 『巖棲集』 卷31, 「朴晩醒先生墓碣銘」, 12ㄱ(350책, 472쪽). "蓋讀先生平日之所造, 多主通博, 概近於畿學規範, 而至是則其精約之趣, 可謂端然不失嶺中之世守矣."

을 가리키는 것이다. 따라서 조긍섭의 평가는 박치복이 유치명과 허전의 문하에서 공부하여 각각 '영학'과 '기학'의 "나머지[緖餘]를 계승하고 요지[指要]를 고수하여" 경상우도의 영수가 되었다는 것이다.[188] 박치복의 사례를 통해서 이익 이래의 학적 전통을 계승하여 '통박(通博)', 즉 사물의 이치에 정통한 해박한 지식을 추구했던 허전 문하의 학문적 경향의 일단을 엿볼 수 있다.

성호학파 가운데 보수적 성향을 지니고 있다고 평가되는 허전도 당시 지식인 사회에 범람하고 있던 서학의 학문적 유행 속에서 자유로울 수 없었다.[189] 이는 그가 '서학중원설(西學中源說)'에 입각하여 서양의 지구설을 수용하고 있었던 사실에서 알 수 있다. 그는 「천지변(天地辨)」이라는 일련의 논설을 통해 그 나름의 자연학을 전개하였는데,[190] 그 특징적 내용은 다음과 같다.

허전은 먼저 지구설을 수용하여 종래의 우주론 속에 소화하였다.

> 하늘의 형체는 둥글고, 땅의 형체도 또한 둥글다. 하늘은 지구의 바깥을 둘러싸고 있으며, 땅은 하늘의 가운데 위치하고 있다. 하늘과 땅은 서로 의지하고[依附] 있다. 대개 기(氣) 가운데 가볍고 맑은 것이 하늘이 되고, 무겁고 탁한 것이 땅이 되었다. 그 둘[하늘과 땅] 사이를 가득 채워 그것[하늘과 땅]을 유지하는 것은 모두 '기'이다. 그러므로

188) 『巖棲集』 卷31, 「朴晩醒先生墓碣銘」, 11ㄱ(350책, 472쪽). "獨先生遨遊二氏間, 均能承緖餘而守指要, 蔚爲一方之領袖."

189) 이와 관련해서 허전의 『受廛錄』에 수록된 「外國記」, 「海國記」 등에 관한 최근의 연구 성과가 주목된다. 정은주, 「性齋 許傳의 西學 인식－『受廛錄』을 중심으로－」, 『국제어문』 89, 국제어문학회, 2021 ; 박혜민, 「性齋 許傳의 「外國記」에 관한 小考」, 『東洋漢文學硏究』 60, 東洋漢文學會, 2021.

190) 年譜에 따르면 이 논문은 許傳의 나이 43세 때인 1839년(憲宗 5) 작성한 것이다[『性齋集』 附錄, 卷2, 「年譜」, 9ㄱ(309책, 107쪽). "(憲宗哲孝大王 五年己亥)著天地辨·災異說·象緯考."].

땅은 조금도 어느 한쪽 부분으로 이동할 수 없으며, 하늘의 가운데 일정하게 거처하고 있다.[191]

여기서 허전은 지구중심설을 강하게 주장하고 있다. 지구중심설을 고수한 이유는 그가 전제하고 있는 우주구조에서 종래의 '사유설(四遊說)'처럼 땅이 하늘의 중심에서 이동하게 되면, 하늘과 땅의 정합적 질서가 깨져 땅이 아래로 추락할 수 있다고 보았기 때문이다.[192] 지구설과 지구중심설에 입각한 이와 같은 우주론에서 종래의 '상천하지(上天下地)' 개념이나, '동서남북(東西南北)'의 방위는 관측자의 상대성으로 해소되었으며,[193] '천원지방(天圓地方)'의 개념은 하늘과 땅의 형체를 말한 것이 아니라 덕(德)을 말한 것이라고 재해석되었다.[194]

그럼에도 불구하고 허전은 하늘에 속한 것과 땅에 속한 것을 질적으로 구분하고자 하였다. "하늘에 근본을 두는 것은 아래에 있는 것과 친하고자 하여도 아래로 내려올 수 없고, 땅에 근본을 두는 것은 위에 있는 것과 친하고자 하여도 위로 올라갈 수 없다"[195]라는 언급이 바로 그것이다. 허전은 일월성신(日月星辰)이 하늘에 매달려 있고, 산천초목(山川草木)이 땅에 붙어 있는 이유가 바로 이것이라고 생각했다. 이와 같은

191) 『性齋集』 卷10, 「天地辨上」, 18ㄱ(308책, 221쪽). "天體圓而地形亦圓, 天包地外, 地居天中, 天地自相依附. 盖氣之輕淸者爲天, 重濁者爲地, 其兩間之充塞而維持之者, 都是氣也, 故地不得少移於一邊 而定處天心."

192) 『性齋集』 卷10, 「天地辨上」, 18ㄴ(308책, 221쪽). "若夫四遊之說, 則未知何据, 而如或少差於天心 偏向一方, 則亦將有漸向一偏而墜下之患矣……."

193) 『性齋集』 卷10, 「天地辨上」, 18ㄱ~ㄴ(308책, 221쪽). "自天視地, 地在下, 自地視天, 天在上, 繞地一周, 無不立地戴天 …… 若其東西南北, 隨人所居而名之, 此所謂東家之西, 西家之東也, 則西海之西 亦可爲東海之東也."

194) 『性齋集』 卷10, 「天地辨上」, 18ㄴ(308책, 221쪽). "然前人所云地方之說, 以地之德, 而非以其形也."

195) 『性齋集』 卷10, 「天地辨上」, 18ㄴ(308책, 221쪽). "本乎天者, 雖欲親下而不可下也, 本乎地者, 雖欲親上而不可上也, 故日月星辰麗于天, 山川草木麗于地."

언급은 그 자체로는 별다른 의미를 갖지 않는 객관적 서술로 보일 수 있다. 그러나 다음과 같은 허전의 발언을 보면 그것이 지니고 있는 사상적 함의를 간취할 수 있다.

> 하늘은 존귀(尊貴)하고 땅은 비천(卑賤)하니, 땅은 하늘이 될 수 없다. 양(陽)은 강건(剛健)하고 음(陰)은 유순(柔順)하니, 음(陰)은 양(陽)이 될 수 없다. 군신(君臣)과 남녀(男女)는 천지음양(天地陰陽)의 도(道)이니, 그 위치를 바꿀 수 없는 것이다.[196]

인간사회의 윤리적 질서를 자연의 질서로 설명하기 위해서는 '천존지비(天尊地卑)', '양건음순(陽健陰順)'이라는 개념이 계속 필요했던 것이다.

다음으로 허전은 하늘의 둘레인 주천도수(周天度數)를 360도로 규정한 서양의 학설을 수용하였다. 천도(天道)는 광대(廣大)하고 지도(地道)는 협소(狹小)한 차이가 있기는 하지만, 일월오성천(日月五星天)을 비롯한 천체의 모든 궤도는 360도로 측정할 수 있다고 하였다.[197] 이처럼 주천도수를 360도로 하고, 땅의 250리가 하늘의 1도에 해당한다고 가정하면, 땅의 둘레는 9만 리가 되고, 그 직경은 3만 리 정도−정확하게는 2,8636.36……리(里)−가 되며, 지구의 중심에서 지표면까지의 거리는 1만 5천 리 정도−정확하게는 1,4318.18……리(里)−가 된다고 보았다.[198] 물론 이러한 수치는 중국의 역대 사서에 기록되어 있는 내용과

196) 『性齋集』 卷10, 「女媧氏說」, 11ㄴ(308책, 218쪽). "天尊地卑, 地不可以爲天矣, 陽健陰順, 陰不可以爲陽矣. 君臣男女, 天地陰陽之道, 而不可易位者也."

197) 『性齋集』 卷10, 「天地辨中」, 19ㄱ~ㄴ(308책, 222쪽). "日月五星, 各有所繫之天, 層層包裹, 高下不同, 然皆以三百六十度測之, 則地居天心, 雖是彈丸鷄黃, 而亦可以三百六十度當之矣, 但天道則廣大 地道則狹小而已也."

198) 『性齋集』 卷10, 「天地辨中」, 19ㄴ(308책, 222쪽). "近世曆家【大明用西洋曆法, 而雍正帝又造曆象考成】, 以三百六十度測天, 而以地之二百五十里, 當天之一度, 則繞地一周, 爲九萬里, 其經三萬里弱【二萬八千六百三十六里零, 百分里之三十六分】, 從地心言之,

일치하지 않는 면이 있었다. 허전 역시 그 사실을 숙지하고 있었지만,[199] 서양의 천도(天度 : 주천도수)와 지리(地里 : 땅의 里數)가 중국과 다르다는 점에서 차이가 발생할 수 있다고 보았고, 중국의 위서(緯書) 가운데도 땅의 둘레를 9만 리로 규정한 경우가 있다는 사실을 근거로 서양의 학설도 반드시 징험한 바가 있을 것이라고 하였다.[200]

끝으로 허전은 서양의 중천설(重天說)을 비판적으로 수용하는 한편, 일월식론(日月蝕論)을 재정리하고 그에 입각하여 재이설(災異說)을 제시하였다. 우선 허전은 서양의 12중천설을 소개하면서 종동천(宗動天)과 영정부동천(永靜不動天)에 대해서 비판하였다. 종동천이 일월오성천(日月五星天)의 위에 있어서 이하의 여러 하늘을 거느리고 좌선(左旋)하기 때문에 일월이 또한 그것을 따라 좌선한다는 내용은 일찍이 유가(儒家)에서는 말한 바가 없었고 당시의 역가(曆家)들은 대부분 이를 추종하고 있었다.[201] 그러나 허전이 보기에 종동천이라고 하는 것은 아득하게 멀어서 '실측(實測)'을 할 수 없기 때문에 그 진위를 판별할 수 없었다.[202] 또 12중천의 제일 높은 곳에 위치하고 있다고 하는 영정부동천의 경우는 허망하고 요사스러워 백성을 미혹하게 하는 말일 따름이며 믿을 수

距地面爲一萬五千里弱也."

199) 許傳은 唐 玄宗 때 太監 南宮說 등을 시켜 관측한 자료를 제시하면서, 그에 따르면 351里 80步마다 1도의 차이가 발생하기 때문에 땅의 둘레는 12,8300里 45步가 된다고 하였다[『性齋集』 卷10, 「天地辨中」, 20ㄱ~ㄴ(308책, 222쪽)]. 『唐書』에 기재된 원래의 내용은 『舊唐書』 卷35, 志 第15, 天文上 ; 『新唐書』 卷31, 志 第21, 天文 참조.

200) 『性齋集』 卷10, 「天地辨中」, 20ㄴ(308책, 222쪽). "疑西曆之法, 只以三百六十度測天, 而天度地里, 有與中國不同故也. 然七緯書有地圍九萬里之說, 則亦與西法合, 必有所驗而然也."

201) 『性齋集』 卷10, 「天地辨下」, 21ㄱ(308책, 223쪽). "有所謂宗動天者在其上, 挈諸天而西, 故日月亦隨而西, 此古今儒家所不言也, 近世曆家頗從之."

202) 『性齋集』 卷10, 「天地辨下」, 21ㄱ(308책, 223쪽). "然宗動天云者, 已渺茫玄遠, 苟無實測, 則莫驗其眞僞."

없다고 생각하였다.[203)]

그러나 일월오성천으로 대표되는 중천의 개념은 전통적 구천(九天=九重天)의 개념과 결합되어 허전의 이론 체계 속에 적극적으로 수용되었다.[204)] 이는 그가 새로운 일월식론을 전개하는 이론적 기초였다. 그 내용은 다음과 같다. 일월오성천은 지구를 둘러싸고 겹겹이 펼쳐져 있는데, 달이 가장 아래쪽에 위치하며 해는 제4중천에 위치하고 있다. 지구는 달보다 38 1/3배 크고, 해는 지구보다 165 3/8배 크기 때문에 해는 달보다 대략 6270배 정도 크다고 할 수 있다. 그런데 해는 지구로부터 멀리 떨어져 있고, 달은 상대적으로 지구에 가깝기 때문에 사람들이 지상에서 해와 달을 관측해 보면 그 크기가 현격히 다르다는 사실을 실감할 수 없다.[205)] 허전이 보기에 일식과 월식은 바로 이와 같은 해와 달의 상대적 관계에서 발생하는 천체 현상이었다. 그는 일식을 초하루에 달이 해를 가리는 현상으로, 월식을 보름에 해와 달이 서로 마주 보는데 지구가 그 가운데서 햇빛을 차단하여 달의 일부, 또는 전부가 보이지 않게 되는 현상으로 규정하였다.[206)] 이와 같은 허전의 일월식론, 특히 월식론은 서양의 지구설을 적극적으로 수용함으로써 이전의 주자학적

---

203) 『性齋集』 卷10, 「天地辨下」, 21ㄱ(308책, 223쪽). "又所謂最上有永靜不動天云者, 虛誕邪妖惑衆之說也【永靜不動天, 卽謂之天堂, 則尤甚荒妄○詳見魏源海國圖志】, 君子不之信焉."

204) 『性齋集』 卷10, 「天地辨下」, 21ㄴ~22ㄱ(308책, 223쪽). "朱子語類·離騷九天之說, 諸家妄解云有九天. 據某觀之, 只是九重. 盖天運行, 有許多重數, 裏面重數較軟, 在外則漸硬, 想到第九重, 成硬殼, 轉得愈緊矣."

205) 『性齋集』 卷10, 「天地辨下」, 21ㄱ~ㄴ(308책, 223쪽). "至若七緯【日月五星】所行之天, 則重重相包, 月居最下, 日居第四重. 地大於月, 三十八倍又三分之一, 日大於地一百六十五倍又八分之三, 以此推之, 日大於月六千二百七十倍有餘也. 日遠於月, 月近於地, 故人在地上而望之, 不辨大小之懸殊也."

206) 『性齋集』 卷10, 「天地辨下」, 21ㄴ(308책, 223쪽). "故合朔則日爲月所蔽而蝕也. 若夫月蝕, 則必於望, 望者, 月與日正相對而望也. 月之明, 生於受日之光, 而望則地毬遮於中間, 其影之所射爲月蝕."

월식론과는 질적인 차이점을 보여주고 있다. 과학적 월식론으로의 진전이 이루어진 것이다. 이는 이미 이익(李瀷) 단계에서부터 확인할 수 있는 내용이었다.

그러나 허전의 월식론은 그러한 방향으로의 발전에 일정한 제동을 걸고 있었다. 그는 월식이 위와 같은 원리에 의해 일어나는 현상임에도 불구하고 왜 매달 보름에 월식이 일어나지 않는가라는 질문을 던졌다.[207] 허전은 해와 달이 각각의 궤도를 갖고 있는데, 이 궤도가 극히 넓고 멀어서 해와 달이 이 궤도를 회전할 때 자연히 서로 차이가 발생하게 되어 월식이 일어나지 않는다고 설명하였다. 즉 해와 달이 '정합정대(正合正對)'하지 않으면 월식이 발생하지 않는다는 것이다.[208] 이 설명은 충분하지는 않지만, 보름에 해와 달의 위도가 다르면 월식이 일어나지 않는다고 말한 것으로 볼 수 있다. 여기서 주목해야 할 것은 허전이 해와 달의 궤도에 차이가 발생하여 일월식(日月蝕)이 일어나지 않는 것을 '정상적인 현상[常]'으로, '정합정대(正合正對)'해서 일월식이 일어나는 것을 '비정상적인 현상[非常]'으로 간주하고 있었다는 사실이다.[209] 이와 같은 구분은 그의 재이설과 직접적인 관련이 있다.

허전은 재이설의 필요성을 강조하였다. 재이설의 의미가 분명하게 밝혀지지 않으면 왕안석(王安石)의 주장과 같이 "천변(天變)은 두려워할 필요가 없다"는 논리가 출현할 것이기 때문이었다.[210] 그는 이러한 문제의 연원이 속사(俗士)들이 재이설의 이치를 살피지 않고 망령되게 부회한 데서 비롯되었다고 생각하였다. 예컨대 『한서(漢書)』 「오행지(五

---

207) 『性齋集』 卷10, 「天地辨下」, 21ㄴ(308책, 223쪽). "然則每月皆有望, 而其有蝕不蝕何也."

208) 『性齋集』 卷10, 「天地辨下」, 21ㄴ(308책, 223쪽). "日月之行, 各有道, 道又極廣且遠, 故輪運之際, 自然相差, 差則不蝕必也, 正合正對而後蝕."

209) 『性齋集』 卷10, 「天地辨下」, 21ㄴ(308책, 223쪽). "相差, 常也, 正合正對, 非常也."

210) 『性齋集』 卷10, 「災異說」, 9ㄱ(308책, 217쪽). "災異之辨不明, 而天變不足畏之說出焉."

行志)」에서 각각의 재이(災異)에 인사(人事)를 대응시키려고 한 방식이 바로 그런 사례였다. 이러한 천견사응설(天譴事應說)은 그것이 들어맞지 않을 경우 재이를 두려워하지 않는 빌미를 제공할 수 있었다. 이에 허전은 재이란 단지 '수성지도(修省之道)'로서의 의미만 가질 뿐이라는 점을 강조했다.[211] 여기서 허전은 이익의 논법을 빌려 재이를 '천지괴려지운(天地乖沴之運)', '일기수지액회(一氣數之厄會)'로 정리하면서,[212] 인간은 삼재(三才)의 하나이기 때문에 '천지의 액회(厄會)'는 곧 '인간의 액회'라고 주장하였다.[213] 다시 말해 재이는 기수(氣數)의 변화에 따른 일종의 액운(厄運)이고, 천지와 더불어 우주를 구성하고 있는 유기체적 존재로서 인간은 이러한 액회가 닥치면 '수성(修省)'을 해야 한다는 것이었다.

이상과 같이 커다란 의미를 지닌 재이 가운데서 가장 중요한 것이 일월식이었다.[214] 그런데 허전 당시에는 천문역산학의 진전에 따라 역가(曆家)들이 일월식을 예측할 수 있게 됨으로써 사람들 가운데는 그것을 '천도(天度)의 당연(當然)'한 현상으로 간주하는 경향이 증대하고 있었다.[215] 이러한 사실은 이미 이전 시기의 이헌경(李獻慶, 1719~1791)이 증언하고 있는 바였다.[216] 이에 허전은 '상(常)'과 '비상(非常)'의 논리

---

211) 『性齋集』 卷10, 「災異說」, 9ㄱ~ㄴ(308책, 217쪽). "此由俗士不察於理, 而妄爲傅會之過也. 如漢書五行志, 一一以某事應某事, 而間有不驗者, 則昏君闇主, 又不察於理, 而雖遇灾恬然無恐懼之心, 可勝歎哉. 春秋有灾異則書之, 而不言事應, 書著雊雉, 詩稱雲漢, 此亦但言修省之道而已, 則聖人之意, 斷可識矣."

212) 일찍이 李瀷은 재이를 '氣數之變'[『星湖僿說』 卷2, 天地門, 「天變」, 11ㄱ(Ⅰ, 36쪽)], '天數之厄運'[『星湖僿說』 卷2, 天地門, 「慕齋論天灾」, 61ㄴ(Ⅰ, 61쪽)]으로 정리한 바 있다.

213) 『性齋集』 卷10, 「災異說」, 9ㄴ(308책, 217쪽). "夫灾異者, 天地乖沴之運, 而卽一氣數之厄會, 人爲三才, 則天地之厄會, 乃人之厄會."

214) 『性齋集』 卷10, 「災異說」, 10ㄱ(308책, 217쪽). "盖天之變常, 莫大於日月薄蝕."

215) 『性齋集』 卷10, 「災異說」, 10ㄱ(308책, 217쪽). "而近世曆家有預先推步之術, 故人或疑其天度之當然."

를 인용하여 이 문제에 대응하였다. 그에 따르면 일월식이 일어나지 않는 경우는 많았고, 일어나는 경우는 적었다. 따라서 많은 것은 '상'이고, 적은 것은 '비상'이며, '비상'은 곧 재변으로서 '천지지액회(天地之厄會)'라는 주장이었다.[217]

허전에 따르면 재이에는 천재(天災)와 함께 인재(人災)가 있었다. 인재의 핵심 내용은 인륜이 밝혀지지 않고 교화가 행해지지 않는 것이었다.[218] "인륜이 밝혀지지 않고[人倫不明]", "교화가 행해지지 않는[敎化不行]" 인재를 해소하기 위한 방법은 인의예양(仁義禮讓)이라는 윤리도덕을 진작하는 것이었다. 그런 다음에야 인재가 일어나지 않을 수 있고, 인재가 일어나지 않는다면 천재는 걱정할 필요가 없었다.[219] 여기서 우리는 앞서 허전이 '천존지비(天尊地卑)', '양건음순(陽健陰順)'을 강조했던 사실을 상기해야 한다. 그가 서양과학의 새로운 자연지식을 수용하면서도 재이설의 끈을 놓지 않았던 이유를 여기에서 찾을 수 있다.

---

216) 『艮翁集』 卷21, 「日食辨」, 23ㄱ(234책, 446쪽). "惟西洋國利瑪竇之說, 以爲食有常度, 雖堯舜在上, 不能使當食不食, 所謂當食不食云者, 盖推步者誤, 不知其本不當食耳. 其書余未之見, 而今世之士, 誦其說如此, 靡然信嚮之, 而先儒之論廢, 余甚痛焉."

217) 『性齋集』 卷10, 「災異說」, 10ㄱ(308책, 217쪽). "然其不蝕時多而食時少, 則多者常而少者非常也, 非常則變也, 向所云天地之厄會, 是也."

218) 『性齋集』 卷10, 「災異說」, 10ㄱ~ㄴ(308책, 217쪽). "然非但天災, 人亦有灾, 人倫不明, 敎化不行, 人之灾也, 悖逆亂賊之變, 皆由此而生……."

219) 『性齋集』 卷10, 「災異說」, 10ㄴ(308책, 217쪽). "仁義禮讓興, 然後人灾不作, 人灾不作, 而天灾不足憂矣."

제10장 결론

조선후기의 사회 변동 속에서 이익을 비롯한 성호학파의 학자들은 기존 사회체제의 모순을 근원적으로 타개할 수 있는 새로운 국가 질서의 수립을 갈망하였다. 그것은 사상사의 측면에서 볼 때 주자학적 사유체계의 변동 과정을 반영하는 것이었다. 조선왕조의 국정교학(國定教學)인 주자학의 변동 과정은 경학(經學), 사학(史學), 문학(文學), 경세학(經世學) 등 다양한 측면에서 조망할 수 있다. 자연학(自然學) 역시 그러한 분야 가운데 하나이다. 주자학적 사유체계의 변동은 그것을 구성하고 있는 주요 요소인 우주론(宇宙論)을 포함한 자연관·자연인식의 변화를 수반할 것이라고 예상할 수 있기 때문이다.

성호학파의 학문적 종장(宗匠)인 이익은 주자학의 이기론(理氣論) 체계를 전변함으로써 주자학적 자연관을 극복할 수 있는 사상적 단초를 마련하였다. 그것은 자연법칙[物理]을 인간사회의 도덕준칙[道理]으로부터 분리하는 작업이었다. 이를 통해 주자학의 '이일분수론(理一分殊論)'이 부정되었고, 종래의 '이(理)'는 도덕원칙이 배제된 개별 사물의 조리(條理)로 재해석되었으며, 격물치지론(格物致知論)은 개별 사물의 이치를 탐구하는 것으로 그 의미가 바뀌었다.

개별 사물의 이치를 탐구하기 위해서는 사사물물(事事物物)에 대한 광범위한 공부, 즉 박학(博學)이 요구되었다. 이익의 대표적 저술 가운데 하나인 『성호사설(星湖僿說)』은 그러한 박학의 산물이었다. 성호학파의 학자들이 당시 이단(異端)으로 치부되었던 서학(西學)의 가치를 긍정하고 적극적 서학 수용을 주장할 수 있었던 것도 박학적 학문 태도와 관련이 있었다. 이단의 학문·학설일지라도 유학에 도움이 되는 것이라면 취사선택할 수 있다는 열린 자세를 보였던 것이다. 이익을 비롯한 성호학파의 학문적 개방성과 포용성은 이러한 학문 태도에 기초한 것이었다.

일찍이 이익은 그가 살고 있던 조선후기 사회의 현실을 '성인(聖人)의 도(道)가 끊어진 세상'으로 파악하였다. 이익을 비롯한 성호학파의 학자들은 주자학 일변도의 학문·사상 풍토에 이의를 제기하였다. 이들은 "의리(義理)란 천하의 공물(公物)"이라는 일관된 관점하에 기존의 경전 주석에 대해 이론(異論)을 제기하였다. 이들은 자신들의 학문적 자세가 '사사무은(事師無隱)'의 의리를 따른 것이지 일부러 이론(異論)을 만들어 선현(先賢)을 능가하고자 하는 호승심(好勝心)에서 비롯된 것이 아니라고 강조하였다.

성호학파의 학자들 가운데는 '명물도수지학(名物度數之學)'에 관심을 지니고 있는 사람들이 있었다. 그들은 명물도수(名物度數)와 같은 학문 분야는 공자(孔子)와 같은 성인(聖人)이라 할지라도 나면서부터 알 수 있는 것이 아니며, 후천적 학습과 노력이 필요한 영역이라고 간주했다. 따라서 명물도수에 관한 지식을 습득하기 위해서는 '심문(審問)'의 과정이 필수적이었고, 학자는 '불치하문(不恥下問)'의 열린 자세로 학습에 임해야 했다.

일찍이 이익은 당대 학자들의 학문 태도를 '혼륜탄조(昆侖呑棗)'와 '의양화호(依樣畫葫)'라는 말로 비판했는데, 세밀히 분석하지 않고 범범하게 지나침으로써 진정한 의미를 체득하지 못하거나, 독창성 없이 남의 것을 모방하는 세태를 지적한 것이었다. 이는 이른바 '주자도통주의(朱子道統主義)' 계열의 학문 자세를 겨냥한 것으로 보이며, '치의(致疑)와 자득(自得)'을 중시하는 성호학파의 학문관의 지향점이 무엇인지를 잘 보여주는 예라 할 수 있다.

주목해야 할 것은 의심이 있는 단계에서 의심이 없는 단계로 전진하기 위해서는 그 나름의 과정이 필요하다고 보았다는 점이다. 그것이 바로 훌륭한 스승이나 본인의 공부를 보좌할 수 있는 벗들과의 학문적 토론이었다. 토론 과정은 치열하고 치밀해야 했다. 요컨대 '불치하문'은 단순히 지식의 확장을 위해 아랫사람에게 묻는 것을 부끄러워하지 않아야 한다는 의미에 머물지 않았다. 성호학파의 학자들은 문자 기록이 지니고 있는 근원적 한계를 인식하고 있었고, 이 문제를 극복하여 옛 성현들의 도(道)에 대한 논의를 정확하게 파악하기 위해서는 가능한 한 많은 글을 검토해야 한다고 생각했다. '박학(博學)'이 필요한 이유가 바로 이것이었다.

조선후기 자연학의 전개 과정에서 고려해야 할 핵심적 요소 가운데 하나가 '서학(西學)'이다. 서학의 전래에 따라 유입된 새로운 자연지식은 조선후기 자연학의 전개에 지적 자극을 주었고 자연학의 내용과 질적 수준을 제고하는 중요한 역할을 담당했기 때문이다. 성호학파의 학자들은 기본적으로 서학과 서교(西敎)를 분리해서 사고하였다. 서학에 대해서는 적극적 긍정과 수용의 태도를 보인 반면 서교에 대해서는 비판적 자세를 견지하였다. 서학에 대한 우호적 태도는 시헌력(時憲曆)을 비롯한 서양 과학의 우수성과 실용성에 대한 인식을 바탕으로 한 것이었다. 성호학파의 학자들은 '기수지법(器數之法)'으로 표현되는 과학·기술은 후대로 내려올수록 더욱 정밀해지고, 비록 성인(聖人)의 지혜라 할지라도 다하지 못하는 바가 있다는 역사적 인식과 당시 중국을 비롯한 동아시아의 학문적 능력이 서양보다 뒤떨어져 있다는 현실 인식을 바탕으로 적극적인 서학수용론을 개진하였다.

여기에서 중요한 것은 '기수지법'에 관한 한 성인 역시 부족한 점이 있을 수 있다는 생각과 과학기술은 후대로 내려올수록 더욱 정밀해진다는 '후출유공(後出愈工)'의 발전론적 관점이다. 상고(上古)의 성인들에 의해 인간사회의 도리(道理)는 물론 자연세계의 물리(物理)까지 모두 밝혀졌다고 보는 입장에서는 새로운 물리 탐구에 대한 적극적 자세가 나오기 어려웠다. 성호학파의 학자들은 물리에 관한 한 성인에 의해 모든 것이 밝혀졌다고 보기 어렵다는 입장을 취하고 있었다. 서학에 대한 적극적 수용은 바로 이와 같은 자세에서 가능하지 않았을까 짐작된다.

성호학파의 학자들은 전통적 자연학의 토대 위에서 서학을 수용함으로써 새로운 자연지식을 습득할 수 있었고, 그것을 바탕으로 기존의 학설에 대한 회의와 비판을 전개하였다. 그들은 일련의 학습 과정에서 '치의(致疑)'와 '자득(自得)'의 중요성을 강조했는데, 그것이 참된 앎에 접근해 가는 방법이라고 여겼기 때문이다. 성호학파의 자연학적 사유의 근저에도 이와 같은 학문 자세가 자리하고 있었다. 그것은 기존의 학문적 권위를 묵수하거나 추종하지 않고, 끊임없는 회의를 통해 자신의 것으로 숙성해 가는 방식이었다.

그 첫 번째 단계는 논리적 추론이었다. 이익을 비롯한 성호학파의 학자들은 논리적 사유를 통해 사물의 이치를 추론하고자 했다. 그들은 자연학과 관련한 고대 이래 중국 학자들의 여러 논의를 참조했다. 유교 경전에 대한 주석서와 중국의 역사서가 주된 참고문헌이었다. 그들은 경전과 사서에 등장하는 자연학 관련 논의들을 종횡으로 비교·분석하여 논리적으로 타당한 내용들을 추출하고자 했다. 연구 쟁점에 대한 기존의 견해 가운데 논리적 설득력을 갖추었다고 판단되는 내용을 선별적으로 수용했던 것이다. 이는 논리적 추론 방식이라 할 수 있다. 성호학파의 학자들은 그들이 판단하기에 합리성을 갖추고 있다면 그것이 비록 이단의 학설일지라도 받아들일 용의가 있었다. 서학의 수용은 그 대표적 사례이다. “이미 그 말이 이치에 합당하다는 것을 알았다면 어찌 그것이 옛날과 다르다고 하여 취하지 않을 수 있겠는가”라는 이익의 발언은 이와 같은 열린 자세를 대변하는 것이었다.

논리적 추론과 함께 성호학파의 학자들이 중시한 것은 역사적 전거(典據)를 확보하는 일이었다. 그들은 서학의 자연지식을 수용하면서도 그것이 서양만의 독창적 학설이 아니라 중국 고대에 이미 존재했던 내용이라는 점을 여러 곳에서 주장했다. 서학에서 땅의 둘레가 9만 리라고 한 것을 중국 위서(緯書) 가운데 땅의 두께가 3만 리라고 한 주장과 연결하였고, 월식(月蝕)을 설명하는 주요한 논리적 근거였던 ‘지영지설(地影之說)’의 역사적 연원을 송렴(宋濂)의 주장 속에서 찾으려 했으며, 서양의 지구설과 전통적 개천설(蓋天說)을 연결하고, 혼천설(渾天說)과 개천설의 통합을 주장했던 논자로 북조(北朝)의 최영은(崔靈恩)을 지목했던 것 등이 모두 그런 예에 해당한다. 이는 중국 유교문화의 전통 속에서도 서양의 과학지식과 유사한 논의를 찾을 수 있다는 주장이었다.

이와 같은 ‘치의’와 ‘자득’의 과정을 통해 성호학파의 학자들은 자연학에 관한 자신들의 새로운 학설을 구축하였다. 본문에서는 그 과정을 여실히 보여주는 두 가지 사례를 제시하였다. 하나가 이익과 이병휴가 1736년 무렵부터 1741년 사이에 세 차례에 걸쳐 질문과 답변을 주고받았던 ‘칠윤지설(七閏之說)’에 대한 논의였다. 이는 전통적 천문역법을 이해하기 위한 선결 과제라 할 수 있는 ‘기삼백(朞三百)’과 ‘치윤법(置閏法)’에 대한 담론이었다. 비록 양자 간의 논의가 명쾌하게 마무리되지는 않았으나 그 내용은 일반 유자들의 통상적 논의 수준을 뛰어넘는 것이었고, 그 논의 방식 또한 ‘치의’와 ‘자득’을 중시하는 성호학파 학문관의 실제적 사례로서 손색이 없었다.

다른 하나는 윤동규와 안정복이 1750년대 후반[1756~1759]에 서신을 주고받으며 진행한 자연지식에 관한 담론이었다. 당시 윤동규는 이익의 문하에 든 10대 후반부터 스승과의 문답을 통해 조석설을 비롯한 자연지식에 대한 자기 나름의 논리 체계를 구축하고 있었으며, 30대 후반의 나이에 뒤늦게 이익의 문하에 든 안정복은 당시 서학서에 대한 검토를 활발히 진행하고 있었다. 양자의 논의는 세차설(歲差說), 서양역법과 일전표(日躔表), 조석설(潮汐說) 등의 자연지식과 천주교의 교리에 이르기까지 폭넓은 주제에 걸쳐 이루어졌다. 이들의 논의를 분석함으로써 다음과 같은 사실을 확인할 수 있었다.

첫째, 윤동규와 안정복의 서신을 통해서 이들이 다양한 서학서에 접하고 있었다는 사실을 확인할 수 있었다. 이들은 『천문략(天問略)』, 『곤여도설(坤輿圖說)』, 『방성도(方星圖)』, 『측량서(測量書)』, 『태서수법(泰西水法)』, 『만국도(萬國圖)』, 『혼개통헌도설(渾蓋通憲圖說)』, 『일전표(日躔表)』 등을 검토했고, 논의 과정에서 『기하원본(幾何原本)』, 『동문산지(同文算指)』, 『측량법의(測量法義)』, 『일전역지(日躔曆指)』, 「만국전도(萬國全圖)」[『직방외기(職方外紀)』] 등을 언급하였다. 적어도 1750년대까지 성호학파 내부에서는 서양 과학에 대한 탐구가 활발히 이루어지고 있었던 것이다.

둘째, 1750년대 후반 천문역산학 분야를 비롯한 자연지식에 관한 성호학파 내부의 논의가 어떻게 이루어졌는지 살펴볼 수 있었다. 이익을 비롯한 성호학파의 학자들은 전통 학문의 토대 위에서 서학을 적극적으로 수용함으로써 새로운 자연지식을 습득할 수 있었다. 그들은 이를 바탕으로 서신 왕래를 통해 서양의 세차설과 『일전표』를 활용한 역산법, 조석설의 의문점을 적시하여 문제를 제기하고, 상호 간의 논의 과정에서 기존의 지식과 서학의 학설을 종횡으로 활용하여 타당한 해답을 찾고자 노력하였다. 이는 기존의 학설에 대한 회의와 비판을 통해 자득을 모색하는 과정이라고 볼 수 있을 것이다.

셋째, 성호학파의 종장(宗匠)인 이익의 자연지식과 서학관이 제자들에게 어떻게 전승되었는지 확인할 수 있었다. 이익은 40대 이전에 자기 나름의 서학 인식과 자연지식을 구축하고 있었으며, 이를 후학들에게 전파하였다. 그 사실을 분명히 확인할 수 있는 인물이 윤동규였다. 그의 세차설과 조석설, 그리고 서학 인식은 스승 이익의 그것을 빼닮았기 때문이다. 윤동규와 안정복의 문답을 보면 천주교의 교리에 대해서는 부정적 견해를 보였지만 서양 과학기술의 우수성과 효용성에 대해서는 긍정적으로 평가하는 자세를 취했다. 여기에는 서학의 종교적 측면과 실용적 측면을 분별하는 이익의 서학관이 강한 영향을 미쳤다고 볼 수 있다. 이와 같은 서학관을 토대로 성호학파의 학자들은 서학의 자연지식을 활용해서 다양한 논의를 전개했던 것으로 보인다.

그렇다면 성호학파의 학자들이 제기했던 자연학 관련 학설의 구체적 내용은 무엇이었을까? 이하에서는 본문의 내용을 중심으로 그 가운데 핵심적 내용을 정리하고자 한다. 이익은 서학서를 통해 서양의 우주구조론인 중천설(重天說)을 수용하였다. 그가 중천설을 수용한 이유 가운데 하나는 이전의 세차설(歲差說)에 의문을 지니고 있었기 때문이다. 이익은 세차의 원인을 설명하기 위해서는 열수천(列宿天) 위에 별도의 하늘을 상정할 필요가 있다고 생각해 왔는데 서양의 중천설을 통해 '세차천(歲差天)'을 발견했던 것이다.

이익은 서양의 일월식론(日月蝕論)을 수용하여 새로운 방식으로 일식과 월식의 원인을 설명하였다. 특히 서양 월식론의 핵심인 '지영지설(地影之說)'을 기초로 종래의 '암허설(暗虛說)'을 논파했다. 일월식에 대한 종래의 다단한 논의들은 계산법의 부정확함에 연유하는 것이었다고 비판하였고, 주자학적 일월식재이관(日月蝕災異觀)의 중요한 논거 가운데 하나였던 '당식불식(當蝕不蝕)'의 논리를 해체하였다.

이익의 집안에서는 서양식 천문도인 「방성도(方星圖)」를 소장하고 있었다. 이익이 「방성도」에서 주목한 것은 은하의 형태였다. 천구의 남극을 중심으로 한 남반구의 하늘 일부를 관측할 수 없었던 중국 사람들은 은하의 형태가 둥근 고리 모양이라는 사실을 알지 못했다. 따라서 은하의 형태는 동북쪽에서 시작하여 서남쪽에서 끝나는 '수간미곤(首艮尾坤)'의 형태를 띠고 있다고 여겼다. 이익은 둥근 고리 모양으로 분포되어 있는 은하의 형태, 그리고 은하와 황도가 하지와 동지에 교차한다는 사실을 「방성도」에서 확인하였고, 이를 수(水)인 은하와 화(火)인 태양이 서로 교섭하여 조화(造化)를 이룩하는 것이라고 해석하였다. 그는 이와 같은 자신의 주장을 『주역(周易)』과 연결하여 합리화하고자 했다.

나아가 이익은 은하의 방향이 '수간미곤'이라는 사실을 토대로 '낙서(洛書)'와 '홍범(洪範)'의 상호 연관성을 세밀하게 추적하였다. '낙서'에서 2와 8이 서로의 자리를 바꾸면 그것이 바로 간(艮)과 곤(坤)의 자리가 되며, '홍범구주(洪範九疇)'의 두 번째인 오사(五事)와 여덟 번째인 서징(庶徵)은 '천인감응(天人感應)'의 이치를 보여주는 것이라고 주장하였다. 요컨대 이익은 기존의 '관상(觀象)의 학설'에서 다루지 않았던 은하와 관련한 '천인감응의 이치'를 밝히고자 했던 것이다. 그가 유교 경전에서 은하와 관련한 다양한 논의를 수집하고, 그 내용들이 예로부터 사람들이 은하를 관찰하고 그것을 인간사의 여러 문제와 관련하여 해석한 증거라고 주장했던 이유가 여기에 있었다.

애초 '수간미곤'론의 출발은 중국에서 보이는 은하의 형태와 『서경(書經)』·『주역』 등 유교 경전의 관련 논의를 결합하고자 한 것으로, 일종의 중국 중심의 '수간미곤'론이었다고 할 수 있다. 그런데 그것은 다음 단계에서 동국 중심의 '수간미곤'론으로 비약하였다. 이익은 우리나라의 대표적 하천인 압록강·대동강·한강의 흐름이 '수간미곤'의 방향이라는 사실에 착안하였고, 그것이 '홍범'의 내용과 일치한다고 보았다. 그 연장선에서 이익은 우리나라를 '기방(箕邦)', 곧 기자(箕子)의 나라로, 우리나라 사람들을 '은(殷)의 유민(遺民)'으로 인식하였으며, 이는 자국의 역사와 문화에 대한 자긍심으로 표출되었다. "기성(箕聖)의 홍범을 동국 문헌의 근본으로 삼아야 한다"고 한 이익의 발언에 유의할 필요가 있다. 삼대(三代) 이후에 천하에서 끊어진 홍범이 기자를 매개로 동국에서 행해졌으니, 우리의 역사와 문화에서 그 흔적을 찾아내서 밝혀야 한다고 보았던 것이다. 이익이 이상과 같은 '수간미곤'론의 얼개를 그린 것은 그의 나이 73세 때인 영조 29년(1753) 무렵이었다. 이익은 이와 같은 자신의 주장을 윤동규·안정복 등에게 전파하였고, 그의 주장은 안정복의 『동사강목(東史綱目)』에 수록되기에 이르렀다.

이익은 서양의 세계지도와 지리서, 천문역법서를 통해 지구설(地球說)에 접했고, 이를 적극적으로 수용해서 인식론적 전환의 자료로 활용하였다. 그는 지구가 탄환과 같이 둥근 구체이고 그 둘레는 9만 리(里)라고 주장했으며, 바다가 땅을 싣고 있는 것이 아니라 땅이 바다를 싣고 있다고 보았다. 이익은 지구설이 중국의 전통적인 우주론인 혼천설(渾天說)과 개천설(蓋天說)을 통합하였다고 높이 평가했으며, 지구설에 기초하여 중국이 세계의 중심이라는 종래의 믿음에 비판을 가했다. 그는 "중국은 대지 가운데 한 조각 땅에 불과하다"고 하였고, 중국 이외의 지역에서 성인이 출현할 것을 기대한다고도 하였다. 이는 그가 중국 중심적 사고로부터 벗어나고 있음을 보여주는 단초라 할 수 있다.

이익은 지남침(指南針)이 가리키는 방향이 지역에 따라 차이가 있다는 사실에 착안하여 지구 위에 음양(陰陽)의 경계를 설정하였다. 그는 음양의 경계를 봉합한 곳으로 두 군데의 솔기[縫]를 가정하였는데, 그곳이 바로 지남침이 정확히 남쪽을 가리키는 지점이었다. 요컨대 이익은 해그림자(=자오선)와 지남침이 일치하는 서쪽 솔기[西縫]와 동쪽 솔기[東縫]를 지나는 경도선을 기준으로 지구를 '상편(上片)'과 '하편(下片)'의 두 조각으로 나누었으니, '상편'은 양(陽)의 세계, '하편'은 음(陰)의 세계였다. 이것이 이른바 '봉침설(縫針說)'의 내용이다. 이익은 상편의 정중앙에 중국이, 하편의 정중앙에 구라파가 위치한다고 보았다. 당시 그가 여러 서적을 통해 확인할 수 있는 수준 높은 문명을 보유한 나라, 성현(聖賢)이 출현한 나라들이었기 때문이다.

여기에서 주목해야 할 것이 봉침설과 관련한 이익의 현실 인식이다. 그는 세계의 중심에 해당하는 중국의 선비들은 당연히 해외 여러 나라의 사람들과 비교해 볼 때 마땅히 매우 출중해야 할 터인데, 도리어 오늘날 서양 선비들의 학문적 포부와 역량[志業力量]을 우러러보며 자신의 초라함을 탄식하고 있으니 부끄럽지 않으냐고 하였다. 이는 음의 세계 정중앙에 위치한 구라파에서도 '총명예지(聰明叡智)'의 덕을 갖춘 인물[聖知]들이 출현하고 있으며, 그들의 문명 또한 중국의 선비들이 부러워할 만한 우수성을 지니고 있다는 사실을 긍정한다는 점에서 종래의 서학 인식과 질적 차별성을 보여준다고 할 수 있다.

조선후기에 서학의 수용을 통해 새로운 조석설(潮汐說)을 제기한 것은 성호학파의 학자들이었다. 당시 전래된 서학서 가운데 조석 현상에 대한 상세한 설명이 수록되어 있는 것은 페르비스트(南懷仁)의 『곤여도설(坤輿圖說)』이었다. 성호학파의 조석설은 이와 같은 서학서의 천문학적 지식을 수용하여 천체역학적 원리에 입각해 조석 현상의 원인을 설명한 것이었다. 이익과 정약용으로 대표되는 성호학파의 조석설은 지구설을 바탕으로 하여 전개되었다는 점에서 이전의 조석설과 차별성을 지닌다. 이들의 조석설은 각론에서 약간의 차이를 보이고 있지만 핵심적 내용에서는 일치한다. 먼저 양자는 조석 현상의 근본 원인으로 달을 설정하고 있다는 점에서 상통한다. 대조(大潮)와 소조(小潮)의 차이가 발생하는 이유를 태양·달·지구의 상호 위상관계를 통해 해명하려고 했다는 점에서도 같다. 또한 조수의 크기가 적도 지역에서 가장 크고,

이것이 남북으로 영향을 미친다고 본 점에서도 일치하며, 만유인력이라는 개념은 보이지 않지만 '기지관과(氣之貫過)'·'영사지력(映射之力)'이란 개념을 통해 기조력(起潮力)의 원인을 규명하려 하였다는 점에서도 동일하다. 무엇보다 양자는 전통적 음양오행설로부터 벗어나 천체역학적 구조 속에서 조석을 해명하려 하였다는 점에서 이전의 조석설과 질적 차별성을 갖는다.

성호학파의 수리론(水利論)은 유형원 → 이익 → 안정복·정약용의 학문 전수 관계를 중심으로 살펴볼 수 있다. 유형원의 수리론은 크게 두 가지 측면에서 제기되었다. 하나는 농업과 관련하여 관개용(灌漑用) 수리(水利)의 문제였고, 다른 하나는 진황(賑荒) 대책으로서의 수리였다. 전자에 대한 논의는 기존의 제언(堤堰)을 비롯한 각종 수리시설을 보수하는 방향으로 대책이 마련되었고, 후자의 문제에 대해서는 흉년 때 진휼(賑恤) 자금을 동원해서 기민(飢民)을 모집함으로써 그들의 생계를 보장하는 한편 수리시설을 수축하는 데 노동력으로 사용할 것을 제안하였다.

유형원의 수리론은 이익에 의해 발전적으로 계승되었다. 이익은 수리의 대상이 되는 물의 종류를 세 가지-우택지수(雨澤之水)·정천지수(井泉之水)·천계지수(川溪之水)-로 분류하고, 그에 따른 수리시설 역시 세 가지-피언저수(陂堰貯水)·천거인수(穿渠引水)·작계설수(作械挈水)-로 구분하였다. 그는 이 세 가지 수리시설을 함께 운용해야 한다고 주장했으며, 특히 하천수를 끌어올리는 데 사용하는 기구로서 서양식 수차(水車)의 효용성을 강조하였다. 아울러 진휼 대책의 하나로 기민을 동원한 수리시설의 공사를 강구하고 있었다.

안정복은 『임관정요(臨官政要)』에서 이익의 수리론을 적극적으로 활용하였다. 그는 이익의 문하에서 수학하게 된 것을 계기로 수리 문제에 대한 종래의 인식을 고양하였고, 그 연장선에서 『태서수법(泰西水法)』과 서양 수차의 가치를 높이 평가하였다. 그의 수리론은 유형원 이래의 그것을 계승하면서, 체계적인 향정론(鄉政論)의 일부로 수리론을 활용하고 있다는 점에서 주목된다.

안정복의 향정론은 이후 정약용의 『목민심서(牧民心書)』에 발전적으로 계승되었다. 정약용 역시 목민관이 농상(農桑)을 진흥하는 하나의 방법으로 수리와 수차의 문제를 거론하면서, 동시에 「천택(川澤)」이라는 별도의 항목을 설정하여 수리 문제를 집중적으로 다루었다. 그러나 정약용은 서양식 수차의 현실적인 활용 문제에 대해서는 미온적 태도를 보였다. 이익 이후 여러 차례 시도되었던 서양식 수차의 문제점을 경험적으로 터득한 결과였다. 이에 따라 전통적 수리시설의 활용 방법과 보완 문제가 중요한 과제로 대두하였다. 정약용은 그것을 『목민심서』라는 거대한 민정서(民政書)의 체제 속에서 해소하였다. 그 안에서 수리시설의 신축과 개축, 황정론과 수리론의 결합이라는 '근기남인계 성호학파'의 전통적 방식은 면면히 계승되고 있었다.

이상에서 살펴본 바와 같이 성호학파의 학자들은 예수회 선교사들의 서학서를 통해 지구설(地球說), 중천설(重天說), '지영지설(地影之說)'[월식론], 세차설(歲差說), 조석설(潮汐說), 수리론(水利論) 등 서양 과학의 여러 이론을 수용함으로써 주자학적 자연학의 각론(各論)에 대해 심층적 비판을 가했고, 서학의 학문적 가치를 정당하게 평가하였다. 이를 통해 주자학 일변도로 경색되어 가던 당시의 학계 풍토를 비판하였고, 중국 중심의 세계 인식에서 벗어날 수 있는 단초를 제공했다. 이는 주자학적 자연관을 내재적으로 극복하여 새로운 자연인식의 가능성을 열어주었다는 점에서 사상사적으로 그 의미가 크다고 할 수 있다. 요컨대 성호학파의 자연학은 자연 사물과 현상에 대한 실증적 연구를 통해 새로운 자연인식을 도출해 낼 수 있는 학문적 토대를 마련했다는 점에서 그 역사적 가치를 평가할 수 있다.

성호학파 자연학의 특징으로 다음과 같은 세 가지 요소를 추출할 수 있다. 첫째, 성호학파의 학자들은 '명물도수지학'을 비롯한 자연학 분야를 유자(儒者)의 필수적 학문, 즉 유자의 실학(實學)으로 파악하였다. 이철환(李嘉煥)과 그의 아들 이재위(李載威)에 의해 정리된 『물보(物譜)』는 그 대표적 성과물 가운데 하나였다. 물보의 편찬 목적과 효용성은 다음과 같은 몇 가지 측면에서 거론할 수 있다. ① 유자의 기본 소양인 소학(小學)으로서의 가치, ② 명물학이 지니고 있는 현실적 실용성, ③ 예(禮)의 실천과 관련한 물명(物名)에 대한 이해의 필요성, ④ 『시경(詩經)』을 비롯한 유교 경전을 이해하기 위한 필수적 지식으로서의 명물학(名物學)이 그것이다. 요컨대 『물보』는 '명물도수지학'의 중요한 성과물로 '고거(考據)'의 측면에서 장점을 지니고 있었다. 이를 통해 성호학파의 학자들이 '명물도수지학', 나아가 자연학을 유자의 필수적 학문으로 자리매김하고자 했음을 알 수 있다.

둘째, 물리(物理)에 대한 새로운 인식에 기초하여 학문적 탐구 대상을 자연물로 확장하였다. 조선후기 물리에 대한 새로운 인식은 기존의 세계관과 인식론의 변화에 따른 결과물이었다. 나아가 그것은 공부의 대상과 방법에도 일단의 변화를 초래하였다. '격물치지론'의 재해석에 따라 자연법칙으로서의 물리에 대한 탐구가 적극적으로 모색되었고, 격물의 대상 역시 '성경현전(聖經賢傳)'에서 벗어나 자연물로 확장되었다. 그것은 천지만물을 포괄하는 박학적(博學的) 성격을 띠게 되었다. 학문의 연구 대상이 자연계를 포괄하는 만물(萬物)·만사(萬事)로 확장되었던 것이다. 이로 인해 종래 경전 주석학의 일종으로 '물리'를 논했던 상수학(象數學)과 '명물도수지학'의 내용에 변화가 일어났다. 전통적 상수학을 서양에서 전래된 수학·기하학 등 수리과학으로 이해하려는 경향이 나타나게 되었고, 자연학을 포함한 '명물도수지학'은 개별적 탐구를 통해 그 이치를 터득해야 하는 것으로 인식되었다. 이는 역리(易理)라는 선험적 진리를 전제로 자연현상을 연역적으로 이해하는 방식에서 수학적 방법에 기초하여 정량적(定量的)으로 자연을 분석할 수 있는 길을 열었다는 점에서 그 의미를 찾을 수 있다.

셋째, 학문방법론의 일환으로서 '수학(數學)과 실측(實測)'의 중요성에 대한 새로운 인식이 등장하였다. 조선후기에 서학을 적극적으로 수용했던 일부 학자들은 서양과학의 우수성을 '수학과 실측의 전통'에서 찾고 있었다. 이익을 비롯한 성호학파의 학자들도 예외가 아니었다. 성호학파의 산학에 대한 관심을 보여주는 대표적 저술은 이철환(李嚞煥)의 『예수유술(隸首遺術)』이었다. 성호학파의 학자들은 당대 천문역산학의 문제를 개혁하기 위한 방안으로 수학의 필요성과 함께 실측의 중요성을 강조했으며, 그 연장선에서 실측을 위한 기구로서 천문의기에 대해 많은 관심을 기울였다. 바로 이러한 인식의 전환을 통해 기존의 주자학적 자연학의 논리적 문제점을 '실측'과 '실증(實證)'의 차원에서 지적하였고, 그와는 다른 새로운 자연학을 모색하게 되었다.

성호학파의 구성원들, 특히 '좌파(左派)=신서파(信西派)'에 속하는 학자들은 이른바 '신유사옥(辛酉邪獄)'(1801년)을 거치면서 정치적으로 심대한 타격을 입고 정계에서 축출되었다. 이로 인해 '치의와 자득'으로 대표되던 성호학파의 학문 경향도 혹독한 비판에 직면하게 되었다. 19세기 위정척사운동의 핵심 인물 가운데 한 사람인 김평묵(金平默)은 이익의 『성호사설』에 포함되어 있는 서학 관련 내용과 성호학파의 서학 인식을 신랄하게 비판하였다. 서세동점(西勢東漸)이라는 현실적 위기감 속에서 성호학파의 서학 수용을 공격했던 것이다. 이와 같은 상황 속에서 성호학파의 학맥은 안정복(安鼎福)－황덕길(黃德吉)－허전(許傳)－허훈(許薰)으로 이어지는 계보를 통해 전승되었으며 일련의 보수화 과정을 거쳤다.

성호학파 자연학의 비판적 계승자로는 정약용을 거론할 수 있다. 그는 경학(經學) 연구의 과정에서 자기 자신의 천문역법론(天文曆法論)을 개진하였다. 그것은 크게 두 방향으로 정리되었는데 하나는 전통 천문역법론에 대한 비판과 수정이었고, 다른 하나는 서양 천문역법의 수용을 통한 절충·보완 작업이었다. 일월성신(日月星辰)에 대한 새로운 정의, 분야설(分野說)을 비롯하여 음양오행론(陰陽五行論)을 중심으로 한 전통 천문역법론에 대한 비판, 우주생성론의 수정, 선기옥형론(璿璣玉衡論)의 재해석 등이 전자에 속하는 것이라면, 서양 일월식론(日月蝕論)의 적극적 도입과 기삼백론(朞三百論)에서 보이는 서양 역법에 대한 긍정적 평가는 후자에 속하는 것이라 할 수 있다. 이와 같은 정약용의 천문역법론은 역대의 경전 주석에 나타난 내용을 비판적으로 검토하고, 성호학파의 학문적 전통을 계승하는 한편, 당시까지 도입된 서양 천문역산학의 내용을 적극적으로 수용하여 수정·보완한 것이었다. 이와 같은 그의 작업은 경학의 일종으로 이루어졌는데, 그 과정에서 경학을 통한 주자학의 비판과 극복이라는 정약용 나름의 특징적 학문 방법을 확인할 수 있다.

반면에 성호학파 자연학의 보수화 경향을 보여주는 사례로는 허전(許傳)의 관련 논의를 들 수 있다. 그는 이익 → 안정복 → 황덕길로 이어지는 성호학파의 학맥을 계승한 19세기의 대표적 학자이다. 성호학파 내에서 보수적 성향을 지니고 있었던 허전도 당시 학계에 범람하고 있던 서학의 유행 속에서 자유로울 수 없었다. 이는 그가 '서학중원설(西學中源說)'에 입각하여 서양의 지구설을 수용하고 있었던 사실에서 알 수 있다. 그는 지구설을 수용하여 종래의 우주론 속에 소화하였지만, 인간사회의 윤리적 질서를 자연질서로 설명하기 위해서 '천존지비(天尊地卑)', '양건음순(陽健陰順)'이라는 전통적 개념을 고수했다. 허전은 서양의 중천설(重天說)을 비판적으로 수용하는 한편, 일월식론(日月蝕論)을 재정리하고 그에 입각하여 재이설(災異說)을 제시하였다. 그는 재이설의 필요성을 강조하였고, 재이에는 천재(天災)와 함께 인재(人災)가 있다고 하면서, 인륜이 밝혀지지 않고 교화가 행해지지 않는 것[人倫不明·敎化不行]을 인재의 핵심 내용으로 거론했다. 아울러 이와 같은 인재를 해소하기 위해서는 인의예양(仁義禮讓)이라는 윤리도덕을 진작하는 것이 필요하다고 강조했다. 그가 수용했던 서양과학의 자연학 담론들은 전통적 재이설의 범주 내에서 기능하고 있었던 것이다. 허전에게서 확인할 수 있듯이 19세기 성호학파의 자연학은 이전의 참신성을 잃고 선배들의 담론을 답습하면서 창조적 활력을 보여주지 못했다. 그것은 일종의 굴절(屈折) 내지 변주(變奏)의 과정이었다.

조선후기의 사회변동 속에서 진보적 사상 조류가 싹트기 시작하였다. 그것은 조선후기의 내재적 발전 과정에서 자생적으로 형성된 새로운 사유체계였다. 이는 조선왕조의 지배이데올로기였던 주자학과 충돌을 일으켰으며, 그에 대한 반성·비판의 일환으로 여타 학문에 대한 개방성, 상대주의적 인식을 보여주었다. 서학(西學)을 비롯한 다양한 학문에 대한 관심은 이러한 바탕 위에서 가능했다. 그것은 주자학 절대주의(絶對主義) 체제에 대한 본질적 문제 제기였던 바, 이러한 새로운 사상적 조류에 대해 정통 학계는 철저히 '주자도통주의(朱子道統主義)'로 대응하였다. 때문에 조선후기 사상계의 흐름은 크게 보수와 진보, 주자학 절대주의와 주자학 상대주의의 대립 구도로 살펴볼 수 있다.

자연학의 측면에서 보자면 조선후기 사상계의 변동은 주자학적 자연학의 동요와 해체, 새로운 자연학 담론의 수립으로 특징지을 수 있다. 새로운 사유체계의 등장과 함께 한편으로 주자학의 자연학 논의에 대한 비판이 다각도로 제기되었고, 다른 한편으로는 그것과 질적으로 다른 새로운 자연학 담론을 창출하기 위한 노력이 시도되었다. 성호학파의 자연학은 그와 같은 사상 조류의 하나였던 것이다. 성호학파 학자들의 자연인식은 주자학에 대한 비판의 연장선에서 여타 학문에 대한 개방성을 보여주었다. 서학의 적극적 수용은 그러한 변화의 모습을 확인할 수 있는 주요 지표라 할 수 있다. 서양의 자연지식을 수용함으로써 성호학파의 자연인식은 이전의 그것에 비해 질적인 비약을 이룩할 수 있었다. 전통적 자연학의 내용에 비해 질적으로 우수한 서양과학의 이론과 방법은 주자학적 자연학을 교정할 수 있는 유용한 수단으로 인식되었고, 그에 기초하여 인식론·세계관의 전환을 모색하게 되었다. 중국 중심의 세계질서로부터의 이탈, 인간 중심적 사고의 전환은 결국 절대주의적 관점으로부터 상대주의적 관점으로의 전환을 의미하는 것이며, 그 연장선에서 자국의 역사와 문화에 대한 새로운 이해가 가능하게 되었던 것이다. 조선후기 세계관의 변화, 그것과 연동되어 있는 인간·사회관의 변화는 주자학으로 대표되는 중세적 합리주의를 넘어서 새로운 사유체계를 지향하는 주체적 노력의 산물이었다고 할 수 있을 것이다.

〈별표〉 이병휴의 치윤지도(置閏之道)

	기간	개월		半日强의 합 (+前月餘分)	除日法940 本月의 餘分 산출	누적된 閏率의 합	閏率의 합+(前閏餘分)- (前月 餘分)+本月의 餘分	閏月 半日强+ 本月의 餘分	大小
第1閏	癸亥 11월~ 丙寅 6월	32	本月小而 來月大	499×32=1,5968	1,5968÷940=16 $\frac{928}{940}$ 16大月과 餘分 928	(852.25×32)÷940=29 $\frac{12}{940}$ 29일과 餘分 12	29 $\frac{12}{940}$ + $\frac{928}{940}$ =30(大月)	499+928=1427 $\frac{1427}{940}$ =1 $\frac{486}{940}$ (1일 487분)	閏6月大
第2閏	丙寅 7월~ 己巳 3월	33	本月大而 來月小	499×33=1,6467 1,6467+487=1,6954	1,6954÷940=18 $\frac{34}{940}$ 18大月과 餘分 34	(852.25×33)÷940=29 $\frac{864.25}{940}$ 29일과 餘分 864.25	29 $\frac{864.25}{940}$ - $\frac{487}{940}$ + $\frac{34}{940}$ =29 $\frac{411.25}{940}$ (小月)	499+34=533 (未滿 1일, 餘分 533)	閏3月小
第3閏	己巳 4월~ 辛未 12월	33	本月大而 來月小	499×33=1,6467 1,6467+533=1,7000	1,7000÷940=18 $\frac{80}{940}$ 18大月과 餘分 80	(852.25×33)÷940=29 $\frac{864.25}{940}$ 29일과 餘分 864.25	29 $\frac{864.25}{940}$ + $\frac{411.25}{940}$ - $\frac{533}{940}$ + $\frac{80}{940}$ =29 $\frac{822.5}{940}$ (小月)	499+80=579 (未滿 1일, 餘分 579)	閏12月小
第4閏	壬申 1월~ 甲戌 9월	33	本月大而 來月小	499×33=1,6467 1,6467+579=1,7046	1,7046÷940=18 $\frac{126}{940}$ 18大月 餘分 126	(852.25×33)÷940=29 $\frac{864.25}{940}$ 29일과 餘分 864.25	29 $\frac{864.25}{940}$ + $\frac{822.5}{940}$ - $\frac{579}{940}$ + $\frac{126}{940}$ =30 $\frac{293.75}{940}$ 29일=來月小之數 餘分 1 $\frac{293.75}{940}$	499+126=625 (未滿 1일, 餘分 625)	閏9月小
第5閏	甲戌 10월~ 丁丑 5월	32	本月小而 來月大	499×32=1,5968 1,5968+625=1,6593	1,6593÷940=17 $\frac{613}{940}$ 17大月 餘分 613	(852.25×32)÷940=29 $\frac{12}{940}$ 29일과 餘分 12	29 $\frac{12}{940}$ +1 $\frac{293.75}{940}$ - $\frac{625}{940}$ + $\frac{613}{940}$ =30 $\frac{293.75}{940}$ (大月)	499+613=1112 $\frac{1112}{940}$ =1 $\frac{172}{940}$ (1일 172분)	閏5月大
第6閏	丁丑 6월~ 庚辰 1월	32	本月大而 來月小	499×32=1,5968 1,5968+172=1,6140	1,6140÷940=17 $\frac{160}{940}$ 17大月 餘分 160	(852.25×32)÷940=29 $\frac{12}{940}$ 29일과 餘分 12	29 $\frac{12}{940}$ + $\frac{293.75}{940}$ - $\frac{172}{940}$ + $\frac{160}{940}$ =29 $\frac{293.75}{940}$ (小月)	499+160=659 (未滿 1일, 餘分 659)	閏正月小
第7閏	庚辰 2월~ 壬午 10월	33	本月大而 來月小	499×33=1,6467 1,6467+659=1,7126	1,7126÷940=18 $\frac{206}{940}$ 18大月 餘分 206	(852.25×33)÷940=29 $\frac{864.25}{940}$ 29일과 餘分 864.25	29 $\frac{864.25}{940}$ + $\frac{293.75}{940}$ - $\frac{659}{940}$ + $\frac{206}{940}$ =29 $\frac{705}{940}$ (小月)	499+206=705 (未滿 1일, 餘分 705)	閏10月小
		228			122大月 (122×30=3660) 106小月 (106×29=3074)				2개 大月 5개 小月

참고문헌

1. 자료

〈文集類〉

李　瀷(1681~1763),『星湖全集』,『星湖僿說』,『星湖僿說類選』;『星湖全書』一~七, 驪江出版社, 1984.

成均館大學校 大東文化硏究院 編,『近畿實學淵源諸賢集』一~六, 成均館大學校 出版部, 2002. → 李用休(1708~1782), 李秉休(1710~1776), 李重煥(1690~1752), 李嘉煥(1722~1779), 李森煥(1729~1813), 李家煥(1742~1801) 등의 자료 수록

尹東奎(1695~1773),『邵南遺稿』, 東아시아學術院 大東文化硏究院, 2006.

한국학중앙연구원 장서각 편,『邵南 尹東奎 書簡』, 한국학중앙연구원 출판부, 2012.

愼後聃(1702~1761),『河濱先生全集』(卷1~卷9), 亞細亞文化社, 2006.

安鼎福(1712~1791),『順菴集』,『順菴覆瓿稿』,『雜同散異』,『臨官政要』,『百里鏡』;『順庵全集』一~四, 驪江出版社, 1984.

黃德壹(1748~1800),『拱白堂集』

黃德吉(1750~1827),『下廬集』

丁若鏞(1762~1836),『與猶堂全書』,『與猶堂集』,『與猶堂全書補遺』(景仁文化社, 1974)

李學逵(1770~1835),『洛下生集』

許　傳(1797~1886),『性齋集』

許　薰(1836~1907),『舫山集』

權　萬(1688~1749),『江左集』
金度行(1728~1812),『雨皐集』
金世濂(1593~1646),『東溟集』
金平默(1819~1891),『重菴集』
南克寬(1689~1714),『夢囈集』
南漢朝(1744~1809),『損齋集』
朴光元(1659~1741),『白野堂集』
白文寶(1303~1374),『淡庵逸集』
宋時烈(1607~1689),『宋子大全』
徐有本(1762~1822),『左蘇山人文集』
徐浩修(1736~1799),『私稿』
宋明欽(1705~1768),『櫟泉集』
宋時烈(1607~1689),『宋子大全』
申體仁(1731~1812),『晦屛集』
吳熙常(1763~1833),『老洲集』
尹　愭(1741~1826),『無名子集』
李南珪(1855~1907),『修堂遺集』
李德弘(1541~1596),『艮齋集』
李晩燾(1842~1910),『響山集』
李萬敷(1664~1732),『息山集』
李萬運(1736~1820),『默軒集』
李象靖(1711~1781),『大山集』
李　穡(1328~1396),『牧隱文藁』
李廷龜(1564~1635),『月沙集』
李恒福(1556~1618),『白沙集』
李獻慶(1719~1791),『艮翁集』
李　滉(1501~1570),『退溪集』
林象德(1683~1719),『老村集』
任聖周(1711~1788),『鹿門集』
林　泳(1649~1696),『滄溪集』
張　維(1587~1638),『谿谷漫筆』

鄭齊斗(1649~1736), 『霞谷集』
曺兢燮(1873~1933), 『巖棲集』
趙述道(1729~1803), 『晩谷集』
趙　翼(1579~1655), 『浦渚集』
蔡濟恭(1720~1799), 『樊巖集』
崔錫鼎(1646~1715), 『明谷集』
崔漢綺(1803~1877), 『增補 明南樓叢書』, 成均館大學校 大東文化硏究院, 2002.
洪大容(1731~1783), 『湛軒書』
洪良浩(1724~1802), 『耳溪集』
洪直弼(1776~1852), 『梅山集』
黃胤錫(1729~1791), 『頤齋亂藁』

〈經傳類〉

『論語集註』
『大學或問』
『孟子集註』
『書傳大全』(『書經』)
『詩經』
『禮記』
『周易傳義大全』
『中庸章句』
『春秋左氏傳』, 『春秋三傳』(上海：上海古籍出版社, 1987)
『十三經注疏 整理本』 1~26(北京：北京大學出版社, 2000)

秦蕙田(1702~1764), 『五禮通考』

〈역사서/지리지〉

『大東野乘』
『承政院日記』
『朝鮮王朝實錄』:『世宗實錄』, 『宣祖實錄』, 『正祖實錄』

安鼎福(1712~1791), 『東史綱目』

『明史』, 『明史紀事本末』
『史記』
『元史』
『晉書』
『後漢書』

『新增東國輿地勝覽』
『東國文獻備考』「輿地考」
李重煥(1690~1752), 『擇里志』

〈性理學/朱子學 관련 서적〉
『近思錄』
『性理大全』
『小學集註』
『心經』
『儀禮經傳通解』

『二程集』(台北：漢京文化事業有限公司, 1983)
『朱子語類』(北京：中華書局, 1994)
『朱子全書』(上海古籍出版社·安徽教育出版社, 2002)

張顯光(1554~1637), 『易學圖說』
胡方平, 『易學啓蒙通釋』

〈類書類〉
馬端臨, 『文獻通考』
李睟光(1563~1682), 『芝峯類說』
李圭景(1788~1856?), 『五洲衍文長箋散稿』

〈西學書/과학기술서〉

『簡平儀說』

『乾坤體義』

『坤輿圖說』

『新法算書』

『御製曆象考成』

『儀象考成』

『職方外紀』

『天問略』

『天主實義』

『天學初函』(亞細亞文化社, 1976)

『測量法義』

『泰西水法』

『渾蓋通憲圖說』

朱維錚 主編, 『利瑪竇中文著譯集』(上海：復旦大學出版社, 2001)

『天文類抄』

梅文鼎(1633~1721), 『曆算全書』

邢雲路, 『古今律曆考』

鮑雲龍(1226~1296), 『天原發微』

〈政法書〉

『續大典』

柳馨遠, 『磻溪隨錄』

〈기타〉

『萬姓大同譜』

『典故大方』

『古文眞寶後集』

『唐宋八大家文鈔』

『東文選』

『東軒筆錄』

『西京雜記』

『宣和奉使高麗圖經』

『揚子法言』

『周易參同契考異』

『滄浪詩話』

『淮南子』

『異學集辨』(韓國國學振興院, 2004)

〈번역서〉

안정복(박지현 옮김), 『순암 안정복의 만물유취』, 사람의무늬, 2014.

이병휴(실시학사 고전문학연구회·경학연구회 옮김), 『정산 이병휴의 시와 철학』, 사람의무늬, 2013.

이용휴(조남권·박동욱 옮김), 『혜환 이용휴 시전집』, 소명출판, 2002.

이용휴(조남권·박동욱 옮김), 『혜환 이용휴 산문전집』 상·하, 소명출판, 2007.

이학규(실시학사 고전문학연구회 옮김), 『유배지에서 역사를 노래하다, 영남악부』, 성균관대학교 출판부, 2011.

줄리오 알레니(천기철 옮김), 『직방외기』, 일조각, 2005.

페르비스트(南懷仁)(박혜민·허경진 옮김), 『소남 선생이 필사한 곤여도설』, 보고사, 2021.

2. 단행본

〈국내〉

강경원, 『이익李瀷』, 성균관대학교 출판부, 2002.

강병수, 『하빈 신후담의 학문 세계』, 다홀미디어, 2021.

강세구, 『순암 안정복의 학문과 사상 연구』, 혜안, 1996

강세구, 『성호학통 연구』, 혜안, 1999.

具萬玉, 『朝鮮後期 科學思想史 研究 Ⅰ－朱子學的 宇宙論의 變動－』, 혜안, 2004.

구만옥,『영조 대 과학의 발전』, 한국학중앙연구원 출판부, 2015.
琴章泰,『退溪學派의 思想』 II, 集文堂, 2001.
금장태,『성호와 성호학파』, 서울대학교출판문화원, 2014.
金文植,『朝鮮後期經學思想研究－正祖와 京畿學人을 중심으로－』, 一潮閣, 1996.
김문용,『홍대용의 실학과 18세기 북학사상』, 예문서원, 2005.
김문용,『조선후기 자연학의 동향』, 高麗大學校 民族文化研究院, 2012.
김선희,『서학, 조선 유학이 만난 낯선 거울』, 모시는사람들, 2018.
金良善,『梅山國學散稿』, 崇田大學校 博物館, 1972.
김영식,『주희의 자연철학』, 예문서원, 2005 ; Yung Sik Kim, The Natural Philosophy of Chu Hsi 1130-1200, American Philosophical Society, 2000.
金容傑,『星湖 李瀷의 哲學思想研究』, 成均館大學校出版部, 1989.
김용걸,『이익사상의 구조와 사회 개혁론』, 서울대학교출판부, 2004.
문중양,『조선후기 水利學과 水利담론』, 集文堂, 2000.
문중양 외,『韓國儒學思想大系』 XII(科學技術思想編), 한국국학진흥원, 2009.
배우성,『조선후기 국토관과 천하관의 변화』, 일지사, 1998.
裵宗鎬,『韓國儒學史』, 延世大學校 出版部, 1974.
李龍範,『韓國科學思想史研究』, 東國大學校 出版部, 1993.
李元淳,『朝鮮西學史研究』, 一志社, 1986.
원재린,『조선후기 星湖學派의 학풍 연구』, 혜안, 2003.
윤재환,『옥동 이서의 삶과 시세계 그리고 성호학』, 학자원, 2020.
이내옥,『공재 윤두서』, 시공사, 2003
이은성,『曆法의 原理分析』, 정음사, 1985
이은희,『칠정산내편의 연구』, 한국학술정보, 2007.
임종태,『17, 18세기 중국과 조선의 서구 지리학 이해－지구와 다섯 대륙의 우화』, 창비, 2012.
정경주·김철범,『성재 허전, 조선말 근기실학의 종장』, 景仁文化社, 2013.
鄭豪薰,『朝鮮後期 政治思想 研究－17세기 北人系 南人을 중심으로－』, 혜안, 2004
趙誠乙,『與猶堂集의 文獻學的 研究－詩律 및 雜文의 年代考證을 中心으로－』, 혜안, 2004.
차기진,『조선 후기의 西學과 斥邪論 연구』, 한국교회사연구소, 2002.

최석기·정만조·이헌창·김문식·구만옥,『성호 이익 연구』, 사람의무늬, 2012.
韓沽劤,『星湖李瀷研究－人間 星湖와 그의 政治思想－』, 서울大學校出版部, 1980.
한국사상사연구회,『조선유학의 개념들』, 예문서원, 2002.
함영대,『성호학파의 맹자학』, 태학사, 2011.
허경진,『성호학파의 좌장, 소남 윤동규』, 보고사, 2021.
洪以燮,『朝鮮科學史』, 正音社, 1946.

〈국외〉

溝口雄三·丸山松幸·池田知久,『中國思想文化事典』, 東京：東京大學出版會, 2001.
徐宗澤　編,『明淸間耶穌會士譯著提要』, 北京：中華書局, 1949.
張培瑜,『三千五百年歷日天象』, 河南：河南教育出版社, 1990.
陳　來,『朱熹哲學研究』, 北京：中國社會科學出版社, 1987.
陳美東,『中國科學技術史(天文學卷)』, 北京：科學出版社, 2003.
川原秀城,『朝鮮數學史－朱子學的な展開とその終焉』, 東京：東京大學出版會, 2010 ; 가와하라 히데키(안대옥 옮김),『조선수학사－주자학적 전개와 그 종언』, 예문서원, 2017.

〈번역서〉

샤를르 달레(安應烈·崔奭祐 譯註),『韓國天主敎會史』 上, 한국교회사연구소, 2000(6판).
야마다 케이지(김석근 옮김),『朱子의 自然學』, 통나무, 1991.
李儼·杜石然, 안대옥 옮김,『중국수학사』, 예문서원, 2019.

3. 논문

강병수,「星湖學派의 東國 經學 思惟－家學과 自得의 학문추구 방법으로부터－」,『朝鮮時代史學報』 57, 朝鮮時代史學會, 2011.
姜世求,「星湖死後 順菴 安鼎福系列 星湖學統의 전개」,『實學思想研究』 10·11, 毋岳實學會, 1999.
姜世求,「性齋 許傳의 星湖學統 繼承」,『實學思想研究』 13, 毋岳實學會, 1999.

姜世求, 「丁若鏞의 星湖學派 再起 試圖에 관한 一考察」, 『京畿史學』 4, 京畿史學會, 2000.
강세구, 「李森煥의 「洋學辨」 저술과 湖西지방 星湖學派」, 『실학사상연구』 19·20, 역사실학회(무악실학회), 2001.
姜世求, 「19세기 嶺南南人 星湖學統 朴致馥에 관한 고찰」, 『京畿史學』 8, 京畿史學會, 2004.
姜世求, 「星湖學派와 星湖門人 尹東奎」, 『실학사상연구』 28, 역사실학회(무악실학회), 2005.
강세구, 「성호학파의 분화와 안정복·이삼환계열 성호학통」, 『星湖學報』 14, 성호학회, 2013.
강세구, 「木齋 李森煥의 湖西地方 星湖學統 嫡統性」, 『역사와 실학』 56, 역사실학회, 2015.
곽호제, 「朝鮮後期 德山地域 驪州李氏家의 學問的 性格－西洋學問에 대한 對應을 중심으로－」, 『지방사와 지방문화』 제7권 제1호, 역사문화학회, 2004.
具萬玉, 「星湖 李瀷의 科學思想－과학적 자연인식－」, 『民族과 文化』 9, 漢陽大學校 民族學硏究所, 2000.
구만옥, 「朝鮮後期 '地球'說 受容의 思想史的 의의」, 『河炫綱敎授定年紀念論叢 韓國史의 構造와 展開』, 혜안, 2000.
구만옥, 「朝鮮後期 天體運行論의 변화」, 『實學思想硏究』 17·18(元裕漢 敎授 定年紀念號(下)), 毋岳實學會, 2000.
구만옥, 「朝鮮後期 潮汐說과 '東海無潮汐論'」, 『東方學志』 111, 延世大學校 國學硏究院, 2001.
구만옥, 「朝鮮後期 日月蝕論의 變化」, 『韓國思想史學』 19, 韓國思想史學會, 2002.
구만옥, 「조선후기 '선기옥형'에 대한 인식의 변화」, 『한국과학사학회지』 제26권 제2호, 韓國科學史學會, 2004.
구만옥, 「朝鮮後期 '近畿南人系 星湖學派'의 水利論」, 『星湖學報』 1, 星湖學會, 2005.
구만옥, 「다산 정약용의 천문역법론」, 『茶山學』 10, 재단법인 다산학술문화재단, 2007.
구만옥, 「기삼백과 선기옥형론」, 『韓國儒學思想大系』 XII(科學技術思想編), 한국국학진흥원, 2009.
구만옥, 「조선후기 서학 수용과 배척의 논리－星湖學派의 西學觀을 중심으로－」,

『東國史學』 64, 동국역사문화연구소, 2018.
구만옥, 「조선후기 과학사 연구에서 '실학'의 문제」, 『韓國實學研究』 36, 韓國實學學會, 2018.
구만옥, 「貞山 李秉休(1710~1776)의 학문관과 천문역산학 담론」, 『韓國實學研究』 38, 韓國實學學會, 2019.
구만옥, 「자연지식에 대한 星湖學派 내부의 담론－尹東奎와 安鼎福의 논의를 중심으로－」, 『韓國實學研究』 42, 韓國實學學會, 2021.
구지현, 「성호 이익과 소남 윤동규가 주고받은 書簡의 樣相」, 『藏書閣』 37, 한국학중앙연구원, 2017.
權泰檍, 「≪應製詩註≫ 解題」, 『韓國文化』 3, 서울大學校 韓國文化研究所, 1982.
金康植, 「性齋 許傳의 學風과 歷史的 位相」, 『文化傳統論集』 7, 慶星大學校 韓國學研究所, 1999.
김문식, 「星湖 李瀷의 箕子 인식」, 『退溪學과 韓國文化』 33, 慶北大學校 退溪學研究所, 2003.
김문용, 「성호학파 천문·역법론의 추이와 성격」, 『조선시대 전자문화지도와 문화 연구』, 고려대학교 민족문화연구원, 2006.
김선희, 「19세기 영남 남인의 서학 비판과 지식 권력 : 류건휴의 『이학집변』을 중심으로」, 『韓國思想史學』 51, 韓國思想史學會, 2015.
金宣姬, 「조선 후기 지적 승인의 이념과 그 변용 : 예수회의 세계 지도와 지리학 도입을 중심으로」, 『儒教思想文化研究』 77, 韓國儒教學會, 2019.
김성수, 「朝鮮後期 西洋醫學의 受容과 人體觀의 變化－星湖學派를 중심으로－」, 『民族文化』 31, 한국고전번역원, 2008.
김순미, 「大埜 柳健休의 ≪異學集辨≫에 나타난 천주학 비판에 관한 연구」, 『教會史研究』 45, 한국교회사연구소, 2014.
金時鄴, 「邵南 尹東奎의 近畿學派에서의 位置」, 『韓國實學研究』9, 韓國實學學會, 2005.
金約瑟, 「星湖手寫本 「擇里誌」에 對하여」, 『國會圖書館報』 第5卷 第4號, 大韓民國國會圖書館, 1968.
金良善, 「韓國古地圖研究抄－世界地圖」, 『梅山國學散稿』, 崇田大學校 博物館, 1972.
김영식, 「미신과 술수에 대한 정약용의 태도」, 『茶山學』 10, 다산학술문화재단, 2007.

김영진, 「예헌(例軒) 이철환의 생애와 『상산삼매(象山三昧)』」, 『민족문학사연구』 27, 민족문학사학회, 2005.
金泳鎬, 「韓國의 傳統的 科學技術思想의 변모」, 『人文科學』 2, 成均館大學校 人文科學研究所, 1972
金容傑, 「星湖의 自然 認識과 理氣論 體系 變化」, 『韓國實學研究』 創刊號, 솔, 1999.
金龍泰, 「貞山 李秉休 시문학에 대한 일고찰-시인적 면모와 학자적 면모의 관련양상을 중심으로-」, 『韓國實學研究』 26, 韓國實學學會, 2013.
김일권, 「신법천문도 방성도의 자료 발굴과 국내 소장본 비교 고찰 : 해남 녹우당과 국립민속박물관 및 서울역사박물관 소장본을 대상으로」, 『조선의 과학문화재』, 서울역사박물관, 2004
김정민, 「정산 이병휴의 성호 예악 계승 양상-성호 이익과의 왕래 편지를 중심으로-」, 『성호학보』 15, 성호학회, 2014.
김정민, 「서간으로 본 정산 이병휴의 학문 태도-공희노설 논쟁을 중심으로」, 『성호학보』 19, 성호학회, 2017.
金鍾錫, 「近畿 退溪學派 연구를 위한 예비적 고찰-星湖 李瀷의 學問淵源과 退溪學 수용 양상」, 『退溪學報』 111, 退溪學研究院, 2002.
金駿錫, 「柳馨遠의 公田制理念과 流通經濟育成論」, 『人文科學』 74, 연세대학교 인문과학연구소, 1995.
金喆凡, 「性齋 許傳의 生涯와 學問淵源」, 『文化傳統論集』 5, 慶星大學校 韓國學研究所, 1997.
김학수, 「星湖 李瀷의 學問淵源-家學의 淵源과 師友관계를 중심으로-」, 『星湖學報』 1, 星湖學會, 2005.
김형찬, 「여주이씨·성호학파의 지식논쟁과 지식권력의 형성」, 『민족문화연구』 60, 고려대학교 민족문화연구원, 2013.
金弘炅, 「星湖 李瀷의 科學精神-神秘主義思想 批判을 중심으로-」, 『大東文化研究』 28, 成均館大學校 大東文化研究院, 1993.
김홍경, 「이익의 자연 인식」, 『실학의 철학』, 예문서원, 1996.
노상호, 「18세기 물리(物理) 개념을 통해서 본 성호(星湖) 이익(李瀷)의 인식론 탐구」, 『한국학연구』 81, 고려대학교 한국학연구소, 2022.
문석윤, 「星湖 李瀷의 心說에 대하여 : 畏庵 李栻의 「堂室銘」에 대한 비판을 중심으로」, 『철학연구』 86, 철학연구회, 2009.

문중양, 「18세기말 천문역산 전문가의 과학활동과 담론의 역사적 성격-徐浩修와 李家煥을 중심으로-」, 『東方學志』 121, 延世大學校 國學研究院, 2003.
박권수, 「術數와 災異에 대한 李瀷의 견해」, 『星湖學報』 3, 星湖學會, 2006.
朴星來, 「星湖僿說 속의 서양과학」, 『震檀學報』 59, 震檀學會, 1985.
朴星來, 「韓國近世의 西歐科學 受容」, 『東方學志』 20, 延世大學校 國學研究院, 1978.
박용만, 「성호학파 한문학의 연구 성과와 향후 과제」, 『성호학보』 16·17, 성호학회, 2015.
박인호, 「성호학파의 역사인식과 역사학-연구 성과와 방향-」, 『성호학보』 16·17, 성호학회, 2015.
박인호, 「조선초기 시가류에 나타난 역사지리인식」, 『韓國史學史學報』 46, 韓國史學史學會, 2022
朴浚鎬, 「貞山 李秉休의 學問的 傾向과 詩世界」, 『東方漢文學』 15, 東方漢文學會, 1998.
박혜민, 「性齋 許傳의 「外國記」에 관한 小考」, 『東洋漢文學研究』 60, 東洋漢文學會, 2021.
박혜민, 「『곤여도설(坤輿圖說)』의 조선 전래와 그 판본 검토-인천에 전해지는 윤동규(尹東奎) 필사본을 중심으로-」, 『인천학연구』 37, 인천대학교 인천학연구원, 2022.
부유섭, 「성호 이익의 보록류 도서의 지식 원천과 성격」, 『민족문화연구』 60, 고려대학교 민족문화연구원, 2013.
徐鍾泰, 「星湖學派의 陽明學 受容-茯菴 李基讓을 중심으로-」, 『韓國史研究』 66, 韓國史研究會, 1989.
서종태, 「巽菴 丁若銓의 實學思想」, 『東亞研究』 24, 西江大學校 東亞研究所, 1992.
徐鍾泰, 「星湖學派의 陽明學과 西洋科學技術」, 『韓國思想史學』 9, 韓國思想史學會, 1997.
徐鍾泰, 「星湖學派의 陽明學과 實學」, 『朝鮮時代史學報』 7, 朝鮮時代史學會, 1998.
徐鍾泰, 「星湖學派의 陽明學과 天主教」, 『東洋哲學研究』 27, 東洋哲學研究會, 2001.
서종태, 「順菴 安鼎福의 〈天學設問〉과 〈天學考〉·〈天學問答〉에 관한 연구」, 『교회사연구』 41, 한국교회사연구소, 2013.
송갑준, 「성호학파의 분기와 사상적 쟁점」, 『人文論叢』 13, 경남대학교 인문과학연구소, 2000.

송혁기, 「剡溪 李潛의 丙戌年 上疏 연구」, 『민족문화연구』 60, 고려대학교 민족문화연구원, 2013.
심경호, 「성호학파의 계보」, 『星湖學報』 2, 星湖學會, 2006.
安大玉, 「마테오 리치(利瑪竇)와 補儒論」, 『東洋史學硏究』 106, 東洋史學會, 2009.
안대옥, 「『周髀算經』과 西學中源說－명말 서학수용 이후 『주비산경』 독법의 변화를 중심으로－」, 『韓國實學硏究』 18, 韓國實學學會, 2009.
安大玉, 「淸代 前期 西學 受容의 형식과 외연」, 『中國史硏究』 65, 中國史學會, 2010.
安大玉, 「『性理精義』와 西學」, 『大東文化硏究』 77, 成均館大學校 大東文化硏究院, 2012.
안대옥, 「18세기 正祖期 朝鮮 西學 受容의 系譜」, 『東洋哲學硏究』 71, 동양철학연구회, 2012.
안승우, 「성호(星湖) 이익(李瀷)의 홍범(洪範)에 대한 관점 고찰」, 『儒敎思想文化硏究』 86, 韓國儒敎學會, 2021.
안영상, 「성호학파의 宇宙論과 도덕 실천적 心性論의 분리」, 『민족문화연구』 32, 고려대학교 민족문화연구원, 1999.
양진석, 「18세기말 전국 지리지 『해동여지통재(海東輿地通載)』의 추적」, 『奎章閣』 43, 서울대학교 규장각한국학연구원, 2013.
오상학, 「鄭尙驥의 〈東國地圖〉에 관한 연구－제작배경과 寫本들의 系譜를 중심으로－」, 『地理學論叢』 24, 서울大學校 社會科學大學 地理學科, 1994.
오지석, 「적응과 변용으로 본 성호(星湖) 학맥과 보만재(保晩齋) 가학(家學)에 나타난 서학인식」, 『한국기독교문화연구』 14, 숭실대학교 한국기독교문화연구원, 2020.
원재린, 「星湖 李瀷의 人間觀과 政治改革論－朝鮮後期 荀子學說 受容의 一端－」, 『學林』 18, 1997.
유봉학, 「18세기 南人 분열과 畿湖南人 學統의 성립－≪桐巢謾錄≫을 중심으로－」, 『한신대학 논문집』 1, 한신대학교, 1983
유현재, 「성호학파의 경제사상 연구의 회고와 전망」, 『성호학보』 16·17, 성호학회, 2015.
柳洪烈, 「李睟光의 生涯와 그 後孫들의 天主教 信奉」, 『歷史教育』 13, 歷史教育硏究會, 1970

尹載煥, 「近畿南人 學統의 展開와 星湖學의 形成」, 『溫知論叢』 36, 溫知學會, 2013.
尹載煥, 「驪州李氏 星湖 家系 知識 傳承의 一 樣相－玉洞 李漵를 中心으로－」, 『민족문화연구』 60, 고려대학교 민족문화연구원, 2013.
尹載煥, 「星湖學의 槪念 定立을 위한 試論－적용의 가능성과 쟁점의 제시를 중심으로－」, 『東洋古典硏究』 67, 東洋古典學會, 2017.
윤재환, 「성호학파를 통해 본 조선후기 지식 집단의 형성과 변모의 한 양상」, 『고전과해석』 26, 고전문학한문학연구학회, 2018.
李家源, 「「物譜」와 實學思想」, 『人文科學』 5, 延世大學校 文科大學(人文科學硏究所), 1960.
이광호, 「성호 이익의 서학 수용의 경학적 기초」, 『韓國實學硏究』 7, 韓國實學學會, 2004.
이덕희, 「물보와 청관물명고의 사전적 특성－사전의 체제와 정의항의 유형」, 『새국어교육』 73, 한국국어교육학회, 2006.
이동욱, 「星湖의 필사본 疾書 11종 異本 연구」, 『泰東古典硏究』 30, 翰林大學校 泰東古典硏究所, 2013
이봉규, 「邵南의 학술활동과 星湖學派에서의 성격」, 『仁川文化硏究』 3, 仁川廣域市立博物館, 2005.
이봉규, 「해제 : 서간을 통해 본 윤동규의 학문」, 『邵南 尹東奎 書簡』, 한국학중앙연구원 출판부, 2012.
이수환·정병석·백도근, 「성호학과 성호후파학의 이동문제」, 『哲學硏究』 101, 大韓哲學會, 2007.
李龍範, 「法住寺所藏의 新法天文圖說에 對하여－在淸天主敎神父를 通한 西洋天文學의 朝鮮傳來와 그 影響－」, 『歷史學報』 32, 歷史學會, 1966.
李龍範, 「李瀷의 地動論과 그 論據－附 : 洪大容의 宇宙觀－」, 『震檀學報』 34, 震檀學會, 1972.
李龍範, 「李朝實學派의 西洋科學受容과 그 限界－金錫文과 李瀷의 경우－」, 『東方學志』 58, 延世大學校 國學硏究院, 1988.
李佑成, 「韓國儒學史上 退溪學派之形成及其展開」, 『退溪學報』 26, 退溪學硏究院, 1980.
李元淳, 「星湖 李瀷의 西學世界」, 『敎會史硏究』 1, 한국교회사연구소, 1977.
이원준, 「성호학파 격물관(格物觀)을 통해 본 격물궁리(格物窮理) 전통의 변동」,

『한국철학논집』 75, 한국철학사연구회, 2022.
李乙浩, 「恭齋 尹斗緖行狀」, 『美術資料』 14, 국립중앙박물관, 1970
이정림, 「이익(李瀷)의 새로운 재이(災異) 분류와 재이에 대한 책임 소재의 확대」, 『한국과학사학회지』 제42권 제1호, 한국과학사학회, 2020.
임부연, 「貞山과 茶山의 『대학』 해석 비교-사상의 연속과 단절을 중심으로」, 『退溪學報』 134, 退溪學研究院, 2013.
임부연, 「성호학파의 천주교 인식과 유교적 대응」, 『韓國思想史學』 46, 韓國思想史學會, 2014.
林宗台, 「17·18세기 서양 과학의 유입과 분야설의 변화-『星湖僿說』 「分野」의 사상사적 위치를 중심으로-」, 『韓國思想史學』 21, 韓國思想史學會, 2003.
林熒澤, 「丁若鏞의 經學과 崔漢綺의 氣學-동서의 학적 만남의 두 길-」, 『大東文化研究』 45, 成均館大學校 大東文化研究院, 2004.
전성건, 「先祖의 善德과 後孫의 記憶-驪州 李氏의 家史 繼承을 중심으로-」, 『민족문화연구』 60, 고려대학교 민족문화연구원, 2013.
전용훈, 「17세기 서양 세차설의 전래와 동아시아 지식인의 반응」, 『韓國實學研究』 20, 韓國實學學會, 2010.
전용훈, 「19세기 조선 수학의 지적 풍토 : 홍길주(1786~1841)의 수학과 그 연원」, 『한국과학사학회지』 제26권 제2호, 韓國科學史學會, 2004.
전재동, 「성호학파 경학 연구의 성과와 향후 과제」, 『성호학보』 16·17, 성호학회, 2015.
정경주, 「性齋 許傳의 학문 사상과 그 학술사적 위상」, 『南冥學연구』 31, 慶尙大學校 南冥學研究所, 2011.
鄭景姬, 「朱子禮學의 변화와 ≪儀禮經傳通解≫」, 『震檀學報』 86, 震檀學會, 1998.
정대영, 「지식인이 바라본 조선후기 관찬지리지 제작-영·정조 연간의 지리지를 중심으로-」, 『奎章閣』 51, 서울대학교 규장각한국학연구원, 2017.
鄭燾源, 「近畿南人 學統 再檢討-道統의 계승인가, 形而上學의 계승인가?-」, 『儒教思想文化研究』 56, 韓國儒教學會, 2014.
鄭燾源, 「星湖 李瀷의 退溪 읽기와 學派分裂-星湖와 近畿南人의 학문적 접점과 "道東"論의 괴리-」, 『儒教思想文化研究』 58, 韓國儒教學會, 2014.
정도원, 「성호좌파의 "自得"과 도학적 사고로부터의 이탈-다산 정약용의 경우를 중심으로-」, 『東洋哲學硏究』 86, 東洋哲學硏究會, 2016.
정은주, 「실학파 지식인의 물명에 대한 관심과 『物名類解』」, 『韓國實學硏究』 17, 韓國實學學會, 2009.
정은주, 「性齋 許傳의 西學 인식-『受廛錄』을 중심으로-」, 『국제어문』 89, 국제어문학회, 2021
정은진, 「貞軒 李家煥의 物名에 관한 관심과 그 실천-『貞軒鎖[瑣]錄』과 「雜說」을 중심으로-」, 『漢字漢文敎育』 33, 韓國漢字漢文敎育學會, 2014.
정호훈, 「성호학파의 정치사상 연구 성과와 전망-18세기 성호 이익의 후학에 대한 연구를 중심으로-」, 『성호학보』 16·17, 성호학회, 2015.
조성산, 「조선후기 성호학의 '지역성' 담론」, 『민족문화연구』 60, 고려대학교 민족문화연구원, 2013.
조성산, 「조선후기 성호학파(星湖學派)의 고학(古學) 연구를 통한 본초학(本草學) 인식」, 『의사학』 24, 대한의사학회, 2015.
조성을, 「정약전(丁若銓)과 서교(西敎)-흑산도 유배 이전을 중심으로-」, 『교회사연구』 44, 한국교회사연구소, 2014.
조지형, 「順菴 西學認識의 계승과 확장, 黃德壹의 〈三家略〉」, 『누리와 말씀』 36, 인천가톨릭대학교 복음화연구소, 2014.
崔錫起, 「貞山 李秉休의 學問性向과 詩經學」, 『南冥學硏究』 10, 2000, 慶尙大學校 南冥學硏究所, 2000.
崔錫起, 「貞山 李秉休의 『大學』 解釋과 그 意味」, 『南冥學硏究』 14, 2000, 慶尙大學校 南冥學硏究所, 2002.
崔錫起, 「貞山 李秉休의 經傳解釋과 그 意義」, 『大東文化硏究』 42, 成均館大學校 大東文化硏究院, 2003.
최정연, 「성호의 우주론에 미친 서학의 영향-서양 12중천설의 접촉을 중심으로-」, 『교회사학』 12, 수원교회사연구소, 2015.
최정연, 「성호 이익의 서학 인식과 18세기 영남 남인의 점검과 비판-손재 남한조의 「이성호천주실의발변의」를 중심으로-」, 『儒敎思想文化硏究』 89, 韓國儒敎學會, 2022.
최정연, 「하빈 신후담의 자득과 성호 성리설의 비판적 계승-사단칠정론과 인물성론을 중심으로-」, 『韓國實學硏究』 43, 韓國實學學會, 2022.
추제협, 「이익의 사단칠정설과 성호학파의 사상적 분기」, 『한국학논집』 61,

계명대학교 한국학연구원, 2015.
하지영, 「이용휴 문학에 나타난 서학적 개념의 수용과 변용」, 『東洋古典研究』 65, 東洋古典學會, 2016.
韓永浩, 「서양 기하학의 조선 전래와 홍대용의 ≪주해수용≫」, 『歷史學報』 170, 歷史學會, 2001
함영대, 「소남 윤동규의 학술과 성호학파」, 『藏書閣』 37, 한국학중앙연구원, 2017.
허경진, 「소남 윤동규와 인천의 성호학파」, 『황해문화』 71, 새얼문화재단, 2011.
洪以燮, 「實學에 있어 南人學派의 思想的 系譜」, 『人文科學』 10, 延世大學校 文科大學, 1963.

李 亮, 「以方求圓 : 閔明我≪方星圖≫的繪制與傳播」, 『科學文化評論』 第16卷 第5期, 2019.

찾아보기

ㄱ

_ㄹ

_ㅁ

_ㅇ

ㅈ

_ ㅊ

_ ㅋ

_ㅌ

_ㅍ

_ㅎ

지은이 **구 만 옥**

연세대학교 이과대학 천문기상학과와 문과대학 사학과를 졸업하고, 같은 대학의 사학과 대학원에서 조선후기 과학사상사 연구로 박사학위를 받았다. 2004년부터 경희대학교 문과대학 사학과 교수로 재직하고 있다. 조선후기 자연관, 자연인식, 자연학 관련 담론을 탐구하여 조선후기 사상사를 체계화하는 작업에 학문적 관심을 두고 있다.
저서로 『조선후기 과학사상사 연구 I -주자학적 우주론의 변동-』(혜안, 2004), 『영조대 과학의 발전』(한국학중앙연구원 출판부, 2015), 『세종시대의 과학기술』(도서출판 들녘, 2016), 『조선후기 儀象改修論과 儀象 정책』(혜안, 2019) 등이 있다.

조선후기 과학사상사 연구 III

조선후기 성호학파星湖學派의 자연학自然學

구 만 옥 지음

초판 1쇄 발행 2023년 7월 25일

펴낸이 오일주
펴낸곳 도서출판 혜안

등록번호 제22-471호
등록일자 1993년 7월 30일

주　소 ㊝04052 서울시 마포구 와우산로 35길 3(서교동) 102호
전　화 3141-3711~2
팩　스 3141-3710
이메일 hyeanpub@hanmail.net

ISBN 978-89-8494-700-9 93400

값 40,000 원

이 저서는 2018년 대한민국 교육부와 한국연구재단의
지원을 받아 수행된 연구임(NRF-2018S1A6A4A01039220)